W. Göpel/Chr. Ziegler

Einführung in die Materialwissenschaften:
Physikalisch-chemische
Grundlagen und Anwendungen

Einführung in die Materialwissenschaften: Physikalisch-chemische Grundlagen und Anwendungen

Von Prof. Dr. rer. nat. Wolfgang Göpel
und Dr. rer. nat. Christiane Ziegler
Universität Tübingen

B.G. Teubner Verlagsgesellschaft
Stuttgart · Leipzig 1996

Prof. Dr. rer. nat. Wolfgang Göpel

Geboren 1943 in Weimar, Thüringen. Physikstudium und Habilitation in Physikalischer Chemie an der Universität Hannover. In den Jahren 1978 bis 1981 Gastwissenschaftler beim Xerox Palo Alto Research Center und Stanford Synchrotron Radiation Center (CA, USA), Xerox Webster Research Center (NY, USA) und IBM T. J. Watson Research Center (NY, USA). Von 1981 bis 1983 Full Professor of Physics und Leiter des „Center of Surface Science and Submicron Analysis" (MT, USA). Seit 1983 Direktor des Instituts für Physikalische und Theoretische Chemie an der Universität Tübingen.

Dr. rer. nat. Christiane Ziegler

Geboren 1964 in Tübingen, Baden-Württemberg. Studium der Chemie in Tübingen, Promotion in Physikalischer Chemie in Tübingen. 1992 Gastwissenschaftlerin in Linköping, Schweden, 1994 Gastwissenschaftlerin im Riken Institut, Japan. Von 1991 bis 1994 Wissenschaftliche Assistentin, seit 1995 Akademische Rätin im Institut für Pysikalische und Theoretische Chemie an der Universität Tübingen.

Die Deutsche Bibliothek – CIP-Einheitsaufnahme

Göpel, Wolfgang:
Einführung in die Materialwissenschaften :
physikalisch-chemische Grundlagen und Anwendungen /
von Wolfgang Göpel und Christiane Ziegler. –
Stuttgart ; Leipzig : Teubner, 1996
ISBN 978-3-8154-2111-6   ISBN 978-3-322-93440-6 (eBook)
DOI 10.1007/978-3-322-93440-6
NE: Ziegler, Christiane:

Satz: Schreibdienst Henning Heinze, Nürnberg

Vorwort

„Interdisziplinäre Ausbildung und Forschung" gilt als zeitgemäß. In den Naturwissenschaften lösen sich traditionelle Grenzen zwischen Physik, Chemie, Biologie und Ingenieurwissenschaften insbesondere dann auf, wenn es sich um die Entwicklung, Charakterisierung und Optimierung „neuer Materialien" handelt. Die Entwicklung wohlgeordneter Strukturen von Materialien mit besonderen Eigenschaften wird beispielsweise mit modischen Stichwörtern wie Hochleistungskeramiken, Nanostrukturen, intelligente Materialien („smart materials") oder Mikrosystemtechnik charakterisiert. In diesen Bereichen sollten interdisziplinär arbeitende „Materialwissenschaftler" über Grundlagen der klassischen Studiengänge der Physik, Chemie, Biologie und Ingenieurwissenschaften verfügen. Nur so lassen sich beispielsweise die praktischen und theoretischen Aufgaben lösen beim Herstellen neuer Materialien mit extremen thermischen, mechanischen, elektrischen, dielektrischen, optischen oder magnetischen Eigenschaften, beim Miniaturisieren von elektronischen und optischen Bauelementen („Top-down Approach"), beim Synthetisieren neuer organischer Strukturen („Bottom-up Approach"), beim Simulieren biomolekularer Funktionseinheiten oder beim Aufbau von Hybridsystemen in Mikro- oder Nanometerdimensionen mit einer Kombination aus Halbleiter-Bauelementen und organischen oder biologischen Funktionseinheiten.

Im Gegensatz zu den USA, wo es schon lange eigene Lehrstühle und Studiengänge für Materialwissenschaften gibt, werden in Deutschland die Studenten mit Interesse an diesem Gebiet überwiegend in einem der o.g. klassischen Studiengänge ausgebildet.
Die physikalisch-chemische Grundausbildung deckt dabei i.allg. den für das Grundlagenverständnis zentralen Bereich ab, Spezialvorlesungen konzentrieren sich auf Teilaspekte.

Aus der Idee, erstmalig einen systematischen Einstieg in die Materialwissenschaften mit einem Schwerpunkt auf den physikalisch-chemischen Grundlagen in Buchform zu veröffentlichen, entstanden zwei aufeinander abgestimmte Monographien.

- In der ersten Monographie werden die klassischen physikalisch-chemischen Themenbereiche „Aufbau der Materie" und „Mikroskopie und Spektroskopie" in sich geschlossen behandelt. Sie kann als Lehrbuch und Grundlage beispielsweise in der Ausbildung der Chemiker oder Physiker eingesetzt werden.

- Die hier vorliegende zweite Monographie mit dem Titel „Einführung in die Materialwissenschaften: physikalisch-chemische Grundlagen und Anwendungen" behandelt phänomenologische thermische, mechanische, elektrische, dielektrische, optische und magnetische Eigenschaften. Dazu werden zahlreiche ausgewählte Anwendungsbeispiele vorgestellt, in denen diese Eigenschaften entweder empirisch oder auf mikroskopischer Ebene systematisch optimiert werden. Dieser Stoff kann v.a. auch in der Ingenieurausbildung eingesetzt oder als Vertiefung der ersten Monographie für Spezialvorlesungen oder Wahlpflichtfächer verwendet werden.

  Beide Bände können sowohl als Lehrbücher als auch als Nachschlagewerke eingesetzt werden und geben gemeinsam einen systematischen Einstieg in die heutigen Materialwissenschaften mit dem Schwerpunkt auf ihrem atomistischen Verständnis als wesentliche Voraussetzung für die Entwicklung „neuer Materialien". Dieser methodische Zugang charakterisiert einen deutlichen Trend: Die für den Praktiker wichtigen phänomenologischen Eigenschaften von Materialien werden nicht mehr rein empirisch optimiert, sondern oft über die Kontrolle atomarer Strukturen „ingenieurgemäß" (über „atomic engineering") ganz gezielt eingestellt.

Die vorliegende Stoffauswahl ist aus zahlreichen Vorlesungs- und Seminarunterlagen entstanden, die unter sehr verschiedenen Randbedingungen erarbeitet wurden: Dazu gehören Skripten von Fortbildungskursen im Rahmen der Gesellschaft Deutscher Chemiker, des Verbands Deutscher Ingenieure oder verschiedener Technischer Akademien, Skripten von Vorlesungen im Rahmen der Weiterbildung von Chemikern, Physikern und Ingenieuren an einem Forschungszentrum (Center of Surface Science and Submicron Analysis, Montana State University, USA), Skripten von Vorlesungen im Rahmen der physikalisch-chemischen Grundausbildung von Chemikern, Physikern und Biochemikern an Hochschulen (Universitäten Hannover und Tübingen) sowie Skripten zu Vorlesungen im Rahmen der wissenschaftlichen Weiterbildung mit dem Ziel eines europäischen Diploms in "Materials Science" (ERASMUS-Kurse seit 1990).

Die Erfahrungen bei diesen unterschiedlichen Veranstaltungen zeigten, daß Teilbereiche der Materialwissenschaften als Stoff von Grundvorlesungen in unterschiedlichen Studiengängen häufig ohne Querverweise angeboten werden. So besteht ein großer Bedarf für eine zusammenfassende Monographie, um diese Querbezüge unterschiedlicher methodischer Ansätze der Materialwissenschaften kennenzulernen, um interdisziplinäre Probleme lösen zu lernen und um dieses Wissen an Beispielen zur Lösung neuer Aufgaben zu trainieren.

Keine Monographie ist auf Anhieb perfekt, v.a. wenn sie ein weites Gebiet umfaßt. Wir sind deshalb dankbar für jede Hilfe, Kritik, Anregung und Korrektur.

Zum Schluß möchten wir uns für die zahlreichen Anregungen und Diskussionen bei Kollegen, Mitarbeitern und Studenten bedanken. Dies gilt insbesondere für Prof. Alan Chadwick, Canterbury, der uns Material über Punktdefekte und Einkristallzucht zur Verfügung stellte, sowie den anderen europäischen Kollegen des „Materials Science"-ERASMUS-Konsortiums. Danken für kritische Durchsicht, Anregungen, Ergänzungen möchten wir auch den Dozenten der Physikalischen Chemie an der Universität Tübingen: Prof. Günther Gauglitz, Prof. Volker Hoffmann, Prof. Heinz Oberhammer, Prof. Dieter Oelkrug, Priv.Doz. Dines Christen und Prof. Hans-Dieter Wiemhöfer (jetzt Münster). Danken möchten wir schließlich den unentbehrlichen Helfern beim Abfassen des umfangreichen Manuskripts: Dr. Christine Stadler-Scipioni und Christine Schierbaum.

Tübingen, Februar 1995   Wolfgang Göpel
Christiane Ziegler

Inhalt

Symbolverzeichnis

a	Gitterkonstante		D	Diffusionskonstante für molare Konzentrationen
a	Absorptionskoeffizient		D	Duktilität
a	Länge eines eindimensionalen Potentialtopfs		D	Debyelänge
a	Aktivität		$D(x)$	Zustandsdichte von „x"-Zuständen
a^{YX}	Transportkoeffizient		$\underline{\underline{e}}$	piezoelektrischer Modul
$\tilde{A}$	Admittanz		e	Elektron
A	freie Energie, Helmholtzenergie		e	Elementarladung
A	polare Achse		$e\Delta V_s$	Bandverbiegung
A	Fläche, auch $A_\square$		$\underline{E}$	el. Feldstärke
$A_\square$	Fläche (bei Verwechslungsgefahr mit freier Energie, sonst A)		E	Energie
			E	Elastizitätsmodul, Dehnungsmodul
$\underline{b}$	Burgersvektor		E	elektromotorische Kraft (EMK)
$\underline{B}$	magnetische Induktion		E^0	Standard-EMK
B	Rotationskonstante		E_A	Aktivierungsenergie
B_R	Remanenz		E_b	Bindungsenergie
c	Lichtgeschwindigkeit		E_C	Energie an der Leitungsbandunterkante
c	Konzentration		E_C	Coulomb-Energie
C	Krümmung der Oberfläche		E_F	Fermi-Energie
C	Kapazität		E_g	Energie der Bandlücke
C	Wärmekapazität		E_{kin}	kinetische Energie, gleichbedeutend mit T
C_p	Wärmekapazität bei konstantem Druck		E_p	Energie des Pumpniveaus bei Lasern
C_p^*	spezifische Wärmekapazität bei konstantem Druck		E_{pot}	potentielle Energie, gleichbedeutend mit V
C_V	Wärmekapazität bei konstantem Volumen		E_V	Energie an der Valenzbandoberkante
$\underline{d}$	piezoelektrischer Koeffizient			
d	Abstand			
$\underline{D}$	dielektrische Verschiebung			
D'	Diffusionskonstante für Teilchenkonzentrationen		E_{vac}	Energie des Vakuumniveaus

EN	Elektronegativität
f	Aktivitätskoeffizient
$\underline{F}$	Kraft
$\underline{F}_C$	Coulombkraft
$\underline{F}_L$	Lorentzkraft
$\underline{F}_N$	Normalkraft
$\underline{F}_R$	Reibungskraft
$\underline{F}_T$	Tangentialkraft
F	Faradaysche Konstante
F	Zahl der Freiheitsgrade
g	Gewichtsprozent
g	Entartungsgrad
G^*	Sensoreigenschaft
G	freie Enthalpie, Gibbsenergie
G	Schermodul, Schubmodul, Torsionsmodul
h	Loch
h	Plancksches Wirkungsquantum
$\hbar$	$h/2\pi$
$\hat{H}$	Hamiltonoperator
$\underline{H}$	Magnetfeld
$\underline{H}_C$	Koerzitivfeldstärke
H	Enthalpie
i	imaginäre Einheit
I	Stromstärke
I	Intensität
I	Ionisierungsenergie
$\underline{j}$	Stromdichte
$\underline{j}_\square$	Flächenstromdichte
$\underline{J}$	Fluß
J	Rotationsquantenzahl
$\underline{k}$	Wellenvektor
k	Betrag Wellen(zahl)vektor
k	Boltzmannkonstante
k	Kraftkonstante
k	Geschwindigkeitskonstante
k^0	Arrheniusfaktor
$k(\lambda)$	molarer Absorptionskoeffizient
K	Zahl der Komponenten
K	Gleichgewichtskonstante
l	Länge
l	Drehimpulsquantenzahl eines Einelektronensystems
L	Induktivität
L	phänomenologischer (Diffusions-) Koeffizient
m	Masse
m	Reaktionsordnung
m_i	magnetische Quantenzahl bezüglich der Quantenzahl i
$\underline{M}_{(v)}$	Magnetisierung
$M_{(v)R}$	Remanenz
$M_{(v)S}$	Sättigungsmagnetisierung
$\underline{n}$	Normalenvektor
n	Brechungsindex
n	Hauptquantenzahl Quantenzahl der Translation
n	Molzahl
N	Anzahl von Teilchen
N_L	Avogadrokonstante, Loschmidtzahl
$\underline{p}$	Impuls
p	Druck
$\underline{P}$	Polarisation
P	Zahl der Phasen
P	Wahrscheinlichkeit
P_O	Orientierungspolarisation
P_V	Verschiebungspolarisation
q	Ladung eines Teilchens
q	Streuquerschnitt, Wirkungsquerschnitt
Q	Ladung
Q	Wärmemenge
Q	Kapazität eines nicht-idealen Kondensators
$Q_{(s)ss}$	Oberflächenladungsdichte
$Q_{(s)sc}$	Ladungsdichte in der Raumladungsschicht
$\underline{r}$	elektrooptischer Koeffizient
r	Radius

r	Abstand zwischen Ladungen
R	Reflektivität
R	Rate
R	Atomabstand
R	elektrischer Widerstand
R	Dämpfungskonstante
R	allgemeine Gaskonstante
R	Zahl unabhängiger Reaktionen
R_H^*	Hallkonstante
R_{ads}	Adsorptionsrate
R_{des}	Desorptionsrate
R_H	Rydbergkonstante
s	Spinquantenzahl eines Einelektronensystems
s	Elastizitätskoeffizient
s	Abstand
$\underline{S}$	Pointingvektor
S	Schwerpunkt
S	Haftkoeffizient
S	Entropie
S	Schmelze
t	Zeit
T	absolute Temperatur
T	kinetische Energie, gleichbedeutend mit E_{kin}, vor allem in quantenmechanischen Gleichungen verwendet
T_c	Sprungtemperatur bei Supraleitern
T_C	Curie-Temperatur
T_g	Glastemperatur
T_m	Schmelztemperatur
T_N	Neél-Temperatur
$\underline{u}$	Beweglichkeit
$\underline{U}$	Spannung, gleichbedeutend mit V
U	innere Energie
U_{Bias}	Biasspannung
U_H	Hallspannung
$\underline{v}$	Geschwindigkeit
v	Quantenzahl der Vibration
V	Volumen
V	potentielle Energie, gleichbedeutend mit E_{pot}, vor allem in quantenmechanischen Gleichungen verwendet
V	Spannung, gleichbedeutend mit U
V	Leerstelle
V_{Bias}	Biasspannung
W	Arbeit
x	Ortskoordinate
x	Molenbruch
x_i	Meßgröße der Komponente „i"
y	Ortskoordinate
z	Ortskoordinate
z	Zahl von Elementarladungen
z	Wertigkeit eines Atoms, Kernladung, Ordnungszahl
z	Abstand von der Oberfläche
$\tilde{Z}$	Impedanz
$\tilde{Z}_C$	kapazitiver Widerstand
$\tilde{Z}_{\mathrm{CPE}}$	konstantes Phasenelement
$\tilde{Z}_L$	induktiver Widerstand
$\tilde{Z}_R$	ohmscher Widerstand
$\tilde{Z}_W$	Warburgimpedanz
Z	Zustandssumme
$Z_{(s)}$	Stoßzahl
$\underline{\underline{\alpha}}$	Polarisierbarkeit
$\bar{\alpha}$	Polarisierbarkeitsvolumen
α	Winkel
α	Madelung-Konstante
α	Ausdehnungskoeffizient
α	Bezeichnung einer Phase
β	Winkel
β	Bezeichnung einer Phase
γ'	Praktischer Aktivitätskoeffizient bei Teilchenkonzentrationen

γ	Praktischer Aktivitätskoeffizient bei molaren Konzentrationen
γ	Winkel
γ	Grenzflächenenergiedichte, Grenzflächenspannung, Oberflächenspannung
γ	Koeffizient eines Sensorarrays
δ	Partialladung
δ_{mn}	Kroneckerdelta
Δ	Laplace-Operator
Δ	Differenz
ΔG_R	freie Reaktionsenthalpie
$\Delta G_{\mathrm{reakt}}$	Aktivierungsbarriere einer (Teil-) Reaktion
$\underline{\underline{\varepsilon}}$	Dielektrizitätskonstante
$\tilde{\varepsilon}_r$	relative Dielektrizitätskonstante
ε	Dehnung
ε_0	el. Feldkonstante
ε_r'	Realteil von $\tilde{\varepsilon}_r$
ε_r''	Imaginärteil von $\tilde{\varepsilon}_r$
η	Viskositätszahl
η_e	elektrochemisches Potential
θ	Winkel
θ	Benetzungswinkel
Θ	Bedeckungsgrad
Θ	Winkel
Θ	reduzierte Temperatur
κ	Kompressibilität, Kompressionsmodul
λ	Wellenlänge
λ	Wärmeleitungskoeffizient
Λ	mittlere freie Weglänge
Λ_M	Maxwellsche mittlere freie Weglänge
$\underline{\underline{\mu}}$	Permeabilitätskonstante
$\underline{\mu}$	Dipolmoment
$\underline{\mu}_{\mathrm{el}}$	elektrisches Dipolmoment
$\underline{\mu}_m$	magnetisches Dipolmoment
μ	Absorptionskoeffizient
μ	reduzierte Masse
μ	chemisches Potential
μ	Reibungskoeffizient
μ_0	magnetische Feldkonstante
μ_r	relative Permeabilitätszahl
$\tilde{\nu}$	Wellenzahl
ν	Frequenz
ν	Stöchiometriefaktor
ν	Poissonzahl
ξ	Reaktionslaufzahl
π	Zahl pi
ϱ	Ladungsdichte
ϱ_{el}	spezifischer Widerstand
ϱ	Dichte
$\underline{\sigma}$	spezifische Leitfähigkeit
σ	mechanische Spannung
σ	Haftwahrscheinlichkeit
$\sigma_\square$	Flächenleitfähigkeit
τ	Zeitkonstante
τ	Lebensdauer, Relaxationszeit
τ	Scherkraft
φ	Spreitungsdruck, zweidimensionaler Druck
φ	Phase einer Welle
φ	elektrisches Potential
φ	Winkel
φ	Fugazitätskoeffizient
φ	Funktion
φ_i	inneres elektrisches Potential, Galvanipotential
ϕ	Zustandsfunktion
Φ	Austrittsarbeit
$\underline{\underline{\chi}}_{\mathrm{el}}$	dielektrische Suszeptibilität
$\underline{\underline{\chi}}_m$	magnetische Suszeptibilität
χ	Elektronenaffinität
χ_2	dielektrische Suszeptibilität 2. Ordnung
χ_3	dielektrische Suszeptibilität 3. Ordnung
χ^{YX}	Responsefunktion

Ψ^*	komplex konjugierte Funktion zur Wellenfunktion Ψ
Ψ	Wellenfunktion
Ψ_0	Wellenamplitude
ω	Winkelgeschwindigkeit, Kreisfrequenz
ω	Elektrostriktion
$\square$	freier Platz
∇	Nabla-Operator
(111)	Bezeichnung einer Fläche
[111]	Bezeichnung einer Normalen
$<X>$	Erwartungswert
$\underline{\underline{X}}$	Matrix oder Tensor
$\underline{X}$	vektorielle Größe
$\tilde{X}$	komplexe Zahl
$\hat{X}$	Operator
$\bar{X}$	Mittelwert bzw. Erwartungswert
$X^{\cdot}$	positiv geladener Punktdefekt
X'	negativ geladener Punktdefekt
$X^{\times}$	neutraler Punktdefekt
$X^{\neq}$	Größe im Übergangszustand
X^0	Standardwert, manchmal auch X_0
X_0	Ausgangswert, Grundwert oder Standardwert, letzteres auch X^0
X_∞	Größe im Unendlichen
$|\text{Im}\tilde{X}|$	Imaginärteil von $\tilde{X}$
$|\text{Re}\tilde{X}|$	Realteil von $\tilde{X}$
X^{ad}	Größe der Adsorptionsphase
$X_{\text{adhäs}}$	Adhäsions-
X_{ads}	Adsorptions-
X_{attr}	Anziehungs-
X_A	Absorptions-
X_A	Anionen-
X_b	Volumen-, auch X_V
X^b	Größe der Volumenphase
X_B	Basis-
X_{Bias}	Bias-
X_c	kritische Größe
X_{chem}	Chemisorptions-
X^{chem}	Größe der Chemisorptionsphase
X_C	Coulomb-
X_C	Kollektor-
X_C	Kapazitäts-
X_{des}	Desorptions-
X_{diff}	Diffusions-
X_{diss}	Dissoziations-
X^{diss}	Größe im dissoziierten Zustand
X_D	Drain-
X_D	Debye-
X_e	Elektronen-
X_e	Gleichgewichts-
X_{el}	elektrisch
X^{exc}	Exzeß-
X_{ext}	äußere Größe
X_E	Emitter-
X_E	Eck-
X_E	Einstein-
X_f	Endzustands-
X_f	Bruch-
X_f	Bildungs-
$X_{F.E.}$	pro Formeleinheit
X_{FE}	Feldeffekt-
X^g	Größe der Gasphase
X_g	Glas-
X_{ges}	Gesamt-
X_{grenz}	Grenz-
X_h	Löcher-
X_H	Halbzellen-
X_{HL}	Halbleiter-
X_i	Anfangszustands-
X_i	Zwischengitter-
X_i	innen
X_{in}	innere Größe
X_{in}	influenziert
X_{ind}	induziert
X_{ion}	Ionen-

X_{kin} kinetisch

$X_{\text{kohäs}}$ Kohäsions-

X_{kond} Kondensations-

X_K Kanten-

X_K Kationen-

X^l Größe der flüssigen Phase

X_l linear

X_{loc} lokale Größe

X^{OF} an der Oberfläche

X_m Schmelz-

X_m magnetisch

X_m molare Größe

X_{max} maximal

X_{min} minimal

X_{Me} Metall-

X_n Kern-

X_{nach} Größe nachher

X_{ox} oxidiert

X^{phys} Größe der Physisorptionsphase

X_{pot} potentiell

X_{real} reale Größe

X_{red} reduziert

X_{rep} Abstoßungs-

X_{rev} reversible Größe

X_{rot} Rotations-

X_R Reaktions-

X_R Reflexions-

X_R ohmsch

X^s Größe der festen Phase

X_s Spin-

X_s Oberflächen-

X_{seg} Segregations-

X_{stat} statisch

$X_{(s)}$ auf die Oberfläche bezogene Größe X/A

X_S Schwerpunkts-

X_t Übergangs-

X_{tot} Gesamt-

X^{tot} Größe des Gesamtsystems

X_{trans} Translations-

X_T Transmissions-

X_{vac} Vakuum-

X_{verd} Verdampfungs-

X_{vib} Vibrations-

X_{vor} Größe vorher

$X_{(v)}$ auf das Volumen bezogene Größe X/V

X_V Volumen-, auch X_b

X_z Größe in z-Richtung

$X^{\alpha(\beta)}$ Größe der α- bzw. β-Phase

0 Einleitung

Schon gegen Ende des 19. Jahrhunderts wurde von Mendelejeff bei der Aufstellung des Periodensystems der Elemente der Versuch unternommen, gemeinsame Eigenschaften und ähnliches Verhalten der Atome unterschiedlicher Elemente systematisch zusammenzufassen. Heute sind wir in der Lage, auch Eigenschaften von Festkörpern, Flüssigkeiten und Gasen begrifflich klar zu definieren, zu messen, auf atomarer Ebene zu verstehen und mit diesem Wissen die Eigenschaften in weiten Grenzen zu modifizieren.

In vielen Fällen kennen wir heute die prinzipiellen theoretischen Grenzen für die Optimierung von Materialeigenschaften. Dies bezieht sich beispielsweise auf Materialien mit extremen Wärmespeicher-Eigenschaften, Wärmeleitfähigkeiten, chemischen Resistenzen, Elastizitäten, Härten, hohen oder niedrigen elektrischen Leitfähigkeiten, gezielt eingestellten optischen Eigenschaften mit Absorptionsfenstern zwischen Infrarot- und UV-Licht oder mit bestimmten magnetischen Eigenschaften.

Dies sind typische Beispiele für Problemstellungen der Materialwissenschaften, die in der vorliegenden Monographie behandelt werden sollen. Die Probleme lassen sich im Prinzip entweder *empirisch* über Versuch und Irrtum oder *systematisch* über die Kenntnis der Eigenschaften von Atomanordnungen lösen.

In Abb. 0.0.1 sind die beiden *komplementären Optimierungsprozesse* in den Materialwissenschaften („Forschung und Empirie") schematisch für einige typische Anwendungsbereiche aufgezeigt.

- In der Grundlagenforschung versucht man, an möglichst definierten Proben unter definierten Randbedingungen überschaubare Teilaspekte von den wesentlich komplexeren Vorgängen zu verstehen, die im praktischen Einsatz ablaufen. Häufig wird in dem Zusammenhang angestrebt, die Struktur der Materie unter Gleichgewichtsbedingungen oder unter Reaktionsbedingungen in Gasen, Flüssigkeiten oder festen Stoffen über spektroskopische Methoden im atomaren Bereich aufzuklären und über physikalische Modelle zu beschreiben. Mit dieser Kenntnis werden dann neue Materialien und Materialkombinationen bzw. Präparationsschritte

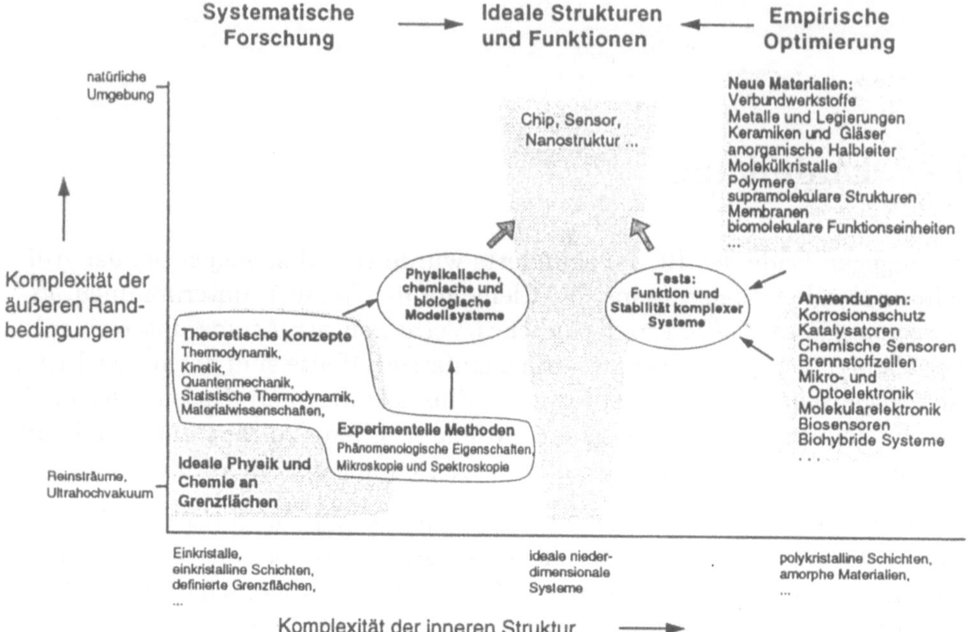

Abb. 0.0.1

Schematische Darstellung des Zusammenhangs zwischen Grundlagenforschung und praktischem Einsatz neuer Materialien

von Technologien für spezifische Anwendungsbereiche optimiert. Die dazu erforderlichen theoretischen Konzepte sowie die experimentellen mikroskopischen und spektroskopischen Methoden werden in den Grunddisziplinen der physikalischen Chemie erarbeitet. Diese sind ausführlich in der Monographie „Struktur der Materie: Grundlagen, Mikroskopie und Spektroskopie" beschrieben und werden in Kap. 1 nur kurz zusammengefaßt. Verweise auf diese Monographie sind mit [Göp 94] gekennzeichnet. Sie erfolgen immer dann, wenn ein vertieftes atomistisches Verständnis möglich und für zukünftige Materialforschung erforderlich ist.

- Auf der anderen Seite steht die empirische Optimierung von phänomenologischen Eigenschaften. Zu letzteren gehören thermische, chemische, mechanische, elektrische, dielektrische, optische und magnetische Eigenschaften von Materialien als makroskopische Mittelwerte über viele Einzelteilchen. Die phänomenologische Beschreibung mit Hinweisen auf atomistische Modelle, technologische Aspekte sowie Anwendungsbeispiele sind Gegenstand dieser Monographie.

In vielen Anwendungsbereichen ist heute neben der traditionellen empiri-

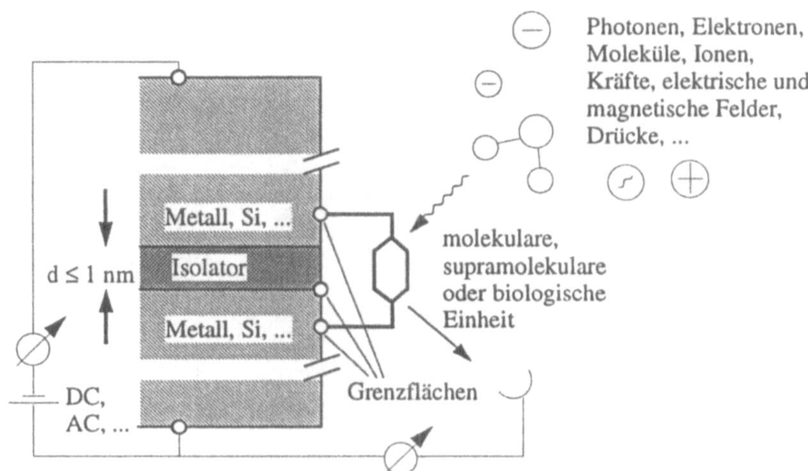

Abb. 0.0.2
Schematische Darstellung der Verknüpfung von „Top-down"-Strukturen (links) und „Bottom-up"-Strukturen (rechts) am Beispiel eines fiktiven molekularelektronischen Bauelements, mit dem verschiedene physikalische und chemische Eigenschaften (der Teilchen, Wellen oder Kräfte rechts oben) „sensorisch" erfaßt werden sollen. Links im Bild ist ein mögliches Auslesen der Sensorinformation über die Messung von Leitfähigkeiten im Gleich-(DC)- oder Wechselstrombetrieb (AC) gezeigt. Rechts unten ist angedeutet, daß über geeignete externe Detektoren auch umgekehrt der Einfluß auf die molekulare, supramolekulare oder biofunktionelle Einheit über veränderte Sondeneigenschaften erfaßt werden kann. Dies wird insbesondere bei spektroskopischen und mikroskopischen Untersuchungen von Materie ausgenutzt (vgl. [Göp 94]). Technologische und prinzipielle Details bei der Konstruktion derartiger Bauelemente (z.B. die gezielte chemische Ankopplung von Molekülen oder der Nachweis von Leitfähigkeiten in Einzelmolekülen) sind Gegenstand aktueller Forschungsarbeiten und heute in vielen Fällen noch nicht gelöst.

schen Optimierung von Materialien zunehmend mehr systematische Forschung erforderlich. Von zunehmendem Interesse sind dabei v.a. *Strukturen im Nanometerbereich*, die entweder über Miniaturisierung makroskopischer Bauelemente („Top-down Approach") oder über chemische Synthesen („Bottom-up Approach") definiert hergestellt, untersucht und eingesetzt werden. Dazu ist ein atomistisches Verständnis der phänomenologischen Eigenschaften unumgänglich, wie dies schematisch am Beispiel molekularer Sonden in Abb. 0.0.2 gezeigt ist. Diese Eigenschaften werden zum Teil in der Rastertunnelmikroskopie bzw. in den von ihr abgeleiteten Methoden der Spitzenabtastung von Oberflächenatomen ausgenutzt.

Beispiele für funktionierende Bauelemente, für deren Verständnis sowohl die phänomenologischen als auch die makroskopischen Eigenschaften entscheidend sind, zeigt Abb. 0.0.3.

a)

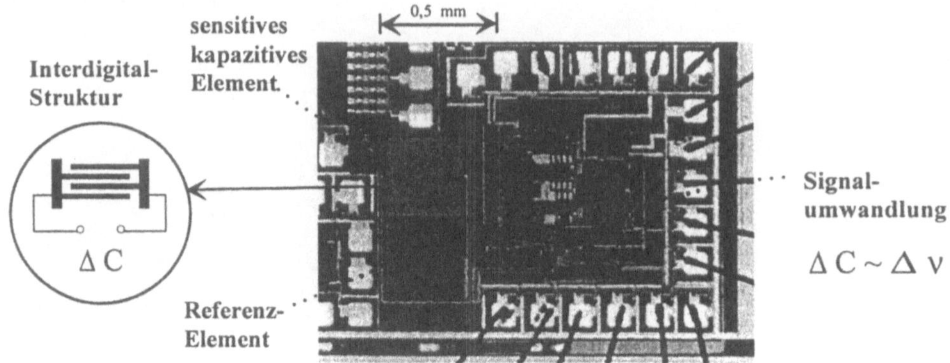

b)

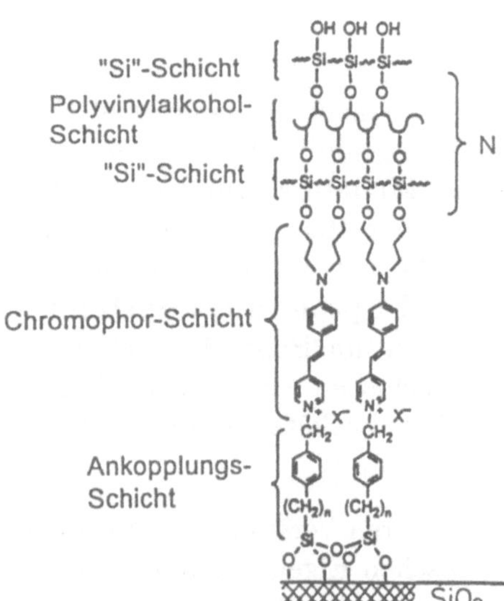

Abb. 0.0.3
a) „Top-down"-Struktur: Rasterelektronenmikroskop-Bild der Aufsicht auf eine integrierte Sensorstruktur, die mit der sog. CMOS-Technologie (vgl. Abschn. 4.4.2.3) auf einem Si-Chip hergestellt wurde. Links im Bild zu sehen ist der eigentliche Sensor. Er besteht aus zwei kapazitiven Elementen, die als Vergrößerung gezeigt sind. Auf das Sensorelement wird eine chemisch aktive Substanz aufgebracht, deren Kapazität sich bei Wechselwirkung mit dem nachzuweisenden Stoff ändert (vgl. Bild c unten und Abschn. 3.8 zur chemischen Sensorik). Da die gemessenen Kapazitätsänderungen ΔC sehr klein sind, werden sie direkt auf dem Chip in Frequenzänderungen $\Delta \nu$ umgewandelt und verstärkt [Cor 95].
b) „Bottom-up"-Struktur: Funktionalisierte Multilage, in der ein geladenes Farbmolekül („Chromophor") senkrecht zur Oberfläche orientiert ist. Die untersten Molekülteile dienen der chemischen Ankopplung an das Substrat. Die Polyvinylalkohol-Schicht dient mit ihren N Lagen der Stabilität des Schichtsystems. Solche Systeme mit orientierten, nicht zentrosymmetrischen Molekülen sollen zukünftig in nichtlinear-optischen Bauelementen eingesetzt werden (vgl. Abschn. 2.4.1 zur Definition und Abschn. 3.11 zu Ideen einer solchen molekularen Optoelektronik).

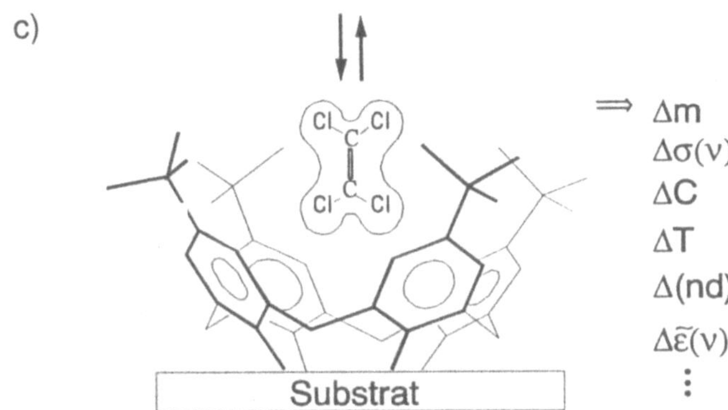

Abb. 0.0.3 (Fortsetzung)
c) Verknüpfung von „Top-down"-und „Bottom-up"-Struktur: Käfigmoleküle, die auf dem Substrat eines chemischen Sensors durch kovalente Bindungen angekoppelt sind und selektiv Perchlorethylen (C_2Cl_4) einlagern können. Das Substrat kann z.B. eine Mikrostruktur wie unter a) gezeigt sein und der Messung von Kapazitäten sowie deren Änderung durch Moleküleinlagerung dienen („kapazitiver Transducer"). Je nach „Transducerprinzip" werden als Folge der Wechselwirkung mit dem Käfigmolekül Kapazitätsänderungen ΔC, aber auch Massenänderungen Δm, Leitfähigkeitsänderungen $\Delta \sigma$, Temperaturänderungen ΔT, Änderungen der optischen Schichtdicken $\Delta(nd)$ oder Änderungen der Dielektrizitätskonstanten $\Delta\tilde{\varepsilon}(\nu)$ erfaßt [Göp 95].

In den Materialwissenschaften zeichnet sich ein deutlicher Trend zum Einsatz biologischer Systeme und zu medizinischen Fragestellungen ab. Da auch biomolekulare Funktionseinheiten wie Zellmembranen (Abb. 0.0.4), Photosynthesezentren (Abb. 3.15.1) oder Transportproteine Nanometerdimensionen haben, sind Fortschritte im Bereich der „Nanotechnologie" von besonderer Bedeutung für interdisziplinäre Materialforschung unter Einbeziehung biologischer Systeme.

In einer Übersicht faßt Abb. 0.0.5 wichtige Parameter der allgemeinen Materialwissenschaften und die Schwerpunkte der vorliegenden Monographie in einer neundimensionalen Matrix zusammen. Die Schwerpunkte „Theorie" und „Charakterisierung durch Mikroskopie und Spektroskopie" sind ausführlich in der o.g. Monographie [Göp 94] behandelt. Bei den übrigen Schwerpunkten sind Inhalte der folgenden Kapitel 1, 2, 3 und 4 stichwortartig charakterisiert.

Zusammenfassend ergibt sich diese Gliederung für den folgenden Stoff:

Kapitel 1 faßt die wichtigsten *Grundlagen des Aufbaus der Materie* zusammen, die in den folgenden Kapiteln benötigt werden.

Kapitel 2 beschreibt die wichtigsten *phänomenologischen Eigenschaften* der Materie sowie deren experimentelle Bestimmung. Der Schwerpunkt liegt auf

a)

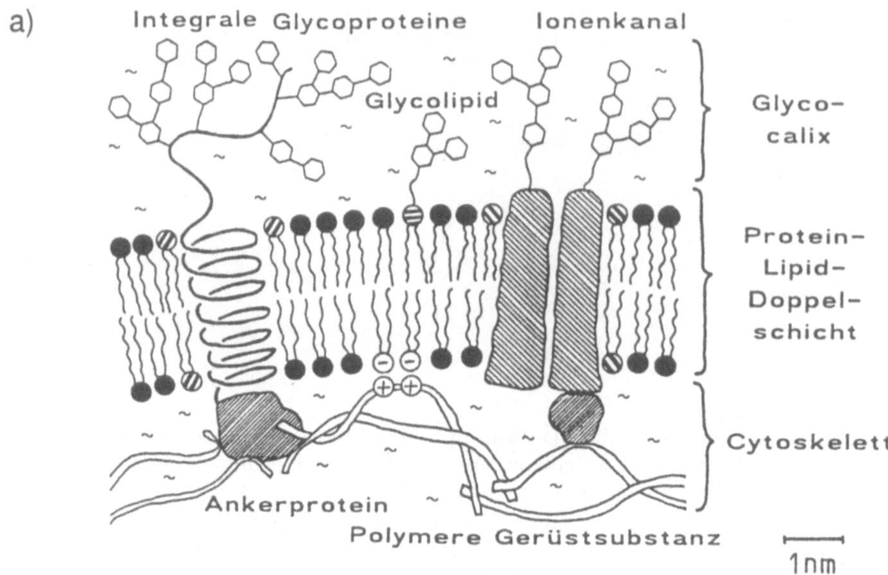

b)

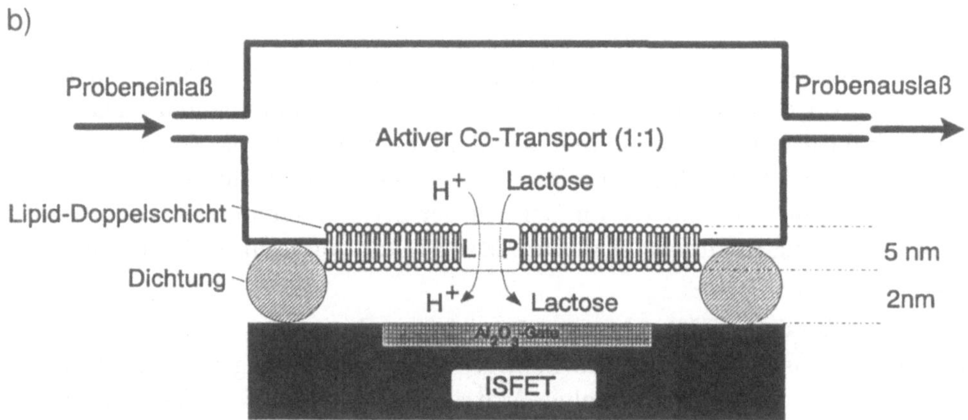

Abb. 0.0.4
a) Struktur einer biologischen (natürlichen) Lipidmembran (schematisch) [Rin 88]
b) Verknüpfung von „Top-down"-Mikroelektronik- und biologischer Struktur: Schematische (nicht-maßstäbliche) Darstellung eines Biosensors auf der Basis eine Lipiddoppel-
schicht, in die das Transportprotein Lactosepermease (LP) eingebaut ist. Am Gate des
ionensensitiven Feldeffekttransistors (vgl. Abschn. 3.10) werden H$^+$-Ionen nachgewiesen,
die in einem 1:1-Cotransport mit Lactosemolekülen durch die Membran gepumpt werden.
Aus der H$^+$-Konzentration läßt sich so auf den Gehalt an Lactose in der Lösung schließen
[Ott 92].

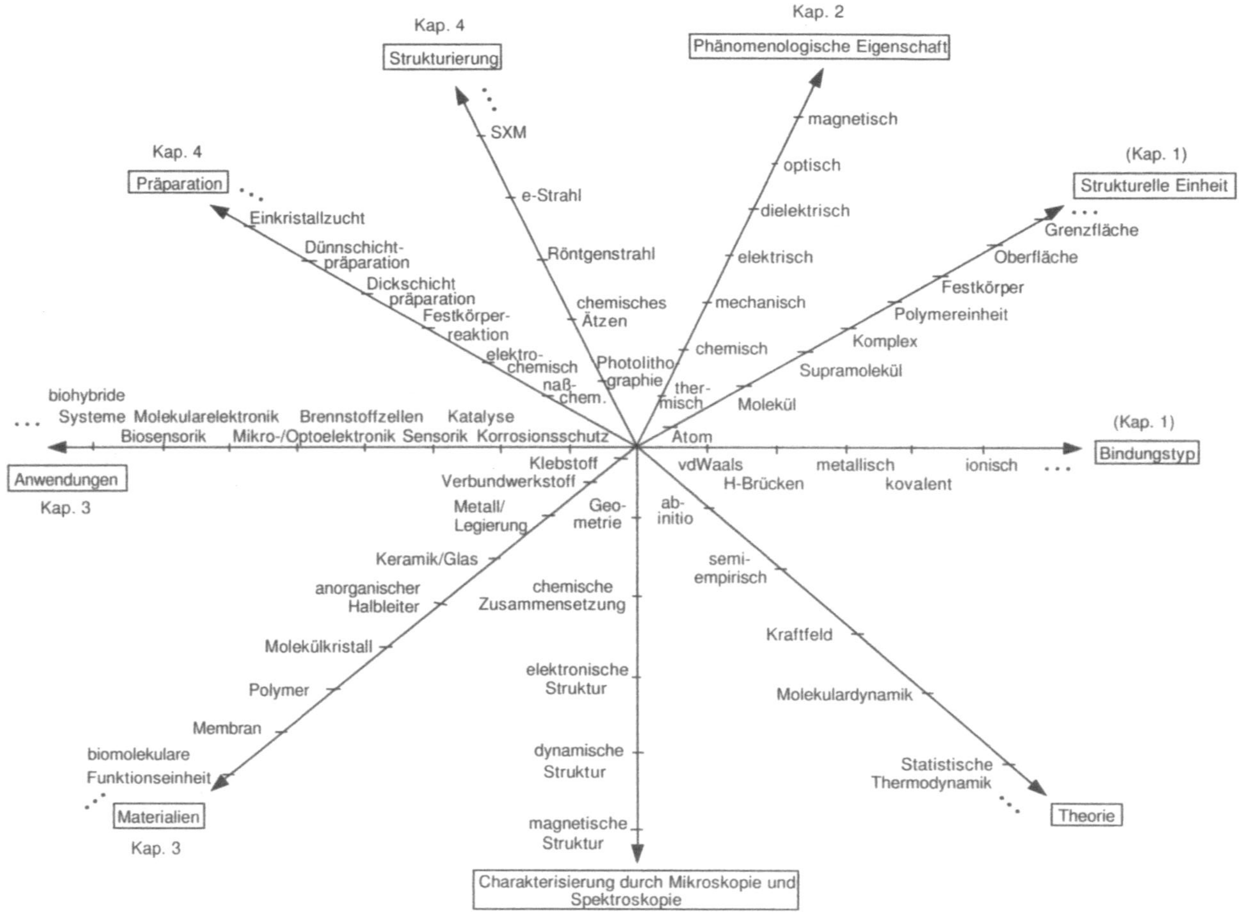

Abb. 0.0.5 Verschiedene Aspekte der Materialwissenschaften

thermischen, mechanischen, elektrischen, dielektrischen, optischen und magnetischen Eigenschaften von Festkörpern. Dabei werden auch die jeweils zur Untersuchung geeigneten Rastersondenmikroskopien vorgestellt.

Kapitel 3 gibt einen Überblick über *Anwendungen* und modellmäßige Beschreibungen von „neuen Materialien". Dazu gehören u.a. Verbundwerkstoffe, Metalle, Legierungen, Keramiken, Halbleiter, Polymere, Membranen und biomolekulare Funktionseinheiten.

Kapitel 4 befaßt sich beispielhaft mit typischen *Präparationstechnologien*, die zu definierten Materialien und Strukturen führen.

Kapitel 5 enthält einen *Literaturübersicht*.

Kapitel 6 enthält als Anhang eine Zusammenfassung der grundlegenden Konzepte der Quantenmechanik, der Thermodynamik sowie eine Auswahl von Tabellen.

1 Aufbau der Materie

In diesem Kapitel werden die wichtigsten Grundlagen des atomistischen Aufbaus der Materie zusammengefaßt. Dabei werden insbesondere Ergebnisse quantenmechanischer Rechnungen vorgestellt, deren Kenntnis für die folgenden Kapitel entscheidend ist. So bestimmen beispielsweise die Schwingungen von Atomen die Wärmekapazität von Materialien. Auf der anderen Seite bestimmt der Bindungstyp zwischen Atomen und Molekülen die temperaturabhängigen Aggregatzustände von Materialien, darüberhinaus aber auch eine Reihe anderer Eigenschaften wie deren Elastizität, Härte, Leitfähigkeit, Farbe oder Magnetisierung.

1.1 Teilchen-Welle-Dualismus

Elektronen als Bausteine der Atome spielen eine zentrale Rolle für das Verständnis des Aufbaus der Materie. Entscheidend für dieses Verständnis ist, daß freie und gebundene Elektronen sowohl als Teilchen als auch als Wellen betrachtet werden müssen und beide Betrachtungsweisen konsequent nur über quantenmechanische Rechnungen quantitativ erfaßt werden können.

Auch das Verständnis vieler mikroskopischer und spektroskopischer Untersuchungsmethoden zum Aufbau der Materie setzt quantenmechanische Grundlagen voraus. Dies betrifft insbesondere Experimente, in denen man versucht, Atome zu „sehen", entweder durch direkte Abbildung oder durch Beugung an periodisch angeordneten Strukturen, aber auch Experimente, bei denen elementare Energiezustände in Atomen, Molekülen, Festkörpern o.ä. erfaßt werden. Diese Zustände bestimmen u.a. die thermischen, mechanischen, elektrischen, optischen und magnetischen Eigenschaften der Materialien.

Die zentrale Bedeutung des Teilchen-Welle-Dualismus, v.a. zur Beschreibung von Eigenschaften der Elektronen oder Photonen, kann an Beispielen aus der historischen Entwicklung einfach aufgezeigt werden:

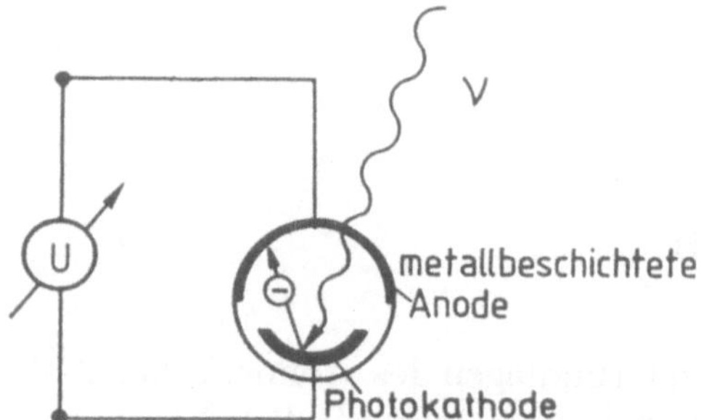

Abb. 1.1.1
Klassische Anordnung zur Messung des äußeren Photoeffekts: Eine dünne, transparente Metallkathode wird mit Photonen der Frequenz ν bestrahlt. Die ausgelösten Photoelektronen werden an einer Metallanode aufgefangen und die dadurch zwischen Kathode und Anode auftretende Spannung U gemessen.

- Ein entscheidendes Experiment wurde von Einstein als äußerer Photoeffekt gedeutet. Es handelt sich dabei um die Ablösung von Elektronen aus einem Metall bei Bestrahlung mit Licht (Abb. 1.1.1). Die kinetische Energie E_{kin} der austretenden Elektronen kann gemessen werden, indem man sie ein elektrisches Feld an einer Metallanode aufbauen läßt und stromlos die Bremsspannung U_{max} bestimmt, bei der weitere Elektronen mit der Ladung e die dem Metall gegenüberliegende Elektrode nicht mehr erreichen können:

$$E_{\text{kin}} = \frac{1}{2}mv^2 = eU_{\text{max}} \tag{1.1.1}$$

Klassisch würde man erwarten, daß mit steigender Lichtintensität bei konstanter Frequenz auch die kinetische Energie der Photoelektronen zunehmen sollte. Stattdessen findet man, daß ihre Energie nicht von

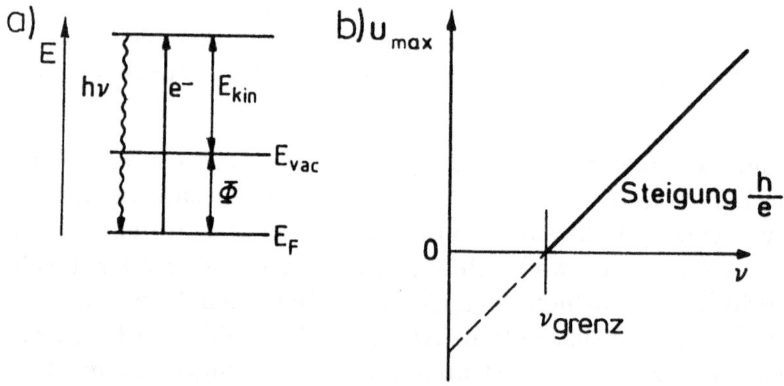

Abb. 1.1.2
a) Schematische Darstellung der Energieverhältnisse bei Anregung eines Photoelektrons (e^-) mit der Energie E_{kin} durch Einstrahlen der Photonenenergie $h\nu$ auf einen metallischen Festkörper mit der elektronischen Austrittsarbeit Φ als Differenz zwischen Vakuumniveau E_{vac} und Ferminiveau des Festkörpers E_F (zur Definition vgl. Abschn. 1.6)
b) Maximale Bremsspannung U_{max} als Funktion der Frequenz ν der eingestrahlten Photonen

der Lichtintensität, sondern nur von der Lichtfrequenz abhängt (Abb. 1.1.2).

Daraus folgt, daß die Elektronen die Energie aus dem Lichtfeld nur in diskreten Werten der Größe $h\nu$ entnehmen können. Sind diese Energiebeträge kleiner als die elektronische Austrittsarbeit Φ, die jedes Elektron als Minimalwert aufbringen muß, um das Metall verlassen zu können, so treten keine Photoelektronen aus. Es existiert also bei Metallen eine Grenzfrequenz mit $h\nu_{\text{grenz}} = \Phi$ (Abb. 1.1.2b), oberhalb derer die kinetische Energie der Photoelektronen linear mit der Frequenz ansteigt. Aus der gemessenen Steigung der Geraden h/e berechnet man über die bekannte Elementarladung $e = 1,602 \cdot 10^{-19}$ C eine weitere Naturkonstante, das sogenannte Plancksche Wirkungsquantum $h = 6,626 \cdot 10^{-34}$ Js.

Die Energiebilanz ergibt für Metalle

$$h\nu = \frac{m}{2}v^2 + \Phi = e \cdot U_{\text{max}} + \Phi. \tag{1.1.2}$$

In der sogenannten Photoelektronenspektroskopie (mit Ultraviolett- (UPS) oder mit Röntgenlicht (XPS)) wird dieser Photoeffekt heute über Messungen von kinetischen Energien emittierter Elektronen ausgenutzt, wobei auch Elektronen aus tieferliegenden Orbitalen mit höheren Ablöseenergien als Φ erfaßt werden, um detaillierte Informationen über Bindungsenergien und Bindungstypen aller Elektronen in verschiedenen, auch nichtmetallischen Materialien zu erhalten (vgl. [Göp 94]).

Diese Experimente zeigen deutlich den *Teilchencharakter von elektromagnetischer Strahlung* und von freien Elektronen. Der im folgenden beschriebene *Wellencharakter* dieser Strahlung war schon vor 1905 beispielsweise aus Beugungsexperimenten bekannt.

- Trifft eine elektromagnetische Welle auf einen Spalt, ein Gitter oder eine dreidimensionale periodische Struktur, wie z.B. einen Kristall mit Gitterabständen in der Größenordnung der Wellenlänge, so treten Beugungs- und Interferenzeffekte mit charakteristischen Maxima bzw. Minima auf. Dies ist eine Folge der Addition bzw. Subtraktion einzelner Wellenbeiträge nach der Wechselwirkung mit den periodischen Streuzentren (vgl. [Göp 94]). Verwendet man statt elektromagnetischer Wellen Elektronenstrahlen, so lassen sich völlig analoge Effekte beobachten, die sich nur dadurch erklären lassen, daß man den Elektronen oder allgemeiner den *Teilchen* auch *Welleneigenschaften* zuschreibt (Abb. 1.1.3). Dieser „Teilchen-Welle-Dualismus" tritt in den Experimenten deutlich

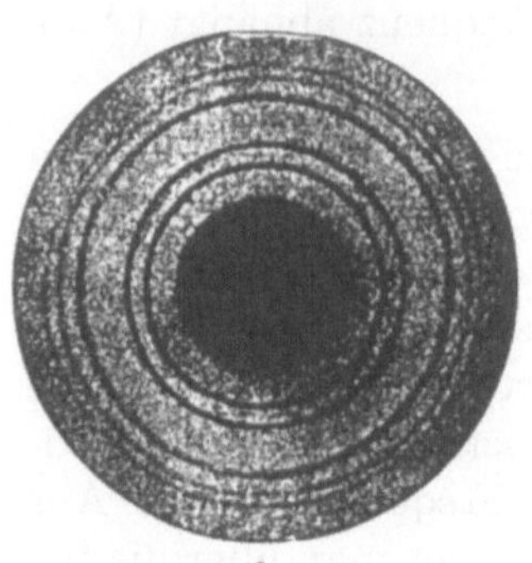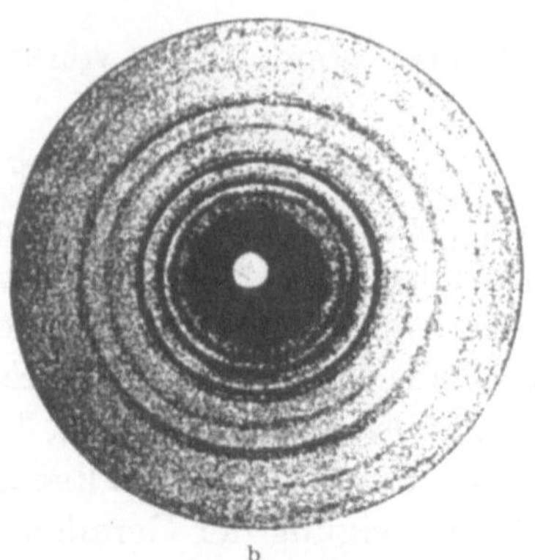

Abb. 1.1.3
Vergleich der Beugung an dünnen polykristallinen Goldfolien in Transmission bei Beschuß
mit (a) Röntgenstrahlung mit definierter Frequenz ν und damit definierter Wellenlänge λ
und (b) Elektronen mit definiertem Impuls mv und damit definierter Wellenlänge λ. In
beiden Fällen ergeben sich aus den Radien der Kreise Aussagen über atomare Abstände
[Fin 67]. Zur Bestimmung von Geometrien allgemeiner Proben mit Beugungsmethoden s.
z.B. [Göp 94].

auf, in denen sehr leichte Teilchen bei niedriger Energie verwendet
werden. Deren Beschreibung erfolgt dann nicht mehr im Rahmen der
klassischen Mechanik, sondern im Rahmen der Quantenmechanik.

„Klassische" Teilchen werden in der Mechanik durch die Größen *Energie*
$E = \frac{1}{2}mv^2$ und *Impuls* (als Vektor) $\underline{p} = m\underline{v}$ über die Masse m und die
Geschwindigkeit $\underline{v}$ beschrieben. Wellen werden über die charakteristischen Größen *Kreisfrequenz* $\omega = 2\pi\nu$ bzw. *Frequenz* ν und *Wellenvektor*
$\underline{k} = \frac{2\pi}{\lambda}\frac{\underline{p}}{|\underline{p}|}$ bzw. die *Wellenlänge* λ erfaßt.

Die Berücksichtigung des Teilchen-Welle-Dualismus und damit der
Übergang zur Quantenmechanik erfolgt über die *de Broglie-Beziehung*,
nach der für den Betrag des Impulses p gilt:

$$p = \hbar k = \frac{h}{2\pi} \cdot \frac{2\pi}{\lambda} = \frac{h}{\lambda} = m \cdot v\,. \tag{1.1.3}$$

Daraus folgt formal für die Energie (vgl. Gl. (1.1.2))

$$E = \frac{1}{2}mv^2 = \frac{p^2}{2m} = \frac{\hbar^2 k^2}{2m} = \hbar\omega = h\nu\,. \tag{1.1.4}$$

Diese Gleichungen verknüpfen somit die Wellen- und Teilcheneigenschaften. Für Elektronenwellen folgt daraus im nichtrelativistischen Fall

(d.h. für Geschwindigkeiten $v \ll c$ mit c als Lichtgeschwindigkeit und damit konstanter Masse $m_e = $ const.):

$$\lambda = \frac{2\pi}{k} = \frac{h}{p} = \frac{h}{m_e v} = \frac{h}{\sqrt{2m_e qU}} = \frac{h}{\sqrt{2m_e eU}} = \frac{h}{\sqrt{2m_e E_{\text{kin}}}} \qquad (1.1.5)$$

Die letzten drei Umformungen in Gl. (1.1.5) gelten für den Fall, daß die Elektronen in einem elektrischen Feld mit der Spannung U auf die kinetische Energie $E_{\text{kin}} = \frac{1}{2}mv^2 = e \cdot U$ beschleunigt wurden (vgl. Gl. (1.1.1)). Wählt man beispielsweise eine Beschleunigungsspannung U von 150 V, so ergibt sich für Elektronen eine Wellenlänge in der Größenordnung von Atomabständen ($\lambda = 10^{-10}$ m).

In Tab. 1.1.1 sind Beispiele für de Broglie-Wellenlängen λ verschiedener Materieteilchen zusammengestellt (vgl. auch Abb. 1.1.4 weiter unten).

Tab. 1.1.1
De Broglie-Wellenlänge λ verschiedener Materieteilchen bei verschiedenen Geschwindigkeiten

Teilchen	Masse m (kg)	Geschwindigkeit v (ms^{-1})	Wellenlänge λ nm
Elektron, 100 V	$9,1 \cdot 10^{-31}$	$5,9 \cdot 10^6$	$0,12$
Proton, 100 V	$1,7 \cdot 10^{-27}$	$1,4 \cdot 10^5$	$2,9 \cdot 10^{-3}$
H_2-Molekül bei 200°C	$3,3 \cdot 10^{-27}$	$2,4 \cdot 10^3$	$8,2 \cdot 10^{-2}$
Golfball	$4,5 \cdot 10^{-2}$	$3,2 \cdot 10^1$	$4,9 \cdot 10^{-25}$

Man erkennt, daß bei makroskopischen Teilchen schon sehr kleine Geschwindigkeiten mit extrem kleinen Wellenlängen verbunden sind und dabei experimentell keine Welleneigenschaften als quantenmechanische Phänomene beobachtet werden können.

- In den vorhergehenden Punkten wurde gezeigt, daß Licht neben der Wellennatur auch Teilchencharakter besitzt und andererseits Elektronen – oder allgemein Materieteilchen – neben den Teilcheneigenschaften auch Welleneigenschaften haben. Die einzige Möglichkeit für eine quantitative Beschreibung von Experimenten, bei denen sowohl das Wellenbild als auch das Teilchenbild zur Beschreibung von Teilaspekten angewendet werden müssen, besteht darin, die experimentellen Resultate über Wahrscheinlichkeiten und diese über Strukturen von Wellenpaketen zu beschreiben.

Den Schlüssel zum Verständnis des Teilchen-Welle-Dualismus liefert dabei die Statistik. Klassisch befindet sich ein Teilchen zu einer bestimmten Zeit exakt an einem bestimmten Ort und eine ideale ebene Welle ist unendlich ausgedehnt. Quantenmechanisch beschreiben Wellenpakete über ihre Amplituden die Wahrscheinlichkeit dafür, daß Teilchen an einem bestimmten Ort beim Experiment angetroffen werden. Details dazu finden sich in Abschn. 1.2.

- Eine Konsequenz aus dem Teilchen-Welle-Dualismus ist die sog. *Heisenbergsche Unschärferelation*, nach der Ort x und Impuls p eines Teilchens nicht gleichzeitig beliebig genau angebbar sind. Für das Produkt der experimentell erfaßbaren Unschärfen Δx und Δp gilt

$$\Delta p \Delta x \geq \frac{\hbar}{2}. \tag{1.1.6}$$

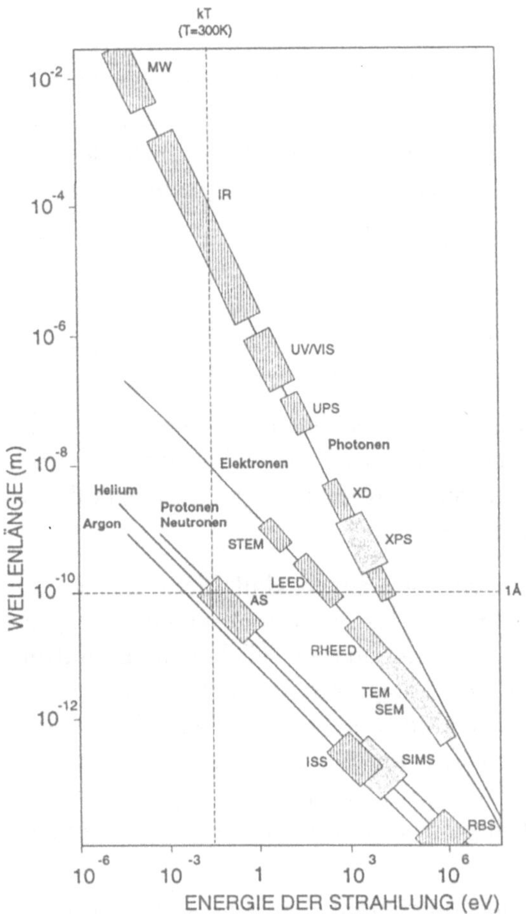

Abb. 1.1.4
Wellenlängen und Energien verschiedener Teilchen oder Wellen mit charakteristischen Bereichen für die Anwendung zur Strukturaufklärung. Dabei ist *kT* die mittlere thermische Energie bei Raumtemperatur (300 K), MW = Mikrowellenspektroskopie, IR = Infrarotspektroskopie, UV/VIS = Elektronenspektroskopie im UV- und sichtbaren Bereich, UPS = Ultraviolettphotoelektronenspektroskopie, XD = Röntgenbeugung (X-Ray-Diffraction), XPS = Röntgenphotoelektronenspektroskopie, STEM = Rastertransmissionselektronenmikroskopie (Scanning Transmission Electron Microscopy), LEED = Beugung langsamer Elektronen (Low Energy Electron Diffraction), RHEED = Beugung schneller Elektronen (Reflection High Energy Electron Diffraction), TEM = Transmissionselektronenmikroskopie, SEM = Rasterelektronenmikroskopie (Scanning Electron Microscopy), AS = Atomstreuung, ISS = Ionenrückstreuung (Ion Scattering Spectroscopy), SIMS = Sekundärionenmassenspektrometrie, RBS = Rutherford-Rückstreuspektroskopie (Rutherford Back Scattering).

• Teilchen und Welleneigenschaften von Photonen, Elektronen, Protonen, Neutronen, aber auch kleinen Edelgasatomen haben zentrale Bedeutung für die zahlreichen Untersuchungsmethoden zur Aufklärung der Struktur der Materie. Die Bestimmung der geometrischen Anordnung von Atomen erfordert beispielsweise, daß man Teilchen als Sonden einsetzt, deren Wellenlängen klein gegenüber den atomaren Abständen (in der Größenordnung von 1 Å) sind, wobei man damit prinzipiell direkte Bilder herstellen kann. Außerdem läßt sich durch Auswerten von Beugungsbildern indirekt auf atomare geometrische Anordnungen schließen (vgl. Abb. 1.1.3). Beugungseffekte treten dann optimal auf, wenn die Wellenlängen der Sonden in der Größenordnung atomarer Abstände sind. Will man andererseits Informationen darüber bekommen, welche elementaren Energiezustände in der Materie vorkommen, so wählt man z.B. Sonden mit einer definierten Ausgangsenergie, läßt diese mit der Materie wechselwirken und mißt hinterher den Energieverlust bzw. -gewinn. Im molekularen Bereich treten derartige Energieverluste oft gequantelt auf (Rotationen, Schwingungen, Elektronenenergien etc.), wobei die Energien und Energieverluste über die Schrödingergleichung berechnet werden können. Dieser theoretische Zugang soll in Abschn. 1.2 kurz vorgestellt werden. Charakteristische Wellenlängen und Energien von typischen Sonden zur Aufklärung der geometrischen Struktur und Energiezustände der Materie sind in Abb. 1.1.4 zusammengefaßt. Für Details siehe [Göp 94].

1.2 Quantenmechanik

Die Berücksichtigung des Teilchen-Welle-Dualismus im *klassischen* („nichtquantenmechanischen") *Energieerhaltungssatz* (für die konstante Summe aus potentieller und kinetischer Energie in abgeschlossenen Systemen, bei denen keine Reibung auftritt und weder Teilchen noch Energie mit der Umgebung ausgetauscht werden) führt formal zur sog. *Schrödingergleichung* und damit zu einem Konzept, mit dem im Prinzip die mikroskopische Struktur der Materie im Gleichgewicht widerspruchslos beschrieben werden kann (vgl. Anhang 6.1 und [Göp 94], Besonderheiten treten bei der Beschreibung magnetischer Phänomene auf).

Die Lösung der Schrödingergleichung für Gleichgewichtszustände ist allerdings nur in einfachen Fällen exakt möglich. Dazu müssen alle auftretenden Wechselwirkungskräfte oder Potentiale zwischen den beteiligten Teilchen (im allgemeinen Elektronen und Protonen) berücksichtigt werden (vgl. Abschn. 1.7). Als Lösung ergeben sich Wellenfunktionen Ψ, deren Quadrat die Aufenthaltswahrscheinlichkeitsdichte von Teilchen als Funktion des Ortes angibt.

Einfache Beispiele sollen exakte Resultate aus der Schrödingergleichung verdeutlichen.

1. Teilchen im Kasten

Gasmoleküle in einem geschlossenen Volumen oder Elektronen im Festkörper sind typische Beispiel für Teilchen im Kasten. Für gebundene Teilchen im eindimensionalen Kasten (Abb. 1.2.1) ergeben sich diskrete Energie-

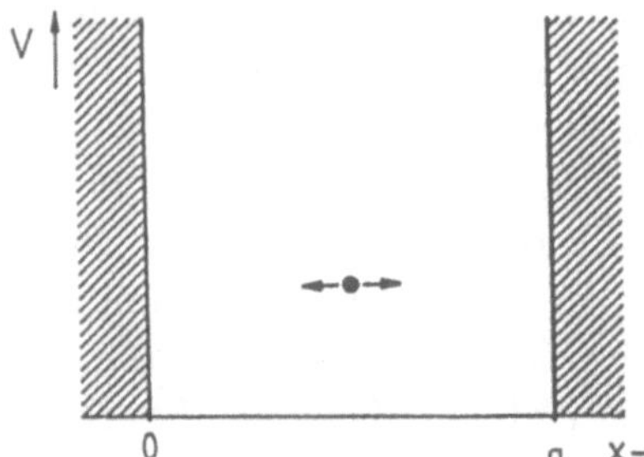

Abb. 1.2.1
Eindimensionaler Kasten mit unendlich hohen Kastenwänden: Potentielle Energie $V = \infty$ für $x < 0$ und $x > a$, $V = 0$ für $0 \leq x \leq a$

eigenwerte und zugeordnete Wellenlängen der Ψ-Funktionen sowie Aufenthaltswahrscheinlichkeiten Ψ^2, die schematisch in Abb. 1.2.2 dargestellt sind.

Nur diese Energien sind „erlaubt". Die Energiequantelung ergibt sich hierbei aus der mathematischen Forderung, daß die Ψ-Funktion und damit die Aufenthaltswahrscheinlichkeitsdichte an den Potentialwänden gegen null gehen muß. Für die Energieniveaus von Teilchen im eindimensionalen Kasten folgt aus der Schrödingergleichung

$$E_{\text{trans}} = \frac{\hbar^2 k^2}{2m} = \frac{n^2 \pi^2 \hbar^2}{2ma^2} = \frac{n^2 h^2}{8ma^2} \quad , \quad n = 1, 2, \ldots . \tag{1.2.1}$$

Dabei ist n die sog. Hauptquantenzahl. Wegen $n \neq 0$ besitzt ein Teilchen im eindimensionalen Potentialtopf eine Energie, die auch am absoluten Nullpunkt der Temperatur erhalten bleibt, die sogenannte Nullpunktsenergie. Die kinetische Energie der gebundenen Teilchen ist als wichtige Konsequenz aus Gl. (1.2.1) immer gequantelt. Die Energieabstände sind insbesondere für kleine Massen besonders groß. Daher zeigen vor allem Elektronen bei kleinen Kastendimensionen ausgeprägte Quanteneffekte durch diskrete Energiezustände und Wellenlängen.

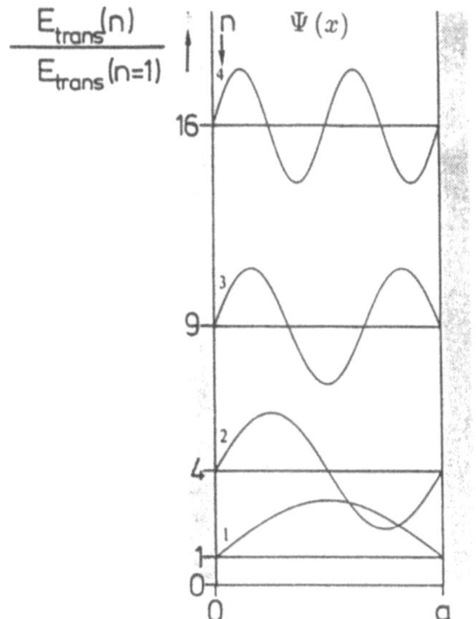
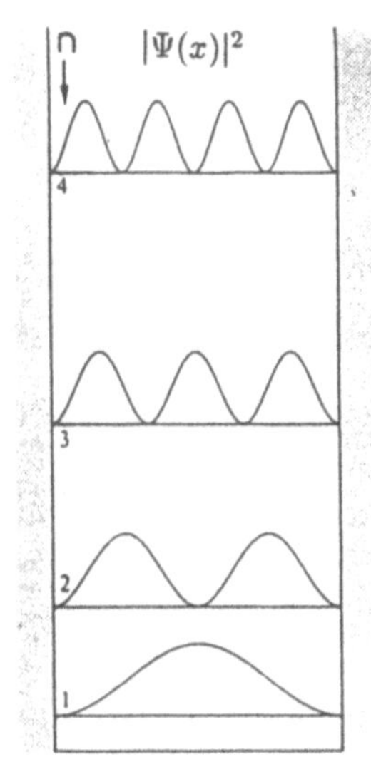

Abb. 1.2.2
Wellenfunktionen Ψ und Aufenthaltswahrscheinlichkeiten Ψ^2 eines Teilchens im Potentialtopf mit unendlich hohen Wänden für verschiedene Quantenzahlen n

Für den dreidimensionalen Kasten mit dem Volumen $a \cdot b \cdot c$ ergibt sich
entsprechend

$$E_{\text{trans}} = \frac{h^2}{8m} \left(\frac{n_x^2}{a^2} + \frac{n_y^2}{b^2} + \frac{n_z^2}{c^2} \right) = \frac{\hbar^2}{2m}(k_x^2 + k_y^2 + k_z^2). \tag{1.2.2}$$

Läßt sich die Größe $k^2 = k_x^2 + k_y^2 + k_z^2$ durch verschiedene Kombinationen
von n_x, n_y, n_z verwirklichen, so liegt *Entartung* vor.

Die Anzahl möglicher Kombinationen n_x, n_y, n_z zur Darstellung eines Ener-
giewerts $E = \frac{\hbar^2 k^2}{2m}$ nennt man den *Entartungsgrad* g_n. Dieser ist identisch
mit der *Zahl $N(E)$ der erlaubten Translationszustände* für Teilchen im Volumen V bei der Energie E. Diesen Entartungsgrad muß man von der sog.
Zustandsdichte $D(E)$ unterscheiden, die die Anzahl $dN(E)$ von Energieniveaus pro Energieintervall dE beschreibt:

$$D(E) = \frac{dN(E)}{dE} \tag{1.2.3}$$

Für $D(E)$ gilt mit $V = a^3$ für $a = b = c$ in Gl. (1.2.2) (vgl. [Göp xx]):

$$D(E) = 4\sqrt{2}\,\pi \frac{V}{h^3} E^{\frac{1}{2}} m^{\frac{3}{2}} \sim E^{\frac{1}{2}} \tag{1.2.4}$$

Für den eindimensionalen Fall ergibt sich entsprechend

$$D(E) = 2\sqrt{2}\frac{a}{h}E^{-\frac{1}{2}}m^{\frac{1}{2}} \sim E^{-\frac{1}{2}} \tag{1.2.5}$$

und für den zweidimensionalen Fall (mit $a = b$ in Gl. (1.2.2))

$$D(E) = 8\frac{a^2}{h^2}m \neq f(E)\,. \tag{1.2.6}$$

Diese Zusammenhänge sind in Abb. 1.2.3 dargestellt.

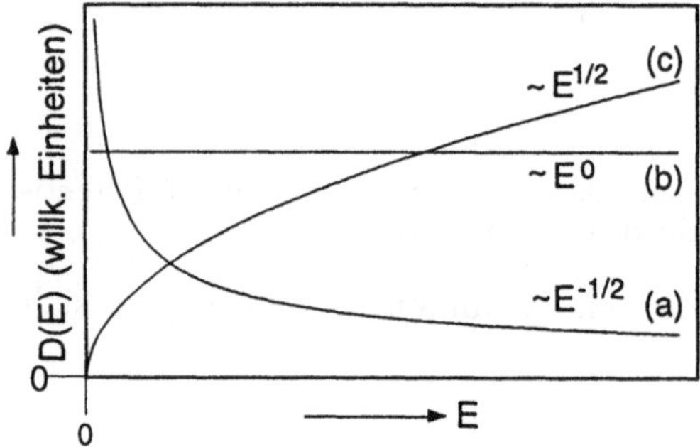

Abb. 1.2.3
Ein- (a), zwei- (b) und dreidimensionale (c) Zustandsdichte $D(E)$ in Abhängigkeit von der Energie

Bei den Anwendungen werden wir in Abschn. 3.10 im Zusammenhang mit Quantenstruktur-Bauelementen der Mikro- und Optoelektronik vor allem auf Elektronen als Teilchen im Kasten und auf deren Zustandsdichte eingehen.

2. Endliche Potentialbarrieren: Tunneleffekt

Wenn Teilchen auf eine endliche Potentialbarriere treffen, können diese auch dann durch die Potentialbarriere dringen, wenn deren Gesamtenergie E niedriger ist als das Potential der Barrierenhöhe. Dies ist bei klassischer („nicht-quantenmechanischer") Betrachtung nicht möglich. Derartige Barrieren treten beispielsweise für gebundene Elektronen zwischen zwei Festkörpern bei sehr geringem geometrischen Abstand in der Größenordnung von nm auf. Beim Durchtritt durch diese Tunnelbarriere (vgl. Abb. 1.2.4) wird die Amplitude des Teilchenstrahls geschwächt.

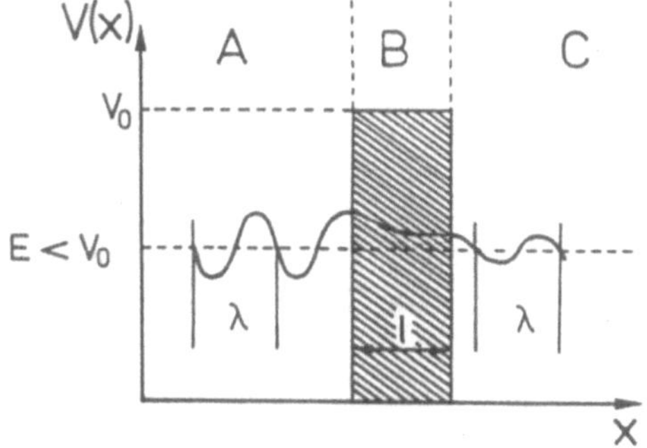

Abb. 1.2.4
Schematische Darstellung des Tunneleffektes von Teilchen der Wellenlänge λ und der Energie E, die von links kommend eine endliche Potentialbarriere der Höhe $V_0 > E$ und Breite l durchdringen. Es gilt für den Bereich A: $V(x) = 0$, den Bereich B: $V(x) = V_0$ und den Bereich C: $V(x) = 0$.

Das Verhältnis der Quadrate der Amplituden A der Ψ-Funktionen nach und vor dem Durchdringen gibt den sogenannten Transmissionskoeffizienten κ an:

$$\kappa = \left| \frac{A_{\text{nach}}}{A_{\text{vor}}} \right|^2 \sim e^{-2l\sqrt{2m(V_0-E)}} \qquad (1.2.7)$$

Es werden danach bevorzugt Teilchen mit einer sehr kleinen Masse m tunneln können, d.h. insbesondere Elektronen und in Ausnahmefällen Protonen, wenn die Barrierenbreite in der Größenordnung atomarer Abstände liegt.

Der Tunnelstrom von Elektronen durch diese Barriere wird im Rastertunnelmikroskop (**Scanning Tunneling Microscope**, „STM") ausgenutzt. Abb. 1.2.5a zeigt den Aufbau eines Tunnelmikroskops schematisch. Für die Abbildung wird eine feine Metallspitze mit einem elektrisch gesteuerten Piezoelement (vgl. Abschn. 2.4.3) für die z-Komponente durch Spannungsvariation mechanisch so nahe an die zu untersuchende Oberfläche herangefahren, bis ein Tunnelstrom einsetzt (Abstand $\leq$ 1 nm). Dann wird die Spitze über die Ansteuerungen von Piezoelementen für die x- und y-Komponenten wie beim Fernseher rasterförmig über die Oberfläche bewegt, wobei der Tunnelstrom und damit der Abstand zwischen Spitze und Objekt über einen elektronischen Regelkreis konstant gehalten und das Regelsignal als Kontrast registriert wird [Göp 94].

Durch die Registrierung des Reglersignals erhält man ein Abbild der Oberfläche. Dabei müssen keine Vakuumbedingungen eingehalten werden, und es

a)

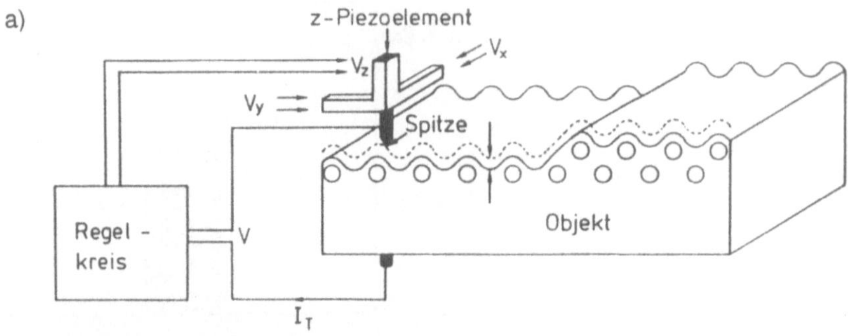

b)

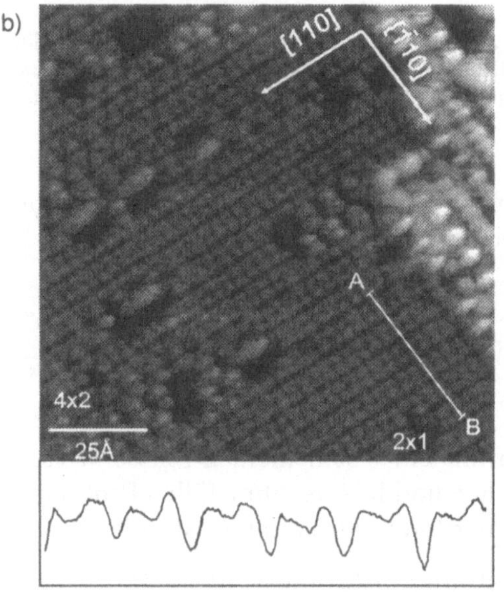

Abb. 1.2.5
a) Grundprinzip des Rastertunnelmikroskops (STM) . Eine Spannung V_z wird zur mechanischen Verschiebung an das z-Piezoelement gelegt. Mit Hilfe des Regelkreises wird der Tunnelstrom durch Variation des z-Abstandes jeweils konstant eingestellt, während die Spitze über das Objekt durch Variationen von V_x und V_y zeilenförmig gerastert wird [Hen 94].
b) Typisches STM-Bild der Si(100)-Oberfläche, bei der die 2 × 1- sowie die 4 × 2-Überstruktur (vgl. Abschn. 1.5) sowie eine Anzahl von Defekten sichtbar sind [Mun 95]. Rechts oben im Bild ist die nächsthöhere Terrasse zu sehen. Unten ist ein Höhenprofil der Linie A-B gezeigt, in dem zu sehen ist, daß die Si-Atome in der Höhe alternieren.

kann sogar in flüssigem Medium gemessen werden, wobei der Abstand Tunnelspitze - Oberfläche kleiner als die Durchmesser von Flüssigkeitsmolekülen gewählt werden kann. Neben der Oberflächentopographie von Atomen enthalten die Bilder u.a. auch indirekt Informationen über Elektronendichteverteilungen und lokale elektronische Austrittspotentiale.

3. Zweiatomiger harmonischer Oszillator

Die praktische Bedeutung harmonischer Oszillatoren liegt u.a. darin, daß ein wesentlicher Anteil der Gesamtenergie von Molekülen oder Festkörpern bei endlichen Temperaturen als Schwingungsenergie mit verschiedenen Eigenfrequenzen vorliegt. Diese Schwingungsenergien sind gequantelt und lassen sich für den einfachsten Fall eines zweiatomigen Moleküls mit seinen gegeneinander schwingenden Atomen als Massepunkte (Abb. 1.2.6a) quantenmechanisch über

$$E_{\text{vib}} = h\nu(v + \frac{1}{2}) \quad \text{mit} \quad \nu = \sqrt{\frac{k}{\mu}} \tag{1.2.8}$$

angeben. Dabei ist $v = 0, 1, 2, 3, \ldots$ die Quantenzahl der Schwingung mit der

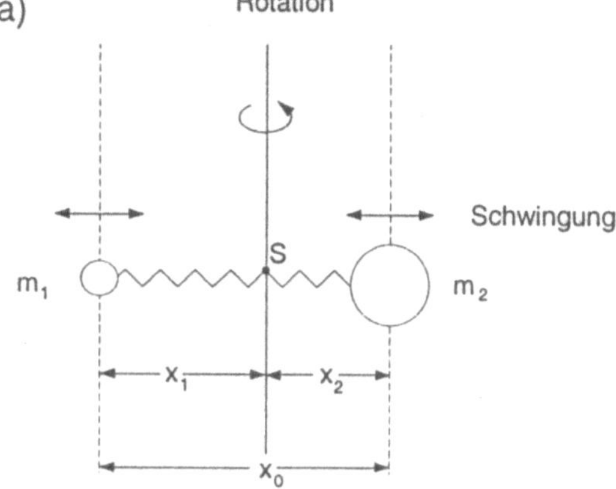

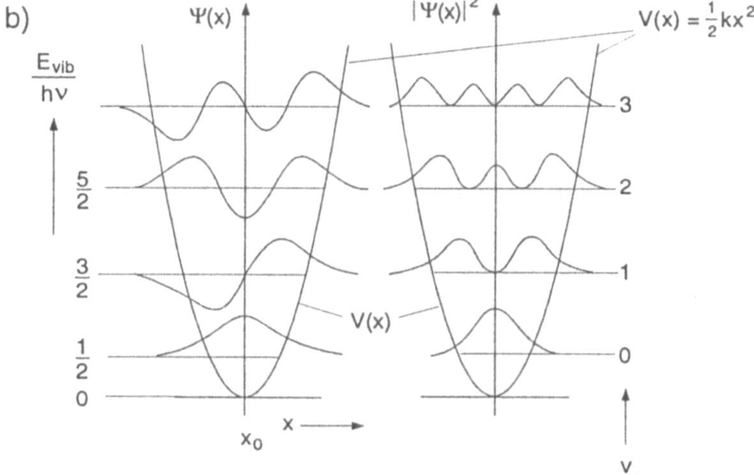

Abb. 1.2.6
a) Atomanordnung in einem zweiatomaren Molekül mit den Koordinaten x_1 und x_2, dem Gleichgewichtsabstand x_0 und dem Schwerpunkt S. Für die gleiche Atomanordnung werden unter 4. gequantelte Rotationsenergien diskutiert.
b) Wellenfunktionen Ψ und Aufenthaltswahrscheinlichkeiten Ψ^2 für den harmonischen Oszillator. Die Auslenkung x aus der Ruhelage x_0 steigt linear mit der von außen wirkenden Kraft x an ($F = -kx$, Hookesches Gesetz, vgl. Gl. (2.2.1) und (2.2.2)). Die potentielle Energie $V(x) = \frac{1}{2}kx^2$ der gebundenen Teilchen steigt dabei quadratisch mit der Auslenkung x an.

Frequenz ν und dem Entartungsgrad $g_v = 1$ und $\mu = \frac{m_1 \cdot m_2}{m_1 + m_2}$ die sogenannte reduzierte Masse. Selbst für den Grundzustand mit $v = 0$ bleibt also eine endliche Schwingungsenergie erhalten, die sog. Nullpunktsschwingung $\frac{1}{2}h\nu$.

4. Zweiatomiger starrer Rotator

Ein weiterer, v.a. in freien Molekülen vorkommender Energiezustand der Materie ist die Rotation. Der einfachste Fall ist die Rotation zweier Atome mit den Massen m_i und Abständen x_i vom Schwerpunkt S (vgl. Abb. 1.2.6a). Diese haben das Trägheitsmoment

$$I = \sum m_i x_i^2 . \tag{1.2.9}$$

Damit ergibt sich aus der Schrödingergleichung für die gequantelten Energieniveaus

$$E_{\mathrm{rot}} = \frac{h^2}{8\pi^2 I} = BJ(J+1) \tag{1.2.10}$$

mit B als Rotationskonstante und J als Rotationsquantenzahl. Zu jedem Wert von E_{rot} gibt es $2J + 1$ Energiewerte. Der Entartungsgrad ist deshalb $g_J = 2J + 1$. Eine Nullpunktsenergie tritt im Gegensatz zur Schwingung im niedrigsten Energiezustand für $J = 0$ nicht auf.

1.3 Atome

Atome sind aus einem positiven Atomkern mit Protonen und Neutronen aufgebaut, der von negativen Elektronen umgeben ist. Neutronen sind elektrisch neutral, Protonen und Elektronen besitzen eine elektrische Ladung des Betrags $e = 1,6 \cdot 10^{-19}$ C. In neutralen Atomen müssen gleich viele Protonen und Elektronen vorhanden sein. Die Zahl der Protonen wird *Ordnungszahl* z genannt. Sie ist charakteristisch für jedes Element und bestimmt dessen Einordnung in das Periodensystem der Elemente (s. Abb. 1.3.4 bzw. Anhang 6.3.10).

Die Masse eines Atoms wird im wesentlichen durch die Zahl der Protonen und Neutronen bestimmt. Beide besitzen nahezu die gleiche Masse $m = 1,67 \cdot 10^{-27}$ kg und sind 1852 mal schwerer als Elektronen mit $m_e = 9,11 \cdot 10^{-31}$ kg. Atome, die bei gleicher Protonenzahl eine unterschiedliche Anzahl von Neutronen besitzen, nennt man *Isotope*.

Die klassischen und physikalischen Eigenschaften der Atome werden überwiegend durch ihre Elektronen bestimmt, deren Energiezustände in der Quantenmechanik als Lösungen der Schrödingergleichung bestimmt werden.

Dazu betrachten wir zunächst den einfachsten Fall der Berechnung gequantelter Energiezustände eines einzigen Elektrons, das sich um ein Proton bewegt (Wasserstoffatom). Die potentielle Energie der Wechselwirkung zwischen diesen beiden als Punktladungen angenommenen Teilchen ist durch das Coulombgesetz gegeben. Damit ergeben sich die stationären gequantelten Zustände für Elektronen zu

$$E_{\mathrm{el},n} = -\frac{e^4 m_0}{32\pi^2 \varepsilon_0^2 \hbar^2}\,\frac{1}{n^2} \sim \frac{1}{n^2} \tag{1.3.1}$$

mit m_0 als Masse des Elektrons, ε_0 als elektrische Feldkonstante und $\hbar = h/2\pi$. Die Energieniveaus sind für Wasserstoff in Abb. 1.3.1a dargestellt. Die Quantenzahl n in Gl. (1.3.1) entspricht dabei einer Laufzahl, die früher von Balmer für die Interpretation der optischen Spektren des Wasserstoffs (Abb. 1.3.1b) eingeführt wurde:

$$\tilde{\nu} = \frac{1}{\lambda} = \frac{E_{\mathrm{el},n} - E_{\mathrm{el},n'}}{hc} = R_H \left(\frac{1}{(n')^2} - \frac{1}{n^2} \right) \tag{1.3.2}$$

mit R_H als Rydbergkonstante. Dabei wird beim Übergang zwischen zwei erlaubten Energieniveaus $E_{\mathrm{el},n(n')}$ die Photonenenergie $h\nu$ frei (vgl. Abb. 1.3.1b). Für $n' = 2$ ergibt sich z.B. die sog. Balmerserie der optischen Übergänge.

Die Berechnung von Mehrelektronenatomen ist über die Schrödingergleichung wesentlich komplizierter, da dann die Abstoßungskräfte der Elektronen untereinander berücksichtigt werden müssen. Bei höheren Kernladungszahlen (≥ 50) kommen zudem starke Spin-Bahn-Wechselwirkungen der Elektronen dazu, die eine relativistische Berechnung der Energieniveaus erfordern. In jedem Fall müssen neben der Quantenzahl n, der sog. *Hauptquantenzahl*, noch drei weitere Quantenzahlen zur Beschreibung und Festlegung der Elektronenenergien berücksichtigt werden.

Die zweite ist die sog. *Bahndrehimpulsquantenzahl l*, die den Bahndrehimpuls der Elektronenbewegung um den Kern gequantelt festlegt. Die maximal möglichen ganzzahligen Werte von l sind durch die Hauptquantenzahl n festgelegt, wobei l von 0 bis $(n-1)$ variieren kann. Sowohl n als auch l können durch Zahlen oder Buchstaben repräsentiert werden. So bezeichnen

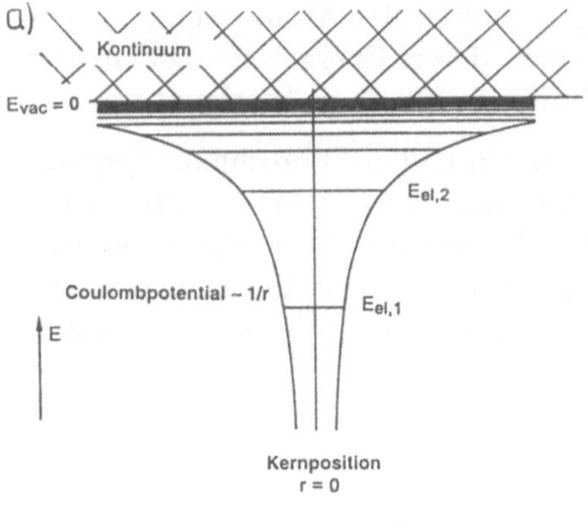

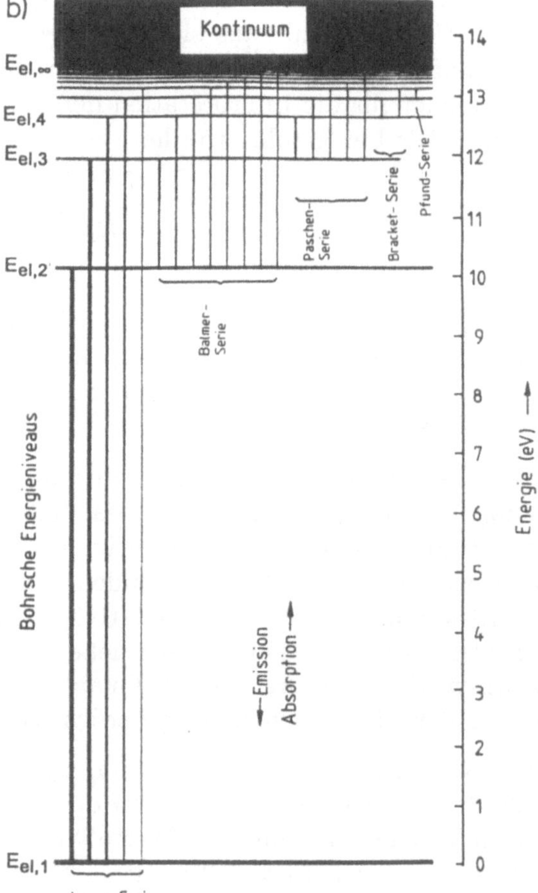

Abb. 1.3.1
a) Energieeigenwerte des Wasserstoffatoms (schematisch). $E_{vac} = 0$ ist das Vakuumniveau für ungebundene Elektronen mit kinetischer Energie null relativ zum Atomkern. Dies wird häufig als Energienullpunkt gewählt (vgl. Gl. (1.3.1)).
b) Termschema für die Absorptionsbzw. Emissionslinien von Wasserstoff und die Serieneinteilung. Als Energienullpunkt wurde hier das niedrigste Niveau im Grundzustand ($n = 1$) gewählt. Die Entartung der Elektronenenergiezustände für $E_{el,2,3,...}$ ist zur Vereinfachung nicht angegeben (vgl. Tab. 1.3.1).

die Buchstaben K,L,M,N,... die Zustände mit $n = 0, 1, 2, 3, \ldots$, die Buchstaben s,p,d,f,... die Zustände mit $l = 0, 1, 2, 3, \ldots$.

Um die Bedeutung von l zu verstehen, müssen wir auf den Teilchen-Welle-Dualismus zurückgreifen. Schon in Abschn. 1.1 haben wir darauf hingewiesen, daß man den Ort von Elektronen nur über Aufenthaltswahrscheinlichkeiten angeben kann, die sich aus den Quadraten der Ψ-Funktion der Schrödingergleichung ergeben. Betrachtet man die Aufenthaltswahrscheinlichkeitsdichte für verschiedene Werte von l, so stellt man fest, daß sie für $l = 0$ kugelsymmetrisch um den Atomkern angeordnet ist, für höhere Werte von l aber andere Formen aufweist (Abb. 1.3.2).

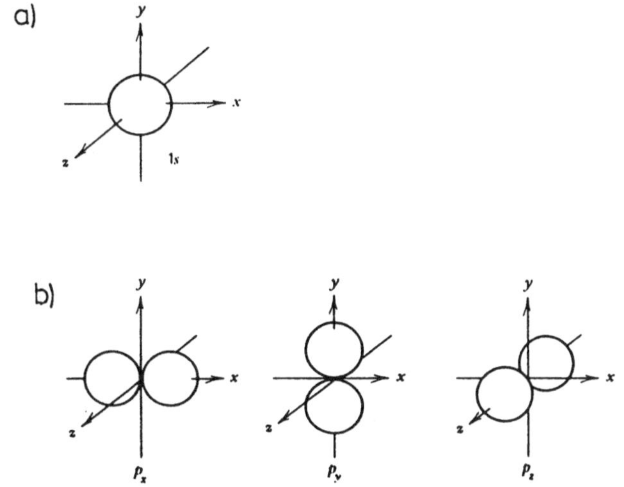

Abb. 1.3.2
Schematische Darstellung der Aufenthaltswahrscheinlichkeiten für (a) 1s- und (b) 2p-Elektronen mit drei unterschiedlichen Orientierungen des Bahndrehimpulses. Die ausgezogenen Linien schließen das Volumen ein, in dem sich das Elektron zu 90% befindet, wobei die Wahrscheinlichkeitsdichten Ψ^2 nach außen exponentiell gegen null abfallen. (Im Gegensatz zu Ψ^2 haben die entsprechenden Ψ-Funktionen (sog. „Orbitalfunktionen") sowohl positive als auch negative Werte. Dies spielt in den Aufenthaltswahrscheinlichkeiten keine Rolle.)

Aus Abb. 1.3.2b erkennt man, daß sich p-Elektronen bevorzugt entlang einer bestimmten Achse (hier: x-, y- und z-Achse) aufhalten. Dies erklärt die dritte Quantenzahl m_l, die diese Richtung als Orientierung des Bahndrehimpulses im Raum festlegt. m_l kann die ganzzahligen Werte von $-l$ bis $+l$ annehmen. Abb. 1.3.2b zeigt die $2l + 1 = 3$ möglichen Richtungen für $l = 1$.

Ohne angelegtes Magnetfeld haben Elektronen mit gleichem l, aber unterschiedlichem m_l die gleiche Energie. Im Magnetfeld wird diese Entartung aufgehoben, d.h. man findet unterschiedliche Energien. Daher bezeichnet man m_l als *magnetische Quantenzahl*.

Zeichnet man nicht Ψ^2, sondern Ψ als Funktion der Ortskoordinaten auf, so erhält man entsprechende Abbildungen der sog. Atomorbitale. Sie besitzen eine sehr ähnliche Form wie die Ψ^2-Funktionen, können aber positives wie negatives Vorzeichen besitzen.

Zur Charakterisierung der räumlichen Struktur eines Orbitals reichen die drei Quantenzahlen n, l und m_l aus. Die vierte Quantenzahl, die sog. *Spinquantenzahl* m_s, beschreibt darüberhinaus den Eigendrehimpuls (Spin) des Elektrons in diesem Orbital. Dieser kann nur die Werte $+\frac{1}{2}$ und $-\frac{1}{2}$ annehmen, wobei $+\frac{1}{2}$ bedeutet, daß dieser Eigendrehimpuls parallel zu der entsprechenden Bahndrehimpulsachse und $-\frac{1}{2}$, daß dieser antiparallel orientiert ist. Die Besetzung einzelner Orbitale mit den sie charakterisierenden Quantenzahlen n, l, m_l und m_s regelt das *Pauliprinzip*. Es besagt, daß sich in einem Atom keine zwei Elektronen befinden dürfen, die in allen vier Quantenzahlen übereinstimmen. Jedes Orbital und damit jedes Energieniveau kann also von maximal zwei Elektronen ($m_s = \pm\frac{1}{2}$) besetzt werden. Tab. 1.3.1 zeigt die Anzahl möglicher Energiezustände und Elektronen in einer Zusammenfassung.

Im energetischen Grundzustand werden zuerst die energetisch tiefstliegen-

Tab. 1.3.1
Anzahl möglicher Energiezustände (Entartungsgrad) und Elektronen für verschiedene Haupt- und Nebenquantenzahlen in Atomen

Hauptquantenzahl n	Schale	Nebenquantenzahl l	Unterschale (Orbital)	Zahl der Energiezustände	Zahl der Elektronen pro Unterschale	pro Schale
1	K	0	s	1	2	2
2	L	0	s	1	2	8
		1	p	3	6	
3	M	0	s	1	2	18
		1	p	3	6	
		2	d	5	10	
4	N	0	s	1	2	32
		1	p	3	6	
		2	d	5	10	
		3	f	7	14	

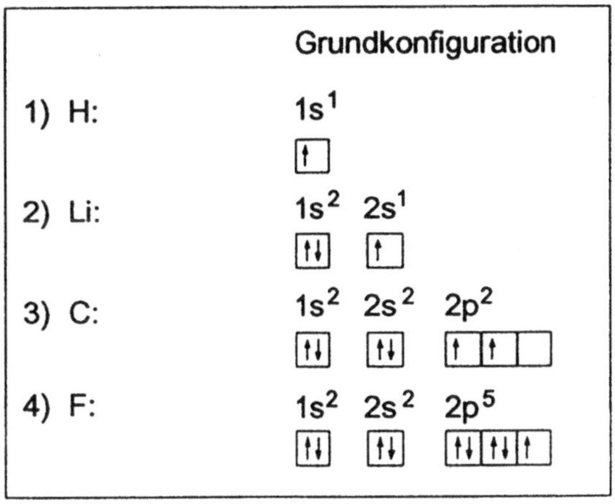

<table>
<tr><td></td><td></td><td>Grundkonfiguration</td></tr>
<tr><td>1) H:</td><td></td><td>$1s^1$</td></tr>
<tr><td></td><td></td><td>[↑]</td></tr>
<tr><td>2) Li:</td><td></td><td>$1s^2$ $2s^1$</td></tr>
<tr><td></td><td></td><td>[↑↓]   [↑]</td></tr>
<tr><td>3) C:</td><td></td><td>$1s^2$ $2s^2$ $2p^2$</td></tr>
<tr><td></td><td></td><td>[↑↓]   [↑↓]   [↑][↑][ ]</td></tr>
<tr><td>4) F:</td><td></td><td>$1s^2$ $2s^2$ $2p^5$</td></tr>
<tr><td></td><td></td><td>[↑↓]   [↑↓]   [↑↓][↑↓][↑]</td></tr>
</table>

Abb. 1.3.3
Elektronische Konfiguration für die Grundzustände einiger Atome (schematisch, nach rechts nimmt die Energie zu)

den Zustände besetzt. Die Reihenfolge wird für niedrige Ordnungszahlen z durch die Energiesequenz

$$1s < 2s < 2p < 3s < 3p \ldots$$

festgelegt. Ab der 4s-Unterschale tritt das Phänomen auf, daß Niveaus mit höherer Hauptquantenzahl n energetisch tiefer liegen können als solche mit kleinerem n und somit früher zu besetzen sind ($\rightarrow$ nicht aufgefüllte innere Schalen der sog. Nebengruppenelemente).

Für Kohlenstoff als Beispiel ergibt sich damit die Konfiguration mit zu Gruppen zusammengefaßten Elektronen gleicher Haupt- und Nebenquantenzahl:
Kohlenstoff C: $(1s^2)\,(2s^2)\,(2p^2)$
Der obere Index gibt dabei die Zahl der Elektronen im Orbital an.

In der so beschriebenen Elektronenkonfiguration erkennt man nur die Verteilung der Elektronen hinsichtlich der Quantenzahlen n und l.

Die energetische Reihenfolge der Zustände mit unterschiedlichen Werten von m_l und m_s müssen bei genauer Beschreibung ebenfalls berücksichtigt werden. Der *Grundzustand* für eine gegebene Konfiguration wird durch die *Hundschen Regeln* festgelegt. Nach ihnen werden äquivalente Elektronen (das sind Elektronen mit gleichem l) im Grundzustand so eingebaut, daß die Summe ihrer Eigendrehimpulse maximal wird.

Eine anschauliche Erklärung dazu liefert das Beispiel der p-Elektronen:

Periode (Außenschale)	Ia	IIa	IIIa	IVa	Va	VIa	VIIa	VIII			Ib	IIb	IIIb	IVb	Vb	VIb	VIIb	0
1 s	1 H																1 H	2 He
2 2s2p	3 Li	4 Be											5 B	6 C	7 N	8 O	9 F	10 Ne
3 3s3p	11 Na	12 Mg											13 Al	14 Si	15 P	16 S	17 Cl	18 Ar
4 4s3d 4p	19 K	20 Ca	21 Sc	22 Ti	23 V	24 Cr	25 Mn	26 Fe	27 Co	28 Ni	29 Cu	30 Zn	31 Ga	32 Ge	33 As	34 Se	35 Br	36 Kr
5 5s4d 5p	37 Rb	38 Sr	39 Y	40 Zr	41 Nb	42 Mo	43 Tc	44 Ru	45 Rh	46 Pd	47 Ag	48 Cd	49 In	50 Sn	51 Sb	52 Te	53 I	54 Xe
6 6s (4f) 5d 6p	55 Cs	56 Ba	57* La	72 Hf	73 Ta	74 W	75 Re	76 Os	77 Ir	78 Pt	79 Au	80 Hg	81 Tl	82 Pb	83 Bi	84 Po	85 At	86 Rn
7 7s (5f) 6d	87 Fr	88 Ra	89** Ac															

*Lanthaniden-Reihe 4f	58 Ce	59 Pr	60 Nd	61 Pm	62 Sm	63 Eu	64 Gd	65 Tb	66 Dy	67 Ho	68 Er	69 Tm	70 Yb	71 Lu
**Actiniden-Reihe 5f	90 Th	91 Pa	92 U	93 Np	94 Pu	95 Am	96 Cm	97 Bk	98 Cf	99 Es	100 Fm	101 Md	102 No	103 Lr

Abb. 1.3.4 Periodensystem der Elemente [Cot 74] (detailliertere Daten finden sich in Anhang 6.3.10)

Die drei ersten p-Elektronen mit parallelen Spins besetzen je einen p_x, p_y, p_z-Zustand. Sie besitzen somit maximalen räumlichen Abstand zueinander bei minimaler Überlappung der Ψ-Funktionen. Als Folge davon ist die Coulombabstoßung am geringsten und die Gesamt-Bindungsenergie am größten. Abb. 1.3.3 zeigt einige Beispiele.

In Abb. 1.3.4 (und in Anhang 6.3.10) ist das sog. Periodensystem der Elemente gezeigt, in dem die Elemente nach steigender Ordnungszahl in sieben waagerechten Reihen, den sog. Perioden angeordnet sind. In den senkrechten Reihen, den sog. Gruppen, stehen jeweils Elemente untereinander, die eine sehr ähnliche Struktur der äußeren Elektronen (Valenzelektronen) besitzen. So haben Li, Na und K jeweils nur ein einzelnes äußeres Elektron in einem s-Orbital, sie unterscheiden sich nur in ihrer Hauptquantenzahl. Elemente in solchen Gruppen haben ähnliche physikalische und chemische Eigenschaften.

Je nach Anzahl der eingebauten Elektronen ergeben sich z.B. unterschiedliche Größen der Atome mit periodischer Variation (Abb. 1.3.5).

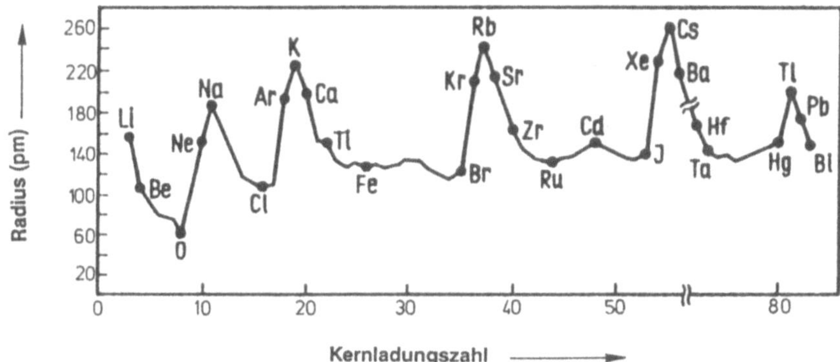

Abb. 1.3.5
Atomradien [May 80]

Man erkennt, daß innerhalb einer Gruppe (z.B. Li, Na, K, Rb, Cs) der Radius durch die zunehmende Zahl an Elektronenschalen zunimmt. Innerhalb einer Reihe nimmt die Zahl der Elektronen zwar auch zu, aber man hat auch den konkurrierenden Einfluß der höheren Kernladung, die zu einer stärkeren Anziehung der Elektronen führt, so daß zuerst eine Ab- und dann erst wieder eine Zunahme des Atomradius folgt. Man erkennt auch, daß der Einbau der inneren d-Elektronen den Radius kaum ändert.

In Anhang 6.3.10 aufgenommen ist u.a. auch die *Elektronegativität* der einzelnen Elemente. Elemente mit kleinen Elektronegativitätswerten heißen elektropositiv und sind Metalle. Sie geben Elektronen leicht ab. Stark elektronegative Elemente nehmen dagegen leicht Elektronen auf. (Die exakte Definition der Elektronegativität ist in [Göp 94] gegeben.)

Dieses Verhalten der Atome bezüglich der Elektronenabgabe spiegelt sich z.B. auch in einer weiteren Eigenschaft wider, der niedrigsten Ionisierungsenergie. Diese ist definiert als die Energie, die man mindestens benötigt, um ein Atom (oder ein Molekül oder einen Festkörper, s. auch Abschn. 1.5) einfach positiv zu ionisieren, d.h. das Elektron mit der höchsten Energie aus dem Atom ins Vakuum zu entfernen. In Abb. 1.3.6 sind die ersten und die zweiten Ionisierungsenergien gezeigt, wobei die zweiten die Energien zur Bildung eines zweifach positiv geladenen Ions darstellen.

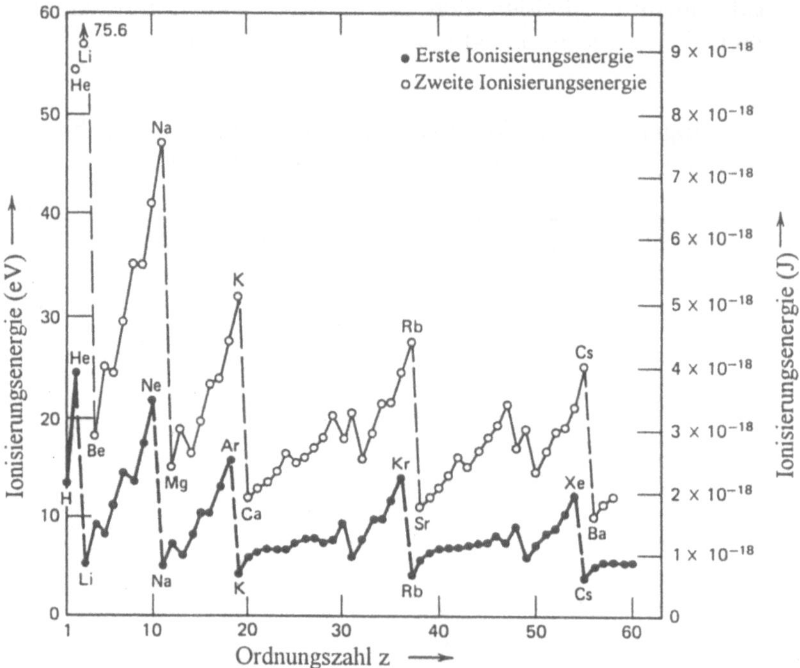

Abb. 1.3.6
Erste und zweite Ionisierungsenergien für freie Atome als Funktion ihrer Ordnungszahl [Ral 76]

Wie man erkennen kann, sind die Metalle der ersten Gruppe, die sog. Alkalimetalle, besonders leicht zu ionisieren. Dies liegt daran, daß sie ein einzelnes s-Außenelektron besitzen. Wird dieses abgegeben, so haben sie eine vollständig abgeschlossene Schale und entsprechen dann in ihrer Elektronenzahl den sehr stabilen und unreaktiven Edelgasen. Auch abgeschlossene Unterschalen sind stabiler als nur teilweise gefüllte.

1.4 Mehrteilchensysteme und chemische Gleichgewichte

Im folgenden betrachten wir in einer Übersicht die Triebkräfte, durch die sich aus den oben behandelten Atomen nachfolgend Moleküle bilden oder durch die sich umgekehrt Moleküle in Atome zersetzen, durch die Materie in verschiedenen kondensierten Aggregatzuständen vorkommt und, noch allgemeiner, durch die physikalische oder chemische Reaktionen ablaufen.

Zur Vereinfachung wollen wir dabei nur Gleichgewichtszustände und nicht Reaktionsgeschwindigkeiten zur Einstellung dieser Gleichgewichtszustände betrachten. Reaktionsgeschwindigkeiten sind im allgemeinen bestimmt durch Aktivierungsbarrieren, die beim Ablauf der Reaktion überwunden werden müssen (vgl. Abschn. 2.1.6, Abb. 2.1.33). Dabei können Zeitkonstanten zwischen 10^{-18} s (Einstellen von Grundzuständen nach elektronischer Anregung von Molekülen) und vielen hundert Jahren (Einstellen von chemischen Gleichgewichten in geologischen Formationen) auftreten.

Ebenfalls verzichtet wird im folgenden zur Vereinfachung der Darstellung auf die Beschreibung von metastabilen Nichtgleichgewichtszuständen. Letztere spielen in der Materialforschung zum Teil eine ganz entscheidende Rolle. So sind beispielsweise Strukturen fast aller elektronischer Bauelemente metastabil. Als ein spezifisches Beispiel ist die Einstellung stabiler Gleichgewichte an einem Halbleiter pn- (Dioden-) Übergang erst nach wechselseitiger Interdiffusion der p- und n-Dotieratome erreicht, wobei damit das Bauelement seine erwünschte Diodenfunktion verliert und unbrauchbar wird (vgl. Abschn. 3.10). Auch viele andere Strukturen neuer Materialien mit praktischer Bedeutung sind metastabil. Unter anderem betrifft dies zahlreiche Verbundwerkstoffe (Abschn. 3.3), Legierungen (Abschn. 3.4), Keramiken und Gläser (Abschn. 3.5), Polymere (Abschn. 3.12), supramolekulare Strukturen (Abschn. 3.13), Membranen (Abschn. 3.14) und alle biologischen Strukturen (Abschn. 3.15). Trotzdem gelingt es in vielen Fällen, diese metastabilen Gleichgewichte analog zu absoluten Gleichgewichten zumindest formal zu beschreiben. Dies gelingt umso besser und diese Strukturen sind umso einfacher experimentell realisierbar, je höher die Aktivierungsbarrieren der Energie sind, die beim Übergang vom metastabilen zum absoluten Gleichgewicht überwunden werden müssen. Als Analogie sei das Wasserniveau eines Gebirgssees als metastabiler „Gleichgewichtszustand" genannt, den ein Bergmassiv vom tieferen Wasserniveau des Ozeans trennt. Der Bau eines Wassertunnels durch das Bergmassiv entspricht dem Einsatz eines Katalysators zur Materialumwandlung.

Bei einer allgemeinen Betrachtung von Gleichgewichtsphänomenen in Gasen, Flüssigkeiten, Festkörpern oder an Grenzflächen muß berücksichtigt werden, daß im allgemeinen eine riesige Zahl von Atomen und Molekülen beteiligt ist. Daher müssen wir zunächst auf ihre quantenmechanische Beschreibung verzichten. Wir werden dazu im Rahmen einer *formal beschreibenden (phänomenologischen) Thermodynamik* einfache Gleichgewichte charakterisieren. Auf diese Weise gelingt eine allgemeingültige Beschreibung, die nachfolgend über statistische Mittelwerte erlaubter quantenmechanischer Zustände des Gesamtsystems im Rahmen der sogenannten statistischen Thermodynamik auch atomistisch verstanden werden kann (vgl. Abschn. 1.7).

Bei dieser allgemeinen formalen Behandlung von Gleichgewichtszuständen stellt man zwei Optimierungskriterien fest: Einerseits strebt das betrachtete Gesamtsystem der Materie einem *Minimum der Gesamtenergie* und andererseits einem *Maximum der Gesamtentropie* („Unordnung") zu. Der Gleichgewichtszustand beschreibt den Kompromiß zwischen diesen beiden Forderungen, seine Berechnung ist Gegenstand der *Thermodynamik*. Bei gegebener Temperatur und gegebenem Druck gilt beispielsweise

$$G = H - T \cdot S \overset{!}{=} \min \tag{1.4.1}$$

mit G als freier Enthalpie, $H = U + pV$ als Enthalpie (mit p als Druck und V als Volumen) sowie S als Entropie.

Die Enthalpie enthält die innere Energie U mit ihren Anteilen aus der potentiellen Energie E_{pot} am absoluten Nullpunkt und aus temperaturabhängigen Anteilen der Bewegungszustände des Moleküls. Dazu kommt der Anteil aus der Volumenarbeit pV. Man erkennt aus Gl. (1.4.1) insbesondere, daß bei tiefen Temperaturen der Entropieeinfluß keine Rolle spielt, bei hohen Temperaturen aber überwiegt.

Gl. (1.4.1) gilt dann, wenn Gleichgewichte bei der Randbedingung konstanter Temperatur und konstantem Druck gesucht werden. Für andere Randbedingungen haben andere thermodynamische Funktionen Minima (vgl. Anhang 6.2.5).

Im folgenden wollen wir uns nur mit der inneren Energie U beschäftigen und Entropieanteile zunächst außer acht lassen. Dies ermöglicht die Beschreibung von Gleichgewichtszuständen der Materie gemäß Gl. (1.4.1) bei tiefen Temperaturen. Die Energie in Gasen, Flüssigkeiten und Festkörpern setzt sich aus den potentiellen Energien der Atomkerne, der Elektronen sowie aus den bereits in Abschn. 1.2 besprochenen Translations-, Rotations- und Schwingungsbewegungen zusammen. Außer acht gelassen sind dabei zunächst auch mögliche Anteile von Spinzuständen der Elektronen und Kerne, die ebenfalls eine Rolle spielen können. Am absoluten Nullpunkt sind alle Bewegungen bis auf die Nullpunktsschwingung „eingefroren".

1.4.1 Erlaubte Energieniveaus in Idealgasen

Am einfachsten gelingt die Berechnung der möglichen (erlaubten) Energieniveaus für ideale Gase ohne Wechselwirkung. In erster Näherung bestimmt man dafür alle Anteile an der inneren Energie separat. Die Gesamtenergie E_{tot} eines Teilchens setzt sich dann additiv aus den folgenden einzelnen Anteilen zusammen:

$$E_{tot} = E_{trans} + E_{rot} + E_{vib} + E_{el} + E_n \qquad (1.4.2)$$

n steht dabei für „nuclei", d.h. für die Kerne. Deren Anteile an E_{tot} sind i.allg. konstant (Ausnahmen sind z.B. γ-Quanten angeregter Kerne mit ihren sehr hohen Anregungsenergien) und werden daher im folgenden nicht berücksichtigt. Auch die übrigen Anteile unterscheiden sich um Größenordnungen in ihren Energiewerten (Abb. 1.4.1).

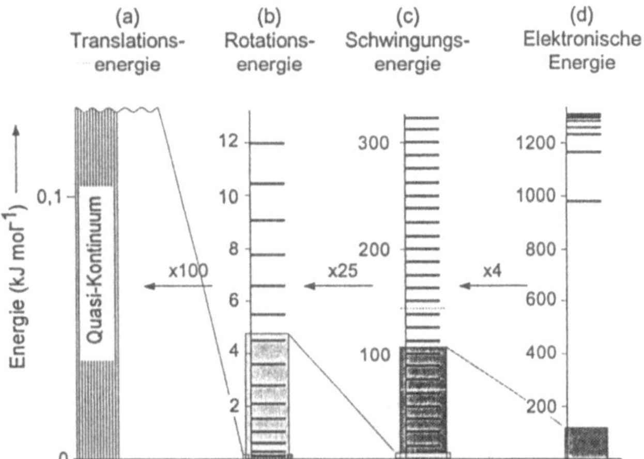

Abb. 1.4.1
Gequantelte Energieniveaus der verschiedenen Energiebeiträge im Molekül: Die Größenordnungen der verschiedenen Energiebeiträge werden am Beispiel des CO-Moleküls verglichen. Waagerechte Striche rechts neben der Energieskala kennzeichnen die Energieniveaus. Die mittlere thermische Energie bei 300 K liegt bei $\approx 2,5$ kJ $\cdot$ mol^{-1} ($= 1/40$ eV pro Molekül). Die Energieabstände bei der Translation liegen so dicht, daß sie als Quasi-Kontinuum betrachtet werden können: Zwischen 0 und 0,2 kJ/mol liegen $N = 2,47 \cdot 10^{30}$ Energieniveaus, wenn sich das CO-Molekül in einem Volumen von 1 dm^3 befindet. Kernanregungen des C- oder O-Atomkerns sind um viele Zehnerpotenzen höher als die Elektronenanregungen und werden daher nicht berücksichtigt.

Alle bisher für allgemeine Teilchen aufgeführten Energiewerte als Lösungen der Schrödingergleichung geben jedoch nur *mögliche* Energieniveaus für einzelne Teilchen an. Erst deren Besetzung im Grundzustand oder in angeregten Zuständen, die über eine große Zahl von Einzelteilchen gemittelt wird, liefert dann die innere Energie U bei einer bestimmten Temperatur T. Darauf werden wir in Abschn. 1.7 zurückkommen.

1.4.2   Systematik der Bindungstypen bei inner- und intermolekularen Wechselwirkungen

In Abb. 1.4.2 ist die potentielle (elektronische) Energie $E_{\text{pot}} = E_{\text{el}}$ für das einfachste Beispiel des H_2-Moleküls als Funktion des Abstandes der H-*Atome* gezeigt. Der Gleichgewichtsabstand R_e ist bei $T = 0$ K durch das Energieminimum E_b gegeben.

Berechnungen von Gesamtenergien als Funktion aller Atomabstände in Molekülen oder auch in Festkörpern und Berechnungen der zugehörigen Elektronendichteverteilungen in verschiedenen Elektronenniveaus erfolgen wieder mit der Schrödingergleichung. Analog zu den Atomorbitalen nennt man

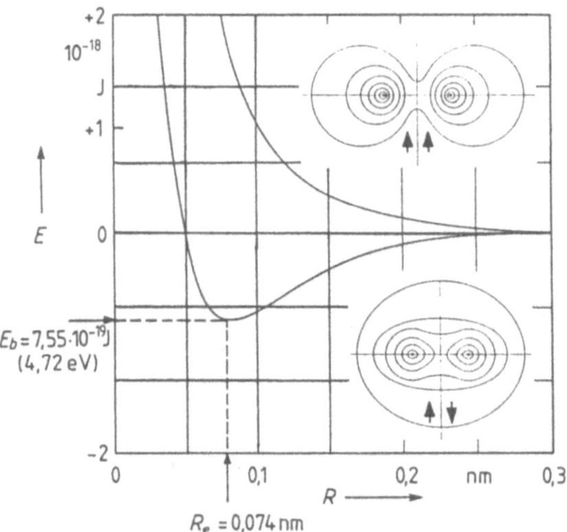

Abb. 1.4.2
Energie des neutralen Wasserstoffmoleküls H_2 als Funktion des Kernabstands R. Aufgetragen ist die Gesamtenergie der beiden energetisch niedrigsten Zustände mit parallelem bzw. antiparallelem Elektronenspin. Als Einschübe sind die Elektronendichteverteilungen für diese beiden Anordnungen gezeigt. Als Nullpunkt der Energieskala wurde hier die Gesamtenergie der beiden neutralen H-Atome ($R \to \infty$) gewählt, wobei die Molekülschwingung vernachlässigt wurde [Sti 89].

die Wellenfunktionen, die die Schrödingergleichung für Moleküle lösen, Molekülorbitale. Aus zwei Atomen mit je nur einem Atomorbital (z.B. Wasserstoff mit einem 1s-Orbital) entstehen im Molekül zwei Molekülorbitale, von denen eines eine negative Energie im Vergleich zu den getrennten Atomen besitzt und damit zu einer Bindung führt. Das andere hat eine höhere Energie und ist daher antibindend. Das Minimum E_b der Gesamtenergie wird von den Elektronen im bindenden Orbital dieses zweiatomigen Moleküls eingestellt.

In Abschn. 1.3 haben wir gesehen, daß verschiedene Elemente normalerweise unterschiedlich starke Bindungsenergien für die Einlagerung zusätzlicher Elektronen, d.h. unterschiedliche Elektronegativitäten besitzen. Fluor hat z.B. die höchste Elektronegativität, Wasserstoff hat eine mittlere bis kleine. In Fluorwasserstoff HF wird deshalb eine höhere Elektronendichte, d.h. eine negative Partialladung δ, am Fluor bestehen und eine positive Partialladung δ am Wasserstoff. Umgekehrt besitzt Lithium eine kleinere Elektronegativität als Wasserstoff, so daß sich in LiH mehr Elektronendichte am Wasserstoff befindet. Die Bindung zwischen zwei Atomen mit gleicher und unterschiedlicher Elektronegativität ist in Abb. 1.4.3a und b dargestellt. Links sind die bereits aus Abb. 1.4.2 bekannten Elektronendichteverteilungen gezeigt. Rechts dargestellt sind die Energien der Molekülorbitale im Gleichgewichtsabstand im Vergleich zu den Energien der Atomorbitale in getrennten Atomen. Die Folge der asymmetrischen Ladungsverteilung sind elektrische Dipolmomente $\mu = q \cdot d = e \cdot \delta \cdot d_{AB}$ des Moleküls, die u.a. die dielektrischen Eigenschaften bestimmen. Darin ist q die Ladung, d der Abstand zwischen positivem und negativem Ladungsschwerpunkt, δ die Partialladung in Einheiten einer Elementarladung und d_{AB} der Abstand zwischen den Atomkernen A und B (vgl. Abschn. 2.4.1).

Ebenfalls in Abb. 1.4.3 dargestellt sind drei weitere Bindungstypen, die nur *zwischen* chemisch abgesättigten Teilchen auftreten können. Die Auftrennung in Wechselwirkungskräfte bei der chemischen Bindung und Wechselwirkungskräfte zwischen Teilchen, die keine chemische Bindung mehr eingehen können, ist mit Ausnahme der unten aufgeführten Wasserstoffbrückenbindungen im allgemeinen naheliegend, da die beteiligten Wechselwirkungsenergien um Größenordnungen unterschiedlich sind. Der Unterschied folgt auch aus sehr verschiedenen Konzepten ihrer theoretischen Berechnungen. Die chemischen Bindungsenergien ergeben sich aus Lösungen der Schrödingergleichung für die beteiligten Elektronen im Feld der Kerne, wobei anschaulich gesehen die räumliche Delokalisierung von Elektronen im Gesamtmolekül im Gegensatz zu den lokalisierteren Elektronen in Einzelatomen durch Bildung delokalisierter Molekülorbitale eine Energieabsenkung und

a) Kovalente Bindung (hier: H_2)

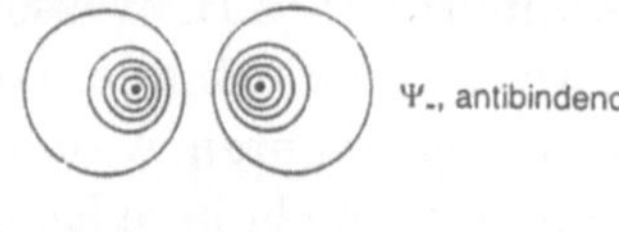

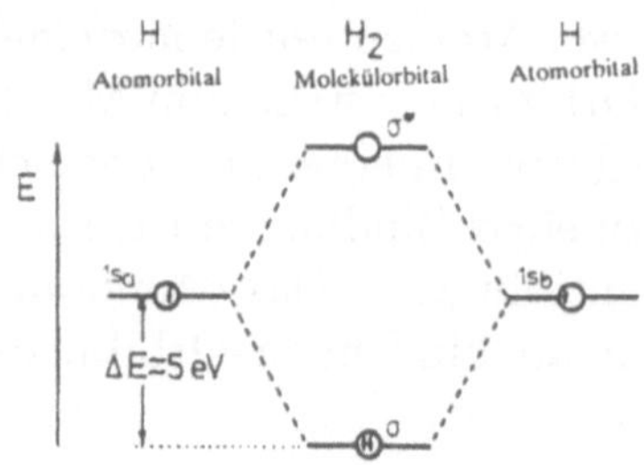

b) (Partiell) ionische Bindung (hier: LiH)

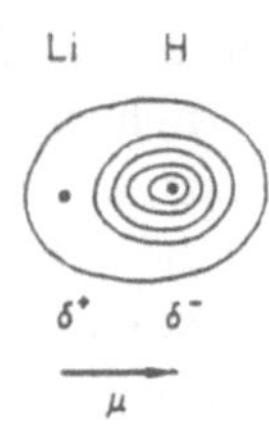

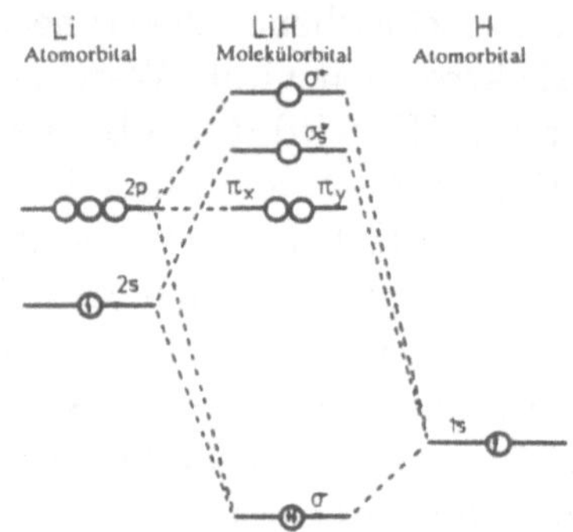

c) Wasserstoffbrückenbindung (hier: HF/HF)

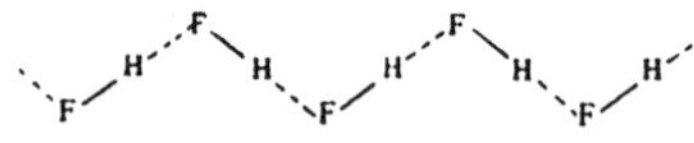

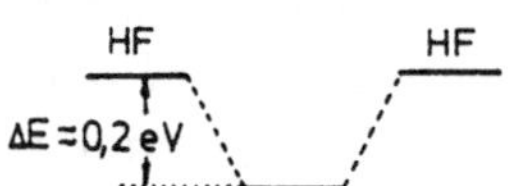

d) Schwache intermolekulare Kräfte

A) Dipol-Dipol-Wechselwirkung (hier: LiH/LiH)

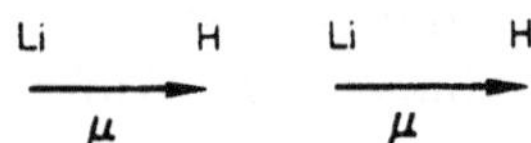

B) Dispersionswechselwirkung (hier: H_2/H_2)

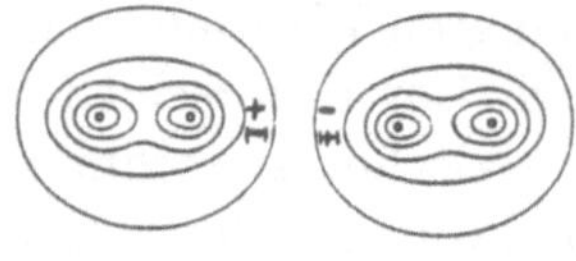

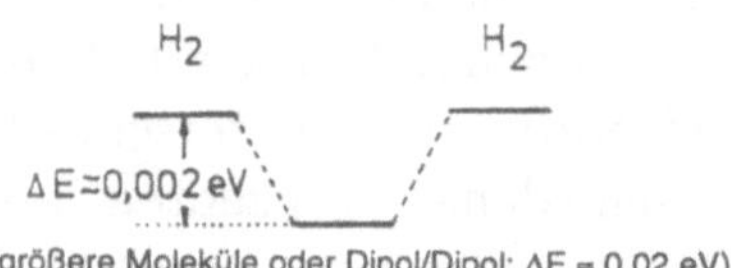

(größere Moleküle oder Dipol/Dipol: ΔE ≈ 0,02 eV)

Abb. 1.4.3
Schematische Darstellung einzelner Bindungstypen, hier am Beispiel von Paarwechselwirkungen. Links sind Elektronendichteverteilungen und geometrische Anordnungen, rechts Orbitalenergien beispielhaft angegeben. Für Details siehe Text.

damit Stabilisierung und chemische Bindung bewirkt. Im Gegensatz dazu sind die zwischenmolekularen Kräfte aufgrund der beteiligten vielen Elektronen und Kerne mit ihren unterschiedlichen Abständen nicht mehr quantenmechanisch exakt zu berechnen. Berechnungen dieser intermolekularen Kräfte erfolgen daher mit Näherungsmethoden der Quantenmechanik oder mit einfachen klassischen *Modellen der intermolekularen Kräfte*. Letztere berücksichtigen effektive Größen und Polarisierbarkeiten von Molekülen sowie Ladungsdichteverteilungen in Molekülen (s.u.).

Betrachtet man als ein Beispiel die Wechselwirkungsenergie zwischen zwei chemisch abgesättigten H_2-*Molekülen* als Funktion ihres Abstandes voneinander, so stellt man einen qualitativ ähnlichen Verlauf wie den zwischen den beiden H-Atomen im H_2-Molekül fest: Bei Annäherung der Teilchen erfolgt zuerst eine anziehende Wechselwirkung (Energieabsenkung bis zum Gleichgewichtsabstand), während bei weiterer Annäherung starke Abstoßungskräfte wirksam werden. Die Absolutwerte der Wechselwirkungsenergien sind aber hier um Zehnerpotenzen kleiner als zwischen zwei chemisch gebundenen Atomen, und die Minima liegen bei größeren Abständen (vgl. Skalen der Abb. 1.4.2 und 1.4.4).

In den klassischen Modellen zur Beschreibung der intermolekularen Wechselwirkung behandelt man die zeitunabhängigen und zeitlich fluktuierenden Anziehungskräfte zwischen elektrischen Ladungsschwerpunkten in den wechselwirkenden Molekülen und dabei insbesondere zwischen Monopolen und Dipolen. Alle Bindungen, die aufgrund der Wechselwirkung von Dipolen (oder allgemeiner Multipolen) zustandekommen, faßt man dabei oft unter dem Begriff *Van der Waals-Bindung* zusammen. Monopole entstehen v.a. durch die Bildung geladener Ionen aus neutralen Atomen oder Molekülen,

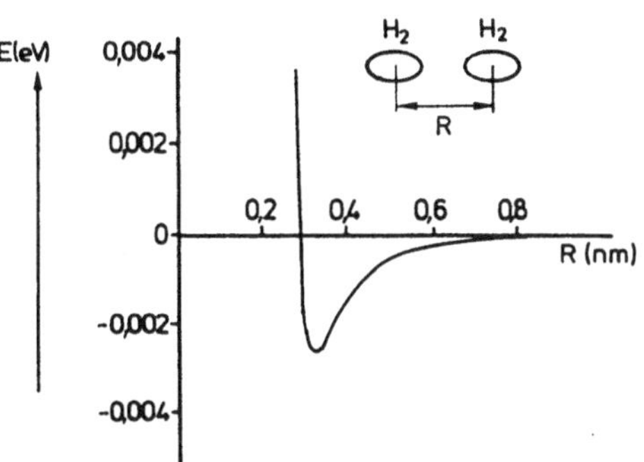

Abb. 1.4.4
Schematische Darstellung der Wechselwirkungsenergie zwischen zwei H_2-Molekülen in der Gasphase als Funktion des Abstandes R („Lennard-Jones-Potential") unter Vernachlässigung der Orientierung von Molekülen relativ zueinander. Für größere Moleküle ist die Energieabsenkung im Minimum ca. eine Zehnerpotenz größer.

sind in der Gasphase aber insbesondere bei gewöhnlichen Temperaturen sehr selten. Dipole kommen durch eine ungleichmäßige Ladungsverteilung zustande. Permanente Dipole können dabei nur in heteronuklearen Molekülen entstehen, wenn die beiden Atome unterschiedliche Elektronegativität besitzen (s.o.). Solche permanenten Dipole können nun über sog. Dipol-Dipol-Kräfte miteinander wechselwirken, die durch die Molekularbewegung und damit Bewegung der Dipolrichtungen temperaturabhängig sind. Atome und homonukleare Moleküle besitzen im Zeitmittel kein Dipolmoment. In ihnen kann aber durch einen permanenten Dipol ein Dipolmoment induziert werden, da ihre „Elektronenwolke" polarisierbar ist. Aber auch ohne Anwesenheit von permanenten Dipolen findet eine Wechselwirkung statt. Dies liegt daran, daß die Ladungsverteilung mit der Zeit statistisch fluktuiert und nur im Mittelwert statisch beschreibbar ist. Durch die Fluktuation bilden sich durch eine Verlagerung der „Elektronenwolke" um das Teilchen spontan Dipole, die im Nachbaratom oder -molekül einen Dipol induzieren und so die Gesamtenergie der gekoppelten Dipole absenken können. Diese sog. Dispersions- oder London-Kräfte treten in allen Molekülen und Atomen auf. Die Anziehungsenergie kann in diesem Fall durch

$$E_{\mathrm{attr}} = -\frac{C}{R^6} \qquad (1.4.3)$$

mit C als Londonsche Dispersionskraftkonstante beschrieben werden. C ist proportional zum Quadrat der Polarisierbarkeit.

Um den vollständigen Verlauf der in Abb. 1.4.4 gezeigten Potentialkurve beschreiben zu können, müssen auch die Abstoßungskräfte berücksichtigt werden. Ihre physikalische Ursache ist das Pauliprinzip (vgl. Abschn. 1.3). Danach ist bei Annäherung von zwei Teilchen mit vollständig besetzten Energieniveaus eine Durchdringung der Elektronenwolken nicht bzw. nur unter Aufbringung der Anregungsenergie für ein Elektron in ein höheres freies Energieniveau möglich. Mathematisch kann das Abstoßungspotential durch

$$E_{\mathrm{rep}} = \frac{B}{R^m} \qquad (1.4.4)$$

näherungsweise beschrieben werden. Für das in Abb. 1.4.4 gezeigte sog. Lennard-Jones-Potential gilt z.B. $m = 12$ und damit

$$E_{\mathrm{pot}}(R) = E_{\mathrm{attr}} + E_{\mathrm{rep}} = \frac{B}{R^{12}} - \frac{C}{R^6} \; . \qquad (1.4.5)$$

Die Dispersionsenergien nach Gl. (1.4.3) sind in guter Näherung additiv, so daß man über sie sowohl die Bildung von Molekülkristallen (vgl. Abschn. 1.5.1) als auch die Wechselwirkung makroskopischer Körper beschreiben kann, indem man viele Zweiteilchen-Wechselwirkungen aufsummiert. Durch diese Summation bzw. Integration ergibt sich oft eine andere (schwächere) Abstandsabhängigkeit. So ist z.B. das Anziehungspotential zwischen zwei Oberflächen proportional zu $\frac{1}{R^2}$, das zwischen einer Kugel und einer Oberfläche proportional zu $\frac{1}{R}$ [Isr 92].

Die intermolekularen Kräfte zwischen makroskopischen Körpern können auch zur Abbildung von Oberflächen ausgenutzt werden. Sie sind die Grundlage für das sog. Rasterkraftmikroskop (**S**canning **F**orce **M**icroscope, SFM) . Der prinzipielle Aufbau des SFM ist ähnlich wie der des STM (vgl. Abschn. 1.2, Abb. 1.2.5a). Statt einer elektrisch leitfähigen starren Spitze beim STM verwendet man jedoch eine feine Spitze, die an einer elastischen Zunge befestigt ist. Diese kann z.B. mikromechanisch aus Silicium präpariert werden (vgl. Abschn. 4.4.3). Fährt man mit dieser feinen Spitze an die Oberfläche heran, so wirkt in erster Näherung das oben beschriebene Potential zwischen dem vordersten Atom der Spitze und dem Oberflächenatom, d.h. abstandsabhängig wirkt auf die Spitze in einem größeren Abstand zuerst eine anziehende, dann eine abstoßende Kraft. Da die Abstoßungskraft auch für makroskopische (inelastische) Körper proportional zu R^{-n} ($n = 1 - 12$) ist, ist die Kraft eine extrem empfindliche Abstandssonde. Beim Abtasten der Oberfläche mit der Spitze wird die Kraft der Spitze in einer nachgeschalteten Servo-Anordnung konstant gehalten. Wird der Abstand zwischen Spitze und Probe kleiner oder größer oder verändern sich die zwischen ihnen wirksamen Kräfte, so verbiegt sich die Zunge elastisch. Diese sich verändernde Verbiegung der Zunge wird mit einem Abstands-„Sensor" (z.B. einem Tunnelmikroskop oder einem abgelenkten Laserstrahl) registriert (Abb. 1.4.5).

Der Vorteil der Methode liegt darin, daß auch nichtleitfähige Proben untersucht werden können. Das SFM wird deshalb z.B. auch zur Abbildung biologischer Präparate angewendet. Zwar wird beim SFM nur selten (die theoretisch mögliche) atomare Auflösung erzielt, jedoch kann man im Gegensatz zum Elektronenmikroskop in Luft und v.a. auch in Lösung arbeiten, so daß sich die einzigartige Möglichkeit ergibt, auch lebende Objekte mit hoher Auflösung abzubilden. Wir werden in den Abschn. 2.2.5 und 2.2.6 weiterhin kennenlernen, wie man das SFM zur Untersuchung von Adhäsions- und Reibungskräften einsetzen kann.

Es gibt auch Verbindungen wie H_2O, NH_3 und HF, die wesentlich höhere Schmelz- und Siedepunkte besitzen, als von den theoretisch berechneten

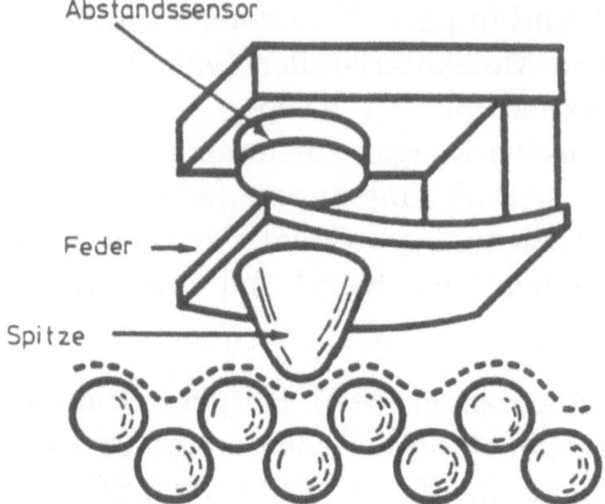

Abb. 1.4.5
Darstellung des Grundprinzips des Rasterkraftmikroskops (SFM). Der Abstandssensor kann z.B. ein Tunnelmikroskop oder ein optisches Interferometer sein, ist in kommerziellen Geräten jedoch fast immer eine positionsempfindliche Photodiode [Han 88].

Van der Waals-Kräften erwartet würde. Die Größenordnung dieser starken intermolekularen Kräfte liegt zwischen der der kovalenten und der der Van der Waals-Kräfte (ca. 0,1 eV). Sie treten zwischen Wasserstoffverbindungen stark elektronegativer Atome auf, bei denen das Wasserstoffatom relativ leicht als Proton abgegeben werden kann, und elektronegativen Molekülen mit einem freien Elektronenpaar. In dieser sog. *Wasserstoffbrückenbindung* teilen sich dann zwei Elektronenpaare ein Proton. Die Bindung kann dabei asymmetrisch sein, so daß das Proton immer einem Atom mehr zugeordnet ist, oder symmetrisch, wobei das Proton zwischen den beiden Gleichgewichtspositionen tunneln kann. So entstehen binäre Molekülassoziate, bei denen die Bindungslänge kürzer als die Summe der Van der Waals-Radien der beiden elektronegativen Atome ist.

Bei mehratomigen Molekülen müssen Bindungen aller Elektronen zwischen allen Atomen berücksichtigt werden. Bei kleinen Molekülen ist dabei die Behandlung von kovalenten Bindungen mit Energiezuständen der Elektronen ausgehend von bekannten Energiezuständen dieser Elektronen in den isolierten Atomen i.allg. sinnvoll und anschaulich. Man erhält dann Molekülorbitale wie die in Abb. 1.4.2 für H_2 gezeigten. Bei sehr großen Molekülen ist eine solche Behandlung jedoch wegen der großen Anzahl von Elektronen und deren möglicher Delokalisierung über viele Atome nicht mehr durchführbar. Dabei stellt man darüberhinaus fest, daß sich einzelne Molekülteile, z.B. durch Verknäulen, sehr nahe kommen können, so daß hier auch innerhalb des Moleküls die oben beschriebenen klassischen Dipol- und Dispersionskräfte sowie Wasserstoffbrückenbindungen einen maßgeblichen Energiebeitrag zur Gesamtenergie liefern können (Abb. 1.4.6). Bei Makromolekülen

Tab. 1.4.1
Wechselwirkungskräfte zwischen verschiedenen Struktureinheiten in Makromolekülen [Bon 93]

Bindungstyp	Maximalkraft[1]	Bedingungen
Primärstruktur:		
Kovalente Bindung	$\geq 10^{-9}$ N	H_2-Molekül
Sekundärstruktur:		
Wasserstoffbrückenbindung	$\leq 10^{-8}$ N	O-H...O
Coulomb, Punktladung	3×10^{-9} N	$q = e$, $R = 3$ Å, $\varepsilon_r = 1$
Monopol – Dipol (fixiert)	4×10^{-10} N	$q = e$, $R = 3$ Å, $\varepsilon_r = 1$ $\mu = 1,85$ D
Dipol (fixiert) – Dipol (fixiert)	10^{-10} N	$R = 3$ Å, $\varepsilon_r = 1$ $\mu = 1,85$ D
Bindungsrotation	10^{-10} N	CH_3-CH_3 Rotation
Monopol – unpolar	5×10^{-10} N	$q = e$, $R = 3$ Å, $\varepsilon_r = 1$ $\overline{\alpha} = 3(4\pi\varepsilon_0)$ Å^3
Dipol (fixiert) – unpolar	10^{-11} N	$R = 3$ Å, $\mu = 1,85$ D $\varepsilon_r = 1$, $\overline{\alpha} = 3(4\pi\varepsilon_0)$ Å^3
unpolar – unpolar (Dispersion)	3×10^{-10} N	$h\nu = 2 \times 10^{-18}$ J $R = 3$ Å, $\overline{\alpha} = 3(4\pi\varepsilon_0)$ Å^3
Tertiärstruktur:		
Monopol – Dipol (frei)	4×10^{-12} N	$q = e$, $R = 10$ Å $\mu = 1,85$ D, $T = 300$ K
Dipol (frei) – Dipol (frei)	2×10^{-11} N	$R = 3$ Å $\mu = 1,85$ D, $T = 300$ K
Dipol (frei) – unpolar	5×10^{-11} N	$R = 2,3$ Å, $\mu = 1,85$ D $\overline{\alpha} = 3(4\pi\varepsilon_0)$ Å^3
Vielteilchen-/Korrelationseffekte	$\leq 10^{-11}$ N ?	

[1] Kräfte wurden nach Gleichungen aus [Isr 92] berechnet für Abstände R in 10^{-10} m (Å), Ladungen q in Einheiten der Elementarladung e, Dipolmomente μ in Einheiten von Debye D, Dielektrizitätskonstanten ε_r und Polarisierbarkeitsvolumina $\overline{\alpha}$ in 10^{-30} m^3 (Å^3), wie sie in der rechten Spalte wiedergegeben sind (zu Definitionen und Umrechnungen in andere Einheiten vgl. Abschn. 2.4.1).

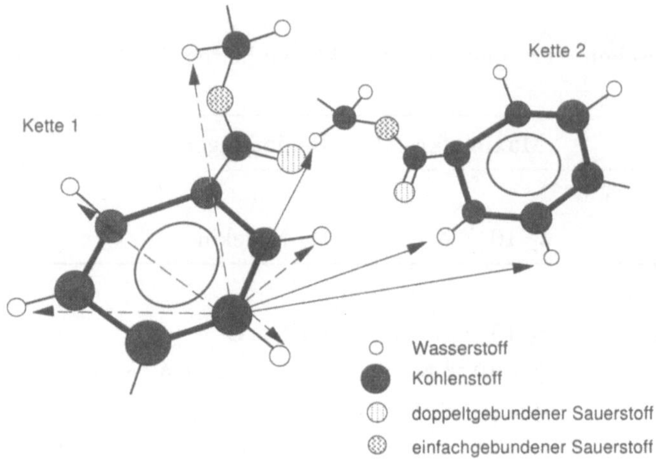

Abb. 1.4.6
Schematische Darstellung zweier Seitenketten in Polyhydroxyterephthalat. Die gestrichelten Pfeile geben als Beispiel die Wechselwirkungen zwischen dem schwarz hervorgehobenen Kohlenstoffatom und allen Wasserstoffatomen innerhalb dieser Molekülkette wieder, die durchgezogenen Pfeile diejenigen zu der anderen Seitenkette. Zusätzlich müßten nun noch alle anderen Wechselwirkungstypen sowie sämtliche anderen möglichen Atompaare berücksichtigt werden [Wes 93].

berechnet man in sog. *Kraftfeldrechnungen* deshalb häufig „nur" die Gesamtenergie, die man über ein Aufsummieren aller Paarwechselwirkungen sowie aller möglichen Schwingungsbeiträge erhält. Letztere werden dabei ebenso wie die Dipol- und Wasserstoffbrücken-Kräfte i.allg. *klassisch* mit geeignet gewählten empirischen Potentialparametern berechnet. Diese Kräfte sind heute quantenmechanisch nur für einfache Modellsysteme zugänglich.

In Tab. 1.4.1 sind typische Größenordnungen einzelner möglicher Bindungskräfte zwischen Atomen in Makromolekülen zusammengefaßt. Dabei ist unterschieden zwischen der Primärstruktur (mit kovalenten Bindungen benachbarter Atome in einem gedanklich „entknäulten" linearen Molekül), der Sekundärstruktur (mit intermolekularen Kräften benachbarter Molekülgruppen oder zwischen Ketten verschiedener Moleküle) und der Tertiärstruktur (mit intermolekularen Kräften zwischen in der Sekundärstruktur weit auseinanderliegenden Molekülgruppen) (vgl. Abschn. 3.12).

1.5 Festkörper

1.5.1 Systematik der Bindungstypen

Viele Festkörper entstehen durch die in Abschn. 1.4 beschriebenen Paarwechselwirkungen. Dadurch ergibt sich eine analoge Systematik der Bindungstypen. Im allgemeinen Fall überlagern sich auch hier Anteile aus verschiedenen Grundtypen der Wechselwirkung, wie dies oben bei den Makromolekülen beschrieben wurde. Die Grundtypen werden zur Vereinfachung der Beschreibung eingeführt, da eine geschlossene Berechnung quantenmechanisch oft nicht möglich ist.

- Typische Beispiele, in denen *Kovalenzbindungen* maßgeblich sind, betreffen Bindungen im Si-, Ge- oder Diamantgitter. Diese Bindungen müssen quantenmechanisch mit der Schrödingergleichung berechnet werden. Die Bindungsenergie des Kristalls ergibt sich als Summe der Energien aller Einzelbindungen, wobei typische Einzelbindungsenergien im eV-Bereich liegen (z.B. $\sim$ 5 eV bei H_2, vgl. Abb. 1.4.2 und 1.4.3a).

- Andererseits gibt es Kristalle, die nur durch *Van der Waals-Kräfte* zusammengehalten werden. Beispiele sind Festkörper von Edelgasen oder von Molekülen wie Cl_2, CO oder Benzol. Häufig wird nur die spezifische London-Wechselwirkung zwischen unpolaren Molekülen als „eigentliche" Van der Waals-Wechselwirkung bezeichnet. Diese ist, wie in Abschn. 1.4 erwähnt, näherungsweise additiv, d.h. die Bindungsenergie setzt sich bei Vielteilchensystemen aus der Summe der Zweiteilchenpotentiale zusammen: $E_\text{pot} = \frac{1}{2} \sum E_{\text{pot}_{ij}}$. Die Energie ist typischerweise um ca. zwei Zehnerpotenzen kleiner als für kovalente Bindungen und liegt bei 0,02 eV. Für Wasserstoff liegt sie mit 0,002 eV wegen der sehr geringen Polarisierbarkeit nochmals um etwa eine Zehnerpotenz tiefer. Wegen dieser geringen Wechselwirkungsenergien bleiben die Eigenschaften der einzelnen Atome bzw. Moleküle im Festkörper weitgehend erhalten, und man spricht im letzteren Falle von *Molekülkristallen*.

- Wie in Abschn. 1.4 beschrieben führen sog. *Wasserstoffbrückenbindungen* zu starken Assoziaten, die bei tiefen Temperaturen ebenfalls zu Festkörpern führen. Bekanntestes Beispiel ist die Bildung von Eis aus Wasser bei 0° C.

Den Kovalenz-, Dipol- und Wasserstoffbrücken-Bindungen gemeinsam ist, daß sie *gerichtete Bindungen* sind und somit eindeutig zwischen zwei bzw.

drei Zentren auftreten. Im Festkörper können nun noch zusätzlich zwei weitere Bindungstypen auftreten, die ungerichtet sind, die ionische und die metallische Bindung.

- Eine *Ionenbindung* entsteht durch elektrostatische, ungerichtete Wechselwirkung zwischen geladenen Teilchen (Ionen). In einem Ionenkristall bilden die Ionen eine Gleichgewichtskonfiguration, in der die anziehenden Kräfte zwischen positiven und negativen Ionen gegenüber abstoßenden Kräften zwischen gleichgeladenen Ionen überwiegen. Typische ionische Festkörper sind z.B. die Alkalihalogenide (NaCl, LiF,...) oder die binären Oxide (ZnO, SnO$_2$,...).

Die Gitterenergie eines Ionenkristalls ist die Energie, die im Gedankenexperiment bei der Bildung des Kristalls aus einzelnen neutralen Atomen ohne Berücksichtigung von Schwingungsenergien (d.h. bei $T = 0$ K) frei wird. Der Hauptbeitrag wird von der elektrostatischen Energie E_C (C steht für Coulomb) geliefert. (Die Van der Waals-Anziehung zwischen benachbarten Ionen vergrößert die Gitterenergie zusätzlich; die Nullpunktschwingung der Ionen um ihre Gleichgewichtslage verringert sie. Beide Effekte sind energetisch bei Ionenkristallen in erster Näherung vernachlässigbar.)

Für die Wechselwirkungsenergie zwischen zwei Punktladungen gilt das Coulombgesetz:

$$E_C = \frac{1}{4\pi\varepsilon_0} \frac{q_1 q_2}{r} \tag{1.5.1}$$

Betrachtet man einen ganzen Ionenkristall, so muß man über alle Wechselwirkungen summieren.

Für ein bestimmtes (positiv geladenes) Kation gilt

$$E_C^+ = \frac{q^+}{4\pi\varepsilon_0} \sum_i \frac{q_i}{r_i^+} \tag{1.5.2}$$

und für ein bestimmtes (negativ geladenes) Anion

$$E_C^- = \frac{q^-}{4\pi\varepsilon_0} \sum_i \frac{q_i}{r_i^-} \, . \tag{1.5.3}$$

Dabei sind q^+ bzw. q^- die effektiven Ladungen des betrachteten Kations bzw. Anions, q_i die Ladung des Wechselwirkungspartners und r_i^+ bzw. r_i^- deren Abstände vom betrachteten Kation bzw. Anion.

Setzt man $r_i^+ = a_i^+ r_0$ und $r_i^- = a_i^- r_0$ mit r_0 als Gitterabstand in der Einheitszelle, so ergibt sich z.B. für kubische Kristalle:

$$
\begin{aligned}
E_{\mathrm{C}} &= \frac{1}{2}(E_{\mathrm{C}}^+ + E_{\mathrm{C}}^-) \\
&= \frac{q^+ q^-}{4\pi\varepsilon_0 r_0} \cdot \frac{1}{2}\sum_i \left(\frac{q_i/q^-}{a_i^+} + \frac{q_i/q^+}{a_i^-}\right) \\
&= \frac{q^+ q^-}{4\pi\varepsilon_0 r_0} \cdot \alpha
\end{aligned}
\qquad (1.5.4)
$$

α heißt Madelung-Konstante, hat für alle Kristalle desselben Typs denselben Wert und kann für beliebige periodische Kristallgitter berechnet werden, wenn die Ladungen sowie a_i^+ und a_i^- bekannt sind.

- In der *metallischen Bindung* sind die äußeren Valenzelektronen der Metallatome dem Gesamtsystem gemeinsam zugänglich und bewegen sich darin in erster Näherung wie ein Gas aus freien Elektronen. Diese Näherung ist i.allg. für s-Elektronen gut, für d-Elektronen nicht gut erfüllt. Beispiele für erstere sind Na oder Mg, für letztere Fe oder Au. Die Wechselwirkung zwischen dem Elektronengas und den positiven Metallionen führt zu einer starken Anziehung durch Erniedrigung der Gesamtenergie als Folge der Delokalisation von Elektronenaufenthaltswahrscheinlichkeiten der individuellen Atome im Gesamtkristall (vgl. Gl. (1.2.2)).

1.5.2 Geometrie und elektronische Bandstruktur

Generell gilt, daß die Art der Wechselwirkungen die geometrische Anordnung der Atome bzw. Moleküle im Festkörpergitter bestimmt und damit auch die unten beschriebenen elektronischen Zustände.

1.5.2.1 Geometrische Strukturen

Geometrische Strukturen beschreibt man für den einfachsten Fall der idealen Einkristalle durch die sog. Bravaisgitter, die in Abb. 1.5.1 dargestellt sind, oder durch die Kristallsysteme, die in Tab. 1.5.1 aufgeführt sind. Der Einkristall ist dabei aus identischen Einheiten aufgebaut, die einem der Bravaisgitter entsprechen und die durch Vektoren aufgespannt werden, deren Länge und Winkel zueinander das Kristallsystem bestimmen. In jedem Gitterpunkt befindet sich eine identische Einheit („Basis"), die bei Elementkristallen wie Si aus nur einem Atom, bei Molekülkristallen wie Anthrazen aus vielen Atomen bestehen kann. Kurz ausgedrückt gilt:

Kristall = Gitter + Basis

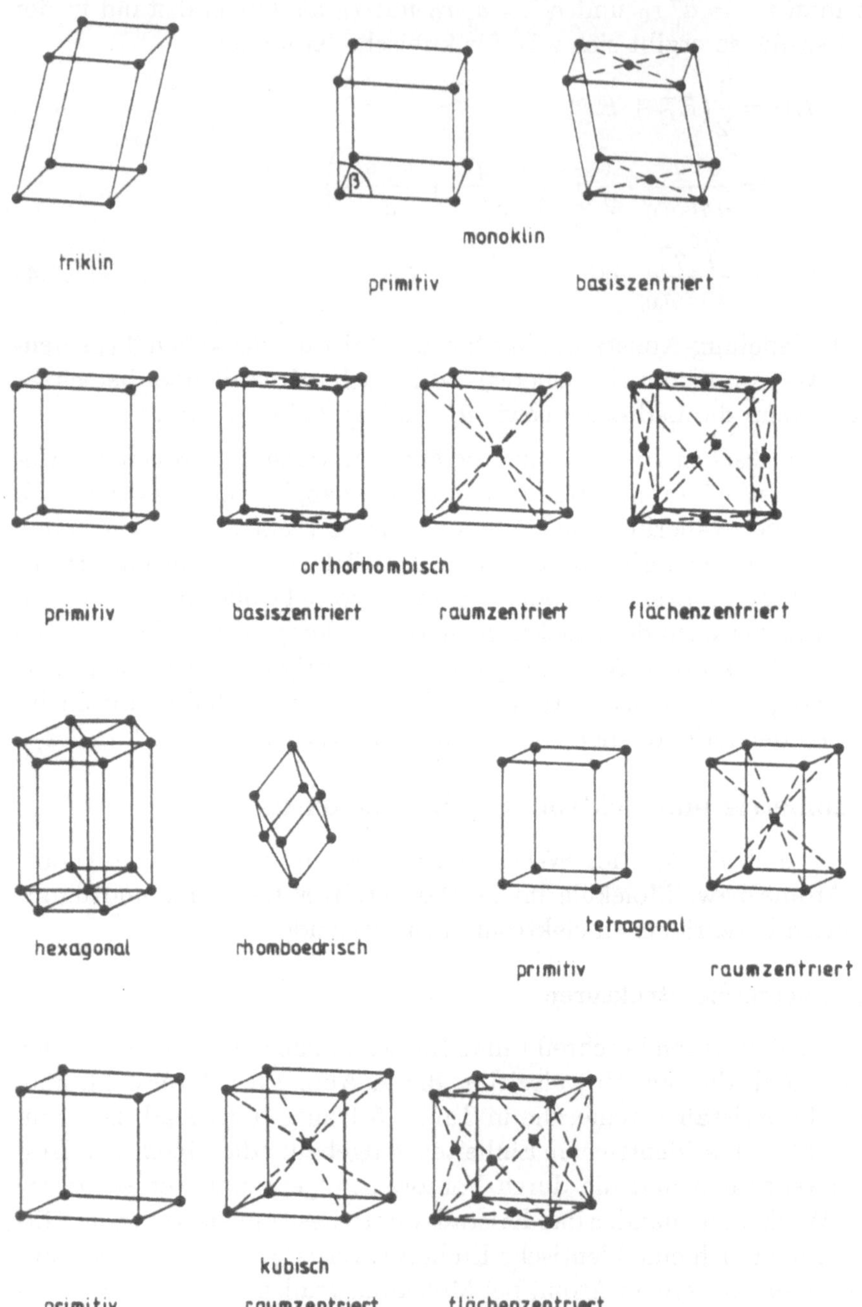

Abb. 1.5.1
Die 14 Translationsgitter des Raumes (Bravaisgitter) [Iba 90]

Tab. 1.5.1
Basisvektorsysteme und zugehörige Kristallsysteme für ein dreidimensionales Gitter

Basisvektoren bzw. Kristallachsen	Winkel	Kristallsystem
$a_1 \neq a_2 \neq a_3$	$\alpha \neq \beta \neq \gamma \neq 90°$	triklin
$a_1 \neq a_2 \neq a_3$	$\alpha = \gamma = 90°\ \beta \neq 90°$	monoklin
$a_1 \neq a_2 \neq a_3$	$\alpha = \beta = \gamma = 90°$	orthorhombisch
$a_1 = a_2 \neq a_3$	$\alpha = \beta = \gamma = 90°$	tetragonal
$a_1 = a_2 \neq a_3$	$\alpha = \beta = 90°\ \gamma = 120°$	hexagonal
$a_1 = a_2 = a_3$	$\alpha = \beta = \gamma \neq 90°$	rhomboedrisch
$a_1 = a_2 = a_3$	$\alpha = \beta = \gamma = 90°$	kubisch

1.5.2.2 Elektronische Bandstruktur

Im folgenden wollen wir einen kurzen Überblick über die entsprechende *elektronische Struktur von Festkörpern* geben, die ionische, kovalente oder metallische Bindungen enthalten. (Festkörper, die durch die schwächeren Van der Waals-Bindungen zusammengehalten werden, zeigen im wesentlichen die (kaum verbreiterten) Niveaus der sie aufbauenden Atome oder Moleküle.)

Auch für Festkörper ist prinzipiell die Schrödingergleichung zu lösen, wobei auch hier wie bei den Molekülen eine Separation der Anteile der Kerne, der Elektronen sowie Gitterschwingungen und anderer Elementaranregungen (vgl. [Göp 94]) i.allg. möglich ist.

Wesentliches Ergebnis der Quantenmechanik für Festkörper ist, daß die verfügbaren Energiezustände der Elektronen im Kristall in (Energie-) Bändern konzentriert sind, d.h. in mehr oder weniger breiten „Energiestreifen" entlang einer Energieskala. Die Anzahl von Zuständen in diesen Bändern entspricht der Anzahl der Atome im Kristall, multipliziert mit der Zahl der Elektronenzustände in diesem Atom. Sie ist also sehr groß. Deshalb kann man die Quantisierung der Energie der Elektronen innerhalb eines Bandes vernachlässigen. Die Energie tritt in den Bändern kontinuierlich auf. Zwischen den erlaubten Energiebereichen (Bändern) gibt es Bereiche, in denen keine Elektronenzustände verfügbar sind. Man spricht von *Bandlücken* (engl.: band gap), verbotenen Zonen oder Energielücken. Die Breite der Bänder und der Bandlücken bezüglich der Energie ist eine stoffspezifische Eigenschaft, ebenso wie der Verlauf der Dichte der Zustände in den Bändern (*Zustandsdichte*, engl.: density of states, vgl. Abschn. 1.2). Bei Feststoffen geht die Breite der Bänder ($E_{max} - E_{min}$) für energetisch tieferliegende Bänder gegen null. Dies gilt insbesondere dann, wenn die

Elektronen in tiefer liegenden Zuständen sehr eng an ein einzelnes Atom gebunden („lokalisiert") sind und die entsprechende Wellenfunktion kaum mit denen benachbarter Atome überlappt. Diese Energieniveaus entsprechen in erster Näherung denen der einzelnen Atome. Für Elektronen in den höchsten Energieniveaus ist diese Überlappung groß. Durch die Überlappung entstehen delokalisierte Elektronenniveaus für den Gesamtkristall.

Dabei spalten die usprünglichen N Atomorbitale mit gleichen Energien der N Atome in einem Kristall auf und ergeben N Kristallorbitale mit Energien in einem Energieband. (Bei $N = 2$ erfolgt Aufspaltung in zwei Niveaus, ein bindendes und ein antibindendes. Allgemein spalten N Atomniveaus in N Zustände auf.) Abb. 1.5.2 zeigt schematisch diese Veränderung bei kleiner werdendem Zweiteilchen-Abstand von N Atomen. Man kann deshalb Bänder in einfachen Elementkristallen jeweils einem Atomorbital oder – bei Überlappung der Bänder – mehreren Orbitalen zuordnen.

Ein anderes quantenmechanisches Modell, das das Auftreten von erlaubten und verbotenen Energiezonen für Elektronen im Kristall beschreibt, behan-

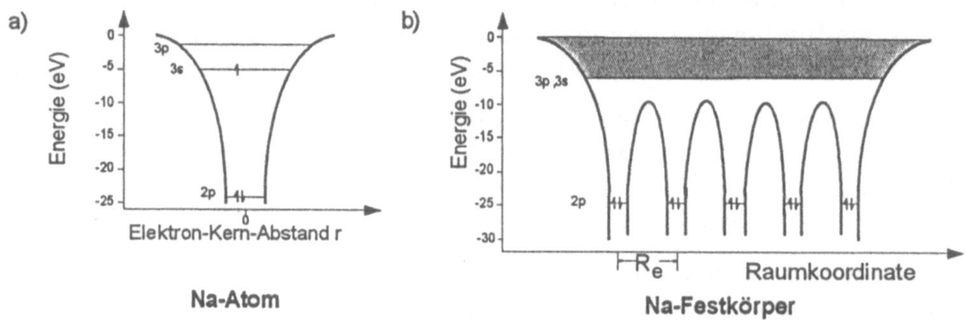

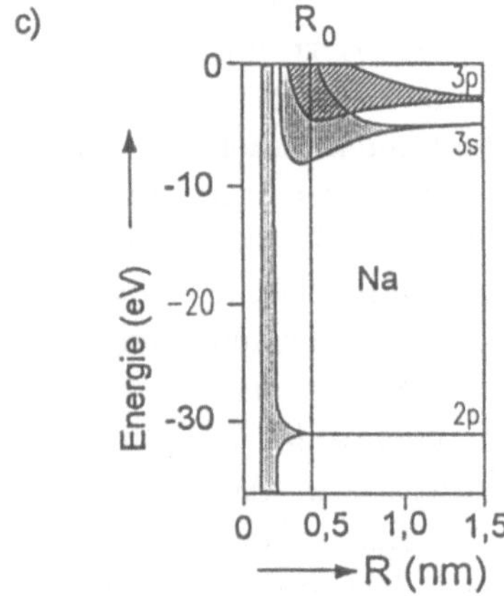

Abb. 1.5.2
Ausbildung von Bändern beim Übergang vom isolierten Atom (a) zum Festkörper (b) am Beispiel von Natrium mit Darstellung der abstandsabhängigen Energie der 2p-, 3s- und 3p-Anteile (c). Dabei ist R_e der Gleichgewichtsabstand der Kerne.

delt das Elektron als Teilchen im Kasten (vgl. Abschn. 1.1). Den Kasten bildet dabei der kristalline Festkörper mit seinem Volumen $V = a^3$ (im Falle eines Würfels), in dem das Elektron eingesperrt ist. Statt einer konstanten potentiellen Energie muß man nun aber ein periodisches Potential mit Potentialminima am Ort der Atome des Kristalls annehmen. Hier geht die jeweils spezielle Symmetrie des Kristalls sowie die Bindungsstärke (Tiefe der Potentialminima) ein. Die grundsätzliche Änderung gegenüber einem „Kasten" mit konstantem Potential ist, daß die Energiezustände nun nicht mehr dicht über die gesamte Energieskala $E \geq 0$ verteilt sind, sondern daß verbotene Energiebereiche, eben die Bandlücken auftreten. Abb. 1.5.3 zeigt schematisch diesen Effekt bei Einführen des periodischen Potentials im Kasten.

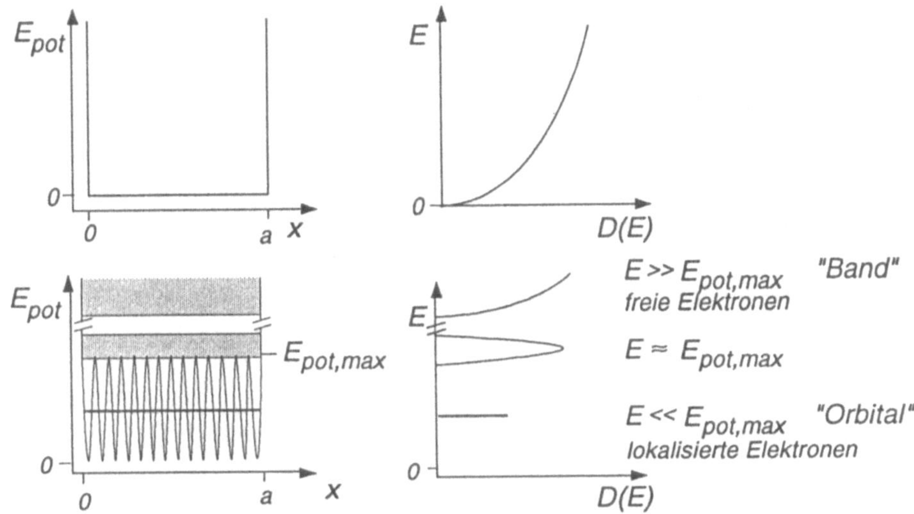

Abb. 1.5.3
Potentielle Energie E_{pot} und Zustandsdichte $D(E)$ für Teilchen im Kasten mit konstantem Potential (oben) bzw. periodischem Potential (unten)

Bisher wurden Gleichgewichtszustände der Elektronen betrachtet. Für viele praktische Anwendungen ist jedoch der Transport von Elektronen von Interesse: Einerseits transportieren Elektronen Ladung, es resultiert also ein Stromfluß. Dies wird in Abschn. 2.3 behandelt. Andererseits wird mit den Elektronen auch Impuls transportiert, der einen Beitrag zum Wärmefluß leistet. Dies wird in Abschn. 2.1.2 besprochen.

Damit Transport stattfinden kann, müssen die Elektronen Energie aufnehmen und daher auf unbesetzte, delokalisierte Energieniveaus angeregt werden. Wie wir in Abschn. 1.7 sehen werden, kann eine derartige Anregung thermisch nur dann stattfinden, wenn die Energie des angeregten Zustands im Bereich kT oberhalb des Anregungszustandes liegt, wobei k die sog. Boltzmannkonstante ist.

Je nach ihrer elektronischen Struktur unterscheidet man drei Typen von Festkörpern: Isolatoren, Halbleiter und Metalle.

In *Isolatoren* ist das höchste besetzte Band vollständig aufgefüllt. Die Bandlücke zum nächst höheren (unbesetzten) Band überschreitet den Wert kT um Größenordnungen. Isolatoren können deshalb nur elektrisch leitend gemacht werden, wenn durch Energiezufuhr ($\Delta E \gg kT$, z.B. durch Licht geeigneter Wellenlänge) Elektronen in das unterste unbesetzte Band angeregt werden.

Halbleiter unterscheiden sich von Isolatoren durch eine geringere Energielücke zwischen oberstem besetzten und unterstem unbesetzten Band. Das oberste besetzte Band nennt man *Valenzband*, das nächsthöhere unbesetzte Band ist das *Leitungsband*. Wenn der Abstand ausreicht, daß die thermische Anregung zu einer (meist kleinen) Konzentration von Elektronen in Zuständen an der Leitungsbandunterkante führt, wird ein solcher Kristall leitend. Der Anzahl der Elektronen im Leitungsband entspricht dabei eine gleich große Anzahl durch die Anregung freigewordener Zustände an der Valenzbandoberkante, sogenannte Löcher. Auch die Löcher tragen wie die Leitungsbandelektronen zur Elektronenleitung bei. Der gerade betrachtete Fall eines Halbleiters wird auch *Eigenhalbleiter* oder *intrinsischer Halbleiter* genannt, da Leitungselektronen bzw. Löcher durch thermische Anregung der Elektronen eines idealen Kristalls erzeugt werden.

Eine andere Möglichkeit, Leitungselektronen im Leitungsband oder Löcher im Valenzband eines Halbleiters oder auch eines Isolators zu erzeugen, ist die sogenannte *Dotierung*. So führt die gezielte Verunreinigung, das Dotieren, von Siliciumkristallen mit Phosphor zum Einbau von Phosphor auf Siliciumplätzen. Phosphoratome haben ein Außenelektron mehr als Siliciumatome. Die Folge ist, daß sonst freie Zustände an der Leitungsbandunterkante mit den Überschußelektronen des Phosphors besetzt werden. Phosphor wirkt also als Elektronen-*Donator*. Silicium wird dann *n-leitend* (n, weil die Elektronen negative Ladungsträger sind). Umgekehrt führt der Einbau von Boratomen dazu, daß Elektronen aus der Valenzbandoberkante ausgebaut werden und dort Löcher hinterlassen. Bor wirkt damit als Elektronen-*Akzeptor*. Silicium wird so *p-leitend* (p, da die Löcher im Vergleich zu den Elektronen positive Ladungsträger sind). Dotierte Halbleiter werden auch *extrinsische Halbleiter* genannt.

Hat man nun einen Feststoff, dessen Elektronen das oberste besetzte Band, das Leitungsband, schon am absoluten Temperaturnullpunkt nur teilweise auffüllen, so liegt ein *Metall* vor. Im Bereich um die höchsten besetzten Energieniveaus der Elektronen stehen sehr viele freie Zustände zur Verfügung. Dies ist die Voraussetzung dafür, daß fast alle Elektronen zur elektrischen Leitung beitragen können.

Abb. 1.5.4 zeigt schematisch die Bänder und Energielücken der einzelnen Festkörpertypen.

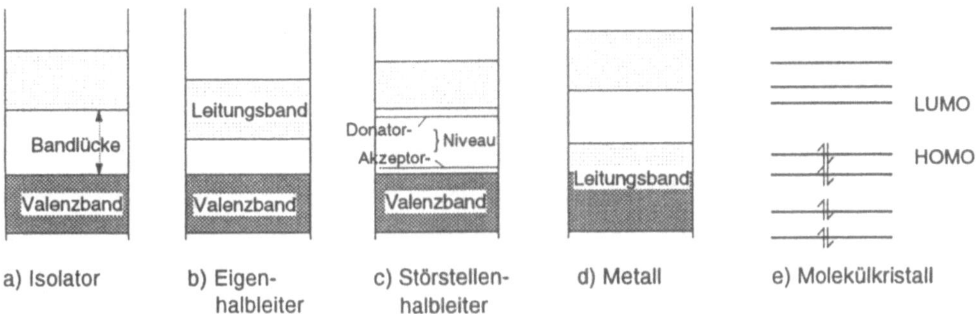

Abb. 1.5.4
Schematische Darstellung von Bändern verschiedener Festkörpertypen. Schraffierte Bereiche kennzeichnen besetzte, gepunktete unbesetzte Energieniveaus. Kovalente und ionische Bindungen führen i.allg. zu (a–c), metallische Bindungen zu (d), Wasserstoffbrückenbindungen und Van der Waals-Bindungen zu (e). HOMO ist das oberste besetzte Molekülorbital, LUMO das tiefste unbesetzte (vom Englischen „highest occupied (lowest unoccupied) molecular orbital").

Wie die Atome (und Moleküle) kann man auch Festkörper ionisieren, wenn man die Elektronen ins Vakuum entfernt, wobei eine entsprechende Ionisierungsenergie für diesen Schritt aufgewendet werden muß. Da diese Elektronen aber durch die *Oberfläche* ins Vakuum austreten müssen und dort häufig andere energetische Verhältnisse herrschen als im Volumen eines Festkörpers, wird dieser Ionisierungsprozeß erst im nächsten Abschnitt 1.6 in Abb. 1.6.5 näher behandelt.

1.6 Oberflächen und Grenzflächen

Wenn Materie in verschiedenen Aggregatzuständen nebeneinander vorliegt, so werden diese durch Grenzflächen getrennt. Letztere können auch zwischen nicht-mischbaren Flüssigkeits- oder Festkörperphasen auftreten. Dies

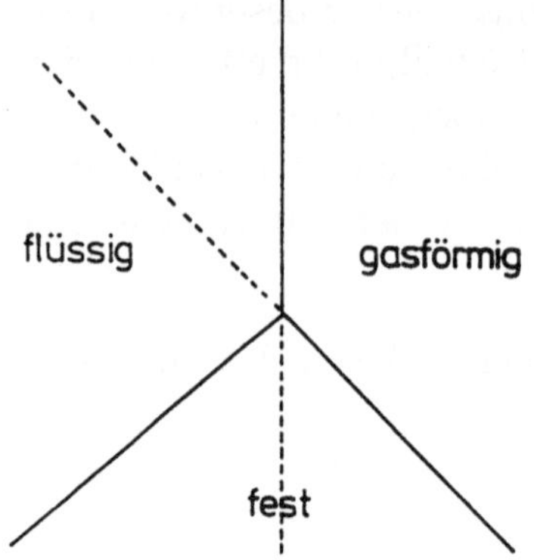

Abb. 1.6.1
Schematische Darstellung von Phasen in drei verschiedenen Aggregatzuständen. Eingezeichnet sind Phasengrenzflächen von jeweils zwei Phasen in unterschiedlichem (—) und gleichem Aggregatzustand (- - -).

ist schematisch in Abb. 1.6.1 gezeigt. Neben den gezeigten Zweiphasen-Grenzflächen können auch Dreiphasen-Grenzflächen auftreten, die beispielsweise in der Katalyse oder in Brennstoffzellen eine große Rolle spielen (vgl. Abschn. 3.9).

Aus Abb. 1.6.2 wird deutlich, daß der relative Anteil der Oberflächenatome und somit ihr Einfluß auf die Eigenschaften eines Festkörpers mit abnehmender Teilchengröße stark zunimmt. Da die Bindungsverhältnisse von Atomen an Oberflächen oder Grenzflächen von denen des Volumens abweichen, können bei mikro- oder nanostrukturierten Materialien (z.B. bei Katalysatoren oder Halbleiterbauelementen) völlig neue Phänomene auftreten, die bei makroskopischen Teilchendimensionen nicht beobachtet werden. Entscheidend für eine eindeutige Beschreibung von Oberflächen- oder Grenzflächenphänomenen ist es, daß die Abweichungen vom idealen Volumenverhalten als sogenannte „Exzeßgrößen" eingeführt werden. Dabei kann sich dieser „Exzeß" auf die Anreicherung von Fremdatomen, Molekülen, Elek-

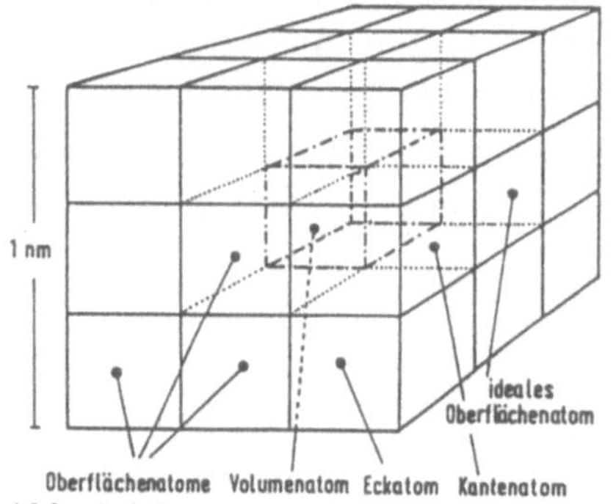

Kantenlänge		1nm	1μm	1mm
Volumenatome	N_b	1	$2{,}7 \times 10^{10}$	$2{,}7 \times 10^{19}$
Oberflächenatome	N_s	26	$5{,}4 \times 10^{7}$	$5{,}4 \times 10^{13}$
Kantenatome	N_K	12	$3{,}6 \times 10^{4}$	$3{,}6 \times 10^{7}$
Eckatome	N_E	8	8	8
$\dfrac{N_S}{N_S + N_b}$		0,96	2×10^{-3}	2×10^{-6}

Abb. 1.6.2
Anzahl N_i von Oberflächen- und Volumenatomen in würfelförmigen Teilchen unterschiedlicher Kantenlängen unter der Annahme, daß ein Atom die in der Tabelle angegebenen Dimensionen hat [Hen 94]

tronen, magnetischen Momenten, Energien, Entropien etc. beziehen. Details werden in Abschn. 2.1.5.5.3 vorgestellt, weitere Einzelheiten finden sich in [Hen 94].

Vor allem die geometrische und elektronische Struktur kann an der Oberfläche eines Festkörpers durch die fehlenden Bindungspartner drastisch von der Struktur im Volumen abweichen.

Der Grad der Störung von Bindungsverhältnissen zwischen benachbarten Atomen an der Oberfläche gegenüber denen im Volumen ist sehr unterschiedlich. Die ausgeprägtesten spezifischen Strukturen von elektronischen Oberflächenzuständen zeigen kovalente Element- oder Verbindungshalbleiter. Die physikalische Ursache dafür ist schematisch in Abb. 1.6.3 gezeigt. Bei den vierwertigen Elementhalbleitern wie Kohlenstoff, Silicium oder Germanium wird die elektronische Struktur des Festkörpers aus sog. sp^3-Hybridorbitalen der Atome gebildet, aus denen die entsprechenden Bänder aufgebaut werden. Diese Hybridorbitale kommen durch eine Überlappung von einem s- und drei p-Orbitalen innerhalb eines Atoms zustande. Dadurch entstehen vier gleichwertige Orbitale, die in die Ecken eines Tetraeders zeigen. Dies führt damit auch zu einer tetraedrischen Anordnung der Atome in der Einheitszelle. An den Oberflächen dieser vierwertigen Elementhalbleiter liegen nun nicht mehr in allen Raumrichtungen Bindungspartner vor. Die Überlappung der sp^3-Orbitale ist damit untereinander nicht so ausgeprägt wie im Volumen bzw. gar nicht mehr vorhanden. Daher werden auch

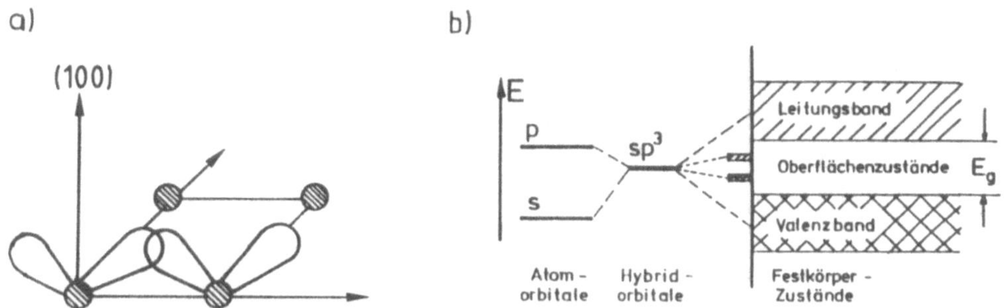

Abb. 1.6.3
a) Bindungen („dangling-bonds") an der Oberfläche einer (100)-Oberfläche eines Zinkblende- (oder Diamant-) Gitters mit der möglichen Wechselwirkung der „dangling-bonds" untereinander. Die wechselwirkenden Atome rücken dadurch näher zusammen. Häufig ist es energetisch am günstigsten, wenn die Atome immer reihenweise (z.B. in der [110]-Richtung) und dabei paarweise zusammenrücken, so daß sich eine sogenannte (2 × 1)-Rekonstruktion der Atomanordnung ergibt.
b) Schematische Darstellung der Energie der s- und p-Atomorbitale, der sp^3-Hybridorbitale und der Valenz- und Leitungsbandzustände eines kovalenten Kristalls mit Diamantgitterstruktur (wie z.B. Si oder C)

elektronische Zustände („dangling bonds") innerhalb der verbotenen Zone
erwartet.

In Abb. 1.6.4 ist die Ladungsdichteverteilung für einen homöopolaren, einen
heteropolar-kovalenten und einen heteropolar-ionischen Kristall gezeigt.
Man erkennt, daß bei diesen ionischen Kristallen keine Oberflächenzustände
in der Bandlücke auftreten. Perfekte oxidische Ionenkristalle sind deshalb
häufig chemisch inert und somit für Hochtemperaturanwendungen geeignet.
(Ausnahmen resultieren aus der Existenz von Defekten oder von partiell
aufgefüllten d-Schalen der Kationen.)

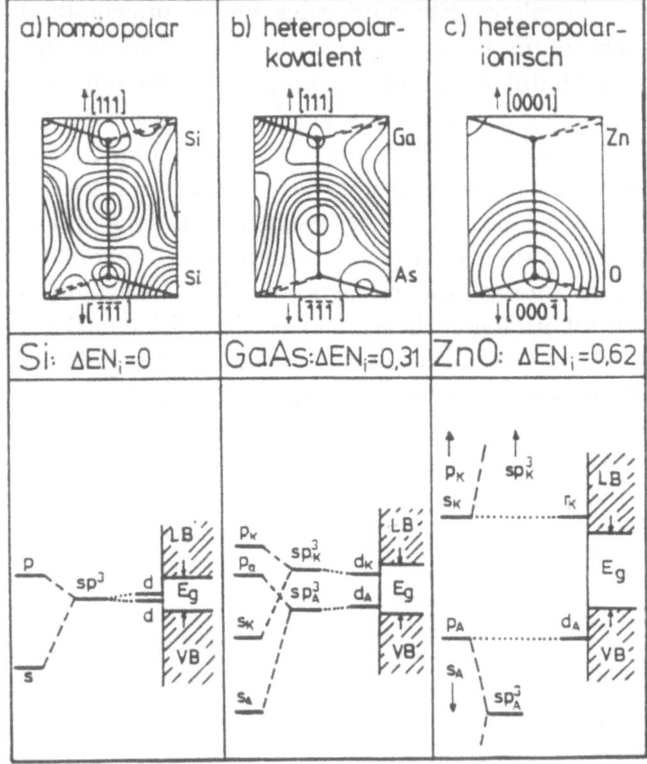

Abb. 1.6.4
Räumliche Ladungsdichteverteilung im Valenzbandbereich zwischen zwei Atomen (oben)
und entsprechende elektronische Niveaus von Volumen- und Oberflächenzuständen (unten)
für homöopolare, heteropolar-kovalente und heteropolar-ionische Modellsubstanzen mit
charakteristischen Differenzen ΔEN_i der Elektronegativitäten EN_i (in Pauling Einheiten,
vgl. [Göp 94]) zwischen benachbarten Volumenatomen. Eng beieinander liegende Linien
entsprechen einer hohen Elektronendichte. Die Orbitale sind mit s, p, sp³ (Hybridorbitale),
d („dangling bond" Orbitale der Oberfläche) mit von Anionen (A) bzw. Kationen (K)
abgeleiteten Wellenfunktionen und r (Oberflächenresonanzzustand im Energiebereich von
Volumenzuständen) gekennzeichnet [Hen 94].

Im Bereich der Oberfläche können also zusätzliche, mit Elektronen besetzbare Zustände auftreten. Andererseits weisen die Volumenzustände im Bereich der Oberfläche eine veränderte Dichte und damit auch veränderte Ladung auf. Die Oberfläche zeigt deshalb i.allg. eine Flächenladung, die durch Ladungen im Festkörperinnern neutralisiert wird. Bei Metallen mit hoher Dichte beweglicher Ladung ist diese Neutralisation innerhalb einer Atomlage möglich. Bei Isolatoren und Halbleitern erfolgt diese Neutralisation in einer Schicht mit neutralisierender Raumladung. Diese Raumladungsrandschicht ist umso dicker, je kleiner die Dichte freier Ladungen im Volumen ist. Dieses Phänomen ist uns bei Isolatoren als Aufladung bekannt, z.B. das „Fliegen" von trockenen Haaren nach dem Kämmen. Die Reichweite der Störung elektrischer Felder als Folge dieser Ladungstrennung an Oberflächen ist in Abb. 1.6.5 mit D gekennzeichnet und wird Debye-Länge genannt.

Bei Metallen kommt eine Oberflächenladung dadurch zustande, daß die negative Elektronenwolke über die positiven Atomrümpfe reicht. Dies ist formal durch eine Dipolschicht beschreibbar. Bei Halbleitern entsteht diese Dipolschicht auch. Darüberhinaus können aber selbst bei reinen Halblei-

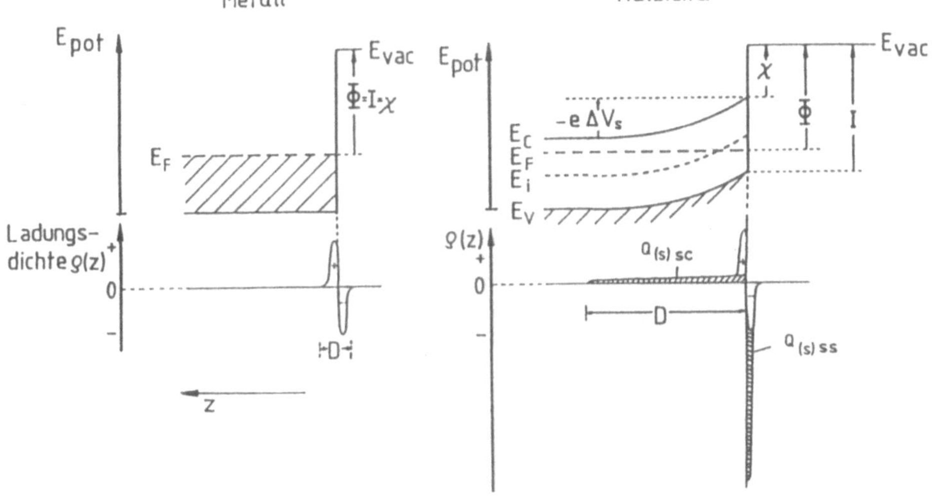

Abb. 1.6.5
Vergleich des Potentialverlaufs und der Ladungsdichte $\varrho(z)$ im Oberflächenbereich für Metalle und Halbleiter (schematisch). Die Potentialvariation zwischen den Atomen ist vernachlässigt. Die Debyelänge D ist bei Metallen im Bereich der Atomabstände, bei Halbleitern je nach Dotierung und Oberflächenkonzentration der Ladungsträger typischerweise 1–1000 nm und bei Isolatoren in der Größenordnung der makroskopischen Probendurchmesser. Beim Halbleiter treten neben den metalltypischen Effekten die delokalisierten Ladungen in der Raumladungsschicht auf. Φ ist die Austrittsarbeit, χ die Elektronenaffinität, I die Ionisierungsenergie, $Q_{(s)sc}$ die Ladungsdichte in der Raumladungsschicht, $Q_{(s)ss}$ die Oberflächenladungsdichte und $e\Delta V_s$ die Bandverbiegung [Hen 94].

teroberflächen zusätzliche Oberflächenladungen dadurch entstehen, daß in den Oberflächenzuständen Ladungen festgehalten werden. Durch die große Reichweite der entstehenden elektrischen Felder wegen der geringen Anzahl beweglicher kompensierender Ladungsträger findet bei Halbleitern eine sog. Bandverbiegung statt, deren Reichweite die Debye-Länge ist. Dies kann man sich anschaulich so vorstellen: In Abb. 1.6.5 wurde angenommen, daß die Oberflächenladung $Q_{(s)ss}$ negativ ist. Im Festkörper ist also eine positive Raumladung $Q_{(s)sc}$ vorhanden, die die Oberflächenladung kompensiert, so daß Elektroneutralität herrscht. Die Abgabe weiterer Elektronen wird also erschwert sein. Eine Bandverbiegung nach oben ist jedoch nichts anderes als eine Energiebarriere für Volumenelektronen, die beim Durchtritt durch die Oberfläche zusätzlich überwunden werden muß. Ist die ganze Oberflächenladung in der Tiefe D kompensiert, so spüren Elektronen, die tiefer im Volumen sind, keinen Einfluß dieses Potentials mehr. Wäre die Oberflächenladung positiv, so hätte man umgekehrt eine Bandverbiegung nach unten erhalten, da die Elektronenabgabe erleichtert wäre.

Der Messung zugänglich ist die sog. Austrittsarbeit als die Differenz zwischen Vakuumniveau in hinreichend großem Abstand vor der Oberfläche und dem elektrochemischen Potential eines Elektrons η_e/N_L an der Oberfläche (vgl. Gl. (2.1.38)). Dabei ist N_L die Loschmidtzahl, η_e/N_L wird in der Festkörperphysik als Fermienergie E_F bezeichnet. Es gilt:

$$\Phi = E_{\text{vac}} - \eta_e/N_L = E_{\text{vac}} - E_F \tag{1.6.1}$$

Dabei ist es gleichgültig, ob im Bereich des Ferminiveaus elektronische Zustände vorhanden sind oder nicht. Letzteres ist bei Halbleitern und Isolatoren der Fall. Hier werden die Größen Elektronenaffinität χ als Abstand zwischen Leitungsbandkante und Vakuumniveau und Ionisierungsenergie I als Abstand zwischen Valenzbandkante und Vakuumniveau zusätzlich eingeführt, wie dies in Abb. 1.6.5 gezeigt wurde.

1.7   Energiezustände und Temperatur

Schon bei der Übersicht zu Mehrteilchenwechselwirkungen wurde in Abschn. 1.4 darauf hingewiesen, daß Materie einerseits in verschiedenen *Aggregatzuständen* vorkommen kann (fest, flüssig, gasförmig, Plasmazustand) und andererseits in jedem dieser Aggregatzustände unterschiedliche Atome miteinander auch chemisch reagieren können. Darüberhinaus treten zwischen verschiedenen Aggregatzuständen oder innerhalb eines Aggregatzustands zwischen verschiedenen Phasen *Grenzflächen* auf.

Als ein allgemeines Gleichgewichtsprinzip hatten wir die Einstellung des *Minimums der freien Enthalpie G des Gesamtsystems* kennengelernt, das dann eingestellt wird, wenn im Gleichgewicht die Randbedingungen eines konstanten Drucks und einer konstanten Temperatur erfüllt sind (Gl. (1.4.1)).

Andererseits haben wir quantenmechanisch verschiedene *gequantelte Energiezustände von Einzelteilchen* dieser Systeme über die Schrödingergleichung berechnet. Diese Einteilchenenergiezustände sind in einfachen Fällen nicht nur theoretisch, sondern auch experimentell spektroskopisch zugänglich [Göp 94]. Dies gilt dann, wenn die Einzelteilchen ihre Energiezustände im Gesamtsystem behalten (so z.B. in Idealgasen). In komplizierteren Systemen können erlaubte Energiezustände des Gesamtsystems nicht mehr aus denen der Einzelteilchen bestimmt werden (so z.B. in Flüssigkeiten). In diesen Fällen müssen Näherungslösungen für die Energiezustände des Gesamtsystems gefunden werden.

Der entscheidende Unterschied zwischen den quantenmechanisch prinzipiell erlaubten Energiezuständen und der freien Enthalpie als Energie liegt darin, daß die freie Enthalpie nur Anteile der besetzten Energieniveaus berücksichtigt. Die Besetzungswahrscheinlichkeit von prinzipiell erlaubten Niveaus wird dabei über die Temperatur geregelt. Diese Wahrscheinlichkeit nimmt exponentiell mit zunehmender Energie ab (vgl. Abschn. 1.7.2). Zudem enthält die freie Enthalpie noch einen Anteil der Entropie. Die Entropie als Maß für „Unordnung" oder etwas genauer als Maß für die Zahl unabhängiger Zustände des Gesamtsystems bei konstanter Gesamtenergie und Teilchenzahl nimmt mit der Zahl der besetzten Zustände und damit mit der Temperatur zu. Quantitativ wird der Zusammenhang zwischen erlaubten Energiezuständen und thermodynamischen Funktionen wie beispielsweise der freien Enthalpie im Rahmen der *statistischen Thermodynamik* beschrieben.

Die enorme Bedeutung der statistischen Thermodynamik liegt daher darin, daß sie zwischen den erlaubten Energieniveaus und Energiezuständen der Materie einerseits und den makroskopisch beobachtbaren physikalischen und chemischen Eigenschaften andererseits vermittelt und ein in in sich geschlossenes Konzept für das Zusammenfügen dieser beiden Welten liefert. Von zentraler Bedeutung in der statistischen Thermodynamik ist es, mit geeigneten Modellannahmen zunächst „Teilchen" zu definieren und danach über viele, möglichst geeignet gewählte Teilchen Mittelwerte zu bilden, die dann zu makroskopisch meßbaren Energien, Enthalpien, Entropien etc. führen.

1.7.1   Teilchendefinitionen

In den letzten Abschnitten haben wir in dem Zusammenhang quantenmechanische und klassische Energien verschiedener „Teilchen" wie Atome, Moleküle und Festkörper, aber auch Elektronen kennengelernt. Abb. 1.7.1 soll nochmal zusammenfassend an einfachen zweidimensionalen Systemen verschiedene Möglichkeiten illustrieren, den Teilchenbegriff in Modellen zu definieren.

In Abb. 1.7.1a sind zweiatomare Moleküle als „Einzelteilchen" (punktiert) in der Gasphase über die Angabe zweier Orts- und zweier Impulskoordinaten (x_i, y_i) bzw. (mv_{xi}, mv_{yi}) gekennzeichnet. Dabei wird der Schwerpunkt S_i des jeweiligen Moleküls „i" betrachtet.

Wenn die inneren Freiheitsgrade der Rotation und Schwingung mit berücksichtigt werden müssen, ist es erforderlich, den Einzelatomen im Molekül separate Orts- und Impulskoordinaten zuzuordnen, wie es in Abb. 1.7.1b gezeigt ist. Dabei wird die Beschreibung einfacher, wenn man die Schwerpunktsbewegung dadurch separiert, daß der Koordinatenursprung in den jeweiligen Schwerpunkt des Moleküls gelegt wird (hier nicht gezeigt).

Der Versuch, nicht nur die Atomkernpositionen, sondern auch die Elektronenpositionen (zur Vereinfachung nehmen wir zwei Elektronen wie im H_2-Molekül) durch die exakte Angabe von Koordinaten im Molekül festzulegen, scheitert (Abb. 1.7.1c), da Elektronen in Molekülen aufgrund des Teilchen-Welle-Dualismus delokalisiert sind.

Betrachtet man einen Festkörper, bestehend aus verschiedenen Einzelmolekülen, als Ganzes (Abb. 1.7.1d), so wird wieder dessen Schwerpunkt S über Ortskoordinaten (x_S, y_S) und Impulskoordinaten (mv_x, mv_y) gekennzeichnet. Die Berücksichtigung der Schwingungen zwischen den Atomen in den Molekülen einerseits und zwischen den verschiedenen Molekülbausteinen andererseits durch auf die Gleichgewichtspositionen bezogenen Koordinaten der Atome ermöglicht dann die Beschreibung von Gitterschwingungen (Phononen, vgl. Abschn. 2.1.1).

Bei sehr hohen Temperaturen wird allen Atomkernen und Elektronen so viel Energie zugeführt, daß diese als Einzelteilchen in einem sogenannten Plasma vorliegen (Abb. 1.7.1e). Aufgrund der hohen Geschwindigkeiten können nun auch Elektronen örtlich lokalisiert werden, da deren Materiewellenlänge entsprechend klein wird und sie daher ausgeprägten Teilchencharakter haben. Die Beschreibung eines Plasmazustandes ist daher über die Angabe von Orts- und Impulskoordinaten für alle geladenen Teilchen sinnvoll.

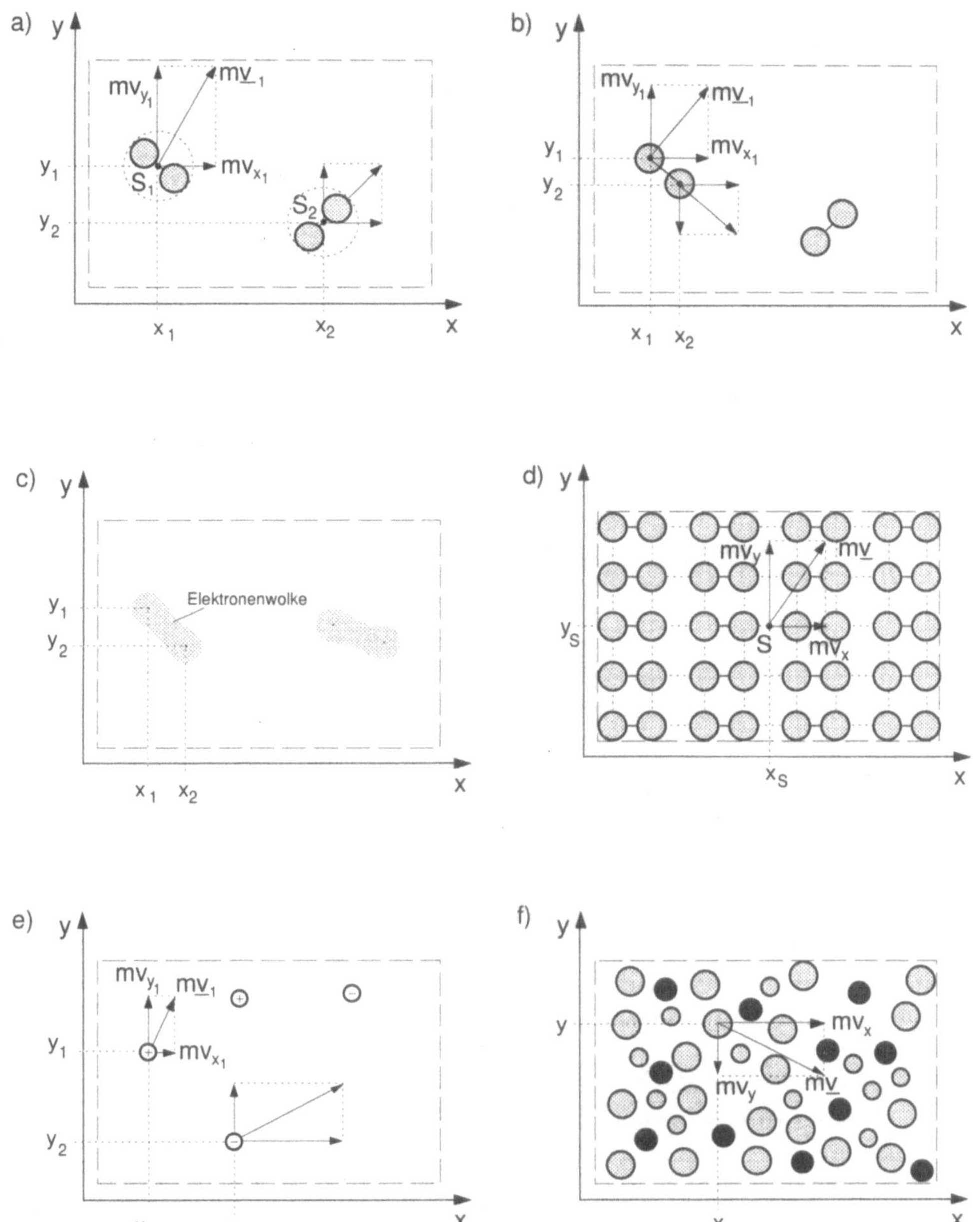

Abb. 1.7.1

Schematische Darstellung zur Wahl von „Teilchen" für die quantenmechanische oder klassische Beschreibung von zweidimensionalen Systemen. Nähere Erklärungen s. Text.

Das letzte Beispiel (Abb. 1.7.1f) soll stark korrelierte Wechselwirkungen zwischen gleichen und verschiedenen Atomen in Flüssigkeiten oder Polymeren andeuten, deren Struktur und dynamisches Verhalten die Beschreibung der Bewegung aller Einzelteilchen erfordert. Da dies in makroskopischen Systemen nicht möglich ist, kann dies nur mit sehr groben Näherungen theoretisch erfaßt werden.

Zusammenfassend ergibt sich aus diesen einfachen Beispielen, daß je nach System verschiedene „Teilchen" definiert werden können, zwischen denen sehr unterschiedliche Wechselwirkungen auftreten: Atom/Atom-Wechselwirkungen der chemischen Bindung wie innerhalb des Moleküls oder Atomverbandes in Abb. 1.7.1 a,b und c, intermolekulare Wechselwirkungen zwischen Molekülen wie in Abb. 1.7.1 b und d, Coulomb-Wechselwirkungen zwischen den elektrischen Ladungen wie in Abb. 1.7.1e bzw. ein Spektrum unterschiedlicher Wechselwirkungen zwischen den Extremen der chemischen Bindung und der intermolekularen Bindung (Abb. 1.7.1f).

Für einige dieser Teilchen haben wir die Lösungen der Schrödingergleichung vorgestellt. Wir haben allerdings bisher nur verschiedene *mögliche* Energieniveaus kennengelernt, haben dabei aber nicht diskutiert, ob diese Niveaus besetzt sind oder nicht. Im Gleichgewicht wird ihre Besetzungswahrscheinlichkeit durch die Temperatur geregelt. Bei $T = 0$ K werden zunächst alle Niveaus mit allen vorhandenen Teilchen besetzt, wobei nach dem Prinzip der minimalen Gesamtenergie die Niveaus mit niedriger Energie zuerst besetzt werden. Handelt es sich bei den die Niveaus zu besetzenden Teilchen um Elektronen (oder andere Teilchen mit einem halbzahligen Spin, sog. *Fermionen*), so müssen wir dabei wie in Abschn. 1.3 besprochen das Pauliprinzip beachten, wobei wir jedes Niveau nur mit zwei Elektronen besetzen dürfen. Für Teilchen mit ganzzahligem Spin (sog. *Bosonen*) oder für den Grenzfall, daß wesentlich mehr Energieniveaus erreichbar sind als Teilchen vorhanden, gilt diese Einschränkung jedoch nicht.

1.7.2   Temperatur als Verteilungsmodul für Besetzungswahrscheinlichkeiten

Wir wollen nun betrachten, wie sich die Besetzung der Energieniveaus bei höheren Temperaturen verhält. Dies gelingt für den zuletzt genannten klassischen Grenzfall mit der sog. Boltzmann-Statistik. Auf die für Fermionen gültige Fermi-Dirac-Statistik sowie die für Bosonen gültige Bose-Einstein-Statistik wollen wir hier nicht eingehen (s. dazu [Göp xx]).

Ein Niveau kann dabei nur dann thermisch besetzt werden, wenn der Energieunterschied zum Grundzustand nicht wesentlich höher ist als die

„thermische Energie" kT mit k als der sogenannten Boltzmannkonstante. Diese thermische Energie ist bei Raumtemperatur bezogen auf ein Teilchen (kT) 0,025 eV oder auf ein Mol Teilchen ($kN_LT = RT$) 3 kJ$\cdot$mol^{-1}. Quantitativ beschrieben wird die relative Besetzungswahrscheinlichkeit dieser Niveaus im thermischen Gleichgewicht über das Boltzmannsche Verteilungsgesetz, das das Verhältnis der Anzahl N_i/N_j der Atome mit den Energien E_i und E_j angibt:

$$\frac{N_i}{N_j} = e^{-(E_i-E_j)/kT} \tag{1.7.1}$$

Danach gilt für das Verhältnis der Anzahl der Atome mit Energie E_i zur Gesamtzahl aller Atome $N = \sum N_i$ im System (d.h. für die Besetzungswahrscheinlichkeit der Niveaus E_i)

$$P_i = \frac{N_i}{N} = \frac{e^{-E_i/kT}}{\sum_i e^{-E_i/kT}} = \frac{e^{-E_i/kT}}{Z} \, . \tag{1.7.2}$$

Der Ausdruck $Z = \sum e^{-E_i/kT}$ wird Zustandssumme genannt. Die Summe erfaßt alle möglichen Energien, wobei entartete Energien entsprechend dem Entartungsfaktor g_i in der Summation g_i-fach berücksichtigt werden müssen.

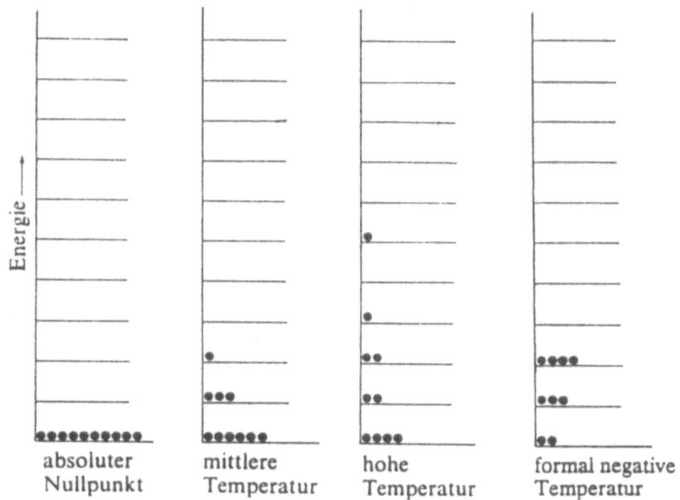

Abb. 1.7.2
Temperatur-Abhängigkeit der Besetzung von Schwingungsniveaus eines Moleküls (nach [Atk 90])

In Abb. 1.7.2 ist als Beispiel die Temperaturabhängigkeit der Besetzung von Schwingungsniveaus eines Moleküls gezeigt. Dabei ist rechts gezeigt, daß unter bestimmten Bedingungen auch höhere Schwingungsniveaus stärker besetzt sein können als tiefere. Dies entspricht formal negativen Temperaturen und läßt sich im thermischen Gleichgewicht nicht realisieren.

1.7.3   Allgemeine thermodynamische Funktionen und statistische Thermodynamik

Die innere Energie U eines Systems läßt sich einerseits dadurch verändern, daß man die Besetzung der vorhandenen Energieniveaus durch Zu- oder Abfuhr von Energie in der Form von Wärme Q verändert. Eine andere Möglichkeit besteht darin, die Systemdimensionen wie das Volumen V eines Gases und damit die möglichen Translations-Energieniveaus der Teilchen zu ändern (vgl. Gl. (1.2.2)). Letzteres beschreibt den Effekt der äußeren Volumenarbeit beim Druck p.

Beide Einflüsse auf die innere Energie U sind schematisch für Gasmoleküle in Abb. 1.7.3 gezeigt. Sie werden sowohl formal in der phänomenologischen als auch atomistisch in der statistischen Thermodynamik quantitativ über

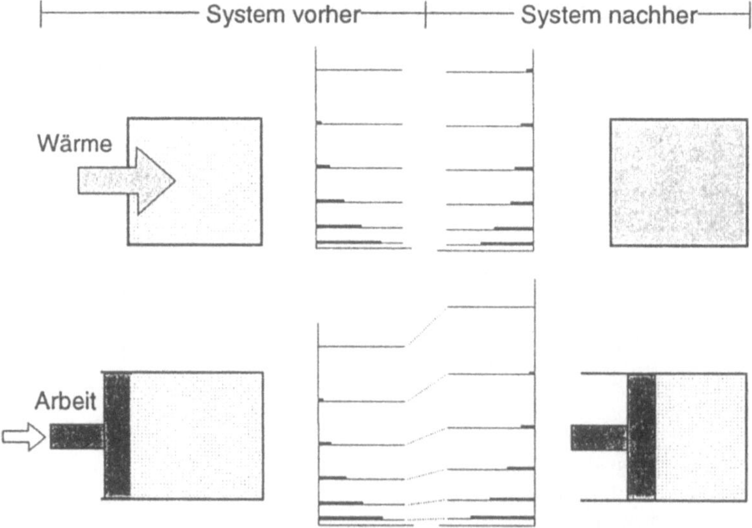

Abb. 1.7.3
Unterschied zwischen Auswirkungen von Wärme und Arbeit auf Position (dünne horizontale Linie) und Besetzungswahrscheinlichkeiten (dicke horizontale Linie) der gequantelten Translationsniveaus eines Idealgases bei der Erhöhung der inneren Energie

den ersten Hauptsatz beschrieben, nach dem für Änderungen dU der inneren Energie

$$dU = \delta Q - pdV \tag{1.7.3}$$

gilt (vgl. Anhang 6.2.3). Die innere Energie U läßt sich andererseits als Mittelwert über alle besetzten Energieniveaus mit ihren Besetzungswahrscheinlichkeiten aus Gl. (1.7.2) berechnen zu

$$U = \overline{E} = \sum P_i E_i = \frac{\sum_i E_i e^{-E_i/kT}}{\sum_i e^{-E_i/kT}} = \frac{kT^2\left(\frac{\partial Z}{\partial T}\right)}{Z} \, . \tag{1.7.4}$$

Damit ist im Prinzip der Zusammenhang zwischen den Einzelenergiezuständen des Systems E_i und thermodynamischen Funktionen (hier U) aufgezeigt. Die Berechnung anderer thermodynamischer Funktionen erfolgt analog (Tab. 1.7.1).

Tab. 1.7.1
Thermodynamische Funktionen aus der kanonischen Zustandssumme Z

$$U = \frac{kT^2\left(\frac{\partial Z}{\partial T}\right)}{Z} = kT^2\left(\frac{\partial \ln Z}{\partial T}\right)_{V,N} \tag{1.7.4}$$

$$S = k\left[\left(\frac{\partial \ln Z}{\partial \ln T}\right)_{V,N} + \ln Z\right] = k \cdot \left(\frac{\partial(T\ln Z)}{\partial T}\right)_{V,N} \tag{1.7.5}$$

$$A = -kT\ln Z \tag{1.7.6}$$

$$p = kT\left(\frac{\partial \ln Z}{\partial V}\right)_{T,N} \tag{1.7.7}$$

$$pV = kT\left(\frac{\partial \ln Z}{\partial \ln V}\right)_{T,N} \tag{1.7.8}$$

$$G = -kT\left[\ln Z - \left(\frac{\partial \ln Z}{\partial \ln V}\right)_{T,N}\right] \tag{1.7.9}$$

$$H = kT\left[\left(\frac{\partial \ln Z}{\partial \ln T}\right)_{V,N} + \left(\frac{\partial \ln Z}{\partial \ln V}\right)_{T,N}\right] \tag{1.7.10}$$

$$C_V = 2kT\left(\frac{\partial \ln Z}{\partial T}\right)_{V,N} + kT^2\left(\frac{\partial^2 \ln Z}{\partial T^2}\right)_{V,N} \tag{1.7.11}$$

2 Phänomenologische Eigenschaften

Mit phänomenologischen Eigenschaften beschreibt man physikalische und physikalisch-chemische Phänomene auf makroskopischer Ebene, ohne auf ihre mikroskopische atomistische und damit quantenmechanische Beschreibung einzugehen. Dazu gehören z.B. Begriffe der phänomenologischen Thermodynamik wie spezifische Wärme, (elektro-)chemisches Potential als Maß für die chemische Reaktivität von Teilchen, innere Energie und Entropie ebenso wie die anschaulicheren Eigenschaften Wärmeausdehnung, Härte, Elastizität, Plastizität, Leitfähigkeit, Piezoelektrizität oder (Ferro-)magnetismus.

Diese *makroskopischen Eigenschaften* kann man häufig mit einfachen Testmethoden sehr genau quantitativ bestimmen. Sie sind für viele praktische Anwendungen von entscheidender Bedeutung und werden auch heute noch oft empirisch optimiert. Ihre *mikroskopischen Ursachen* sind dagegen häufig nicht verstanden. Für ein vertieftes Verständnis und gezieltes Maßschneidern von Materialien werden jedoch zunehmend häufiger auch komplexere Herstellungs- und Untersuchungsmethoden eingesetzt. Dies ist u.a. eine Folge der zunehmenden Anforderungen an „hochgezüchtete" Eigenschaften neuer Materialien für praktische Anwendungen und eine Folge des Trends zur Miniaturisierung in vielen Bereichen der Materialforschung und -entwicklung („Mikrosystem-Technik", „Nanotechnologie", ..., vgl. Kap. 3 und 4). Das erforderliche quantenmechanische oder atomistische Verständnis wird deshalb immer wichtiger. Dies wurde in Kap. 1 kurz zusammengefaßt dargestellt und ist im ersten Band [Göp 94] ausführlich behandelt.

Eine Brücke zwischen den makroskopischen und mikroskopischen Eigenschaften schlagen die neuen Rastersondenmethoden, von denen wir das Rastertunnel- und das Rasterkraftmikroskop bereits in den Abschnitten 1.2 und 1.4.2 kennengelernt haben. Mit diesen Methoden können phänomenologische Parameter wie Reibung, Adhäsion, Temperatur, Leitfähigkeit oder Kapazität auf mikroskopischer Ebene gemessen oder umgekehrt zur Abbildung der Oberflächentopographie ausgenutzt werden. Obwohl für viele dieser Methoden heute noch keine umfangreichen Theorien existieren, werden wir in den entsprechenden Abschnitten dieses Kapitels die jeweilig einsetzbaren Methoden kurz vorstellen.

Vielen phänomenologischen physikalischen Größen gemeinsam ist die prinzipielle Meßmethodik: Man mißt die Abhängigkeit einer Größe Y von einer anderen Größe X und erfaßt den Zusammenhang rechnerisch oder graphisch. Die resultierende Kurve charakterisiert die interessierende phänomenologische Größe

$$Y = f(X) \,. \tag{2.0.1}$$

Häufig zeigt sich bei langsamer, kleiner Änderung der Größe Y mit der Größe X eine *lineare Abhängigkeit*. Beispiele sind Strom/Spannungs-(I/U)-Kurven, die dem Ohmschen Gesetz folgen und aus deren Steigung der ohmsche Widerstand und daraus die spezifische Leitfähigkeit bestimmt werden (vgl. Abb. 2.3.2), oder Kraft/Ausdehnungs-Kurven, die dem Hookeschen Gesetz folgen und aus deren Steigung die Kraftkonstante und daraus der Elastizitätsmodul bestimmt werden (vgl. Abb. 2.2.3b).

Wir werden andererseits z.B. bei allgemeineren I/U-Kurven in Abschn. 2.3.1.1 und Abb. 2.0.4a feststellen, daß häufig *nichtlineare Abhängigkeiten* auftreten. Dies wird vor allem bei großen Änderungen der Größen X und Y auftreten, selbst wenn bei kleinen Änderungen lineares Verhalten gefunden wird.

Die Größen Y und X können darüberhinaus *räumlich anisotrop* sein. So kann beispielsweise der Widerstand in kristallinen Materialien eine Richtungsabhängigkeit aufweisen. Aber auch Inhomogenitäten in der Probe können zu lokal unterschiedlichen Größen führen, die dann häufig nur über die o.g. neuen Rasterverfahren mit guter lateraler Auflösung bestimmt werden können, sofern sie an der Oberfläche nachweisbar sind.

In den ersten Beispielen wurde angenommen, daß die Größen Y und X eindeutig und unabhängig von der Vorgeschichte oder Einstellzeit korreliert sind. Variiert man Größe Y erst in die eine und dann in die andere Richtung, so werden häufig verschiedene *zeitabhängige Effekte* beobachtet, bei denen der Wert Y nicht mehr eindeutig einem Wert X zugeordnet ist. Dabei unterscheidet man oft, ob dies bei kleinen periodischen Änderungen um den Nullpunkt oder einen Fixpunkt erfolgt oder ob dies bei großen Änderungen von X bzw. Y auftritt. Große Änderungen muß man häufig langsam durchführen, um eindeutig interpretierbare Ergebnisse zu erhalten.

Schnelle periodische kleine Änderungen der Meßgröße können beispielsweise frequenzabhängig erfaßt werden. Dabei können selbst bei linearen Zusammenhängen frequenzabhängige Amplituden und Phasenverschiebungen zwischen der Größe Y und X auftreten, die man z.B. über komplexe Zahlen beschreiben kann (vgl. Abb. 2.0.4b,c). Wir werden als ein Beispiel in Abschn. 2.3.2 sehen, daß kapazitive und induktive Widerstände (Impedanzen) als derartige komplexe Größen beschrieben werden können. Die darauf beruhende Impedanzspektroskopie wird in Abschn. 2.3.2.2 besprochen.

Bei großen Änderungen der Größen X bzw. Y kann man drei verschiedene Fälle unterscheiden (Abb. 2.0.1): Im ersten Fall sind die resultierenden Kurven vollständig reversibel (Abb. 2.0.1a,b), im zweiten Fall tritt Hysterese auf, bei der richtungsabhängig verschiedene Werte, bei gleicher Vorbehandlung und Richtung jedoch gleiche Werte gemessen werden (Abb. 2.0.1c), und im dritten Fall treten irreversible Effekte auf.

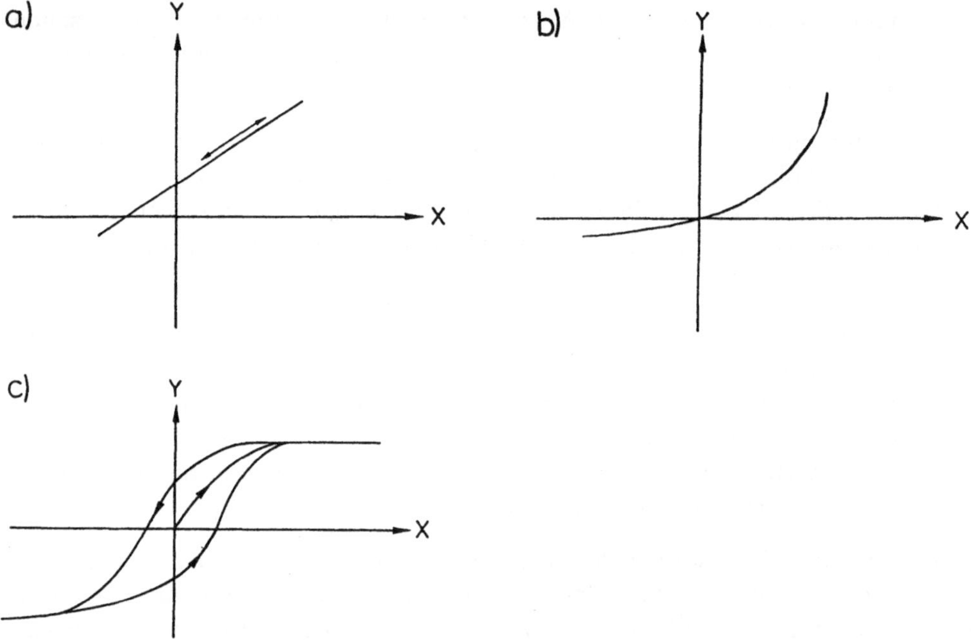

Abb. 2.0.1

Einfache Beispiele funktioneller Abhängigkeiten $Y = f(X)$ in schematischer Darstellung a) reversible lineare Meßkurve,   b) reversible nichtlineare Meßkurve,   c) Meßkurve mit Hysterese

Man kann als eine weitere Meßvariante die Größe Y in Abhängigkeit von X langsam linear ändern und zusätzlich mit einem kleinen Beitrag schnell periodisch modulieren. Damit wird einer zeitlich linearen Veränderung ein sinusoidales Signal überlagert (Abb. 2.0.2 und 2.0.4d). Wenn die Amplitude der modulierten Funktion klein gewählt wird, kann so ein differenziertes

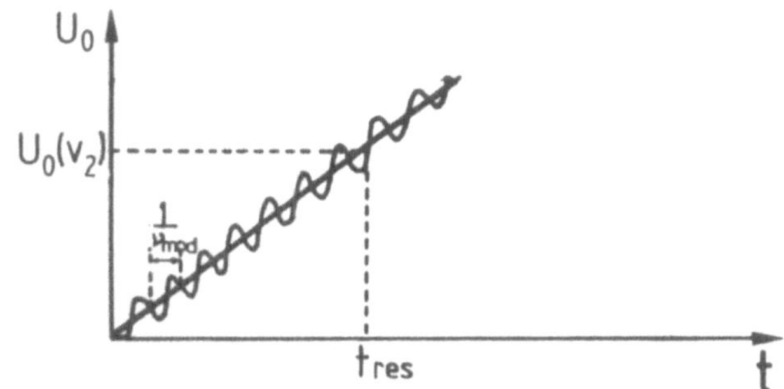

Abb. 2.0.2
Lock-in-Technik am Beispiel eines Elektronenenergieanalysators („PMA", vgl. [Göp 94]):
Die angelegte Spannung U_0 wird linear mit der Zeit erhöht (dicke Linie). Bei $U_0(v_2)$ werden Teilchen der Geschwindigkeit v_2 im Detektor zur Zeit t_{res} nachgewiesen. Bei Anwendungen der Lock-in-Technik wird das Signal periodisch mit ν_{mod} um den linearen Vorschub moduliert (dünne Linie). Typische Resultate im Intensitätsspektrum zeigt Abb. 2.0.3.

Meßsignal erzeugt werden (Abb. 2.0.3). Im Detektor werden nur Signale mit dieser Modulationsfrequenz erfaßt, so daß Störsignale (Rauschen) weitgehend eliminiert und die Daten mit einer erheblichen Empfindlichkeitssteigerung erfaßt werden (Lock-in-Technik, vgl. auch [Göp 94]).

Da nur über einen sehr kleinen Bereich der Kurve moduliert wird, in dem auch nichtlineare Kurven als linear angesehen werden können, tritt eine Linearisierung der Meßkurve auf, die eine Auswertung zusätzlich erleichtert.

Man sieht schon an den wenigen Beispielen, daß es eine große Variations-

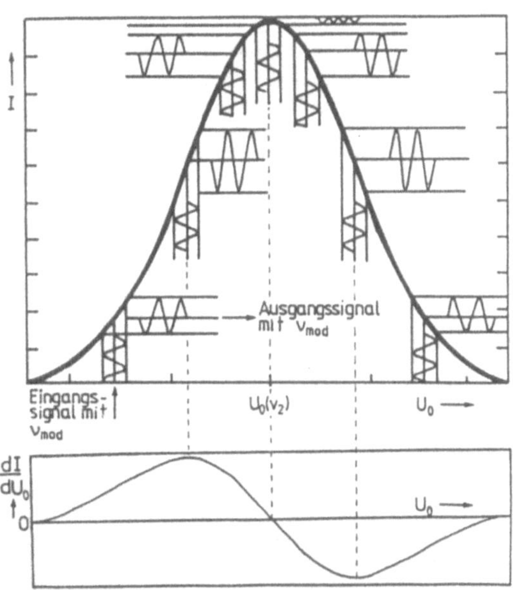

Abb. 2.0.3
Auswirkung der periodischen Anregungssignalmodulation bei Lock-in-Technik an einer Resonanzstelle. Die durchgezogene dicke Kurve würde man bei nichtmodulierter Anregung erhalten. Die Auftragung der gezeigten Amplituden des Meßsignals (hier: Elektronenstrom im PMA) bei modulierter Anregung ergibt die differenzierte Kurve im unteren Teil des Bildes.

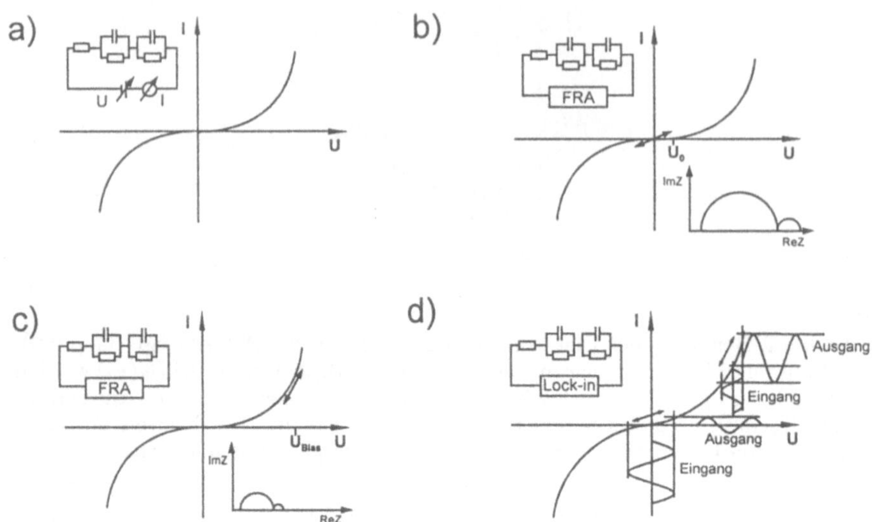

Abb. 2.0.4
Beispiele für verschiedene Experimente zur Bestimmung elektrischer Eigenschaften. Dargestellt sind jeweils in der Mitte die I-U-Kurven, in denen Doppelpfeile eine Modulation im Experiment andeuten, das Ersatzschaltbild der Meßanordnung (links oben) sowie das Meßergebnis (rechts unten)
a) Gleichstrom-(DC-)Messung bei kontinuierlich veränderter Spannung U
b) Wechselstrom-(AC-)Messung mit periodisch veränderter Spannung $U = U_0 \sin \omega t$ um den Nullpunkt. Das Meßgerät (FRA, **F**requency **R**esponse **A**nalyzer, Frequenzganganalysator) gibt dabei die Spannung vor und zeichnet die Amplitude des Wechselstroms sowie die Phasenverschiebung zwischen Strom und Spannung auf.
c) Wie b), die Spannung wird aber nicht um $U = 0$, sondern um $U = U_{\text{Bias}}$ moduliert. Das bedeutet, daß sowohl eine Gleichspannung U_{Bias} als auch eine Wechselspannung angelegt werden ($U = U_{\text{Bias}} + U_0 \sin \omega t$).
d) Frequenzempfindliche Detektion von I bei periodisch veränderter Spannung $U = U_0 \sin \omega t$ um den Nullpunkt. Das Meßgerät (Lock-in) gibt die Spannung vor und zeichnet nur Ströme auf, die mit der gleichen Frequenz ω erzeugt werden.

breite für derartige Experimente zur Bestimmung phänomenologischer Eigenschaften $Y = f(X)$ gibt. Diese werden im vollen Umfang heute vor allem bei den elektrischen Meßmethoden ausgeschöpft. Beispiele zeigt Abb. 2.0.4.

In den bisherigen Beispielen haben wir die Abhängigkeit $Y = f(X)$ zwischen zwei elektrischen bzw. zwischen zwei mechanischen Größen betrachtet. Es gibt aber auch viele „gemischte" Effekte, bei denen z.B. mechanische Größen auf elektrische Größen reagieren. Ein Beispiel ist der Piezoeffekt. Einige weitere werden wir in den folgenden Abschnitten besprechen. Einen Überblick über solche statischen Antwort- (oder Response-) Funktionen gibt Tab. 2.0.1. In ihr sind die vier wesentlichen „Feldgrößen" X (das elektrische Feld $\underline{E}$, das magnetische Feld $\underline{B}$, der Druck p und die Temperatur T) ihren thermodynamisch konjugierten Größen Y (der elektrischen Polarisation $\underline{P}$, der Magnetisierung $\underline{M}_{(v)}$, dem Volumen V und der Entropie S) gegenübergestellt. Thermodynamisch konjugiert heißt dabei, daß das Produkt der beiden Größen eine Energie (oder Energiedichte) ergibt. Die Responsefunktion ergibt sich dann allgemein aus der Steigung zu

$$\chi^{YX} = \frac{\partial Y}{\partial X} \quad . \tag{2.0.2}$$

Die Responsefunktionen der thermodynamisch konjugierten Größen heißen *diagonal*, da sie in Tab. 2.0.1 in der (fett umrahmten) Diagonale stehen, die anderen *nichtdiagonal*.

In Abschn. 3.8 werden wir am Beispiel von Sensoren physikalische und chemische Transduktionsprinzipien kennenlernen, bei denen ganz allgemein eine mechanische, thermische, elektrische, magnetische, chemische oder optische Meßgröße in ein thermisches, elektrisches usw. Signal umgesetzt wird.

In Tab. 2.0.1 sind die oben beschriebenen nichtlinearen, anisotropen, zeit- und ortsabhängigen Abweichungen vom linearen Verhalten jedoch noch nicht erfaßt. Dies kann dadurch geschehen, daß über Gl. (2.0.1) der Wert χ^{YX} bei bestimmten festen Parametern Y definiert wird. Beispiele dieser Parameter sind Ortskoordinaten, Richtungen, Zeiten oder Frequenzen.

Wir haben bisher überwiegend Beispiele für (thermodynamische) Gleichgewichte betrachtet. Bei *zeitabhängigen Nichtgleichgewichtszuständen* treten Transporterscheinungen und Flüsse auf, die beispielsweise einen Gradienten in der Temperatur, der Teilchendichte, dem Impuls oder dem elektrischen Potential auszugleichen versuchen. Unter dem Fluß J_Y der Transportgröße Y versteht man dabei die transportierte Menge pro Zeit- und Flächeneinheit. Die treibende Kraft für den Fluß ist der Gradient ∇X einer Feldgröße X. Für praktische Anwendungen ist wichtig, daß der Zusammenhang zwischen J_Y und ∇X in erster Näherung oft linear ist und somit gilt:

$$J_Y = -a^{YX} \nabla X \tag{2.0.3}$$

Darin ist a^{YX} der Transportkoeffizient. Nichtlinearitäten treten insbesondere weitab vom Gleichgewicht auf. Sie können zu Oszillationen, Chaos und Selbstorganisation führen. Diese Phänomene werden im folgenden vernachlässigt.

In Tab. 2.0.2 sind die wichtigsten linearen Transportprozesse für den Transport der Wärmemenge Q, der Masse m, der Teilchenzahl N, der elektrischen

Tab. 2.0.1

Responsematrix zur thermodynamischen Klassifizierung phänomenologischer Materialkonstanten. In einigen Fällen ist die generelle Beziehung Gl. (2.0.1) noch zu ergänzen, um aus z.T. historischen Gründen die allgemein üblichen Beziehungen zu erhalten (nach [Sti 89])

Feldgröße

X \\ Y	$T(K)$	$p(N/m^2)$	$\underline{E}(V/m)$	$\underline{B}\left(\dfrac{Vs}{m^2}\right)$
S (J/K)	Wärmekapazität $$\chi^{ST} = C_p = \frac{\partial S}{\partial T} \cdot T$$	Piezokalorischer Effekt $$\chi^{Sp} = \frac{\partial S}{\partial p}$$	Elektrokalorischer Effekt $$\chi^{SE} = \frac{\partial S}{\partial E}$$	Magnetokalorischer Effekt $$\chi^{SB} = \frac{\partial S}{\partial B}$$
V (m³)	Wärmeausdehnung $$\chi^{VT} = \alpha = \frac{\partial V}{\partial T} \cdot \frac{1}{V}$$	Kompressibilität $$\chi^{VP} = \kappa = \frac{\partial V}{\partial p}\left(-\frac{1}{V}\right)$$	Elektrostriktion $$\chi^{VE} = \omega = \frac{\partial V}{\partial E} \cdot \frac{|\underline{E}|}{V}$$	Magnetostriktion $$\chi^{VB} = \frac{\partial V}{\partial B}$$
$\underline{P}$ (Asm⁻²)	Pyroelektrischer Effekt $$\chi^{PT} = \frac{\partial P}{\partial T}$$	Piezoelektrischer Effekt $$\chi^{Pp} = \frac{\partial P}{\partial p}$$	Elektrische Suszeptibilität $$\chi^{PE} = \frac{\partial P}{\partial E}$$	Magnetoelektrischer Effekt $$\chi^{PB} = \frac{\partial P}{\partial B}$$
$\underline{M}_{(v)}$ (Am⁻¹)	Pyromagnetischer Effekt $$\chi^{M_{(v)}T} = \frac{\partial M_{(v)}}{\partial T}$$	Piezomagnetischer Effekt $$\chi^{M_{(v)}P} = \frac{\partial M_{(v)}}{\partial p}$$	Elektromagnetischer Effekt $$\chi^{M_{(v)}E} = \frac{\partial M_{(v)}}{\partial E}$$	Magnetische Suszeptibilität $$\chi^{M_{(v)}B} = \frac{\chi_m}{\mu_m} = \frac{\partial M_{(v)}}{\partial B}$$

Mengengröße

Tab. 2.0.2

Klassifizierung von Transportprozessen. Im Prinzip gibt es für jedes Kästchen der Matrix den entsprechenden Transportprozeß. Viele von ihnen haben jedoch keine besonderen Bezeichnungen oder sind noch nicht intensiv untersucht worden; daher enthalten manche Kästchen keine Eintragungen. Seebeck- und Peltier-Effekt beziehen sich auf einen aus zwei verschiedenen Metallen bestehenden Leiterkreis. Enthält er nur eine Metallart, so spricht man vom ersten bzw. zweiten Benedicks-Effekt [Sti 89].

Gradient

$\nabla \mathbf{X}$ / $\mathbf{J_Y}$	∇T (K/m)	∇p (kg/m^{2}s^2)	$\nabla N_{(v)}$ (m^{-4})	∇U (V/m)	∇E_z (V/m^2)	∇B_z (Vs/m^3)
$\underline{J}_Q$ (J/m^{2}s)	Wärmeleitung λ	Mechanokalorischer Effekt	Diffusionswärme (Dufour-Effekt)	Zweiter Benedicks- bzw. Peltier-Effekt		
$\underline{J}_m$ (kg/m^{2}s)	Thermomechanischer Effekt	Massetransport η	Diffusionsdruck			
$\underline{J}_N$ (m^{-2}s^{-1})	Thermodiffusion (Ludwig-Soret-Effekt)	Druckdiffusion	Diffusion D, D'	Elektrophorese		Magnetophorese
$\underline{J}_q$ (A/m^2)	Erster Benedicks- bzw. Seebeck-Effekt (Thermostrom)		Strömungsstrom	Elektrizitätsleitung σ		
$\underline{J}_{\mu_{el}}$ (A/m)					Polarisationsdiffusion D_{el}	
$\underline{J}_{\mu_m}$ (A/s)			Diffusions-Spinstrom			Spindiffusion D_m

Fluß

Tab. 2.0.3
Konventionelle lineare Transportgleichungen für stationäre Strömungen [Sti 89]

	Beschreibung				
Effekt	Transportierte Größe	Gradient	Koeffizient	Transportgesetz	Entdecker
Diffusion	Teilchenzahl N	$dN_{(v)}/dz$	Diffusionskonstante D'	$\dfrac{dN}{dt} = -D'\dfrac{dN_{(v)}}{dz}$	Fick*
Scherströmung	Impuls p_x	dv_x/dz	Viskosität η	$\dfrac{dp_x}{dt} = -\eta A\dfrac{dv_x}{dz}$	Newton, Couette
Massefluß	Masse m	dp/dz	Viskosität η	$\dfrac{dm}{dt} = \dfrac{\text{const.}}{\eta}\dfrac{dp}{dz}$	Hagen, Poiseuille
Wärmeleitung	Energie Q	dT/dz	Wärmeleitfähigkeit λ	$\dfrac{dQ}{dt} = -\lambda A\dfrac{dT}{dz}$	Fourier
Elektrizitätsleitung	El. Ladung q	dU/dz	El. Leitfähigkeit σ	$\dfrac{dq}{dt} = \sigma A\dfrac{dU}{dz}$ $= -\sigma\dfrac{d\varphi}{dz} = -\sigma E$	Ohm

$N_{(v)}$: Teilchendichte, A: Fläche, U:Spannung, φ: el. Potential, E: el. Feld

* Häufig werden auch molare Konzentrationen c als Gradient angesetzt, vgl. Gl. (2.1.91), (2.1.92)

Ladung q, des elektrischen Dipolmoments μ_{el} und des magnetischen Dipolmoments μ_m in einem Schema zusammengefaßt. Die Flüsse führen in diesen Fällen zu Gradienten der Temperatur T, des Druckes p, der Volumenteilchendichte $N_{(v)}$, der Spannung U, des elektrischen Feldes E und des magnetischen Feldes B (beide hier in z-Richtung). Die Transportkoeffizienten a^{YX} sind dabei, ähnlich wie in Tab. 2.0.1, häufig aus praktischen oder historischen Gründen etwas anders definiert. Eine Übersicht über eindimensionale Transportgleichungen findet sich in Tab. 2.0.3.

Im vorliegenden Kapitel über phänomenologische Eigenschaften kann nur eine Auswahl dieser allgemeinen Phänomene behandelt werden. Diese Auswahl erfaßt Eigenschaften, die für praktische Anwendungen eine große Rolle spielen. Da in der Praxis viele Werkstoffe Festkörper sind, werden insbesondere Festkörpereigenschaften diskutiert, vor allem dann, wenn sich das Phänomen nicht allgemeingültig für alle Aggregatzustände beschreiben läßt.

2.1 Thermische und chemische Eigenschaften

Die allgemeinen thermischen und chemischen Eigenschaften werden über alle temperaturabhängigen physikalischen und physikalisch-chemischen Größen charakterisiert. Wir werden uns in diesem Abschnitt jedoch nur auf diejenigen beschränken, die nicht die Temperaturabhängigkeit einer mechanischen, elektrischen, dielektrischen oder magnetischen Eigenschaft beschreiben, da diese in den folgenden separaten Kapiteln abgehandelt werden. Behandelt werden hier einerseits die Wärmekapazität, die Wärmeleitfähigkeit und die Wärmeausdehnung und andererseits Phasenübergänge, Thermodynamik und Kinetik mit Schwerpunkt auf homogenen Festkörper-Reaktionen und heterogenen Festkörper-Gas-Reaktionen. Den Zusammenhang zwischen atomistischem Aufbau und den hier diskutierten Eigenschaften liefert die statistische Thermodynamik für Gleichgewichts- und Nichtgleichgewichtszustände (vgl. Abschn. 1.7 sowie Details in [Göp xx]).

2.1.1 Wärmekapazität

Unter der Wärmekapazität C eines Stoffes versteht man die Wärmemenge dQ, die man benötigt, um diesen Stoff um die Temperatur dT zu erwärmen:

$$C = \frac{dQ}{dT} \tag{2.1.1}$$

Die Wärmeenergie Q kann dabei entweder aus dem System selbst oder aus der Umgebung stammen, wobei der Energieerhaltungssatz eingehalten werden muß. Sie kann dabei bei konstantem Volumen oder bei konstantem Druck zugeführt werden, so daß die Wärmekapazität entweder bei konstantem Volumen (C_V) oder konstantem Druck (C_p) gemessen wird. Aus dem ersten Hauptsatz der Thermodynamik (Gl. (1.7.3)) ergibt sich

$$dQ = dU + pdV \qquad (2.1.2)$$

und somit bei konstantem Volumen ($dV = 0$)

$$C_V = \left(\frac{\partial U}{\partial T}\right)_V \qquad (2.1.3)$$

als Ableitung der inneren Energie U nach der Temperatur.

Ebenso ergibt sich aus

$$dQ = dH + Vdp \qquad (2.1.4)$$

bei konstantem Druck ($dp = 0$)

$$C_p = \left(\frac{\partial H}{\partial T}\right)_p = \frac{dS}{d\ln T} \qquad (2.1.5)$$

als Ableitung der Wärmetönung oder Enthalpie H nach der Temperatur bzw. der Entropie S nach dem natürlichen Logarithmus der Temperatur. Die Temperaturabhängigkeit von C_p (oder C_V) kann in Gasen über einen größeren Temperaturbereich mit hinreichender Genauigkeit durch das Polynom

$$C_p(T) = a + bT + cT^2 + dT^3 + eT^{-2} + fT^{-3} \qquad (2.1.6)$$

beschrieben werden. Die Koeffizienten a, b, c, d, e, f sind temperaturunabhängig und können in Tabellenwerken wie [Lan xx] oder [Bar 73] nachgeschlagen werden. In Flüssigkeiten ist C_p häufig konstant, während in kristallinen Festkörpern Gl. (2.1.6) nur in sehr kleinen Temperaturbereichen gültig ist. In Tabellenwerken wie [Bar 89] sind C_p-Werte für eine große Zahl von anorganischen und in [Tim 50] von organischen Substanzen für viele Temperaturen direkt aufgelistet.

Qualitativ stellt man fest, daß viele einfache anorganische Festkörper bei hohen Temperaturen molare Wärmekapazitäten von $3N_{\text{F.E.}}R$ zeigen ($R =$ Gaskonstante, $N_{\text{F.E.}} =$ Zahl der Atome pro Formeleinheit). Dieses Ergebnis wird als Dulong-Petit- bzw. Neumann-Kopp-Regel bezeichnet. Für $T \to 0$ K geht auch die Wärmekapazität gegen null. Im Bereich nahe $T = 0$ K zeigt C_V bei nichtmetallischen Stoffen einen davon abweichenden Temperaturverlauf:

$$C_V = aT^3 \tag{2.1.7}$$

Abb. 2.1.1 zeigt den Verlauf der molaren Wärmekapazität $C_{p,m}$ für ein- und zweiatomige Festkörper. Die molaren Größen werden über Gl. (2.1.3) bzw. (2.1.5) definiert, wobei ein Mol der Stoffmenge betrachtet wird, d.h. die Ableitung der molaren inneren Energie U_m bzw. der molaren Enthalpie H_m nach der Temperatur.

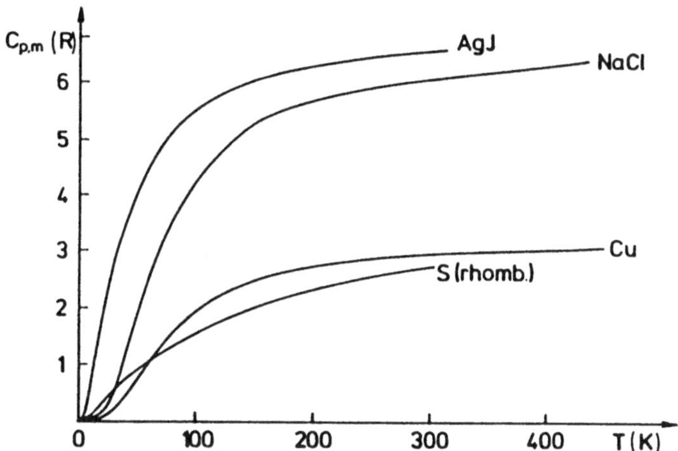

Abb. 2.1.1
Molare Wärmekapazität $C_{p,m}$ von ein- und zweiatomigen Festkörpern als Funktion der Temperatur [Fin 85]

Physikalische Ursache für dieses temperaturabhängige Verhalten sind Gitterschwingungen („Phononen"). Man kann dabei zwischen transversalen Schwingungen mit einer Auslenkungsrichtung senkrecht zur Ausbreitungsrichtung und longitudinalen Schwingungen mit einer Auslenkungsrichtung in Ausbreitungsrichtung unterscheiden. Beide Fälle sind in Abb. 2.1.2 schematisch gezeigt.

Bei Kristallen mit mehr als einem Atom in der primitiven Elementarzelle unterscheidet man zusätzlich zwischen optischen und akustischen Phononen. Wir wollen im folgenden von zwei Atomen pro primitiver Elementarzelle (zur Definition s. Abschn. 1.5.2.1) ausgehen (z.B. NaCl oder Diamant).

Bei der optischen Welle schwingen die beiden unterschiedlichen Atome gegeneinander, bei der akustischen nicht. Optische Phononen sind häufig durch

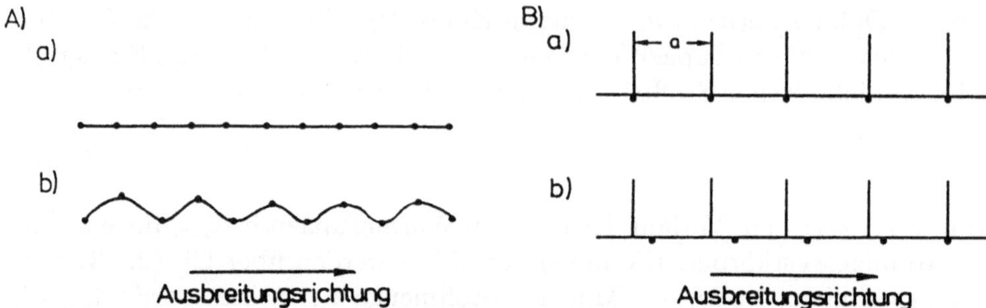

Abb. 2.1.2
Schematische Darstellung einer A) transversalen und B) longitudinalen Gitterschwingung. Jeweils dargestellt sind a) Gleichgewichtspositionen und b) Auslenkungen einer angeregten transversalen bzw. longitudinalen Welle.

fluktuierende Dipolmomente gekennzeichnet, die mit einem äußeren elektromagnetischen Feld wechselwirken können (zur genaueren Definition s. [Göp 94]). Es gibt transversale akustische, transversale optische, longitudinale akustische und longitudinale optische Phononen. In Abb. 2.1.3 sind je eine transversale optische und akustische Phononenwelle gezeigt.

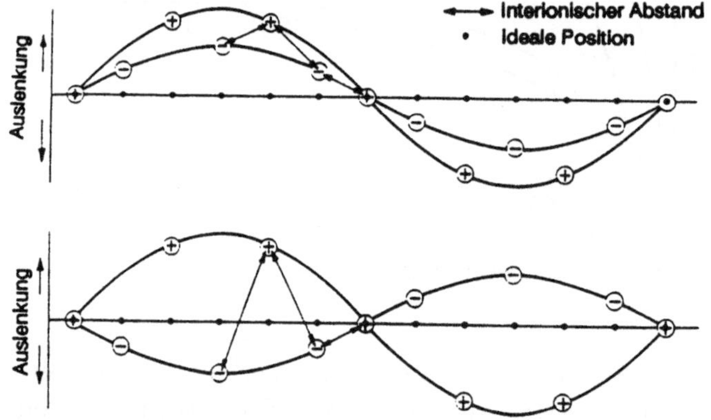

Abb. 2.1.3
Transversale akustische (oben) und transversale optische (unten) Wellen in einem linearen Gitter aus zwei Atomsorten. Die Wellenlänge der beiden Schwingungen ist gleich [And 90].

Zur Beschreibung des Beitrags der Gitterschwingungen zur Wärmekapazität kann man zwei Modelle anwenden. In beiden Fällen werden gequantelte Gitterschwingungen der Energie $h\nu$ durch Zufuhr thermischer Energie bei höheren Temperaturen angeregt. Dies führt zu erhöhter Wärmekapazität C_V.

- Der *Näherung von Einstein* liegen folgende Modellannahmen zugrunde:

1. Die Atome (Gitterbausteine) führen unabhängige Schwingungen um ihre Gleichgewichtslagen (Gitterplätze) aus. Es existiert keine gegenseitige Beeinflussung.

2. Es handelt sich dabei um harmonische Schwingungen.

3. Alle Gitterbausteine schwingen mit der gleichen Frequenz ν_E (Einstein-Frequenz).

   Eine harmonische Schwingung in die drei Raumrichtungen x, y, z kann in drei zueinander senkrechte Schwingungen zerlegt werden. Somit wird bei der Einsteinschen Theorie ein Kristall mit N Gitterbausteinen als ein System von $3N$ unabhängigen linearen harmonischen Oszillatoren behandelt, die alle mit der gleichen Frequenz ν_E schwingen. Die quantenmechanische Beschreibung des harmonischen Oszillators haben wir bereits in Abschn. 1.2 kennengelernt. Danach sind bei $T = 0$ K nur Nullpunktsschwingungen mit $E_{\mathrm{vib}} = \frac{1}{2} h \nu_E$ angeregt. Bei höherer Temperatur erfolgt die Anregung höherer Schwingungsniveaus gemäß der Boltzmann-Verteilung (s. Abschn. 1.7.2, [Fin 85] oder [Göp xx]) mit der Wahrscheinlichkeit $e^{-\Delta E/kT}$ und $\Delta E = n \cdot h \nu_E$ für das n-te Anregungsniveau. Man erhält mit dieser Theorie tatsächlich als Grenzwert bei hohen Temperaturen molare Wärmekapazitäten von $3R$, bei tiefen Temperaturen fällt C_V jedoch exponentiell, also stärker als experimentell ermittelt [Göp xx].

- Die *Näherung von Debye* geht von möglichen Schwingungen in einem elastischen, isotropen Kontinuum aus. Dies bedeutet im Gegensatz zu der Annahme von Einstein, daß die Gitterbausteine nicht unabhängig voneinander schwingen, sondern gekoppelte Schwingungen mit einem Spektrum von verschiedenen Frequenzen ausführen. Für Element-Festkörper mit N Atomen gleicher Masse gilt:

1. Die Gitterschwingungen werden wie Wellen behandelt (hier: Materiewellen = Schallwellen).

2. Die möglichen Frequenzen ν ergeben sich aus der Schallgeschwindigkeit, dividiert durch die möglichen Wellenlängen. Die Wellenlängen sind dabei durch die Abmessungen des Kristalls beschränkt. (Vergleiche dazu Abb. 2.1.3: Für einen eindimensionalen Festkörper der Ausdehnung $A = N \cdot a$ mit a als Gitterabstand ist die maximale Wellenlänge $\lambda_{\mathrm{max}} = 2A$. Die minimale Wellenlänge ergibt sich zu $\lambda_{\mathrm{min}} = 2a$.)

3. Für jede mögliche Wellenlänge existieren eine longitudinale und zwei transversale Schallgeschwindigkeiten.

4. Die longitudinalen und transversalen Schwingungen können unterschiedliche Schallgeschwindigkeiten haben.

5. Es gibt eine endliche Zahl von Schwingungen (bei N Atomen also maximal $3N$ Schwingungen).

6. Das Frequenzspektrum wird bei einer Maximalfrequenz ν_D abgeschnitten. ν_D heißt Debye-Frequenz.

Die thermische Anregung höherer Schwingungsniveaus wird wie beim Einstein-Modell durch die Boltzmann-Statistik (vgl. Abschn. 1.7.2) geregelt. Sie bezieht sich hier auf alle Frequenzen.

Diese Theorie liefert sowohl den richtigen Grenzwert für hohe Temperaturen als auch den richtigen Verlauf mit T^3 bei tiefer Temperatur [Göp xx], [Fin 85].

Zur Charakterisierung spezifischer Wärmen in Festkörpern gibt man oft nicht die (temperaturabhängigen) Wärmekapazitäten, sondern „charakteristische Temperaturen"

$$\Theta_E = \frac{h\nu_E}{k} \qquad (2.1.8)$$

bzw.

$$\Theta_D = \frac{h\nu_D}{k} \qquad (2.1.9)$$

als materialspezifische Parameter an. Θ_E wird Einstein-, Θ_D Debye-Temperatur genannt. Θ_D kann man z.B. in Tabellenwerken wie [Lan xx] nachschlagen. „Weiche" Materialien mit leicht anregbaren Phononen haben schon bei niedrigen Temperaturen hohe Wärmekapazitäten und damit niedrige Debye-Temperaturen (Tab. 2.1.1). Als Beispiel ist in Abb. 2.1.4 die molare Wärmekapazität für Silber gezeigt.

Außer in Phononen kann Energie in Festkörpern auch in verschiedenen anderen Anregungen ΔE wie Elektronen-, Spin-, Plasmonen- oder anderen „Onen"-Anregungen (vgl. [Göp 94]) gespeichert werden, die aber meist nur einen kleinen Anteil zur gesamten Wärmekapazität ausmachen, da entweder ΔE zu groß oder E zu hoch ist. Letzteres gilt z.B. für die Leitungselektronen in Metallen mit ihren im Vergleich zu kT hohen Werten der Fermienergie ($E_F \gg kT$ [Göp xx]). Dennoch sind diese Effekte experimentell über spezifische Wärmen separat erfaßbar. Freie Elektronen in Metallen bewirken beispielsweise einen linearen Anstieg der Wärmekapazität bei niedrigen Temperaturen. Andere Beispiele sind Punktdefekte bei hohen Temperaturen (vgl.

Tab. 2.1.1
Molare Wärmekapazitäten $C_{p,m}$ (bei 25 °C), spezifische Wärmekapazitäten $C_p^* = \frac{1}{m} C_p$ und Debye-Temperaturen Θ_D einiger Elemente und Verbindungen in fester Phase

	Element/Verbindung													
	Pb	Na	Ag	Cu	Al	Be	Diamant	α-Al$_2$O$_3$	NaCl	Si	Oxal-säure	Poly-styrol	Nylon 6,6	Teflon
$C_{p,m}$ (25 °C) [J/mol·K]	26,44	28,24	25,35	24,44	24,35	16,44	6,11	79,04	50,50	20,00	117			
C_p^* (25 °C) [J/kg·K]	127,6	1228,4	235	386	900	1824,6	508,7	775	864,1	712,1	1299,7	1050	1360	1670
Θ_D [K]	86	160	220	310	380	980	1950		281					

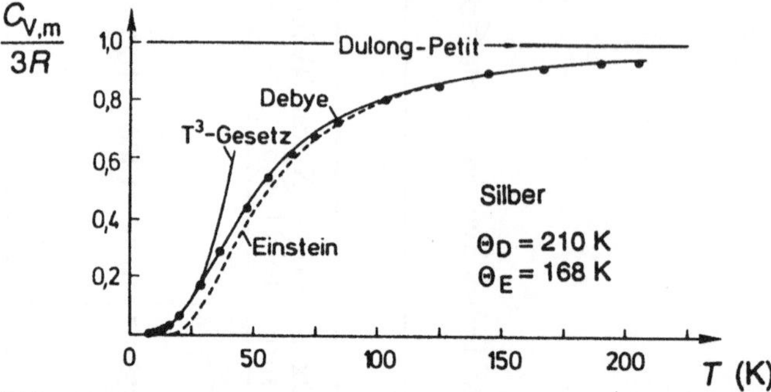

Abb. 2.1.4
Molare Wärmekapazität von Silber: Experimentelle Werte (•), Ergebnisse aus der Debye-Theorie mit $\Theta_D = 210$ K (ausgezogene Kurve) und Einstein-Theorie mit $\Theta_E = 168$ K (gestrichelte Kurve). Der Verlauf des T^3-Grenzgesetzes ($T \ll \Theta_D$) und des Dulong-Petit-Grenzgesetzes ($T \gg \Theta_D$) sind ebenfalls eingezeichnet [Fin 85].

Abschn. 2.1.5.4), das Aufheben der Ordnung im Spinsystem von Ferromagneten (vgl. Abschn. 2.6.2) oder Phasenumwandlungen (vgl. Abschn. 2.1.4) mit damit verbundenen Wärmetönungen und drastischen Anomalien der $C_V(T)$-Daten.

2.1.2 Wärmeleitfähigkeit

Wird ein Material einem Temperaturgradient dT/dz ausgesetzt, so tritt ein Wärmefluß J_Q vom wärmeren zum kälteren Ende auf, um die Temperatur auszugleichen (vgl. auch Tab. 2.0.2 und 2.0.3). Es gilt

$$J_Q = \frac{dQ_{(s)}}{dt} = -\lambda \left(\frac{dT}{dz} \right) \tag{2.1.10}$$

mit $Q_{(s)}$ als Wärmemenge pro Querschnittsfläche (s) und λ als Wärmeleitfähigkeitskoeffizient.

Die Wärme im Festkörper wird durch Phononen (vgl. Abschn. 2.1.1) und ggf. auch freie Elektronen transportiert. Die Wärmeleitfähigkeit ist deshalb direkt proportional zum entsprechenden Anteil an der Wärmekapazität. Der Phononenbeitrag der thermischen Energie wird dabei entlang der Ausbreitungsrichtung der Phononen transportiert. Effektiv werden Phononenanregungen vom Gebiet höherer in das Gebiet niedrigerer Temperatur transportiert. Der elektronische Beitrag besteht anschaulich aus einer Erhöhung der kinetischen Elektronenenergie im heißeren Teil und einer Migration zum kälteren Teil. Dort wird die Energie über Stöße wieder an die Gitterbausteine abgegeben (Erzeugung von Phononen). Dieser Transportanteil ist um so höher, je größer die Konzentration von Elektronen ist, so daß er in Metallen den Hauptanteil ausmacht. Da freie Elektronen auch für die elektrische Leitfähigkeit verantwortlich sind (s. Abschn. 2.3), sind beide Größen in Metallen in erster Näherung einander proportional (*Wiedemann-Franz-Gesetz*), d.h. es gilt

$$\lambda = L\sigma T \qquad (2.1.11)$$

mit σ als elektrischer Leitfähigkeit und L als Konstante. Für den Idealfall, daß ausschließlich freie Elektronen für Wärme- und elektrischen Transport verantwortlich sind, ergibt sich L zu $2,44 \cdot 10^{-8} \Omega W/K^2$ [Ral 76].

In Materialien ohne freie Elektronen sind überwiegend Phononen für die Wärmeleitfähigkeit verantwortlich. Dabei gibt es Materialien wie Diamant oder Saphir, die hervorragende Wärmeleiter sind. Da Phononen sehr leicht an Defekten gestreut werden und so der Transport zur kälteren Stelle gestoppt wird, ist die Wärmeleitfähigkeit allerdings in Keramiken meist deutlich kleiner als in Einkristallen. Darüberhinaus nimmt sie mit zunehmender Porosität sowie Anzahl von Verunreinigungen bei höheren Temperaturen ab, da dann die Phononenstreuung noch stärker wird, d.h. die Wärmeleitfähigkeit fällt bei nicht zu hohen Temperaturen mit der Temperatur ab. Erst bei sehr viel höheren Temperaturen kann in Kristallen, die für IR-Licht durchsichtig sind, die Wärme auch über die dann vorhandene Wärme-(IR)-Strahlung übertragen werden, so daß dann die Wärmeleitfähigkeit wieder zunimmt.

Polymere sind meistens sehr schlechte Wärmeleiter (vgl. Tab. 2.1.2), da sie einerseits normalerweise keine freien Elektronen enthalten und da andererseits die Wärme in Schwingungen, Rotationen und Translationen von einzelnen Ketten(-teilchen) lokal gespeichert wird, aber nur schwer *Transport* von Wärme stattfinden kann.

Tab. 2.1.2 Wärmeleitfähigkeitskoeffizienten λ verschiedener Materialien bei 25 °C [Ral 76]

	Element/Verbindung										
	W	Al	Cu	Ag	SiO$_2$ (Glas)*	Al$_2$O$_3$	MgO*	Polystyrol	Nylon	Teflon	Polyethylen
λ [W/mK]	178	247	398	428	2,0	30,1	37,7	0,13	0,24	0,25	0,38

*Durchschnittswert im Temperaturbereich 0–1000 °C

In einer speziellen Versuchsanordnung läßt sich die Wärmeleitung auch zur Mikroskopie von Oberflächen ausnutzen. Die im Rastertunnelmikroskop (Abschn. 1.2) zwischen Probe und Spitze fließenden Elektronen bilden eine Wärmebrücke. Theoretisch sollte sich dabei das Wärmeleitvermögen der Tunnelstrecke, d.h. der Luft oder des Vakuums, ebenfalls nach dem Wiedemann-Franz-Gesetz (Gl. (2.1.11)) verhalten und direkt proportional zur elektrischen Leitfähigkeit der Tunnelstrecke sein. Tatsächlich findet man allerdings viel höhere Wärmeleitfähigkeiten. Eine Erklärung ist das Auftreten von thermischen Ladungsfluktuationen in der Probe, d.h. z.B. in Metallen von Elektronenladungsdichten (sog. Plasmonen, vgl. [Göp 94]). Die erzeugten elektrischen Wechselfelder wirken von der Oberfläche in den Tunnelkontakt hinein und können die Tunnelspitze erwärmen (Abb. 2.1.5).

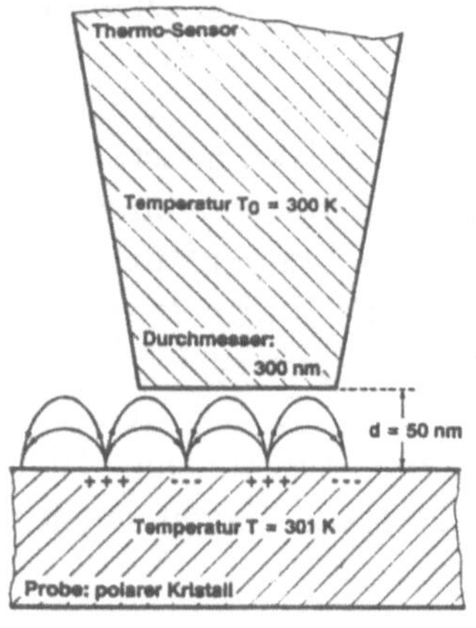

Abb. 2.1.5
Möglicher Wärmeleitungsprozeß im STM (schematisch): Die metallische Spitze eines Tunnelmikroskops liegt als Thermosensor über einem etwas wärmeren Substrat im Hochvakuum. Die thermischen Ladungsfluktuationen im polarisierbaren (z.B. polaren oder metallischen) Substrat erzeugen fluktuierende, nach außen rasch abklingende elektrische Felder auch am Ort der Spitze, welche durch diese Felder (ohne mechanischen Kontakt) mit dem Substrat im Vakuum erwärmt wird ([Koh 40] in [Dra 90]).

Man kann diese Effekte auch zur Temperaturmessung ausnutzen, wenn zunächst der Abstand Probe–Spitze (und damit der Stromfluß) durch den normalen Betrieb des Rastertunnelmikroskops konstant gehalten wird. Probe und Spitze bilden durch die Wärmebrücke ein Thermoelement aus, d.h. es baut sich eine Thermospannung zwischen den Materialien auf, wenn sie unterschiedliche Temperatur besitzen. Man unterbricht nun den Regelkreislauf kurz und mißt diese Thermospannung. Man kann so die Temperaturverteilung mit einer lateralen Auflösung von 100 nm und einer zeitlichen Auflösung von 1 ns messen.

Man kann aber die Wärmeleitfähigkeit auch in einem speziellen Rastermikroskop (**Scanning Thermal Microscope, SThM**)) ausnutzen. Dieses besteht aus einem Thermoelement, dessen Kontaktstelle zu einer Spitze ausgezogen ist (Abb. 2.1.6).

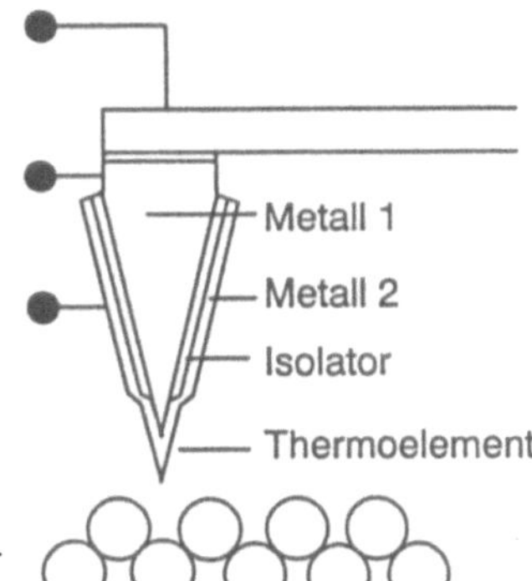

Abb. 2.1.6
Schematische Darstellung eines thermischen Rastermikro-
skops

Diese Spitze wird resistiv, d.h. durch Stromfluß, auf eine etwas erhöhte Temperatur gebracht. Ist ein Gleichgewicht zwischen Erwärmung und Wärmeab-
transport durch die Umgebung erreicht, nähert man die Spitze der Probe
an. Da diese eine wesentlich höhere Wärmeleitfähigkeit als die Luft oder
das Vakuum hat, kühlt sich die Spitze bei der Annäherung ab bzw. man
benötigt einen höheren Stromfluß, um die Temperatur konstant zu halten.
Auf diese Weise kann man entweder Proben abbilden oder Temperaturvaria-
tionen bis 1/1000 K bei einer lateralen Auflösung von einigen zehn Nanometern messen. Solche kleinen Temperaturänderungen treten beispielsweise bei
Stoffwechselprozessen in lebenden Zellen auf. Auch unterschiedliche Wärmeleitfähigkeiten in einer inhomogenen Probe können auf diese Art gemessen
werden [Wil 86].

2.1.3 Thermische Ausdehnung

Die meisten Substanzen dehnen sich aus, wenn man sie erwärmt. Dies hat
u.a. dann direkte praktische Konsequenzen, wenn man (feste) Stoffe verschiedener Wärmeausdehnung miteinander verbindet und diese Kontaktstelle unterschiedlichen Temperaturen ausgesetzt wird, da dann mechanische Spannungen auftreten können, die bis zur Rißbildung oder totalen
Zerstörung des Kontakts führen können (vgl. Abschn. 2.2).

In Festkörpern ist die thermische Ausdehnung direkt korreliert mit der Zunahme der mittleren Schwingungsamplitude der Phononen. Abb. 2.1.7 zeigt
am Beispiel eines zweiatomigen Oszillators, daß die potentielle Energie in-
teratomarer Schwingungen nicht exakt einer Parabel folgt, sondern daß der
mittlere interatomare Abstand $\overline{R}$ mit steigender Energie größer wird.

Mit steigender Temperatur erfolgt zunehmende Anregung höherer Schwin-
gungszustände, wobei deren Anregungswahrscheinlichkeit bei einer Energie
E proportional zu $e^{-E/kT}$ ist (vgl. Abschn. 1.7.2). Allgemein gilt, daß die

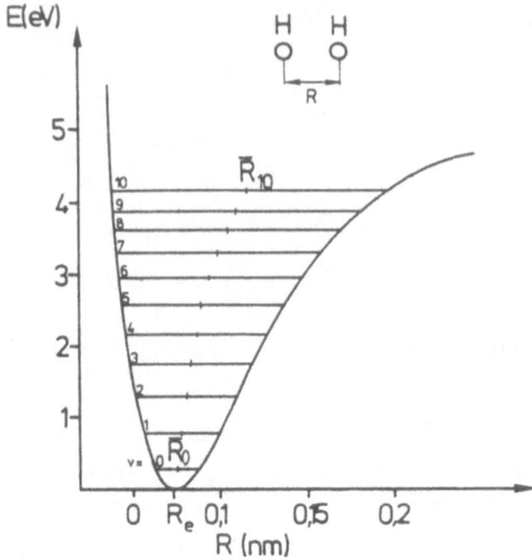

Abb. 2.1.7

Schematische Darstellung der Energie eines H_2-Moleküls als Funktion des Abstandes R der H-Atome voneinander („Morse-Potential"). Ebenfalls gezeigt sind die mit $v = 0 - 10$ numerierten Schwingungsenergieniveaus (vgl. dazu Abschn. 1.2) und der klassische Gleichgewichtsabstand R_e. Die Striche deuten den mittleren Abstand $\overline{R}_v$ an, der mit steigender Schwingungsanregung stark zunimmt (vgl. $\overline{R}_{10}$ mit $\overline{R}_0$) und bei der Dissoziationsgrenze gegen unendlich geht (nicht gezeigt).

Potentialkurve der Schwingung um so steiler verläuft und damit die Wärmeausdehnung um so kleiner ist, je fester die interatomaren Bindungen sind.

Man definiert als thermische Ausdehnungskoeffizienten α

$$\alpha_V = \frac{1}{V}\left(\frac{\partial V}{\partial T}\right)_p \qquad (2.1.12)$$

bzw.

$$\alpha_l = \frac{1}{l}\left(\frac{\partial l}{\partial T}\right)_p , \qquad (2.1.13)$$

wobei α_V der Volumen- und α_l der lineare thermische Ausdehnungskoeffizient genannt werden. Letzterer kann in anisotropen Materialien richtungsabhängig sein. Einige Werte für isotrope α_l sind in Tab. 2.1.3 zusammengefaßt.

Man erkennt, daß typischerweise Polymere sehr hohe, Metalle hohe und Keramiken niedrige Wärmeausdehnungen zeigen.

Tab. 2.1.3 Lineare thermische Ausdehnungskoeffizienten α_l bei 25 °C, 1 bar
[Ral 76]

	Element/Verbindung								
	W	Cu	Ag	Al	SiO$_2$ (Glas)*	Al$_2$O$_3$	MgO*	Poly-styrol	Teflon	Poly-isopren
α_l [$\frac{1}{K} \cdot 10^{-6}$]	4,5	16,5	19	23,6	0,5	8,8	13,5	50–85	135–150	220

*Durchschnittswert im Temperaturbereich 0 – 1000 °C

Bei vielen metallischen Werkstoffen werden kleine Wärmeausdehnungen und damit große Formstabilitäten benötigt. Dafür wurden beispielsweise spezielle Fe/Ni- und Fe/Co-Legierungen mit α_l-Werten in der Größenordnung von $1 \cdot 10^{-6}$ K^{-1} entwickelt.

Bei Keramiken muß man beachten, daß nur bei amorphen Keramiken oder solchen mit kubischer Struktur isotrope α_l-Werte auftreten.

Bei Polymeren findet man häufig eine Korrelation zwischen Wärmeausdehnung und Vernetzung: Je stärker die Polymere vernetzt sind, desto kleiner ist ihr Wärmeausdehnungskoeffizient, da dann starke kovalente Bindungen und nicht nur schwächere Van-der-Waals- oder Wasserstoffbrückenbindungen die einzelnen Polymerketten zusammenhalten (vgl. Abschn. 1.4.2).

2.1.4 Phasendiagramme

Im ersten Abschnitt 2.1.1 haben wir Systeme betrachtet, bei denen die spezifische Wärme monoton mit der Temperatur zunimmt und eine einzige Phase vorliegt. Unter einer Phase versteht man dabei einen Bereich, in dem keine sprunghafte Änderung einer physikalischen Größe auftritt. Falls Phasenübergänge auftreten, ändert sich im allgemeinen Fall die spezifische Wärme sprungartig, so daß man Phasenübergänge an diesem sprungartigen Verlauf bei der Temperatur T_t experimentell einfach erkennen kann. Man unterscheidet Phasenübergänge erster, zweiter und höherer Ordnung, je nachdem, ob die erste, zweite oder höhere Ableitung der Enthalpie nach der Temperatur gegen unendlich geht (vgl. Abb. 2.1.8). An der Phasenübergangstemperatur T_t geht $G(T)$ stetig von einem Tieftemperatur- in einen Hochtemperaturverlauf über mit $\Delta G(T_t) = 0$.

In der überwiegenden Zahl von Fällen findet man Phasenübergänge erster Art mit wohldefinierten druckabhängigen Temperaturen T_t des Phasenübergangs, die man in sogenannten Phasendiagrammen erfassen kann.

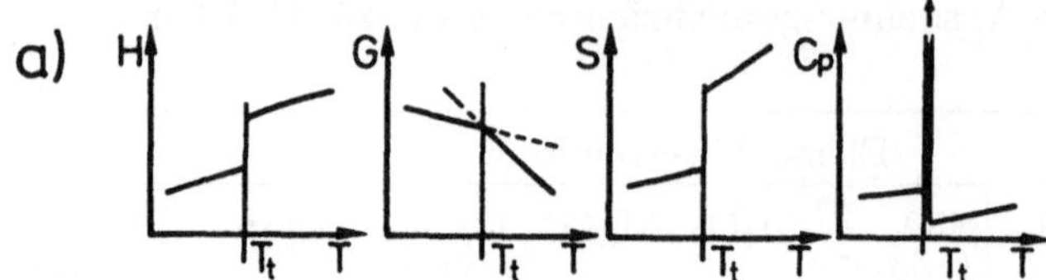

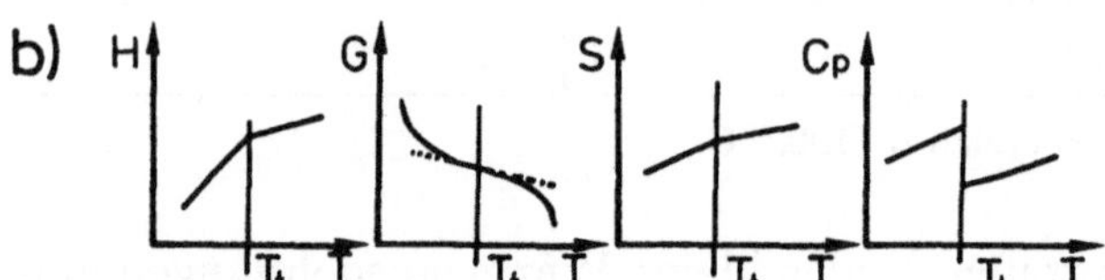

Abb. 2.1.8
Änderungen der thermodynamischen Funktionen Enthalphie (H), freie Enthalpie (G),
Entropie (S) und Wärmekapazität (C_p) mit der Temperatur bei
a) Phasenübergängen erster Ordnung und
b) Phasenübergängen zweiter Ordnung.
T_t ist die Temperatur des Phasenübergangs („transition") [Atk 90].

Als ein Beispiel sind in Abb. 2.1.9 T-p-Diagramme für zwei Einkomponentensysteme gezeigt.

In den freien Gebieten liegt jeweils nur eine Phase vor, an den Grenzlinien zwei, an den Schnittpunkten drei. Man erkennt, daß es nur eine Temperatur und einen Druck gibt, bei denen flüssiges Wasser, Eis und Wasserdampf im Gleichgewicht vorliegen („Tripelpunkt"). Dies ist ein spezieller Fall der allgemeinen Gibbsschen Phasenregel für Systeme, in denen keine chemischen Reaktionen verlaufen (vgl. auch Gl. (2.1.46)) (Herleitung s. z.B. [Wed 87]):

$$F = K - P + 2 \tag{2.1.14}$$

F ist dabei die Zahl der thermodynamischen Freiheitsgrade, d.h. der unabhängig variierbaren Zustandsvariablen, ohne daß eine Phase verschwindet, K die Zahl der Komponenten und P die Zahl der Phasen. In unserem Beispiel des Tripelpunkts ist $K = 1$, $P = 3$ und $F = 0$.

Liegen p und T fest, so gilt

$$F = K - P. \tag{2.1.15}$$

Meistens interessieren wir uns jedoch nicht für p-T-Diagramme von Einkomponentensystemen, sondern wir wollen wissen, bei welchen Zusammensetzungen von mehreren Komponenten stabile Phasen existieren. Dies ist z.B. bei der Zucht von Einkristallen, der Reinigung von Feststoffen oder

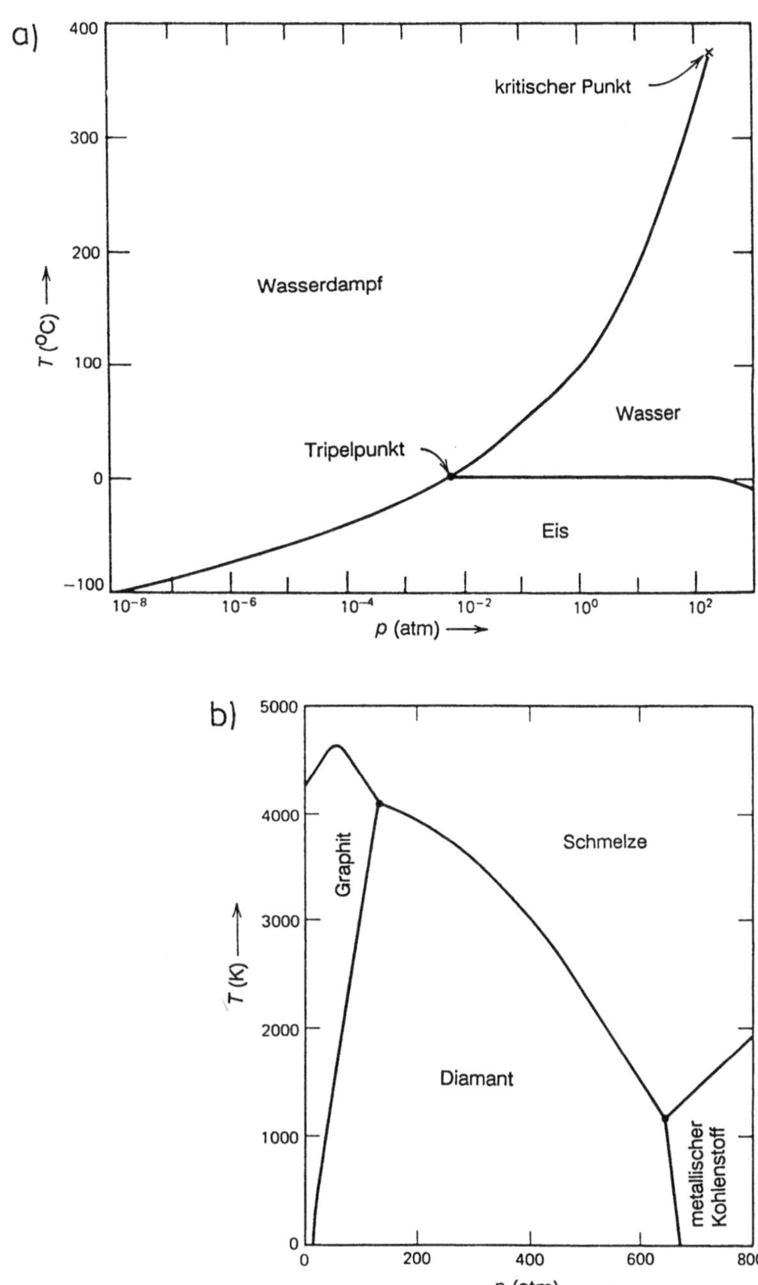

Abb. 2.1.9

T-p-Diagramme für Einkomponentensysteme: a) Wasser und b) Kohlenstoff [Ral 76]. Die schwarzen Linien entsprechen dabei T_t aus Abb. 2.1.8.

der Präparation von Keramiken oder Legierungen von entscheidender Bedeutung. Dazu muß man sogenannte p-x- oder T-x-Diagramme betrachten,
wobei x die Zusammensetzung beschreibt, die über Molenbrüche

$$x_i = \frac{n_i}{\sum n_i} \qquad (2.1.16)$$

mit n_i als Stoffmenge der Komponente „i" in Mol oder über Gewichtspro-
zente

$$g_i = \text{Gew.}\% = \frac{m_i}{\sum m_i} 100\% \qquad (2.1.17)$$

mit den Massen m_i definiert wird. Da man normalerweise bei konstantem
Druck arbeitet, wollen wir uns im folgenden nur auf T-x-Phasendiagramme
beschränken.

Das einfachste Beispiel ist das Schmelzdiagramm eines binären Systems mit
lückenloser Mischkristallbildung. Ein solches Beispiel ist das System Ge-Si
oder das System Cu-Ni, das in Abb. 2.1.10 gezeigt ist.

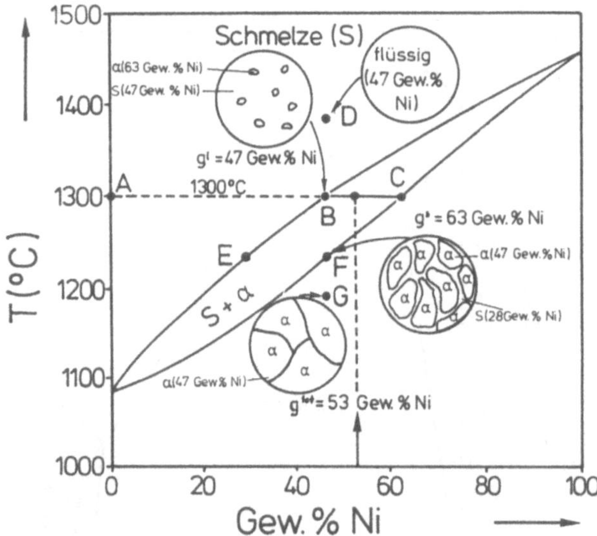

Abb. 2.1.10
Binäres Phasendiagramm des Systems Cu-Ni bei $p = 1$ bar (nach [Cal 91])

Man erkennt, daß sowohl in der festen (α)-Phase bei $T < 1080°$C als auch
in der flüssigen Phase bei $T > 1460°$C alle Zusammensetzungen stabil sind
und in nur einer Phase vorliegen. Die feste Phase wird dabei nach oben

durch die Soliduslinie, die flüssige Phase nach unten durch die Liquiduslinie begrenzt. Im Bereich dazwischen koexistieren flüssige und feste Phase. Das in Abb. 2.1.10 gezeigte Beispiel für 1300 °C zeigt, daß man bis zu 47 Gew.% Ni zu Cu zugeben kann (Linie A-B). Gibt man weiter Ni zu, so tritt nun eine zusätzliche feste Phase mit 63 Gew.% Ni auf (Punkt C). Auch weitere Zugabe von Ni (bis 63 Gew.%) ändert die Zusammensetzung der Schmelze und der festen Phase nicht. Erst bei höheren Konzentrationen verschwindet die Schmelze, und es entstehen (zumindest im Gleichgewicht) Mischkristalle mit immer höherem Ni-Gehalt. Die Einschränkung „im Gleichgewicht" bezieht sich dabei auf die Tatsache, daß beim Einstellen dieser Zustände Festkörperdiffusion auftritt, wobei sich die einzelnen Komponenten in endlichen Zeiten nur bei ausreichend hohen Diffusionskoeffizienten (vgl. Abschn. 2.1.6.1) vollständig vermischen können.

An dieser Stelle wollen wir besprechen, wie man den Gehalt an Schmelze bzw. Mischkristall im Zweiphasengebiet bei einer bestimmten Temperatur mit Hilfe des sog. Hebelgesetzes bestimmen kann. Wir bezeichnen dabei mit $a^\alpha g^\alpha$ den Gewichtsanteil des Mischkristalls und mit $a^l g^l$ den der flüssigen Phase. Die g^i sind dabei die Gewichtsprozent einer der Komponenten in den einzelnen Phasen i, die a^i geben die Bruchteile der einzelnen Phase in bezug auf die Gesamtmasse an. Da die Masse erhalten bleiben muß, ist die Summe von a^l und a^α konstant und wird gleich eins gesetzt:

$$a^\alpha + a^l = 1 \tag{2.1.18}$$

Der Gesamtgehalt an Nickel in den beiden Phasen muß gleich dem Gehalt an Nickel in der betrachteten Mischung sein. Mit g^i als Gleichgewichtsprozent von Nickel in der Phase i und g^{tot} als dem entsprechenden Wert der Gesamtmischung gilt:

$$a^\alpha g^\alpha + a^l g^l = g^{\mathrm{tot}} \tag{2.1.19}$$

Daraus folgt:

$$a^l = \frac{g^\alpha - g^{\mathrm{tot}}}{g^\alpha - g^l} \tag{2.1.20}$$

bzw.

$$a^\alpha = \frac{g^{\mathrm{tot}} - g^l}{g^\alpha - g^l} \tag{2.1.21}$$

Wir erhalten also beispielsweise für $g^{tot} = 50$ Gew.% Ni $a^l = \frac{63-50}{63-47} = 0,8125$, d.h. 81,25% der Legierung liegen als Schmelze vor, 18,75% als Festkörper.

In einem weiteren Experiment kühlen wir nun die Schmelze von Punkt D auf Punkt G langsam ab. Sobald wir Punkt B erreichen, scheidet sich wieder der Mischkristall am Punkt C aus. Kühlen wir nun sehr langsam weiter ab, so verändern wir die Konzentration der Schmelze entlang der Linie B-E und die des Mischkristalls entlang der Linie C-F. Auch hier gilt die Einschränkung „sehr langsam", um sicherzustellen, daß Gleichgewicht herrscht, da ansonsten der Mischkristall im Kern die Zusammensetzung von Punkt C und nach außen abnehmende Anteile Ni enthält. Haben wir die Temperatur bei der Linie E-F erreicht, hat der Mischkristall die gleiche Zusammensetzung wie die ursprüngliche Schmelze, d.h. die gesamte Schmelze ist erstarrt und kann bei gleicher Zusammensetzung bis Punkt G abgekühlt werden. E gibt die Zusammensetzung des letzten Flüssigkeitstropfens an.

Wir wollen an dieser Stelle betrachten, wie man die Solidus- und Liquiduskurven durch thermische Analyse bestimmen kann. Betrachtet man Temperatur-Zeit-Kurven, die beim Abkühlen verschiedener Mischungsverhältnisse auftreten, so erhält man Kurven wie in Abb. 2.1.11a, aus denen man die dreidimensionale Darstellung der Abb. 2.1.11b konstruieren kann.

Man erkennt, daß bei Vorliegen der reinen Cu- bzw. Ni-Phasen ein Haltepunkt beim Auskristallisieren der festen Phase auftritt. Die gesamte Wärmemenge wird bei der Kristallbildung wieder frei. Umgekehrt wird beim Schmelzen die gesamte Wärmemenge in das Schmelzen des Kristalls gesteckt, bis keine feste Phase mehr vorhanden ist, da die Wärmekapazität bei Phasenumwandlungen erster Art gegen unendlich geht (vgl. Abb. 2.1.8). Kühlen wir dagegen eine Mischung ab (in Abb. 2.1.11a 50% Cu, 50% Ni),

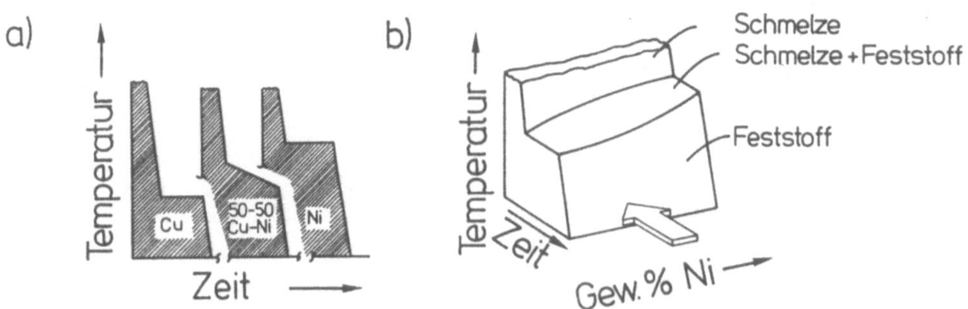

Abb. 2.1.11
a) Temperatur-Zeit-Kurven, aufgenommen bei verschiedenen Zusammensetzungen im Cu-Ni-System
b) Dreidimensionale Temperatur-Zeit-Zusammensetzungskurve (nach [Ral 76])

so tritt bei Erreichen der Liquiduskurve (Beginn der Kristallisation) zwar eine Verlangsamung der Abkühlungsgeschwindigkeit ein, da wieder Kondensationswärme frei wird. Gleichzeitig sinkt aber auch der Schmelzpunkt, da zuerst ja nur die höherschmelzende Komponente auskristallisiert, so daß nicht die gesamte Wärme frei wird. (Auch hier ist der umgekehrte Vorgang anschaulich einfacher zu verstehen: Bei Erreichen der Schmelztemperatur steckt man wieder die ganze Wärme in das Schmelzen, da sich der Schmelzpunkt jedoch erhöht, muß man die Temperatur immer weiter erhöhen.)

Zwei Methoden, die solche Informationen ebenfalls liefern, sind die Differential-Thermoanalyse (DTA) und die Differentialrasterkalorimetrie (Differential Scanning Calorimetry, DSC). Bei DTA wird die Temperaturdifferenz gemessen, die zwischen der zu messenden Probe und einem Referenzmaterial, das im untersuchten Temperaturbereich keine thermischen Effekte aufweist, auftritt, wenn beide mit konstanter Rate, d.h. bei konstanter Wärmezufuhr geheizt werden. Bei DSC werden Probe und Referenzmaterial durch die Zufuhr von Wärme auf gleicher Temperatur gehalten und die dafür erforderliche Wärmemenge in Abhängigkeit von der Zeit oder von der Temperatur gemessen. Durch die konstante Temperatur werden so Wärmeströmungen zwischen Probe und Referenz vermieden, die bei der DTA auftreten und zu Meßungenauigkeiten führen können, so daß die DSC die genauere Methode ist. Andere Möglichkeiten zur Bestimmung von Phasendiagrammen ergeben sich z.B. aus der Analyse der Phasen durch Röntgenbeugung an Proben, die durch Mischen der Ausgangskomponenten und durch (im Prinzip unendlich lange) Reaktion bei einer bestimmten Temperatur hergestellt wurden (s. dazu auch [Göp 94]), oder durch elektrochemische Methoden (vgl. dazu z.B. [Ham 81/85]).

Das in Abb. 2.1.10 gezeigte ideale Verhalten liegt häufig nicht vor, und es treten Mischungslücken auf, d.h. es existieren instabile Mischungsverhältnisse (Abb. 2.1.12).

In Abb. 2.1.12b ist zu sehen, daß die Zusammensetzungen zwischen $x_{\mathrm{Ni}} = 0,18$ und $x_{\mathrm{Ni}} = 0,98$ bei 800 K instabil sind. Es kristallisieren zwei Mischkristalle mit $x_{\mathrm{Ni}} = 0,18$ und $x_{\mathrm{Ni}} = 0,98$ aus. Man erkennt außerdem, daß durch die Mischungslücke auch Abweichungen in der Solidus- und Liquiduskurve auftreten können.

Am Schmelzpunktsminimum kristallisiert der Mischkristall wie ein reiner Stoff aus. Häufig treten Mischungslücken jedoch bis zu höheren Temperaturen auf, d.h. der theoretische kritische Entmischungspunkt (Punkt oberhalb dessen vollständige Mischbarkeit, unterhalb dessen die Mischungslücke

a)

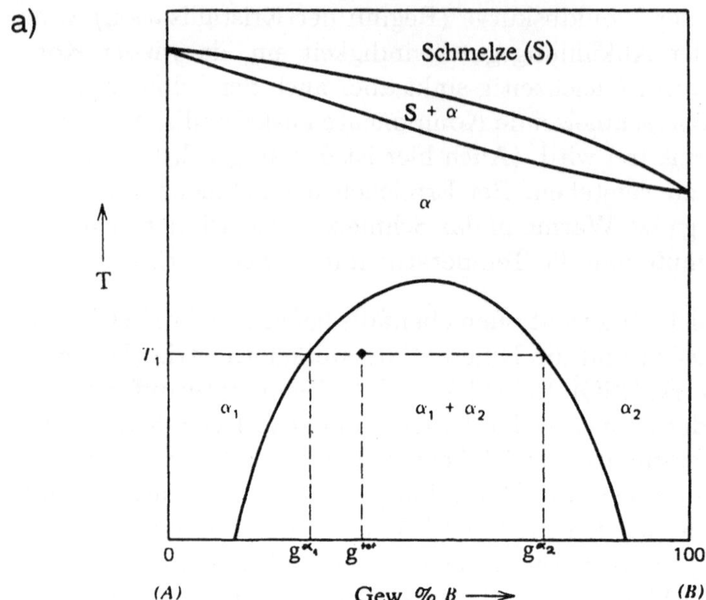

b)

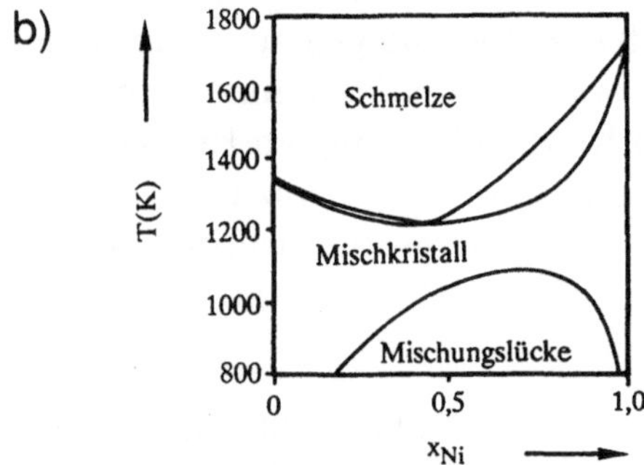

Abb. 2.1.12
a) (Hypothetisches) Phasendiagramm für ein binäres System mit Mischungslücke [Ral 76]
b) Phasendiagramm des Systems Au/Ni

vorliegt) liegt deshalb oberhalb der Liquiduskurve. Abb. 2.1.13 zeigt ein Beispiel.

Es gelten die gleichen Gesetzmäßigkeiten wie in Abb. 2.1.10, d.h. kühlt man Schmelzen ab, die mehr Ag enthalten als die an Punkt B bzw. weniger als die an Punkt A, so kristallisieren aus der Schmelze Mischkristalle aus, die silber- bzw. kupferreich sind. Unterhalb von 780 °C kristallisieren je ein silber- und ein kupferreicher Mischkristall aus. Bei Schmelzen, die eine andere Zusammensetzung besitzen, erreicht man in jedem Fall beim Abkühlen den Punkt E (eutektischer Punkt), da es keinen stabilen Mischkristall mit der Zusammensetzung der Schmelze gibt (vgl. Abb. 2.1.10). Am eutektischen Punkt scheiden sich bei konstanter Temperatur zwei Mischkristalle der Zusammen-

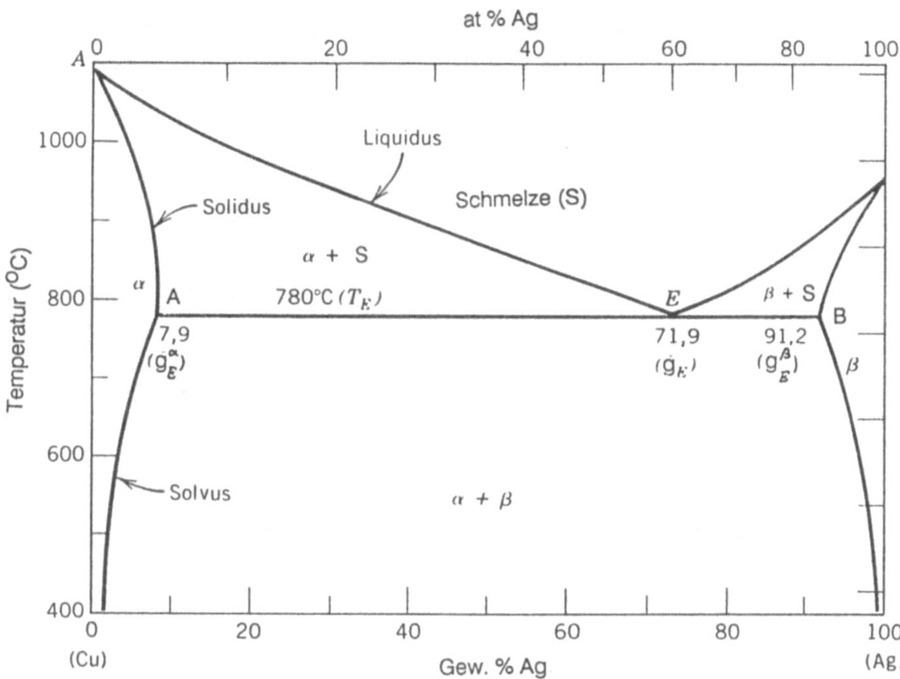

Abb. 2.1.13
Phasendiagramm des Systems Cu-Ag [Cal 91]

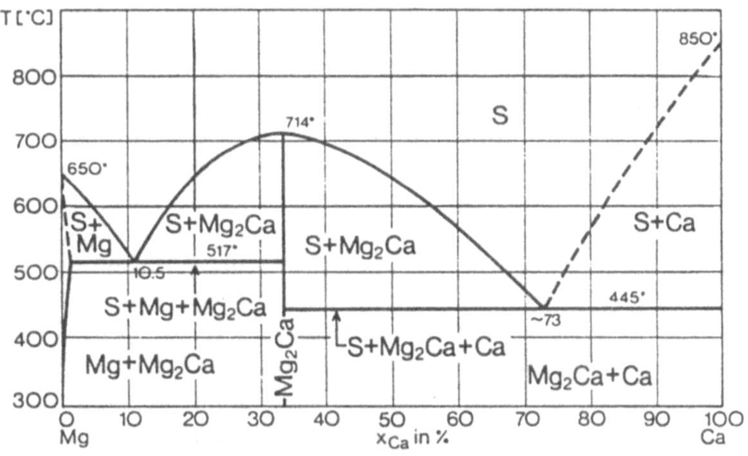

Abb. 2.1.14
Binäres Phasendiagramm des Systems Mg-Ca. Der Verlauf der gestrichelten Linie ist nicht
genau bekannt [Han 74].

setzungen A und B aus. Man erhält deswegen in der thermischen Analyse auch am eutektischen Punkt Haltepunkte.

Bisher haben wir nur Systeme behandelt, bei denen neben der Schmelze zwei Randphasen auftraten. Die Randphasen wurden dabei überwiegend von einer reinen Komponente mit gewisser Löslichkeit für die andere gebildet. Es existieren jedoch in manchen Systemen weitere feste Phasen mit bestimmter chemischer Zusammensetzung. Diese nennt man im Falle von Legierungen intermetallische Phasen. Man erhält dann Phasendiagramme, die sich praktisch aus zwei (oder mehreren) einfachen Phasendiagrammen (wie z.B. Abb. 2.1.13) zusammensetzen. Abb. 2.1.14 zeigt ein solches Beispiel.

Der Punkt bei 714 °C heißt Dystektikum. Ergibt sich am Dystektikum wie hier ein horizontaler Verlauf der Phasengrenzlinie, so zersetzt sich oberhalb dieser Temperatur die intermetallische Phase in die Komponenten. (Wäre der Verlauf diskontinuierlich, würde die intermetallische Phase unzersetzt schmelzen.) Unterhalb dieser Temperatur ist Mg_2Ca stabil. Jeder Überschuß von Ca oder Mg führt zu einer Ausscheidung von Ca oder Mg. Mg_2Ca zeigt also keine Löslichkeit für Mg oder Ca. Deshalb ist der Phasenraum von Mg_2Ca ein Strich und keine Fläche.

Es gibt noch einen weiteren Fall bei der Bildung von intermetallischen Phasen: Dabei zeigt die Liquiduslinie kein Maximum, sondern sie läuft über den Zerfallspunkt der intermetallischen Phase hinweg. Ein Beispiel zeigt Abb. 2.1.15.

Die intermetallische Phase Au_2Bi ist oberhalb von 373 °C nicht stabil. Sie geht beim Aufheizen jedoch nicht direkt in die Schmelze über, sondern sie zerfällt in festes Au und in eine Au-ärmere Schmelze. Beim Abkühlen einer Schmelze der Zusammensetzung 33,3% Bi scheidet sich ebenfalls zuerst Au aus. Bei 373 °C reagiert das bereits ausgeschiedene Au dann mit der Au-armen Restschmelze zu Au_2Bi.

Es gibt noch wesentlich kompliziertere binäre Phasendiagramme als die vorgestellten, sie setzen sich jedoch immer aus den besprochenen Einzeldiagrammen zusammen. Hat man es mit mehr als zwei Komponenten zu tun, so werden die Phasendiagramme entsprechend komplizierter. Ein ternäres System ABC kann z.B. über die drei Einzeldiagramme der Komponenten AB, BC und AC sowie aller Mischungen dargestellt werden, es ist also eine dreidimensionale Darstellung nötig (Abb. 2.1.16).

Aus diesen dreidimensionalen Darstellungen lassen sich jedoch nur sehr ungenaue Werte ablesen, so daß man entweder isotherme Schnitte (Ebenen

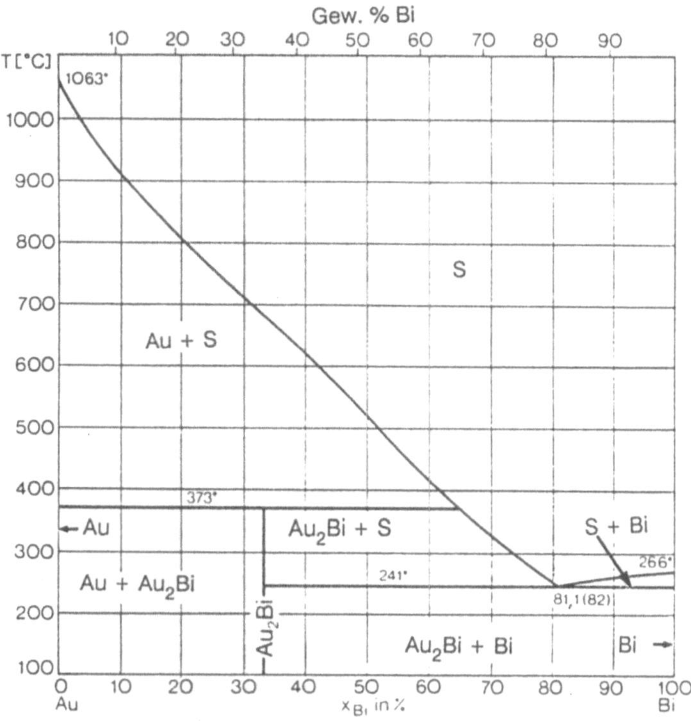

Abb. 2.1.15
Binäres Phasendiagramm des Systems Au-Bi [Han 74]

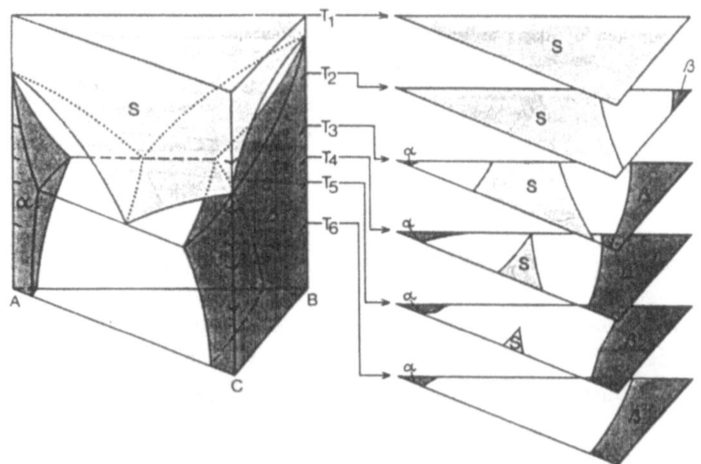

Abb. 2.1.16
Ternäres Phasendiagramm mit zusätzlich perspektivisch dargestellten isothermen Schnitten [Han 74]

gleicher Temperatur, d.h. waagerechte Schnitte in Abb. 2.1.16) oder Gehalts-schnitte (Ebenen gleicher Zusammensetzung, senkrechte Schnitte) darstellt. In Abb. 2.1.17 ist der Schnitt T_5 aus Abb. 2.1.16 nochmals gezeigt.

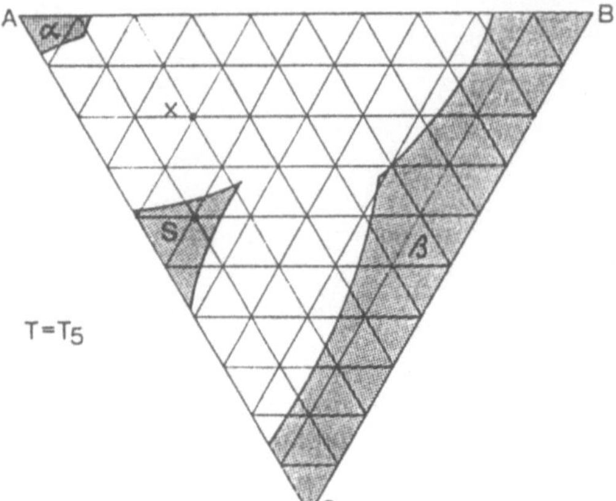

Abb. 2.1.17
Isothermer Schnitt T_5 aus Abb. 2.1.16 (nicht-perspektivisch) mit eingezeichneten Dreieckskoordinaten [Han 74]

Prinzipiell werden die ternären Diagramme so bezeichnet und ausgewertet wie die binären, d.h. α und β sind stabile feste Phasen und S die stabile Schmelze. Die Konzentrationen der einzelnen reinen Komponenten kann man aus den Parallelen zu der der Spitze der Komponente gegenüberliegenden Dreieckseite ablesen. Der eingezeichnete Punkt in der flüssigen Phase hat also die Zusammensetzung 50% A, 10% B, 40% C. Die Zusammensetzung am Punkt x (60% A, 20% B, 20% C) ergibt keine stabile Phase, sondern die Substanz zerfällt in Schmelze (Zusammensetzung 46% A, 21% B, 33% C), α-Phase (Zusammensetzung 87% A, 9% B, 4% C) und β-Phase (Zusammensetzung 21% A, 47% B, 32% C).

Wir wollen an dieser Stelle keine noch komplexeren Systeme behandeln. Für interessierte Leser sei z.B. auf [Han 74] als weiterführende Monographie hingewiesen.

2.1.5 Thermodynamik

Bisher haben wir uns im wesentlichen mit der Änderung von physikalischen Größen (z.B. Länge, Temperatur, Phase) und Phasenumwandlungen ohne chemische Reaktionen und ohne Stofftransport beschäftigt. Eine Ausnahme bildeten die Beispiele zur Legierungsbildung. Mit Reaktionen und Stofftransport werden wir uns nun in den folgenden Abschnitten beschäftigen.

Bei der allgemeinen Behandlung von chemischen Reaktionen in fester, flüssiger oder Gasphase treten zwei grundsätzlich unterschiedliche Fragen auf:

- In welche Richtung läuft die Reaktion spontan ab? Diese Frage kann durch die Thermodynamik beantwortet werden, falls Reaktionen betrachtet werden, die nach ihrem Ablauf ins Gleichgewicht kommen. Das Ausmaß der Reaktion wird über Gleichgewichtskonstanten beschrieben. Dieses Konzept wird im folgenden allgemein vorgestellt und speziell für elektrochemische Gleichgewichte in Abschn. 2.1.5.2, für Festkörperreaktionen in Abschn. 2.1.5.3, für die Punktdefektbildung in Abschn. 2.1.5.4 und für Grenzflächen in Abschn. 2.1.5.5 näher ausgeführt.

- Wie schnell läuft eine Reaktion ab? Die Geschwindigkeit von thermodynamisch erlaubten Reaktionen wird über die Kinetik beschrieben, deren Konzept in Abschn. 2.1.6 näher vorgestellt wird.

Wir wollen zuerst die allgemeinen Grundlagen für die Beschreibung von chemischen Reaktionen zusammenfassen. Im Rahmen dieses Buches kann dies nur als knappe Zusammenfassung, d.h. als konzentrierte Formelsammlung für diejenigen Leser verstanden werden, die bereits über grundlegende Kenntnisse der Thermodynamik verfügen. Für alle anderen sei für eine ausführliche Beschreibung z.B. auf [Wed 87] bzw. für eine Kurzfassung auf Anhang 6.2 verwiesen.

2.1.5.1 Thermodynamische Gleichgewichte in Gasen und Flüssigkeiten

Zunächst betrachten wir die einfache Reaktion

$$|\nu_A|A + |\nu_B|B \rightleftharpoons |\nu_C|C + |\nu_D|D\,, \tag{2.1.22}$$

wobei ν_i die stöchiometrischen Faktoren der Reaktionspartner sind, für die im folgenden negative Vorzeichen für beliebige Edukte A und B und positive Vorzeichen für beliebige Produkte C und D angesetzt werden. Im einfachsten Fall sind dies Moleküle im Gas oder in einer Lösung. Für isotherme, isobare Prozesse gilt für die freie Enthalpie

$$dG_{p,T} \leq 0\,, \tag{2.1.23}$$

wobei das Gleichheitszeichen für das Gleichgewicht und das Kleinerzeichen für einen spontanen Prozeß stehen.

Für Änderungen dG gilt die sogenannte Gibbssche Fundamentalgleichung

$$\begin{aligned}
dG &= -SdT + Vdp + \sum \mu_i dn_i \\
&= -SdT + Vdp + \sum \nu_i \mu_i d\xi
\end{aligned} \tag{2.1.24}$$

mit S als Entropie, $\mu_i = \dfrac{\partial G_i}{\partial n_i}$ als chemischem Potential und

$$dn_i = \nu_i d\xi \, .\tag{2.1.25}$$

ξ heißt Reaktionslaufzahl und besitzt die Dimension einer Stoffmenge, gemessen in Moleinheiten. Die freie Reaktionsenthalpie ΔG_R ist dann

$$\Delta G_R = \left(\frac{\partial G}{\partial \xi}\right)_{p,T} = \sum \nu_i \mu_i \leq 0 \tag{2.1.26}$$

für einen Formelumsatz ($\xi = 1$).

Das chemische Potential ist zahlenmäßig gleich der Änderung der freien Enthalpie bei konstantem Druck und konstanter Temperatur, wenn man dem System eine infinitesimale Menge dn_i des Stoffes zufügt. Im Gleichgewicht müssen die μ_i für einen bestimmten Stoff „i“ in allen Phasen α, β gleich sein ($\mu_i^\alpha = \mu_i^\beta = \ldots$). In idealen und realen Mischphasen des Molenbruchs x_i, der Konzentration c_i, des Drucks p_i bzw. der Aktivität a_i gilt:

$$\mu_i = \mu_i^0 + RT \ln x_i \, ,\tag{2.1.27a}$$
$$\mu_i = \mu_i^0 + RT \ln(c_i/c_0) \, ,\tag{2.1.27b}$$
$$\mu_i = \mu_i^0 + RT \ln(p_i/p_0)\tag{2.1.27c}$$

bzw.

$$\mu_i = \mu_i^0 + RT \ln a_i\tag{2.1.27d}$$

und damit

$$\Delta G_R = \sum \nu_i \mu_i^0 + RT \sum \nu_i \ln a_i = \Delta G_R^0 + RT \ln \Pi_i a_i^{\nu_i} \, .\tag{2.1.28}$$

Die $a_i = f_i x_i = (\gamma_i c_i)/c_0 = (\varphi_i p_i)/p_0$ sind dabei in Gl. (2.1.27d) und (2.1.28) die im Gleichgewicht vorliegenden Aktivitäten mit dem Aktivitätskoeffizienten f_i bzw. praktischen Aktivitätskoeffizienten γ_i in Lösung bzw. Fugazitätskoeffizienten φ_i in der Gasphase, die den Unterschied zwischen idealem Verhalten ($\gamma_i, f_i, \varphi_i = 1$) und realem Verhalten repräsentieren. μ_i^0 in Gl. (2.1.27a–d) ist dabei nicht in allen Gleichungen identisch, sondern bezieht sich jeweils auf einen anderen Standardzustand „0“. Dies ist bei realen kondensierten Mischphasen die reine Komponente i im gleichen Aggregatzustand bei gleichem p und T (Gl. (2.1.27a)), bei verdünnten Lösungen das Gelöste im Zustand idealer Verdünnung bei $c_i^0 = 1\,\mathrm{mol}\cdot\mathrm{l}^{-1}$ (Gl. (2.1.27b)) und bei realen Gasmischungen die reine Komponente i bei p_0 (Gl. (2.1.27c)).

Insbesondere folgt aus Gl. (2.1.27d), daß $a_i = 1$ für die reine Komponente i bei Standardbedingungen gilt.

Da im Gleichgewicht $\Delta G_R = 0$ ist, gilt

$$\ln \prod_i a_i^{\nu_i} = -\frac{\Delta G_R^0}{RT} = \ln K = \sum_i \nu_i \ln K_{f,i} \qquad (2.1.29)$$

mit K als Gleichgewichtskonstante der Gesamtreaktion und $K_{f,i}$ als der Gleichgewichtskonstante der Bildungsreaktion des Reaktionspartners i aus den Elementen:

$$K = \prod_i a_i^{\nu_i} \qquad (2.1.30)$$

K ist dabei temperaturabhängig, und es gilt die van't Hoffsche Reaktionsisobare ([Wed 87]):

$$\left(\frac{\partial \ln K}{\partial T}\right)_p = \frac{\Delta H_R^0}{RT^2} \quad \text{bzw.} \quad \left(\frac{\partial \ln K}{\partial \frac{1}{T}}\right)_p = -\frac{\Delta H_R^0}{R} \qquad (2.1.31)$$

Analog kann man für Gasphasenreaktionen mit Gl. (2.1.27c) und $a_i = \varphi_i p_i / p_0$ die Gleichgewichtskonstante

$$K_{(p/p^0)} = \frac{\prod_i (p_i)^{\nu_i}}{(p^0)^{\Sigma \nu_i}} = \frac{K}{\prod (\varphi_i)^{\nu_i}} \qquad (2.1.32)$$

formulieren, die für die Bedingungen des idealen Gases (alle $\varphi_i = 0$) identisch mit K ist. Häufig formuliert man jedoch nicht diese dimensionslose Konstante, sondern die dimensionsbehaftete Gleichgewichtskonstante

$$K_p = \prod_i p_i^{\nu_i} , \qquad (2.1.33)$$

die den Vorteil besitzt, daß sie die meßbaren Partialdrücke der Substanzen enthält und somit experimentell zugänglich ist.

$$\Delta G_R^0 = \Delta H_R^0 - T\Delta S_R^0 \qquad (2.1.34a)$$

bzw.

$$\Delta G_R^0 = \sum \nu_i \Delta G_{f,i}^0 \qquad (2.1.34b)$$

ist die Änderung der freien Enthalpie der Reaktion für einmaligen Formelumsatz von ν_i Molen der Komponenten bei einem bar Druck. Aus
Gl. (2.1.34a) ergibt sich die Temperaturabhängigkeit von ΔG_R^0 zu

$$\left(\frac{\partial G_R^0}{\partial T}\right) = -\Delta S_R^0 . \tag{2.1.35}$$

Mit Gl. (2.1.5) gilt für die Entropie

$$d\Delta S_R^0 = \Delta C_p^0 \cdot d\ln T \tag{2.1.36}$$

und somit

$$\Delta G_R^0(T) = \Delta G^0(298\,\text{K}) + 298\,\text{K} \cdot \Delta S_R^0(298\,\text{K}) - T\Delta S_R^0(298\,\text{K})$$
$$- \iint\limits_{298}^{T} \Delta C_p^0 d\ln T \cdot dT . \tag{2.1.37}$$

Werte für ΔG_f^0, die freien Bildungsenthalphien für die Bildungsreaktionen
aus den Elementen, und für ΔH_f^0 und ΔS_f^0, die entsprechenden Werte der
Enthalpie und Entropie, sowie die Wärmekapazitäten C_p sind für viele Verbindungen tabelliert (s. z.B. [Bar 89] bzw. Anhang 6.3.11 und 6.3.12).

Abschließend soll das Beispiel der CO-Oxidation $CO + \frac{1}{2}O_2 \rightleftharpoons CO_2$ quantitativ für $T = 400$ K und Annahme von Idealgasbedingungen ($\varphi_i = 1$)
ausgewertet werden. Aus [Bar 89] entnimmt man dazu folgende Werte:

	$\Delta G_{f,i}^0$ (400 K) [kJ/mol]	$\lg K_{f,i}$ (400 K)
CO	$-146,354$	$19,112$
O_2	0	0
CO_2	$-394,646$	$51,535$

Die Gleichgewichtskonstante der Reaktion läßt sich nun sowohl über $\Delta G_{R,i}^0$
als auch über K_i berechnen:

$$-\ln K_{(p/p_0)} = \frac{\Delta G_R^0}{RT} = \frac{1}{R}\frac{\sum \nu_i \Delta G_{f,i}^0}{T}$$
$$= \frac{1}{8{,}31441 \cdot 10^{-3}}\frac{-1(-146{,}354) - \frac{1}{2}(0) + 1(-394{,}646)}{400} = -74{,}65$$

Daraus folgt:

$$K_{(p/p_0)} = 2{,}6 \cdot 10^{32} ,$$

d.h. die Reaktion läuft praktisch quantitativ unter Bildung von CO_2 ab.

Auf das gleiche Ergebnis wären wir über Gl. (2.1.29) mit

$$\lg K_{(p/p_0)} = \sum \nu_i \lg K_{f,i} = -1 \cdot 19,112 - \frac{1}{2} \cdot 0 + 1 \cdot 51,535 = 32,42$$

und damit $K_{(p/p_0)} = 2,6 \cdot 10^{32}$ gekommen. Für andere Berechnungen der Gleichgewichtskonstante K siehe z.B. [Wed 87].

2.1.5.2 Elektrochemische Gleichgewichte

Bei einer elektrochemischen Reaktion werden Elektronen zwischen den Reaktionspartnern ausgetauscht, so daß nicht nur neutrale Atome und Moleküle, sondern auch geladene Teilchen, sog. Ionen auftreten.

Im Kontext des vorliegenden Buches spielen elektrochemische Prozesse insbesondere bei der Korrosion (vgl. Abschn. 3.1) und in Brennstoffzellen (vgl. Abschn. 3.9) eine entscheidende Rolle.

Im folgenden können wir wie in Abschn. 2.1.5.1 nur einen sehr knappen Überblick über die wichtigsten elektrochemischen Prozesse geben, die für die genannten Problemstellungen von Interesse sind. Für Details sei auf Lehrbücher der Elektrochemie wie z.B. [Kor 75], [Ham 81/85] und [Boc 76] verwiesen.

Prinzipiell gelten für die Thermodynamik bei elektrochemischen Reaktionen analoge Ableitungen wie in Abschn. 2.1.5.1. Jedoch muß noch die zusätzliche elektrische Arbeit berücksichtigt werden. Man führt dazu anstelle des chemischen Potentials das elektrochemische Potential

$$\eta_e = \mu + zF \cdot \varphi_i \tag{2.1.38}$$

mit φ_i als innerem elektrischen Potential (Galvanipotential) und $F = N_L \cdot e$ als Faradaykonstante ein.

Wir wollen uns nun mit einigen wichtigen elektrochemischen Prozessen beschäftigen. Abb. 2.1.18 zeigt dazu zwei typische elektrochemische Zellen, in denen solche Prozesse experimentell untersucht werden können.

Wir wollen zuerst die Prozesse in der in Abb. 2.1.18a gezeigten Elektrolysezelle behandeln. Solche Zellen bestehen aus einer Lösung von Ionen, dem sog. Elektrolyten, und zwei inerten (d.h. nicht reaktiven) festen Elektroden, die in die Lösung eintauchen und über eine Spannungsquelle miteinander verbunden sind. Hätten wir einen „normalen" (rein elektrischen) Schaltkreis vorliegen, in dem die beiden Elektroden statt durch den Elektrolyten

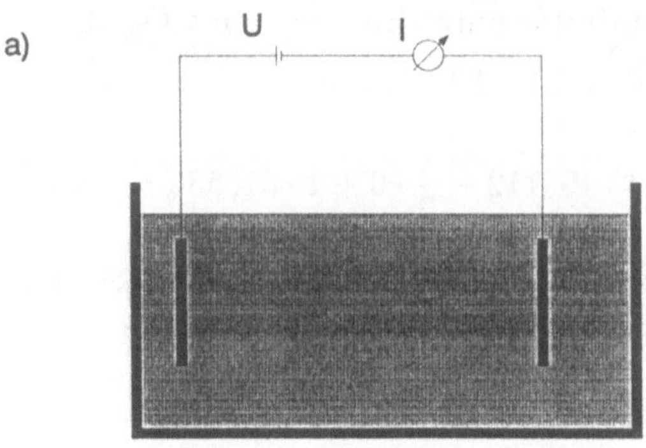

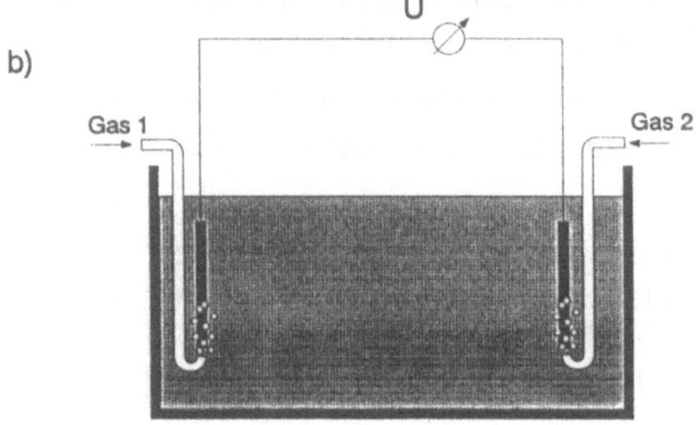

Abb. 2.1.18
Schematische Darstellung von typischen elektrochemischen Zellen:
a) Elektrolysezelle
b) Galvanische Zelle

durch ein Metall verbunden wären, so würde man einen Stromfluß erwarten, sobald man eine Spannung anlegt (vgl. Abschn. 2.3). Veränderungen an den Elektroden könnten wir keine feststellen. Führt man das gleiche Experiment in der Elektrolysezelle durch, so fließt auch hier nach Anlegen einer Spannung ein Strom. Zusätzlich kann man aber an den Elektroden eine chemische Veränderungen nachweisen. Als konkretes Beispiel kann man z.B. eine Kochsalz- (Na^+Cl^-) Lösung als Elektrolyten verwenden. Dann stellt man an der Elektrode, die mit dem Pluspol der Spannungsquelle verbunden ist, eine Gasentwicklung, an der anderen eine Metallabscheidung fest. Analysiert man die Zusammensetzung, so handelt es sich um Chlorgas und Natriummetall. Offensichtlich haben die positiven Na-Ionen Elektronen aufgenommen. Man sagt, sie seien reduziert worden. Die negativen Chlorionen haben dagegen Elektronen abgegeben, sie sind oxidiert worden. Verwendet man stattdessen Salzsäure (H^+Cl^-), so entwickeln sich an beiden Elektroden Gase, an der negativen wieder Chlorgas, an der positiven Wasserstoffgas. Elektrochemische Reaktionen bestehen immer aus miteinander gekoppelten Oxidations- und Reduktionsprozessen, in denen die Zahl der aufgenommenen gleich der Zahl der abgegebenen Elektronen sein muß, um Elektroneutralität zu wahren.

Der Stromfluß durch den Elektrolyten kann nur durch die Ionen erfolgen, da sie die einzigen geladenen Teilchen in der Lösung sind. An den Elektroden findet also ein Übergang zwischen Ionen- und Elektronenleitung statt. Prinzipiell finden solche Prozesse nicht nur in Lösung statt, sondern auch in Festkörpern, in denen Ionen beweglich sind. Darauf wird in den Abschnitten 2.1.6.1 und 2.3.1.3 eingegangen.

Im zweiten Experiment, in der die galvanische Zelle der Abb. 2.1.18b verwendet wird, finden an den Elektroden ebenfalls Oxidations- und Reduktionsprozesse statt. Im Gegensatz zur Elektrolysezelle legt man jedoch an eine galvanische Zelle von außen keine Spannung an und verhindert einen Stromfluß zwischen den Elektroden. Dies kann durch Verwendung eines Spannungsmeßgerätes geschehen, das einen sehr hohen elektrischen Widerstand besitzt (vgl. Abschn. 2.3.1.1). Verwenden wir nun wieder Salzsäure als Elektrolyten, umspülen jetzt jedoch die beiden Elektroden jeweils mit Wasserstoff- bzw. Chlorgas, so stellt man fest, daß sich eine Spannung zwischen den Elektroden aufbaut und der Elektrolyt immer saurer wird, d.h. die H^+-Konzentration zunimmt. In einer galvanischen Zelle laufen also genau die umgekehrten Prozesse ab wie in einer Elektrolysezelle. In diesem Fall wird Wasserstoffgas durch Abgabe von Elektronen, d.h. Oxidation, zu positiven Wasserstoffionen (sog. Protonen), das Chlorgas wird durch Aufnahme von Elektronen zu Cl^- reduziert.

Man hätte eine Reaktion zwischen H_2 und Cl_2 auch direkt in der Gasphase durchführen können, wobei sich zwei Moleküle HCl gebildet hätten. Durch die räumliche Trennung des Oxidations- und Reduktionsprozesses erhält man jedoch erst die Potentialdifferenz (Spannung), die man z.B. in einer Batterie oder Brennstoffzelle ausnutzen kann (vgl. Abschn. 3.9). Diese Spannung wird *elektromotorische Kraft* oder kurz EMK genannt.

Für ein Verständnis der Korrosion wollen wir nun galvanische Zellen mit Metallelektroden betrachten, die in Lösungen ihrer Metallsalze eintauchen. Um eine Durchmischung der beiden verschiedenen Elektrolytlösungen zu verhindern, ist in der Mitte der Zelle eine zusätzliche Membran angebracht, die die beiden Halbzellen voneinander trennt. Verwendet man zwei verschiedene Metalle, so stellt man fest, daß eine der Metallelektroden anfängt, sich durch

Oxidation aufzulösen. An der anderen findet Metallabscheidung durch Reduktion der Metallionen der Lösung statt. Offensichtlich unterscheiden sich also Metalle in ihrem Oxidations- bzw. Reduktionsverhalten. Dies äußert sich auch darin, daß man je nach Metallkombination und Elektrolytkonzentration eine andere EMK mißt.

Quantitativ wird das Verhalten einer einzelnen Halbzelle über das sog. *Standardelektrodenpotential* E_H^0 beschrieben („H" steht für Halbzelle). Da man das Potential einer Halbzelle nicht allein, sondern immer nur bezüglich einer Referenz messen kann, benötigt man einen allgemeingültigen Bezugspunkt. Dazu mißt man die Spannung zwischen der Metallelektrode, die in eine Elektrolytlösung eintaucht, deren Metallionenaktivität (vgl. Abschn. 2.1.5.1) gleich eins ist, und einer sog. Wasserstoffnormalelektrode (**N**ormal **H**ydrogen **E**lectrode, NHE). Diese entspricht dem oben beschriebenen Aufbau, in dem ein platiniertes Pt-Blech vom Standarddruck von 1,013 bar Wasserstoff umspült wird. Der Elektrolyt ist eine Lösung, in der die Aktivität der H^+-Ionen gleich eins ist. Das Standardelektrodenpotential dieser Halbzelle wird willkürlich gleich null gesetzt. Leicht oxidierbare, sog. unedle Metalle bauen eine hohe negative Spannung bezüglich der Normalwasserstoffelektrode auf. Metalle mit positivem Standardelektrodenpotential nennt man edel.

Tab. 2.1.4 zeigt die sog. Spannungsreihe, in der die Standardelektrodenpotentiale für die gezeigten Reduktionsprozesse für $T = 25°C$ angegeben sind.

Metalle, die oben in der Spannungsreihe stehen, werden sehr leicht reduziert und oxidieren dabei alle unter ihnen stehenden Metalle. Die EMK einer Kombination von zwei der geschilderten Halbzellen berechnet sich als Summe der beiden Standardelektrodenpotentiale, wobei für den Oxidationsprozeß das Vorzeichen des Potentials umgekehrt werden muß. Die Standard-EMK E^0 von zwei Standardhalbzellen aus Kupfer und Zink (sog. Daniell-Element) hat damit einen Wert von $E^0 = E_{H1}^0 - E_{H2}^0 = 0,340V + 0,763V = 1,103\ V$.

Man kann der Spannungsreihe entnehmen, daß nur sehr edle Metalle nicht von Wasser korrodiert werden. Bei der Korrosion werden typischerweise die Metalle unter Bildung ihrer Oxide oder Hydroxide oxidiert, während der Reduktionsprozeß meist die Reduktion von O_2 mit Wasser zu OH^- oder in sauren Lösungen von H^+ zu H_2 umfaßt. Auch die stark korrodierende Wirkung von Halogenen wie Chlor oder Fluor in Gegenwart von Wasser kann man mit der Spannungsreihe einfach verstehen.

Führt man das eben geschilderte Experiment mit zwei Elektroden des gleichen Metalls durch, die aber in Elektrolytlösungen unterschiedlicher Konzentration tauchen, so stellt man fest, daß sich die Elektrode in der we-

Tab. 2.1.4
Spannungsreihe ausgewählter Metalle

Halbzelle	Elektrodenreaktion		E_H^0 (V)
$F^-|F_2,\ Pt$	$F_2 + 2e^-$	$\rightleftharpoons 2F^-$	$+2,87$
$Au^+|Au$	$Au^+ + e^-$	$\rightleftharpoons Au$	$+1,68$
$Cl^-|Cl_2,\ Pt$	$Cl_2 + 2e^-$	$\rightleftharpoons 2Cl^-$	$+1,3583$
$Ag^+|Ag$	$Ag^+ + e^-$	$\rightleftharpoons Ag$	$+0,7996$
$I^-|I_2,\ Pt$	$I_2 + 2e^-$	$\rightleftharpoons 2I^-$	$+0,535$
$OH^-|O_2,\ Pt$	$O_2 + 2H_2O + 4e^-$	$\rightleftharpoons 4OH^-$	$+0,401$
$Cu^{2+}|Cu$	$Cu^{2+} + 2e^-$	$\rightleftharpoons Cu$	$+0,3402$
$H^+|H_2,\ Pt$	$2H^+ + 2e^-$	$\rightleftharpoons H_2$	$0,00$
$Pb^{2+}|Pb$	$Pb^{2+} + 2e^-$	$\rightleftharpoons Pb$	$-0,1263$
$Ni^{2+}|Ni$	$Ni^{2+} + 2e^-$	$\rightleftharpoons Ni$	$-0,23$
$Cd^{2+}|Cd$	$Cd^{2+} + 2e^-$	$\rightleftharpoons Cd$	$-0,4026$
$Fe^{2+}|Fe$	$Fe^{2+} + 2e^-$	$\rightleftharpoons Fe$	$-0,409$
$Zn^{2+}|Zn$	$Zn^{2+} + 2e^-$	$\rightleftharpoons Zn$	$-0,7628$
$Al^{3+}|Al$	$Al^{3+} + 3e^-$	$\rightleftharpoons Al$	$-1,66$
$Mg^{2+}|Mg$	$Mg^{2+} + 2e^-$	$\rightleftharpoons Mg$	$-2,375$
$Na^+|Na$	$Na^+ + e^-$	$\rightleftharpoons Na$	$-2,7109$
$Ca^{2+}|Ca$	$Ca^{2+} + 2e^-$	$\rightleftharpoons Ca$	$-2,76$
$Cs^+|Cs$	$Cs^+ + e^-$	$\rightleftharpoons Cs$	$-2,923$
$K^+|K$	$K^+ + e^-$	$\rightleftharpoons K$	$-2,924$
$Rb^+|Rb$	$Rb^+ + e^-$	$\rightleftharpoons Rb$	$-2,925$
$Li^+|Li$	$Li^+ + e^-$	$\rightleftharpoons Li$	$-3,045$

niger konzentrierten Lösung auflöst, während an der anderen wieder Metallabscheidung stattfindet. Die Prozesse sind also nicht nur material- sondern auch konzentrationsabhängig. Zusätzlich kann auch eine Temperaturabhängigkeit festgestellt werden. Dies wird quantitativ in der sog. *Nernst-Gleichung* beschrieben:

$$E = E^0 - \frac{RT}{zF}\ln \prod_i a_i^{\nu_i} \tag{2.1.39}$$

mit E als EMK, E^0 als Standard-EMK, R als Gaskonstante, T als absolute Temperatur, z als Ladungszahl, F als Faradaykonstante, a_i als Aktivitäten der Stoffe i und ν_i als die in Gl. (2.1.22) eingeführten stöchiometrischen Faktoren.

2.1.5.3 Festkörperreaktionen

Auf der Basis der kurzen Zusammenfassung der thermodynamischen Beschreibung allgemeiner chemischer Reaktionen in Gasen und Flüssigkeiten in Abschn. 2.1.5.1 wollen wir nun das Konzept auf Festkörperreaktionen erweitern und typische Beispiele diskutieren.

a) Eine wichtige Reaktion ist die Bildung von binären Oxiden durch Reaktionen von Metallen mit Sauerstoff bzw. die Herstellung von Metallen aus ihren Oxiden.

Für die Reaktion von festem (Index „s") Kupfer und Sauerstoff zu Cu_2O gilt beispielsweise das Gleichgewicht

$$4Cu^s + O_2 \rightleftharpoons 2Cu_2O^s \tag{2.1.40}$$

mit der Gleichgewichtskonstanten K

$$K_{(p/p_0)} = K_f = \frac{[a(Cu_2O)]^2}{[a(Cu)]^4 \left(\frac{p_{O_2}}{p_{O_2}^0}\right)} = \frac{1}{\left(\frac{p_{O_2}}{p_{O_2}^0}\right)} = e^{-\frac{\Delta G_R^0(Cu_2O)}{RT}}. \tag{2.1.41}$$

K_f ist die in Abschn. 2.1.5.1 eingeführte Gleichgewichtskonstante für die Bildungsreaktion aus den Elementen, die direkt aus Tabellenwerken wie [Bar 89] entnommen werden kann. Für 300 K ergibt sich z.B. $K_{(p/p_0)} = 5,297 \cdot 10^{25}$, die Reaktion läuft also nahezu quantitativ ab. Für die Aktivitäten gilt $a(Cu_2O) = a(Cu) = 1$ als Standardzustände reiner Festkörper (vgl. Abschn. 2.1.5.1).

In Abb. 2.1.19 sind Beispiele für Stabilitätsbereiche von unter thermodynamischen Gleichgewichtsbedingungen gebildeten Metalloxiden gezeigt. Hervorgehoben sind die 2- und 3-Phasengebiete. Die Zahl der Freiheitsgrade ergibt sich auch hier aus der Gibbsschen Phasenregel (Gl. (2.1.14)), wobei die Zahl der Komponenten zwei (Metall, Sauerstoff) beträgt.

b) Die thermische Reduktion von Metallen ist eine weitere praktisch sehr wichtige Reaktion. Zur Beschreibung dieser Reaktion ist die Temperaturabhängigkeit der freien Standardreaktionsenthalpien ΔG_R^0 entscheidend. Folgende Reaktionsgleichungen müssen für den einfachsten Fall von binären Metalloxiden berücksichtigt werden:

$$M^s + \frac{1}{2}O_2^g \rightleftharpoons MO^s \tag{2.1.42}$$

$$\frac{1}{2}C^s + \frac{1}{2}O_2^g \rightleftharpoons \frac{1}{2}CO_2^g \tag{2.1.43}$$

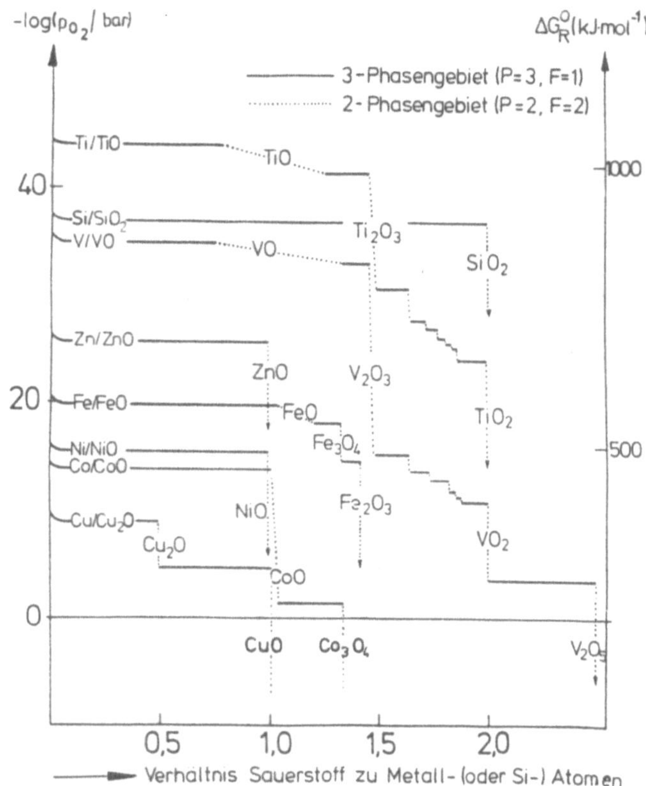

Abb. 2.1.19
Thermodynamisch über den Sauerstoffdruck p_{O_2} kontrollierte Bildung von binären Metalloxiden bei 1000 K. Zum Vergleich ist auch das System Si/SiO$_2$ gezeigt. Die 3-Phasengebiete (festes Metall und Oxid im Gleichgewicht mit der Gasphase) sind durch ausgezogene horizontale Linien gekennzeichnet. Im gestrichelten 2-Phasengebiet (festes Metalloxid und Gasphase) ändern sich die verschiedenen Punktdefektkonzentrationen im Oxid mit p_{O_2}. Die Folge ist i.allg. ein komplizierter Verlauf mit endlicher Steigung in diesem Diagramm (nach [Eyr 69]).

$$C^s + \frac{1}{2}O_2^g \rightleftharpoons CO^g \tag{2.1.44}$$

$$CO^g + \frac{1}{2}O_2^g \rightleftharpoons CO_2^g \tag{2.1.45}$$

In Abb. 2.1.20 ist der Temperaturverlauf von ΔG_R^0 für einige Metalloxide gezeigt.

Man erkennt aus Abb. 2.1.20, daß bei den Gasreaktionen der Entropieanteil von ΔG (vgl. Gl. (2.1.34a)) die entscheidende Rolle spielt: Bei Zunahme der Molzahl von Gasteilchen in einer Reaktion (Gl. (2.1.44)) nimmt ΔG_R^0 mit steigender Temperatur stark ab, bei gleichbleibender Zahl (Gl. (2.1.43))

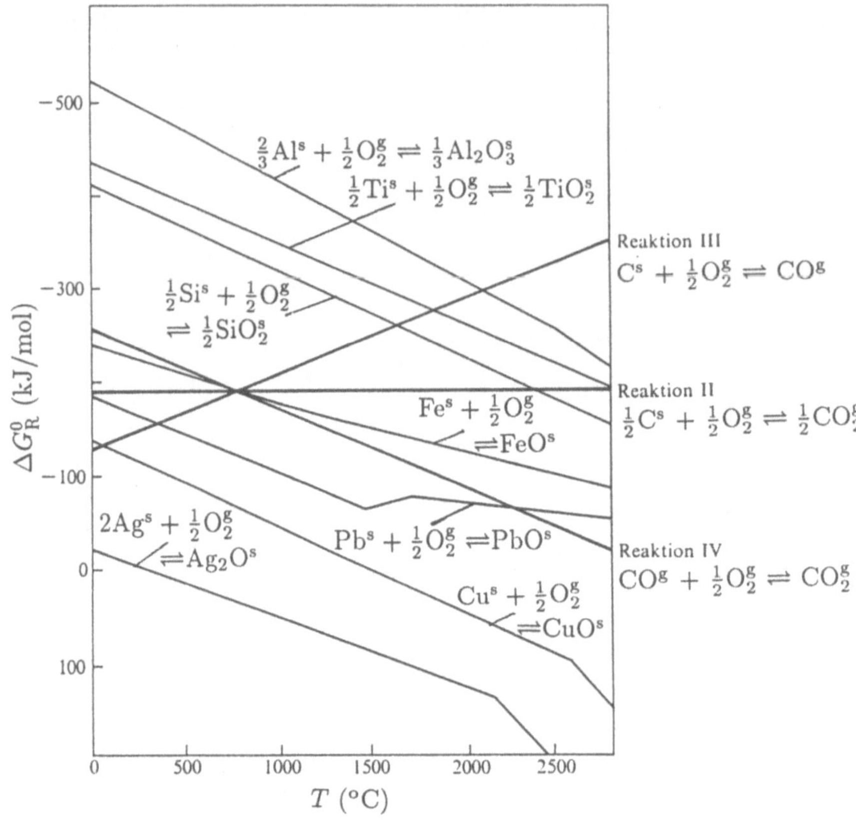

Abb. 2.1.20
Freie Standardreaktionsenthalpie ΔG_R^0 für Reaktionen gemäß Gl. (2.1.42) – (2.1.45), die bei der Reduktion von Metalloxiden mit Kohlenstoff eine Rolle spielen. In diesem sog. Ellingham-Diagramm wird nach oben der negative Wert von ΔG_R^0 aufgetragen. Die Knikke bei höheren Temperaturen entsprechen den Verdampfungs- oder Schmelzpunkten der Metalle [Atk 90].

bleibt ΔG_R^0 konstant, bei abnehmender Anzahl (Gl. (2.1.45)) nimmt ΔG_R^0 zu. Bei der Festkörperreaktion der Gl. (2.1.42) spielt die Entropie eine untergeordnete Rolle, der Verlauf von ΔG_R^0 mit der Temperatur wird überwiegend durch die Reaktionsenthalpie ΔH_R^0 bestimmt. Die Sauerstoffaffinität von Al ist nach Abb. 2.1.20 deswegen wesentlich größer als die von Ag. Eine Reaktion von Metalloxid zu Metall erhält man nur dann, wenn die Linie für die Reaktion nach Gl. (2.1.42) unter der von einer der Reaktionen nach Gl. (2.1.43) – (2.1.45) liegt, d.h. $\Delta G_R^0 < 0$ für die Gesamtreaktion gilt. Ag$_2$O kann man nach Abb. 2.1.20 bereits durch Erhitzen auf 200°C (ohne Zusatz von Kohlenstoff) zu Ag reduzieren, da dort ΔG_R^0 für die Reaktion

Gl. (2.1.42) positiv wird und so der umgekehrte Prozeß spontan abläuft. Al_2O_3 muß dagegen auf weit über 2000°C unter Zusatz von Kohlenstoff erhitzt werden, um Al zu erhalten.

Schwieriger ist die Behandlung reiner Festkörperreaktionen ohne Beteiligung einer Komponente aus der Gasphase. Bilden die Stoffe keine Mischphase, so sind alle Aktivitäten (zur Definition vgl. Gl. (2.1.27d)) und damit auch die Gleichgewichtskonstante gleich eins. Hierzu muß man jedoch die Gibbssche Phasenregel bei Vorliegen von Reaktionen beachten. Die Zahl der Freiheitsgrade F ist danach (vgl. dazu auch Gl. (2.1.14)):

$$F = N - R - P + 2 \qquad (2.1.46)$$

Dabei ist N die Zahl der vorhandenen Stoffe und R die Zahl der unabhängigen Reaktionen. P ist die Anzahl der Phasen. Nehmen wir als Beispiel die Reaktion aus Gl. (2.1.22), so ist $N = 4$, $R = 1$, $P = 5$ (4 feste Phasen, 1 Dampfphase) und $F = 0$. Das bedeutet, daß nur bei einer einzigen Temperatur (und einem Druck) alle 4 Stoffe gleichzeitig vorliegen können. Verändert man die Temperatur, so verschwindet eine Komponente, die Reaktion läuft also quantitativ ab. Dies ist nach Gl. (2.1.46) allgemein gültig für Festkörperreaktionen zwischen reinen Phasen.

2.1.5.4 Punktdefektbildung

Die bisherige Behandlung von Festkörperreaktionen ließ einen wesentlichen Aspekt außer acht: Reaktionen im Festkörper sind nur möglich, wenn Abweichungen vom idealen Gitter auftreten. Der bei Reaktionen erforderliche Stofftransport erfolgt immer über nicht-ideale Gitterpositionen (Defekte). Aus thermodynamischen Gründen sind alle Defekte am absoluten Nullpunkt im Gleichgewicht vernachlässigbar. Andererseits müssen Defekte auch aus thermodynamischen Gründen bei höheren Temperaturen in jedem Festkörper auftreten, da die Änderung der Gibbs-Energie

$$\Delta G = \Delta H - T\Delta S \qquad (2.1.47)$$

bei der Defektbildung durch den damit verbundenen Entropiegewinn („größere Unordnung") zu negativen $(-T\Delta S)$-Anteilen führt. Dadurch können die immer positiven Defektbildungsenthalpien ΔH kompensiert werden. Berechnungen von Energie- und Entropieänderungen durch Defektbildungen sind Gegenstand der statistischen Thermodynamik. Sie sollen an dieser Stelle nicht näher ausgeführt werden [Göp xx].

Es zeigt sich, daß nur Punktdefekte idealer Festkörper einen nennenswerten Entropiegewinn und damit nennenswerte Defektkonzentrationen bei $T > 0$ bewirken können. Höherdimensionale Defekte wie Linien- und Schraubenversetzungen, Korngrenzen etc. lassen sich nicht thermodynamisch kontrolliert einstellen. Sie sind vielmehr aufgrund kinetischer Hemmungen von der Vorgeschichte der Festkörper abhängig.

Punktdefekte in Festkörpern haben zentrale Bedeutung für das Verständnis von Reaktionsgeschwindigkeiten und Diffusionseigenschaften elektronischer und ionischer Ladungsträger z.B. in Halbleitern und Ionenleitern.

Im chemisch reinen Einkristall kann man drei verschiedene Typen von Punktdefekten unterscheiden:

Beim ersten bleiben reguläre Gitterstellen unbesetzt, so daß man *Fehlstellen* erzeugt. Im zweiten Fall werden auf normalerweise unbesetzten Gitterplätzen Teilchen eingebaut, die sog. *Zwischengitterteilchen*. Als dritte Möglichkeit wird ein regulärer Gitterplatz durch die Fremdteilchen ersetzt, es entsteht die sog. *Substitutionsfehlordnung*. Darüberhinaus kann man Punktdefekte auch in extrinsische und intrinsische Defekte unterteilen. Extrinsische Defekte sind immer aus anderen Elementen aufgebaut als der ideale Festkörper (also z.B. Fremdatome im Zwischengitter), intrinsische Defekte immer aus den Elementen des Festkörpers (also z.B. eine Fehlstelle im Gitter). Die Begriffe sind jedoch in der Literatur z.T. nicht einheitlich definiert. Zur Beschreibung von Punktdefekten verwendet man die sog. Kröger-Vink-Notation (Tab. 2.1.5).

Die Ladungen in der Kröger-Vink-Notation sind dabei immer als relative Ladungen bezüglich des Idealgitters zu sehen. So ist ein (eigentlich neutraler) unbesetzter Na^+-Platz in NaCl formal negativ geladen, da eine positive Ladung an dieser Stelle fehlt.

Nach außen hin ist jeder Kristall elektroneutral. Die Konzentrationen c_j geladener Punktdefekte j mit der Ladungszahl z_j sind deshalb über die Elektroneutralitätsbedingung miteinander verknüpft:

$$\sum_j z_j c_j = 0 \qquad (2.1.48)$$

Wir wollen jetzt kurz auf die Bildungsenthalpie und damit auf die Temperatur- und Partialdruckabhängigkeit der Punktdefektbildung am Beispiel eines binären Oxids $MO_{1-\delta}$ eingehen. Dabei wollen wir uns zunächst auf die

Tab. 2.1.5
Kröger-Vink-Notation zur Beschreibung von Punktdefekten (zur Vereinfachung hier nur am Beispiel von binären Metall(M)/Nichtmetall(X)-Systemen)

Defekttyp	Notation
Nichtmetallfehlstelle auf Nichtmetallplatz	V_X
Metallfehlstelle auf Metallplatz	V_M
Zwischengitternichtmetallatom	X_i
Zwischengittermetallatom	M_i
Fremdatom Y (Nichtmetall) auf Nichtmetallplatz	Y_X
Fremdatom A (Metall) auf Metallplatz	A_M
Neutrale Fehlstelle	$V_X^\times\ V_M^\times$
Positiv geladene Nichtmetallfehlstelle	$V_X^\cdot$
Negativ geladene Metallfehlstelle	V_M'
Geladenes Zwischengittermetallatom	$M_i^\cdot M_i'$
Geladenes Zwischengitternichtmetallatom	$X_i' X_i^\cdot$
Freie Elektronen	e'
Freie Löcher	$h^\cdot$

Bildung formal zweifach positiv geladener Sauerstoffleerstellen beschränken. Die Bildungsgleichung lautet:

$$O_O^\times \rightleftharpoons \frac{1}{2}O_2^g + V_O^{\cdot\cdot} + 2e' \tag{2.1.49}$$

Die Gleichgewichtskonstante ist dann

$$K_{V_O^{\cdot\cdot}} = \frac{p(O_2)^{1/2}[V_O^{\cdot\cdot}][e']^2}{O_O^\times}\ . \tag{2.1.50}$$

Ist die Leerstellenkonzentration $[V_O^{\cdot\cdot}] \ll [O_O^\times]$, so kann $[O_O^\times]$ als annähernd konstant angenommen werden. Definitionsgemäß (s.o.) ergibt sich dadurch $a_{O_O^\times} = 1$. Daraus folgt:

$$K = p(O_2)^{1/2}[V_O^{\cdot\cdot}][e']^2 = e^{-\frac{\Delta G^0_{V_O^{\cdot\cdot}}}{RT}} \tag{2.1.51}$$

Mit Gl. (2.1.48) folgt, daß $2[V_O^{\cdot\cdot}] = [e']$. Damit ergibt sich nach Umformung:

$$[e'] \sim p(O_2)^{-1/6} \tag{2.1.52}$$

Hätten wir die Bildung nur einfach negativ geladener Leerstellen $V_O^{\cdot}$ angenommen, so hätte sich

$$[e'] \sim p(O_2)^{-1/4} \tag{2.1.53}$$

ergeben.

Wir werden in Abschn. 2.3 sehen, daß sich Elektronenkonzentrationen in zahlreichen Oxiden über Leitfähigkeitsmessungen bestimmen lassen. Die elektrische Leitfähigkeit kann also stark durch Punktdefekte beeinflußt sein. Aus partialdruckabhängigen Leitfähigkeitsmessungen kann man in solchen Fällen häufig auf den vorliegenden Defekttyp schließen (zum Einfluß auf die elektronische Struktur vgl. z.B. [Göp 94]). Außerdem lassen sich solche Defekte zum Nachweis von Gasen, z.B. Sauerstoff, ausnutzen (vgl. Abb. 3.8.5).

2.1.5.5 Thermodynamische Behandlung von Festkörpergrenzflächen

Grenzflächen treten zwischen unterschiedlichen Phasen auf (vgl. Abb. 1.6.1 in Abschn. 1.6). Im Gegensatz zu einer theoretisch scharf definierten Grenzfläche treten im allgemeinen in realen Systemen keine Sprünge physikalischer und chemischer Eigenschaften auf. So können beispielsweise Atome oder Elektronen zwischen unterschiedlichen Materialien über die Grenzfläche hinweg ausgetauscht werden, wobei dies unter Gleichgewichtsbedingungen zu charakteristischen Abweichungen in grenzflächennahen Bereichen führt. Diese Abweichungen können sich über makroskopische Dimensionen erstrecken, wie dies z.B. für die Konzentration von freien Elektronen in schlechtleitenden Halbleitern mit hohen sogenannten Debye-Längen auftritt (vgl. Abschn. 1.6). Es treten also immer charakteristische ortsabhängige Konzentrationsprofile allgemeiner Grenzflächeneigenschaften auf, wie dies weiter unten am Beispiel der Festkörper/Gas-Grenzfläche in Abb. 2.1.28 schematisch über den ortsabhängigen Verlauf von „Exzeßgrößen" gezeigt ist.

Methodisch relativ einfach zu behandeln ist die Grenzfläche zwischen einem Festkörper und einem Gas. Sie ist einerseits in vielen Anwendungsbeispielen von praktischer Bedeutung und kann andererseits auch formal über Ersetzen der Gasphase durch eine weitere Festkörper- oder Flüssigphase auf die Beschreibung allgemeiner Grenzflächen übertragen werden. Wir wollen uns deshalb zur Vereinfachung in der Darstellung in diesem Abschnitt mit Ausnahme des Unterabschnitts 2.1.5.5.1 überwiegend auf Festkörper/Gas-Wechselwirkungen beschränken.

Praktische Beispiele für diese und andere Grenzflächen werden in Kap. 3 behandelt.

2.1.5.5.1 Oberflächen- und Grenzflächenspannung

Ganz allgemein für Gleichgewichte und damit auch für Oberflächen gilt bei konstantem Druck und konstanter Temperatur die Bedingung

$$G \overset{!}{=} \min. \tag{2.1.54}$$

mit G als freier Enthalpie.

Um eine Oberfläche eines Festkörpers oder einer Flüssigkeit zu erzeugen, muß man Arbeit aufwenden, da zwischenmolekulare Kräfte überwunden, chemische Bindungen des Volumens gebrochen und Nachbaratome entfernt werden müssen. Bei konstanter Temperatur und konstantem Druck gilt im Gleichgewicht für die Energie zur Erzeugung neuer Oberflächen, d.h. für die Oberflächenarbeit dW_s:

$$(dW_s)_{T,p} = \left(\frac{\partial G}{\partial A_\square}\right)_{T,p,N^{\mathrm{ad}}_{(s)}} \cdot dA_\square = \left(\frac{\partial A}{\partial A_\square}\right)_{T,V,N^{\mathrm{ad}}_{(s)}} \cdot dA_\square = \gamma \cdot dA_\square \tag{2.1.55}$$

Dabei ist $dA_\square$ der Zuwachs an Oberfläche und γ die *Oberflächenspannung*. Für saubere Oberflächen ist die Flächendichte adsorbierter Teilchen $N^{\mathrm{ad}}_{(s)} = 0$. Die freie Energie der Bildung einer Oberfläche ist immer positiv, da Arbeit aufgewendet werden muß. Für Kristalle ist γ eine Funktion der Orientierung der erzeugten Fläche.

Bringt man umgekehrt zwei Flächen eines Festkörpers oder einer Flüssigkeit der gleichen Substanz in Kontakt, wird die sog. *Kohäsionsenergie* bzw. *Kohäsionsarbeit*

$$(dW_{\mathrm{kohäs}})_{T,p} = -2\gamma dA_\square \tag{2.1.56}$$

frei. Der Faktor 2 entsteht dadurch, daß aus zwei Einheitsflächen eine Kontaktfläche entsteht.

Die gesamte Gibbs-Energie des Systems setzt sich aus einem Volumen- und einem Oberflächenanteil zusammen. Je größer das Volumen und je kleiner die Oberfläche ist, desto kleiner ist die Gibbs-Energie bei konstanter Stoffmenge. Um die freie Enthalpie zu minimieren, bilden deshalb Festkörper und Flüssigkeiten Formen aus, bei denen möglichst wenig freie Oberflächen entstehen. Flüssigkeiten bilden z.B. gekrümmte Oberflächen (auf Festkörpern) bzw. kugelförmige Tröpfchen (als freie Teilchen) aus. Viele werden schon Quecksilbertropfen gesehen haben, die sich fast wie feste Kugeln verhalten. Der Krümmumgsradius hängt von der Druckdifferenz zwischen dem

Tröpfcheninneren und dem Außenraum und von der Oberflächenspannung ab, wobei im Gleichgewicht für einen kugelförmigen Tropfen des Radius r

$$\Delta p = p_{\text{in}} - p_{\text{ext}} = p^\alpha - p^\beta = \frac{2\gamma}{r} \tag{2.1.57}$$

gilt. Diese Gleichung ergibt sich aus der Gleichgewichtsbedingung, daß die Expansionsarbeit $\Delta p dV$ gerade gleich der erhöhten Oberflächenenergie γdA sein muß, wobei $dV = 4\pi r^2 dr$ und $dA = 8\pi r dr$ gilt. Ganz allgemein bewirkt die Grenzflächenspannung, daß Druckdifferenzen über gekrümmte Flächen zwischen zwei Phasen α und β entstehen. Für eine beliebige gekrümmte Fläche gilt allgemeiner

$$p^\alpha - p^\beta = \gamma \left(\frac{1}{r_1} + \frac{1}{r_2} \right) = \gamma C \tag{2.1.58}$$

mit r_1 und r_2 als Hauptkrümmungsradien und C als sog. Krümmung der Oberfläche (Abb. 2.1.21).

Der innere Druck ist also wegen der Oberflächenspannung immer größer als der äußere Druck. Dadurch wird auch der Dampfdruck von Tröpfchen verändert. Für den Dampfdruck von isolierten Tröpfchen in Abhängigkeit vom Krümmungsradius erhält man

$$\ln \left(\frac{p}{p_0} \right) = \frac{2\gamma V_{\text{in}}}{RTr} , \tag{2.1.59}$$

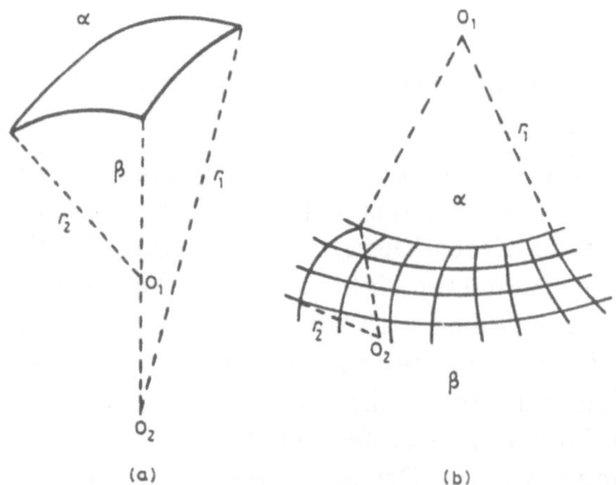

Abb. 2.1.21
Definition der Krümmung C einer Oberfläche: a) r_1 und r_2 haben gleiches, b) r_1 und r_2 haben entgegengesetztes Vorzeichen [Eve 92]

wobei V_{in} das innere Volumen und p_0 der Dampfdruck über eine nicht gekrümmte Fläche ist. Diese Größen sind z.B. entscheidend bei der Präparation von Keramiken (vgl. Abschn. 3.5), da dort häufig feinere Partikel zur Verdichtung zugegeben werden.

Zur Verdeutlichung der Größenordnungen von Oberflächenspannungen sind in Tab. 2.1.6 typische Werte verschiedener Materialien angegeben.

Tab. 2.1.6
Beispiele für Oberflächenspannungen verschiedener Materialien, gemessen bei der Temperatur T (l bedeutet dabei flüssige, s feste Phase)

Material	$\gamma/10^{-5}\mathrm{N}\cdot\mathrm{cm}^{-1}$	$T/\,^{\circ}\mathrm{C}$
N_2 (l)	9,71	−195
Benzol (l)	28,88	20
Wasser (l)	71,97	25
SiO_2 (s)	307,00	1300
Cu (s)	1670,00	1047

Für Anwendungen ist die *Grenzflächenspannung* γ^{AB} zwischen verschiedenen Materialien A und B von größter Bedeutung. Sie ist analog zu Gl. (2.1.55) über

$$\gamma^{AB} = \left(\frac{\partial G^A}{\partial A_\square^A}\right)_{T,p,N_{(s)}^{\mathrm{ad}}} + \left(\frac{\partial G^B}{\partial A_\square^B}\right)_{T,p,N_{(s)}^{\mathrm{ad}}} - \left(\frac{dW_{\mathrm{adhäs}}}{dA_\square^{AB}}\right)_{T,p} \qquad (2.1.60)$$

definiert (*Dupré-Gleichung*).

Die *Adhäsionsarbeit* oder *Adhäsionsenergie* $W_{\mathrm{adhäs}}$ ist dabei analog zur Kohäsionsenergie aus Gl. (2.1.56) die Energie, die beim Kontakt je einer Einheitsfläche der Materialien A und B frei wird.

Die Grenzflächenspannungen zwischen verschiedenen Materialien bestimmen z.B. die Assoziation bzw. Dispersion einer Substanz in flüssiger Phase oder die Benetzung von Festkörperoberflächen. Letzteres hat z.B. bei der Beschichtung von Oberflächen große Bedeutung. Der relativ hohe Wert von γ für Metalle hat z.B. zur Folge, daß diese häufig Aggregate („Cluster") bilden, wenn sie als dünne Schicht auf einer nichtmetallischen Unterlage mit kleinerem γ aufgebracht werden. Wir werden auf die durch die Grenzflächenspannung hervorgerufenen verschiedenen Wachstumsmoden dünner Filme in Abschn. 4.2.1 zurückkommen.

Bringt man einen Flüssigkeitstropfen auf eine Festkörperoberfläche, so bleibt die Flüssigkeit entweder als zusammenhängender Tropfen auf der Oberfläche, oder sie verteilt sich vollständig. Aus dem Benetzungswinkel θ zwischen der Flüssigkeit und dem Festkörper kann die Grenzflächenspannung zwischen den beiden Phasen bestimmt werden (Abb. 2.1.22). θ ist durch die *Young-Gleichung* gegeben:

$$\cos\theta = (\gamma^{sg} - \gamma^{sl})/(\gamma^{lg}) \tag{2.1.61}$$

Die Indizes bezeichnen jeweils die beiden Phasen, zwischen denen die Grenzflächenspannung besteht.

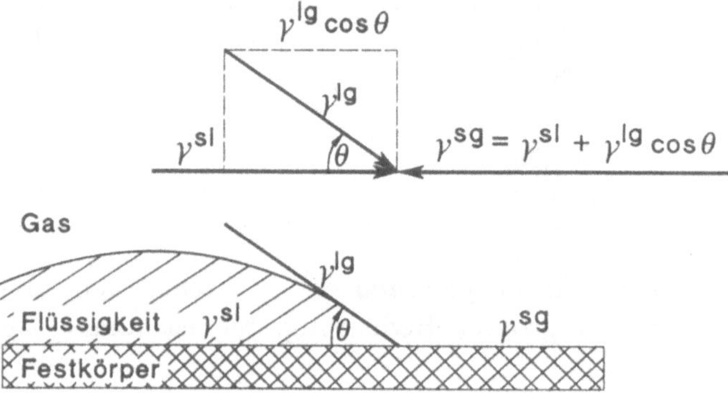

Abb. 2.1.22
Zur Definition des Benetzungswinkels zwischen Festkörper und Flüssigkeit und Gleichgewichte der beteiligten Grenzflächenspannungen aus der Vektoraddition im oberen Teil

Häufig wird sich die hohe Grenzflächenspannung einer Materialkombination ungünstig auswirken, da man eine Benetzung der Unterlage benötigt (vgl. z.B. Abschn. 3.2). In solchen Fällen kann man die Oberfläche z.B. chemisch behandeln oder der Flüssigkeit eine Substanz (z.B. ein Tensid) beimischen, um die Grenzflächenspannung zu erniedrigen.

Auch in Gas-Festkörper-Systemen spielen die Grenzflächenspannungen eine große Rolle. Die Differenz der Grenzflächenspannungen vor und nach der Adsorption von Gasteilchen auf einer Oberfläche wird als zweidimensionaler Druck φ bezeichnet:

$$\gamma_{vor} - \gamma_{nach} = \varphi \tag{2.1.62}$$

Durch Adsorbate können Festkörperoberflächen z.B. völlig andere Benetzungseigenschaften zeigen.

2.1.5.5.2 Festkörper-Gas-Wechselwirkungsmechanismen

Die Wechselwirkung von Festkörperoberflächen mit Teilchen wird als Adsorption bezeichnet. Zur quantitativen Beschreibung der adsorbierten Menge definiert man den Bedeckungsgrad

$$\Theta = \frac{N^{\text{ad}}_{(s)}}{N^{\text{ad}}_{(s)\,\text{max}}} \tag{2.1.63}$$

oder

$$\Theta^* = \frac{N^{\text{ad}}_{(s)}}{N^{OF}_{(s)}} \tag{2.1.64}$$

mit $N^{\text{ad}}_{(s)}$ als Flächendichte absorbierter Teilchen, $N^{\text{ad}}_{(s)\,\text{max}}$ als maximale Flächendichte adsorbierter Teilchen in der ersten Lage und $N^{OF}_{(s)}$ als Flächendichte der Oberflächenatome. Wir werden im folgenden die Definition nach Gl. (2.1.63) verwenden, da man mit ihr die sogenannten Adsorptionsisothermen (Abschn. 2.1.5.5.4) besonders einfach darstellen kann.

Bedeckungsgrade können größer oder kleiner als eins sein. Viele Grenzflächenphänomene werden durch spezifische Bindungen in der ersten Schicht ($\Theta < $ o) bedingt. Dafür zeigt Abb. 2.1.23 Beispiele mit periodischer oder statistischer Anordnung von adsorbierten Teilchen.

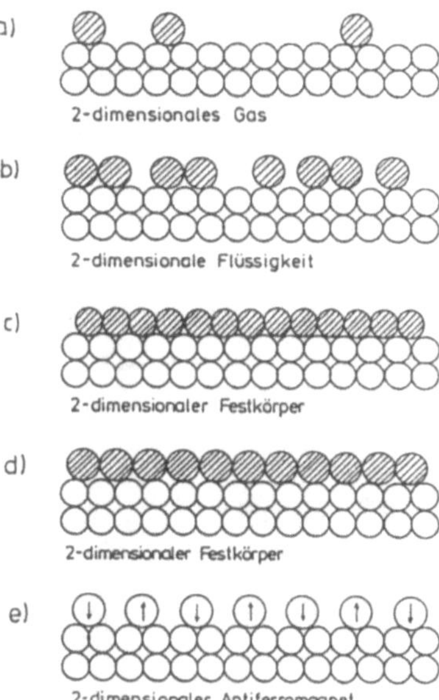

Abb. 2.1.23
Geometrische Anordnungen von Atomen in adsorbierten Schichten an einigen Modellbeispielen [Hen 94]

Das Beispiel a) zeigt ein zweidimensionales Gas, bei dem angenommen wird, daß die Bewegung der adsorbierten Teilchen parallel zur Oberfläche uneingeschränkt erfolgt und diese lediglich senkrecht zur Oberfläche durch eine Potentialbarriere eingeschränkt ist. Dies gilt z.B. für adsorbierte Edelgase auf Graphitoberflächen. Analog können zweidimensionale Flüssigkeiten für den Fall auftreten, daß die Wechselwirkung zwischen den Adsorbatteilchen nicht vernachlässigbar ist und mittlere Adsorbat-Abstände statistisch schwanken (Beispiel b)). Ist die Wechselwirkung so stark, daß die Abstände bis auf Schwingungen der Atome gegeneinander konstant bleiben, so bildet sich ein zweidimensionaler Festkörper (Beispiel c)). Bei diesem speziellen Beispiel sind die Gitterabstände identisch mit den Gitterabständen der Unterlage (kommensurable Adsorbatschicht). Diese Wechselwirkung kann beim Aufwachsen von Adsorbatschichten auf Festkörperunterlagen zu sogenanntem epitaktischem Wachstum, d.h. der Ausbildung von periodischen Schichtstrukturen führen (vgl. Abb. 4.2.3). Das Beispiel d) charakterisiert Systeme, bei denen die Gitterkonstante der geschlossenen Adsorbatschicht von der Unterlage abweicht, wobei das Verhältnis beider Gitterkonstanten keine rationale Zahl sein muß. Im letzteren Fall spricht man von inkommensurablen Adsorbatschichten. Im Beispiel e) ist als spezieller Fall für die Bildung von Überstrukturen bei niedrigen Bedeckungsgraden eine antiferromagnetische Anordnung (vgl. Abschn. 2.6.2) der Adsorbatteilchen gezeigt.

Man unterscheidet bei der Adsorption je nach Bindungsstärke und Geometrie verschiedene Wechselwirkungsmechanismen, die in Abb. 2.1.24 schematisch dargestellt sind und im folgenden Abschnitt besprochen werden (zur genaueren Behandlung vgl. [Göp 94]).

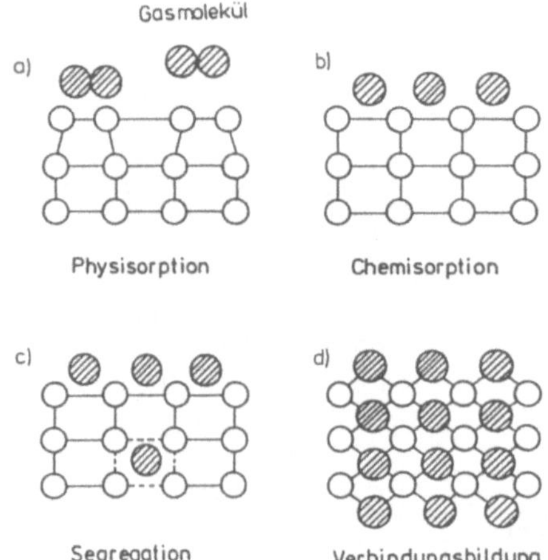

Abb. 2.1.24
Schematische Darstellung verschiedener
Festkörper-Teilchen-Wechselwirkungs-
mechanismen [Hen 94]

- Bei schwacher Wechselwirkung von Teilchen in der Gasphase mit Oberflächenatomen spricht man von *Physisorption* (siehe Abb. 2.1.24a). Physisorptionsenergien kleiner Teilchen liegen typischerweise unter 50 kJ/mol. Gut untersuchte Physisorptionssysteme sind Edelgase auf Metallen, Halbleitern oder Isolatoren bei tiefen Temperaturen.

  Physikalische Ursache für die Physisorption sind Wechselwirkungen zwischen adsorbierenden Teilchen und Unterlagenatomen, wie sie auch in der Gasphase zwischen den Molekülen auftreten können. Dies wird über das Lennard-Jones-Potential beschrieben, das wir bereits in Abb. 1.4.4 und Gl. (1.4.5) kennengelernt haben.

- Als *Chemisorption* bezeichnet man eine starke chemische Wechselwirkung mit Wechselwirkungsenergien von mehr als 50 kJ/mol. Ein Beispiel ist schematisch in Abb. 2.1.24b dargestellt. Dabei kann die Chemisorption von Molekülen einerseits molekular ablaufen, wie dies z.B. am System Platin (111)/Sauerstoff bei tiefen Temperaturen oder am System Nickel (111)/Kohlenmonoxid gefunden wird. Andererseits kann Chemisorption von Molekülen zu deren Dissoziation an der Oberfläche führen. Typische Beispiele sind die Wechselwirkung von Wasserstoff mit Nickel (111)- oder von Sauerstoff mit Platin (111)-Oberflächen bei höheren Temperaturen.

  Experimentell findet man häufig, daß verschiedene Wechselwirkungsmechanismen des gleichen Teilchens mit der gleichen Oberfläche auftreten können, wobei Variation von Druck und Temperatur die relativen Anteile der verschiedenen Wechselwirkungen verschiebt (vgl. auch Abb. 3.8.3).

Als Beispiel dafür charakterisiert Abb. 2.1.25 ein Festkörper-Gas-System, in dem molekulare Adsorption (Physi- oder Chemisorption) und atomare Chemisorption auftreten können. Ein praktisches Beispiel ist die oben diskutierte Wechselwirkung von Sauerstoff mit Platin (111)-Oberflächen, die bei tiefen Temperaturen zu schwachgebundenem molekularen Sauerstoff und bei höheren Temperaturen zu atomarem Sauerstoff führt. In der Abbildung ist die potentielle Energie des Systems „Molekül mit Unterlage" als Funktion des Abstandes des Moleküls von der Festkörperunterlage aufgezeichnet. Wenn das Molekül X_2 der Oberfläche genähert wird, so tritt in relativ großem Abstand als Folge der konkurrierenden Einflüsse von (Van-der-Waals-) Anziehung und (Pauli-Prinzip-) Abstoßung ein Energieminimum in einem Abstand z^{phys} von der Oberfläche auf, das man dem physisorbierten Molekül X_2^{phys} zuordnen kann. Nähert man das Molekül X_2 der Oberfläche über z^{phys} hinaus, so tritt drastisches Anstei-

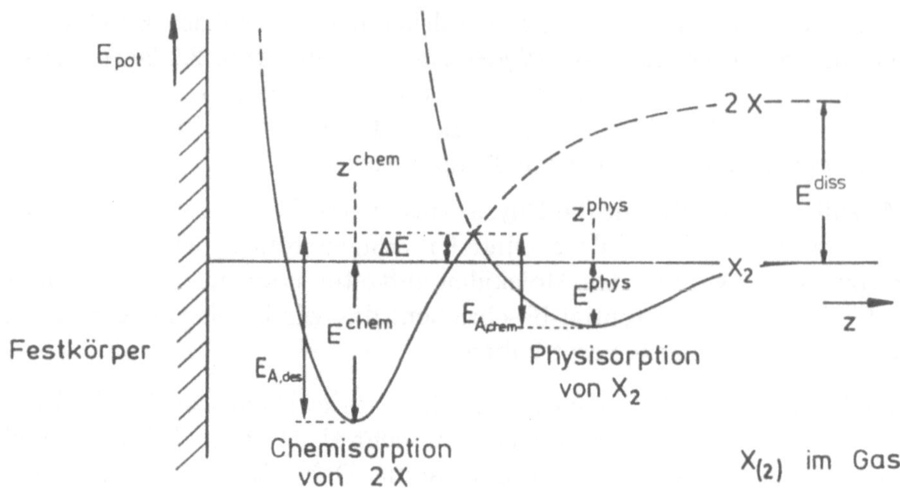

Abb. 2.1.25

Potentialdiagramm für die dissoziative Chemisorption eines zweiatomigen Moleküls X_2. Dabei ist z der Abstand von der Oberfläche [Hen 94].

gen der Abstoßungskräfte auf. Andererseits kann man in der Gasphase das Molekül X_2 unter Aufwendung der Dissoziationsenergie $E_{A,diss}$ in zwei Atome spalten und diese der Oberfläche nähern. Die Atome werden dann in einem geringeren Chemisorptionsabstand z^{chem} mit der Energie E^{chem} an der Oberfläche gebunden. Der Schnittpunkt der beiden Energiekurven liegt um die Energie ΔE höher als die Energie ruhender Teilchen X_2 bei unendlicher Entfernung. Diese Energie ΔE muß aufgebracht werden, um die Teilchen beim Stoß in den Chemisorptionszustand zu befördern.

Die Tatsache, daß Teilchen bei höheren Temperaturen von der Oberfläche desorbieren, obwohl die Adsorption nach Abb. 2.1.25 zu Erniedrigung der potentiellen Energie führt, kann nur über die Änderungen der Gibbs-Energien G und damit die Berücksichtigung der Entropieänderung erklärt werden. Gleiches gilt für die Ausbildung intrinsischer Punktdefekte an Festkörperoberflächen bei höheren Temperaturen (vgl. auch Abschn. 2.1.5.4). Für beide Effekte gilt $\Delta S > 0$ und $\Delta H > 0$. Wie chemische Reaktionen allgemein laufen auch Oberflächenreaktionen nur dann ab, wenn

$$\Delta G = \Delta H - T\Delta S < 0 \qquad (2.1.65)$$

gilt.

- Das Beispiel in Abb. 2.1.24c zeigt *Segregation* von Teilchen, die auch im Volumen des Festkörpers löslich sind, wobei in der schraffiert gezeigten Umgebung eines ins Volumen eingebetteten Atoms starke elastische Verzerrungen des Gitters auftreten. Bei hohen Temperaturen läßt sich häufig ein Gleichgewicht zwischen der an der Oberfläche segregierten Menge und der im Volumen gelösten Konzentration von Fremdatomen entweder über die Gasphase oder über das Volumen einstellen. Ein typisches Beispiel für ein Segregationssystem ist Kohlenstoff im und am Eisen.

- Das zuletzt gezeigte Beispiel in Abb. 2.1.24d zeigt, daß bei hoher Wechselwirkungsenergie der adsorbierten Teilchen mit den Volumenatomen auch *Verbindungsbildung* auftreten kann. Die Folge einer hier gezeigten stöchiometrischen Verbindungsbildung ist die Ausbildung neuer dreidimensionaler Strukturen mit drastisch veränderten chemischen, elektronischen und magnetischen Eigenschaften nicht nur an der Oberfläche. Beispiele dafür sind Wechselwirkungen von Sauerstoff mit Nickel, Aluminium oder Silicium unter Ausbildung der entsprechenden Oxide NiO, Al_2O_3 oder SiO_2 bei höheren Temperaturen. Die Bildung ist dabei bei hohen Temperaturen thermodynamisch kontrolliert. Dies haben wir bereits in Abschn. 2.1.5.3 bei den Festkörperreaktionen besprochen.

Die bisher diskutierten Wechselwirkungsphänomene treten bei charakteristischen Teilchen-Drücken und Temperaturen auf, wobei vereinfachend angenommen wurde, daß der Partialdruck des Festkörpers selbst vernachlässigbar ist. Ein einfaches Adsorptionsexperiment ist in Abb. 2.1.26 gezeigt.

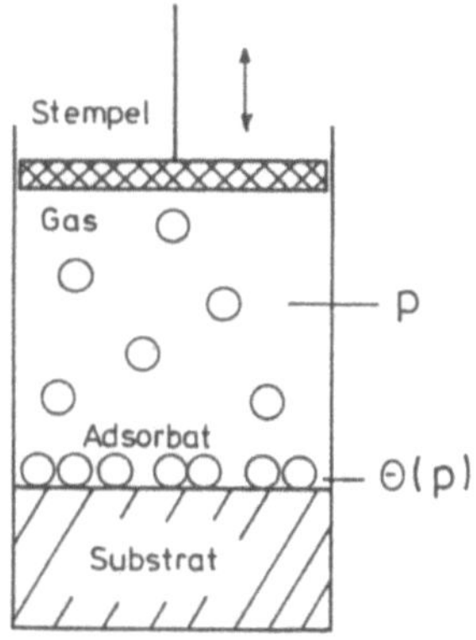

Abb. 2.1.26
Schematische Darstellung eines thermodynamisch kontrollierten Adsorptionsexperiments, das bei konstanter Temperatur durchgeführt wird, wobei der Bedeckungsgrad Θ eine eindeutige Funktion des Gasdrucks p ist [Hen 94]

In diesem Experiment wird durch Variation der Stempelposition der Druck in der Gasphase variiert, was bei konstanter Temperatur eine Variation des

Bedeckungsgrades Θ adsorbierter Teilchen an der Oberfläche zur Folge hat. Wenn Θ eine eindeutige Funktion von p ist, d.h. wenn das System auf Variation der Stempelpositionen reversibel mit entsprechenden Bedeckungsgraden reagiert, können wir das Adsorptionssystem thermodynamisch beschreiben. Auf die Thermodynamik von Adsorptionssystemen werden wir in Abschn. 2.1.5.5.4 detaillierter eingehen.

Eine ganze Reihe von Adsorptionssystemen zeigt jedoch bei Variation von Druck und Temperatur in endlichen Zeiten keine eindeutigen Bedeckungsgrade adsorbierter Teilchen. Vielmehr hängt der Zustand des Adsorptionssystems häufig von der Vorgeschichte ab, so daß eine thermodynamische Beschreibung nicht möglich ist. Eine kinetische Behandlung solcher Adsorptionsphänomene erfolgt in Abschn. 2.1.6.2.

2.1.5.5.3 Exzeßgrößen

Wie aus dem vorangegangenen deutlich wird, ist bei allgemeinen Wechselwirkungen von Teilchen mit Festkörperoberflächen damit zu rechnen, daß die Teilchen nicht nur an der Oberfläche adsorbieren, sondern auch in den Festkörper eindringen. Selbst wenn die Teilchen nur an der Oberfläche adsorbieren, werden auch oberflächennahe Bereiche des Volumens modifiziert. Bei einer exakten Beschreibung von Adsorptionsphänomenen ist es daher üblich, die Oberfläche des Festkörpers zunächst vor der Adsorption exakt zu beschreiben, um Adsorptionsphänomene als Änderungen dieser Oberflächeneigenschaften eindeutig zu erfassen.

Im Zusammenhang mit der eindeutigen Beschreibung von Adsorptionsphänomenen ist die Einführung von sogenannten Exzeßgrößen unerläßlich. Dies soll am Beispiel der Exzeßmenge adsorbierter Teilchen anhand des in Abb. 2.1.27 gezeigten Adsorptionsexperiments illustriert werden.

Spaltet man einen Einkristall in einem abgeschlossenen System, so werden Gasteilchen an den Spaltflächen adsorbiert. Diese nach dem Spalten zusätzlich adsorbierte Zahl der Teilchen N^{ad} ist gegeben durch

$$N^{\mathrm{ad}} = N^{\mathrm{tot}} - N^{b} - N^{g}_{\mathrm{nach}} = N^{\mathrm{exc}}\,. \tag{2.1.66}$$

Der obere Index „exc" wird im folgenden für Oberflächenexzeßgrößen verwendet.

Vor dem Spalten galt

$$0 = N^{\mathrm{tot}} - N^{b} - N^{g}_{\mathrm{vor}}\,. \tag{2.1.67}$$

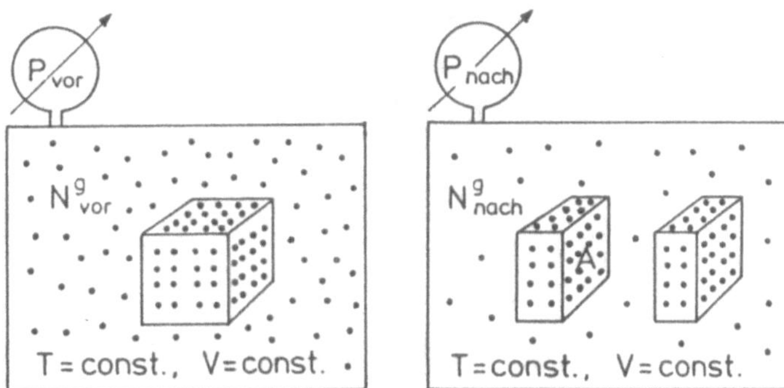

Abb. 2.1.27
Schematische Darstellung der Adsorption von Gasteilchen nach Spalten eines Einkristalles
in einem abgeschlossenen System [Hen 94]

(In beiden Fällen werden die vor dem Experiment an den anderen Flächen
adsorbierten Teilchen zu den Volumenteilchen gerechnet, da sie nicht an der
in diesem Falle nur interessierenden (Spalt-) Fläche adsorbiert sind.) Durch
Vergleich der Zahl der Teilchen in der Gasphase vor und nach dem Spalten
des Einkristalls läßt sich also aus der Bestimmung der Druckdifferenz die an
der Spaltfläche adsorbierte Menge eindeutig experimentell bestimmen.

Abb. 2.1.28 zeigt schematisch einen Verlauf der Teilchendichte nahe der
Oberfläche.

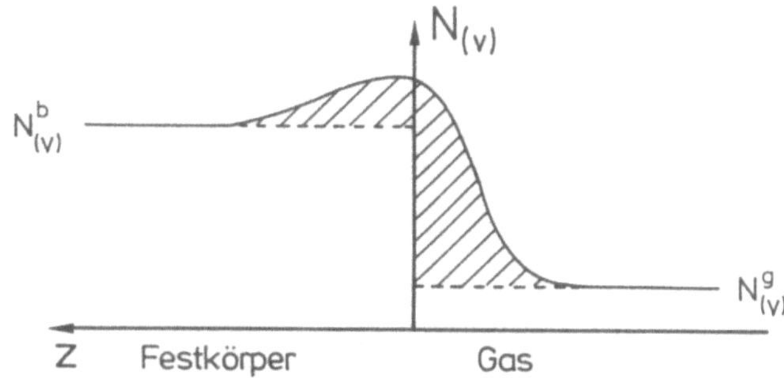

Abb. 2.1.28
Zur Definition von Exzeßgrößen (hier: Teilchendichte)

Das gezeigte Profil könnte sich z.B. nach dem Spalten eines Oxids in Sauer-
stoffatmosphäre einstellen. $N_{(v)}$ wäre dann die Dichte der Sauerstoffatome.

Gemäß Gl. (2.1.66) definiert man allgemeine Exzeßgrößen X^{exc}:

$$X^{\text{exc}} = X^{\text{tot}} - X^b - X^g \qquad (2.1.68)$$

Der Wert der Exzeßgröße läßt sich für den allgemeinen Fall ortsabhängiger lokaler Dichten $X_{(v)}$ nach Abb. 2.1.28 dadurch berechnen, daß man die Differenzen zum idealen Volumen und zur idealen Gasphase bestimmt:

$$X_{(s)}^{\mathrm{exc}} = \int\limits_0^{\infty} \left[X_{(v)}(z) - X_{(v)}^b \right] dz + \int\limits_0^{-\infty} \left[X_{(v)}(z) - X_{(v)}^g \right] dz \qquad (2.1.69)$$

Exzeßgrößen können auch negativ sein.

Man erkennt aus dem vorangegangenen, daß die exakte Position der Grenzfläche (in Gl. (2.1.69) bei $z = 0$) nicht eindeutig definiert ist und für jedes System neu festgelegt werden muß. Beispiele sind die unterschiedlichen Positionen von Atomkernen oder Valenzelektronen der äußersten Atomlage eines Festkörpers. Man erkennt an diesen Beispielen, daß i.allg. auch die Abhängigkeit parallel zur Oberfläche eine Rolle spielen kann. Häufig wählt man die Position der Grenzfläche so, daß bestimmte Exzeßgrößen gerade null sind (Konzept der Gibbsschen Wahl der Grenzfläche).

2.1.5.5.4 Adsorptionsisothermen

Wie schon oben dargestellt wurde, sind thermodynamische Untersuchungen der Festkörper/Gas-Wechselwirkung dann möglich, wenn das System reversibel auf Änderungen von Druck und Temperatur reagiert. Abb. 2.1.26 deutete dabei an, daß unter diesen Bedingungen der Bedeckungsgrad Θ eine eindeutige Funktion von p und T ist. Der Wert Θ kann z.B. bei fester Temperatur durch Änderung des Partialdrucks über Bewegung des Stempels variiert werden, und man erhält die Adsorptionsisotherme $\Theta = f(p)_{T=\mathrm{const}}$.

In Tab. 2.1.7 sind typische Adsorptionsisothermen aufgelistet, die in Abb. 2.1.29 graphisch gezeigt sind.

Im einfachsten Fall ist Θ proportional zum Druck (vgl. Abb. 2.1.29a). Diese Abhängigkeit wird als Henry-Isotherme bezeichnet und z.T. bei sehr niedrigen Bedeckungsgraden gefunden. Da hierfür als Bedingung angenommen wird, daß die Teilchen untereinander nur sehr schwach wechselwirken, findet man sie v.a. bei der Adsorption von Edelgasen. Ein Beispiel zeigt Abb. 2.1.30.

Die Henry-Isotherme geht aus der sogenannten Langmuir-Isotherme für den Grenzfall $\Theta \rightarrow 0$ hervor. Letztere ist dadurch gekennzeichnet, daß eine Maximalbedeckung $\Theta_{\mathrm{max}} = 1$ auch bei hohen Drücken nicht überschritten wird (s. Abb. 2.1.29c). Ein Beispiel zeigt Abb. 2.1.31.

Tab. 2.1.7 Klassifizierung und Modelle einiger Adsorptionsisothermen

1. Henry	$\Theta = k_1 \cdot p$	(2.1.70)	Ideales 2D-Gas, frei beweglich (beschreibbar über 2D-Idealgasgleichung)
2. Freundlich	$\Theta = k_2 \cdot p^{\alpha};\ \alpha \neq 1$	(2.1.71)	
3. Langmuir	$\Theta = \dfrac{k_3 \cdot p}{k_3 \cdot p + k_3'}$	(2.1.72)	Lokalisierte Adsorption von maximal einer Monolage, keine anziehende Wechselwirkung der Teilchen untereinander
4. Langmuir bei Dissoziation	$\Theta = \dfrac{k_4 \cdot \sqrt{p}}{k_4 \cdot \sqrt{p} + k_4'}$	(2.1.73)	Lokalisierte Adsorption wie bei 3., Dissoziation der Teilchen X_2 bei Adsorption als X^{chem}
5. Brunauer-Emmett-Teller (BET)	$\Theta = \dfrac{k_5 \cdot p}{(p_0 - p)\left[1 + \frac{p}{p_0} \cdot (k_5' - 1)\right]}$	(2.1.74)	Mehrschichtadsorption, Kondensation bei $p = p_0$ (beschreibbar über 2D-Realgasgleichung)
6. Hill-de-Boer	$K \cdot p = \dfrac{\Theta}{1 - \Theta} \exp\left(\dfrac{\Theta}{1 - \Theta} - k_6 \cdot \Theta\right)$	(2.1.75)	Mobiles 2D-Realgas, Molekülgröße und Wechselwirkung werden berücksichtigt

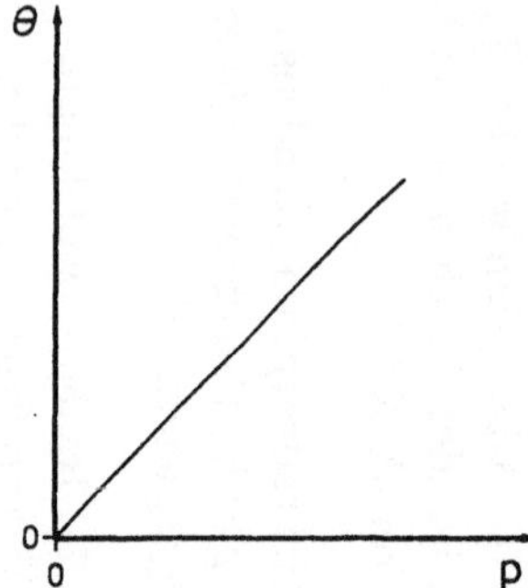

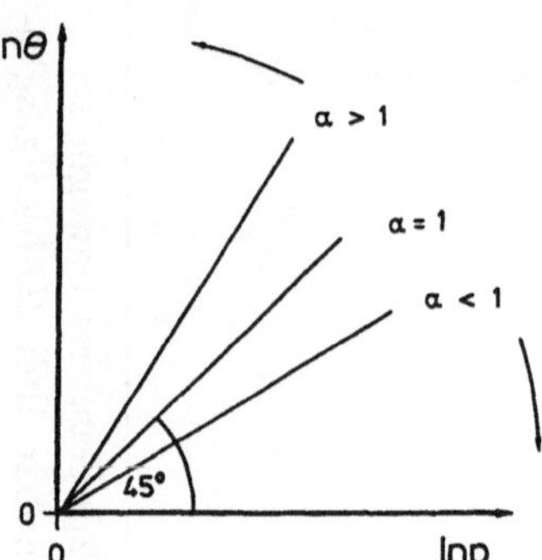

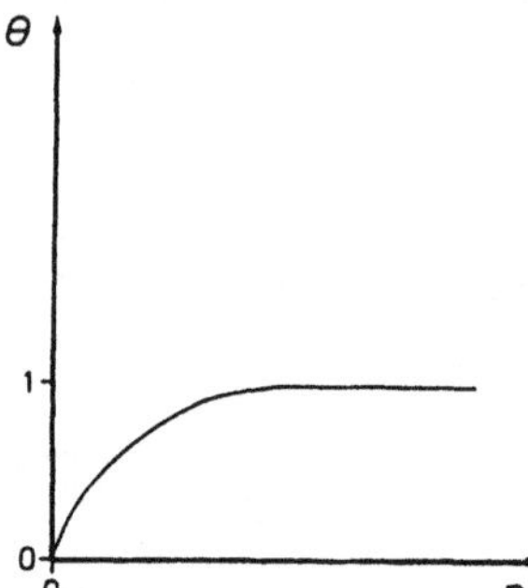

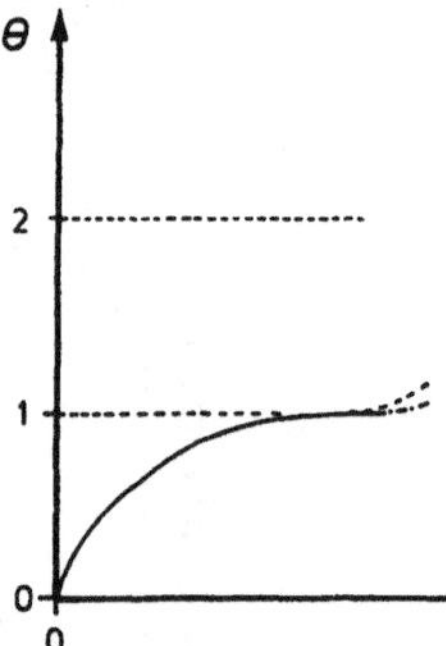

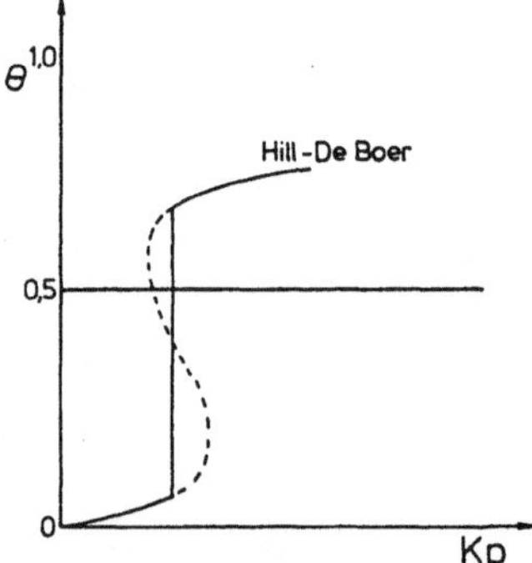

Abb. 2.1.29

Darstellung von Adsorptionsisothermen aus Tab. 2.1.7 [Hen 94]
(a) Henry-Isotherme — (b) Freundlich-Isotherme — (c) Langmuir-Isotherme — (d) BET-Isotherme für Kondensation nach Ausbildung der 1. Monolage (gestrichelt). Ebenfalls gezeigt ist ein System mit Kondensation nach Doppelschichtadsorption (strichpunktiert). p_0 ist der Sättigungsdampfdruck für die Kondensation auf der 1. Monolage. — (e) Hill-de-Boer-Isotherme

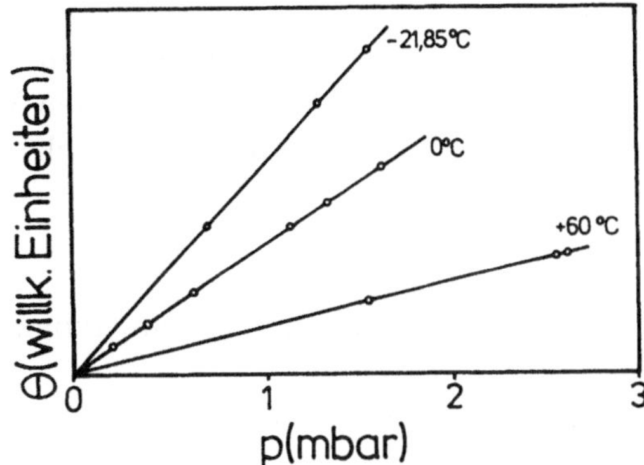

Abb. 2.1.30
Adsorptionsisothermen für Argon auf Silicagel bei verschiedenen Temperaturen [Som 81]

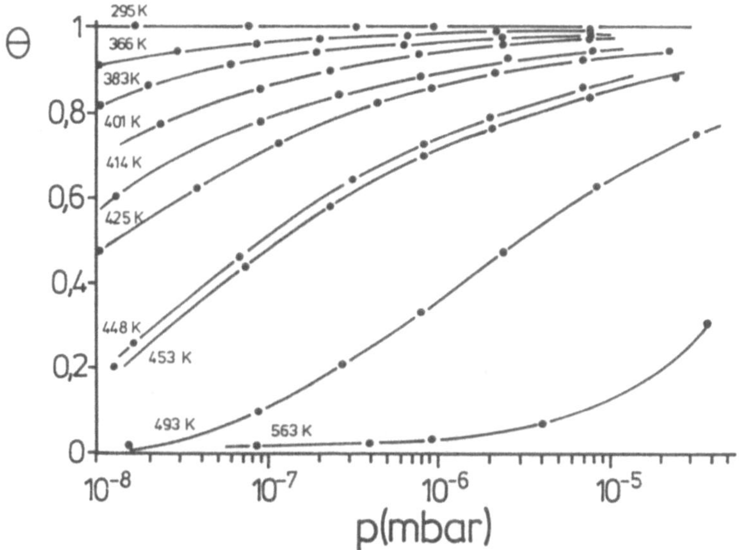

Abb. 2.1.31
Adsorptionsisothermen für CO auf Pt(111) für verschiedene Temperaturen [Ert 77]

Die Langmuir-Isotherme soll im folgenden mit verschiedenen Ansätzen hergeleitet werden.

a) Kinetisch kann sie unter der Annahme hergeleitet werden, daß Adsorptions- und Desorptionsgeschwindigkeit im thermodynamischen Gleichgewicht identisch sein müssen, so daß sich dynamisch eine bestimmte Bedeckung bei gegebenem Druck und einer bestimmten Temperatur einstellt. Dabei wird die Adsorptionsgeschwindigkeit proportional zum Druck und

zur Zahl freier Oberflächenplätze für die Adsorption und die Desorptionsgeschwindigkeit proportional zum Bedeckungsgrad angesetzt. Dieser Bedeckungsgrad kann maximal den Wert $\Theta_{max} = 1$ erreichen.
Man setzt für die Adsorptionsgeschwindigkeit

$$\left(\frac{d\Theta}{dt}\right)_T = k_3(1 - \Theta) \cdot p \qquad (2.1.76)$$

und für die Desorptionsgeschwindigkeit

$$-\left(\frac{d\Theta}{dt}\right)_T = k_3'\Theta \qquad (2.1.77)$$

an. (Der Index 3 ist eine Laufzahl zur systematischen Charakterisierung der unterschiedlichen Konstanten k in Tab. 2.1.7.)
Gleichsetzen und Auflösen nach Θ ergibt aus Gl. (2.1.76) und (2.1.77)

$$\Theta = \frac{k_3 p}{k_3' + k_3 p} \cdot \qquad (2.1.78a)$$

Mit der Gleichgewichtskonstanten $K = k_3/k_3'$ gilt:

$$\Theta = \frac{Kp}{1 + Kp} \qquad (2.1.78b)$$

b) Eine andere Herleitung der Langmuir-Isotherme geht vom thermodynamischen Gleichgewicht zwischen den Teilchen im Gas X_2^g beim Druck p und in der Adsorptionsphase X_2^{ad} mit dem Bedeckungsgrad Θ aus:

$$X_2^g + \square^{OF} \rightleftharpoons X_2^{ad} \qquad (2.1.79)$$

$\square^{OF}$ kennzeichnet dabei einen freien Oberflächenplatz des „Bedeckungsgrades" $(1 - \Theta)$. Die Gleichgewichtskonstante K dieser Reaktion ergibt sich zu

$$K = \frac{\Theta}{p(1 - \Theta)} \cdot \qquad (2.1.80)$$

Auflösen nach Θ ergibt ebenfalls Gl. (2.1.78b).
c) Eine dritte Herleitung ist über die statistische Thermodynamik möglich (vgl. z.B. [Göp xx]). Voraussetzung auch für diese Herleitung ist eine gegenüber der Bindungsenergie vernachlässigbare Wechselwirkung zwischen den adsorbierten Teilchen und eine bedeckungsunabhängige Bindungsenergie der Teilchen. Da man bei Langmuiradsorption eine lokalisierte Adsorption voraussetzt, verlieren die im Gas freien Teilchen bei Adsorption ihre Translationsfreiheitsgrade, bekommen aber Schwingungsfreiheitsgrade eines 2D-Festkörpers. Dies liefert bei der statistischen Behandlung die Langmuir-Isotherme.

Wenn bei Dissoziation pro adsorbiertem Teilchen aus der Gasphase zwei Adsorbatteilchen entstehen, tritt in den Gleichungen (2.1.76)–(2.1.78) $\sqrt{p}$ anstelle von p auf (vgl. Gl. (2.1.73) in Tab. 2.1.7).

Physikalische Ursache für das Auftreten bestimmter Isothermen sind der Platzbedarf adsorbierter Teilchen, deren (u.U. bedeckungsabhängige) Bewegungen sowie Wechselwirkungskräfte zwischen den adsorbierten Teilchen untereinander und mit der Unterlage. Den Zusammenhang zwischen Adsorptionsisothermen und diesen atomaren Bewegungen und Kräften liefert die statistische Mechanik. Voraussetzungen wurden für die Langmuir-Isotherme oben angedeutet. Die Henry-Isotherme läßt sich unter der Voraussetzung herleiten, daß die Teilchen in der adsorbierten Phase ein zweidimensionales ideales Gas bilden. Dies zeigt sich z.B. durch den Zusammenhang mit den in Abschn. 2.1.5.5.1 eingeführten Grenzflächenspannungen bzw. mit dem zweidimensionalen Druck φ, der durch die Gibbs-Beziehung gegeben ist:

$$
\begin{aligned}
\varphi &= \left(\frac{\partial A}{\partial A_\square}\right)_{T,V,N^{\mathrm{ad}}_{(s)}=0} - \left(\frac{\partial A}{\partial A_\square}\right)_{T,V,N^{\mathrm{ad}}_{(s)}} \\
&= -\left(\frac{\partial A^{\mathrm{exc}}}{\partial A_\square}\right)_{T,V,N^{\mathrm{ad}}_{(s)}} = \int\limits_0^p kT N^{\mathrm{ad}}_{(s)} d\ln p
\end{aligned}
\tag{2.1.81}
$$

Der Zusammenhang zwischen der hier verwendeten Teilchendichte $N^{\mathrm{ad}}_{(s)}$ und dem Bedeckungsgrad Θ ist gegeben durch

$$
N^{\mathrm{ad}}_{(s)} = \Theta \cdot N^{\mathrm{ad}}_{(s)}(\Theta = 1)\,,
\tag{2.1.82}
$$

wobei $N^{\mathrm{ad}}_{(s)}$ die Zahl der adsorbierten Teilchen pro Flächeneinheit ist. Gilt die Henry-Isotherme und damit die Proportionalität von Θ und damit $N^{\mathrm{ad}}_{(s)}$ zu p (vgl. Gl. (2.1.63)), so gilt für φ:

$$
\varphi = N^{\mathrm{ad}}_{(s)} kT
\tag{2.1.83}
$$

Dies ist eine zweidimensionale Idealgasgleichung, die der dreidimensionalen Gleichung

$$
p = N_{(v)} kT
\tag{2.1.84}
$$

entspricht.

Wenn in diesem zweidimensionalen Gas Van der Waals-Wechselwirkungen zwischen den adsorbierten Teilchen auftreten, ergibt sich die Hill-de-Boer-Isotherme (Abb. 2.1.29e).

Häufig findet man einen Verlauf des Bedeckungsgrades als Funktion des Drucks, der bei konstanter Temperatur weder über eine Henry- noch über eine Langmuir-Isotherme beschrieben werden kann. Es ist in diesem Fall üblich, die experimentell gefundenen Kurven über eine der in Tab. 2.1.7 aufgezählten gängigen Adsorptionsisothermen zu beschreiben, wobei die dort für den jeweiligen Isothermentypen charakteristischen Parameter k_i und α so angepaßt werden, daß eine möglichst optimale Beschreibung der experimentell gefundenen Kurve möglich ist (vgl. Abb. 2.1.29b).

Auch Mehrschichtenadsorption läßt sich formal mathematisch geschlossen über Isothermen beschreiben. Als ein Beispiel beschreibt die BET-Isotherme (Abb. 2.1.29d) eine Kondensation von weiteren Gasschichten auf der ersten Adsorptionsschicht. p_0 in Gl. (2.1.74) der Tab. 2.1.7 beschreibt dabei den Sättigungsdampfdruck des Gases. Ein Beispiel gibt Abb. 2.1.32. Strichpunktiert ist in Abb. 2.1.29d der Verlauf einer anderen Isothermen dargestellt, bei der die Kondensation erst auftritt, nachdem zwei Schichten adsorbiert wurden.

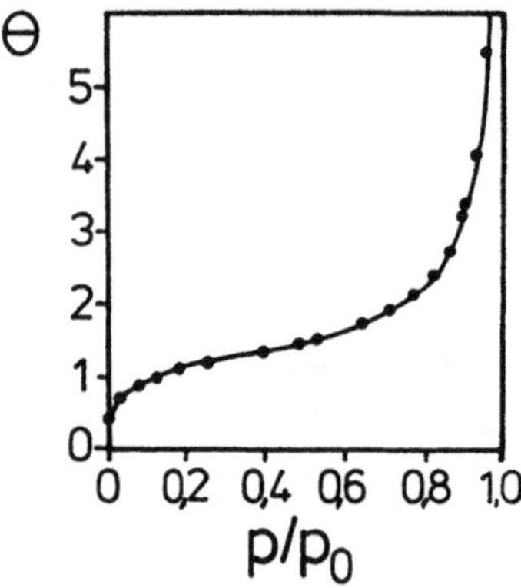

Abb. 2.1.32
Adsorptionsisothermen für die Physisorption von N_2 an nicht-porösem Quarzpulver [Brd 67]

Alle experimentellen Ergebnisse können formal statt über Adsorptionsisothermen auch über Adsorptionsisobaren $\Theta = f(T)_{p=\text{const}}$ erfaßt werden.

Aus den Adsorptionsisothermen können auch kalorische Daten ermittelt werden. Die wichtigste kalorische Größe ist die sog. Adsorptionswärme. Diese läßt sich aus den Änderungen der Entropie S oder Enthalpie H pro Mol adsorbierter Teilchen zwischen Gas und Adsorptionsphase über

$$\left(\frac{\partial \ln p}{\partial T}\right)_{\Theta} = \frac{S^g - S^{\mathrm{ad}}}{RT} = \frac{H^g - H^{\mathrm{ad}}}{RT^2} = \frac{Q_{\mathrm{ads}}}{RT^2} \qquad (2.1.85)$$

bzw.

$$\left(\frac{\partial \ln p}{\partial (1/T)}\right)_{\Theta} = -\frac{Q_{\mathrm{ads}}}{R} \qquad (2.1.86)$$

berechnen. Dabei wird Q_{ads} als molare isostere (wegen Θ = const.) Adsorptionswärme bezeichnet und läßt sich nach Gl. (2.1.86) aus der Steigung der Kurve $\ln p$ gegen $1/T$ ermitteln. Gl. (2.1.85) entspricht der Gleichung von Clausius-Clapeyron zur Beschreibung von Gleichgewichtsdampfdrücken bei Flüssigkeiten oder Festkörpern (s. z.B. [Wed 87]), nach der sich aus der Temperaturabhängigkeit von p die Kondensationswärme ergibt:

$$\left(\frac{\partial \ln p}{\partial T}\right)_{\varphi} = \frac{Q_{\mathrm{kond}}}{RT^2} \qquad (2.1.87)$$

Analog gilt für die Segregationswärme von im Volumen gelösten Stoffen, die im Gleichgewicht mit der an der Oberfläche vorliegenden Menge (ausgedrückt über Θ) stehen,

$$\left(\frac{\partial \ln x_2}{\partial T}\right)_{\Theta} = \frac{Q_{\mathrm{seg}}}{RT^2}, \qquad (2.1.88)$$

wobei x_2 der Molenbruch der gelösten Menge des segregierenden Stoffs im Volumen ist.

2.1.6 Kinetik

In den bisherigen Teilabschnitten des Abschnitts 2.1 haben wir uns nur mit Gleichgewichtsphänomenen beschäftigt. Insbesondere im vorigen Teilabschnitt 2.1.5 haben wir uns deswegen nur gefragt, ob eine Reaktion im Prinzip ablaufen kann, nicht jedoch, in welcher Zeit die Produkte gebildet werden. Die Thermodynamik beschäftigt sich deswegen prinzipiell mit Gleichgewichtszuständen, die in unendlich langen Zeiten erreicht werden. Es gibt jedoch sehr große Unterschiede in den Einstellzeiten der Gleichgewichte, so daß viele Reaktionen, die thermodynamisch erlaubt wären, nur in „unendlich langen" Reaktionszeiten ablaufen würden. Dies liegt daran, daß Teilchen nur dann miteinander reagieren können, wenn sie eine bestimmte Mindestenergie, die sogenannte Aktivierungsenergie E_A besitzen.

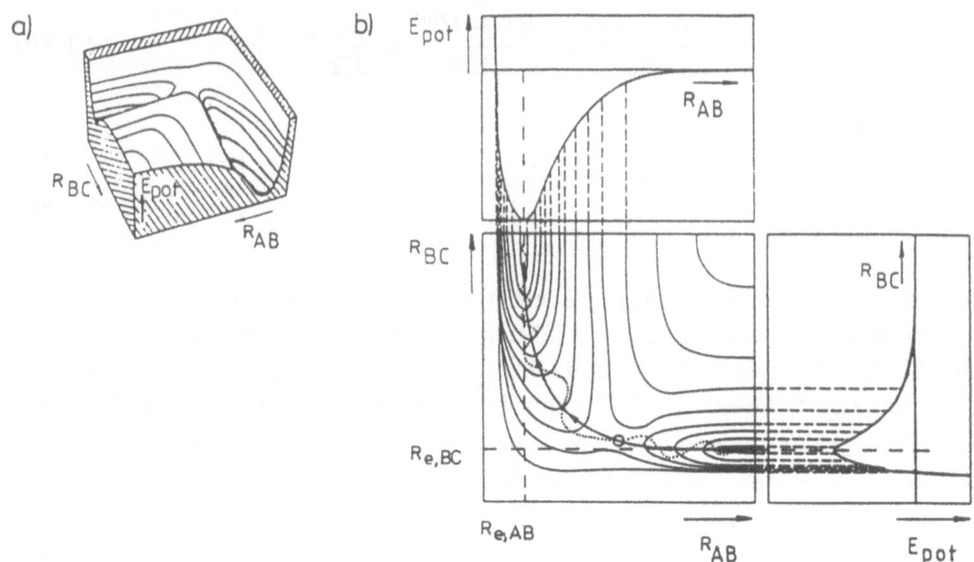

Abb. 2.1.33

a) Schrägsicht und b) Aufsicht auf die Energiehyperfläche für die einfache Zentralstoß-Reaktion AB + C $\rightleftharpoons$ A + BC mit Äquipotentiallinien und der mit Pfeilen gekennzeichneten Reaktionskoordinate entlang des relativen Minimums. R_{AB} bzw. R_{BC} bezeichnen Abstände zwischen den Atommittelpunkten, $R_{e,AB}$ bzw. $R_{e,BC}$ sind Gleichgewichtsabstände.

Abb. 2.1.33 illustriert die energetischen Verhältnisse am einfachsten Beispiel der Reaktion in einem Drei-Teilchen-System ABC als Funktion der Abstände AB und BC.

Beispiele für thermodynamisch instabile Moleküle sind fast alle organischen Substanzen, da thermodynamisch bei Raumtemperatur in vielen Fällen die Bildung von CO_2, H_2O und N_2 ablaufen müßte. Die Kinetik definiert nun die Reaktionsgeschwindigkeit, beschreibt den formalen Zusammenhang zwischen der Reaktionsgeschwindigkeit und den Konzentrationen der Edukte sowie beschreibt über statistische Modelle im Rahmen der Eyring-Theorie die mikroskopischen Ursachen für das Auftreten einer bestimmten Reaktionsgeschwindigkeit [Wed 87].

Unter der Reaktionsgeschwindigkeit in Gasen, Flüssigkeiten, Festkörpern oder an Grenzflächen versteht man die Geschwindigkeit $\frac{d\xi}{dt}$ der Zunahme der Reaktionslaufzahl ξ. Nach Gl. (2.1.25) ist diese über

$$\frac{d\xi}{dt} = \nu_i^{-1}\frac{dn_i}{dt} \tag{2.1.89}$$

mit n_i als Molzahl definiert. Diese Definition der Reaktionsgeschwindigkeit ist unabhängig von der Wahl der Substanz und der Reaktionsbedingungen, also beispielsweise auch gültig, wenn sich das Volumen zeitlich ändert oder an der Reaktion mehrere Phasen beteiligt sind. Häufig wählt man jedoch die Größe dc/dt als Geschwindigkeit der Konzentrationsänderung der Komponente i als Maß für die Reaktionsgeschwindigkeit. Die Kinetik einer allg. Reaktion, z.B. der Art von Gl. (2.1.22), kann dann über die zeitliche Änderung der Produktkonzentration dc_C/dt oder dc_D/dt beschrieben werden. Es ist üblich, diese Änderung über Konzentrationen der beteiligten Moleküle auszudrücken. Die mathematische Bearbeitung kann dabei sehr kompliziert sein. Oft ergibt sich der folgende, noch relativ einfache formale Zusammenhang:

$$\frac{dc}{dt} = kc_A^a c_B^b \ldots = k^0 e^{-E_A/RT} c_A^a c_B^b \ldots \qquad (2.1.90)$$

k bezeichnet man als Geschwindigkeitskonstante. Sie setzt sich oft aus einem Wahrscheinlichkeitsfaktor k^0, auch Arrhenius- oder Frequenzfaktor genannt, und einem Exponentialfaktor mit einer Aktivierungsenergie E_A zusammen. Der Exponentialterm charakterisiert den Bruchteil der Moleküle, die die Energie E_A besitzen, da nur diese Moleküle beim erfolgten Stoß mit einem Reaktionspartner reagieren können. k^0 gibt den Anteil der Teilchen an, der insgesamt tatsächlich reagieren kann. Er trägt z.B. bei Reaktionen in einer homogenen Phase der Tatsache Rechnung, daß es beim erfolgten Stoß zweier großer Moleküle nur dann zur Reaktion kommen kann, wenn sich die funktionellen Gruppen beim Stoß genügend nahe kommen.

Reaktionen, die Gl. (2.1.90) gehorchen, nennt man thermisch aktiviert. Daneben gibt es z.B. auch photoaktivierte Reaktionen, bei denen in die Bildungsrate z.B. die Photonendichte von Photonen bestimmter Frequenzen sowie die Wahrscheinlichkeit für eine Reaktion pro auftreffendem Photon eingehen. Diese Reaktionen werden hier nicht behandelt. Die meisten Festkörperreaktionen zeigen thermisch aktiviertes Verhalten. Dies wird insbesondere dadurch verursacht, daß die einzelnen Reaktionspartner erst durch Festkörperdiffusion angenähert werden müssen. Wir werden dies in Abschn. 2.1.6.1 näher behandeln. In Abschn. 2.1.6.2 folgt die Behandlung der Ad- und Desorptionskinetik als Beispiele für heterogene Reaktionen. Für die ausführlichere Behandlung der Kinetik von Reaktionen in der Gasphase und in Flüssigkeiten sei auf Lehrbücher der Physikalischen Chemie sowie weiterführende Monographien wie z.B. [Com xx] und [Lai 70] hingewiesen.

2.1.6.1 Diffusion

Allgemein verlaufen chemische Reaktionen um so schneller, je größer die Konzentrationen der Reaktionspartner sind. Es gibt allerdings auch den umgekehrten Fall, in dem Reaktionspartner als Inhibitoren wirken. Beide Phänomene lassen sich in dieser einfachen Form der o.g. Gleichungen nur dann beschreiben, wenn die Reaktionspartner völlig gemischt vorliegen.

Werden solche idealen Mischungen nicht (z.B. durch mechanisches Mischen) vorgegeben, so müssen die Stoffe ineinander diffundieren. Zwei Beispiele für Diffusion im Festkörper zeigt Abb. 2.1.34.

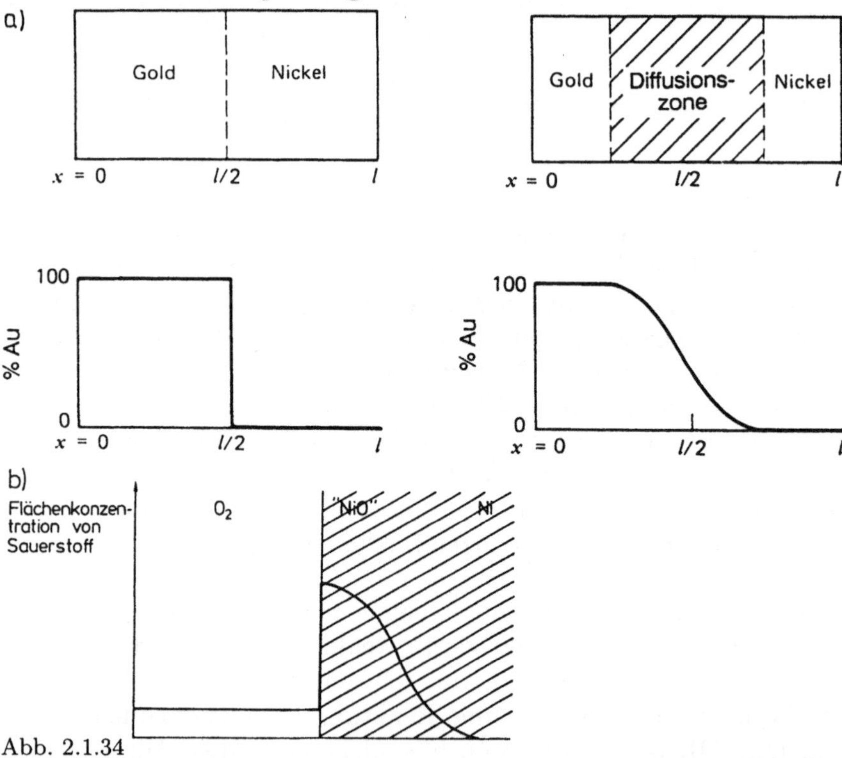

Abb. 2.1.34
a) Diffusionsexperiment am System Au/Ni mit Diffusionsprofil direkt nach Bildung des Kontakts bei tiefen Temperaturen (links) und nach Heizen auf höhere Temperaturen (rechts)
b) Diffusionsprofil von Sauerstoff in Ni

Man erkennt in Abb. 2.1.34a, daß Au-Atome in Ni und Ni-Atome in Au diffundieren.

Die Triebkraft für die Diffusion ist ein Gradient im chemischen Potential μ, der zu einem Teilchenfluß J führt (vgl. Tab. 2.0.2 und 2.0.3). Eindimensional ergibt sich mit Gl. (2.1.27):

$$J = -L\frac{d\mu}{dz} = -\frac{Dc}{RT}\frac{d\mu}{dz} = -Dc\frac{d\ln\gamma c}{dz} = -D'N_{(v)}\frac{d\ln\gamma'N_{(v)}}{dz} \quad (2.1.91)$$

L heißt phänomenologischer (Diffusions-) Koeffizient, D und γ sind der Diffusionskoeffizient und der praktische Aktivitätskoeffizient für molare Konzentrationen c, D' und γ' die entsprechenden Größen für Teilchenkonzentrationen $N_{(v)}$. Meist setzt man in der Praxis als Näherung für ideal verdünnte Lösungen einen konstanten praktischen Aktivitätskoeffizienten γ bzw. γ' und damit einen Gradienten in der (häufig einfacher meßbaren) Konzentration an:

$$J_N = \frac{dN}{dt} = -D\frac{dc}{dz} = -D'\frac{dN_{(v)}}{dz} \quad (2.1.92)$$

Gl. (2.1.91) und Gl. (2.1.92) werden erstes Ficksches Gesetz genannt. Wir werden im folgenden die üblichere Gl. (2.1.92) verwenden.

Je nach Größe des Gradienten unterscheidet man verschiedene Diffusionsprozesse (Tab. 2.1.8).

Tab. 2.1.8
Klassifizierung verschiedener Diffusionsprozesse

Bezeichnung	Anwendbarkeit
Selbstdiffusion	Statistische Diffusion in Abwesenheit von Konzentrationsgradienten
Tracerdiffusion	Diffusion in kleinen Konzentrationsgradienten
Chemische Diffusion	Diffusion in Konzentrationsgradienten

Man erkennt aus Tab. 2.1.8, daß im Falle der Selbstdiffusion kein Konzentrationsgradient vorliegt. Bei diesem Prozeß tauschen zwei gleiche Atome ihre Plätze. Triebkraft ist die Vergrößerung der Entropie des Systems. Messen kann man diese Selbstdiffusion jedoch nicht, da die Teilchen nicht unterscheidbar sind. Als gute Näherung kann man aber experimentell die Tracerdiffusion von Isotopen betrachten.

Im Falle des Nichtgleichgewichts ändert sich die Konzentration mit der Zeit. Es gilt dann das zweite Ficksche Gesetz:

$$\frac{dc}{dt} = \frac{d}{dx}\left[D\frac{dc}{dx}\right] \quad (2.1.93)$$

Wenn D unabhängig von der Konzentration (und damit von der Zeit) ist, dann gilt

$$\frac{dc}{dt} = D\frac{d^2c}{dx^2}\,.$$
(2.1.94)

Als Temperaturabhängigkeit von D findet man in Festkörpern häufig formal

$$D = D_0 e^{-E_A/RT}$$
(2.1.95)

mit E_A als Aktivierungsenergie.

Abb. 2.1.35 zeigt Beispiele für Metalle, Keramiken und Silicium. Für nicht-kristalline Polymere liegen Diffusionskoeffizienten für kleine Moleküle häufig schon bei Raumtemperatur bei sehr hohen Werten, da sich diese Moleküle leicht durch das offene Netzwerk bewegen können. Sie liegen z.B. für O_2 in cis-1,4-Poly(isopren) schon bei 25°C bei $8,5 \cdot 10^{-10}\frac{m^2}{s}$ und für Benzonitril

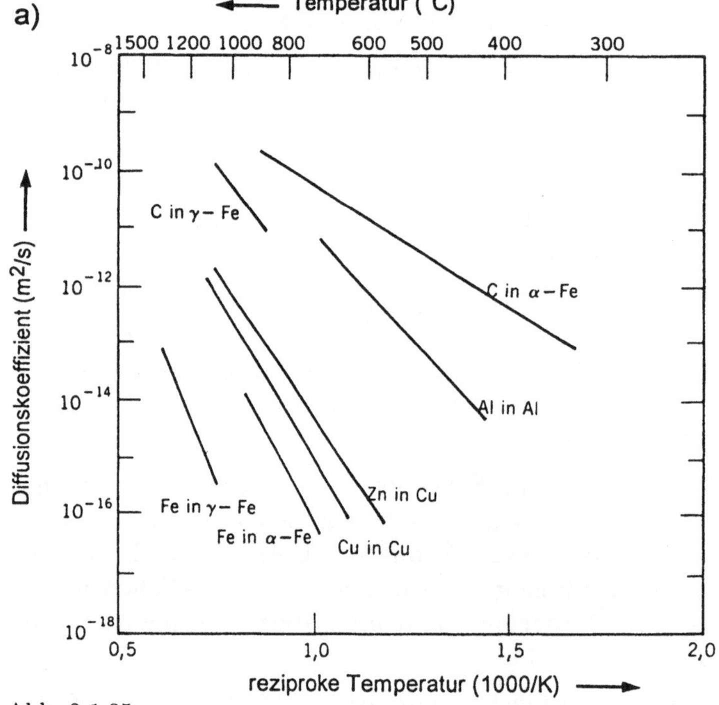

Abb. 2.1.35
Logarithmische Darstellung der Temperaturabhängigkeit des chemischen Diffusionskoeffizienten in verschiedenen Materialien
a) Metalle ([Smi 76] in [Cal 91])
(b) und c) siehe Folgeseiten)

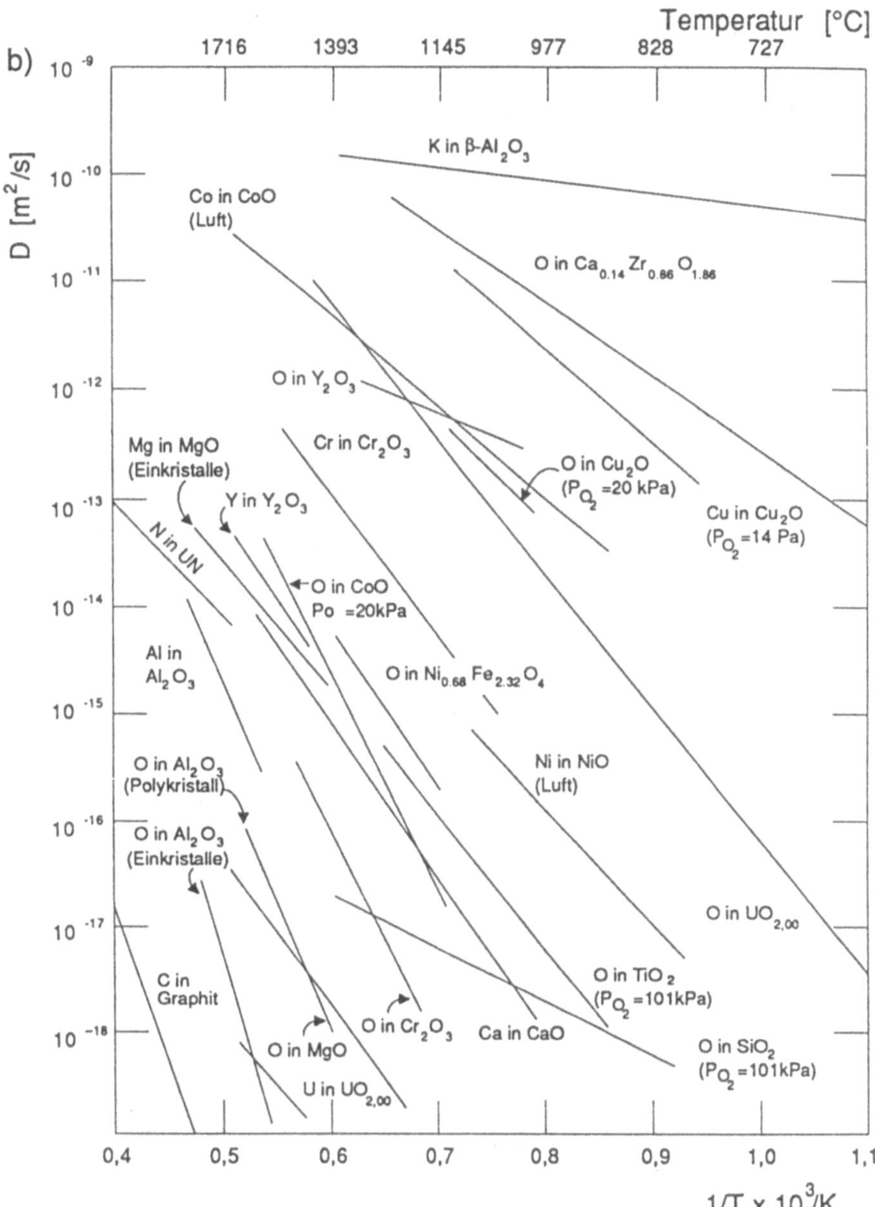

Abb. 2.1.35
(Fortsetzung) b) Keramiken .
Bei (hier nicht gezeigten) Messungen bei tiefen Temperaturen treten häufig drastische systematische Fehler in Richtung höherer Diffusionskoeffizienten auf. Dies ist auf Diffusion entlang von Korngrenzen etc. zurückzuführen ([Bow 84] in [Sch 90])

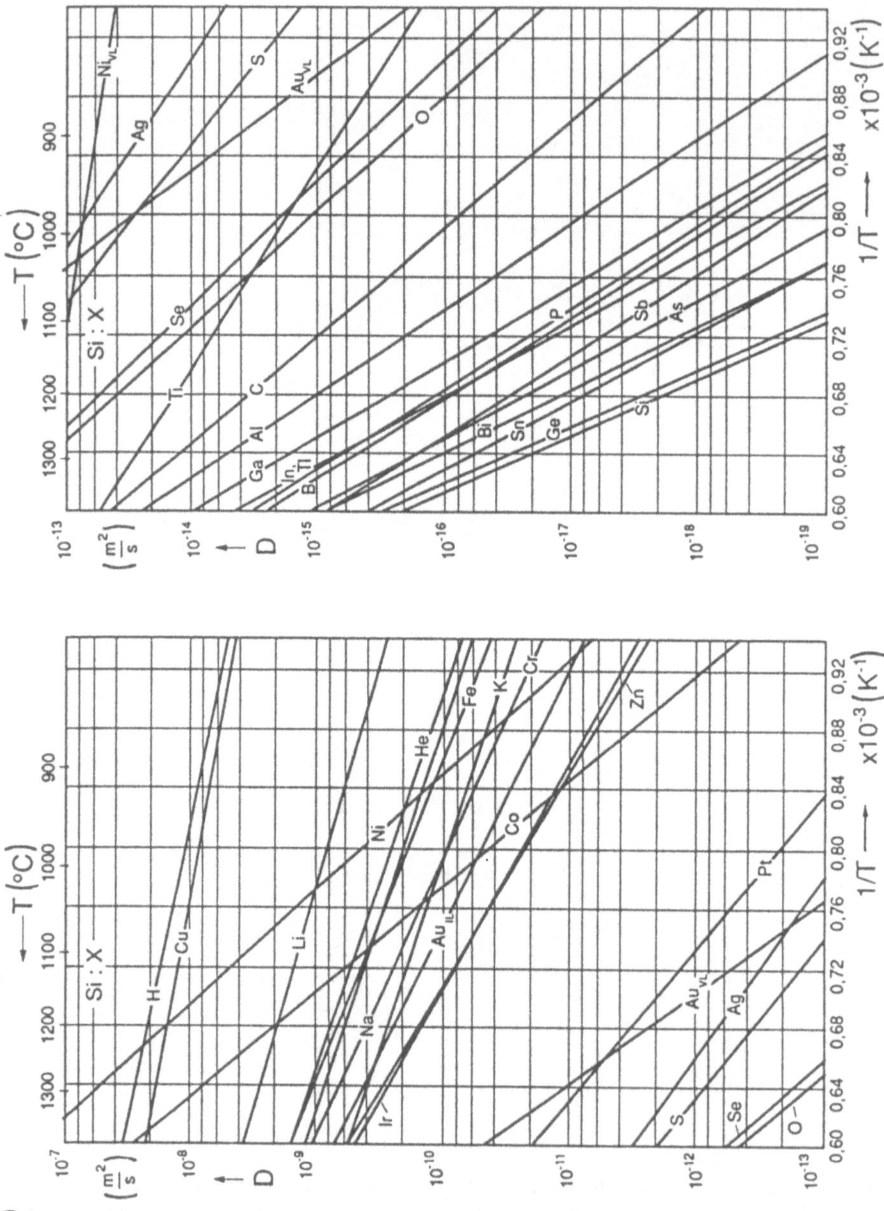

c)

Abb. 2.1.35 (Fortsetzung) c) Fremdatome in Silicium ([Lan xx] in [Sch 90])

in Polystyrol sogar bei $7 \cdot 10^{-7} \frac{m^2}{s}$. Die Selbstdiffusion ist jedoch durch das hohe Molekulargewicht eher klein, wobei zwar einzelne Seitenketten leicht ineinanderdiffundieren, jedoch nicht die Gesamtmoleküle.

Um die Aktivierungsenergie E_A in Festkörpern zu verstehen, muß man die verschiedenen möglichen Mechanismen der Diffusion betrachten. Meist werden drei Typen unterschieden (Abb. 2.1.36), von denen zwei auf den in allen Festkörpern bei $T > 0$ K vorhandenen Punktdefekten, d.h. Leerstellen oder Teilchen auf Zwischengitterplätzen beruhen (zur genaueren Beschreibung von Punktdefekten s. Abschn. 2.1.5.4).

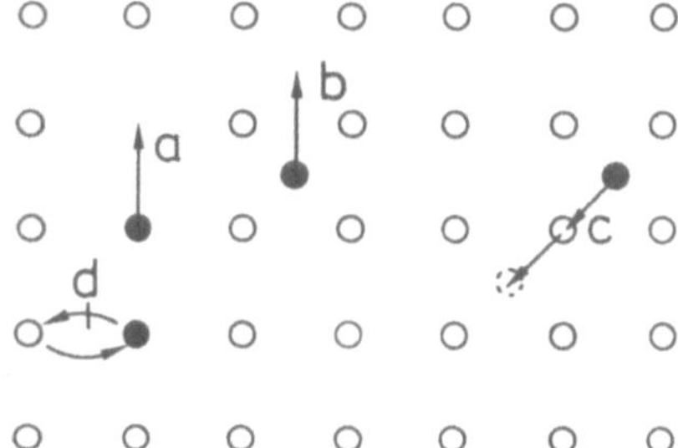

Abb. 2.1.36
Mögliche Diffusionsmechanismen: a) Leerstellenmechanismus, b),c) Zwischengittermechanismen, d) direkter Austausch

Der erste ist der Leerstellenmechanismus (Abb. 2.1.36a). Dabei diffundiert ein Gitterbaustein in die nächstgelegene Leerstelle und hinterläßt dafür wieder eine neue auf seinem jetzt nicht mehr besetzten Gitterplatz. Dieser Mechanismus ist häufig, wenn kein Gitterbaustein wesentlich kleiner als der andere ist, also z.B. in reinen Metallen oder Legierungen. Liegen Zwischengitterteilchen vor, also Atome oder Ionen, die auf regulär nicht besetzten Positionen sitzen, so kann ein Zwischengittermechanismus auftreten, bei dem entweder ein Zwischengitterteilchen auf einen regulären Platz geht und das dort vorhandene Teilchen auf einen (anderen) Zwischengitterplatz verdrängt (Abb. 2.1.36b) oder ein Teilchen von Zwischengitterplatz zu Zwischengitterplatz wandert (Abb. 2.1.36c). Dieser Fall kommt dann häufig vor, wenn das diffundierende Atom oder Ion sehr viel kleiner ist als andere Gitterbausteine und/oder wenn die Struktur selbst viele Zwischengitterpositionen besitzt. Dies ist aber meist nur in überwiegend ionischen Kristallen der Fall, wenn eine Ionensorte, meist das Anion, eine dichteste Kugelpackung macht, während die andere Ionensorte nicht alle in der Kugelpackung vorhandenen Oktaeder- oder Tetraederlücken füllt (zur anorganischen Strukturchemie s. z.B. [Wes 84]). Dies ist z.B. in Perowskit- und Spinellstrukturen der Fall. Da bei diesen beiden Mechanismen tatsächlich Materie transportiert wird, spielen sie bei der Ionenleitung eine Rolle, d.h. bei der Diffusion von Ionen im elektrischen Feld (vgl. Abschn. 2.3.1.3). Der dritte Mechanismus besteht im direkten Austausch zweier Atome (Abb. 2.1.36d). Für diesen Prozeß ist die Aktivierungsenergie jedoch sehr hoch.

Bei den ersten beiden Mechanismen setzt sich die Aktivierungsenergie aus der Energie zur Bildung des Punktdefekts und der Energie zur Bewegung zusammen. Aus Gl. (2.1.95) wird dann

$$D = D_0 e^{-(\Delta H_f + E_{A,\text{diff}})/RT} \tag{2.1.96}$$

mit ΔH_f als Bildungsenthalpie des Defekts und $E_{A,\text{diff}}$ als Aktivierungsenergie für den Sprung zum nächsten Platz. Häufig ist der Anteil der Bildungsenthalpie vernachlässigbar gegenüber der Diffusion. Wenn das Teilchen statistische Sprünge der mittleren Länge $\bar{l}$ ausführt und τ die mittlere Zeit zwischen zwei Sprüngen bzw. ν die Sprungfrequenz ist, so kann man unter dieser Voraussetzung Gl. (2.1.96) über

$$D = D_0 e^{-E_{A,\text{diff}}/RT} = \alpha \left(\frac{\bar{l}^2}{\tau} \right) = \alpha \bar{l}^2 \nu \tag{2.1.97}$$

ausdrücken, wobei $\alpha = 1/2$ für eindimensionale, $\alpha = 1/4$ für zweidimensionale (Oberflächen-) und $\alpha = 1/6$ für dreidimensionale (Volumen-) Diffusion gilt [Gir 73].

Die Driftbeweglichkeit u eines Teilchens (oder Defekts) ergibt sich unter der gleichen Voraussetzung im eindimensionalen Fall aus der Nernst-Einstein-Gleichung [Sch 71]:

$$u = \frac{D}{kT} \tag{2.1.98}$$

Diese Beweglichkeit spielt eine entscheidende Rolle bei der Beschreibung der Leitfähigkeit (vgl. Abschn. 2.3.1.1).

Bisher wurde die Diffusion nur in Festkörpern betrachtet. Generell galten die Ableitungen für die Festkörper, bei denen thermodynamisch bestimmte Defekte entscheidend sind. Bei tiefen Temperaturen sind die Diffusionskoeffizienten drastisch höher als erwartet, wenn Korngrenzen im nichteinkristallinen Metall auftreten. Dies ist praktisch immer der Fall.

Für die Diffusion in Flüssigkeiten findet man häufig

$$D = \frac{kT}{\sigma \pi r \eta} \tag{2.1.99}$$

mit r als Radius der kugelförmig angenommenen Teilchen. Auch hier nimmt der Diffusionskoeffizient mit der Temperatur zu. Dies läßt sich formal über die mit der Temperatur abnehmenden Viskosität η erfassen und atomistisch aufgrund der Schwierigkeit in der Beschreibung von Flüssigkeitsstrukturen nur qualitativ über zunehmende effektive Zahlen von Fehlstellen oder höhere Beweglichkeiten analog zum Festkörper diskutieren.

In verdünnten Gasen gilt nach der idealen Gastheorie in erster Näherung

$$
\begin{aligned}
D &= \frac{1}{2}\bar{v}\Lambda_M \\
&= \frac{1}{2}\left(\frac{8kT}{\pi m}\right)^{1/2} \cdot \Lambda_M = \frac{1}{2}\left(\frac{8kT}{\pi m}\right)^{1/2}\frac{1}{\sqrt{2}N_{(v)}q} \\
&= \left(\frac{k}{\pi}\right)^{1/2} \cdot k \cdot \frac{1}{q}\frac{1}{\sqrt{m}}\frac{1}{p}T^{3/2}
\end{aligned}
\tag{2.1.100}
$$

mit $\bar{v}$ als mittlerer Geschwindigkeit der Teilchen, Λ_M als Maxwellscher mittlere freie Weglänge, $N_{(v)}$ als Volumendichte der Gasteilchen und q als sog. Wirkungsquerschnitt für den Stoß zwischen zwei Gasteilchen (zur Definition vgl. z.B. [Göp 94]). Die letzte Umformung geschah mit dem Idealgasgesetz $N_{(v)} = \frac{p}{kT}$. Auch in Gasen nimmt also die Diffusion mit der Temperatur zu. Zusätzlich tritt eine Druckabhängigkeit auf, da die Teilchendichte mit dem Druck wächst. Gl. (2.1.100) gilt so nur unter der Voraussetzung der Selbstdiffusion (s. Tab. 2.1.8), wobei die Gesamtdichte an Gasteilchen konstant bleibt.

Ein besonderer Fall ist die Diffusion in zweidimensionalen Systemen, wie sie z.B. bei Teilchen an Oberflächen nach Segregation oder aus dem Festkörperinneren oder nach Adsorption aus der Gasphase auftritt. Für derartige zweidimensionale Systeme zeigt Abb. 2.1.37 schematische Energiebarrieren $E_{A,\text{diff}}$. In diesem Beispiel ist die Oberflächendiffusion von aus der Gasphase adsorbierten Teilchen dargestellt.

Die Barrieren sind eine Folge der periodischen Wechselwirkungspotentiale eines Teilchens mit der Unterlage.

Für $E_{A,\text{diff}} \ll RT$ bewegen sich die Teilchen frei und können z.B. über die zweidimensionale Gasgleichung beschrieben werden. Diese Bedingungen liegen z.T. in Physisorptionssystemen vor.

Für $E_{A,\text{diff}} > RT$ werden Translationsfreiheitsgrade „eingefroren" und in Schwingungsmoden auf Plätzen minimaler Energie, d.h. den „Adsorptionsplätzen", überführt. Oberflächendiffusion erfolgt durch Sprünge von einem

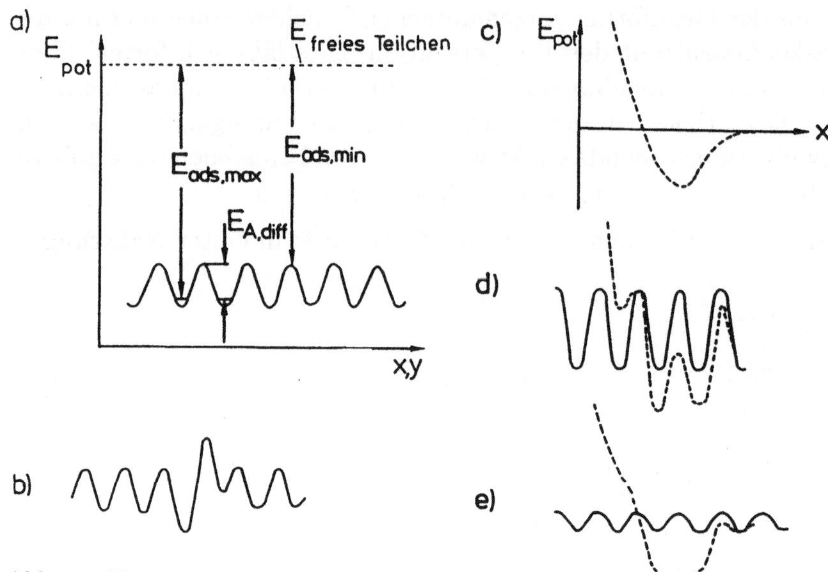

Abb. 2.1.37
a) Periodisches Potential eines adsorbierten Teilchens parallel zu einer idealen periodischen Oberfläche mit Adsorptionsenergien $E_{ads,i}$
b) Potentialverlauf an nicht-idealen Oberflächen. Die Heterogenität kann z.B. durch Ecken- und Kantenatome erzeugt werden (vgl. Abb. 2.1.38)
c) Zweiteilchen-Wechselwirkungspotential für freie Teilchen als Funktion ihres Abstandes voneinander (vgl. Abschn. 1.4.2)
d/e) Modulation des periodischen Einteilchenpotentials (ausgezogene Linie, vgl. Fall a) durch Paar-Wechselwirkung adsorbierter Teilchen an der Oberfläche (vgl. Fall c). Es ergibt sich ein effektives Potential, das entweder periodisch ist mit dem Gitter (d) oder nicht periodisch ist und somit eine „inkommensurable" Adsorbat-Konfiguration liefert (e) [Ert 79]

Platz zum nächsten. In guter Näherung besetzen die Teilchen dann Punkte eines zweidimensionalen Gitters mit der Symmetrie der Unterlage. Diese Situation wird häufig bei Chemisorption gefunden.

Für $E_{A,\text{diff}} \gg RT$ sind die Teilchen praktisch immobil und sind nicht in der Lage, in endlichen Zeiten eine Gleichgewichtskonfiguration zu erreichen, die durch anziehende und abstoßende Wechselwirkungen zwischen adsorbierten Teilchen bestimmt ist.

Streng genommen gelten die Verhältnisse der Abb. 2.1.37a und b nur für ein einziges Teilchen auf einer Oberfläche. Die bei zunehmendem Bedeckungsgrad auftretenden Wechselwirkungen adsorbierter Teilchen untereinander können im einfachsten Fall über Zweiteilchen-Lennard-Jones-Potentiale (vgl. Abschn. 1.4.2) beschrieben werden, die sich dem periodischen Potential überlagern, wie dies in Abb. 2.1.37c–e dargestellt ist. Daher modifizieren adsorbierte Teilchen das effektive Potential eines benachbarten zweiten Teilchens und umgekehrt. Die Folge ist, daß die energetische Homogenität der Oberfläche aufgehoben ist.

2.1.6.2 Adsorption

Wenn Teilchen aus der Gasphase auf die Festkörperoberfläche treffen, werden sie adsorbiert oder reflektiert. Die Adsorptionsrate R_{ads} wird dabei üblicherweise über den Haftkoeffizienten S beschrieben, der definiert ist als Verhältnis der Teilchenstöße, die zu einem Adsorptionskomplex führen, zur Gesamtzahl der Stöße. Haftkoeffizienten können experimentell bei konstanter Temperatur aus den Adsorptionsraten berechnet werden:

$$R_{\mathrm{ads}} = \frac{dN^{\mathrm{ad}}_{(s)}}{dt} = S \cdot Z_{(s)} = S \frac{p}{\sqrt{2\pi m k T}} \qquad (2.1.101)$$

Dabei ist $Z_{(s)} = \frac{p}{\sqrt{2\pi m k T}}$ die aus der kinetischen Gastheorie bekannte Stoßzahl (vgl. [Göp xx]).

Der Haftkoeffizient S kann selbst an chemisch reinen Oberflächen stark von der geometrischen Struktur abhängig sein, so z.B. von Ecken- oder Kantenatomen an der Oberfläche. Zudem wird i.allg. eine starke Abhängigkeit des Haftkoeffizienten vom Bedeckungsgrad bereits adsorbierter Teilchen und der Temperatur gefunden. Dies wird in dem formalen Ansatz

$$S = \sigma \cdot f(\Theta) \cdot e^{-\frac{E_{A,\mathrm{ads}}}{RT}} \qquad (2.1.102)$$

über die Haftwahrscheinlichkeit σ, den auf eins normierten Anteil verfügbarer freier Adsorptionsplätze an der Oberfläche $f(\Theta)$ und die Aktivierungsenergie pro Mol, $E_{A,\mathrm{ads}}$, ausgedrückt.

Ein physikalisches Verständnis für das Auftreten bestimmter Werte von Haftkoeffizienten bei bestimmten Festkörper/Gas-Systemen kann aus der Eyring-Theorie des Übergangszustandes hergeleitet werden (s. [Hen 94]).

2.1.6.3 Desorption

Desorption kennzeichnet das Aufbrechen chemischer Bindungen und Entfernen adsorbierter Teilchen von der Oberfläche. Dies kann durch (statistisch auf alle Freiheitsgrade des Systems verteilte) thermische Anregung oder gezielte Anregung elektronischer oder vibronischer Zustände, z.B. durch Elektronen- oder Ionenstoß, Photonen oder hohe elektrische Felder erfolgen.

Wir wollen dabei zwei verschiedene Fälle betrachten: Der erste Fall ist die Desorption adsorbierter Teilchen von der Festkörperoberfläche. Der zweite ist die Desorption von Atomen der Unterlage, also deren Verdampfung.

a) Für den ersten Fall beschreiben wir die thermische Desorptionsrate wie bei chemischen Reaktionen üblich:

$$R_{\text{des}} = -\frac{dN_{(s)}^{\text{ad}}}{dt} = k_m \cdot (N_{(s)}^{\text{ad}})^m = k_m^0 \cdot e^{-\frac{E_{A,\text{des}}}{RT}} (N_{(s)}^{\text{ad}})^m \qquad (2.1.103)$$

mit den Parametern m als Reaktionsordnung und k_m als Geschwindigkeitskonstante m-ter Ordnung, bestehend aus dem präexponentiellen Faktor k_m^0 und einer Aktivierungsenergie $E_{A,\text{des}}$. $N_{(s)}^{\text{ad}}$ ist die auf eine Einheitsfläche bezogene Teilchendichte adsorbierter Teilchen. Für eine Desorptionskinetik 1. Ordnung bekommen wir

$$k_1 = k_1^0 \cdot e^{-\frac{E_{A,\text{des}}}{RT}} = \frac{1}{\tau} \qquad (2.1.104)$$

mit

$$\tau = \left[k_1^0 e^{-\frac{E_{A,\text{des}}}{RT}} \right]^{-1}$$

$$= \tau_0 e^{\frac{E_{A,\text{des}}}{RT}} \qquad (2.1.105)$$

als mittlere Verweilzeit der Atome oder Moleküle an der Oberfläche. $k_1^0 = \tau_0^{-1}$ hat die Einheit einer Frequenz $[\text{s}^{-1}]$ und liegt i.allg. in der Größenordnung von Molekül-Schwingungsfrequenzen, d.h. bei ca. $10^{13}\,\text{s}^{-1}$.
Bei einer Reaktion 2. Ordnung, wie sie z.B. bei der Desorption eines Moleküls X_2, das sich erst durch die Rekombination zweier Atome X bilden muß, vorliegen kann, ist die Desorptionsrate proportional zu $(N_{(s)}^{\text{ad}})^2$:

$$R_{\text{des}} = -\frac{dN_{(s)}^{\text{ad}}}{dt} = k_2^0 e^{-\frac{E_{A,\text{des}}}{RT}} (N_{(s)}^{\text{ad}})^2 \qquad (2.1.106)$$

b) Der Verdampfungsprozeß läßt sich häufig als eine Reaktion erster Ordnung behandeln. Analog zu Gl. (2.1.103) ergibt sich:

$$R_{\text{des}} = k_1^0 \cdot e^{-\frac{E_{A,\text{verd}}}{RT}} \cdot N_{(s)}^{OF} = k_1 \cdot N_{(s)}^{OF} \qquad (2.1.107)$$

Möchte man die Desorption und Verdampfung auch mikroskopisch verstehen, so kann dies ebenso wie bei der Adsorption über die Eyring-Theorie des Übergangszustandes geschehen. Grundlage dafür ist jedoch eine konstante Bindungs- und daher auch Desorptionsenergie für alle Atome an der Oberfläche. Dies ist für Flüssigkeiten immer, für Festkörper aber i.allg. nicht erfüllt. So sind die in Abb. 2.1.38 gezeigten Positionen

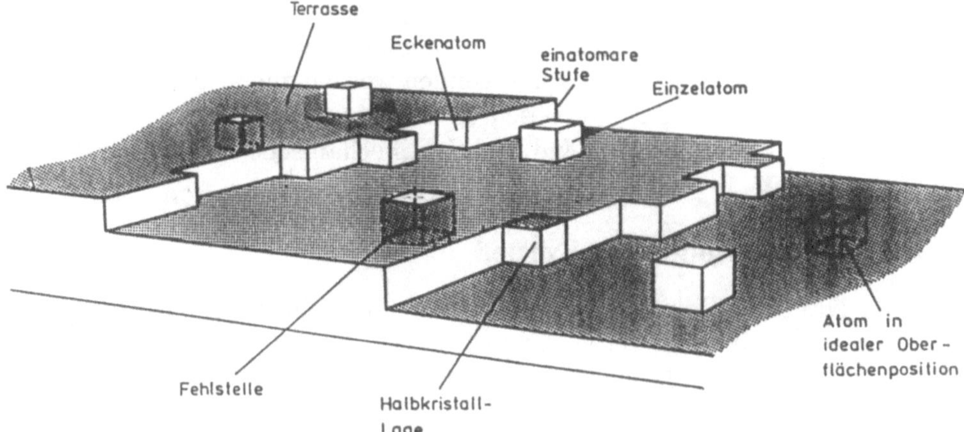

Abb. 2.1.38
Schematische Darstellung verschiedener Positionen von Oberflächenatomen an einem Element-Einkristall [Bon 75]

durch unterschiedliche Bindungsenergien charakterisiert, die für einfache Modellsysteme auch berechnet werden können.

Während Einzelatome oder Außenatome mit weniger Energie als die Atome in der idealen Oberflächenposition entfernt werden können, sind Stufenatome mit mehr Energie als die Einzelatome abzulösen. Eckatomen kommt beim Verdampfungsprozeß häufig eine maßgebliche Rolle zu, da diese die gleiche Zahl nächster Nachbarn und daher in erster Näherung auch die gleiche Bindungsenergie besitzen wie Atome in einer idealen Halbkristall-Lage. Die Bildung und Ausheilung von Eckatomen ist daher häufig ein mikroskopisch reversibler Prozeß und bestimmt sowohl Verdampfung als auch Wachstum eines idealen Einkristalls oft entscheidend.

Die Kinetik der Desorption oder der Verdampfung sowie die Bindungsenergien von Adsorbaten oder Oberflächenatomen lassen sich z.B. über die Thermodesorptionsmassenspektrometrie (TDS) bestimmen. Dabei wird eine Probe erhitzt und die desorbierenden bzw. verdampfenden Teilchen in einem Massenspektrometer nachgewiesen. Für Details der Methode s. z.B. [Hen 94] oder [Göp 94].

2.2 Mechanische Eigenschaften

Mechanische Eigenschaften spielen in der Materialforschung häufig eine entscheidende Rolle. Größen wie Härte, Bruchfestigkeit, Haftung oder Elastizität müssen oft optimiert werden. Obwohl diese Eigenschaften qualitativ einfach beschrieben werden können, ist ihre quantitative und eindeutige Beschreibung wesentlich schwieriger und im allgemeinen eng an die dazu erforderliche Meßmethode geknüpft. Im folgenden werden zuerst die allgemeinen physikalischen Grundlagen zur Beschreibung von mechanischen Deformationen behandelt und anschließend wichtige mechanische Grundbegriffe definiert.

2.2.1 Deformation fester Körper

Wird ein Draht mit der Länge l und dem Querschnitt A einer Kraft F entlang des Drahtes ausgesetzt, so wird der Draht um Δl in Richtung der Kraft verlängert oder verkürzt (Abb. 2.2.1).

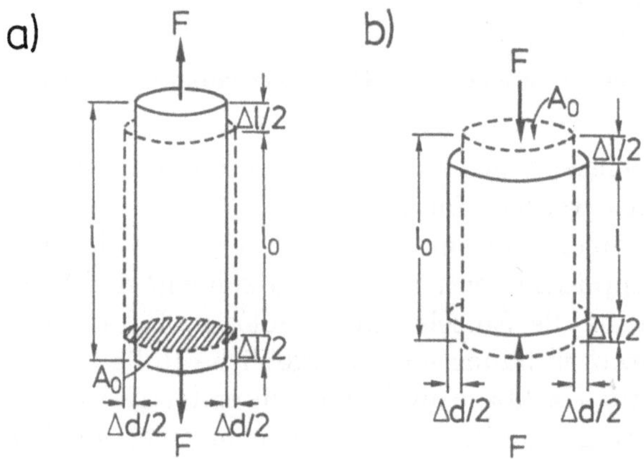

Abb. 2.2.1
Schematische Darstellung der Wirkung einer Kraft F auf einen Draht
a) Elongation, b) Stauchung

Es gilt für kleine Dehnungen:

$$\frac{\Delta l}{l} = \frac{1}{E}\frac{F}{A} = \frac{\sigma}{E} = \varepsilon \tag{2.2.1}$$

Daraus folgt

$$F = \frac{A \cdot E}{l}\Delta l = k\Delta l. \tag{2.2.2}$$

$\varepsilon = \frac{\Delta l}{l}$ heißt Dehnung, σ Spannung und E Dehnungs- oder Elastizitätsmodul. Gl. (2.2.1) und (2.2.2) werden Hookesches Gesetz genannt.

Kehrt der Draht nach dem Einwirken der Kraft auf seine ursprüngliche Länge zurück, so nennt man die Dehnung *elastische Deformation*, bleibt eine Deformation zurück, so spricht man von *plastischer Deformation*. Darüberhinaus gibt es auch *viskoelastische Deformationen*, bei denen eine Dehnung bei konstanter Last mit der Zeit immer weiter zunimmt (z.B. in Gläsern, vgl. Abschn. 2.2.4).

Läßt man auf einen isotropen Körper einen allseitigen Druck Δp wirken, so verändert er seine geometrische Form nicht, sondern nur sein Volumen. Es gilt

$$-\Delta p = \kappa \frac{\Delta V}{V} \qquad (2.2.3)$$

mit κ als Kompressionsmodul.

Läßt man nur entlang einer Richtung eine Spannung auf einen isotropen Körper einwirken, so verändert sich nicht nur seine Länge, sondern auch seine Dicke (vgl. Abb. 2.2.1). Das Verhältnis dieser beiden Deformationen wird Poissonsche Zahl ν genannt:

$$\nu = \frac{\frac{\Delta l}{l}}{\frac{\Delta d}{d}} \qquad (2.2.4)$$

Es können auch Scher- oder Schubkräfte auftreten, die tangential zu der Ebene wirken, an der sie angreifen (Abb. 2.2.2). Sie bewirken eine Kippung der zur Kraft senkrechten Kanten um einen Winkel φ, der für kleine φ proportional zur Scherkraft τ ist:

$$\tau = G \cdot \varphi \qquad (2.2.5)$$

G heißt Scher-, Schub- oder Torsionsmodul.

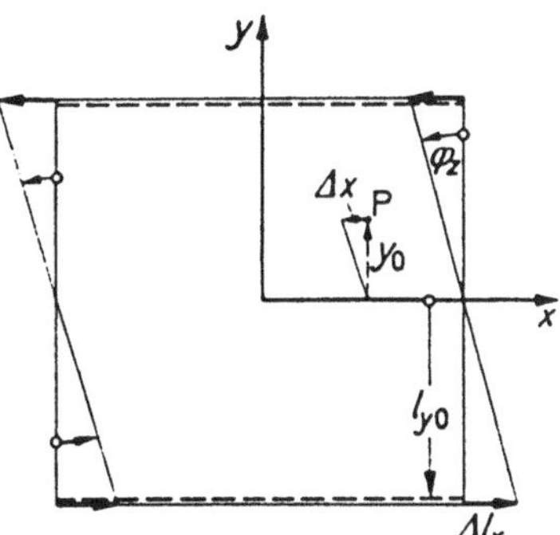

Abb. 2.2.2
Negative homogene Scherung ε_{xy} um die z-Richtung mit $\varphi_z > 0$ [Hel 88]

Die Scherung ist dabei als negativer Scherwinkel definiert. Man kann nun jede beliebige Deformation (engl.: strain) durch sechs äußere Spannungen (engl.: stress), nämlich drei Normalspannungen (Druck- oder Zugspannungen) entlang der drei Koordinatenachsen und drei Tangential- bzw. Schubspannungen um die Koordinatenachsen beschreiben.

Für eine verfeinerte Behandlung muß man zusätzlich berücksichtigen, daß z.B. eine Dehnung eines Körpers durch drei unterschiedliche Zugspannungen in x-, y- und z-Richtung bewirkt werden kann, wobei eine Dehnung in x-Richtung nicht nur durch die Spannung in x-Richtung, sondern auch durch die anderen beiden beeinflußt wird. Statt eines skalaren Elastizitätsmoduls E tritt dann eine Elastizitätsmodul-Matrix auf. Für deren Beschreibung führen wir folgende Nomenklatur ein: Dehnungen in x-Richtung werden als ε_{xx} bezeichnet, es gilt also (vgl. Gl. (2.2.1)):

$$\varepsilon_{xx} = \frac{\Delta x}{x_0} = \frac{\Delta l_x}{l_{x0}} \tag{2.2.6}$$

ε_{xx} ist positiv bei einer Dehnung und wird durch negative Normalspannungen σ_{xx} hervorgerufen.

Eine Scherung um die z-Achse wird als ε_{xy}, eine um die x-Achse als ε_{yz} und eine um die y-Achse als ε_{zx} bezeichnet, die entsprechenden Tangentialspannungen als σ_{xy}, σ_{yz} und σ_{zx}. Nach Abb. 2.2.2 gilt:

$$\varepsilon_{xy} = -\varphi_z = \frac{\Delta x}{y_0} = \frac{\Delta l_x}{l_{y0}} \tag{2.2.7}$$

Das Vorzeichen von ε_{xy} ist also positiv bei negativem Drehsinn des Winkels.

Wir nehmen auch hier für kleine Verzerrungen einen linearen Zusammenhang zwischen den Verzerrungen und den Spannungen an. Jetzt wollen wir aber berücksichtigen, daß z.B. eine Dehnung ε_{xx} nicht nur durch die Spannung σ_{xx}, sondern durch alle Normal- und Schubspannungen verursacht wird. Es gilt allgemein:

$$-\varepsilon_{xx} = s_{11}\sigma_{xx} + s_{12}\sigma_{yy} + s_{13}\sigma_{zz} + s_{14}\sigma_{yz} + s_{15}\sigma_{zx} + s_{16}\sigma_{xy}$$
$$-\varepsilon_{yy} = s_{21}\sigma_{xx} + s_{22}\sigma_{yy} + s_{23}\sigma_{zz} + s_{24}\sigma_{yz} + s_{25}\sigma_{zx} + s_{26}\sigma_{xy}$$
$$-\varepsilon_{zz} = s_{31}\sigma_{xx} + s_{32}\sigma_{yy} + s_{33}\sigma_{zz} + s_{34}\sigma_{yz} + s_{35}\sigma_{zx} + s_{36}\sigma_{xy}$$
$$-\varepsilon_{yz} = s_{41}\sigma_{xx} + s_{42}\sigma_{yy} + s_{43}\sigma_{zz} + s_{44}\sigma_{yz} + s_{45}\sigma_{zx} + s_{46}\sigma_{xy}$$
$$-\varepsilon_{zx} = s_{51}\sigma_{xx} + s_{52}\sigma_{yy} + s_{53}\sigma_{zz} + s_{54}\sigma_{yz} + s_{55}\sigma_{zx} + s_{56}\sigma_{xy}$$
$$-\varepsilon_{xy} = s_{61}\sigma_{xx} + s_{62}\sigma_{yy} + s_{63}\sigma_{zz} + s_{64}\sigma_{yz} + s_{65}\sigma_{zx} + s_{66}\sigma_{xy} \tag{2.2.8}$$

Die s_{ij} sind reziproke Spannungen und heißen Elastizitätskoeffizienten. Löst man Gl. (2.2.8) nach den Spannungen auf, so erhält man in Matrixschreibweise

$$
\begin{pmatrix} -\sigma_{xx} \\ -\sigma_{yy} \\ -\sigma_{zz} \\ -\sigma_{yz} \\ -\sigma_{zx} \\ -\sigma_{xy} \end{pmatrix} = \begin{pmatrix} E_{11} & E_{12} & E_{13} & E_{14} & E_{15} & E_{16} \\ E_{21} & E_{22} & E_{23} & E_{24} & E_{25} & E_{26} \\ E_{31} & E_{32} & E_{33} & E_{34} & E_{35} & E_{36} \\ E_{41} & E_{42} & E_{43} & E_{44} & E_{45} & E_{46} \\ E_{51} & E_{52} & E_{53} & E_{54} & E_{55} & E_{56} \\ E_{61} & E_{62} & E_{63} & E_{64} & E_{65} & E_{66} \end{pmatrix} \begin{pmatrix} \varepsilon_{xx} \\ \varepsilon_{yy} \\ \varepsilon_{zz} \\ \varepsilon_{yz} \\ \varepsilon_{zx} \\ \varepsilon_{xy} \end{pmatrix} . \qquad (2.2.9)
$$

Die Koeffizienten E_{mn} sind der Dimension nach Spannungen als Verallgemeinerung der in Gl. (2.2.1) eingeführten skalaren Elastizitätsmoduln.

Tab. 2.2.1 faßt skalare Elastizitätsmoduln für einige Materialien zusammen.

Tab. 2.2.1 Skalare Elastizitätsmoduln E bei 25°C

Element/Verbindung	$E(10^{10}\,\mathrm{Pa})$	Element/Verbindung	$E(10^{10}\,\mathrm{Pa})$
Al	6,9	Polyethylen (verzweigt)	0,02
Cu	11	Naturkautschuk	10^{-3} bis 10^{-4}
Mo	32,4	Kevlarfaser	13
Stahl (alle C-Gehalte)	20,7	(Poly(p-phenylen-terephthalat))	
Al_2O_3	37,3	Verbund:* Epoxyharz/	8,3
SiC	47	63% Kevlarfaser	
SiO_2-Glas	7,4	Whisker:** Graphit	70,4
Polystryrol (ataktisch)	0,3	Whisker:** Al_2O_3	155

*vgl. Abschn. 3.3,   **vgl. Abschn. 3.5

2.2.2   Elastizität und Plastizität

In Abb. 2.2.3 ist eine Apparatur und ein typisches experimentelles Ergebnis zur Spannungsprüfung gezeigt.

Man erkennt, daß die Proportionalität zwischen Spannung und Dehnung nur bei sehr kleinen Spannungen gültig ist. Dieser Bereich bis A heißt linearer elastischer Bereich. In manchen Fällen folgt ein anelastischer Bereich, in dem die Kurve nicht mehr linear verläuft, das Material sich aber elastisch verhält. Der Beginn der plastischen Verformung wird an Punkt C erreicht und heißt *Fließgrenze*. Seine Bestimmung ist schwierig, so daß häufig eine *Dehngrenze* (C') definiert wird, bei der nach Wegfallen der Kraft ein definierter Prozentsatz (z.B. 0,2%) von ε zurückbleibt. Dieses Verhalten wird

a)   b)

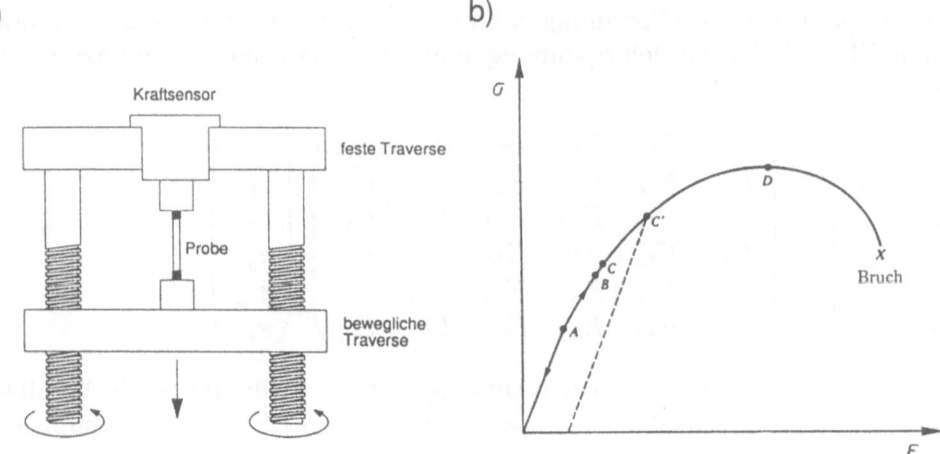

Abb. 2.2.3
a) Einfache Apparatur zur Messung von Verformungskurven [Sch 90].
b) Technische Spannungs-Dehnungskurven [Bro 85]. Aufgetragen ist $\sigma = F/A_0$ (vgl. Abb.
2.2.1), d.h. die „technische Spannung", und nicht $\sigma = F/A$, d.h. die wirkliche Spannung,
die über die Kraft pro tatsächlich bestehendem Querschnitt definiert ist.

durch die gestrichelte Kurve beschrieben. Bei erneutem Auftreten der Kraft
folgt die Kurve ebenfalls der gestrichelten Kurve, d.h. C' ist jetzt die Fließgrenze. Sie wird also durch plastische Deformation erhöht („work harde-
ning"). Punkt D, bei dem die größte Spannung anliegt, wird *Zugfestigkeit*
genannt. Anschließend wird die Probe instabil, d.h. sie erhält Einschnürun-
gen, und der Probenquerschnitt verkleinert sich immer weiter bis zum Bruch
bei Punkt X.

Tab. 2.2.2 faßt Zugfestigkeiten für verschiedene Materialien zusammen.

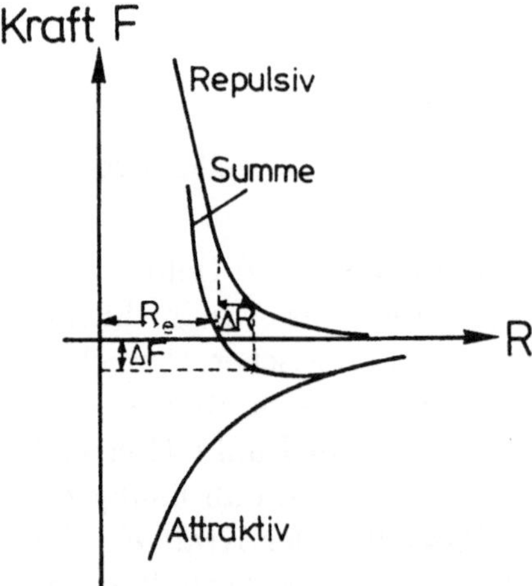

Abb. 2.2.4
Interatomare Kräfte zwischen zwei Atomen als
Funktion ihres Abstandes [And 90]

Tab. 2.2.2 Zugfestigkeiten bei 25°C

Element/Verbindung	Zugfestigkeit (10^6 Pa)	Element/Verbindung	Zugfestigkeit (10^6 Pa)
Al	130	Polyethylen (verzweigt)*	8–331
Cu	200	Naturkautschuk	24–32
Mo	655	Kevlarfaser (Poly(p-phenylenterephthalat))	2700
Stahl (alle C-Gehalte)	615		
Al_2O_3	2100	Verbund:** Epoxyharz/ 63% Kevlarfaser	1310
SiC	2100		
SiO_2-Glas	5900	Whisker:*** Graphit	20700
Polystryrol (ataktisch)*	36–52	Whisker:*** Al_2O_3	20800

*bei Bruch,   **vgl. Abschn. 3.3,   ***vgl. Abschn. 3.5

Wir wollen nun versuchen, elastisches und plastisches Verhalten auf mikroskopischer Ebene zu verstehen. Mikroskopisch gesehen wird eine *elastische Ausdehnung* des Materials unter einer Zugkraft dadurch erzeugt, daß Atome weiter auseinander rücken. In Abb. 2.2.4 sind zur Veranschaulichung die interatomaren Kräfte zwischen zwei Atomen als Funktion ihres Abstandes gezeigt (vgl. dazu auch Abschn. 1.4.2). Dies ist natürlich eine starke Vereinfachung gegenüber einem realen Material mit wesentlich mehr an der Ausdehnung beteiligten Atomen.

Unter der Kraft ΔF sollen die Atome in diesem Beispiel durch Verlängerung ΔR aus dem Gleichgewichtsabstand R_e auf den Abstand $R_e + \Delta R$ gebracht werden. Wird die Kraft entfernt, so nehmen die Atome wieder ihre Gleichgewichtsposition R_e ein. Bei kleinen Abstandsänderungen um R_e ist der Verlauf der Kurve annähernd linear, und es tritt elastisches Verhalten auf.

Bei der mikroskopischen Beschreibung von *plastischen Verformungen* muß man zwischen einzelnen Materialklassen unterscheiden, da sehr unterschiedliche Ursachen für das gleiche phänomenologische Verhalten auftreten können.

In einkristallinem Material sind Gleitbewegungen der häufigste Mechanismus. Dies ist in Abb. 2.2.5 gezeigt.

Solch eine Deformation erfolgt entlang einer definierten Ebene, der Gleitebene. Dabei werden zuerst Gitterbindungen aufgebrochen und dann an anderer Stelle wieder geknüpft. Da das Aufbrechen der Bindungen mit großer Energie verbunden ist, kehrt der Kristall nach Wegfallen der Kraft nicht mehr in seinen Ausgangszustand zurück. Aber auch das Abscheren unter

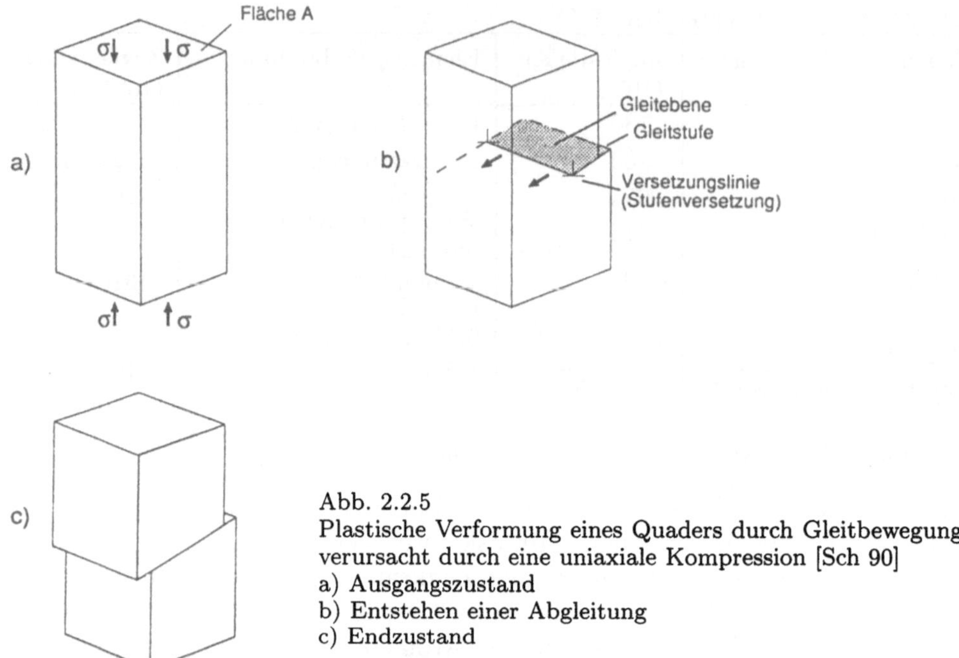

Abb. 2.2.5
Plastische Verformung eines Quaders durch Gleitbewegung,
verursacht durch eine uniaxiale Kompression [Sch 90]
a) Ausgangszustand
b) Entstehen einer Abgleitung
c) Endzustand

der Kraft kann nicht dadurch entstehen, daß alle Bindungen gleichzeitig gebrochen werden, sondern die Abgleitung findet schrittweise statt (Abb. 2.2.5b). Dabei muß aber die als Gleitstufe herausgetretene Gitterebene oberhalb der Gleitebene als eingeschobene „Halbebene" vorhanden sein (Abb. 2.2.6b). (Dies gilt nur bei Metallen – bei Ionenkristallen müssen Gleitbewegungen über mindestens zwei Ebenen stattfinden, da sonst zwei gleichgeladene Ionensorten übereinanderliegen. Dies ist auch der Grund, warum Ionenkristalle viel weniger plastisch, sondern eher spröde sind.) Einen solchen Gitterdefekt, der auch im Einkristall vorhanden sein kann, nennt man Stufenversetzung. Diese wandert unter der Scherkraft durch den ganzen Kristall hindurch, bis auf der anderen Seite des Kristalls eine weitere Gleitstufe entstanden ist (Abb. 2.2.5c und 2.2.6d).

Die Größe und Richtung einer Deformationsbewegung wird durch den Burgersvektor $\underline{b}$ beschrieben (Abb. 2.2.6c). Im Falle einer Stufenversetzung ist $\underline{b}$ senkrecht zur Versetzungslinie.

Eine andere Form der Versetzung ist eine Schraubenversetzung (Abb. 2.2.7).

Man erkennt, daß hier $\underline{b}$ parallel zur Versetzungslinie verläuft. Das Endergebnis einer solchen Gleitbewegung ist jedoch identisch mit dem der Abb. 2.2.6.

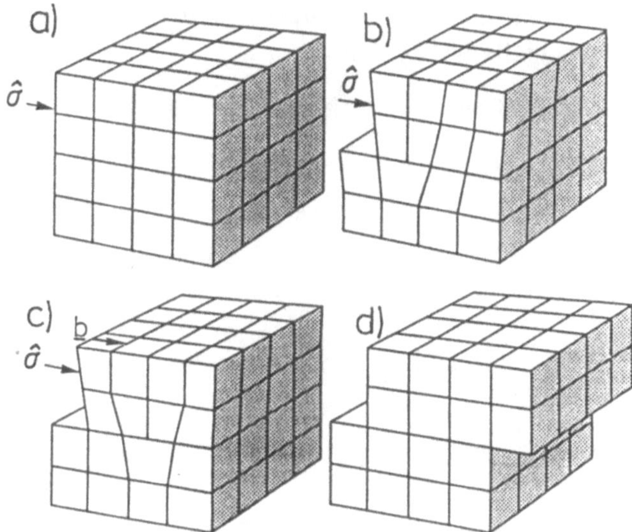

Abb. 2.2.6
Wandern einer Stufenversetzung durch einen Kristall [Flo 70]

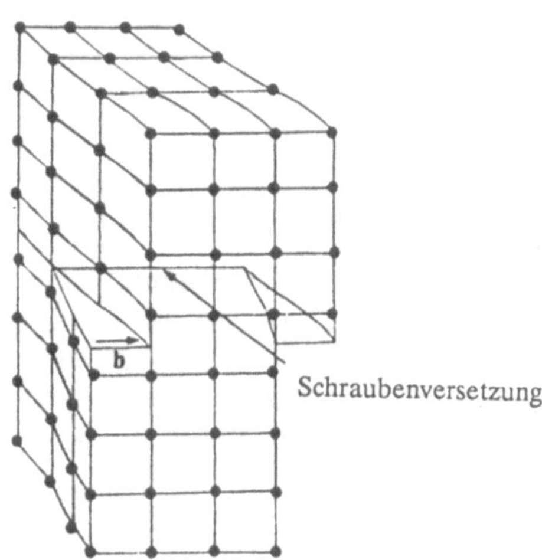

Abb. 2.2.7
Schraubenversetzung [And 90]

Versetzungen entstehen schon bei der Präparation von Materialien. Die Versetzungsdichte wird dabei als Länge der Versetzungslinie pro Einheitsvolumen (Dimension $\frac{1}{m^2}$, wird jedoch üblicherweise in $\frac{1}{cm^2}$ angegeben). Dies entspricht in erster Näherung der Anzahl von Versetzungen, die eine Einheitsfläche durchschneiden. Die perfektesten Einkristalle haben Versetzungsdichten von 10^2–10^3 cm^{-2}, Polykristalle ungefähr 10^7–10^8 cm^{-2}. Bei hochverformten Proben können aber Versetzungsdichten bis zu 10^{11}–10^{12} cm^{-2} auftreten. Diese hohen Werte entstehen durch eine rasche Vermehrung von Versetzungen unter Belastung. Ein möglicher Mechanismus ist die sog. Frank-Read-Quelle (Abb. 2.2.8).

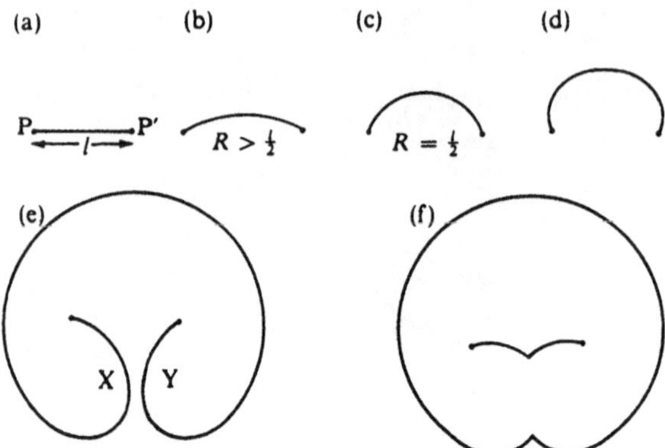

Abb. 2.2.8
Frank-Read-Quelle als Ursache für eine Versetzungsmultiplikation [And 90]

Man geht dabei davon aus, daß eine Versetzung zunächst an zwei Punkten P und Q gepinnt ist. Unter einer Kraft „beult" sich diese aus, bis bei maximaler Spannung der Radius der Krümmung gerade $l/2$ ist (Abb. 2.2.8c). Bei kleineren Spannungen bilden sich spontan die Versetzungskonfigurationen d–f. Die geschlossene Versetzungslinie kann von der Quelle nach außen wegwandern, die zurückgebliebene Linienversetzung kann erneut eine Multiplikation einleiten.

Bei Polymeren (vgl. Abschn. 3.12) wird das plastische Deformationsverhalten durch den Grad der Vernetzung bestimmt. Nicht vernetzte Polymere (die z.T. auch kristallin vorliegen können) nennt man Thermoplaste oder Plastomere, da sie bei höherer Temperatur viskoelastisch, d.h. flüssig werden (s. Abschn. 2.2.4). Bei tiefen Temperaturen sind sie hart und spröde. Schwach vernetzte Polymere heißen Elastomere und zeigen elastisches Verhalten, da die Verknüpfungsstellen zwischen einzelnen Polymersträngen dazu führen, daß die ursprüngliche Form nach Wegfallen einer Kraft wieder eingenommen wird, die Zahl dieser Verknüpfungen aber doch so gering ist, daß die Stränge gegeneinander bewegt werden können. Dies ist bei stark vernetzten Polymeren nicht mehr der Fall. Diese sogenannten Duroplaste sind deshalb mechanisch kaum verformbar.

2.2.3   Duktilität, Zähigkeit, Härte und Härtung

Neben den bisher beschriebenen Phänomenen der Elastizität und Plastizität sollen nun die Duktilität, die Zähigkeit und die Härte als weitere wichtige

Begriffe eingeführt werden, die quantitativ nur über vereinheitlichte Prüfmethoden zu erfassen sind.

Unter der *Duktilität* versteht man die Fähigkeit eines Materials, sich plastisch zu verformen, ohne zu brechen (vgl. Abb. 2.2.3b und Erläuterung). Quantitativ sind sie z.B. als prozentuale relative Verlängerung oder Verkleinerung des Querschnitts des Materials beim Bruch gegenüber dem unbelasteten Material angegeben:

$$D = \frac{100(A_0 - A_f)\%}{A_0} \qquad (2.2.10)$$

mit A_0 als Fläche vor der Belastung und A_f nach dem Bruch („fracture"). Als duktil bezeichnet man Materialien mit $D > 50\%$.

Der Begriff der *Zähigkeit* (oder Energiefreisetzungsrate) $W_{(v)}$ ist die Arbeit pro Volumen, die aufgewendet werden muß, damit das Material bricht. Für eine Dehnungskraft entlang eines Körpers mit konstantem Querschnitt gilt

$$W_{(v)} = \int\limits_{l_0}^{l_f} \frac{F\,dl}{V} \qquad (2.2.11)$$

mit l_f als Länge beim Bruch.

Die *Härte* eines Materials wird meist dadurch charakterisiert, daß es mit einem härteren Prüfkörper vorgegebener Form eingedrückt wird. Eine Härtezahl ergibt sich dann aus der Tiefe des Eindrucks bei vorgegebenem Preßdruck, Aufdruckfläche und Temperatur. Je nach Prüfkörper ergeben sich also völlig unterschiedliche Zahlenwerte, so daß Details des Prüfverfahrens angegeben werden müssen. Bekannt sind z.B. die Verfahren nach Brinell (10 mm Kugel aus Stahl oder WC), Vickers (Diamantpyramide), Knoop (Diamantpyramide, andere Grundfläche als Vickers) und Rockwell (Diamantkonus oder Stahlkugel verschiedenen Durchmessers).

Ein anderes Verfahren, das vor allem für Mineralien eingesetzt wird, ist das Ritzverfahren nach Mohs. Dabei wird das zu untersuchende Material mit Prüfkörpern bekannter Härte geritzt. Läßt sich das Material ritzen, so ist es weicher als der Prüfkörper. Abb. 2.2.9 zeigt einen Vergleich der verschiedenen Härteskalen.

Obwohl der Begriff der Härte mikroskopisch nicht beschrieben werden kann, kann man sich die einzelnen Härtungsmechanismen auf atomistischer Ebene erklären. Insbesondere für Metalle liegen hier sehr umfangreiche Kenntnisse vor, auf die hier nur sehr kurz eingegangen werden kann. Ausführlichere

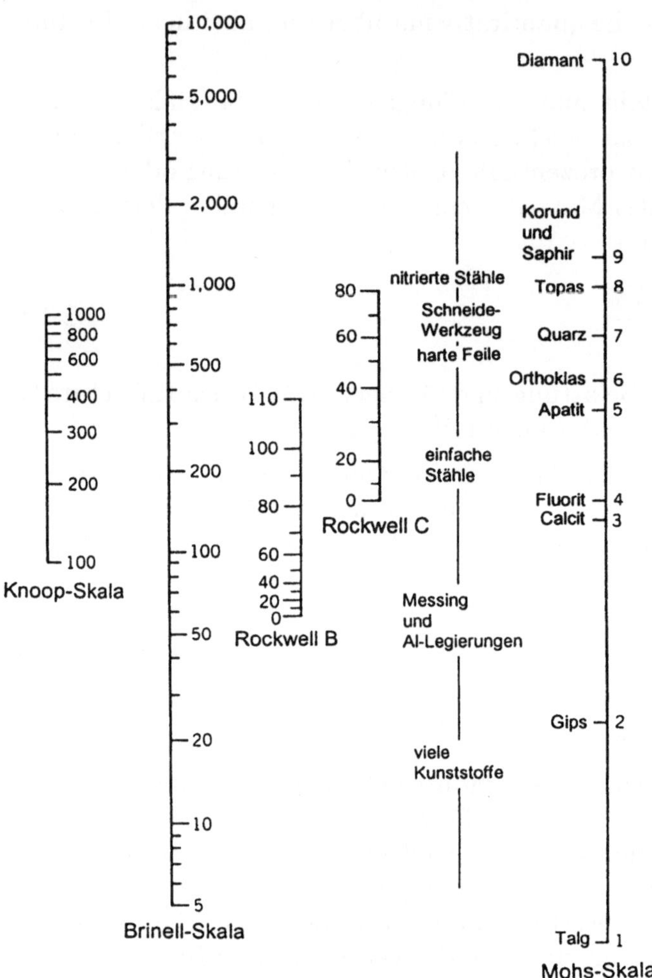

Abb. 2.2.9

Vergleich verschiedener Härteskalen. Die Vickers-Skala ist fast identisch mit der Knoop-Skala. Die Rockwell-B-Skala bezieht sich auf eine Messung mit einer Stahlkugel des Durchmessers 1,588 mm $\left(\frac{1}{16}\text{ inch}\right)$ und einer Maximalbelastung von 100 kg, die Rockwell-C-Skala auf eine Messung mit einem Diamantkonus und 150 kg Maximalbelastung.

Darstellungen kann man Büchern der Metallkunde entnehmen (s. z.B. [ASM 81], [Cot 75], [Haa 84]).

Wie wir oben gesehen haben, wird plastische Deformation durch die Wanderung von Defekten begleitet. Eine Härtung erfolgt deshalb dann, wenn man eine solche Wanderung verhindert oder verlangsamt. Dies ist z.B. in polykristallinem Material der Fall, wo Korngrenzen die Kristallperiodizität unterbrechen. Versetzungen können dort nicht weiterwandern oder werden umgelenkt. Eine Verkleinerung der Korngröße bewirkt deshalb eine Härtung. Manchmal kommt es jedoch zu einem Aufstauen mehrerer Versetzungen an einer Korngrenze, wodurch so große innere Spannungen auftreten können, daß in der Nachbarschaft neue Versetzungen entstehen.

Eine Härtung erreicht man auch durch Einbau von einzelnen Fremdatomen. Da sie durch eine unterschiedliche Größe im Vergleich zu den Gitterbausteinen selbst innere Spannungen im Kristall erzeugen, neigen sie dazu, zu Versetzungen zu segregieren, da dadurch die gesamte elastische Spannungsenergie reduziert wird. Dadurch kann die Versetzungsbewegung verlangsamt oder gestoppt (gepinnt) werden. Die Effektivität dieses Prozesses wird durch die Größe der anziehenden Wechselwirkungen zwischen Fremdatom und Versetzung bestimmt.

Liegen die Fremdatome nicht statistisch im Kristall vor, sondern ordnen sich als geordnete Legierung an, so tritt beim Abgleiten eine sehr hohe Energie auf, da die Ordnung z.B. durch die Bildung von Antiphasendomänengrenzen stark gestört wird (Abb. 2.2.10a). Dieser Effekt wird nur dann verringert, wenn sich zwei Versetzungen in kurzem Abstand hintereinander bewegen (Superversetzung (Abb. 2.2.10b)). Die Beweglichkeit solcher Paare ist jedoch wesentlich geringer als die einer einzelnen Versetzung, so daß auch hier Härtung auftritt (vgl. Abschn. 3.4).

Bisher haben wir nur die Härtung von einphasigem Material besprochen. Häufig liegen Materialien jedoch als Mischung mehrerer Phasen vor, wobei eine Phase meist als kleine Partikel in der anderen Phase vorliegt (Dispersion). Eine Versetzung kann nun entweder diese zweite Phase durchlaufen oder nicht. Im ersten Fall (Ausscheidungshärtung) wirken die Ausscheidungen einerseits wie einzelne Fremdatome. Andererseits sind die Ausscheidungen größere Hindernisse für die Bewegung der Versetzungen. Deswegen „beult" sich die Versetzungslinie zwischen den Ausscheidungen zuerst aus, bis die mechanische Spannung so groß wird, daß die Versetzung auch die Ausscheidung durchläuft. Dies kostet Energie, da sich durch das Abscheren der Ausscheidung in zwei Teile deren Oberflächenenergie stark erhöht (vgl. Abschn. 2.1.5.5.1). Im zweiten Fall (Dispersionshärtung, vgl. auch Abschn. 3.3) muß sich die Versetzung um die Ausscheidung herum ausbreiten (Orowan-Mechanismus) (Abb. 2.2.11). Nach dem Passieren der Versetzung bleibt ein Versetzungsring zurück, der den Abstand zwischen zwei Teilchen effektiv verringert. Für eine weitere Versetzungslinie wird die Bewegung durch die jetzt räumlich ausgedehntere Barriere stärker verlangsamt.

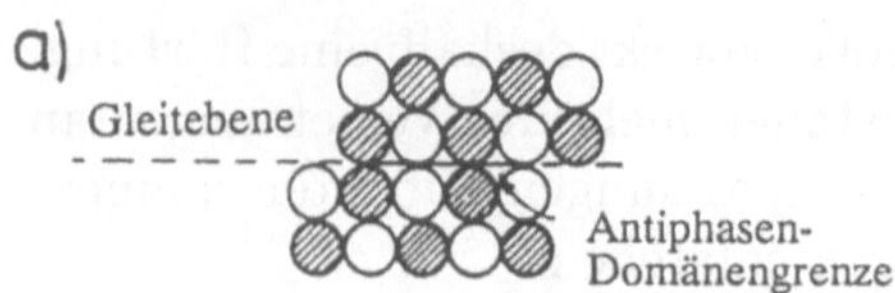

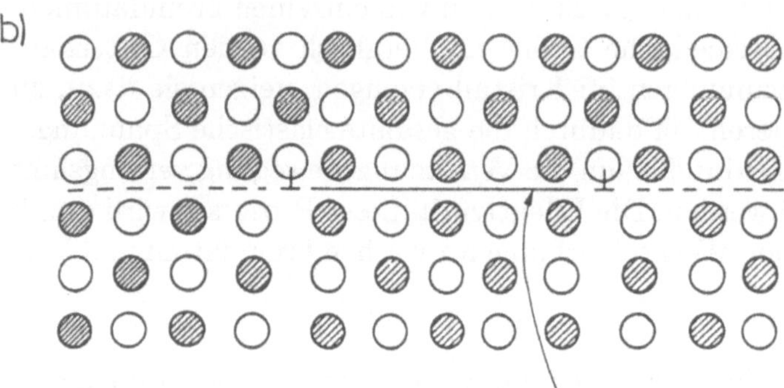

Abb. 2.2.10
Plastische Deformation in einer geordneten Legierung
a) einzelne Versetzung, die zu einer Antiphasen-Domänengrenze führt
b) Superversetzung

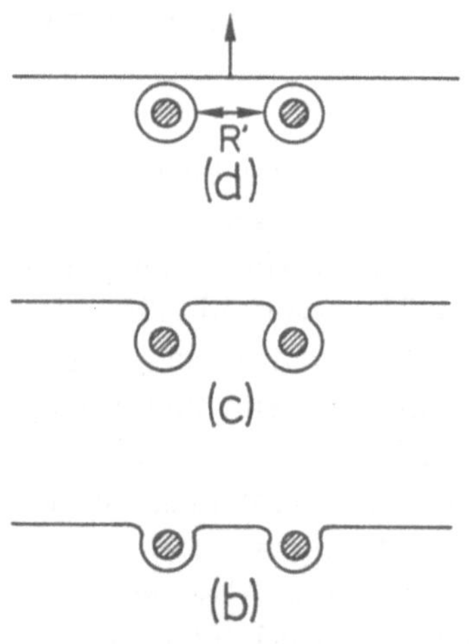

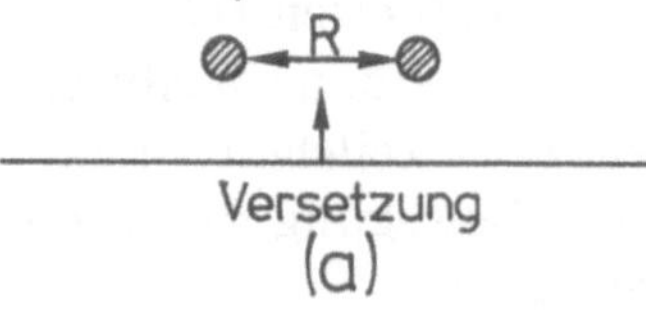

Abb. 2.2.11
Orowan-Mechanismus der Dispersionshärtung. Der
Abstand zwischen zwei Dispersionsausscheidungen
wird von R auf R' verkleinert.

2.2.4 Zeitabhängige Phänomene

Ein wichtiger Begriff im Zusammenhang mit zeitabhängigen mechanischen Phänomenen ist das *Kriechen*. Beim Kriechversuch wird das mechanische Verhalten eines Werkstoffes in Abhängigkeit von der Zeit gemessen. Man nimmt dabei Dehnungs-Zeit-Kurven auf, die sich in drei charakteristische Bereiche einteilen lassen (Abb. 2.2.12).

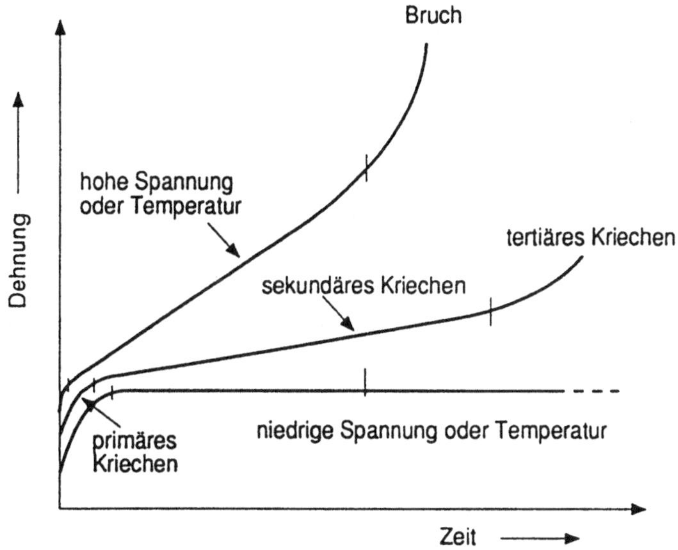

Abb. 2.2.12
Kriechversuch am Beispiel eines Metalls für drei verschiedene Temperaturen oder Spannungen [Sch 90]

Zuerst steigt die Dehnung stark an (primäres oder Übergangskriechen), geht dann in einen linearen, flacheren Bereich über (sekundäres oder stationäres Kriechen) und nimmt anschließend wieder stark zu (tertiäres Kriechen), bis das Material bricht. Man erkennt aus Abb. 2.2.12, daß das Kriechen stark temperaturabhängig ist. Der Kriechvorgang setzt größenordnungsmäßig bei Temperaturen des 0,3–0,4-fachen der Schmelztemperatur ein.

Nimmt die Dehnung mit der Zeit immer weiter zu, so spricht man von *viskosem Verhalten*, das in Gasen und Flüssigkeiten auftritt. In solchen Materialien bewirken Scherkräfte, daß übereinanderliegende Lagen sich relativ zueinander bewegen. In sog. newtonschen Flüssigkeiten ist die Scherkraft τ proportional zum Geschwindigkeitsgradienten:

$$\tau = \eta \frac{dv}{dz} \qquad\qquad (2.2.12)$$

z ist dabei die Stapelrichtung der Lagen, die in der xy-Ebene liegen. η heißt Viskositätskoeffizient. Er ist definitionsgemäß in idealen Festkörpern unendlich groß. Gläser sind z.B. hochviskose Flüssigkeiten und keine Festkörper im engeren Sinn. η nimmt in Flüssigkeiten häufig exponentiell mit der Temperatur ab:

$$\eta = \eta_0 e^{E_A/kT} \tag{2.2.13}$$

E_A ist dabei die Aktivierungsenergie, um ein Molekül am anderen vorbeizubewegen. η ist außerdem auch druckabhängig und bei nicht-newtonschen Flüssigkeiten zusätzlich scherkraftabhängig. Die Viskosität ist eine Funktion der chemischen Struktur der Einzelteilchen und abhängig von der Teilchengröße und -gestalt. In homologen Reihen, d.h. in Reihen von Molekülen, die sich alle nur um eine strukturelle Einheit unterscheiden, steigt z.B. die Viskosität mit der Molekularmasse.

Viskoelastische Materialien verhalten sich sowohl viskos als auch elastisch. Dies läßt sich durch die relativ großen Wechselwirkungskräfte zwischen den Teilchen erklären. Meistens tritt das elastische Verhalten bei schneller Belastung, das viskose bei langer Belastung in den Vordergrund. Bei höheren Temperaturen überwiegt meist das viskose Verhalten.

2.2.5 Haftung

In den o.g. Beispielen wurden Eigenschaften eines homogenen Materials (z.T. mit intrinsischen Defekten) diskutiert. Von enormer praktischer Bedeutung sind mechanische Eigenschaften von Grenzflächen zwischen unterschiedlichen Materialien und der in dem Zusammenhang eingeführte Begriff der Haftung bzw. Adhäsion. Die Haftung wird dabei durch die in Abschn. 1.4 beschriebenen intermolekularen Wechselwirkungskräfte bestimmt. Beschreiben kann man sie über die in Abschn. 2.1.5.5.1 eingeführte Adhäsionsenergie bzw. Haftarbeit $dW_{\mathrm{adhäs}}$, die als die Energie definiert ist, die beim Zusammenfügen der beiden Materialien frei wird. Leider werden diese Energien nicht nur durch die Zahl der Haftpunkte pro Einheitsfläche und die Größe der Anziehung an diesen Punkten bestimmt, die berechnet werden könnten. Insbesondere wenn mindestens einer der Partner eine Flüssigkeit oder ein Polymer ist, kann es zu zusätzlicher Interdiffusion der Materialien an der Grenzfläche kommen. Dazu kommen die ebenfalls schwer bestimmbaren Anteile von Grenzflächenreaktionen, die zur Ausbildung von kovalenten Bindungen und so zu einer besonders guten Haftung führen, oder elektrostatische Anteile durch den Aufbau von Raumladungsrandschichten (vgl. Abschn. 1.6).

Man testet deshalb die Hafteigenschaften empirisch, wobei meist zerstörende Zug- und Schälprüfungen durchgeführt werden. Dabei stellt man allerdings fest, daß häufig eine weit geringere Adhäsion vorliegt als theoretisch erwartet. Dies wird z.B. durch Störstellen bewirkt, die durch Verunreinigungen oder Lufteinschlüsse verursacht sind. In Abb. 2.2.13 sind verschiedene Beanspruchungsarten von Kontaktflächen bzw. Klebverbindungen gezeigt, die für unterschiedliche Prüfverfahren eingesetzt werden können.

Das Ergebnis einer solchen Prüfung hängt von der Art und Abmessung der Prüfkörper, der Kontaktfläche, der Prüfgeschwindigkeit, der Prüftemperatur und der Kraftrichtung ab, die deshalb zum Vergleich festgelegt werden müssen. Außerdem muß man zwischen statischen Prüfungen bis zum Bruch bei stetig erhöhter Last, statischen Dauerprüfungen durch Aufprägen einer Dauerkraft unterhalb des Bruchlimits und dynamischen Dauerprüfungen bei wechselnder Belastung unterscheiden, die je nach Einsatzbereich des Werkstoffes die entscheidenden Größen liefern. Insbesondere für die Optimierung von Klebverbindungen (s.u.) ist das Bruchbild nach der Prüfung interessant, aus dem man erkennen kann, ob der Bruch im Klebstoff selbst (Kohäsionsbruch), zwischen Prüfkörper und Klebstoff (Adhäsionsbruch) oder im Prüfkörper selbst (Materialbruch) stattgefunden hat. Die Prüfung kann auch unter unterschiedlichen äußeren Bedingungen, die den realen Einsatzbedingungen nahekommen, durchgeführt werden, so z.B. in agressiven Atmosphären oder bei schwankenden Temperaturen.

Um ein mikroskopisches Verständnis der Adhäsion zu erlangen, kommen in neuester Zeit auch Methoden der Oberflächen- und Grenzflächenanalytik zum Einsatz (zu den Methoden s. [Göp 94]). Insbesondere das Rasterkraftmikroskop (SFM), das schon in Abschn. 1.4.2 beschrieben wurde, kann zur Messung von Adhäsionskräften verwendet werden. Hierzu betreibt man das

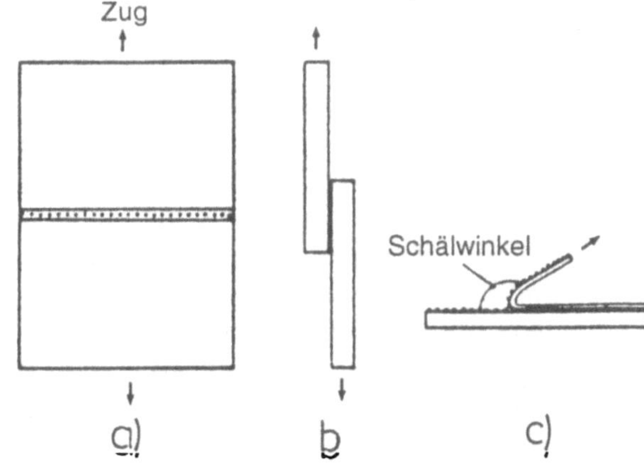

Abb. 2.2.13
Schematische Darstellung der wichtigsten Beanspruchungsarten von Kontaktflächen bzw. Klebverbindungen: a) Zugbeanspruchung, b) (Zug-) Scherbeanspruchung und c) Schälbeanspruchung

Mikroskop nicht im Rasterbetrieb, sondern versetzt die Probe an einem festen Punkt in eine Schwingung senkrecht zur Oberfläche. Wie im Rasterbetrieb erhält man aus der Verbiegung der Zunge die Kraft. Abb. 2.2.14 zeigt eine schematische Kraft-Abstands-Kurve.

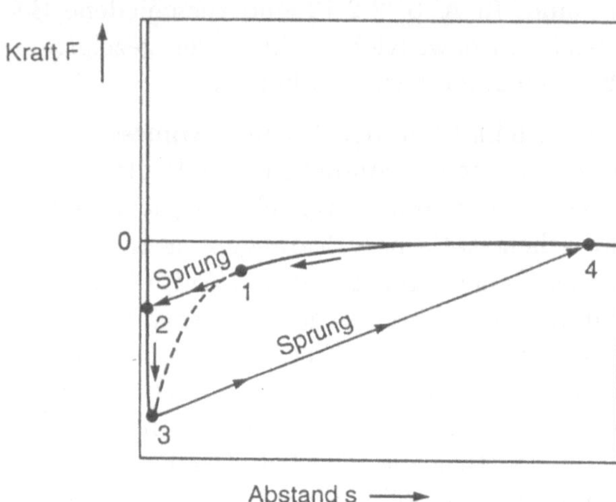

Abb. 2.2.14
Schematische Kraft-Abstands-Kurve bei SFM-Messungen. Die gestrichelte Kurve gibt den theoretischen, die durchgezogene den realen Verlauf wieder.

Wie man erkennt, folgt die Spitze nicht der theoretisch durch die reinen Van der Waals-Kräfte hervorgerufenen erwarteten Kurve, sondern die Kurve zeigt eine starke Hysterese. Die auftretenden Instabilitäten an den Punkten 1 und 3 entstehen, wenn der Kraftgradient dF/ds gerade gleich der Federkonstante k der Zunge oder des Spitzenmaterials ist (vgl. Gl. (2.2.2)). Am Punkt 3 herrscht die größte Adhäsionskraft. Abb. 2.2.15 zeigt reale $F(z)$-Kurven, die für Materialien mit unterschiedlicher Grenzflächenspannung erhalten wurden. Qualitativ zeigen sie den erwarteten Verlauf, bei dem mit fallender Grenzflächenspannung die Adhäsionskraft immer kleiner wird. Bei der quantitativen Auswertung ergeben sich jedoch Schwierigkeiten, da inelastische Verformungen der Probe und insbesondere bei Messungen an Luft Kapillarkräfte durch Wasseradsorbatfilme auftreten können.

Sind die Hafteigenschaften einer Materialkombination nicht gut, so setzt man *Klebstoffe* ein. Nach DIN 16921 ist ein Klebstoff ein „nichtmetallischer Werkstoff, der Körper durch Oberflächenhaftung und innere Festigkeit (Adhäsion und Kohäsion) verbinden kann, ohne daß sich das Gefüge der Körper wesentlich ändert". Dabei sind Begriffe wie Kleister, Leim oder Bindemittel mit eingeschlossen.

Ein Klebstoff setzt sich aus Grundstoffen und Hilfsstoffen zusammen. Die Grundstoffe bestimmen sein Haftvermögen (Adhäsion) und seine Eigenfestigkeit (Kohäsion). Die Hilfsstoffe dienen v.a. besseren Verarbeitungs-

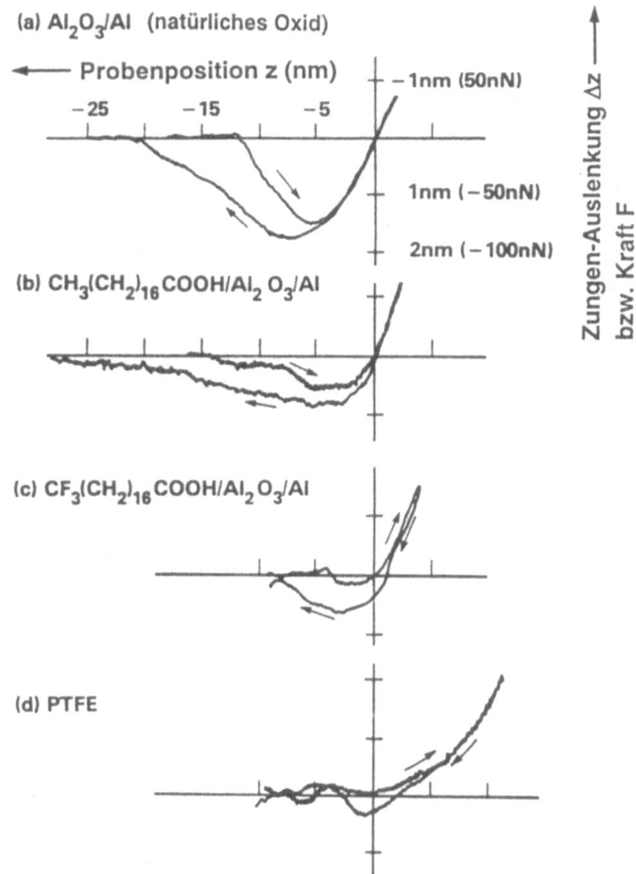

Abb. 2.2.15
Kraft-Probenpositions-Kurven, gemessen mit dem SFM. Es treten Wechselwirkungen der
Wolframspitze mit den angegeben Materialien auf, die von a)–d) fallende Oberflächenspannungen besitzen. Qualitativ entsprechen die Kurven den $F(s)$-Kurven aus Abb. 2.2.14.
Eine quantitative Umrechnung ist jedoch schwierig: Die Position z ist die über den z-
Piezo eingestellte Höhe der Probe im äußeren Laborsystem. Eine exakte Kalibrierung,
die eine Umrechnung in den genauen Proben-Spitzen-Abstand s erlaubt, ist nur bei nicht
elastischen Proben möglich und prinzipiell aufwendig. Die Kraft läßt sich aus der Zun-
genauslenkung Δz bei Kenntnis der Federkonstante k über das Hookesche Gesetz, d.h.
$F = -k\Delta z$ ausrechnen [Bur 90].

und Gebrauchseigenschaften. Die Eigenfestigkeit des Klebstoffs wird deshalb
benötigt, weil sonst zwar der Klebstoff an den zu verbindenen Formteilen
haften würde, aber die Kräfte auf die Klebverbindung dann zu einem Reißen
innerhalb der Klebstoffschicht führen würden. Als Grundstoffe verwendet
man typischerweise hochmolekulare organische Stoffe oder reaktive organische Vorstufen polymerer Stoffe, die beim Klebprozeß polymerisieren (vgl.
Abschn. 3.2). Besondere Probleme treten dann auf, wenn die beiden verkleb-

ten Werkstoffe thermisch sehr unterschiedlich belastet werden, da dann die Anpassung der thermischen Ausdehnungskoeffizienten der Materialien ein wesentliches Optimierungskriterium darstellt (vgl. Abschn. 2.1.3). Weitere Details zu Klebverbindungen werden wir in Abschn. 3.2 kennenlernen.

2.2.6   Reibung

Im letzten Abschnitt haben wir Adhäsionskräfte besprochen, die bei der Trennung zweier Körper in Richtung senkrecht zu ihrer Kontaktfläche auftreten. Wir wollen uns nun mit Reibungskräften beschäftigen, die bei der Relativbewegung zweier sich berührender Körper in Richtung ihrer Kontaktfläche auftreten. Bei Festkörpern gilt dabei, daß die Reibungskraft F_R proportional zu der Normalkraft F_N ist, die die beiden Körper zusammenhält (*Amontons-* bzw. *Amontons-Coulomb-Gesetz*):

$$F_R = \mu F_N \tag{2.2.14}$$

μ heißt Reibungskoeffizient. Er ist bei der sog. Haftreibung, bei der die Körper aus der Ruhelage gegeneinander bewegt werden, immer größer als bei der sog. Gleitreibung. Überraschenderweise ist die Reibungskraft unabhängig von der makroskopischen Kontaktfläche A der beiden Festkörper. Dies ist eine Folge zweier sich kompensierender Effekte, die sich aus der mikroskopischen Struktur der Kontaktfläche erklären: Diese Fläche ist normalerweise rauh, so daß die tatsächliche Kontaktfläche A_{real} deutlich kleiner ist als die scheinbare makroskopische Fläche A. Die Reibungskraft ist tatsächlich proportional zu der realen Kontaktfläche:

$$F_R = f A_{\mathrm{real}} \tag{2.2.15}$$

Diese reale Fläche A_{real} ist nun bei rauhen Oberflächen mit einer statistischen Verteilung von Rauhigkeitsspitzen ihrerseits proportional zur Normalkraft:

$$A_{\mathrm{real}} \sim F_N \tag{2.2.16}$$

Die Proportionalitätskonstante f in Gl. (2.2.15) hängt dabei von den an der Grenzfläche auftretenden Scherkräften ab.

Phänomenologisch unterscheidet man zwischen trockener oder Festkörperreibung und geschmierter oder Flüssigkeitsreibung, je nachdem, ob die Festkörper direkt aneinander reiben oder durch ein Medium voneinander getrennt sind. Dazwischen liegt die Mischreibung mit beiden Anteilen. Da Reibung eine Hauptursache für Verschleiß ist, spielt die Untersuchung von

Schmiermitteln zur Verminderung der Reibung eine große technologische
Rolle (vgl. Abschn. 3.1). Dabei wird die Reibung geschmierter Flächen ohne Mischreibung ausschließlich durch die innere Reibung der Flüssigkeit
bestimmt. Diese innere Reibung haben wir bereits in Abschn. 2.2.4 als
Viskosität kennengelernt.

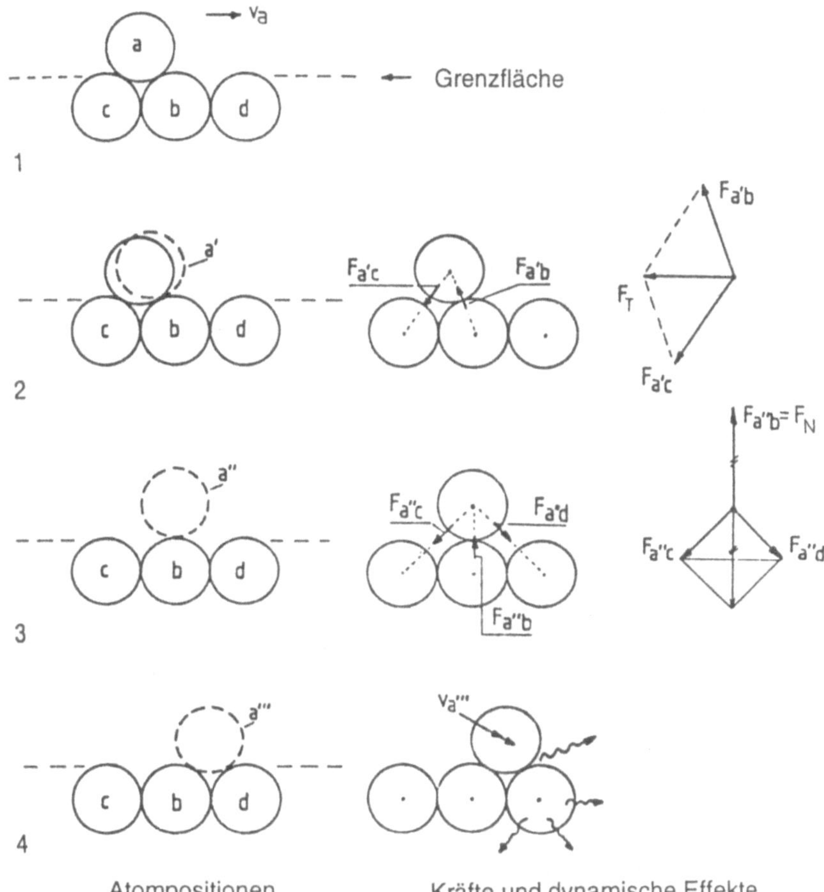

Abb. 2.2.16
Schematische Darstellung des Gleitens auf mikroskopischer Skala. Atom „a" gehört zum
sich nach rechts bewegenden Festkörper 1, die Atome „b"–„d" zum stationären Festkörper
2. Wechselwirkungen zu Nicht-Nächsten-Nachbarn wurden nicht berücksichtigt. Bei Prozeß 4 wird ein Großteil der freiwerdenden Energie als Wärme frei [Lan 91].

Mikroskopisch hat man die Reibung ebenso wie die Adhäsion nicht vollständig verstanden. Empirisch stellt man einen Zusammenhang zwischen beiden
Phänomenen fest, da in beiden Fällen intermolekulare Wechselwirkungen

überwunden werden müssen. Während bei der Trennung zweier Festkörper nur Normalkräfte herrschen, treten aber bei der Reibung Normalkräfte F_N und Tangentialkräfte F_T auf. Das Auftreten von Normalkräften bei der Reibung läßt sich aus Abb. 2.2.16 verstehen. Ein weiterer Unterschied besteht aber auch darin, daß bei der Reibung während der Bewegung immer wieder neue interatomare Bindungen auftreten, während sie bei der Trennung endgültig gebrochen sind.

Aus Abb. 2.2.16 erkennt man auch die Ursache für die Wärmeentwicklung bei Reibungsprozessen, da die in den ersten Schritten gewonnene potentielle Energie in kinetische Energie umgewandelt wird, die beim Stoß zwischen den Atomen „a" und „d" v.a. als Wärme dissipiert.

Um auf mikroskopischer Skala einen besseren Einblick in die einzelnen Faktoren zu erhalten, setzt man in neuerer Zeit wie bei der Bestimmung von interatomaren und Adhäsionskräften das Rasterkraftmikroskop ein (vgl. Abschn. 1.4.2 und 2.2.5). Bewegt man die Zunge nicht längs ihrer Hauptachse, sondern tangential, so treten durch die Reibung Torsionsbewegungen der Zunge auf. Diese Verbiegungen lassen sich ähnlich wie die Auslenkungen z.B. durch die Ablenkung eines Lasers auf eine Photodiode vermessen. Bisher liegen allerdings nur mikroskopische Modelle zur Beschreibung von Reibung ohne Zerstörung vor, die nur im Idealfall von defektfreien Oberflächen auftreten. Dabei müssen die Bindungen innerhalb der Festkörper zusätzlich viel größer als die an der Grenzfläche auftretenden Bindungen sein, um eine Grenzflächenbindung weitgehend zu vermeiden. Dagegen läßt sich das Rasterreibungskraftmikroskop sehr gut qualitativ dazu einsetzen, um Proben abzubilden, bei denen zwei Materialien mit stark unterschiedlichen Elastizitäten bzw. Viskositäten nebeneinander vorliegen.

2.3   Elektrische Eigenschaften

Die elektrische Leitfähigkeit spielt eine große Rolle bei der Entwicklung und Optimierung vieler Materialien. Insbesondere im Bereich der Mikroelektronik werden leitende, halbleitende und nichtleitende Materialien benötigt. Aber auch in vielen anderen Gebieten wie z.B. in der chemischen Sensorik, in der Brennstoffzellentechnologie, bei der Entwicklung von Antistatika etc. ist die Leitfähigkeit häufig der wichtigste zu optimierende Parameter.

Wir haben bereits in der Einleitung zu Kap. 2 erwähnt, daß es eine große Vielzahl von Meßmethoden zur Charakterisierung elektrischer Eigenschaften gibt. Wir wollen uns hier auf die verbreitetsten Leitfähigkeitsmessungen beschränken.

2.3.1   Gleichstromleitfähigkeit

2.3.1.1   Grundlagen

Die Stromstärke I ist definiert als die Ladungsmenge dQ, die in einer Zeit dt durch den Querschnitt eines Leiters fließt:

$$I = \frac{dQ}{dt} \qquad (2.3.1)$$

Häufig beobachtet man, daß sich der Strom I proportional zu einer an einen leitenden Körper angelegten Spannung U ändert. In diesem Fall gilt das Ohmsche Gesetz:

$$U = R \cdot I \qquad (2.3.2)$$

Es ist sinnvoll, für homogene Materialien anstelle des Widerstandes R einen nur materialabhängigen (und nicht mehr geometrieabhängigen) spezifischen Widerstand ϱ_{el} bzw. eine spezifische Leitfähigkeit σ einzuführen

$$\varrho_{el} = R \cdot \frac{A}{l} \qquad (2.3.3)$$

$$\sigma = \frac{1}{\varrho_{el}} = \frac{1}{R}\frac{l}{A}, \qquad (2.3.4)$$

wobei l die Länge des Leiters und A dessen Querschnittsfläche ist. Abweichungen durch Oberflächen- oder Kontakteinflüsse werden unten diskutiert (s. Abschn. 2.3.1.5 bzw. 2.3.1.3).

Die spezifische Leitfähigkeit σ kann i.allg. Beiträge verschiedener Ladungsträger enthalten. Es gilt allgemein

$$\sigma = \sum \sigma_i = \sum u_i N_{(v)i} q_i, \qquad (2.3.5)$$

wobei $N_{(v)i}$ die Volumenteilchendichte von „i“ und q_i seine Ladung ist. Der Ladungsträger „i“ kann dabei ein Elektron, ein Defektelektron (Loch) oder ein Ion sein.

u_i ist die Beweglichkeit des Ladungsträgers. Sie wird aus folgender Überlegung eingeführt: Im Vakuum erwartet man, daß die Teilchen im elektrischen Feld ohne Stöße gleichförmig beschleunigt werden und ihre Geschwindigkeit linear anwächst. Durch Stöße mit „Teilchen“ des Mediums (in Metallen sind dies Gitterschwingungen und Fehlstellen, in Elektrolyten die Teilchen der Flüssigkeit) werden die Ladungsträger (Elektronen bzw. Ionen) aus ihrer Richtung gestreut, und es stellt sich bei isotropen Medien eine mittlere Driftgeschwindigkeit $\bar{v}$ in Richtung des angelegten Feldes ein (Abb. 2.3.1). Diese Driftgeschwindigkeit ist bei Metallen um Größenordnungen kleiner als die thermische Geschwindigkeit der Elektronen, die über $\frac{1}{2}mv^2 = \frac{3}{2}kT$ abgeschätzt wird.

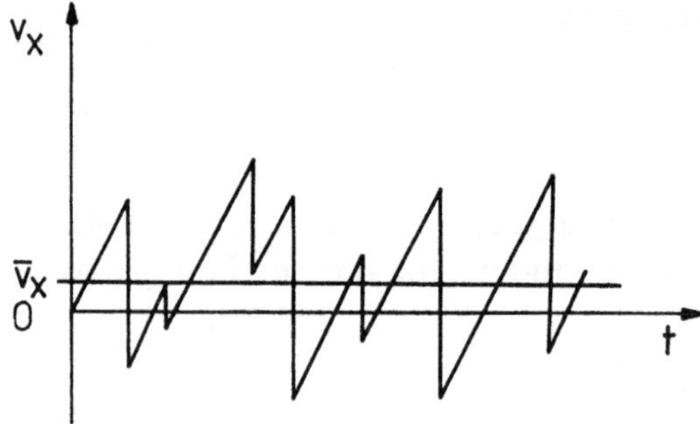

Abb. 2.3.1
Zur Definition der mittleren
Driftgeschwindigkeit $\bar{v}_x$

Die mittlere Geschwindigkeit $\bar{v}$ kann häufig bei nicht zu hohen Feldern proportional zum Feld $\underline{E}$ angesetzt werden. Die Proportionalitätskonstante u ist die elektrische Beweglichkeit der Ladungsträger und im allgemeinen Fall ein Tensor 2. Stufe:

$$\underline{\bar{v}} = \underline{\underline{u}}\,\underline{E} \tag{2.3.6}$$

u ist also für positive Ladungen positiv, für negative negativ, so daß die Leitfähigkeit in Gl. (2.3.5) für alle Arten von Ladungsträgern positiv ist. (Zum Zusammenhang der Driftbeweglichkeit mit den Diffusionskoeffizienten vgl. Gl. (2.1.98).)

Bei inhomogenen Stoffen beschreibt man die elektrischen Eigenschaften durch die Stromdichte j in einer infinitesimal kleinen Fläche dA mit

$$j = \frac{dI}{dA}. \tag{2.3.7}$$

Dabei ist j im allgemeinen als Vektor definiert, der in die Ausbreitungsrichtung der Ladungsträger zeigt. Für den Gesamtstrom durch eine Fläche A mit lokalen Flächenelementen dA gilt $I = \oint j\,d\underline{A}$.

Aus Gl. (2.3.2), (2.3.4) und $E = \frac{U}{l}$ (vgl. Gl. (2.4.4) für $l = d$) folgt unter Berücksichtigung des Vektorcharakters von $\underline{j}$ und $\underline{E}$

$$\underline{j} = \underline{\underline{\sigma}}\,\underline{E} \tag{2.3.8}$$

mit dem Leitfähigkeitstensor $\underline{\sigma}$.

Tab. 2.3.1 faßt skalare Elektronenleitfähigkeiten für einige Materialien zusammen.

Für praktische Anwendungen sind häufig Abweichungen vom Ohmschen Gesetz von Bedeutung wie z.B. das elektrische Verhalten von Bogenlampen, Elektronenröhren, elektronischen Schaltern, pn-Halbleiter-Dioden, Varistoren oder Tunnelelementen (vgl. Beispiele in Abb. 2.3.2).

Das I/U-Verhalten wird dabei meist nicht nur durch ein Material bestimmt, sondern durch eine Materialkombination von mindestens zwei Materialien mit unterschiedlicher elektronischer Struktur. Eine Beschreibung des auftretenden Verhaltens ist deshalb nur auf der Grundlage der Bandstrukturen möglich. Die vollständige Behandlung würde den Rahmen dieses Buches sprengen, so daß wir uns hier so wie im ganzen Abschn. 2.3 auf die rein phänomenologische Beschreibung beschränken. Einige Beispiele, die in der Bildunterschrift zu Abb. 2.3.2 zitiert sind, werden wir jedoch in Kap. 3 behandeln.

2.3.1.2   Temperaturabhängigkeit

Um homogene Materialien zu untersuchen, nimmt man häufig temperaturabhängige Leitfähigkeiten $\sigma(T)$ auf. Wenn die Umgebungsbedingungen einen Einfluß auf die Leitfähigkeit haben, können diese Daten auch davon abhängig studiert werden. Auf die partialdruckabhängigen Messungen an einigen ionischen Substanzen bei hohen Temperaturen sind wir kurz in Abschn. 2.1.5.4 eingegangen. Nach Gl. (2.3.5) kann die Temperaturabhängigkeit durch die Ladungsträgerdichte $N_{(v)i}$ und durch die Beweglichkeit erzeugt werden. In Abb. 2.3.3 sind typische Meßergebnisse an verschiedenen Materialien gezeigt.

In Metallen ist eine hohe Ladungsträgerdichte vorhanden, und $N_{(v)i}$ ist temperaturunabhängig. In Halbleitern müssen Elektronen vom Valenz- ins Leitungsband (zur Definition vgl. Abschn. 1.5) thermisch angeregt werden, so daß sich durch diesen aktivierten Prozeß (vgl. Abschn. 2.1.6) in erster Näherung eine exponentielle Temperaturabhängigkeit von $N_{(v)i}$ ergibt (s. z.B. [Göp xx]). In Ionenleitern wandern entweder Verunreinigungen, sogenannte extrinsische Ladungsträger, deren Konzentration konstant ist (Fall (1)), oder intrinsische Defekte (Leerstellen oder Zwischengitterteilchen, vgl. Abschn. 2.1.5.4), die erst erzeugt werden müssen (Fall (2)). Die Mechanismen sind dabei die gleichen, die bei der Diffusion beschrieben wurden (vgl. Abschn. 2.1.6.1). Supraleiter sind oberhalb einer kritischen Temperatur T_c

Tab. 2.3.1 Skalare spezifische Elektronenleitfähigkeiten σ bei 25°C

Element/Verbindung	$\sigma\,(\Omega m)^{-1}$
Al	$3,8 \cdot 10^7$
Cu	$6 \cdot 10^7$
Stahl	$6,0 \cdot 10^6$
Si	$4 \cdot 10^{-4}$
Ge	$2,2$
GaAs	10^{-6}
Al_2O_3	$10^{-10} - 10^{-12}$
Glimmer	$10^{-11} - 10^{-15}$
RuO_2	$5 \cdot 10^7$
Polystyrol	$< 10^{-14}$
Teflon	$< 10^{-16}$
I_2-dotiertes Polyacetlyen	$\leq 10^7$

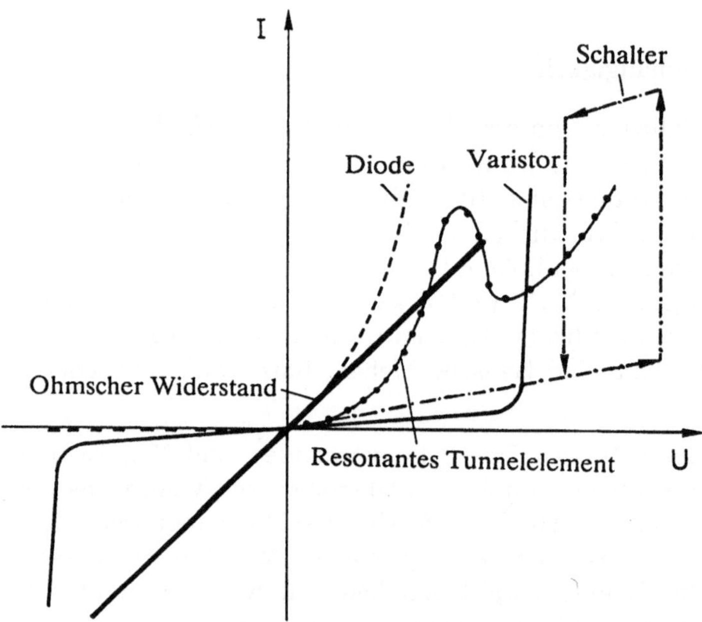

Abb. 2.3.2
I/U-Kennlinien verschiedener Bauelemente. Ohmsche Widerstände treten bei zahlreichen homogenen Materialien auf, Dioden i.allg. an Halbleiter/Metall-Sandwich-Systemen (vgl. auch Abschn. 3.8, Abb. 3.8.7 und Abschn. 3.10), Varistorverhalten z.B. bei keramischen Oxiden wie ZnO. Resonante Tunnelelemente werden wir in Abschn. 3.10 kennenlernen, Schalter in Abschn. 3.11.

Typ	Ladungsträgerdichte $N_{(v)}$	Beweglichkeit u	Temperaturabhängigkeit von $N_{(v)}$ und u	Temperaturabhängigkeit der elektr. Leitfähigkeit
Metalle	const.	$\sim T^{-1}$	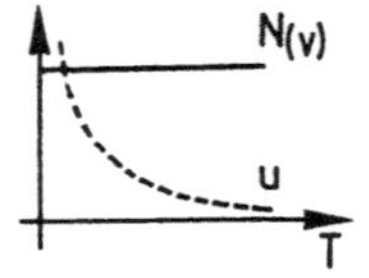	
elektronische Halbleiter (Eigenhalbleitung)	$\sim e^{-\frac{E_A}{kT}}$	$\sim T^{-3/2}$	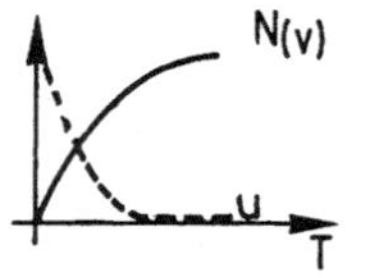	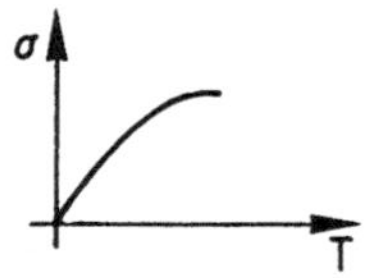
Feste Ionenleiter	const. (1) oder $\sim e^{-\frac{E_A}{kT}}$ (2)	$\sim e^{-\frac{E_A}{kT}}$	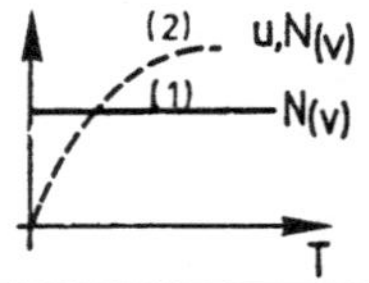	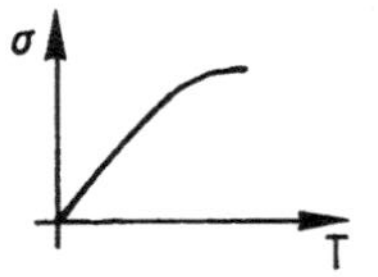
Elektrolytlösungen	$\sim \alpha(T)$	abnehmend mit T	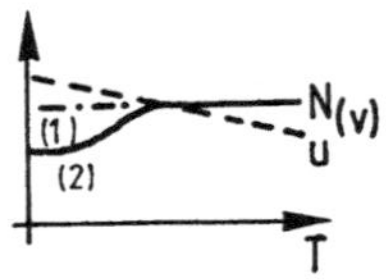	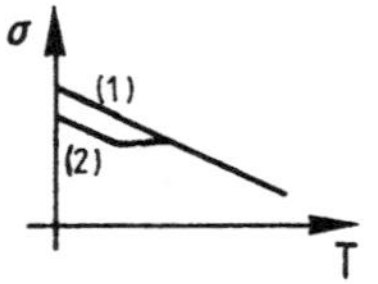
Supraleiter	$T > T_c$: const.	$T > T_c$: wie Metall $T \leq T_c$: ∞	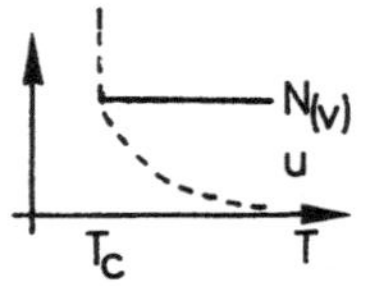	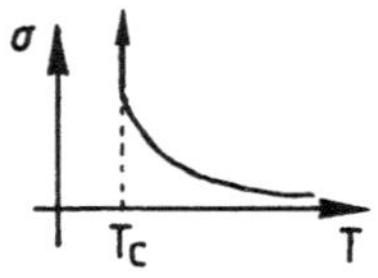

Abb. 2.3.3 Ladungsträgerdichte, Beweglichkeit und Leitfähigkeit in Abhängigkeit von der Temperatur für verschiedene Typen von Leitern. Nähere Erklärungen s. Text.

„normale" metallische Leiter. Unterhalb von T_c bilden Elektronen sogenannte Cooperpaare. Ihre Bildung kann man sich folgendermaßen vorstellen: Ein Elektron erzeugt durch seine Ladung in seiner Umgebung eine elastische Verzerrung des Gitters, d.h. der positiven Atomrümpfe. Bewegt es sich durch das Gitter, so muß sich die Gitterverzerrung mitbewegen, d.h. es entsteht eine Elektron-Phonon-Kopplung (vgl. Abschn. 2.1.1). In Cooperpaaren gibt es nun ein zweites Elektron, das durch diese Gitterverzerrung fest an das erste Elektron gekoppelt wird. Man könnte sich das leicht vorstellen, wenn sich die beiden Elektronen in eine Richtung bewegen würden; das zweite Elektron würde sich dann sozusagen im „Fahrwasser" des ersten fortbewegen. Tatsächlich haben die beiden Elektronen jedoch entgegengesetzten Impuls und bewegen sich so gerade in die entgegengesetzte Richtung. Diese über ein Phonon gekoppelten Elektronen muß man quantenmechanisch als ein einziges Teilchen, eben das Cooperpaar, betrachten.

Die Beschreibung der Temperaturabhängigkeit der Beweglichkeit ist wesentlich komplexer als die der Teilchendichte, da es mehrere Streumechanismen gibt, die die Beweglichkeit bestimmen können und die jeweils unterschiedliche Temperaturabhängigkeiten erzeugen. Oberhalb der Raumtemperatur spielt in Metallen und Halbleitern die Streuung an (akustischen) Phononen, also Gitterschwingungen die größte Rolle (vgl. Abschn. 2.1.1). Sie führt zu den in Abb. 2.3.3 angegebenen Temperaturabhängigkeiten ($\sim T^{-1}$ bei Metallen, $\sim T^{-3/2}$ bei Halbleitern). Supraleiter verhalten sich oberhalb der kritischen Temperatur wieder wie Metalle. Unterhalb wird jedoch ihre Beweglichkeit unendlich groß, was zum Verschwinden des elektrischen Widerstandes führt. Dies liegt daran, daß die Elektronen in den Cooperpaaren ja gerade durch Phononen aneinander gekoppelt sind. Deshalb können Cooperpaare nicht an Phononen gestreut werden. (Näheres zu Supraleitern s. [Buc 90], zu ihren magnetischen Eigenschaften auch Abschn. 2.6.1.)

Bei tiefen Temperaturen wird auch die Streuung an Störstellen merklich, wobei bei Halbleitern mit abnehmender Temperatur zuerst ionisierte Störstellen und am Schluß neutrale Störstellen im Temperatureinfluß dominieren. Dies ist in Abb. 2.3.3 nicht berücksichtigt. Die Streuung an neutralen Störstellen ist dabei temperaturunabhängig.

Für den spezifischen Widerstand von Metallen kann man deshalb die sog. Matthiessensche Regel

$$\varrho = \varrho_0 + aT \tag{2.3.9}$$

ansetzen, wobei ϱ_0 der durch die Störstellen begrenzte temperaturunabhängige Restwiderstand bei $T = 0$ K und damit ein Maß für die Ordnung des Materials ist und a eine materialspezifische Konstante. Darüberhinaus begrenzen auch makroskopische Defekte, z.B. Korngrenzen, die effektive Beweglichkeit der Ladungsträger in der Probe. Dies ist z.B. in Keramiken und Polymeren der Fall. Abb. 2.3.4 zeigt schematisch, daß man bei Leitfähigkeitsmessungen an einsträngigen Polymeren nicht die Leitfähigkeit „entlang eines Polymerstranges" mißt, sondern die Leitfähigkeit auch durch Ladungstransport von einem Strang zum anderen begrenzt wird. Ähnliche Verhältnisse liegen in Keramiken mit Leitfähigkeitsanteilen in und zwischen Körnern vor.

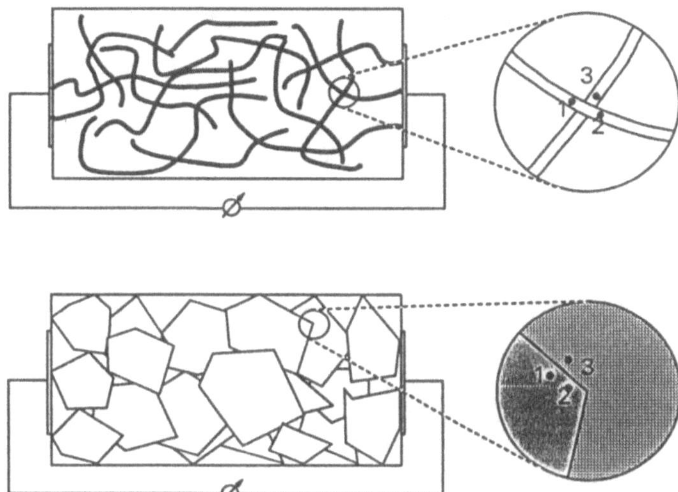

Abb. 2.3.4
Schematische Darstellung einer Leitfähigkeitsmessung an einem Polymer (oben) und einem polykristallinen Festkörper (unten): Gemessen wird die Leitfähigkeit von Punkt 1 nach Punkt 3, nicht die entlang eines Polymerstranges bzw. innerhalb eines einkristallinen Korns zwischen Punkt 1 und 2

Alle in diesem Abschnitt beschriebenen Temperatureffekte der Elektronenleitung sind theoretisch nur für die Materialien einfach zu deuten, die mit dem Bändermodell (vgl. Abschn. 1.5) beschrieben werden können. Insbesondere bei Molekülkristallen und Gläsern treten starke Abweichungen im Temperaturverhalten auf, da sich die Ladungsträger nicht frei bewegen können. Der Transport findet deshalb z.B. als thermisch aktivierter Prozeß statt, bei dem die Elektronen von Molekül zu Molekül „hüpfen" („Hopping"-Leitfähigkeit). Obwohl auch zu diesen Prozessen theoretische Modelle existieren, konnten sie bisher nur an wenigen Beispielen experimentell verifiziert werden, da die Materialien häufig chemisch verunreinigt und/oder strukturell zu wenig definiert sind. Wir werden deshalb auf solches Verhalten nicht näher eingehen (vgl. dazu z.B. [Böt 85], [Rot 94]).

2.3.1.3   Einfluß der Kontaktierung

Wir haben schon bei der Behandlung der Diffusion in Abschn. 2.1.6.1 festgestellt und in Abb. 2.3.3 aufgenommen, daß Ladungstransport nicht nur über Elektronen (und Löcher) erfolgen kann, sondern auch über Ionen. Unterscheiden sich die Leitfähigkeiten von Elektronen und Ionen um viele Zehnerpotenzen, so spricht man von jeweils „reinen" Elektronen- oder Ionenleitern. Es gibt jedoch auch viele Materialien, in denen gemischte Leitung mit etwa gleichen Anteilen auftritt. In Abb. 2.3.5 sind Leitfähigkeiten verschiedener anorganischer Materialien zusammengestellt (vgl. auch Tab. 2.3.1).

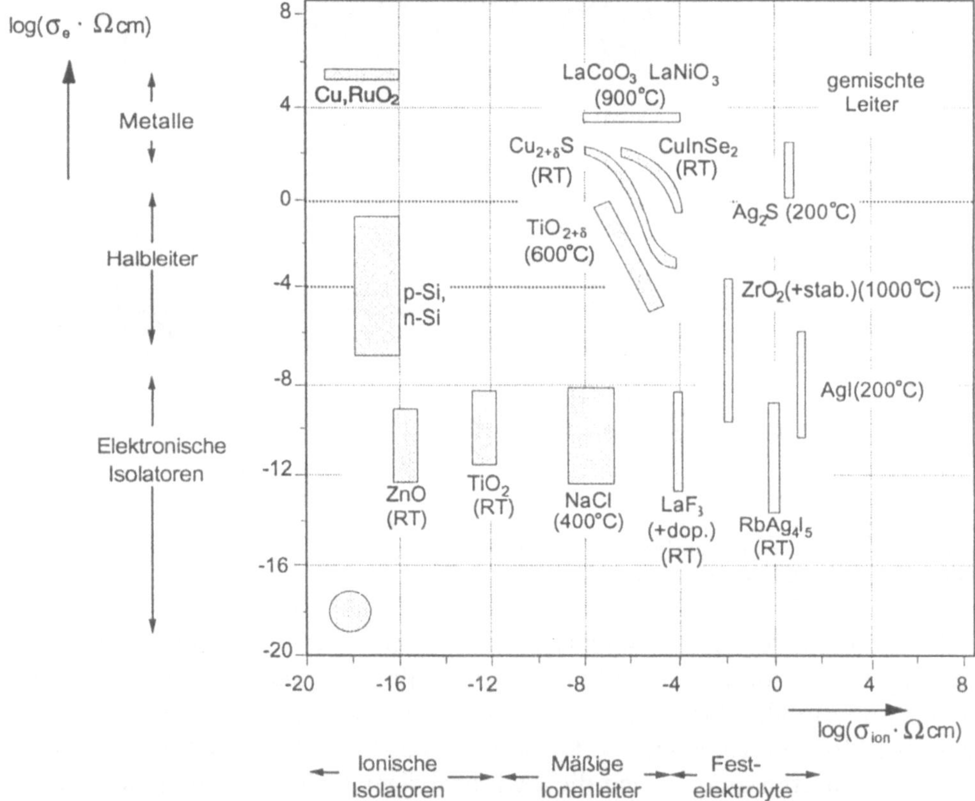

Abb. 2.3.5
Übersicht über Leitfähigkeitsbereiche von überwiegend elektronen-, ionen- sowie gemischtleitenden anorganischen Materialien [Wie 91]

Die Ionenleitfähigkeit läuft dabei häufig über die in Abb. 2.1.36 vorgestellten Diffusionsmechanismen über Punktdefekte ab, sobald eine Spannung angelegt wird. Es gibt aber auch sog. Superionenleiter, bei denen nicht nur einzelne Punktdefekte existieren, sondern fast alle Kationen oder Anionen völlig fehlgeordnet im Kristall vorliegen. Diese Ionen liegen quasi in einem geschmolzenen Untergitter vor. Ein typisches Material ist α-AgI, in dem die im Vergleich zu den I-Ionen sehr kleinen Ag-Ionen fehlgeordnet sind. Ein anderes Material ist β-Al$_2$O$_3$, das in einem Schichtgitter kristallisiert. Zwischen den Schichten können sehr viele Kationen wie Na$^+$, Ag$^+$, Pb^{2+} oder H$_3$O$^+$ eingebaut werden, die dort eine sehr hohe zweidimensionale Beweglichkeit zeigen.

Prinzipiell kann man Elektronen- und Ionenleitung durch geeignete Wahl von Kontakten bei den Leitfähigkeitsmessungen unterscheiden. In Abb. 2.3.6 sind verschiedene Durchtrittsprozesse an der Phasengrenze zwischen Probe und Elektrode gezeigt.

Kontaktiert man die Probe auf beiden Seiten mit reinen Elektronenleitern (z.B. Platin, Silber, Gold ...), so mißt man in dieser Probe nur den Anteil der Elektronenleitfähigkeit, da nur die Elektronen durch die Grenzfläche Probe/Elektrode durchtreten können. Diese Prozesse werden in der Elektronik ausgenutzt. Gleiches gilt für die Kontaktierung einer Substanz mit einem reinen Ionenleiter (z.B. ZrO$_2$ mit O^{2-}-Leitung), wobei die Ionenleitung analog zur Elektronik in einer „Ionik" ausgenutzt werden könnte. Kontaktiert man jedoch mit einem gemischten Leiter, so erhält man die Gesamtleitfähigkeit (Abb. 2.3.7).

Ebenfalls in Abb. 2.3.6 dargestellt sind Fälle, in denen nicht nur das Volumenmaterial selbst die Leitfähigkeit bestimmt. So können an der Dreiphasengrenze Probe/Elektrode/umgebendes Medium Prozesse ablaufen, die die Leitfähigkeit erhöhen oder erniedrigen, wobei Elektronen- und Ionenleitfähigkeit betroffen sein können. Entsprechend können auch Reaktionen der Probenoberfläche mit der Umgebung zu Änderungen führen, wobei wir in der Abbildung elektrochemische Prozesse zwischen Probe und Lösung nicht berücksichtigt haben. Auf die spezielle Messung der spezifischen Oberflächenleitfähigkeit werden wir in Abschn. 2.3.1.5 noch näher eingehen. Möchte man aber die Einflüsse der Oberflächen- und Grenzflächenreaktionen ausschließen, um die intrinsischen Materialeigenschaften zu bestimmen, muß man gegebenenfalls die Probe so verkapseln, daß keine Moleküle mehr an sie herantreten können. Dabei muß das Verkapselungsmaterial so gewählt werden, daß es selbst keine Beeinflussung der Probe verursacht, am besten also weder Elektronen noch Ionen durchtreten läßt. Wir werden in Kap. 3 an verschiedenen Stellen auf die Bedeutung der Durchtrittsreaktionen von Ladungsträgern an Grenzflächen zurückkommen, so z.B. bei der Sensorik in

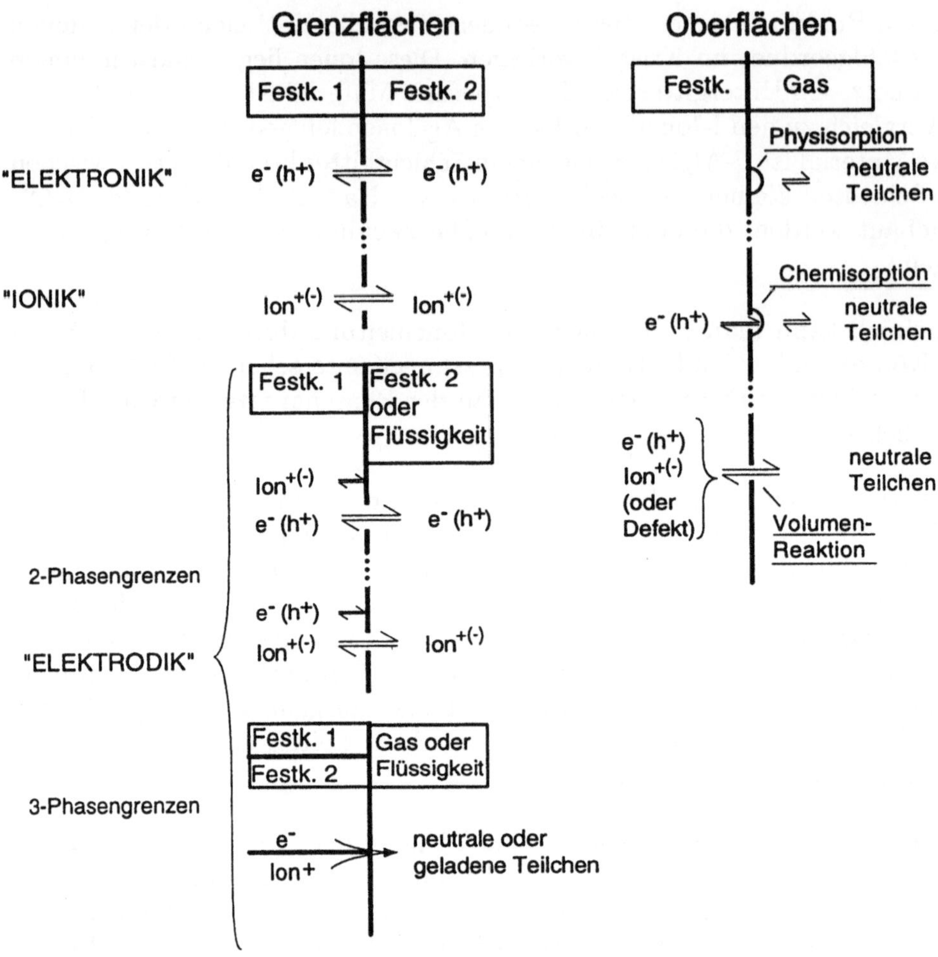

Abb. 2.3.6
Ladungstransport durch verschiedene Typen von Grenzflächen

Abschn. 3.8, den Brennstoffzellen in Abschn. 3.9 und der Mikroelektronik in Abschn. 3.10.

Neben dem Material spielt auch die geometrische Anordnung der Kontakte eine wichtige Rolle. Die in Abb. 2.3.7 und Abb. 2.3.8a,b,d gezeigten Anordnungen heißen 2-Punkt-Kontaktierung, da die Probe mit zwei Elektroden kontaktiert ist. Diese Methode hat den Nachteil, daß neben dem Widerstand der Probe auch der Widerstand der Zuleitungen und insbesondere der Durchtrittswiderstand zwischen Kontakt und Probe mitgemessen werden. Die Eliminierung dieser Effekte erfolgt entweder durch eine Wechselstrommessung (vgl. Abschn. 2.3.2) oder durch Verwendung einer 4-Punkt-

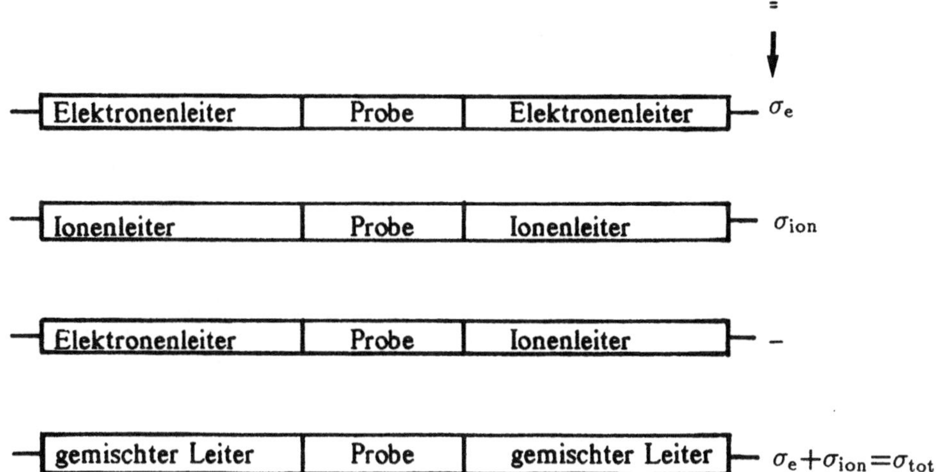

Abb. 2.3.7
Schematische Darstellung verschiedener Elektroden zur Messung der elektronischen (σ_e), ionischen (σ_{ion}) oder gemischten ($\sigma_{tot} = \sigma_e + \sigma_{ion}$) Leitfähigkeit; = bedeutet Gleichstromleitfähigkeit.

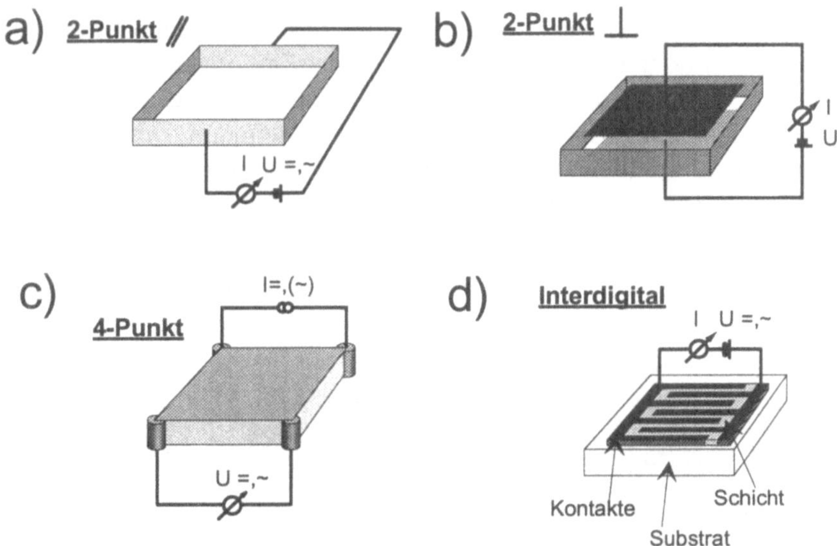

Abb. 2.3.8
Verschiedene Kontaktgeometrien zur Messung elektrischer Eigenschaften:
a),b) Parallele und senkrechte Zweipunktgeometrien
c) Vierpunktgeometrie nach van der Pauw
d) Interdigitalstruktur (Zweipunktgeometrie)

Methode. Im letzteren Falle werden zusätzlich zu den beiden stromdurch-
flossenen Kontakten zwei weitere angebracht, durch die kein Strom fließt
(Abb. 2.3.8c).

Fließt kein Strom, so tritt auch kein Zuleitungs- oder Durchtrittswiderstand
auf. Die beiden zusätzlichen Kontakte messen dabei die Potentialdifferenz,
d.h. die Spannung, die durch den Stromfluß durch die anderen Kontakte
erzeugt wird. Neben der in Abb. 2.3.8c gezeigten Geometrie nach van der
Pauw (vgl. [Pau 58]) werden auch andere Anordnungen der vier Kontakte
verwendet. Der Vorteil der in Abb. 2.3.8d gezeigten Interdigitalstruktur ist
ihre große Elektrodenfläche im Vergleich zur Gesamtprobengröße. Dadurch
ergeben sich bis zu einigen hundertfachen Ströme im Vergleich zu einer Zwei-
punktanordnung. Man kann sie aber nur für Schichten verwenden, die oben
auf die Struktur aufgebracht werden.

2.3.1.4   Halleffekt

Durch die Wahl der Kontakte haben wir zwischen Elektronen- und Ionenleitung unterscheiden können, haben aber noch nicht festgestellt, ob die
Elektronenleitung überwiegend durch Elektronen oder durch Defektelektronen (Löcher) bestimmt ist. Ein verstärkter Beitrag eines Typs von Ladungsträgern kann entweder durch ihre besonders hohe Beweglichkeit (vgl.
Gl. (2.3.5)) oder hohe Konzentration eines Ladungsträgertyps durch Dotierung entstehen (vgl. hierzu Abschn. 1.5). Mit den gezeigten Anordnungen
ist eine Trennung der Anteile von Elektronen und Defektelektronen prinzipiell nicht möglich. Man kann aber die Ladung der Überschuß-(Majori-
täts-)Ladungsträger über den Halleffekt bestimmen. Dazu legt man bei einem elektrisch isotropen Material senkrecht zu einem elektrischen Feld ein
magnetisches Feld an (Abb. 2.3.9).

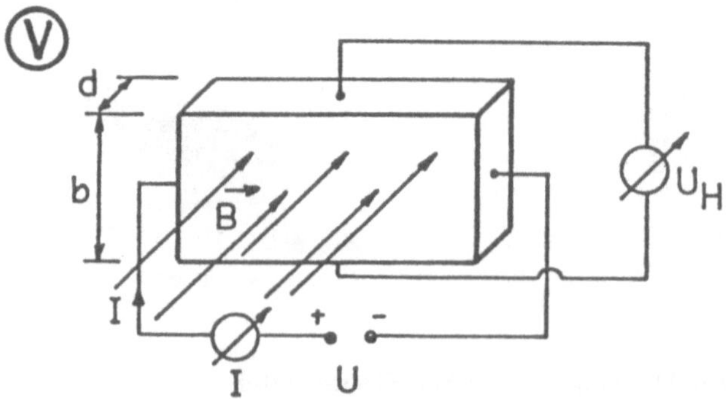

Abb. 2.3.9
Meßgeometrie von Halleffektmessungen

Auf den Ladungsträger, der im elektrischen Feld $\underline{E}$ die Geschwindigkeit $\underline{v}$ erhält, wirkt dann eine Lorentzkraft

$$\underline{F}_L = q(\underline{v} \times \underline{B})\,, \tag{2.3.10}$$

die den Ladungsträger senkrecht zum $\underline{E}$- und $\underline{B}$-Feld ablenkt. Dadurch wird in elektrisch homogenen Materialien eine Spannung U_H, die sogenannte Hallspannung aufgebaut. Mit Gl. (2.3.10), der Coulombkraft $\underline{F}_C = q\underline{E}$ und Gl. (2.4.4) gilt für den stationären Fall im Kräftegleichgewicht für die skalare Kraft

$$qvB = qE = q\frac{U_H}{b}\,, \tag{2.3.11}$$

und mit $v = u \cdot E = \frac{I}{AN_{(v)}q}$ (vgl. Gl. (2.3.6), (2.3.8), (2.3.5) und (2.3.7)) gilt mit $A = bd$

$$U_H = \frac{1}{N_{(v)}q}\frac{IB}{d} = R_H^*\frac{IB}{d}\,. \tag{2.3.12}$$

$R_H^* = \frac{1}{N_{(v)}q}$ heißt Hallkonstante. Ihr Vorzeichen gibt direkt das Vorzeichen des Ladungsträgers an. Aus Gl. (2.3.11) ergibt sich mit Gl. (2.3.6) auch eine direkte Messung der (Hall-) Beweglichkeit.

2.3.1.5 Flächenleitfähigkeit

Bisher wurde angenommen, daß die Leitung des Stroms über den gesamten Festkörper homogen verteilt ist. Es gibt jedoch Materialien, bei denen die Leitung auf die Oberfläche beschränkt ist oder bei denen Leitfähigkeiten an der Oberfläche von denen im Volumen abweichen. Dies gilt z.B. selbst bei geometrisch homogen aufgebauten Leitern bei hohen Frequenzen, wobei das elektrische Feld aus dem Inneren herausgedrängt wird und der Strom nur in einer dünnen Oberflächenschicht fließt (Skineffekt $\rightarrow$ Hohlleiter). Bei Halbleitern kann aufgrund von Oberflächeneffekten (z.B durch Oberflächenzustände ohne oder nach Gasadsorption, vgl. Abschn. 1.6 bzw. Abb. 2.3.6) oder von außen angelegten elektrischen Feldern (Feldeffekt, vgl. Abschn. 3.10) die Ladungsträgerkonzentration an der Oberfläche drastisch gegenüber dem Innern des Festkörpers erhöht oder erniedrigt sein.

Zur Beschreibung der elektrischen Leitfähigkeit in Oberflächen- und Randschichten führt man die sog. Flächenleitfähigkeit $\sigma_\square$ als spezifische Leitfähigkeit pro Einheitsfläche anstelle von σ als spezifischer Volumenleitfähigkeit ein. In Abb. 2.3.10 ist die Meßgeometrie zu ihrer Bestimmung gezeigt.

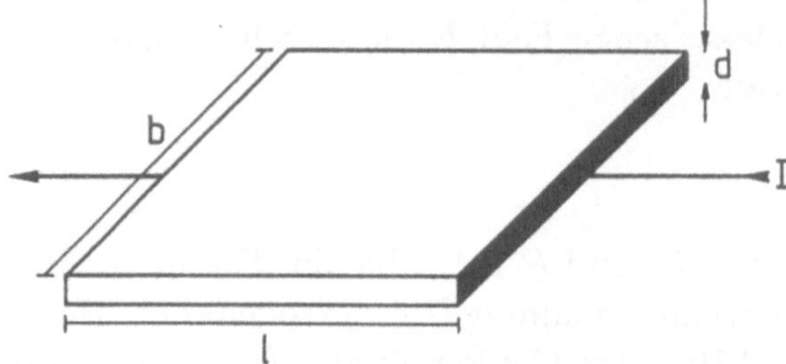

Abb. 2.3.10
Einfache Geometrie zur Bestimmung der spezifischen Volumen- und Flächenleitfähigkeit

Für den reziproken Volumenwiderstand ergibt sich mit Gl. (2.3.4)

$$\frac{1}{R} = \sigma \frac{d \cdot b}{l}\,, \tag{2.3.13}$$

wobei σ die spezifische Leitfähigkeit ist. Der reziproke Flächenwiderstand ergibt sich entsprechend zu

$$\frac{1}{R} = \sigma_\square \frac{b}{l}\,. \tag{2.3.14}$$

Die Volumenstromdichte $j[\mathrm{Am^{-2}}]$ geht dann in die Flächenstromdichte $j_\square[\mathrm{Am^{-1}}]$, die spezifische Volumenleitfähigkeit $\sigma[\Omega^{-1}\,\mathrm{m}^{-1}]$ in die spezifische Flächenleitfähigkeit $\sigma_\square[\Omega^{-1}]$ über.

Nach Gl. (2.3.13) und (2.3.14) wird die Flächenleitfähigkeit durch die (auf die Fläche bezogene) (Volumen-)Leitfähigkeit bestimmt. Tritt an der Oberfläche keine abweichende lokale Ladungsträgerkonzentration im Vergleich zum Volumen auf (was in Halbleitern bei der sogenannten Flachbandsituation (vgl. Abschn. 1.6) der Fall ist), so berechnet sich die Oberflächenleitfähigkeit aus der idealen Volumenleitfähigkeit σ_b multipliziert mit der Schichtdicke. Es können aber an der Oberfläche auch Abweichungen in der lokalen Ladungsträgerkonzentration auftreten. Dies läßt sich durch Exzeßgrößen beschreiben, die wir bereits in Abschn. 2.1.5.5.3 kennengelernt haben. Die Zahl von Oberflächenexzeßladungen wird als Abweichung vom idealen sprunghaften Übergang zwischen Volumen und Gasphase bei $d = 0$ definiert,

$$N_{(s)}^{\mathrm{exc}} = \int_0^d (N_{(v)}(z) - N_{(v)}^b)\,dz\,, \tag{2.3.15}$$

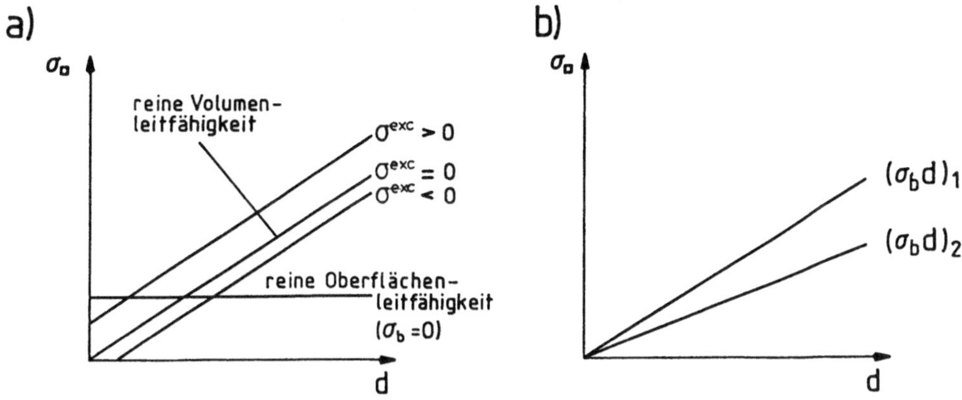

Abb. 2.3.11
Separation der Oberflächen- und Volumenanteile der Flächenleitfähigkeit

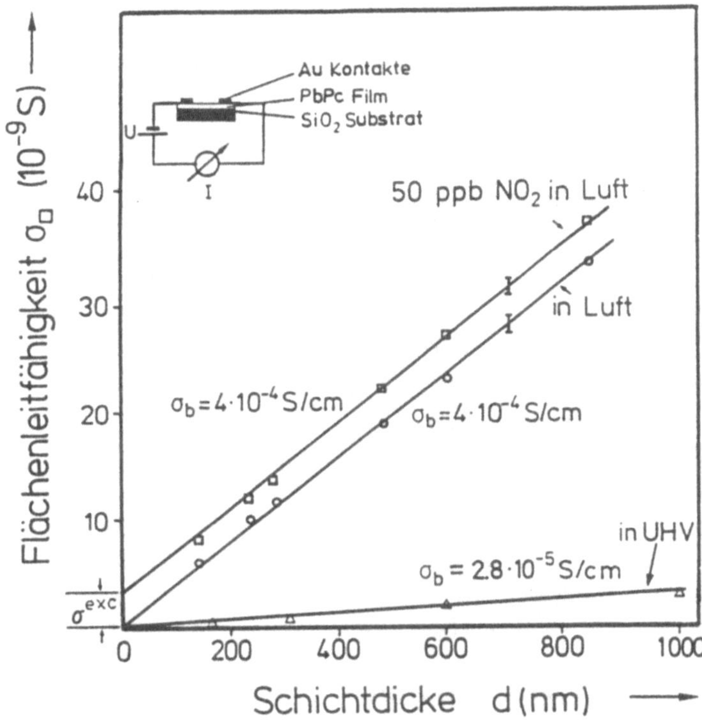

Abb. 2.3.12
Oberflächenleitfähigkeit $\sigma_\square$ eines Bleiphthalocyaninfilms in Abhängigkeit von der Schichtdicke d im Ultrahochvakuum (reine Volumenleitfähigkeit), in Luft (erhöhte Volumenleitfähigkeit gemäß der erhöhten Steigung) und in Luft mit 50 ppb NO$_2$ (erhöhte Oberflächenleitfähigkeit σ^{exc} proportional zum Achsenabschnitt bei $d = 0$) [Moc 89]

die sich aus der Dichte der Ladungsträger im ideal gedachten Volumen $N_{(v)}^b$ und im realen Volumen $N_{(v)}(z)$ nach Integration über die Schichtdicke d ergibt. Die Abweichung der experimentell gemessenen Schichtleitfähigkeit $\sigma_\square$ vom theoretisch erwarteten Wert $\sigma_b \cdot d$ wird durch diese Exzeßladungsträgerdichte bestimmt und über die Oberflächenexzeßleitfähigkeit σ^{exc} erfaßt. Damit gilt

$$\sigma_\square = \sigma_b d + \sigma^{\mathrm{exc}} \tag{2.3.16}$$

und somit

$$\begin{aligned}
\sigma^{\mathrm{exc}} &= \sigma_\square - \sigma_b d \\
&= \sum \sigma_i^{\mathrm{exc}} \\
&= e u_{e,s} N_{(s)e}^{\mathrm{exc}} + e u_{h,s} N_{(s)h}^{\mathrm{exc}} + z \cdot e u_{\mathrm{ion}} N_{(s)\mathrm{ion}}^{\mathrm{exc}} \, .
\end{aligned} \tag{2.3.17}$$

$N_{(s)e}^{\mathrm{exc}}$, $N_{(s)h}^{\mathrm{exc}}$ und $N_{(s)\mathrm{ion}}^{\mathrm{exc}}$ sind dabei die Oberflächenexzeßkonzentrationen von Elektronen, Löchern und z-fach geladenen Ionen. Da der Volumenanteil mit wachsender Schichtdicke proportional zunimmt, kann durch Messung von $\sigma_\square$ an unterschiedlich dicken Schichten auf die beiden Beiträge zur Flächenleitfähigkeit geschlossen werden. Dies wird in Abb. 2.3.11 verdeutlicht. Zur Vereinfachung haben wir in Gl. (2.3.17) angenommen, daß Beweglichkeiten keine Exzeßeigenschaften besitzen und damit an der Oberfläche die gleichen Werte haben wie im Volumen. Falls dies nicht der Fall ist, kann schon bei $N_{(s)i}^{\mathrm{exc}} = 0$ ein $\sigma^{\mathrm{exc}} \neq 0$ auftreten. Messungen der Beweglichkeit in anisotropen Materialien (die, wie hier, beispielsweise eine Oberfläche aufweisen) sind experimentell aufwendig. Daher werden häufig bei der Auswertung der $\sigma_\square$-Daten Vereinfachungen gemacht.

Als Beispiel ist in Abb. 2.3.12 die Wechselwirkung von O_2 und NO_2 mit einem Bleiphthalocyanin (PbPc)-Film gezeigt. Man erkennt, daß Sauerstoff nur die Volumenleitfähigkeit $\sigma_b \cdot d$ (mit σ_b als Steigung der Kurve) beeinflußt, während bei der Wechselwirkung mit NO_2 eine schichtdickenunabhängige Oberflächenexzeßleitfähigkeit σ^{exc} auftritt, die Volumenleitfähigkeit jedoch konstant bleibt. Dies ist darauf zurückzuführen, daß O_2 ins Volumen eingebaut wird, während NO_2 nur mit der Oberfläche wechselwirkt.

2.3.2   Wechselstromleitfähigkeit

2.3.2.1   Grundlagen

Legt man an eine ideale Spule oder einen idealen Kondensator (ohmscher Widerstand $= 0$ bzw. ∞) eine sinusförmige Wechselspannung $U(t) = U_0 \sin(\omega t + \varphi_0)$, so fließt ein ebenfalls sinusförmiger Wechselstrom $I(t) =$

$I_0 \sin(\omega t + \varphi_1)$ mit Amplitude I_0, der gegenüber der angelegten Wechselspannung phasenverschoben ist.

Die obige Aussage gilt auch für eine beliebige Kombination linearer Bauelemente L, C, R (linear bedeutet, daß die Werte L, C, R unabhängig von der angelegten Spannung sind), wobei für die Amplituden gilt:

$$I_0 \sim U_0 \tag{2.3.18}$$

Für die mathematische Beschreibung von frequenzabhängigen Phasenverschiebungen und Amplitudenverhältnissen bietet sich die Darstellung in komplexen Größen an (˜ kennzeichnet im folgenden komplexe Größen):

$$\tilde{U}(t) = U_0 e^{i\omega t} \tag{2.3.19}$$

$$\tilde{I}(t) = I_0 e^{i(\omega t + \varphi)} \tag{2.3.20}$$

U_0 und I_0 sind die Maximalamplituden. Der Wechselstromwiderstand läßt sich analog dem Ohmschen Gesetz ($U = I \cdot R$) definieren:

$$\tilde{U} = \tilde{I} \cdot \tilde{Z} = I \cdot B(i\omega)^n \tag{2.3.21}$$

$\tilde{Z}$ ist der komplexe Wechselstromwiderstand oder die Impedanz, B und n sind Konstanten. Folgende einfache Spezialfälle kann man unterscheiden (vgl. auch Abb. 2.3.13):

a)

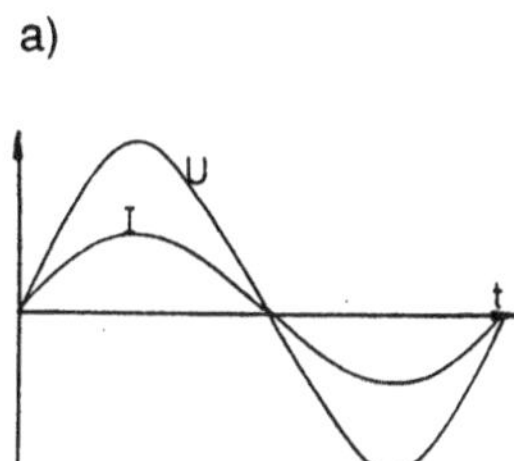

b)

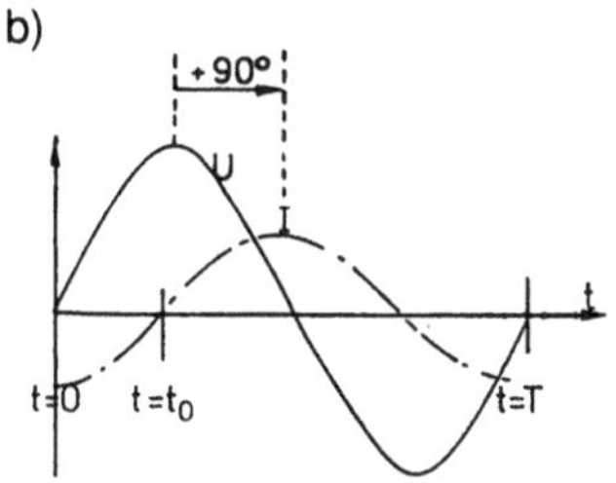

c)

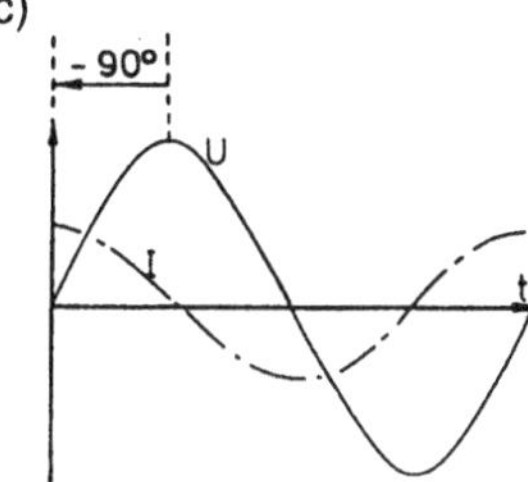

Abb. 2.3.13
Phasenverschiebung von Strom I und Spannung U
a) bei einem ohmschen Widerstand
b) bei einem induktiven Widerstand
c) bei einem kapazitiven Widerstand

a) Ohmscher Widerstand $\tilde{Z}_R (n = 0, B = R)$:
Keine Phasenverschiebung zwischen Strom und Spannung, d.h. $\tilde{Z}$ ist rein reell:

$$\tilde{Z}_R = R \tag{2.3.22}$$

b) Induktiver Widerstand $\tilde{Z}_L(n = 1, B = L)$:

Für eine Spule mit vernachlässigbarem ohmschen Widerstand und Induktivität L gilt:

$$\tilde{Z}_L = i\omega L \qquad (2.3.23)$$

Aus $i = e^{i\frac{\pi}{2}}$ erkennt man, daß die Phasenverschiebung zwischen Strom und Spannung $90°$ beträgt. Die Spannung läuft dem Strom in der Phase voraus.

c) Kapazitiver Widerstand $\tilde{Z}_C(n = -1, B = \frac{1}{C})$:

Für einen Kondensator mit Kapazität C und vernachlässigbarem ohmschen Leitwert gilt:

$$\tilde{Z}_C = \frac{1}{i\omega C} = -\frac{i}{\omega C} \qquad (2.3.24)$$

Aus $\frac{1}{i} = e^{-i\frac{\pi}{2}}$ ergibt sich eine Phasenverschiebung von $-90°$ zwischen Strom und Spannung.

Aufgrund der Phasenverschiebung von $+90°$ bzw. $-90°$ für induktive bzw. kapazitive Widerstände ist der zeitliche Mittelwert der Wechselstromleistung $\overline{U(t) \cdot I(t)} = 0$. Man spricht von Blindwiderständen.

In der sog. Gaußschen Zahlenebene wird der Imaginär- gegen den Realteil einer Größe aufgetragen (Abb. 2.3.14). In ihr lassen sich $\tilde{U}$, $\tilde{I}$ und $\tilde{Z}$ als Vektoren darstellen, die mit der Frequenz ω rotieren. Die Projektion auf die reelle Zahlenachse gibt die Momentanwerte von $\tilde{U}$, $\tilde{I}$ und $\tilde{Z}$ an.

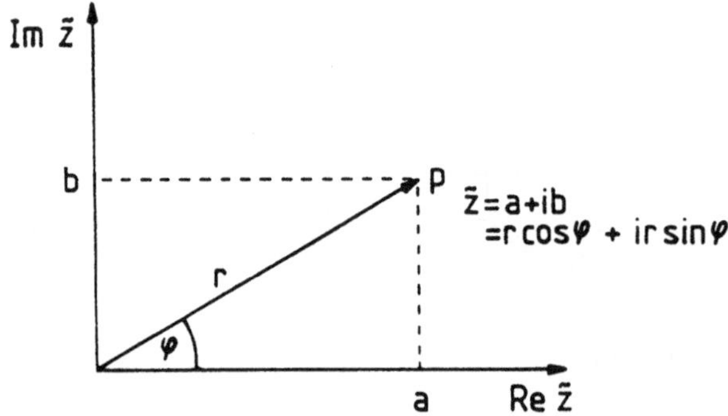

Abb. 2.3.14
Komplexe Zahlen, dargestellt in der Gaußschen Zahlenebene

Für Wechselstromkreise aus verschiedenen Elementen R, L, C erhält man die Gesamtimpedanz aus den Einzelimpedanzen durch vektorielle Addition in der Gaußschen Zahlenebene von $\tilde{Z}$ nach den folgenden Regeln:

- Beim Hintereinanderschalten addieren sich die Impedanzen.

- Bei Parallelschaltung sind die reziproken Impedanzen, d.h. die komplexen Leitwerte oder *Admittanzen* vektoriell zu addieren (Kirchhoffsches Gesetz). Admittanzen sind definiert durch $\tilde{A} = \frac{1}{\tilde{Z}}$.

2.3.2.2 Impedanzspektroskopie

Eine der wichtigsten Techniken, die in den letzten Jahren stark weiterentwickelt wurde, ist die auf der Messung der frequenzabhängigen Impedanzen beruhende Impedanzspektroskopie. Dabei wird versucht, das Frequenzverhalten über Ersatzschaltkreise zu simulieren und die Komponenten der Ersatzschaltkreise physikalisch zu interpretieren.

Eine große Bedeutung haben Impedanzmessungen bei der Untersuchung des dynamischen Verhaltens elektrochemischer Systeme. Bei diesen Systemen treten i.allg. Prozesse auf, deren charakteristische Zeitkonstanten im Bereich von Sekunden bis Minuten liegen, d.h. bei Änderung des Potentials einer Meßelektrode benötigt die Einstellung eines neuen Gleichgewichtszustands eine dementsprechend lange Zeit. Neben der Beobachtung der Reaktion eines Systems auf eine schlagartige Änderung des Potentials einer Meßelektrode (Schaltvorgang) können diese Prozesse auch durch die Antwort des Systems auf eine angelegte Wechselspannung, d.h. durch die Frequenzabhängigkeit des Wechselstromwiderstands charakterisiert werden. Dabei werden nacheinander Wechselspannungen mit verschiedenen Frequenzen angelegt. Die Frequenzen werden über einen weiten Bereich (10^{-5} Hz bis 10^7 Hz) variiert.

Die Darstellung der Meßdaten wird in der Regel entweder durch Auftragung des Realteils gegen den Imaginärteil der Impedanz oder Admittanz in sogenannten *Ortskurven*, Argand- oder Cole-Cole-Diagrammen oder durch Auftragung des Logarithmus des Betrags der Gesamtimpedanz $\log|Z|$ gegen den Logarithmus der Frequenz $\log \omega$ im sogenannten *Bode-Diagramm* vorgenommen. Die Ortskurven kann man sich mit Abb. 2.3.14 plausibel machen: Man trägt in ihnen die Endpunkte p der Pfeile für jede Frequenz auf und verbindet diese Punkte.

Bei der Interpretation ist es üblich, sich aufgrund der Eigenschaften des Systems sinnvolle *Ersatzschaltbilder* zu suchen, die aus linearen Bauelementen R, C und L (vgl. Abschn. 2.3.2.1) sowie Bauelementen, die für Verteilungen stehen, aufgebaut werden, so daß sie das gleiche Frequenzverhalten aufweisen wie die Probe. Es treten zwei Arten von Verteilungen auf: Die erste ist direkt mit nicht-lokalen Prozessen verbunden, z.B. Diffusion, die auch auftreten, wenn die Probe selbst völlig homogen ist. Solche Prozesse zeigen sich im Ersatzschaltbild als sog. Warburgimpedanz $\tilde{Z}_W$ mit

$$\tilde{Z}_W = \sigma\omega^{-1/2} - i\sigma\omega^{-1/2} \,, \tag{2.3.25}$$

wobei ω die Winkelgeschwindigkeit ist und σ eine Konstante, die z.B. die Diffusionskoeffizienten enthält [Mac 87]. Für die Parameter der Gl. (2.3.21) gilt hier also $B = \sigma(1 - i)$ und $n = -1/2$. Die zweite Verteilung wird durch das sogenannte konstante Phasenelement

$$\tilde{Z}_{CPE} = A(i\omega)^{-\alpha} \tag{2.3.26}$$

mit

$$A = \frac{\tau^{1-\alpha}}{(\varepsilon_{r,\text{stat}} - \varepsilon_{r,\infty})\varepsilon_0} \tag{2.3.27}$$

ausgedrückt. Dabei ist τ die Relaxationszeit der Ladungsträger, $\varepsilon_{r,\text{stat}}$ die statische und $\varepsilon_{r,\infty}$ die optische Dielektrizitätskonstante (zur Erklärung der Begriffe s. Abschn. 2.4 bzw. 2.5.2.1). Das konstante Phasenelement tritt dadurch auf, daß die mikroskopischen Materialeigenschaften selbst schon eine Verteilung aufweisen, z.B. durch Ecken, Kanten und Stufen an Grenzflächen zwischen Probe und Kontakt. Man erkennt, daß Gl. (2.3.26) ein anderer Ausdruck für Gl. (2.3.21) ist mit $A = B$ und $\alpha = -n$. Im Sprachgebrauch ist nicht immer klar, ob mit konstantem Phasenelement der hier beschriebene Spezialfall mit dem durch Gl. (2.3.27) gegebenen Parameter A gemeint ist oder der allgemeine Fall der Gl. (2.3.21), bei dem die Parameter jeweils dem vorliegenden Element frei angepaßt werden.

Das Frequenzverhalten von elektrochemischen Systemen soll an zwei einfachen Beispielen erläutert werden, in denen keine der o.g. Verteilungen auftreten.

Im ersten Beispiel wird ein Festelektrolyt (Ag_2S, e^-- und Ag^+-Leiter) mit zwei identischen und reversibel Elektronen sowie Silberionen austauschenden Silberelektroden kontaktiert, von denen man annimmt, daß sie keinen Eigenanteil zum Widerstand beitragen. Es herrscht vollständiges thermodynamisches Gleichgewicht bezüglich Ag^+ und e^- an den Elektroden. Die Bewegung der Elektronen und Ionen im Feld der Wechselspannung ist in Abb. 2.3.15, das dazugehörige Impedanzspektrum in Abb. 2.3.16 dargestellt.

Der Festelektrolyt hat einen ohmschen Widerstand im Bereich von 10 kΩ. Wenn man sich die Silberelektroden als Platten eines Kondensators vorstellt, zwischen denen sich der Elektrolyt befindet, wird klar, daß parallel zum Volumenwiderstand des Elektrolyten eine sogenannte geometrische Kapazität im System vorhanden ist. Abb. 2.3.17 gibt das Ersatzschaltbild wieder.

Bei Gleichspannung ($\omega = 0$) kann der Kondensator einmal aufgeladen werden, und der gesamte Strom fließt über den ohmschen Widerstand. In der Ortskurve ergibt das einen Punkt auf der Achse des Realteils bei $\tilde{Z} = R$. Bei sehr hohen Frequenzen (für $\omega \geq 100$ kHz) wird der Kondensator praktisch kurzgeschlossen, es fließt ein Verschiebungsstrom mit sehr geringem Widerstand. Für $\omega \to \infty$ liegt der Punkt im Ursprung der Ortskurve, da $\tilde{Z}_C = -\frac{i}{\omega C}$ (vgl. Gl. (2.3.24)) gegen null geht. Dazwischen liegt ein Bereich, wo sowohl Widerstand als auch Kondensator am Stromfluß beteiligt sind, es tritt eine Phasenverschiebung zwischen Strom und Spannung auf. Der Imaginärteil liefert einen Beitrag zur Impedanz, und es kommt zum typischen Halbkreis.

Der Schnittpunkt des Halbkreises mit der x-Achse (Re $\tilde{Z}$-Achse) stellt den Volumenwiderstand R_b dar. Am Minimum der Ortskurve gilt $|\mathrm{Im}\tilde{Z}| = |\mathrm{Re}\tilde{Z}|$ und damit $\frac{1}{\omega C} = R$. Daraus läßt sich die geometrische Kapazität und über die Probengeometrie die Dielektrizitätskonstante des Materials berechnen.

Im zweiten Beispiel wird ein Festelektrolyt (LaF$_3$, F$^-$-Ionenleiter) mit zwei identischen und vollständig Elektronen- bzw. Fluoridleitung blockierenden Silberelektroden kontaktiert (Abb. 2.3.18). Die Elektrodenoberfläche wird

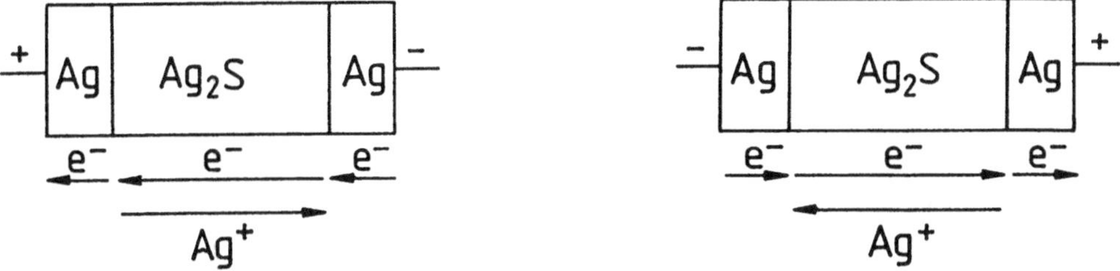

Abb. 2.3.15
Bewegung geladener Teilchen im Feld der Wechselspannung bei reversiblen Elektroden

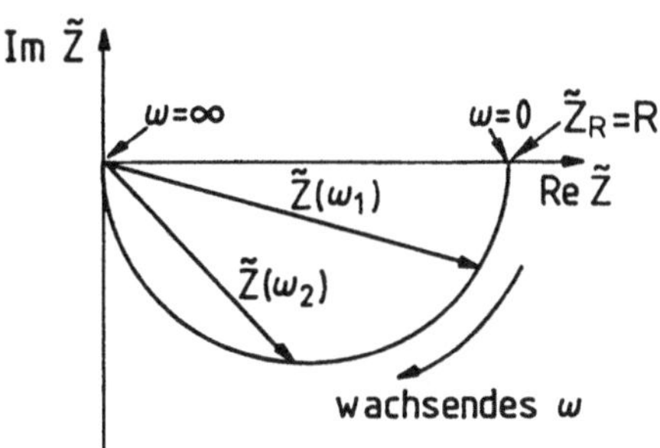

Abb. 2.3.16
Impedanzspektrum (Ortskurve) der Anordnung zu Abb. 2.3.15

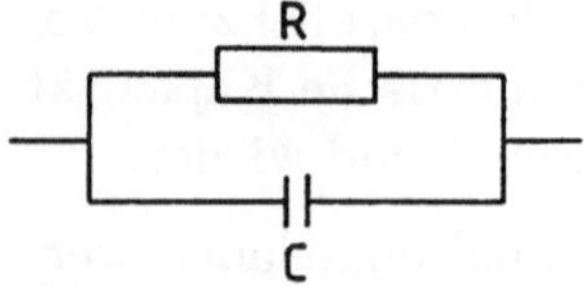

Abb. 2.3.17
Ersatzschaltbild zu Abb. 2.3.15 und 2.3.16

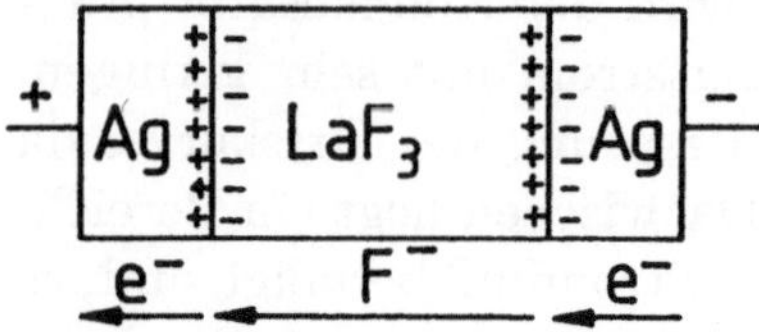
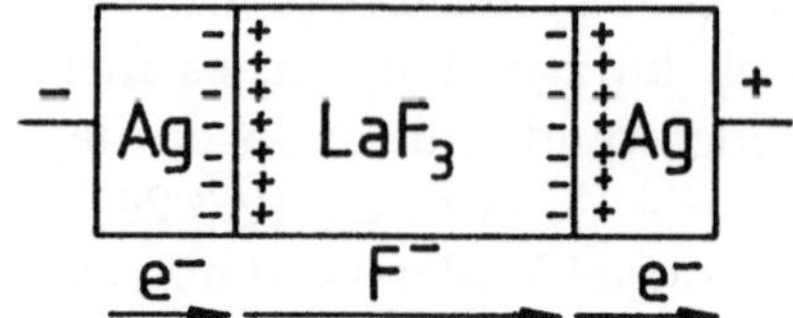

Abb. 2.3.18
Bewegung geladener Teilchen im Feld der Wechselspannung bei blockierenden Elektroden

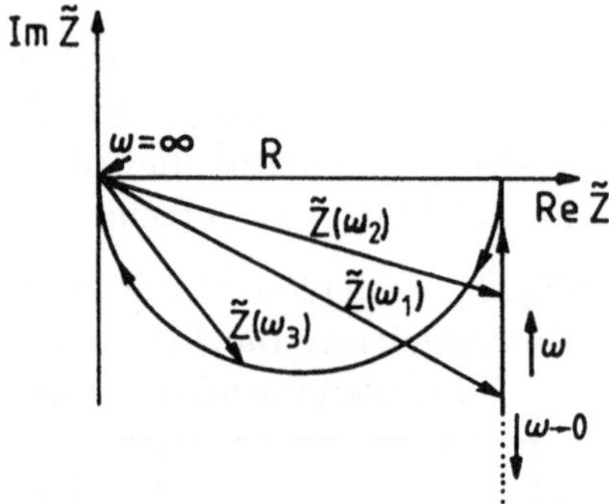

Abb. 2.3.19
Impedanzsspektrum (Ortskurve) zur Anordnung
in Abb. 2.3.18

dabei im Wechselfeld wie ein Kondensator be- und entladen, ohne daß Ladungsdurchtritt von e^- bzw. F^- stattfindet.

Ein dazugehöriges Impedanzspektrum ist in Abb. 2.3.19 skizziert, das Ersatzschaltbild ist in Abb. 2.3.20 angegeben.

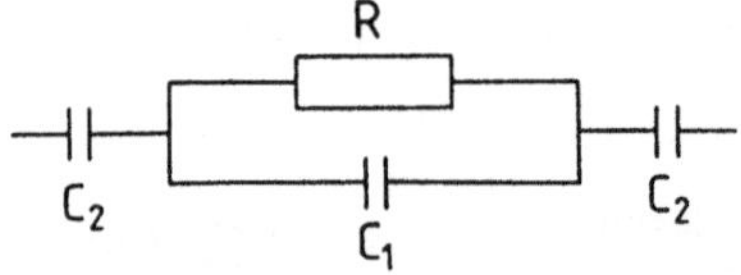

Abb. 2.3.20
Ersatzschaltbild zu Abb. 2.3.18 und 2.3.19 mit $C_2 \gg C_1$

Bei Gleichspannung ($\omega = 0$) sperren die beiden zusätzlich in Reihe geschalteten Kondensatoren, der Imaginärteil des Widerstandes ist unendlich groß. Da die Kapazitäten der Elektrodenkondensatoren sehr viel größer sind als die geometrische Volumenkapazität zwischen beiden Elektroden, werden bei etwas höheren Frequenzen zunächst diese Kondensatoren kurzgeschlossen. Im Impedanzspektrum ergibt das eine Parallele zur y-Achse, die die x-Achse im Volumenwiderstand des Elektrolyten berührt. Zu noch höheren Frequenzen schließt sich der aus dem ersten Beispiel bekannte Volumenhalbkreis an.

Anhand dieser Beispiele wird deutlich, daß man über Ortskurven das Kontaktverhalten von elektrischen an elektrochemischen Systemen charakterisieren kann. Des weiteren können frequenzabhängig das Verhalten von Korngrenzen in polykristallinem Material und auch Diffusionsvorgänge an der Elektrolyt/Elektrodengrenzfläche untersucht werden. Bei Korrosionsuntersuchungen stellt die Impedanzspektroskopie eine wertvolle Ergänzung zu den herkömmlichen Strom-Spannungsmessungen (z.B. zyklische Voltammetrie) dar. Außerdem wird deutlich, daß man je nach Wahl der Elektroden ein sehr unterschiedliches Verhalten vorfinden kann (vgl. Abschn. 2.3.1.3).

2.3.3   Weitere Methoden

Wir haben bereits in Abschn. 2.3.1.1 besprochen, daß bei der Messung von Strom-Spannungs-Kurven nicht immer ohmsches Verhalten beobachtet wird. Mit *nicht-linearen Strom-Spannungs-Kurven* können Nichtgleichgewichtseigenschaften und Kontakte elektrischer und ionischer Leiter charakterisiert werden. Vor allem Metall/Halbleiter- und Halbleiter/Halbleiter-Heterokontakte werden so analysiert, aber auch die Elektrochemie von Elektrolyt/Festkörper-Grenzflächen.

Zunehmend interessant werden *lokale elektrische Eigenschaften*, die z.B. mit Mikrokontakten, Mikroelektroden oder dem Tunnelmikroskop gemessen werden können. Beim Rastertunnelmikroskop (vgl. Abschn. 1.2) kann man z.B. an einen bestimmten Punkt der Probe fahren und dort die Regelschleife unterbrechen, die den Tunnelstrom konstant hält. Anschließend kann man die zwischen Probe und Tunnelspitze angelegte Spannung verändern, den Strom messen und so eine lokale I/U-Kurve erhalten. Diese Kurven enthalten dabei insbesondere Informationen über die elektronische Struktur der Probenoberfläche, allerdings beschränkt auf einen Energiebereich nahe des Ferminiveaus. Auch die elektronische (und geometrische) Struktur der Tunnelspitze beeinflußt den Strom, so daß die Messungen heute noch sehr kritisch auszuwerten sind. Man kann allerdings auch vom typischen Tunnelabstand (einige Å) näher an die Probe heranfahren, bis man mechanischen Kontakt hat, und so den Übergang vom Tunnelbereich bis in den Punktkontaktbereich studieren.

Mikrokontakte mit einer lateralen Auflösung bis zu 0,5 μm werden z.B. in der Elektrochemie dazu verwendet, Ionenwanderung entlang von Membranen, Ionenaktivitäten in lebenden Zellen, Änderung der Stöchiometrie in Festkörpern durch Diffusion und lokale elektronische Eigenschaften in Halbleiter-Bauelementen zu messen. Das Studium biologischer Membranen ist hier ein besonders interessantes neues Anwendungsgebiet, da Membranen eine besonders inhomogene Struktur mit Poren, Kanälen etc. besitzen. Im Bereich der Rastersondenmikroskopien wurde die Rasterionenleitfähigkeitsmikroskopie (Scanning Ion Conduction Microscopy, SICM) entwickelt, die die Ionenleitung im Elektrolyten ausnutzt (Abb. 2.3.21).

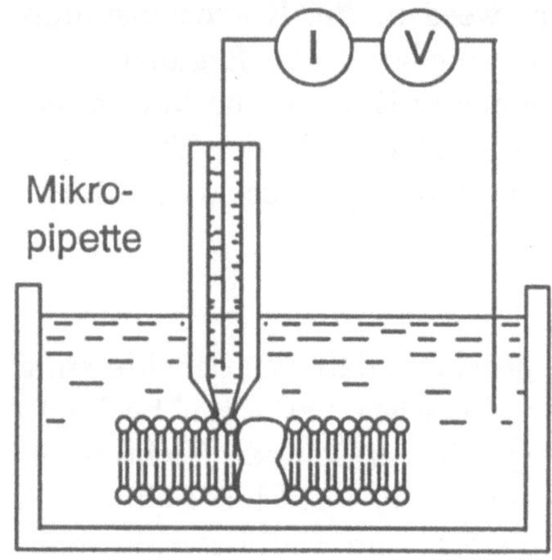

Abb. 2.3.21
Schematischer Aufbau eines Rasterionenleitfähigkeitsmikroskops, hier zur Abbildung von Ionenkanälen in Membranen

Dazu werden mikrostrukturierte ionenleitende Spitzen präpariert, beispielsweise ausgezogene Glaskapillaren. Da die Ionenströme bei sehr feinen Kapillaren extrem niedrig werden und die Glasspitzen nicht wesentlich feiner als 100 nm ausgezogen werden können, liefert dieses Verfahren keine Auflösung bis in den atomaren Bereich.

Durch *potentiometrische Messungen*, d.h. Messungen ohne Stromfluß, lassen sich thermodynamische Daten aus elektromotorischen bestimmen. Dies wird ausführlich in Büchern der Elektrochemie (s. z.B. [Boc 76], [Ham 81/85]) besprochen und soll hier nicht weiter ausgeführt werden.

Durch Bestrahlung mit Photonen kann man Leitfähigkeiten beeinflussen, indem man Elektronen aus dem Valenzband in das Leitungsband (vgl. Abschn. 1.5) anregt (*Photoleitung*). Dies werden wir in Abschn. 2.5.4 kurz charakterisieren. Die meisten der obengenannten Experimente kann man durch Bestrahlung mit Photonen verschiedener Frequenz beeinflussen. Dies führt zu einer Charakterisierung elektronisch angeregter Zustände, von charakteristischen Relaxationzeiten und von lokalisierten und delokalisierten elektronischen Zuständen. Irreversible Änderungen lassen eine Charakterisierung photochemischer Reaktionen zu.

2.4 Dielektrische und verwandte Eigenschaften

Unter dielektrischen Eigenschaften versteht man Materialeigenschaften als Folge von permanenten oder induzierten Dipolen, durch die niederfrequente elektrische Felder beeinflußt oder hervorgerufen werden. Von besonderer Bedeutung sind v.a. nichtleitende Dielektrika, die z.B. in Kondensatoren eingesetzt werden. Dabei spielen insbesondere keramische Materialien eine große Rolle (vgl. auch Tab. 3.5.3, Abschn. 3.5). Dielektrische Eigenschaften werden in der Mikroelektronik über einen großen Frequenzbereich unterhalb des Mikrowellenbereichs ausgenutzt. Bei höheren Frequenzen werden diese Eigenschaften nicht mehr in geschlossenen elektrischen Schaltkreisen genutzt; sie werden über optische Parameter beschrieben und über spektrokopische Methoden charakterisiert (vgl. Abschn. 2.5.2 und [Göp 94]).

2.4.1 Dielektrika im konstanten elektrischen Feld

Das elektrische Feld $\underline{E}$ übt auf Ladungen Kräfte aus. Es wird materialabhängig von Ladungen erzeugt, die Quellen und Senken dieses Feldes sind.

Man definiert einen zweiten Feldvektor $\underline{D}$, der direkt mit der felderzeugenden, makroskopischen, auf das Volumen bezogenen Ladungsdichte $Q_{(v)}(\underline{r}) = \varrho$ zusammenhängt über

$$\oint \underline{D} d\underline{A} = Q = \int Q_{(v)} dV = \int \varrho dV \,. \tag{2.4.1}$$

$\underline{D}$ heißt dielektrische Verschiebung und hat die Dimension einer Flächenladungsdichte $Q_{(s)}$.

Im Vakuum gilt:

$$\underline{D} = \varepsilon_0 \underline{E} \tag{2.4.2}$$

ε_0 heißt Influenzkonstante oder elektrische Feldkonstante.

Der Vorteil der Einführung von $\underline{D}$ zeigt sich, wenn man das elektrische Feld in Materie betrachtet: Befinden sich zwei Ladungen q_1 und q_2 in einem Medium wie Gas, Flüssigkeit oder Festkörper, so werden die makroskopischen

Ladungen aufgrund von Polarisationseffekten der Materie ($=$ mikroskopische Ladungen) gegeneinander abgeschirmt. Als Folge davon ist das Feld der Ladung q_1 am Ort der Ladung q_2 um den Faktor $1/\varepsilon_r$ geringer als im Vakuum (Coulombgesetz). ε_r ist die relative Dielektrizitätskonstante (DK); sie stellt ein Maß für die Polarisierbarkeit der Materie dar.

In Materie gilt:

$$\underline{D} = \varepsilon_0 \underline{\underline{\varepsilon}}_r \underline{E} \qquad (2.4.3)$$

$\underline{\underline{\varepsilon}}_r$ ist im allgemeinen Fall ein Tensor.

Tab. 2.4.1 zeigt typische Werte.

Tab. 2.4.1 Statische Dielektrizitätskonstanten verschiedener Materialien

Verbindung	ε_r
Vakuum	1
Wasserdampf (1 bar)	1,00705
Eis ($T = 268\,\mathrm{K}$)	2,9
Wasser (flüssig)	81
SiO_2	4,5
LiF	9,0
MgO	9,65
TiO_2	$14-110$
Titanate (Ba, Sr, Ca, Mg, Pb)	$15-12000$
SiO_2-Glas	3,8
Pb-Glas	19,0
Teflon	2,1
Polystyrol	$2,4-2,75$
Nylon 6,6	4,0
Neopren	6,3
Papier	7,0

Die Bedeutung von Gl. (2.4.3) soll am Beispiel eines Plattenkondensators im elektrischen Gleichfeld mit und ohne Dielektrikum erläutert werden. Für das Feld im Plattenkondensator gilt dabei

$$E = \frac{U}{d} \qquad (2.4.4)$$

mit d als Abstand der Platten.

Es lassen sich zwei verschiedene Experimente realisieren.

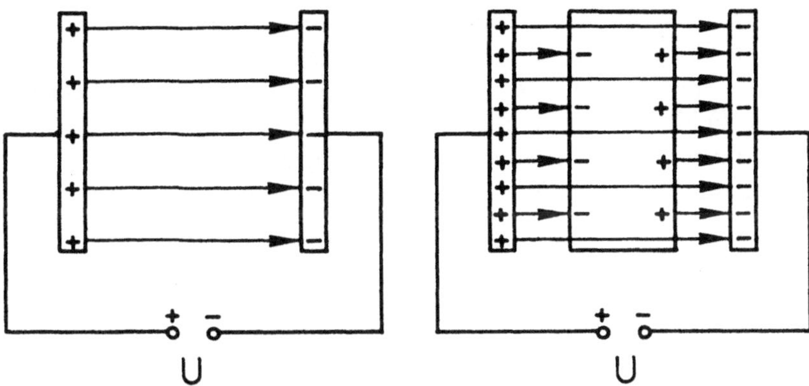

Abb. 2.4.1
Kondensator ohne und mit Dielektrikum bei $U = d \cdot E = $ const.

Der erste Fall ist in Abb. 2.4.1 dargestellt. Die beiden Kondensatorplatten sind an eine Spannungsquelle angeschlossen, die eine konstante Spannung $U = $ const. aufrecht erhält. Dies bedeutet, daß in diesem Experiment auch das elektrische Feld zwischen den Platten konstant bleibt. Dies heißt weiterhin, daß während des gesamten Experiments zwischen den beiden Platten die gleiche Feldliniendichte herrscht.

Im linken Teilbild ist die Situation für einen Kondensator im Vakuum ($\varepsilon_r = 1$) dargestellt. Bringt man nun ein Dielektrikum zwischen die isolierten Platten, so wird die Materie im Dielektrikum durch das elektrische Feld polarisiert werden, d.h. negative Ladungen werden in Richtung der positiven Platte und positive Ladungen in Richtung der negativen Platte verschoben. Das atomistische Verständnis für diese Auslenkungen und die einzelnen Mechanismen besprechen wir weiter unten.

Das Auftreten von Ladungen an der Oberfläche des Dielektrikums bedeutet, daß ein zusätzliches Feld zwischen den Platten des Kondensators und dem Dielektrikum besteht. Wollen wir die Spannung zwischen den Kondensatorplatten konstant halten, ist dies nur dann möglich, wenn zusätzliche Ladungen von der Spannungsquelle auf die Kondensatorplatten fließen. Dies bedeutet jedoch, daß die dielektrische Verschiebung größer geworden ist. Da wir E konstant gehalten haben, muß sich nach Gl. (2.4.3) ε_r vergrößert haben.

In einem zweiten Experiment wird ein Kondensator mit einer bestimmten Spannung U aufgeladen und anschließend die Quelle entfernt. In diesem Fall ist also die Anzahl der Ladungen auf den Platten und damit auch D konstant. In Abb. 2.4.2 ist das entsprechende Experiment gezeigt.

Bringt man nun ein Dielektrikum zwischen die isolierten Platten, ändert sich an den Ladungen auf den Platten nichts. Das Dielektrikum wird jedoch genauso polarisiert wie im Experiment der Abb. 2.4.1. Dies bedeutet, daß einige Feldlinien jetzt nur zwischen den Kondensatorplatten und dem Dielektrikum und nicht von einer Kondensatorplatte bis zur anderen auftreten und somit das elektrische Feld im Medium geschwächt wird.

Man kann den Zusammenhang zwischen $\underline{D}$ und $\underline{E}$ auch über die sog. dielektrische Polarisation ausdrücken:

$$\underline{D} = \varepsilon_0\underline{E} + \underline{P} \tag{2.4.5}$$

Für kleine Feldstärken kann man i.allg. davon ausgehen, daß P proportional zu $\varepsilon_0\underline{E}$ ansteigt. Die Proportionalitätskonstante ist die dielektrische Suszeptibilität χ_{el}. Im allgemeinen Fall ist dies ein Tensor $\underline{\underline{\chi}}_{el}$, der beschreibt, wie leicht oder schwer ein Material in welcher Richtung polarisierbar ist.

Gl. (2.4.5) kann damit folgendermaßen geschrieben werden:

$$\begin{aligned}
\underline{D} = \varepsilon_0\underline{E} + \underline{P} &= \varepsilon_0\underline{E} + \varepsilon_0\underline{\underline{\chi}}_{el}\underline{E} \\
&= \varepsilon_0(1 + \underline{\underline{\chi}}_{el})\underline{E} \\
&= \varepsilon_0\underline{\underline{\varepsilon}}_r\underline{E}
\end{aligned} \tag{2.4.6}$$

Man beachte, daß es sich bei $\underline{E}$ um das tatsächlich im Inneren des Dielektrikums vorhandene Feld handelt, das sich aus der Überlagerung des im Vakuum vorhandenen Felds der äußeren Ladungen mit dem Polarisationsfeld des Dielektrikums ergibt.

Gl. (2.4.6) gilt nicht nur für konstante elektrische Felder, sondern auch für beliebige frequenzabhängige Felder, die weiter unten in Abschn. 2.4.2 und über optische Eigenschaften in Abschn. 2.5.2.1 beschrieben werden. Insbesondere für den optischen Bereich findet man bei sehr hohen Feldstärken,

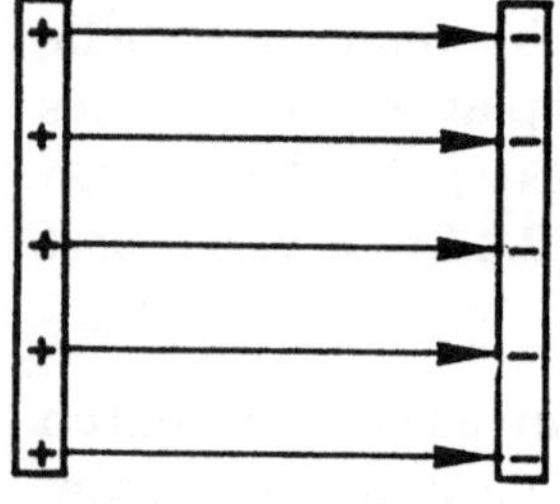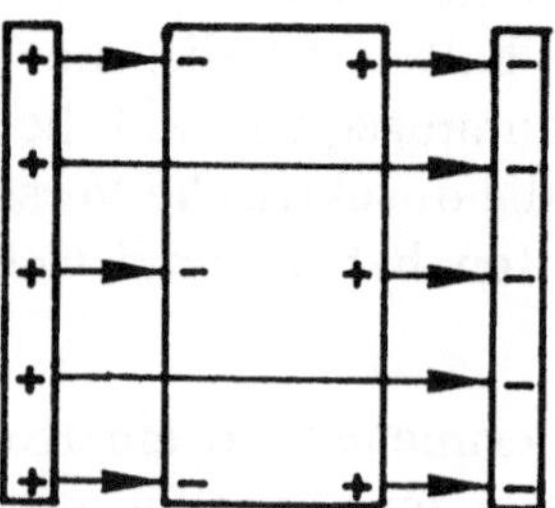

Abb. 2.4.2
Kondensator ohne und mit Dielektrikum bei $D = Q_{(s)} = \text{const.}$

so z.B. im $\underline{E}$-Feld eines Lasers, daß die oben angenommene Proportionalität von $\underline{P}$ und $\underline{E}$ nicht mehr gilt, sondern χ eine Funktion von $\underline{E}$ wird:

$$\underline{P} = \varepsilon_0(\underline{\underline{\varepsilon}}_r - 1)\underline{E} = \varepsilon_0\underline{\chi}(E)\underline{E} \tag{2.4.7}$$

Diese Funktion kann in eine Taylor-Reihe entwickelt werden. Bei Vernachlässigung des Vektorcharakters von $\underline{P}$ und $\underline{E}$ gilt dann:

$$P = \varepsilon_0(\chi \cdot E + \chi_2 E^2 + \chi_3 E^3 + \ldots) \tag{2.4.8}$$

Für Festkörper im optischen Bereich sind typische Größenordnungen für die Konstanten $\chi \approx 1$, $\chi_2 \approx 10^{-10} \frac{cm}{V}$ und $\chi_3 \approx 10^{-17} \frac{cm^2}{V^2}$. χ_2 wird allerdings null in zentrosymmetrischen Kristallen.

Die aus dieser Nichtlinearität zwischen P und E folgenden Effekte werden in der nichtlinearen Optik behandelt und beschreiben Effekte wie den Starkeffekt, den Ramaneffekt und die Frequenzverdopplung. Wir werden darauf kurz in Abschn. 3.11 eingehen.

Im folgenden wenden wir uns nun wieder dem einfachen Fall von Materie im elektrischen Gleichfeld zu. Mikroskopisch betrachtet setzt sich die Polarisation aus der vektoriellen Summe der Dipolmomente pro Volumeneinheit zusammen:

$$\underline{P}_{(v)} = \underline{P} = \frac{\sum \underline{\mu}_{el}}{V} \tag{2.4.9}$$

Der untere Index (v) deutet an, daß es sich um eine auf das Einheitsvolumen bezogene Größe handelt. Diese Bezeichnung ist in der Literatur jedoch nicht üblich, so daß wir im folgenden vereinfacht die gebräuchlichere Bezeichnung $\underline{P}$ verwenden.

Das Dipolmoment eines Paars ungleichnamiger, aber gleich großer Ladungen q und $-q$ im Abstand d (mit dem Vektor $\underline{d}$, gemessen von der negativen zur positiven Ladung, im Gegensatz zum elektrischen Feld $\underline{E}$, dessen positive Richtung von der positiven zur negativen Ladung zeigt) ist dabei definiert als

$$\underline{\mu}_{el} = \underline{\mu} = q\underline{d}\,. \tag{2.4.10}$$

(Wir werden im folgenden den Index „el" für die Unterscheidung des elektrischen vom weiter unten eingeführten magnetischen Dipolmoment nur noch dort verwenden, wo Verwechslungen auftreten können.) Ein Dipol aus den

Elementarladungen $+e$ und $-e$, die sich in einem typischen atomaren Abstand von 0,1 nm befinden, würde ein Dipolmoment von $16,21 \cdot 10^{-30}$ C·m (= 4,8 Debye im cgs-System) besitzen.

Im allgemeinen Fall einer kontinuierlichen Ladungsverteilung, beispielsweise in einem Molekül, ist $\underline{d}$ der Abstand zwischen den Schwerpunkten aller positiven und aller negativen Ladungen. Ursache für permanente Dipolmomente in Molekülen sind v.a. die unterschiedlichen Elektronegativitäten der Bindungspartner, die dazu führen, daß die Elektronenverteilung in Richtung der elektronegativeren Partner verschoben wird (vgl. Abschn. 1.4.2) (zur Erzeugung eines Dipols durch Polarisation s.u.).

Mikroskopisch unterscheidet man verschiedene Mechanismen der Polarisation von freien Molekülen:

- *Verschiebungspolarisation:*

  Ein elektrisches Feld bewirkt eine Polarisation durch eine geringe Verschiebung der Elektronenwolke gegenüber den Atomrümpfen (Elektronenpolarisation), der Atomrümpfe gegeneinander (Atompolarisation) bzw. in Ionenkristallen durch Verschiebung der positiven und negativen Ionen gegeneinander (Ionenpolarisation). Das so induzierte Dipolmoment ist proportional zur lokalen Feldstärke

  $$\underline{\mu}_{\mathrm{ind}} = \underline{\underline{\alpha}}\,\underline{E}_{\mathrm{loc}} \tag{2.4.11}$$

  mit $\underline{\underline{\alpha}}$ als Polarisierbarkeit.

  Für Gase unter sehr niedrigem Druck ist das lokale Feld an einem Dipol kaum durch die anderen Dipole beeinflußt und somit identisch mit dem makroskopischen Feld $\underline{E}$, das im Plattenkondensator herrscht. Die Polarisierbarkeit ist dann einfach über Gl. (2.4.4) und (2.4.11) mit $\underline{E}_{\mathrm{loc}} = \underline{E}$ gegeben.

  Liegt das Dielektrikum in höherer Dichte vor, so gilt diese Näherung nicht mehr, und man muß das lokale Feld erst aus der Feldstärke $\underline{E}$ berechnen. Dieses Problem läßt sich einfach lösen, wenn man annimmt, daß sich das betrachtete Molekül in einem winzigen kugelförmigen Hohlraum im Dielektrikum befindet. Das lokale Feld in solch einem Hohlraum ergibt sich zu [Sta 83]

  $$E_{\mathrm{loc}} = E + \frac{1}{3}\frac{P}{\varepsilon_0}. \tag{2.4.12}$$

Daraus folgt unter Berücksichtigung von Gl. (2.4.7), (2.4.9), (2.4.11), (2.4.12) und der Beziehung $N_{(v)} = \frac{N_L}{V_m}$ mit V_m als Molvolumen die sog. Clausius-Mossotti-Gleichung (zur Herleitung s. auch [Wed 87]):

$$\frac{\varepsilon_r - 1}{\varepsilon_r + 2} V_m = \frac{1}{3\varepsilon_0} N_L \bar{\alpha} = P_V \neq f(T) \tag{2.4.13}$$

$\bar{\alpha}$ ist die mittlere statische „Polarisierbarkeit" oder, besser gesagt, das Polarisierbarkeitsvolumen mit der Einheit $[\alpha] = \mathrm{m}^3$. α hängt mit der eigentlichen Polarisierbarkeit über $\bar{\alpha} = \frac{\alpha}{4\pi\varepsilon_0}$ zusammen. P_V wird als Molpolarisation bezeichnet, besitzt jedoch ebenfalls nicht die Einheit der Polarisation ($[P] = \mathrm{C}/\mathrm{m}^2$), sondern ist eine auf ein Einheitsfeld bezogene Größe mit der Einheit $[P_V] = \frac{\mathrm{m}^3}{\mathrm{mol}}$.

- *Orientierungspolarisation:*

  Bei Anwesenheit eines elektrischen Feldes richten sich permanente Dipole μ im Feld aus. Diesem Orientierungsvorgang wirkt die Wärmebewegung entgegen. Die effektive Orientierungspolarisation hängt deshalb von der Temperatur ab. Für hohe Temperaturen beträgt der Polarisationsanteil durch Dipolorientierung [Wed 87]

$$P_O = \frac{1}{3\varepsilon_0} N_L \frac{\mu^2}{3kT} = f(T). \tag{2.4.14}$$

In einem polaren Molekül tritt neben der Orientierungspolarisation zusätzlich auch die Verschiebungspolarisation auf, so daß die Gesamtpolarisation durch

$$P_{\text{ges}} = P_V + P_O = \frac{\varepsilon_r - 1}{\varepsilon_r + 2} V_m = \frac{1}{3\varepsilon_0} N_L \left(\bar{\alpha} + \frac{\mu^2}{3kT} \right) \tag{2.4.15}$$

gegeben ist. Auch P_O und P_{ges} besitzen nicht die Einheit der Polarisation.

Man kann die dielektrischen Eigenschaften auch mikroskopisch mit einer Auflösung von einigen zehn Nanometern mit einem sog. Rasterkapazitätsmikroskop (**Scanning Capacitance Microscope, SCM**) bestimmen [Kle 88]. In diesem ist eine Spitze Teil eines elektrischen Schwingkreises, der sich bei Annäherung an die Probe durch die Änderung der Kapazität verstimmt (Abb. 2.4.3).

Diese Kapazität zwischen Spitze und Probe ist mit ca. 10^{-16} F sehr klein gegenüber der Gesamtkapazität Spitze gegen Erde von ca. 10^{-12} F, so daß phasenempfindlich mit der Anregungsfrequenz detektiert werden muß.

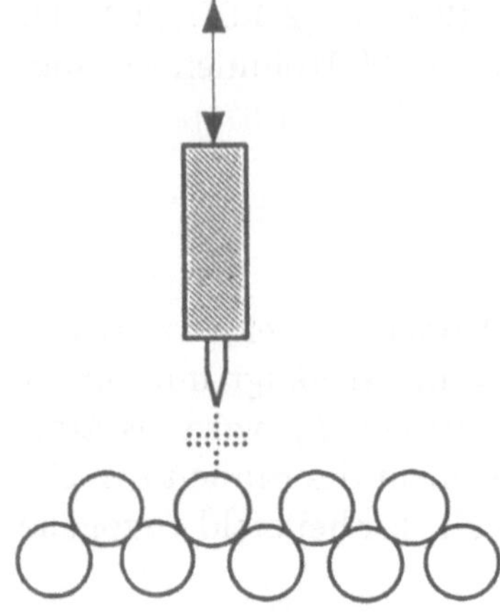

Abb. 2.4.3
Schematische Darstellung eines Rasterkapazitätsmikroskops

2.4.2   Dispersion der Dielektrizitätskonstanten im niederfrequenten Relaxationsbereich

Wir haben die Dielektrizitätskonstante (DK) bisher nur in einem statischen $\underline{E}$-Feld kennengelernt. Wir wollen nun sehen, welchen Einfluß ein niederfrequentes Wechselfeld $E(\omega)$ auf die Polarisation in der untersuchten Substanz und damit auf die DK hat. Wir wollen uns dies zuerst qualitativ verständlich machen und dann die quantitative Ableitung der dielektrischen Funktion besprechen.

Wir hatten gesehen, daß ein $\underline{E}$-Feld eine Polarisation $\underline{P}$ in einem Dielektrikum erzeugt. $\underline{P}$ beruht auf der Verschiebung der Ladungsschwerpunkte im Atom und/oder der Ausrichtung evtl. vorhandener permanenter Dipole im Feld. Legt man nun ein Wechselfeld an das Dielektrikum, so wird sich die Richtung der Polarisation mit der gleichen Frequenz ändern wie das eingestrahlte Feld. Man kann sich dabei vorstellen, daß die Polarisation bzw. die dielektrische Verschiebung $\underline{D}$ mit einer Phasenverschiebung auf das Wechselfeld $\underline{E}$ reagieren. Die Dielektrizitätskonstante, die nach Gl. (2.4.6) den Zusammenhang zwischen diesen Größen vermittelt, ist deshalb i.allg. eine komplexe Größe.

Die erzwungene Polarisation wird mit steigender Frequenz des $\underline{E}$-Feldes diesem immer weniger und bei hohen Frequenzen überhaupt nicht mehr folgen. Der langsamste Polarisationsprozeß mit der niedrigsten Frequenz ist die Ausrichtung permanenter Dipole (Orientierungspolarisation. Diese ist durch Reibung in kondensierter Materie i.allg. noch verlangsamt, so daß oberhalb einer bestimmten Frequenz nur noch die sog. Verschiebungspolarisation auftritt. (Bei noch höheren Frequenzen kann auch die Ionen- und bei sehr hohen Frequenzen die Elektronenpolarisation dem Feld nicht mehr

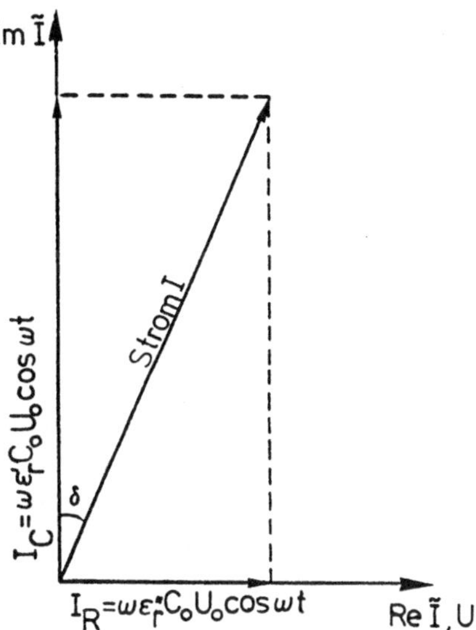

Abb. 2.4.4
Zeigerdiagramm des Verschiebungsstromes $I(t) = I_0 \sin(\omega t + \varphi)$ mit ohmschem Strom $I_R(t) = \omega \varepsilon_r'' C_0 U_0 \cos \omega t$ auf der Real-Achse und kapazitivem Strom $I_C(t) = \omega \varepsilon_r' C_0 U_0 \cos \omega t$ (mit U_0 als Spannungsamplitude und C_0 als statische Kapazität für $\omega = 0$) auf der Imaginär-Achse. Der Phasenwinkel φ zwischen Verschiebestrom $I(t)$ und Spannung $U(t)$ ist $90° - \delta$, wobei δ der Verlustwinkel ist.

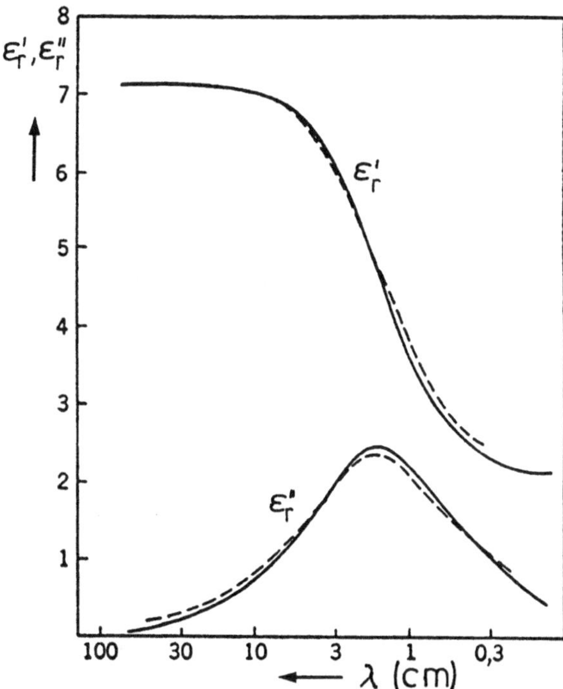

Abb. 2.4.5
Schematische Darstellung der Dispersion von ε_r als Funktion des Logarithmus der Wellenlänge λ für einen Relaxationsprozeß. Die ausgezogene Kurve gibt den theoretisch berechneten, die gestrichelte Kurve den experimentellen Verlauf für Isobutylbromid wieder [Smy 55].

folgen. In diesen Frequenzbereichen treten allerdings v.a. Resonanzeffekten durch Übergänge von einem Energieniveau in ein höheres auf (Absorption), da die Dämpfung und damit die Relaxation in diesem Bereich sehr gering sind. Diesen Bereich von Frequenzen werden wir deshalb erst in Abschn. 2.5.2.1 besprechen.) Unter den hier diskutierten *Relaxationsprozessen* versteht man das Phänomen, das zu einem exponentiellen zeitlichen Abfall der Polarisation in einem Dielektrikum führt, wenn das äußere angelegte Feld entfernt wird [Smy 55]. Die Relaxationszeit τ ist dabei definiert als die Zeit, in der die Polarisation auf $1/e$ des Ausgangswertes abgefallen ist. Diese Zeit ist temperaturabhängig. Bringt man das Dielektrikum in eine Kondensatorschaltung und legt eine Wechselspannung $U = U_0 \sin \omega t$ variabler Frequenz $\omega = 2\pi\nu$ an, so kann man im äußeren Stromkreis zwei Anteile des Stroms I (Verschiebungsstrom genannt) bestimmen: der *ohmsche Strom* I_R ist *in* Phase mit der Spannung (Verluststrom, der zur Absorption von Energie aus dem elektrischen Feld und zur Erzeugung von Wärme führt); der *kapazitive Strom* I_C ist um 90° *außer* Phase. Eine Darstellung beider Komponenten erfolgt im Zeigerdiagramm (Abb. 2.4.4) (vgl. auch Abb. 2.3.14).

Der Verlustwinkel δ ist dann über folgende Beziehung gegeben:

$$\tan \delta = \frac{I_R(t)}{I_C(t)} = \frac{\varepsilon_r''}{\varepsilon_r'} \tag{2.4.16}$$

ε_r'' und ε_r' bilden den Imaginär- und den Realteil der komplexen Dielektrizitätskonstante $\tilde{\varepsilon}_r = \varepsilon_r' - i\varepsilon_r''$. Die Dispersion von $\tilde{\varepsilon}_r$ für ein kugelförmiges Molekül in einem viskosen Medium mit den Anteilen ε_r' und ε_r'' wird in Abb. 2.4.5 gezeigt. Es gilt [Smy 55]:

$$\varepsilon_r' = \varepsilon_\infty = \frac{\varepsilon_{r,\text{stat}} - \varepsilon_{r,\infty}}{1 + i\omega\tau} \tag{2.4.17}$$

$$\varepsilon_r'' = \frac{(\varepsilon_{r,\text{stat}} - \varepsilon_{r,\infty})\omega\tau}{1 + \omega^2\tau^2} \tag{2.4.18}$$

Trägt man in einer Darstellung ε_r' gegen ε_r'' auf, so ergibt sich ein Halbkreis, in dessen Scheitelpunkt die Frequenz $\omega = \frac{1}{\tau}$ ist mit τ als Relaxationszeit (vgl. auch Abschn. 2.3.2.2).

Relaxationsphänomene lassen sich auch kinetisch herleiten. Unter der Annahme einer Kinetik 1. Ordnung für die Polarisationsprozesse ist die Relaxationszeit $\tau = \frac{1}{k}$ mit k als Geschwindigkeitskonstante definiert. Für die hier besprochene Orientierungspolarisation liegt τ in Gasen in der Größenordnung von 10^{-12} s, für kleine Moleküle in niederviskosen Flüssigkeiten bei 10^{-11}–10^{-10} s. In hochviskosen Medien beträgt sie sogar 10^{-6} s oder länger.

Dagegen haben die hier nicht direkt besprochene Atompolarisation ein τ von ca. 10^{-14}–10^{-12} s, die Ionenpolarisation von ca. 10^{-12} s, während τ für die Elektronenpolarisation in der Größenordnung von 10^{-16} s liegt.

Betrachtet man nun den Verlauf von ε_r nicht nur für einen Relaxationsprozeß, sondern über einen großen Bereich von Wellenlängen bzw. Frequenzen, so ergibt sich die Kurve der Abb. 2.4.6.

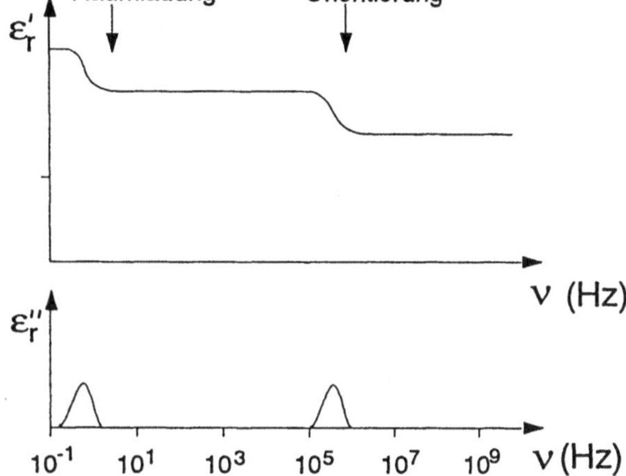

Abb. 2.4.6
Schematische Darstellung der Frequenzabhängigkeit der Dielektrizitätskonstante im niederfrequenten Bereich (für höhere Frequenzen vgl. Abb. 2.5.5).

Der Bereich ganz links ist der Relaxation von akkumulierten Ladungen an den Grenzflächen in mehrphasigen Materialien zuzuordnen (vgl. Abb. 2.5.5c, Teilbild 2). Sie tritt nur auf, wenn die einzelnen Phasen eine unterschiedliche Leitfähigkeit und Dielektrizitätskonstante besitzen (genauer: das Produkt aus beiden Größen muß verschieden sein), so daß das elektrische Feld im Material inhomogen wird.

Zum Abschluß wollen wir noch den Zusammenhang zwischen der frequenzabhängigen Dielektrizitätskonstante und der Wechselstromleitfähigkeit besprechen, die eng miteinander verknüpft sind. Trägt man z.B. die Endpunkte der Pfeile des Zeigerdiagramms in Abb. 2.4.4 frequenzabhängig auf, so erhält man Kurven, die den Ortskurven aus Abb. 2.3.16 sehr ähnlich sind. Die Gleichstromleitfähigkeit wird nur durch freie Ladungsträger erzeugt, die einen sehr kleinen Anteil an der statischen Dielektrizitätskonstante besitzen (vgl. Abb. 2.5.5). (Diese Aussage gilt allerdings nur für sog. Dielektrika, nicht für Metalle, vgl. Abschn. 2.5.2.1.) Erhöhen wir jetzt die Frequenz, so treten zusätzlich die in Abb. 2.4.4 gezeigten Verschiebeströme auf. Der dielektrische Verlust ist genau die Differenz zwischen AC- und DC-Leitfähigkeit. Der

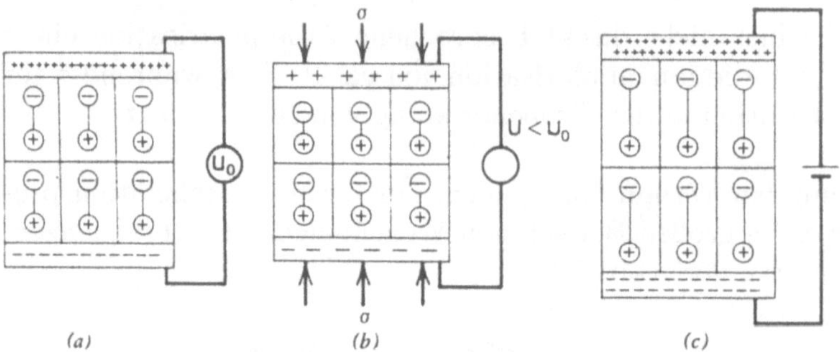

Abb. 2.4.7

a) Piezoelektrisches Material in einem Kondensator mit angelegter Spannung U_0
b) Nach Druck auf das Material in Pfeilrichtung sind die Dipolmomente und damit die Polarisation und Spannung am Kondensator kleiner geworden.
c) Legt man umgekehrt von außen eine höhere Spannung als U_0 an, so dehnt sich der Kristall aus [Ral 76].

Realteil σ' der komplexen Leitfähigkeit $\tilde{\sigma} = \sigma' + i\sigma''$ läßt sich so z.B. über die Dielektrizitätskonstanten $\varepsilon_{r,\mathrm{stat}}$ und $\varepsilon_{r,\infty}$ ausdrücken [Smy 55]:

$$\sigma' = \varepsilon_0 \frac{(\varepsilon_{r,\mathrm{stat}} - \varepsilon_{r,\infty})\omega^2\tau}{1 + \omega^2\tau^2} \tag{2.4.19}$$

2.4.3   Piezoelektrizität

Wir haben in Abschn. 2.4.1 besprochen, daß die Suszeptibilität anisotrop sein kann. Übt man auf einen Ionenkristall mit einer sog. polaren Achse (d.h. ohne Inversionszentrum oder zu der polaren Achse senkrechte Spiegelebenen, vgl. [Göp 94]), z.B. α-Quarz oder $PbTi_{0,48}Zr_{0,52}O_3$ (PZT), Druck aus, so wird er durch die Verschiebung der Ionen gegeneinander polarisiert und durch die so erzeugten Dipolmomente eine Spannung erzeugt. Umgekehrt kann man durch Anlegen einer Spannung einen solchen Piezokristall je nach Polung ausdehnen oder komprimieren. Die Größenordnung dieses Effektes kann bei einer Spannung von 1 V bei 0,5 nm liegen. Abb. 2.4.7 zeigt diesen Prozeß schematisch.

Abb. 2.4.8 zeigt den Piezoeffekt am realen Beispiel des α-Quarz.

In piezoelektrischen Kristallen stehen also vektorielle elektrische Größen, d.h. die dielektrische Verschiebung $\underline{D}$ und das elektrische Feld $\underline{E}$, über tensorielle elastische Größen (vgl. Abschn. 2.2.1) $(\sigma_{xx}, \ldots, \sigma_{xy})$ und $(\varepsilon_{xx}, \ldots, \varepsilon_{xy})$ in Wechselwirkung. Für kleine Beträge kann man in erster Näherung wieder eine lineare Beziehung ansetzen:

$$\underline{D} = \underline{\underline{e}}_{mn}\varepsilon_{xx} + \underline{\underline{\varepsilon}}_{r,ik}\varepsilon_0\underline{E} \tag{2.4.20}$$

a)

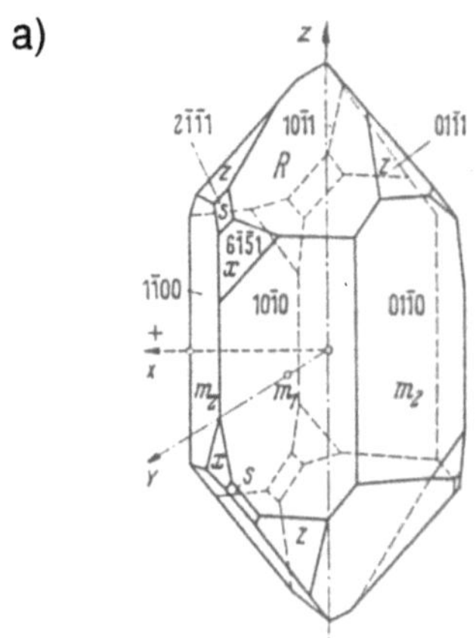

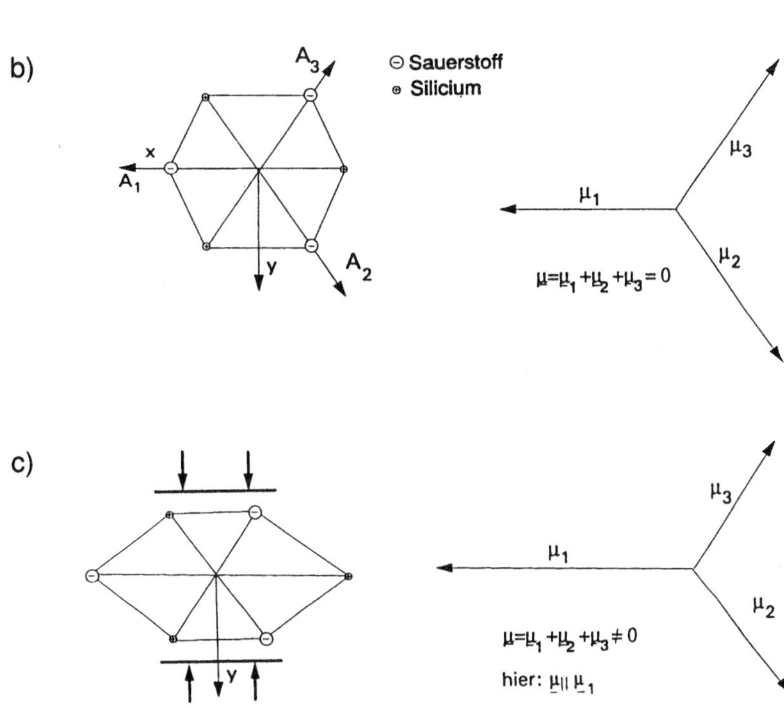

Abb. 2.4.8
a) Schematische Darstellung eines α-Quarz-Einkristalls. Angegeben sind mit jeweils vier Ziffern verschiedene Flächen des Kristalls, auf die hier nicht näher eingegangen werden soll [Hel 88].
b) Querschnitt senkrecht zu z. Die Achsen A_1, A_2 und A_3 sind die drei polaren Achsen. Daneben ist gezeigt, daß sich die Dipolmomente entlang dieser Achsen gerade aufheben.
c) Durch Druck verschiebt man die Sauerstoff- und Siliciumatome so gegeneinander, daß sich die Dipolmomente entlang der polaren Achsen nicht mehr aufheben.

Die Konstanten e_{mn} in der Matrix $\underline{\underline{e}}_{mn}$ heißen piezoelektrische Moduln und haben z.B. in α-Quarz Werte in der Größenordnung von $10^{-5}\,\mathrm{A} \cdot \mathrm{s} \cdot \mathrm{cm}^{-2}$. Den zweiten Teil der rechten Seite der Gleichung haben wir ausführlich in Abschn. 2.4.1 behandelt (vgl. Gl. (2.4.6)).

Man kann Gl. (2.4.20) auch über die Spannungen σ_{xx} in x-Richtung ausdrücken:

$$\underline{D} = \underline{\underline{d}}_{ij}\underline{\sigma}_{xx} + \underline{\underline{\varepsilon}}_{r,ik}\varepsilon_0\underline{E} \tag{2.4.21}$$

Die Konstanten d_{ij} heißen piezoelektrische Koeffizienten und haben in α-Quarz die Größenordnung von $10^{-10}\,\mathrm{cmV}^{-1}$ bzw. $10^{-12}\,\mathrm{CN}^{-1}$, in PZT sogar von $10^{-10}\,\mathrm{CN}^{-1}$. In Kristallen ohne polare Achsen sind die e_{mn} bzw. d_{ij} alle gleich null.

Neben anorganischen Kristallen gibt es auch piezoelektrische Polymere, z.B. Polyvinylidendifluorid (PVDF), $(\mathrm{CH_2\text{-}CF_2})_n$, da es 50–80% hochgeordnete kristalline Bereiche besitzt, die von amorphen umgeben sind (vgl. Abb. 3.12.2). Die kristallinen Bereiche sind jedoch normalerweise statistisch orientiert, so daß PVDF zunächst nicht piezoelektrisch ist. Den größten Piezoeffekt erhält man durch folgenden Prozeß: Zuerst wird das Polymer gestreckt. Dadurch liegen die kristallinen Bereiche hauptsächlich in der sog. β-Phase vor, in der alle Dipolmomente parallel liegen. Anschließend werden Metallelektroden aufgedampft und das Polymer durch Anlegen einer Spannung gepolt, d.h. die β-Phasen richten sich alle nach dem anliegenden Feld aus. So behandeltes PVDF hat d_{ij}-Werte in der Größenordnung von 10^{-11}–$10^{-12}\mathrm{CN}^{-1}$.

Das Polen kann man auch in Keramiken anwenden, in denen sonst ebenfalls eine überwiegend statistische Orientierung einzelner Kristallite auftritt.

Der Piezoeffekt wird beispielsweise im Rastertunnelmikroskop (s. Abschn. 1.2 oder [Göp 94]) und verwandten Techniken, in Quarzuhren, Lautsprechern, Ultraschallsendern und Tonabnehmern ausgenutzt.

2.4.4   Pyroelektrizität und Ferroelektrizität

Im vorigen Abschnitt haben wir gesehen, daß in manchen Kristallen unter Druck die Schwerpunkte zwischen positiven und negativen Ladungen gegeneinander verschoben werden können, so daß eine Polarisation des Kristalls resultiert. Es gibt jedoch auch Kristalle, in denen, makroskopisch gesehen, die Zentren positiver und negativer Ladung auch ohne Ausübung von Druck nicht zusammenfallen, die also eine Polarisation zeigen. Abb. 2.4.9 zeigt ein Beispiel.

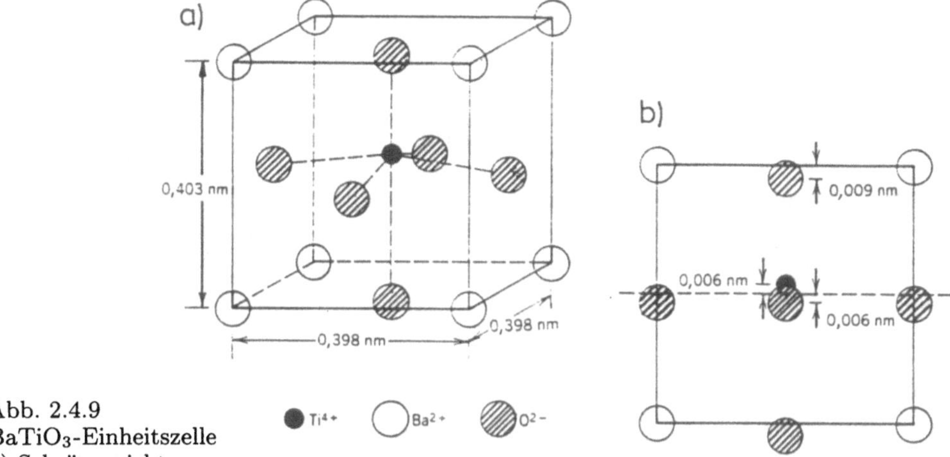

Abb. 2.4.9
$BaTiO_3$-Einheitszelle
a) Schrägansicht
b) Aufsicht auf eine Fläche, die die Verschiebung von Ti^{4+} und O^{2-} aus der Flächenmitte zeigt [Cal 91]

Das bedeutet, daß auf den Oberflächen des Kristalls permanent elektrische Ladung vorliegen muß und eine Fläche positiv, eine andere negativ geladen ist. Diese Ladungen werden jedoch meist nicht wahrgenommen, da sie häufig durch in der Atmosphäre vorhandene freie Ionen neutralisiert werden. Die spontane Polarisation ist stark temperaturabhängig, da sie sich einerseits bei Ausdehnung oder Kontraktion des Kristalls verändert und andererseits die adsorbierten kompensierenden Teilchen bei höheren Temperaturen desorbieren. Deswegen werden solche Stoffe pyroelektrisch genannt. Die meisten dieser Materialien wechseln bei Anlegung eines elektrischen Feldes reversibel ihre Polarisationsrichtung. Solche Materialien werden in Analogie zu Ferromagnetika (vgl. Abschn. 2.6.2) Ferroelektrika genannt. Bei höheren Temperaturen gehen Ferroelektrika jedoch häufig Phasenumwandlungen zu symmetrischeren Kristalltypen ein, so daß oberhalb dieser Temperatur, der ferroelektrischen Curietemperatur T_C, keine spontane Polarisation vorhanden ist.

2.5   Optische Eigenschaften

Unter optischen Eigenschaften versteht man das Verhalten der Materie in elektromagnetischen Feldern bei Frequenzen oberhalb des Mikrowellenbereichs. Man kann dabei zwischen Reflexion, Transmission, Absorption und Emission der elektromagnetischen Strahlung an und in der Materie unterscheiden. Für ein mikroskopisches Verständnis ist dabei die Wellenlängenabhängigkeit der Wechselwirkung entscheidend, wobei nichtresonante und resonante Prozesse auftreten können.

2.5.1 Elektromagnetische Strahlung

Elektromagnetische Strahlung besteht aus Wellen, die eine elektrische und eine magnetische Feldkomponente besitzen, die senkrecht aufeinander stehen (Abb. 2.5.1). Die Richtung der elektrischen Feldkomponente nennt man die Polarisationsrichtung der Strahlung.

Das Spektrum elektromagnetischer Strahlung umfaßt einen sehr großen Wellenlängenbereich von 10^5 m (Radiowellen) bis zu 10^{-13} m (γ-Strahlung) (Abb. 2.5.2). Der sichtbare Bereich nimmt dabei nur einen sehr kleinen Bereich von 4 bis $7{\cdot}10^{-7}$ m ein. Je nach Wellenlänge besitzt das Licht eine andere Farbe. Weißes Licht kommt dabei durch eine Mischung aller Farben (und damit Wellenlängen) zustande.

Jede elektromagnetische Strahlung bewegt sich mit der gleichen Geschwindigkeit durchs Vakuum, mit der Lichtgeschwindigkeit $c_0 = 3 \cdot 10^8 \frac{m}{s}$. Diese Geschwindigkeit läßt sich über die elektrische Feldkonstante ε_0 sowie die magnetische Feldkonstante μ_0 ausdrücken:

$$c_0 = \frac{1}{\sqrt{\varepsilon_0 \mu_0}} \tag{2.5.1}$$

Außerdem ist das Produkt aus Frequenz ν und Wellenlänge λ von elektromagnetischen Wellen im Vakuum konstant und gleich der Lichtgeschwindigkeit:

$$c_0 = \lambda\nu = \frac{1}{\tilde{\nu}} \cdot \nu \tag{2.5.2}$$

$\tilde{\nu}$ heißt Wellenzahl.

In Abschn. 1.2 haben wir gesehen, daß elektromagnetische Strahlung nicht nur Wellen- sondern auch Teilchencharakter hat. Den Teilchencharakter beschreibt man über „Energiepakete", die Photonen, deren Energie über

$$E = h\nu = \frac{hc}{\lambda} \tag{2.5.3}$$

gegeben ist.

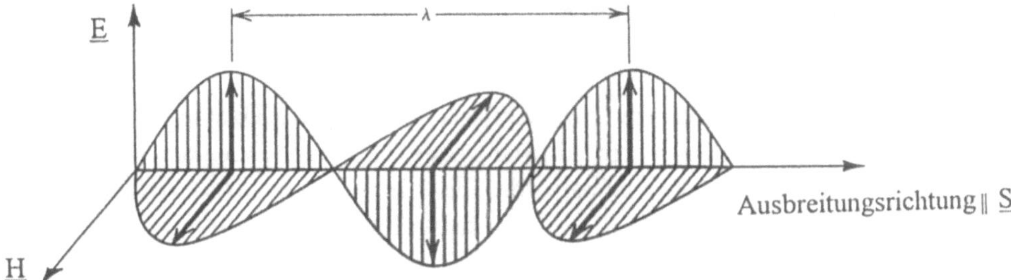

Abb. 2.5.1
Elektromagnetische Welle der Wellenlänge λ mit elektrischem Feldvektor $\underline{E}$, magnetischem Feldvektor $\underline{H}$ und Poyntingvektor $\underline{S} = \underline{E} \times \underline{H}$ in Ausbreitungsrichtung

Elektromagnetische Strahlung	Wellen-länge (nm)	Fre-quenz (s^{-1})	Wellen-zahl (cm^{-1})	Energie ($kcal{\cdot}mol^{-1}$)	($kJ{\cdot}mol^{-1}$)	(eV)
Radiowellen* 0,01 – 10 m	10^{10}	$3\cdot10^7$	10^{-3}	$3\cdot10^{-6}$	$1,2\cdot10^{-5}$	$1,2\cdot10^{-7}$
	10^8	$3\cdot10^9$	10^{-1}	$3\cdot10^{-4}$	$1,2\cdot10^{-3}$	$1,2\cdot10^{-7}$
Mikrowellen 0,1 – 10 cm	10^6	$3\cdot10^{11}$	10	$3\cdot10^{-2}$	$1,2\cdot10^{-1}$	$1,2\cdot10^{-3}$
IR 0,78 – 10^3 μm IR C 3000-10^6 nm IR B 1400 – 3000 nm IR A 780 – 1400 nm	10^4	$3\cdot10^{13}$	10^3	3	12	$1,2\cdot10^{-1}$
VIS 380 – 780 nm UV 200-400 nm UV A 315 – 400 nm UV B 280 – 315 nm UV C 200 – 280 nm VUV 100 – 200 nm	10^2	$3\cdot10^{15}$	10^5	$3\cdot10^2$	$1,2\cdot10^3$	12
Röntgenstrahlung 0,01 – 10 nm	1	$3\cdot10^{17}$	10^7	$3\cdot10^4$	$1,2\cdot10^5$	$1,2\cdot10^3$
	10^{-2}	$3\cdot10^{19}$	10^9	$3\cdot10^6$	$1,2\cdot10^7$	$1,2\cdot10^5$
γ-Strahlung < 10 pm	10^{-4}	$3\cdot10^{21}$	10^{11}	$3\cdot10^8$	$1,2\cdot10^9$	$1,2\cdot10^7$

* nur mit zusätzlichem Magnetfeld

Abb. 2.5.2
Übersicht über das Spektrum elektromagnetischer Strahlung.

2.5.2   Wechselwirkung elektromagnetischer Strahlung mit Materie

Wird Licht von einem Medium in ein anderes geschickt, z.B. von Luft in feste Materie, so wird ein Teil der Strahlung reflektiert, ein Teil wird durch die Materie transmittiert, und ein weiterer Teil kann in der Materie absorbiert werden. Die Gesamtintensität I_0 muß dabei erhalten bleiben

$$I_0 = I_R + I_T + I_A \,, \tag{2.5.4}$$

d.h. das Licht muß entweder reflektiert, transmittiert oder absorbiert werden.

Je nach Anteil der einzelnen Prozesse kann man verschiedene Materialien klassifizieren: Solche, in denen Absorption und Reflexion kaum eine Rolle spielen und durch die das Licht transmittiert wird, nennt man transparent. Umgekehrt nennt man solche Stoffe, die Licht nicht transmittieren, undurchsichtig oder opak. Es gibt noch eine dritte Kategorie, in der das Licht diffus transmittiert wird, so daß sie zwar lichtdurchlässig sind, aber trüb wirken.

2.5.2.1   Dispersion der Dielektrizitätskonstante bei Lichtabsorption

Im folgenden wollen wir uns überlegen, auf welchen mikroskopischen Prozessen die Wechselwirkung von elektromagnetischer Strahlung mit Materie beruht. Einen wichtigen Prozeß haben wir dabei schon in Abschn. 2.4.2 kennengelernt, die elektronische Polarisation. Dort haben wir den Prozeß von den dielektrischen Eigenschaften der Materie, d.h. von der Polarisation aus betrachtet. Für die optischen Eigenschaften ist jedoch der Einfluß auf die elektromagnetische Strahlung wichtig. Man kann dabei feststellen, daß ein Teil der Strahlungsenergie absorbiert wird (s. auch Gl. (2.5.24)). Außerdem wird die Geschwindigkeit des Lichts verändert, d.h. beim Durchtritt vom Vakuum in ein Medium wird die Lichtgeschwindigkeit kleiner:

$$c = \frac{1}{\sqrt{\varepsilon_0 \varepsilon_r \mu_0 \mu_r}} \tag{2.5.5}$$

ε_r und μ_r sind die Dielektrizitätskonstante bzw. die (magnetische) relative Permeabilitätszahl des jeweiligen Materials.

Die Verkleinerung der Geschwindigkeit hat zur Konsequenz, daß Licht beim Durchtritt durch eine Grenzfläche eine Richtungsänderung (Brechung) erfährt (Abb. 2.5.3).

Die Winkel α und β stehen für zwei festgelegte Materialien in einem festen Verhältnis [Ger 77]:

$$\frac{\sin\alpha}{\sin\beta} = \frac{n_2}{n_1} \tag{2.5.6}$$

Die n_i sind Materialkonstanten und werden Brechungsindizes genannt. Der Brechungsindex ist über das Verhältnis der Lichtgeschwindigkeiten im Vakuum und im Medium definiert:

$$n = \frac{c_0}{c} = \frac{\lambda_0}{\lambda} = \frac{k}{k_0} \tag{2.5.7}$$

Mit Gl. (2.5.1) und (2.5.5) ergibt sich so ein Zusammenhang zwischen dem Brechungsindex und der Dielektrizitätskonstante:

$$n = \frac{c_0}{c} = \frac{\sqrt{\varepsilon_0\varepsilon_r\mu_0\mu_r}}{\sqrt{\varepsilon_0\mu_0}} = \sqrt{\varepsilon_r\mu_r} \tag{2.5.8}$$

und für nicht-magnetische Substanzen oder optische Frequenzen ($\mu_r \approx 1$)

$$n = \sqrt{\varepsilon_r}\,. \tag{2.5.9}$$

Dielektrische und optische Eigenschaften sind deshalb eng miteinander verwandt. Ebenso wie die DK kann deshalb auch der Brechungsindex anisotrop sein. Bei Werkstoffen mit dieser Eigenschaft kann der Brechungsindex von der Richtung der einfallenden Strahlung und deren Polarisationsrichtung abhängen. Ist letzteres der Fall, so nennt man das Material *doppelbrechend*. Neben den in den Abschnitten 2.4.3 und 2.4.4 besprochenen Eigenschaften der Piezo- und Pyroelektrizität, bei denen die Polarisation durch mechanische bzw. thermische Kräfte von außen beeinflußt werden, kann man den

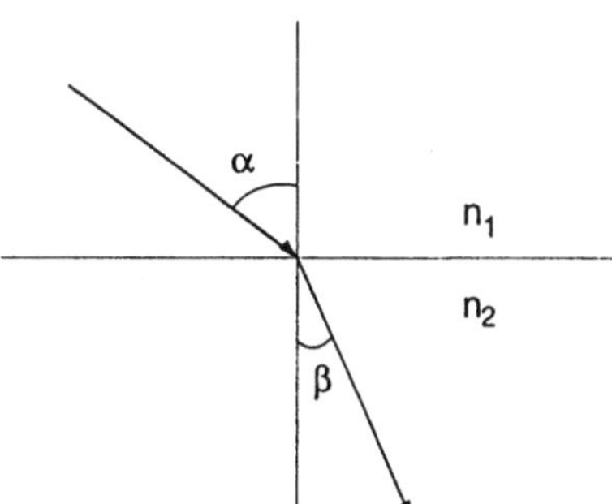

Abb. 2.5.3
Schematische Darstellung des Brechungsgesetzes:
Der Brechungsindex n_1 ist kleiner als n_2

Brechungsindex auch elektrisch beeinflussen. Dieser Effekt heißt elektrooptischer Effekt bzw. bei linearer Abhängigkeit Pockelseffekt.

Es gilt [Ung 85]:

$$\left(\frac{x}{n_x}\right)^2 + \left(\frac{y}{n_y}\right)^2 + \left(\frac{z}{n_z}\right)^2 \qquad (2.5.10)$$

$$= 1 - \sum_{k=1}^{3}(r_{1k}x^2 + r_{2k}y^2 + r_{3k}z^2 + 2r_{4k}yz + 2r_{5k}xz + 2r_{6k}xy)E_k$$

E_k sind die drei Komponenten des elektrischen Feldes. Die r_{ik} heißen elektrooptische Koeffizienten und werden in m/V angegeben, d.h. die Ortskoordinaten in Gl. (2.5.10) werden dimensionslos angesetzt. Wichtigstes elektrooptisches Material ist Lithiumniobat (LiNbO$_3$) mit $r_{33} = 30 \cdot 10^{12}$ m/V, $r_{13} = r_{23} = 10 \cdot 10^{10}$ m/V, $r_{22} = -r_{12} = -r_{61} = 6 \cdot 10^{12}$ m/V und $r_{42} = r_{51} = 28 \cdot 10^{12}$ m/V. Der Vorteil solcher Materialien liegt darin, daß durch Anlegen einer Spannung die Polarisationsrichtung von Licht beim Durchtritt verändert wird. Dies geht auch mit Wechselspannungen bis in den Gigahertz-Bereich. Ein solcher elektrooptischer Modulator heißt Pockelszelle.

Neben der elektronischen Polarisation gibt es einen weiteren wichtigen Prozeß der Wechselwirkung, die Elektronenübergänge. In Kap. 1 haben wir in Abschn. 1.2 − 1.5 gelernt, daß mikroskopisch nicht alle Energien eines Teilchens erlaubt sind, sondern daß diskrete (gequantelte) Energieniveaus auftreten.

Bei bestimmten Resonanzfrequenzen reicht die Energie der elektromagnetischen Strahlung gerade aus, um Übergänge zwischen diesen diskreten Energieniveaus in der Materie zu ermöglichen:

$$h\nu = \Delta E \qquad (2.5.11)$$

An diesen Stellen wird sich deshalb auch die Dielektrizitätskonstante bzw. der Brechungsindex anomal verhalten.

Wir wollen nun mit einem klassischen Oszillatormodell den Verlauf der Dielektrizitätskonstante an solchen Resonanzstellen berechnen. Man stellt sich dabei vor, daß die elektrische Feldkomponente der elektromagnetischen Strahlung, $E = E_0 e^{i\omega t}$, mit den Ladungen der Materie wechselwirkt und diese zu harmonischen Schwingungen der Kreisfrequenz ω anregt. Dies beschreibt die oben beschriebene Reaktion der Verschiebungspolarisation auf das E-Feld. Diese erzwungene Schwingung wird normalerweise gedämpft sein, da immer Energieverluste im System auftreten. Man erhält damit die folgende Differentialgleichung der Kräfte für eine eindimensionale Bewegung mit der von außen mit der Frequenz ω einwirkenden Kraft $q \cdot E_0 e^{i\omega t}$:

$$m\ddot{x} + R\dot{x} + kx = qE_0 e^{i\omega t} \tag{2.5.12}$$

R ist die Dämpfungskonstante.

Die Amplitude $\tilde{x}_0$ der erzwungenen Schwingung ist eine komplexe Größe. Durch Lösen der Differentialgleichung erhalten wir

$$\tilde{x}_0(\omega) = \frac{q}{m} \frac{E_0}{\omega_0^2 - \omega^2 + i\frac{R}{m}\omega} \tag{2.5.13}$$

mit $\omega_0 = \sqrt{\frac{k}{m}}$ als Eigenfrequenz.

Daraus ergibt sich für das Dipolmoment

$$\tilde{\mu}_{el} = q\tilde{x}_0(\omega) \tag{2.5.14}$$

und für die Polarisation

$$\underline{\tilde{P}} = \frac{\sum \underline{\tilde{\mu}}_{el}}{V} = \frac{N}{V}\underline{\tilde{\mu}}_{el} = N_{(v)}\underline{\tilde{\mu}}_{el} \tag{2.5.15}$$

mit $N_{(v)}$ als Anzahl von Oszillatoren pro Volumen.

Nach Gl. (2.4.7) hängen $\underline{P}$ und $\underline{E}$ über die Größe $\tilde{\varepsilon}_r$ zusammen:

$$\underline{\tilde{P}} = (\underline{\underline{\tilde{\varepsilon}}}_r - 1)\varepsilon_0 \underline{E}_0 \tag{2.5.16}$$

Damit folgt für $\tilde{\varepsilon}_r(\omega)$, wenn wir im folgenden isotropes ε annehmen:

$$\tilde{\varepsilon}_r(\omega) = 1 + \frac{N_{(v)}q\tilde{x}_0(\omega)}{\varepsilon_0 E} \tag{2.5.17}$$

$\tilde{\varepsilon}_r(\omega)$ kann in den Realteil ε_r' und den Imaginärteil ε_r'' aufgespalten werden:

$$\tilde{\varepsilon}_r(\omega) = 1 + \frac{N_{(v)}q^2}{\varepsilon_0 m} \frac{\omega_0^2 - \omega^2}{(\omega_0^2 - \omega^2)^2 + \frac{R^2}{m^2}\omega^2}$$

$$-i\frac{N_{(v)}q^2}{\varepsilon_0 m} \frac{\frac{R}{m}\omega}{(\omega_0^2 - \omega^2)^2 + \frac{R^2}{m^2}\omega^2} \tag{2.5.18a}$$

$$\tilde{\varepsilon}_r(\omega) = \varepsilon_r'(\omega) - i\varepsilon_r''(\omega) \tag{2.5.18b}$$

Analog zur komplexen Dielektrizitätskonstanten wird ein komplexer Brechungsindex $\tilde{n}$ definiert mit

$$\tilde{n} = n(1 - i\kappa)\,. \tag{2.5.19}$$

Wie sich zeigen wird (s.u.), kann man n mit dem normalen Brechungsindex identifizieren, während κ mit dem Absorptionskoeffizienten zusammenhängt.

Aus den Gleichungen (2.5.18), (2.5.9) und (2.5.19) erhält man die Dispersionsgleichungen:

$$\varepsilon_r' = n^2 - n^2\kappa^2 = 1 + \frac{N_{(v)}q^2}{\varepsilon_0 m}\frac{\omega_0^2 - \omega^2}{(\omega_0^2 - \omega^2)^2 + \frac{R^2}{m^2}\omega^2} \tag{2.5.20}$$

$$\varepsilon_r'' = 2n^2\kappa = \frac{N_{(v)}q^2}{\varepsilon_0 m}\frac{\frac{R}{m}\omega}{(\omega_0^2 - \omega^2)^2 + \frac{R^2}{m^2}\omega^2} \tag{2.5.21}$$

Für sehr hohe Frequenzen geht ε_r'' gegen null (Nenner in Gl. (2.5.21) sehr groß) und ε_r' gegen eins. Bei $\omega = \omega_0$, also an der Resonanzstelle, wird ε_r' ebenfalls gleich 1 und ε_r'' nimmt einen Maximalwert an. Würde das Dämpfungsglied in Gl. (2.5.20) fehlen, so würde ε_r' eine Unstetigkeitsstelle bei ω_0 besitzen und gegen $\pm\infty$ gehen. Dieses Verhalten ist in Abb. 2.5.4 schematisch dargestellt.

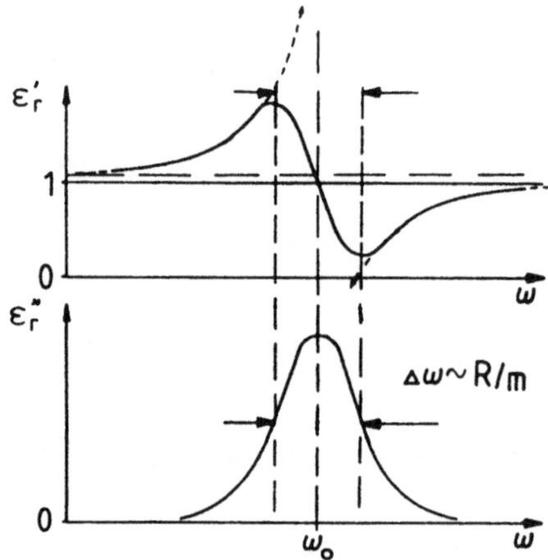

Abb. 2.5.4
Real- (oben) und Imaginärteil (unten) der Dielektrizitätskonstante als Funktion der Frequenz im Bereich einer einzelnen Resonanzstelle der Resonanzfequenz ω_0. Die Pfeile an der gestrichelten Kurve deuten an, daß sich bei Fehlen des Dämpfungsgliedes $\frac{R^2\omega^2}{m^2}$ in Gl. (2.5.20) bei ω_0 eine Unstetigkeitsstelle ergeben würde, bei der ε_r' gegen $\pm\infty$ geht.

Um die Bedeutung der letzten Gleichungen für ein reales Experiment zu verstehen, betrachten wir die Intensität der elektromagnetischen Strahlung. Mit Gl. (2.5.7) und (2.5.19) gilt:

$$\tilde{k} = k_0 \tilde{n} = k_0 n - in\kappa k_0 \tag{2.5.22}$$

Setzt man dies in die Gleichung einer ebenen Welle ein, so erhält man:

$$\begin{aligned} E &= E_0 e^{i\omega t} - e^{i\tilde{k}x} = E_0 e^{i\omega t} e^{-ik_0\tilde{n}x} \\ &= E_0 e^{i\omega t} e^{-ik_0 n x} e^{-n\kappa k_0 x} \end{aligned} \tag{2.5.23}$$

Die Intensität entspricht dem Amplitudenquadrat der Welle, also gilt

$$I(x) \sim (E_0 e^{-n\kappa k_0 x})^2 = E_0^2 \cdot e^{-2n\kappa k_0 x}$$

und mit Gl. (2.5.21) und $E_0^2 = I_0$

$$I(x) \sim I_0 e^{-\frac{\varepsilon_r''(\omega) k_0 x}{n}} = I_0 e^{-\frac{\varepsilon_r''(\omega) 2\pi \cdot x}{n\lambda_0}} = I_0 e^{-\mu x} \tag{2.5.24a}$$

mit μ als Absorptionskoeffizienten (häufig auch a genannt). Gl. (2.5.24) wird auch Lambert-Beer-Gesetz genannt, wenn der Absorptionskoeffizient über die Konzentration ausgedrückt wird:

$$I(x) = I_0 e^{-k(\lambda)cx} \tag{2.5.24b}$$

mit $k(\lambda)$ als molarem Absorptionskoeffizient in $(\text{mol } l^{-1} \text{ cm})^{-1}$ (Achtung – nicht mit dem Wellenvektor k_0 in Gl. (2.5.24a) verwechseln!).

Die Intensität der einfallenden Strahlung wird also durch den Imaginärteil von ε_r'' verändert: Bei Frequenzen, bei denen das System keine Resonanzenergie aufnehmen kann, ist $\varepsilon_r'' = 0$ und $I(x) = I_0$. Bei der Resonanzfrequenz besitzt ε_r'' dagegen einen endlichen Wert, und I_0 wird geschwächt. Mißt man also die Intensität vor und nach der Wechselwirkung mit Licht frequenzabhängig, so treten bei den Frequenzen Absorptionsbanden auf, bei denen Resonanzübergänge stattfinden. Dieses Prinzip nutzen eine Vielzahl klassischer Spektroskopien aus, über die auf diese Weise die Energieniveaus zugänglich sind. Diese Methoden werden ausführlich in [Göp 94] behandelt.

Nachdem wir das Verhalten der Dielektrizitätskonstante an einer möglichen Resonanzstelle bei ω_0 berechnet haben, wollen wir das allgemeine Verhalten der Dielektrizitätskonstante mit einer Reihe verschiedener Resonanzphänomene mit Resonanzstellen $\omega_{0,i}$ (bzw. $\nu_{0,i}$) besprechen. Zur Übersicht ist dazu in Abb. 2.5.5 die Frequenzabhängigkeit der Dielektrizitätskonstante für

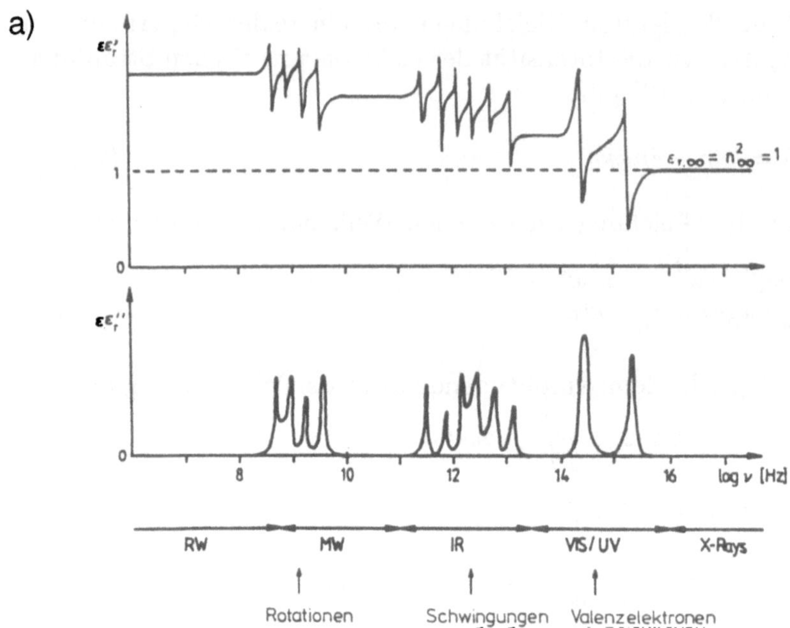

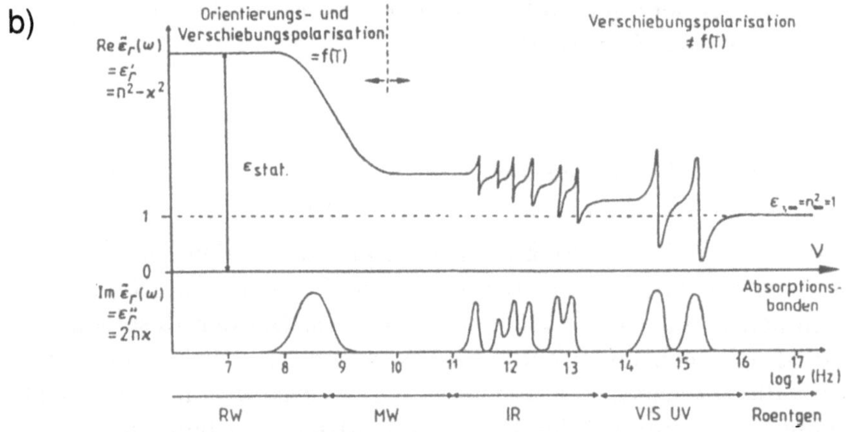

Abb. 2.5.5

Frequenzabhängigkeit des Real- und Imaginärteils der dielektrischen Konstante für – (a) freie Moleküle – (b) Moleküle in Lösung – (c) Halbleiter und Isolatoren [(1) Einfluß freier Ladungsträger (Elektronen, Ionen), (2) Relaxation von Raumladungen, z.B. an Korngrenzen (s. Detailbild), (3) und (4) Anregung transversaler (TO) und longitudinaler (LO) optischer Phononen (vgl. Abschn. 2.1.1), (5), (6) und (7) elektronische Anregungen (s. Detailbild) und (8) Anregung von Plasmonen, d.h. kollektiven Elektronenanregung – (d) Metalle. Bei (b) und (c) sind deutlich die niederfrequenten Relaxationsbereiche (vgl. Kap. 2.4.2) mit ihren temperaturabhängigen Daten von dem höherfrequenten Bereich separiert.

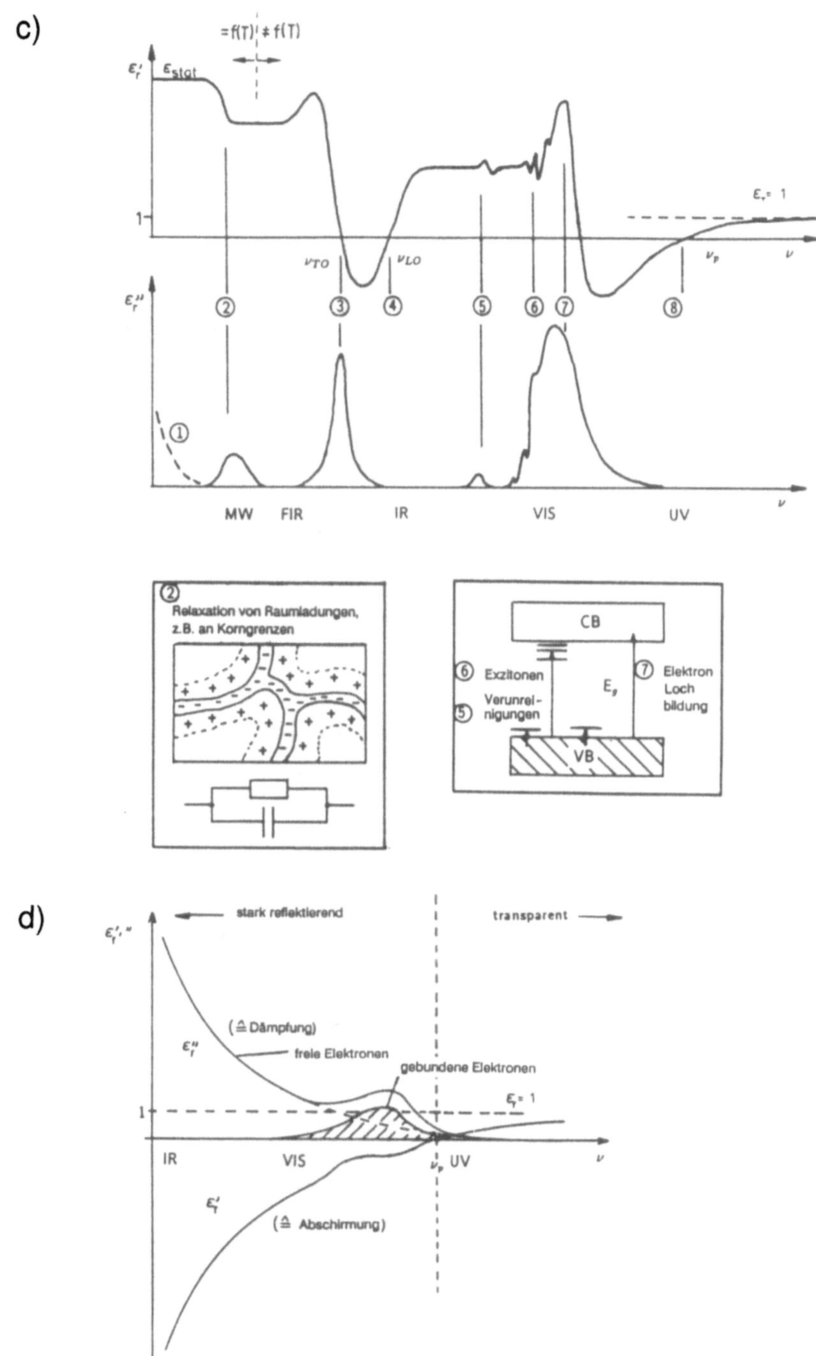

Abb. 2.5.5 (Fortsetzung)

freie Moleküle, Moleküle in Lösung, Halbleiter (bzw. Isolatoren) und Metalle schematisch gezeigt.

Im Frequenzverlauf für freie Moleküle treten charakteristische Resonanzen für Rotationen (Mikrowellenbereich), Schwingungen (Infrarotbereich) und elektronische Niveaus (UV/VIS-Bereich für Valenzelektronen, weiche Röntgenstrahlung für Rumpfelektronen) auf, da in einem Molekül verschiedene mögliche Übergänge und damit Beiträge zur Polarisation auftreten. Bei sehr niedrigen Frequenzen tragen alle Beiträge zur Dielektrizitätskonstanten additiv bei, während zu höheren Frequenzen immer weniger Dipolmomente unterhalb der Resonanzfrequenz induziert werden können und schließlich $\varepsilon = 1$ für große ω folgt.

Bei Molekülen in Lösung treten durch die intermolekulare Wechselwirkung keine Rotationen mehr auf. Stattdessen tritt die bereits in Abschn. 2.4.2 besprochene „Reibung" von permanenten Dipolen bei ihrer Umordnung im Feld auf. Die Erzeugung von Reibungswärme ist ebenfalls ein Verlustprozeß, so daß ε_r'' ein Maximum zeigt. Das Verhalten von ε_r' ist dabei jedoch in charakteristischer Weise verschieden und läßt sich nicht über das Modell für Resonanzeffekte, sondern nur über das Modell für Relaxationseffekte (vgl. Abschn. 2.4.2) beschreiben.

Auch in Festkörpern tragen die verschiedenen Schwingungs- und elektronischen Polarisierungseffekte zur dielektrischen Funktion bei. Allerdings sind die entsprechenden Banden als Folge der Mehrteilchen-Wechselwirkung i.allg. wesentlich breiter als bei freien Molekülen. Prozeß 2 beschreibt wieder die für kondensierte Materie typischen Relaxationseffekte (vgl. Abschn. 2.4.2). Prozeß (1) tritt nur in Halbleitern, jedoch nicht in Isolatoren auf und beschreibt den Einfluß freier Ladungsträger (s.u.). Da nur wenige freie Ladungsträger vorhanden sind, ist der Effekt in ε_r', der alle Prozesse erfaßt, nur gering. Bei den Prozessen 3 und 4 handelt es sich um transversale bzw. longitudinale Schwingungsmoden im Festkörper (Phononen), deren Dipolmomente mit dem äußeren elektromagnetischen Feld wechselwirken. Die Bildung von Elektron-Loch-Paaren durch optisch induzierte Übergänge zwischen Valenz- und Leitungsband in Halbleitern und Isolatoren ist für die Prozesse 5 und 6 im nahen Infrarotbereich bei Halbleitern bzw. im UV- und sichtbaren Bereich bei Isolatoren verantwortlich. Ein typischer Festkörpereffekt sind resonante Schwingungen des Elektronenkollektivs gegenüber den positiven Ionenrümpfen (8), die Plasmonen (vgl. [Göp 94]).

Metalle zeigen ein besonderes Verhalten (s. dazu z.B. auch [Iba 90]). Die hohe Elektronendichte führt zur Abschirmung äußerer elektrischer Felder, die jedoch wegen der Trägheit der Elektronen mit zunehmender Frequenz des eingestrahlten elektromagnetischen Feldes immer wirkungsloser wird. Die Abschirmung findet ihren Ausdruck in einem negativen Realteil der Dielektrizitätskonstante. Oberhalb der Resonanzfrequenz des Elektronenkollektivs – der Plasmafrequenz – wird ε_r' wieder positiv und das Metall durchsichtig. Quantitativ läßt sich das Verhalten durch die Eigenfrequenz des Systems $\omega_0 = 2\pi\nu_0 = 0$ beschreiben. Nach Gl. (2.5.20) und (2.5.21) bedeutet das, daß ε_r' mit $1 - \frac{1}{\omega^2}$ zu- und ε_r'' mit $\frac{1}{\omega^3}$ bei steigender Frequenz abnimmt. Das Reibungsglied im Nenner ist jeweils vernachlässigbar klein gegenüber dem anderen Faktor. Dies entspricht dem oben berechneten Verhalten für $\omega_0 = 0$, wenn man von hohen Frequenzen kommt. Die zusätzlich vorhandenen gebundenen Elektronen können zusätzlich Absorptionspeaks in ε_r'' erzeugen.

Ein Traum ist bisher die frequenzabhängige Untersuchung solcher Resonanzphänomene auf atomarer Skala oder zumindest mit sehr hoher lateraler Auflösung. Ein Schritt in diese Richtung ist allerdings die Entwicklung der optischen Nahfeld*mikroskopie*, die sich in Zukunft sicher zu einer Nahfeld*spektroskopie* entwickeln wird. Das Haupthindernis in der klassischen optischen Mikroskopie ist das Auflösungsvermögen der Abbildung durch die Lichtbeugung, das auf die halbe optische Wellenlänge, d.h. $\lambda/2$, begrenzt ist (Abbé-Limit, vgl. Lehrbücher der Physik wie [Ger 77]). Dieses Limit läßt sich allerdings umgehen, weil elektromagnetische Strahlung, die von einer kleinen Antenne ausgesendet wird, immer aus zwei verschiedenen Komponenten besteht: Die erste sind propagierende Wellen mit kleinen Frequenzen, die zweite sind evaneszente Wellen mit hohen Frequenzen. Nur die propagierenden Wellen werden im Fernfeld detektiert, da die Feldintensität dieser Wellen nur quadratisch mit dem Abstand fällt, während die der evaneszenten Wellen mit der vierten Potenz abnimmt. Im Fernfeld detektiert man die am Objekt gestreuten und wieder miteinander interferierenden propagierenden Wellen. Im Nahfeld detektiert man dagegen die Änderung der Abstrahlungscharakteristik durch die Wechselwirkung der Antenne mit einer Probe. Das Auflösungsvermögen dieser Abbildung wird nur durch die Ausdehnung der Antenne begrenzt. Als Antenne kann z.B. die Lichtstreuung an einer kleinen Aperturblende oder einem Teilchen sein oder eine Insel fluoreszierender Moleküle. Geschieht also die Anregung der Probe oder die Detektion des reflektierten oder transmittierten Lichts im Nahfeld mit einer sehr kleinen Aperturblende ($< 100\,\mathrm{nm}$), so kann man Materie mit einer Auflösung von einigen zig Nanometern mit sichtbarem Licht abbilden. Die hierzu entwickelten Geräte heißen SNOM (**S**canning **N**ear-field **O**ptical **M**icroscope) (vgl. z.B. [Poh 92]). Bisher wurden sehr verschiedene Varianten entwickelt, bei denen entweder die Quelle im Nahfeld betrieben wurde und z.B. durch Laserbeleuchtung durch eine feinausgezogene, außen mit Metall beschichtete

Glaskapillare oder angeätzte optische Fasern realisiert werden konnte. Die Detektion erfolgt dann großflächig sowohl in Reflexion (Abb. 2.5.6a) als auch in Transmission. Die anderen Varianten bestrahlen die Probe großflächig in Reflexion oder Transmission und detektieren mit einer sehr feinen Spitze.

In einem anderen Gerät wird die Probe so von hinten bestrahlt, daß das Licht intern total-reflektiert wird (vgl. Abschn. 2.5.2.2). Damit entsteht im Detektionsbereich nur ein evaneszentes Feld, das z.B. mit einer geschärften optischen Faser abgegriffen werden kann (Abb. 2.5.6b). In diesem sog. PSTM (**Photon Scanning Tunneling Microscope**) werden allerdings nur Auflösungen im Bereich von 100 nm erzielt.

In allen optischen Nahfeldmikroskopen muß man mit Lasern anregen, damit die detektierbare Lichtintensität groß genug ist. Wie wir in Abschn. 2.5.3 sehen werden, können Laser als sehr intensive Lichtquellen für einzelne Wellenlängen einfach realisiert werden, während durchstimmbare Laser noch in der Entwicklung stehen und sehr teuer sind. Mit ihrer Weiterentwicklung werden jedoch ungeahnte Anwendungen der Nahfeldmikroskopie möglich, da dann nicht nur reine Abbildung, sondern auch spektroskopische Untersuchungen durchführbar sind. Auch heute schon kann man z.B. den Raman-Effekt und die Fluoreszenz (vgl. [Göp 94]) für spektroskopische Informationen ausnutzen, da hierzu die Anregung mit einer Wellenlänge genügt. Man muß dann allerdings statt eines einfachen Photodetektors einen Detektor für durchstimmbare Frequenzen verwenden.

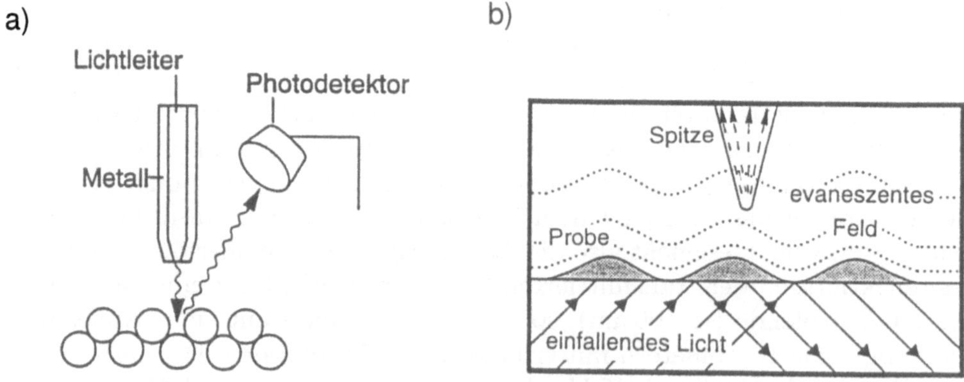

Abb. 2.5.6
Schematische Abbildung von zwei Aufbauten eines optischen Nahfeldmikroskops:
a) SNOM, b) PSTM

2.5.2.2 Reflexion

Wir wollen nun die Reflexion noch etwas genauer betrachten. Die Reflektivität eines Mediums ist definiert als das Verhältnis zwischen reflektierter Intensität I_R zur eingestrahlten Intensität I_0:

$$R = \frac{I_R}{I_0} \tag{2.5.25}$$

Fällt das Licht senkrecht auf die Grenzfläche, so ist R nur von den Brechungsindizes der beiden Medien abhängig:

$$R = \left(\frac{n_2 - n_1}{n_2 + n_1}\right)^2 \tag{2.5.26}$$

Ist der Lichteinfall nicht senkrecht, so gilt das Reflexionsgesetz, daß der Einfalls- gleich dem Ausfallswinkel ist [Ger 77]. R wird dann auch von diesem Winkel sowie vom Winkel β aus Abb. 2.5.3 abhängig und über die sog. Fresnelgleichungen beschrieben (vgl. [Göp 94]).

Ist der Einfallswinkel größer als ein bestimmter Grenzwinkel gegen die Oberflächennormale, so findet optisch beim Übergang vom optisch dickeren (n größer) ins dünnere Medium (n kleiner) Totalreflexion statt, und es wird kein Licht durch dieses Material hindurch transportiert. Auch dieser Grenzwinkel der Totalreflexion ist abhängig von den Brechungsindizes der beiden Medien. Trotzdem tritt im optisch dünneren Medium ein sog. evaneszentes Feld auf, das jedoch nach außen exponentiell abfällt.

Für bestimmte Anwendungen wird die Reflektivität entweder maximiert (Spiegel) oder minimiert (Linsen, optische Instrumente). Die Reflexminderung wird auch optische Vergütung genannt. Diese erreicht man dadurch, daß auf eine spiegelnde Oberfläche eine dünne dielektrische Schicht aufgedampft wird, an deren Vorder- und Rückseite (also beim Eintritt von Medium 1, meist Luft, in diese Vergütungsschicht und beim Austritt in das zu vergütende Medium 2) die gleiche Reflektivität auftritt. Dies ist nach Gl. (2.5.26) für

$$n_{\text{Vergütung}} = \sqrt{n_1 n_2} \tag{2.5.27}$$

der Fall. Diese gleiche Reflektivität führt jedoch nur dann zu einer Vergütung, wenn sich die beiden reflektierten Strahlen gerade auslöschen. Das ist dann der Fall, wenn die Schicht die Dicke $\lambda/4$ besitzt (s. z.B. [Ger 77]). Da auch die Brechungsindizes wellenlängenabhängig sind, müssen für eine Reflexverminderung von weißem Licht mehrere Schichten verschiedener Dicke und unterschiedlicher Brechungsindizes aufgedampft werden.

2.5.2.3   Transmission

Bestrahlt man ein transparentes Medium mit Licht, so wird dessen Intensität durch Reflexion an den beiden Grenzflächen (in das Medium und aus dem Medium) sowie durch Absorption im Medium geschwächt (Abb. 2.5.7).

Mit Gl. (2.5.24) und (2.5.25) gilt:

$$I_T = I_0(1 - R)^2 e^{-\mu d} \qquad\qquad (2.5.28)$$

d ist dabei die Dicke der durchstrahlten Probe.

Man muß bei der Transmission noch unterscheiden, ob das Licht direkt, d.h. in der Richtung des einfallenden Strahls transmittiert wird, oder ob zusätzlich Streuprozesse auftreten. Der einfachste Streuprozeß ist die *Rayleigh-Streuung* (zur Raman-Streuung vgl. [Göp 94]). Sie kommt v.a. durch kleine statistische Schwankungen des Brechungsindexes zustande, die z.B. durch die thermischen Bewegungen des Gitters (vgl. Abschn. 2.1.1) oder Gitterdefekte (vgl. Abschn. 2.1.5.4) hervorgerufen werden. Die Streustrahlung ist polarisiert, ihre Intensitätsverteilung hat die Form einer Doppelkeule. Die Rayleigh-Streuung nimmt mit $1/\lambda^4$ ab.

2.5.2.4   Emission

Licht, das absorbiert wurde, bringt die Materie in einen angeregten Zustand. Dieser angeregte Zustand ist nicht unendlich lange stabil, da jedes System einem Minimum an Energie zustrebt. Deswegen wird nach einer gewissen Zeit das absorbierte Licht wieder emittiert, sofern die Energie nicht in dieser Zeit strahlungslos, z.B. durch Stöße mit anderen Teilchen, abgegeben wurde. (Diese strahlungslose Energieabgabe kann auch teilweise ablaufen, so daß Licht geringerer Energie emittiert wird als ursprünglich absorbiert wurde.) Je größer die durch Lichtabsorption aufgenommene Energie ist, desto

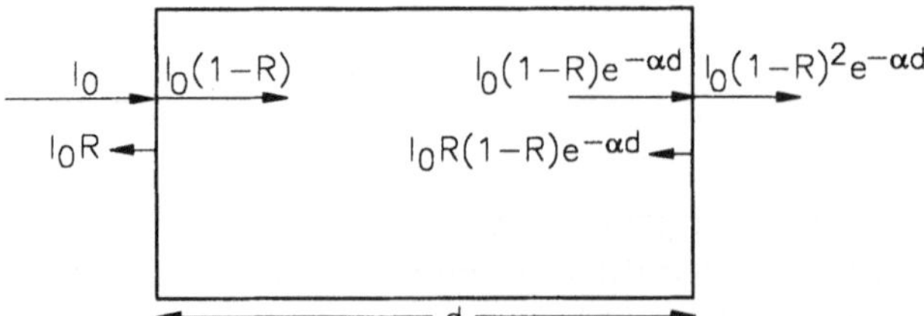

Abb. 2.5.7
Reflexion, Absorption und Transmission von Licht durch einen Festkörper oder durch eine Flüssigkeit

ungünstiger ist der angeregte Zustand und um so schneller wird das System wieder in den Ausgangszustand zurückkehren („*relaxieren*"). Die mittlere natürliche Relaxationszeit τ, d.h. die Zeit, bei der die Zahl aller angeregten Teilchen auf $1/e$ abgefallen ist, ist dabei umgekehrt proportional zur dritten Potenz des Energieunterschieds zwischen Grund- und angeregtem Zustand:

$$\tau \sim \frac{1}{\nu^3} = \frac{h^3}{(\Delta E)^3} \tag{2.5.29}$$

Die Emission kann allerdings auch in Umkehrung des Absorptionsprozesses von außen durch Licht der Frequenz $\nu = \frac{\Delta E}{h}$ stimuliert werden. Diesen Prozeß nennt man induzierte Emission im Gegensatz zu der oben beschriebenen spontanen Emission. Abb. 2.5.8 faßt die Prozesse zusammen.

Alle Emissionsprozesse von sichtbarem Licht, d.h. nach Anregung von Elektronen, faßt man unter dem Begriff *Lumineszenz* zusammen. Man unterscheidet dabei Fluoreszenz und Phosphoreszenz. Bei der Fluoreszenz wird der Spin des Elektrons bei der Emission im Gegensatz zur Phosphoreszenz nicht geändert. Eine solche Änderung des Spins ist eigentlich nicht „erlaubt" (vgl. [Göp 94]), so daß Phosphoreszenz viel langsamer stattfindet als Fluoreszenz. Typische Zeitdauern zwischen Absorption und Fluoreszenz sind 10^{-5}–10^{-6} s, zwischen Absorption und Phosphoreszenz 10^{-4}–10 s.

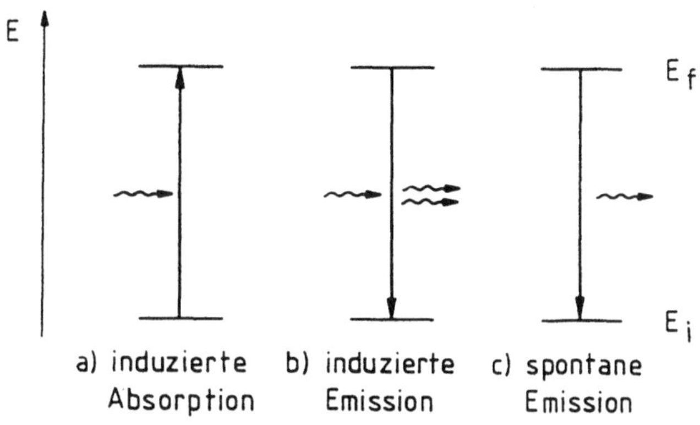

Abb. 2.5.8
Absorptions- und Emissionsprozesse in einem Zweiniveausystem („*i*", „initial", als Anfangs-, „*f*", „final", als Endzustand) für ein Molekül M:
a) induzierte Absorption ($M + h\nu \rightarrow M^*$)
b) induzierte Emission ($M^* + h\nu \rightarrow M + 2h\nu$)
c) spontane Emission ($M^* \rightarrow M + h\nu$)

2.5.2.5   Farbe

Viele Materialien zeigen eine bestimmte Farbe. Dies liegt an der selektiven Absorption bestimmter Wellenlängen, die so nicht mehr transmittiert und damit nicht in unser Auge fallen. Zusätzlich kommen noch die Wellenlängen der wieder emittierten Strahlung dazu, die, wie in Abschn. 2.5.2.4 besprochen, nicht die gleiche Wellenlänge wie die absorbierte Strahlung besitzen muß.

In ionischen oder kovalenten Kristallen kann man die Farbe z.B. durch die Erzeugung von Punktdefekten (vgl. Abschn. 2.1.5.4) und dadurch von Energiezuständen in der Bandlücke (vgl. Abschn. 1.5) verändern, da damit auch die Frequenz der absorbierten Strahlung verändert wird. Dies kann entweder durch Eigendefekte oder durch Dotierung mit Fremdionen erreicht werden.

Letzteres ist z.B. im Saphir für die blaue Farbe verantwortlich, da ein kleiner Anteil der Al^{3+}-Ionen im Al_2O_3 durch Ti^{3+} ersetzt wird, während die Substitution mit Cr^{3+} zur roten Farbe des Rubins führt.

Intrinsische Defekte führen zu sog. *Farbzentren*. Heizt man z.B. NaCl in Na-Dampf hoch und kühlt ab, gehen an der Oberfläche Cl^--Ionen durch Reaktion mit dem Na-Dampf verloren. Diese Fehlstellen können anschließend ins Volumen diffundieren. Der NaCl-Kristall besitzt deswegen einen Überschuß an Na^+-Ionen. Elektroneutralität bleibt durch die bei der Reaktion von Cl^- mit neutralem Na überschüssigen Elektronen erhalten, die im NaCl-Kristall verbleiben und sich dort bevorzugt an den Fehlstellen aufhalten. Als sog. *F-Zentren* sorgen sie dafür, daß ein so behandelter NaCl-Kristall gelb aussieht, da zusätzliche Energieniveaus in der Bandlücke eine bevorzugte Absorption von blau-grüner Strahlung aus dem weißen Spektrum bewirken. Ein anderes Farbzentrum entsteht, wenn man z.B. NaCl in Chlordampf erhitzt, wobei Löcher eingefangen werden.

2.5.3   Laser

Wir haben schon in Abschn. 2.5.2.4 induzierte Emissionsprozesse besprochen. Dies ist das Grundprinzip des Lasers (**L**ight **A**mplification by **S**timulated **E**mission of **R**adiation), d.h. für die Verstärkung von Licht durch induzierte Emission (Abb. 2.5.9).

Am Beispiel eines Moleküllasers soll der Lasereffekt erläutert werden. Um die induzierte Emission zu erzeugen, müssen sich Moleküle im angeregten Zustand befinden. Trifft nun Licht geeigneter Frequenz auf diese angeregten Moleküle, kommt es zur Aussendung von Licht mit gleicher Phase und in Richtung des einfallenden Lichtes, wobei das einfallende Licht verstärkt

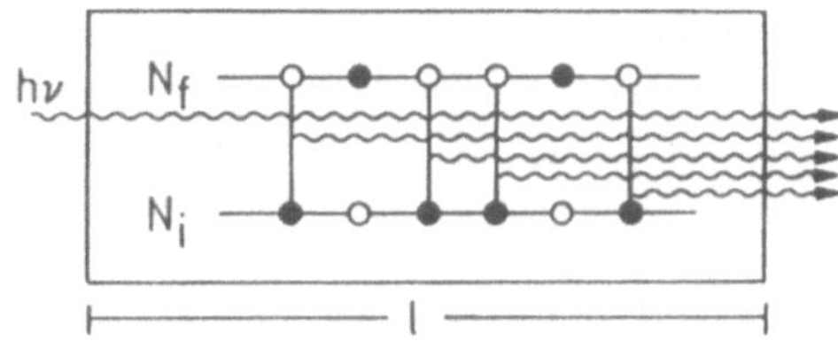

Abb. 2.5.9
Einfache Darstellung des Lasereffekts

wird. Da die Übergangswahrscheinlichkeiten für Absorption und stimulierte Emission gleich sind, überwiegt bei einem Ensemble von Molekülen die
Zahl der stimulierten Emissionsprozesse nur dann, wenn sich mehr Moleküle
im angeregten als im Grundzustand befinden, also eine Besetzungsinversi-
on vorliegt. In einem Zwei-Niveau-System wie in Abb. 2.5.8 (nur Grund-
und angeregter Zustand) kann sich aber nach der Boltzmann-Verteilung
(vgl. Gl. (1.7.1)) maximal eine Gleichbesetzung einstellen. Hat man jedoch
ein Drei- oder Vier-Niveausystem, wie es in Abb. 2.5.10 dargestellt ist,
dann kann man durch sogenanntes optisches Pumpen eine vom thermischen
Gleichgewicht abweichende Besetzung erreichen, bei der $N_f > N_i$ ist.

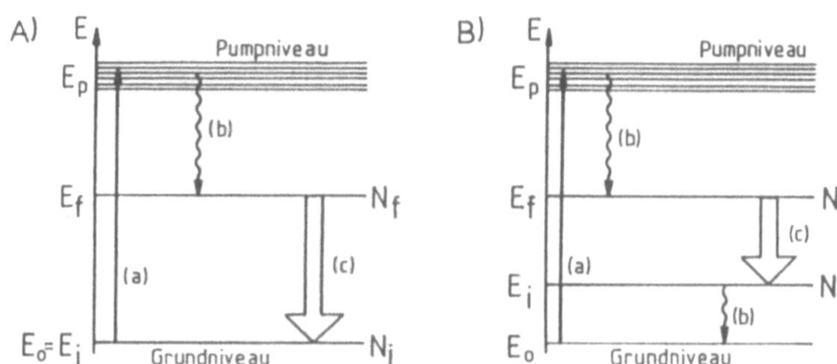

Abb. 2.5.10
Stimulierte Emission in einem
A) Drei-Niveau-System (z.B. realisiert im Rubin-Laser)
B) Vier-Niveau-System (z.B. realisiert im Nd-YAG-Laser (YAG: Yttrium Aluminium Gra-
nat))
(a) Pumpübergang, (b) strahlungsloser Übergang, (c) Laserübergang

Durch Licht, Elektronenstrahlen, Gasentladung o.ä. werden Teilchen aus
dem Grundzustand E_0 in das meist breitbandige „Pumpniveau" E_p angeregt. Der Zustand E_p hat eine geringe Lebensdauer, so daß die angeregten
Teilchen rasch strahlungslos oder über spontane Emission in das obere La-
serniveau E_f relaxieren, welches eine viel höhere Lebensdauer besitzt als
das Niveau E_p. Somit kann sich im Zustand E_f eine hohe Population mit
$N_f > N_i$ aufbauen. Durch Licht geeigneter Frequenz kann das System nun
durch stimulierte Emission in den Grundzustand (Drei-Niveau-System) oder

in den angeregten Zustand E_i (Vier-Niveau-System) übergehen. Im zweiten Fall muß der Zustand E_i eine wesentlich kleinere Lebensdauer als der Zustand E_f haben, d.h. die Moleküle müssen sehr schnell in den Grundzustand E_0 übergehen.

Die enorme, für den Laser charakteristische Verstärkung erreicht man dadurch, daß die oben beschriebene einmalige Emission zwischen zwei Spiegeln optisch rückgekoppelt wird, so daß ein *Laseroszillator* entsteht (Abb. 2.5.11).

Das Lasermedium befindet sich dabei zwischen zwei Spiegeln, von denen der eine eine vollständige Reflexion des Lichts gewährleistet, während der andere mit kleinerem Reflexionsfaktor teildurchlässig ist (Fabry-Perot-Resonator). Das Lasermedium wird zunächst angeregt (z.B. durch eine Blitzlampe). Ein Photon, das spontan zufällig in Richtung der Resonatorachse emittiert wird, regt nun ein Nachbarmolekül zur stimulierten Emission an. Beim Durchlaufen des Mediums tritt Verstärkung ein. Das austretende Licht wird am Spiegel reflektiert und durchläuft das Medium in umgekehrter Richtung, trifft auf den zweiten Spiegel, wird erneut reflektiert und so fort. Wenn die Resonatorlänge l ein ganzzahliges Vielfaches der halben Wellenlänge des Laserlichtes ist, sind hin- und rücklaufendes Licht stets in Phase, so daß sich eine Schwingung aufschaukelt. Durch den teildurchlässigen Spiegel läßt sich kontinuierlich ein Laserstrahl auskoppeln, wenn die Verstärkung Reflexionsverluste kompensiert.

Das Lasermedium kann sehr unterschiedlich sein. So gibt es Gas-, Feststoff- und Flüssigkeitslaser, die Laserlicht unterschiedlicher Wellenlänge emittieren (Tab. 2.5.1).

Ein Ziel der heutigen Laserforschung ist es, durchstimmbare Laser für einen größeren Wellenlängenbereich zu entwickeln. Beispiele dafür sind in Abb. 2.5.12 gezeigt (vgl. [Göp 94] oder [Dem 77] für Details, Halbleiterlaser werden auch in Abschn. 3.10 behandelt).

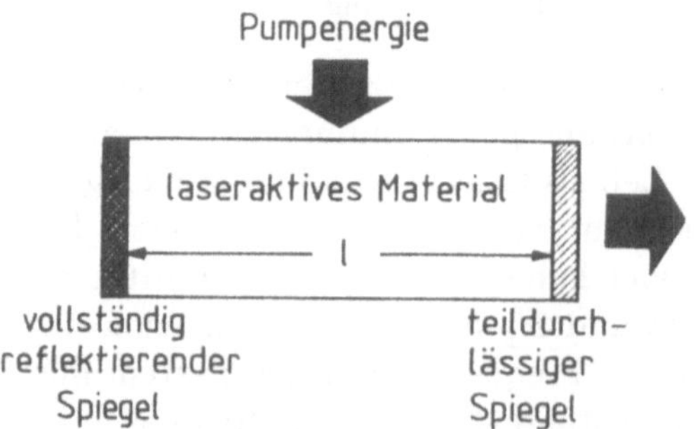

Abb. 2.5.11
Schematischer Aufbau eines Laseroszillators

Tab. 2.5.1 Daten typischer Festkörper- und Gaslaser

	Wellenlänge λ (μm)
a) Festkörperlaser	
Rubin	0,694
	0,347
Nd-YAG	1,06
	0,53
	0,355
	0,26
b) Gaslaser	
He/Ne	3,39
	1,152
	0,6328
Ar^+	0,514
	0,488
	und andere
CO_2	$9-11$

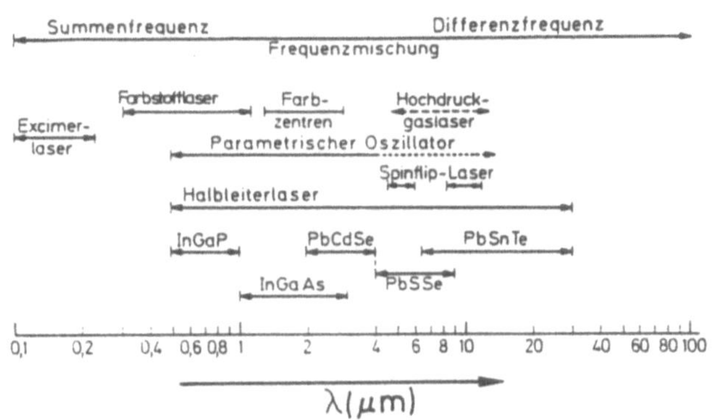

Abb. 2.5.12
Durchstimmbare kohärente Strahlungsquellen und ihr Durchstimmbereich [Dem 77]

Neben dem Einsatz durchstimmbarer Laser als Quelle für die *Absorptionsspektroskopie* werden Laser insbesondere in der *Ramanspektroskopie* und in der *Fluoreszenzspektroskopie* eingesetzt (vgl. [Göp 94]). Um intensitätsstarke Fluoreszenzspektren zu erhalten, benutzt man den Laser zum optischen Pumpen. Damit erreicht man Besetzungsumkehr im untersuchten Medium. Erzeugt man mit Lasern sehr kurze Anregungspulse bis in den Pikosekundenbereich, so kann man mit hoher zeitlicher Auflösung die darauf folgenden *Relaxationsprozesse* messen. Dies ermöglicht z.B. die Aufklärung von Elementarschritten von chemischen Reaktionen. Die Kohärenz der Strahlung wird in der *Holographie* ausgenutzt.

Neben seinem Einsatz in der Spektroskopie (s. z.B. [Dem 77], [Hol 82]) wird der Laser beispielsweise auch zur *Mikrostrukturierung* von dünnen Schichten verwendet (vgl. Abschn. 4.3). Man kann mit Laseranregung auch Moleküle von einer Festkörperoberfläche desorbieren (z.B. durch sehr hohe Schwingungs- oder thermische Anregung) und diese anschließend massenspektrometrisch nachweisen (**Laser Microprobe Mass Analysis**, LAMMA, vgl. auch [Göp 94] für andere massenspektrometrische Methoden). Auf eine Fülle weiterer Experimente und vor allem Anwendungen von Lasern kann hier nicht im Detail eingegangen werden.

2.5.4   Innerer und äußerer Photoeffekt, Photoleitung

Die Absorption von Licht kann zu einer Elektronenanregung führen. Liegt ein Halbleiter oder Isolator mit Bändern vor (vgl. Abschn. 1.5), so können durch Licht Elektronen vom Valenz- ins Leitungsband angehoben werden, so daß die Elektronen und Löcher zum Ladungstransport beitragen können. Diese zusätzlichen photoinduzierten Ladungsträger erhöhen also die eventuell vorhandene thermische Leitfähigkeit, so daß die sog. *Photoleitfähigkeit* immer höher ist als die Dunkelleitfähigkeit. Die Anregung von Elektronen wird auch *innerer Photoeffekt* genannt.

Den *äußeren Photoeffekt* haben wir bereits in Abschn. 1.2 am Beispiel eines Metalls besprochen. Dabei wird so viel Energie aus der Strahlung absorbiert, daß das Elektron emittiert wird. Das Material wird dabei also ionisiert. Beide Effekte sind in Abb. 2.5.13 für das Beispiel eines Halbleiters zusammengefaßt.

Der innere Photoeffekt wird typischerweise durch UV-, sichtbares oder IR-Licht ausgelöst, der äußere Photoeffekt durch Vakuum-UV- oder Röntgenlicht. Die Ausnutzung des inneren Photoeffekts in Halbleiterlasern und Leuchtdioden werden wir in Abschn. 3.10 besprechen.

2.6   Magnetische Eigenschaften

Analog zu den elektrischen kann man die magnetischen Eigenschaften über Gleich- und Wechselfeldphänomene beschreiben, wobei beide Eigenschaften der Materie in charakteristischer Weise zusammenhängen. Für stati-

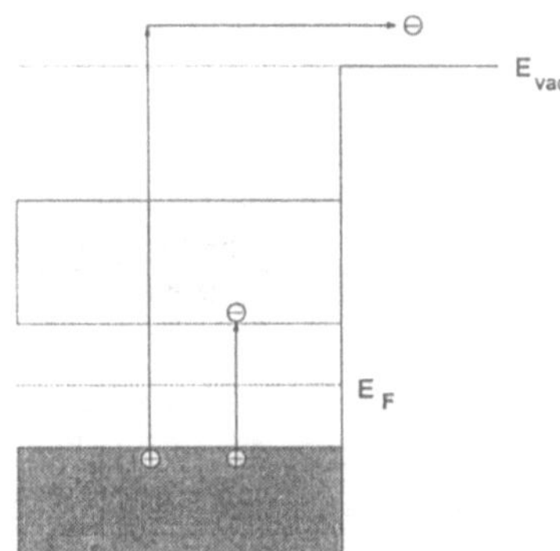

Abb. 2.5.13
Schematische Darstellung des inneren und äußeren
Photoeffekts am Beispiel eines intrinsischen Halblei-
ters

onäre oder niederfrequente magnetische Felder führt man in Analogie zu
den dielektrischen Eigenschaften die magnetischen Eigenschaften des Dia-,
Para- und Ferromagnetismus ein, wobei der Diamagnetismus temperaturunabhängig, Para- und Ferromagnetismus in charakteristischer Weise temperaturabhängig sind. Physikalische Ursache für den Diamagnetismus sind
Induktionsströme, für Para- und Ferromagnetismus permanente Dipolmomente, die den Elektronen selbst (Spin) oder ihrem Orbitalanteil (Bahn)
zugeordnet werden können. Die magnetischen Eigenschaften bei hochfre-
quenten Magnetfeldern oberhalb des Gigahertzbereichs sind eng mit elektrischen Feldern gekoppelt, wie dies unter den optischen Eigenschaften über
das Verhalten elektromagnetischer Wellen in Materie ausgeführt wurde (vgl.
Abschn. 2.5.2.1). Dabei ist die magnetische Wechselwirkung i.allg. wesentlich kleiner als die entsprechende elektrische Wechselwirkung, so daß die
optischen Eigenschaften nur in wenigen Fällen unter Berücksichtigung der
magnetischen Komponente des Spektrums beschrieben werden müssen. Ein
Beispiel dafür ist die Drehung des elektromagnetischen Feldvektors bei der
Wechselwirkung mit Materie (Dichroismus). Dieser tritt bei sogenannten optisch aktiven Materialien auf. Im folgenden werden wir uns in Analogie zu
den in Abschn. 2.4 beschriebenen dielektrischen Eigenschaften mit den Eigenschaften bei magnetischen Gleichfeldern bzw. niederfrequenten Feldern
beschäftigen. Die hier auftretenden magnetischen Eigenschaften werden in
der Praxis u.a. in Generatoren, Motoren, Speichern für Computer, Telefonen
und Videosystemen ausgenutzt.

2.6.1   Dia- und Paramagnetismus

Bringt man Materie in ein Magnetfeld $\underline{H}$, so wird sie magnetisiert, und
es tritt ein zusätzliches Magnetisierungsfeld $\underline{M}_{(v)}$ auf (analog zum Polarisationsfeld $\underline{P}$ im elektrischen Feld $\underline{E}$, vgl. Abschn. 2.4.1). Bewegen sich
magnetische Dipole als Sonden in diesem Raum, so spüren sie beide Felder.

Die auf sie wirkenden Kräfte werden durch die magnetische Induktion $\underline{B}$ bestimmt:

$$\underline{B} = \mu_0\underline{H} + \underline{M}_{(v)} \tag{2.6.1}$$

Die zur dielektrischen Suszeptibilität χ_{el} und zur Dielektrizitätskonstanten ε korrespondierenden Größen sind die magnetische Suszeptibilität χ_m und die Permeabilitätskonstante μ. Man kann diese ebenfalls zerlegen in die Permeabilitätskonstante μ_0 des Vakuums und die relative Permeabilitätszahl μ_r über $\mu = \mu_0\mu_r$. Es gilt für den allgemeinen anisotropen Fall:

$$\begin{aligned}
\underline{B} &= \mu_0\underline{H} + \underline{M}_{(v)} \\
&= \mu_0\left(\underline{H} + \underline{\underline{\chi}}_m \underline{H}\right) \\
&= \mu_0\left(1 + \underline{\underline{\chi}}_m\right)\underline{H} \\
&= \mu_0\underline{\underline{\mu}}_r\,\underline{H} = \underline{\underline{\mu}}\underline{H} \tag{2.6.2}
\end{aligned}$$

Die Magnetisierung $\underline{M}_{(v)}$ als Reaktion der Materie auf ein äußeres Feld $\underline{H}$ verknüpft die beiden Felder $\underline{H}$ und $\underline{B}$ und ist im einfachsten Fall immer parallel zu $\underline{H}$ ausgerichtet $\left(\underline{\underline{\chi}}_m \Rightarrow \chi_m\right)$. $\underline{M}_{(v)}$ kann frequenz- und auch $|\underline{H}|$-abhängig sein.

Vom mikroskopischen Standpunkt aus kann die Magnetisierung $\underline{M}_{(v)}$ wie die Polarisation $\underline{P}$ als Summe über alle mikroskopischen Dipole pro Volumeneinheit definiert werden:

$$\underline{M}_{(v)} = \frac{\sum \underline{\mu}_m}{V} \tag{2.6.3}$$

mit $\underline{\mu}_m$ als mikroskopischem magnetischen Dipolmoment.

Das magnetische Moment wird beispielsweise durch Kreisströme verursacht und ist dabei gegeben durch

$$\underline{\mu}_m = IA\underline{n} \tag{2.6.4}$$

mit I als Stromstärke, A als Kreisfläche, die vom Strom umrandet wird, und $\underline{n}$ als Normalenvektor der Fläche A $(\underline{A} = A \cdot \underline{n})$ (Abb. 2.6.1).

In Atomen werden solche Kreisströme im klassischen Bild durch Elektronen verursacht, die um den Atomkern kreisen („Bahnmagnetismus"). Dazu kommt bei ungepaarten Elektronen der Spinmagnetismus, der durch den Eigendrehimpuls der Elektronen (Spin, vgl. Abschn. 1.3) hervorgerufen wird. Beide Anteile bestimmen μ_r- bzw. χ_m-Daten von Materie im Magnetfeld $\underline{H}$.

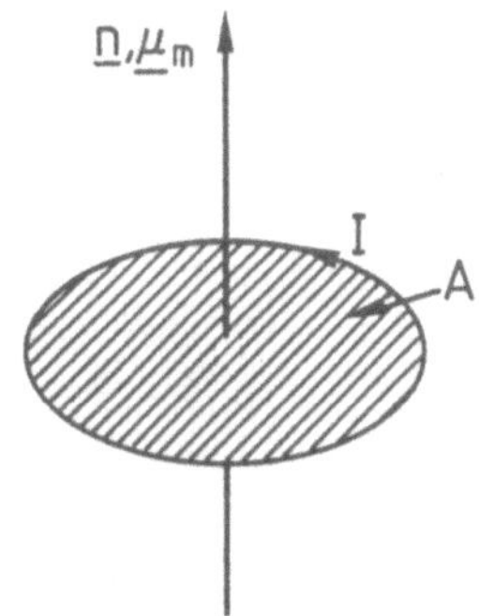

Abb. 2.6.1
Magnetisches Moment eines Kreisstroms

Wie beim elektrostatischen Analogon (mit $\underline{E}$) wird das Feld $\underline{H}$ vorhandene permanente magnetische Dipole in Feldrichtung (temperaturabhängig) ausrichten und magnetische Dipole (temperaturunabhängig) induzieren.

Man unterscheidet nach der Größe und dem Vorzeichen von μ_r bzw. χ_m verschiedene Formen des Magnetismus (Abb. 2.6.2).

Diamagnetismus: $\mu_r < 1$, $\chi_m < 0$

In Materie tritt immer Diamagnetismus auf, egal ob permanente magnetische Dipole vorhanden sind oder nicht. Beim Einschalten eines Magnetfeldes werden (zusätzliche) atomare Kreisströme induziert, die nach der Lenzschen Regel das äußere Magnetfeld abschwächen. χ_m ist deswegen negativ. Da es sich um eine induzierte Magnetisierung handelt, ist χ_m temperaturunabhängig. Abb. 2.6.3 zeigt die Kurven $M_{(v)} = f(H)$ und $\chi_m = f(T)$.

Bei Supraleitern wird die Suszeptibilität unterhalb einer kritischen Feldstärke $\chi_m = -1$. Nach Gl. (2.6.2) bedeutet das wegen $\underline{M}_{(v)} = \chi_m \cdot \underline{H}$, daß das äußere Magnetfeld bis auf eine dünne Oberflächenschicht vollständig aus dem Supraleiter verdrängt wird (*Meissner-Ochsenfeld-Effekt*). Der Supraleiter befindet sich in der sog. *Meissner-Phase*. In der dünnen Oberflächenschicht steigt das Magnetfeld kontinuierlich von null auf die Außenfeldstärke an. In ihr fließen die Abschirmströme, ihre Dicke wird Eindringtiefe genannt. Man unterscheidet dabei Supraleiter erster und zweiter Art. Bei Supraleitern erster Art gibt es bei der kritischen Feldstärke einen direkten Übergang in die Meissner-Phase. Bei Supraleitern zweiter Art gibt es zwei kritische Feldstärken. Zwischen der Meissner-Phase und der nicht supraleitenden Phase liegt die sog. *Shubnikov-Phase*, eine Art Mischphase. In dieser kann das Feld teilweise eindringen, d.h. an diesen Stellen herrscht auch im Supraleiter eine endliche Feldstärke, und es fließen Ströme. Energetisch am günstigsten ist eine sehr regelmäßige Anordnung von sog. *Flußschläuchen*, in denen der Strom fließt, das sog. Flußschlauchgitter. Da der supraleitende Zustand in solchen Supraleitern zweiter Art bis zu einer höheren Feldstärke stabil ist,

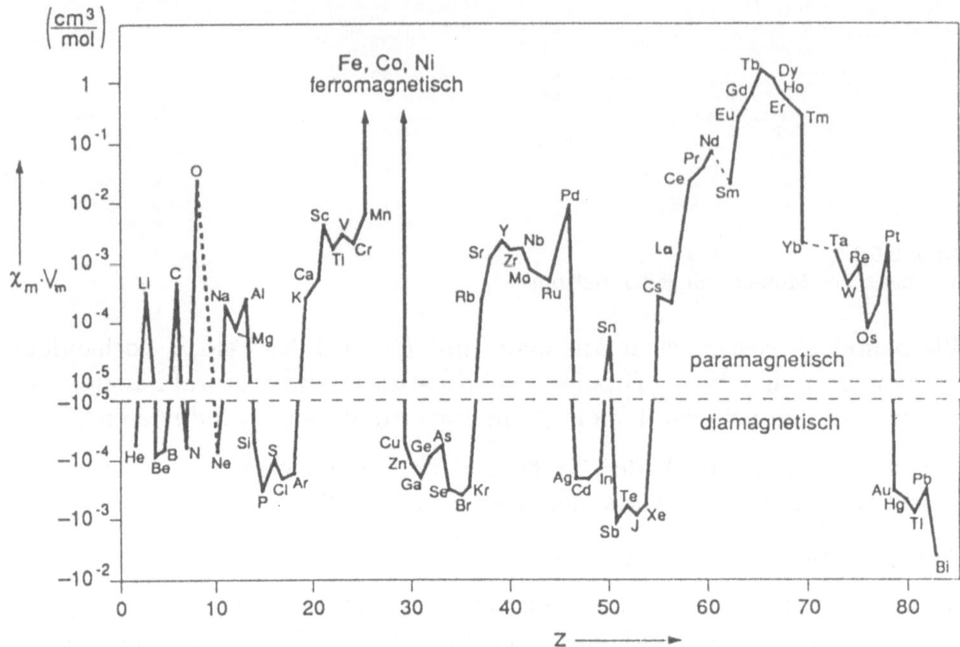

Abb. 2.6.2
Molsuszeptibilität $\chi_m \cdot V_m$ mit V_m als Molvolumen der Elemente als Funktion der Ordnungszahl z ([Mün 89] in [Sch 90])

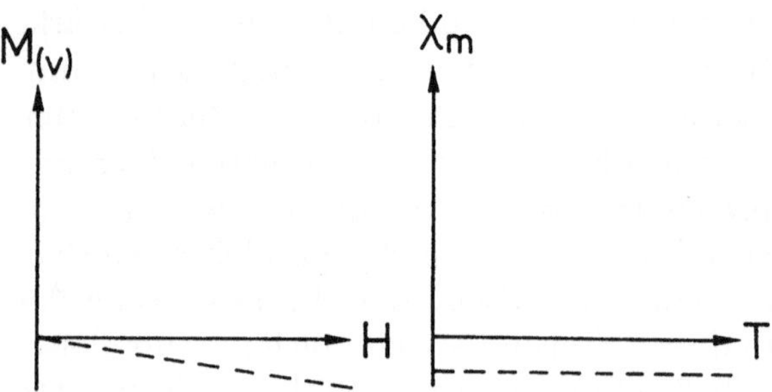

Abb. 2.6.3
$M_{(v)} = f(H)$ und $\chi_m = f(T)$ für diamagnetische Stoffe

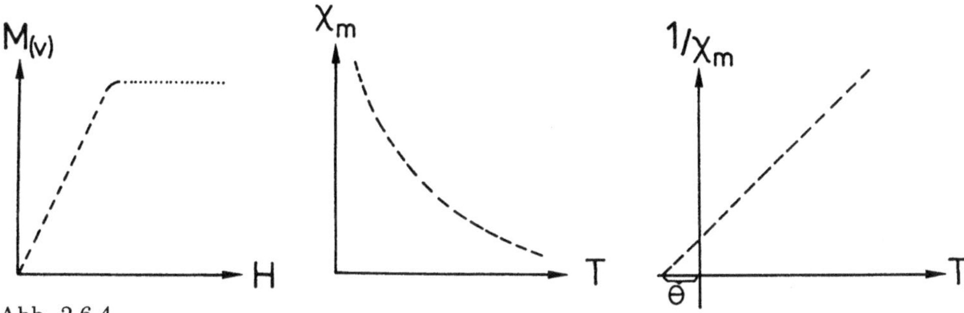

Abb. 2.6.4
$M_{(v)} = f(H)$, $\chi_m = f(T)$ und $\frac{1}{\chi_m} = f(T)$ für paramagnetische Stoffe

sind sie für viele Anwendungen (z.B. supraleitende Magnete) wesentlich geeigneter als solche erster Art. Auch die keramischen Hoch-T_c-Supraleiter (vgl. Abschn. 3.5) sind Supraleiter zweiter Art.

Paramagnetismus: $\mu_r > 1$, $\chi_m > 0$

Beim Paramagnetismus sind durch ungepaarte Elektronen (Spinmagnetismus) oder nicht gefüllte innere Schalen (Bahnmagnetismus) permanente atomare Kreisströme vorhanden, die zu permanenten magnetischen Dipolmomenten führen. Diese sind ohne angelegtes Magnetfeld statistisch verteilt, so daß keine Gesamtmagnetisierung resultiert. Sie werden aber im Magnetfeld so ausgerichtet, daß die Induktionsflußdichte vergrößert wird und eine positive Magnetisierung resultiert. Diese vergrößert sich bei steigender Feldstärke bis zu einem Sättigungswert, bei dem die Dipolmomente maximal ausgerichtet sind (Abb. 2.6.4). Die Temperaturbewegung wirkt diesem Vorgang entgegen, so daß $M_{(v)\,\mathrm{max}}$ und χ_m temperaturabhängig sind.

(Zusätzlich gibt es noch zwei weitere Ursachen für Paramagnetismus, den Van Vleckschen und, bei Metallen mit ihren freien Elektronen, den Paulischen Paramagnetismus, die beide zu einem temperaturunabhängigen χ_m führen. Ihr Anteil an der Gesamtsuszeptibilität ist jedoch gering. Für Einzelheiten s. z.B. [Kit 88] oder [Iba 90].)

Aus Abb. 2.6.4 kann man Parameter der formalen Temperaturabhängigkeit einfacher Paramagnete direkt ablesen:

$$\frac{1}{\chi_m} = \frac{1}{C}(T - \Theta) \qquad (2.6.5)$$

C und Θ sind Konstanten. Gl. (2.6.5) wird Curie-Weiß-Gesetz bzw. für $\Theta = 0$ K Curie-Gesetz genannt. Θ wird dann gleich 0 K, wenn keinerlei Wechselwirkung zwischen den magnetischen Momenten besteht. $\Theta > 0$ beschreibt Ferro- und $\Theta < 0$ Antiferromagnetismus (s. Abschn. 2.6.2).

Wie die dielektrische Suszeptibilität bzw. die Dielektrizitätskonstante ist auch die magnetische Suszeptibilität stark frequenzabhängig. Auch hier gibt es sowohl Relaxations- als auch Resonanzphänomene. Prinzipiell müßte man deshalb bei der in den Abschnitten 2.4.2 sowie insbesondere 2.5.2.1 besprochenen Wechselwirkung von elektromagnetischer Strahlung mit Materie nicht nur den elektrischen, sondern auch den magnetischen Anteil berücksichtigen. Nach Abb. 2.6.2 sind die Werte von $\chi_m \cdot V_m$ außer bei den noch zu besprechenden Ferromagnetika mit typischerweise 10^{-1}–10^{-4} $\frac{cm^3}{mol}$ aber sehr klein. Damit verbunden ist χ_m bei den meisten Materialien um nochmals 1–2 Größenordnungen kleiner, so daß um Größenordnungen kleinere Werte als die Werte der elektrischen Suszeptibilität folgen, die in der Größenordnung von ca. 1 liegen (vgl. Tab. 2.4.1 mit $\chi_{el} = \varepsilon_r - 1$), so daß man den magnetischen Anteil häufig vernachlässigen kann. Die Resonanzen treten darüberhinaus auch nur auf, wenn sich die Materie zusätzlich in einem statischen Magnetfeld befindet. (Zu der darauf beruhenden Elektronenspinresonanzspektroskopie s. z.B. [Göp 94].)

2.6.2   Kooperative Phänomene: Ferro-, Antiferro- und Ferrimagnetismus

Die in Abschn. 2.6.1 besprochenen Phänomene konnten durch die einzelnen Atome und deren magnetisches Verhalten erklärt werden, wenn von außen ein Magnetfeld angelegt wird. Daneben können in bestimmten kristallinen Festkörpern jedoch die einzelnen permanenten magnetischen Momente auch so stark koppeln, daß sie sich nicht unabhängig voneinander orientieren können. Dies ist in den sog. Ferro-, Antiferro- und Ferrimagnetika der Fall. In Ferro- und Ferrimagnetika tritt dabei sogar eine Gesamtmagnetisierung auf, wenn von außen kein Magnetfeld angelegt ist.

Der *Ferromagnetismus* unterscheidet sich vom Paramagnetismus dadurch, daß in paramagnetischen Stoffen die permanenten magnetischen Momente ohne angelegtes Feld statistisch orientiert vorliegen, während in ferromagnetischen Stoffen auch ohne Feld Bereiche im Festkörper auftreten, in denen die magnetischen Dipole parallel ausgerichtet sind. Damit wird die magnetische Suszeptibilität um Größenordnungen größer als in paramagnetischen Stoffen ($\chi_m \gg 0$, $\mu_r \gg 1$).

Bei *Antiferro-* und *Ferrimagnetismus* liegen die magnetischen Dipole antiparallel ausgerichtet vor, wobei sie sich in Antiferromagnetika gerade kompensieren, in Ferrimagnetika jedoch nicht, so daß letztere sich wie sehr schwache Ferromagnetika verhalten.

Der Grund für eine parallele bzw. antiparallele Einstellung der Spins läßt sich nur quantentheoretisch verstehen. Wir haben in Abschn. 1.3 das sog. Pauliprinzip kennengelernt, das zwei Elektronen mit gleichem Spin verbietet, denselben Energiezustand zu besetzen. Das bedeutet quantenmechanisch, daß sie sich auch an einem anderen Ort befinden, sich deshalb nicht sehr nahe kommen und so ihre elektrostatische Abstoßung minimal ist. Elektronen mit parallel orientiertem Spin haben deshalb eine geringere Wechselwirkungsenergie als solche mit antiparallel orientiertem Spin, die Energie wird also minimiert. Trotzdem müssen die Elektronen mit parallelem Spin alle unterschiedliche Energieniveaus besetzen, so daß höherenergetische Niveaus besetzt werden müssen. Die Anregung dieser höheren Niveaus wird deshalb nur dann energetisch durch die minimale Abstoßung kompensiert werden, wenn sehr viele Niveaus mit sehr geringem Energieaufwand erreicht

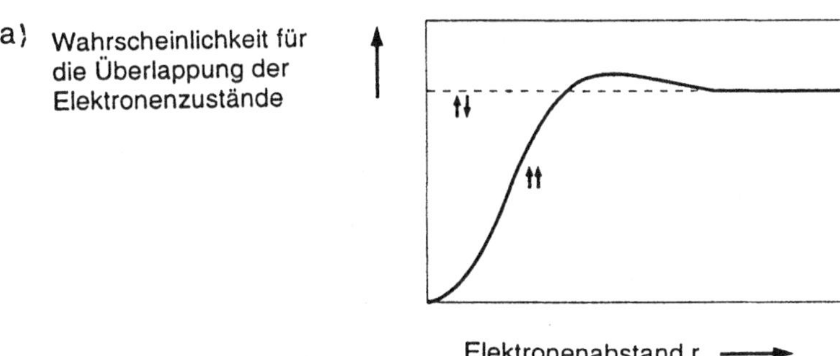

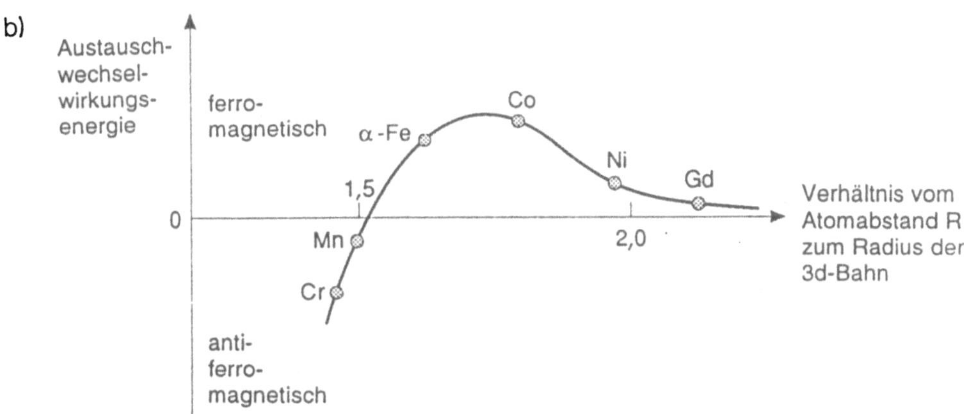

Abb. 2.6.5
a) Wahrscheinlichkeit der Überlappung zweier Elektronenzustände bei paralleler (durchgezogen) bzw. antiparalleler (gestrichelt) Einstellung der Elektronenspins in Abhängigkeit vom Elektronenabstand
b) Austauschwechselwirkungsenergie von 3d-Elektronen als Funktion des Atomabstandes im Festkörper, angegeben in Einheiten des 3d-Bahnradius ([Pas 73] in [Sch 90])

werden können. Dies ist v.a. bei Metallen mit sehr hoher Zustandsdichte an der Fermikante der Fall wie z.B. bei den 3d-Übergangsmetallen und den Seltenerd-Metallen.

Abb. 2.6.5 zeigt die Wahrscheinlichkeit für eine Überlappung zweier Elektronenzustände mit paralleler bzw. antiparalleler Spineinstellung als Funktion des Elektronenabstandes sowie die daraus resultierende Austauschwechselwirkungsenergie von 3d-Elektronen im Kristallgitter.

Ist die Austauschwechselwirkungsenergie größer als null, so ist eine parallele Spinanordung günstiger, und es resultiert ferromagnetisches Verhalten.

Betrachtet man die makroskopische Probe, so stellt man fest, daß sich nicht alle Spins parallel anordnen, sondern immer nur innerhalb eines bestimmten Bereichs, des sog. Weißschen Bezirks, dessen Anordnung sich von denen der Nachbarbereiche unterscheidet, so daß makroskopisch häufig auch bei ferromagnetischen Materialien nur ein schwaches magnetisches Verhalten auftritt.

Die starke Ordnung in den Weißschen Bezirken bewirkt auch eine starke Temperaturabhängigkeit von $M_{(v)}$ bzw. χ_m. Ab einer bestimmten Temperatur, die bei Ferro- und Ferrimagnetika Curie-Temperatur T_C und bei Antiferromagnetika Neél-Temperatur T_N heißt, wird die Ordnung zerstört, und

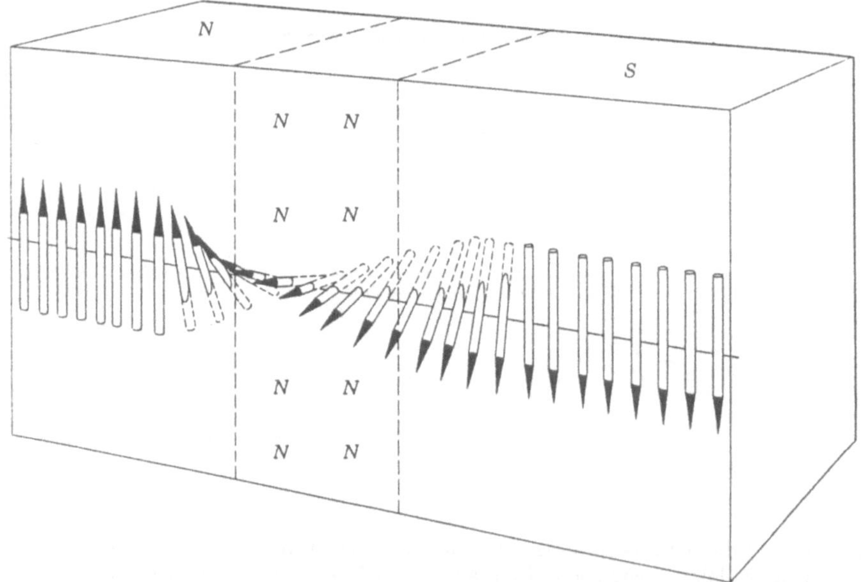

Abb. 2.6.6
Verlauf der Magnetisierungsrichtung in einer 180°-Blochwand, deren Dicke typischerweise einige hundert Gitterkonstanten beträgt ($N \triangleq$ Nordpol, $S \triangleq$ Südpol) [Kit 88]

die Stoffe zeigen Paramagnetismus. Es gilt dann Gl. (2.6.5) mit $\Theta = T_C$ bzw. $\Theta = T_N$.

Beim Anlegen eines Felds verschieben sich die sog. Blochschen Wände zwischen den Weißschen Bezirken, so daß sich die Bereiche vergrößern, deren Ausrichtung zum äußeren Feld energetisch am günstigsten ist. Abb. 2.6.6 zeigt den Verlauf der Magnetisierungsrichtung in einer Blochwand.

Man kann die Verteilung von magnetischen Bereichen auch auf mikroskopischer Skala mit dem Rasterkraft- und dem Rastertunnelmikroskop (vgl.

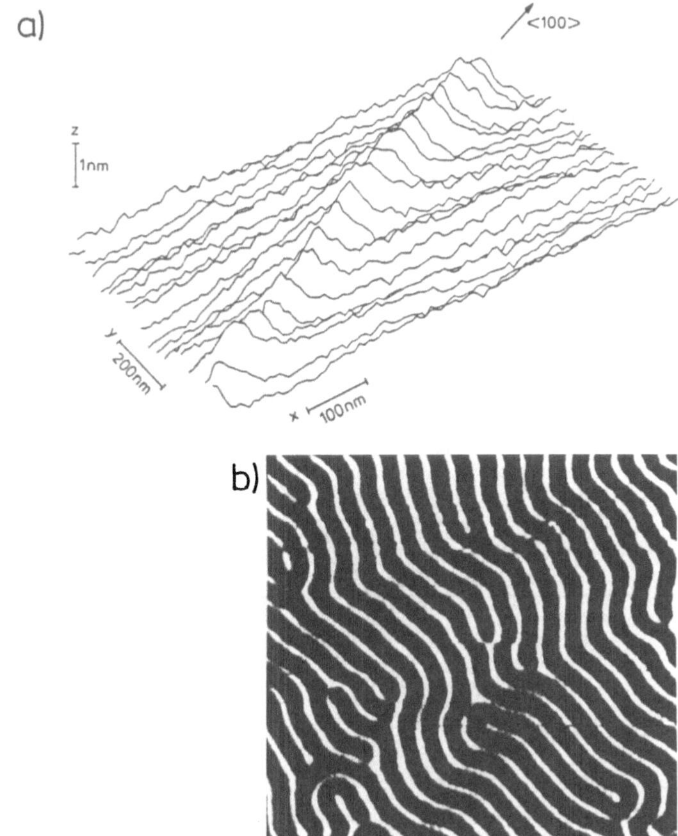

Abb. 2.6.7
a) MFM-Abbildung einer 180°-Blochwand in einem einkristallinen Fe-Whisker. Die z-Position des Tips wurde moduliert und die dadurch induzierte Bewegung der Probe entlang der z-Achse aufgetragen [Göd 88].
b) MFM-Abbildung von magnetischen Domänen in einem $Y_3(Gd,Tm)_2Ga_3O_{12}/$ $Y_3(Sm,Tm)_2Ga_3O_{12}$-Granat-Dünnfilm (freundlicherweise von A. Wadas, Universität Hamburg, zur Verfügung gestellt).

Abschn. 1.4.2 bzw. 1.2) sichtbar machen, wenn man spezielle Spitzen verwendet (Abb. 2.6.7). So kann man beim Rasterkraftmikroskop magnetische Spitzen, z.B. aus Fe, verwenden (**Magnetic Force Microscopy, MFM**). Dabei wirken die magnetischen Dipolkräfte zwischen Spitze und Probe, so daß die magnetische Streufeldverteilung abgebildet wird. Da diese Kräfte langreichweitig sind, ist die Auflösung auf ca. 10 nm begrenzt. Die Methode kann damit z.B. sehr gut zur Kontrolle von magnetischen Speicherplatten (s. Abschn. 3.10, Abb. 3.10.6b) verwendet werden.

Atomare Auflösung, d.h. direkte Abbildung von Einzelspins in einer Probe erhält man durch Rastertunnelmikroskopie mit spinpolarisierten Elektronen. Letztere erhält man z.B. durch optisches Pumpen von GaAs mit zirkular-polarisiertem Licht oder mit magnetischen Spitzen, die einen hohen Anteil von Elektronen gleicher Ausrichtung in Niveaus nahe dem Ferminiveau besitzen, da nur diese zum Tunnelstrom beitragen.

Wir werden nun noch die Feldabhängigkeit der Magnetisierung behandeln. Betrachtet man die Kurve $M_{(v)} = f(H)$, so stellt man bei Ferro- und Ferrimagnetika fest, daß keine allgemeine Proportionalität herrscht, χ_m also abhängig von H und der Vorgeschichte ist (Abb. 2.6.8).

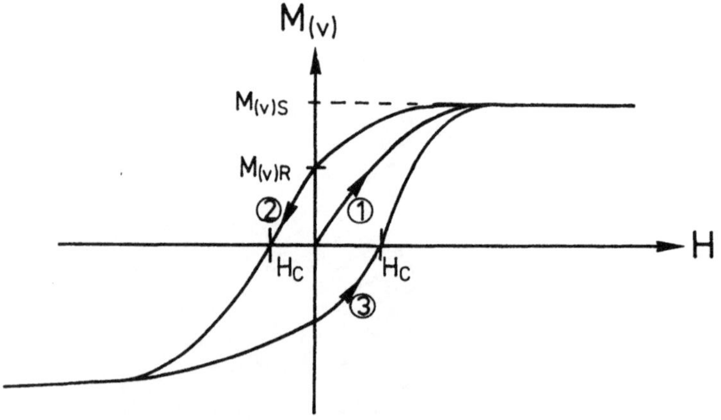

Abb. 2.6.8
$M_{(v)} = f(H)$ für ferro- und ferrimagnetische Stoffe

Die Magnetisierung wächst zunächst bei kleinen Feldstärken stark an (Ast 1). In diesem Bereich werden die Weißschen Bezirke in Feldrichtung gedreht, bis Sättigung eintritt (Sättigungsmagnetisierung $M_{(v)S}$). Schwächt man nun das Magnetfeld wieder ab (Ast 2), so nimmt die Magnetisierung zwar wieder ab, die Werte liegen jedoch deutlich höher als die der Kurve 1. Insbesondere bleibt bei $H = 0$ eine endliche Magnetisierung $M_{(v)R}$, die sog. Remanenz bestehen. Man muß nun ein Feld H_C, die sog. Koerzitivfeldstärke in entgegengesetzter Richtung anlegen, um die Magnetisierung auf null zu bringen. Steigert man die Feldstärke weiter, so erreicht man auch hier eine Sättigung, die dem Betrag nach gleich der bei entgegengesetzter Feldstärke ist. Polt man nun das Feld wieder um, so erhält man eine symmetrische Kurve (Ast 3). Man nennt solche Kurven, bei denen eine Größe von der Vorgeschichte der Probe abhängt, Hysteresekurven. Qualitativ den gleichen Verlauf wie für $M_{(v)} = f(H)$ erhält man durch Umrechung für $\mu_0 H + M_{(v)} = B = f(H)$. H_C und $B_R = M_{(v)R}$ als Remanenz bleiben als Punkte in diesem Diagramm erhalten. Aus $B(H)$-Kurven erhält man nach Gl. (2.6.2) aus der Steigung der Kurven die Permeabilitätskonstante, aus der Steigung der $M_{(v)}(H)$-Kurven die Suszeptibilität.

2.6.3 Weich- und Hartmagnete

Die Größe und Form der in Abb. 2.6.8 gezeigten Hysteresekurven hat große praktische Bedeutung, da die Fläche innerhalb der Kurve mit der magnetischen Verlustenergie pro Einheitsvolumen korreliert ist, die im Falle von Magnetisierungs-Entmagnetisierungszyklen als Wärme frei wird. Materialien mit kleinen $M_{(v)R}$- und H_C-Werten heißen weich, solche mit großen hart (Abb. 2.6.9). Weiche magnetische Materialien braucht man, wenn man magnetische Wechselfelder induzieren möchte und dabei nur wenig Wärme frei werden darf wie z.B. in Spulenkernen oder Transformatorblechen. Harte magnetische Materialien benutzt man dagegen für Permanentmagnete, die nicht schon bei kleinen Magnetfeldern wieder entmagnetisiert werden sollen.

Typische Weichmagnete sind die Metalle Eisen, Kobalt und Nickel sowie viele ihrer Legierungen. Die Magnetisierungskurven sind dabei stark anisotrop, d.h. von der Kristallrichtung abhängig, so daß man bei der Herstellung magnetischer Bauelemente die Kristallrichtung bzw. bei polykristallinen Werkstoffen die Ausrichtung der Kristallite beachten muß.

Ein Nachteil von metallischen Materialien im Wechselstrombetrieb ist jedoch, daß neben den oben beschriebenen Hystereseverlusten auch Wirbelstromverluste auftreten. Diese entstehen dadurch, daß das magnetische Wechselfeld elektrische Wirbelströme erzeugt, die ihrerseits wieder ein Magnetfeld erzeugen, das dem ursprünglichen Feld entgegenwirkt (Lenzsche Regel), wobei gleichzeitig Joulesche Wärme zu Energieverlusten führt. Deshalb verwendet man für Hochfrequenzanwendungen praktisch nur nichtmetallische Werkstoffe mit einem hohen Widerstand.

Typisches Beispiel sind oxidische ferrimagnetische Keramiken, die sog. Ferrite, die sich meist aus Mischoxiden von Ferrioxid (Fe_2O_3) mit zweiwertigen

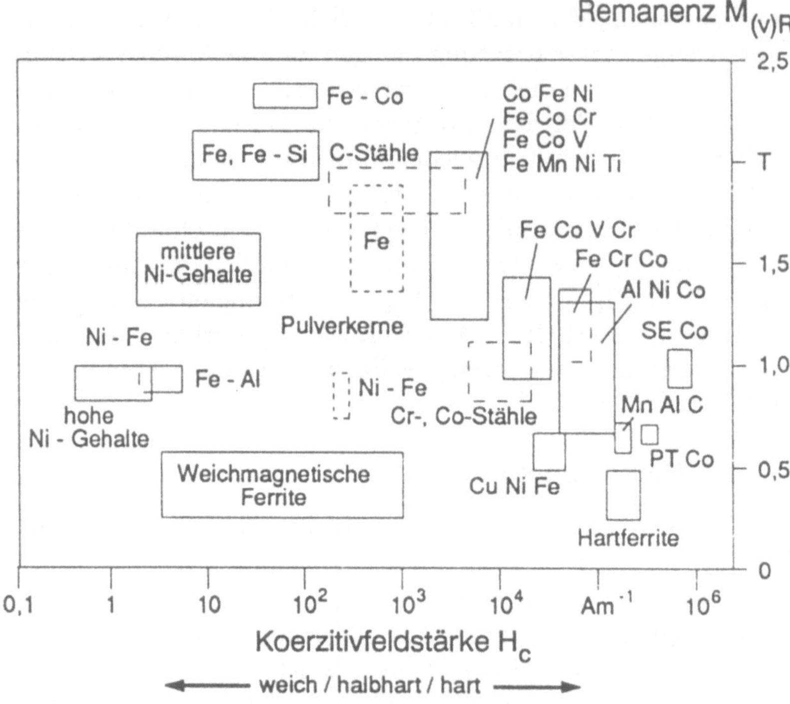

Abb. 2.6.9
Remanenz und Koerzitivfeldstärke magnetischer Werkstoffe [Sch 90]

Metalloxiden wie MnO, NiO oder ZnO ableiten. Für Weichmagnete werden dabei Kristallstrukturen bevorzugt, die eine isotrope Magnetisierungskurve aufweisen.

Es gibt jedoch nicht nur Ferrite, die gute Weichmagnete sind, sondern auch solche, die besonders gute Hartmagnete sind. Diese zeigen häufig eine stark anisotrope Magnetisierung und bestehen z.B. aus Mischoxiden mit BaO oder SrO. Metallische Hartmagnete sind z.B. die Alnico-Legierung aus Al, Ni und Co mit 3% Cu oder Co_5Sm, die ebenfalls stark anisotrop sind.

2.6.4   „Nichtdiagonale" magnetische Responseeigenschaften

In diesem Abschnitt sollen die wichtigsten nichtdiagonalen magnetischen Suszeptibilitäten aus Tab. 2.0.1 behandelt werden, die auch praktische Bedeutung haben. So kann z.B. der *magnetokalorische Effekt* zur Erzeugung extrem tiefer Temperaturen ($< 10^{-3}$ K) eingesetzt werden, wobei ein paramagnetisches Salz adiabatisch entmagnetisiert wird. Dies beruht auf der oben angesprochenen Tatsache, daß sich die Ordnung eines Systems magnetischer Momente bei festgehaltener Temperatur erhöht, wenn man ein Magnetfeld anlegt, und sich deshalb die Entropie als Maß für die Unordnung erniedrigt. Eine Entropieerniedrigung erhält man auch durch eine Temperaturerniedrigung (s.o.). Wenn man nun das Magnetfeld entfernen kann, ohne daß sich dabei diese Entropie des magnetischen Systems ändert, so kommt dies einer Temperaturerniedrigung gleich. Dieser Effekt kann bei sehr tiefen Temperaturen beobachtet werden, da die Erhöhung der Entropie des magnetischen Systems nur durch eine Erniedrigung der Entropie der Gitterschwingungen erfolgen kann. Da bei tiefen Temperaturen die Gitterschwingungen praktisch eingefroren sind und die Entropie dadurch sehr klein ist, kann sich die Entropie des magnetischen Systems kaum erhöhen, und die Probe kühlt sich ab. Umgekehrt erwärmt sie sich natürlich bei der Magnetisierung. Der Effekt liegt allerdings bei Ferromagnetika bei einer Feldstärke von $1\,\mathrm{Am^{-1}}$ bei nur 10^{-6} K, so daß diese bei normalen Temperaturen nicht zu beobachten ist.

Die *Magnetostriktion*, d.h. die Volumenänderung aufgrund der Magnetisierung, ist häufig ein nicht zu vernachlässigender Effekt. $\chi^{VB} = \frac{\partial V}{\partial B}$ hat Größenordnungen von 10^{-5} bis $10^{-2}\,\frac{\mathrm{m^3}}{\mathrm{Vsm^{-2}}}$. So kann z.B. die relative Längenänderung $\frac{\Delta l}{l}$ bei Nickel die Größenordnung $-3 \cdot 10^{-5}$ bei einer Feldstärke von $H > 10\frac{\mathrm{kA}}{\mathrm{m}}$ betragen.

Neben Spannungen, die durch diesen Effekt auftreten können, kann die Magnetostriktion bzw. der *Piezomagnetismus* ähnlich wie die entsprechenden elektrischen Effekte zur Schwingungserzeugung (Ultraschall) oder zum Nachweis hochfrequenter Schwingungen (Mikrophon) verwendet werden.

Neben den durch die Tab. 2.0.1 zusammengefaßten Effekte gibt es analog zu dem in Abschn. 2.5.2.1 beschriebenen Pockelseffekt auch *magnetooptische Effekte*, bei der in optisch transparenten Materialien die optische Strahlung mit der Magnetisierung wechselwirkt. Ein Beispiel ist der sog. *Faraday-Effekt*, bei dem die Polarisationsrichtung von polarisiertem Licht unter dem Einfluß einer magnetischen Induktion B gedreht wird. Eine magnetooptische Modulation ist allerdings im Gegensatz zur elektrooptischen in der Pockelszelle nur bis zu Frequenzen von einigen 100 kHz möglich.

3   Neue Materialien und ihre Anwendungen

Auf der Basis des bisher behandelten Stoffs werden nun einige Aspekte und Trends der heutigen Materialwissenschaften angesprochen. Dabei sind Forschungs- und Entwicklungsarbeiten von zunehmendem Interesse, bei denen auf molekularer Ebene Materialeigenschaften untersucht, eingestellt und verbessert werden. Ein Beispiel dafür sind interdisziplinäre Forschungs- und Entwicklungsaktivitäten zur „Nanotechnologie". In Ergänzung zur „klassischen" Mikrotechnologie mit Teilbereichen wie Mikroelektronik und Mikromechanik wird dabei auch angestrebt, Strukturen neuer Materialien im molekularen Bereich zu kontrollieren: Ziel ist es, im Nanometerbereich definierte elektrische, optische, optoelektronische, mechanische oder auch chemische Eigenschaften einfacher oder komplexer Strukturen herzustellen.

Derartige „Nanostrukturen" können über *Verkleinerung makroskopischer Systeme* (beispielsweise durch kontrolliertes chemisches Ätzen oder STM-Strukturieren von einkristallinem Silicium) als sogenannte „Top-down"-Strukturen „nanolithographisch" hergestellt werden (vgl. Abschn. 4.3.3). Die alternative Vorgehensweise ist es, über *chemische Synthesen* sog. „Bottom-Up"-Strukturen herzustellen, die zu definierten Molekülen, Supramolekülen etc. führen. Die Verknüpfung beider Ansätze kann zu Hybrid-Technologien zwischen Biologie und Chemie auf der einen und Mikroelektronik auf der anderen Seite führen. Dies wurde am Beispiel molekularer Sonden bereits im 1. Kapitel in Abb. 0.0.2 und 0.0.3 schematisch gezeigt.

Im *Kapitel 3* soll der Schwerpunkt zunächst auf der Beschreibung *typischer Materialien* und ihrer charakteristischen *Anwendungsbereiche* liegen. Wir beginnen dabei mit Anwendungen, bei denen insbesondere mechanische Eigenschaften und chemische Stabilitäten eine Rolle spielen. Danach folgen Anwendungen, die zunehmend komplexere Funktionen der Materialien erfordern (Katalyse, Sensorik, Elektronik, biologische Funktionen).

Das nachfolgende *Kapitel 4* beschäftigt sich dann mit Technologien zu deren *Präparation und Strukturierung*.

Die Behandlung des Stoffs beider Kapitel kann nur exemplarisch erfolgen. Für Details wird daher auf weiterführende Literatur verwiesen.

3.1 Dünne Schichten zur Kontrolle von Korrosion, Verschleiß und Reibung

Korrosion ist die Zerstörung von Materialien durch chemische und/oder elektrochemische Reaktionen an der Grenzfläche zwischen Festkörper, Wasser und/oder Luft. Typischerweise tritt Korrosion durch elektrochemische Oxidation von Metallen auf. Diese Prozesse haben wir bereits kurz in Abschn. 2.1.5.2 besprochen. Aber auch Keramiken, Verbundwerkstoffe, Polymere und andere Materialien können betroffen sein.

Einerseits werden deshalb Materialien gesucht, die von sich aus besonders korrosionsfest sind. Wie wir in Abschn. 2.1.5.2 festgestellt haben, läßt sich die Korrosionsfestigkeit bei elektrochemischer Korrosion unter Anwesenheit von Wasser aus der Spannungsreihe (Tab. 2.1.4) abschätzen, wobei jedoch alle möglichen Reaktionen unter den gegebenen Umgebungsbedingungen berücksichtigt werden müssen. Meist werden jedoch Schutzschichten auf die Oberfläche aufgebracht oder dort erzeugt. Für Metalle verwendet man als Korrosionsschutzschichten häufig andere Metalle, aber auch Keramiken oder organische Schichten. Diese werden durch die in Abschn. 4.2 beschriebenen Techniken aufgebracht. Dabei finden nicht nur die dort in Tab. 4.2.1 aufgeführten Standardtechniken, sondern auch die in Abschn. 4.2.3 beschriebenen Selbstorganisationstechniken Anwendung. Ein Beispiel ist das Aufbringen von Thiolen auf Stahl. Die Schutzschicht kann entweder selbst wenig korrosionsanfällig sein und das Eindringen der reaktiven Spezies hemmen, ohne selbst angegriffen zu werden, oder sie ist selbst stärker reaktiv als die zu schützende Substanz und dient als „Opferschicht". Typische Beispiele sind Zinn als edlere (und damit weniger korrosionsanfällige) und Zn als unedlere Schutzschicht auf Eisenblechen. Der Nachteil der unreaktiven Schichten ist, daß bei einer mechanischen Zerstörung kein Schutz des darunterliegenden Materials mehr gegeben ist. Typisches Beispiel ist das Zerkratzen der Lackschicht am Auto. Der Nachteil der reaktiven Schichten liegt darin, daß diese abreagieren können und dann unwirksam sind. Neben Schutzschichten aus anderen Materialien kann in manchen Fällen auch das zu schützende Material selbst an der Oberfläche physikalisch oder chemisch verändert werden. Die veränderten Oberflächenschichten dienen dann als Korrosionsschutz. Manche Metalle bilden auch von sich aus bei der Oxidation, also dem typischen Korrosionsprozeß, eine Passivierungsschicht aus Oxid aus. Beispiele sind Aluminium und Silicium.

Die Schutzschichten werden oft empirisch entwickelt, insbesondere für Nichtmetalle, bei denen die Korrosionsmechanismen häufig noch unverstanden

sind. Untersuchungen zur Bildung und Stabilität solcher Passivierungsschichten, z.B. über oberflächenspektroskopische Untersuchungsmethoden
(Rasterelektronenmikroskopie, aber auch Methoden, mit denen die chemische Zusammensetzung bestimmt werden kann, vgl. [Göp 94]), und zu
ihren thermodynamischen und kinetischen Stabilitäten dienen der Entwicklung besserer Passivierungen. Beispielsweise muß in der Mikroelektronik der
Korrosionsschutz auch im elektrischen Feld gewährleistet sein.

*Verschleiß*erscheinungen sind ein weiteres großes Problem in der Materialforschung. Einige Beispiele, z.B. der Bruch von Materialien, haben wir bereits in Abschn. 2.2 kennengelernt. Ein anderes Beispiel sind Ermüdungserscheinungen von Verbundwerkstoffen (vgl. Abschn. 3.3), die im Flugzeugbau
eingesetzt werden, oder der mechanische Verschleiß in magnetischen Speicherelementen zwischen Lesekopf und Platte. In solchen Speicherelementen
„fliegt" der Kopf mit Geschwindigkeiten von bis zu 20 m/s in einem Abstand
von nur 90 nm (kleiner als die mittlere freie Weglänge von Luftmolekülen
bei 1 bar) über die Magnetplatte, wobei deren Oberfläche durch einen 2 nm
dünnen Film (meist Kohlenstoff) sowie ein ungebundenes Gleitmittel (z.B.
perfluorierte niedermolekulare Verbindungen) geschützt wird (Abb. 3.1.1).

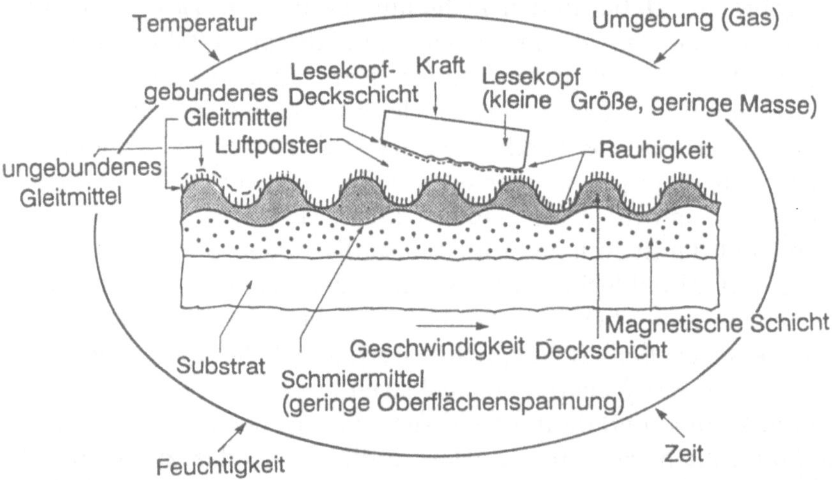

Abb. 3.1.1
Schematische Darstellung der einzelnen Faktoren, die die Lesekopf/Platten-Lebensdauer
beeinflussen [Hom 90]

Einer der wichtigsten Verschleißfaktoren resultiert aus der *Reibung*. Wie
wir schon in Abschn. 2.2.6 gesehen haben, setzt man zu ihrer Vermeidung
Schmiermittel ein, die neben der Verminderung der Reibungskräfte v.a. auch
die dennoch entstehende Reibungswärme sowie Verschleißpartikel abführen

sowie die Verschmutzung der Grenzfläche vermeiden müssen. Zur effektiven Schmierung können bei glatten Oberflächen schon zwei Atomlagen ausreichend sein. Bei solch extrem dünnen Filmen in molekularen Dimensionen können Drücke von bis zu 1 GPa entstehen. Die Eigenschaften solcher dünnen Filme können bis jetzt theoretisch weder beschrieben noch berechnet werden, könnten aber in Zukunft von erheblicher praktischer Bedeutung sein, da weniger Rohstoffe eingesetzt und weniger Schmiermittel entsorgt werden müssen. Heutzutage werden bei vielen Anwendungen relativ große Mengen von Schmierölen und -fetten eingesetzt, die entweder aus Mineralöl oder synthetisch gewonnen werden. Für bestimmte Anwendungen, z.B. bei Reibung unter sehr hohen Temperaturen oder in chemisch besonders aggressiven oder ultrareinen Umgebungen, werden auch Feststoffe oder Gase zur Schmierung eingesetzt. Bei den Feststoffen handelt es sich meist um Schichtsubstanzen wie Graphit oder Molybdändisulfid, bei denen einzelne Atomlagen aneinander vorbeigleiten können. Eine Übersicht über die Vielzahl der technisch eingesetzten Schmierstoffe findet sich z.B. in [Bar 81].

3.2   Klebstoffe

Bereits in Abschn. 2.2.5 haben wir die Bedeutung von Klebstoffen zur Verbesserung der Haftung zwischen zwei Stoffen kennengelernt. Das Kleben hat gegenüber anderen Verbindungstechniken wie Nieten, Schweißen oder Schrauben den Vorteil, daß es ein schnelles, rationelles Verfahren ist, das eine gleichmäßige Kräfteverteilung über die gesamte Klebefläche bewirkt. Dadurch können dünnere und somit leichtere Teile verwendet werden, was z.B. im Flugzeugbau einen entscheidenden Vorteil bietet. Zusätzlich kann der Klebstoffilm Unebenheiten in den Werkstoffoberflächen ausgleichen oder auch schwingungsdämpfend wirken.

Nachteil ist die normalerweise nur geringe Wärmebeständigkeit von Klebstoffen, die meist aus organischen Polymeren bestehen. Zusätzlich müssen die einzelnen Schritte der Verklebung genau eingehalten werden, damit keine Fehlverklebungen auftreten. Hierzu gehört insbesondere die Vorbehandlung der Oberflächen der zu verklebenden Werkstücke. Da die Verklebung im molekularen Bereich perfekt sein sollte (vgl. Abschn. 2.2.5), muß der Klebstoff die zu verbindenden Flächen vollständig benetzen. Dies ist normalerweise nur dann der Fall, wenn die Oberflächenspannung (vgl. Abschn. 2.1.5.5.1) des Klebstoffs kleiner ist als die der zu verklebenden Teile. Man kann die Oberflächenspannung jedoch z.B. durch chemische Behandlung beeinflussen. Eine Methode ist der Einsatz sog. Haftvermittler, die vor dem

Klebstoffauftrag auf eine oder beide Klebflächen aufgebracht werden. Eine andere Methode zur Erhöhung der Oberflächenspannung vor dem Kleben ist die Coronaentladung bei Kunststoffolien, bei der die Folien an Luft einer elektrischen Entladung ausgesetzt werden. Darüberhinaus kann man die Haftung dadurch verbessern, daß man die Oberfläche und somit die Zahl der Haftpunkte durch Aufrauhen vergrößert. Daneben muß auch die Temperatur sowie das Auftragverfahren geeignet gewählt werden. Klebstoffe lassen sich dabei z.B. von Hand, mit der Spritzpistole, über Walzen oder im Gießverfahren aufbringen.

Die Klebstoffe selbst lassen sich nach verschiedenen Kriterien ordnen, z.B. nach ihrer chemischen Zusammensetzung, nach dem Abbindeverfahren oder nach dem Einsatzgebiet.

Die chemische Zusammensetzung kann dabei in weitem Rahmen variiert werden. Hauptrohstoffe sind natürliche oder synthetische Polymere (vgl. Abschn. 3.12), die v.a. die gewünschte Eigenfestigkeit besitzen, z.T. aber auch schon Haftfestigkeit vermitteln können. Letztere kann z.B. durch Zusätze von Harzen oder Haftvermittlern verbessert werden. Typische Klebstoffrohstoffe sind Celluloseether in Tapetenkleister, Natur- und Synthesekautschuk, Polyvinylester, Acryl- und Methacrylsäureester-Polymerisate, Polyurethane, Epoxidharze oder Phenolharze. Eine Auswahl weiterer wichtiger Materialien (sowie vieler anderer Details zum Problembereich Kleben) findet sich z.B. in [Bar 77] sowie insbesondere in [Hab 90].

Beim Abbindemechanismus, d.h. beim Verfestigen der Klebschicht, unterscheidet man insbesondere zwischen nichtreaktivem und reaktivem Abbinden. Beim Abbinden ohne chemische Reaktion muß der klebende Stoff schon vor der Klebung vorhanden sein, während dieser beim Abbinden mit chemischer Reaktion erst gebildet wird. Eine weitere Unterteilung ist in Tab. 3.2.1 wiedergegeben. Alleskleber wie UHU und Pritt gehören z.B. zur Gruppe 1.3.1.1, UHU-plus zur Gruppe 2.2.1.

Typische Einsatzgebiete sind die Buchbinderei, die Verpackungsindustrie, die Holzindustrie, die Schuhindustrie, die Kunststoffindustrie, die kautschukverarbeitende Industrie, die Flugzeug- und Fahrzeugbauindustrie, der Brückenbau, die Elektroindustrie, die Bautechnik, die Textilindustrie oder das Tapeten- und Teppichverlegen.

In einer neuen Entwicklung versucht man, ein „Kleben ohne Klebstoff" zu erreichen, um insbesondere die mangelnde Temperaturbeständigkeit, aber auch die oft störende andere chemische Zusammensetzung der Grenzfläche zu vermeiden. Dazu nutzt man die hohen Adhäsionskräfte zwischen zwei ultraglatten Flächen aus. Schafft man es, daß keine Staubpartikel auf den

Tab. 3.2.1 Einteilung von Klebstoffen nach ihrem Abbindemechanismus (nach [Bar 77])

---

1 Nichtreaktiv abbindende Klebstoffe

1.1 Lösungsmittelfreie Klebstoffsysteme

1.1.1 *Schmelzklebstoffe*, die in der Wärme im flüssigen Zustand Werkstoffoberflächen gut benetzen können und an ihnen nach dem Abkühlen gut haften

1.1.2 *Klebeplastisole*, die zum Abbinden eine Temperatur von 140–200°C benötigen

1.2 Klebstofflösungen, deren Lösungsmittel vor der Klebung entweicht

1.2.1 *Heißsiegelklebstoffe* und *Hochfrequenz-Schweißhilfsmittel*, d.h. Beschichtungsklebstoffe, die bei der Verklebung thermisch aktiviert werden

1.2.2 *Gummi-Metall-Bindemittel*, die unvulkanisierte Elastomere mit Metallen oder Kunststoffen unter Vulkanisationsbedingungen verbinden, d.h. durch Erhitzen mit Schwefel, das ein Vernetzen des Elastomers bewirkt, und Füllstoffen

1.2.3 *Kontaktklebstoffe*, die auf beide zu verklebenden Flächen aufgetragen werden müssen

1.2.4 *Haftklebstoffe*, d.h. dauerklebrige Stoffe, die schon unter leichtem Andruck meist spontan haften

1.3 Klebstofflösungen, deren Lösungsmittel während der Klebung verdunstet

1.3.1 *Lösungen polymerer Stoffe und Harze in organischen Lösungsmitteln*

1.3.1.1 Adhäsionsklebstoffe, die durch Verdunsten des Lösungsmittels abbinden und die Verbindung durch Adhäsion des gelösten Polymers an den Klebflächen herstellen

1.3.1.2 Anlösende Klebstoffe, die Kunststoffe anlösen, quellen und über Eindiffusion verbinden

1.3.2 *Wäßrige Stärke- und Dextrinleime*

1.3.2.1 Stärkeleime wie
Pflanzenleime, die hochviskos sind und durch alkalische Verkleisterung von Stärkesuspensionen bei Raumtemperatur entstehen
Malerleime, bei denen zusätzlich durch Wasserstoffperoxid oxidativer Abbau stattfindet
Kleister, die aus Getreide- oder Kartoffelstärke ähnlich wie Malerleime hergestellt werden
Quellstärken, d.h. kaltwasserlösliche Trockenstärke
Kochstärken, die zuerst über die Verkleisterungstemperatur erhitzt werden müssen, um löslich zu werden

1.3.2.2 Dextrinklebstoffe, die durch thermischen und säurehydrolytischen Abbau von nativer Stärke hergestellt werden

1.3.2.3 Mischleime aus Stärke- und Dextrinleimen

1.3.2.4 Caseinleime aus Stärkeleim und Caseinlösung

1.3.3 *Andere wäßrige Klebstofflösungen*

1.3.4 *Wäßrige Glutinleime* (tierische Leime), die durch saure oder alkalische Hydrolyse des in Knochen, Häuten etc. vorhandenen Kollagens entstehen

1.4 Wäßrige Dispersionen von polymeren Verbindungen

1.4.1 *Dispersionsklebstoffe*, die als Hauptrohstoff wäßrige Kunstharzdispersionen, -emulsionen oder Kautschuklatices enthalten

---

Tab. 3.2.1 (Fortsetzung)

2	**Reaktionsklebstoffe**

2.1 Polymerisationsklebstoffe, die sich durch radikalische oder ionische Polymerisation der Monomeren verfestigen
    2.1.1 Zweikomponentige Polymerisationsklebstoffe
    2.1.2 Einkomponentige Polymerisationsklebstoffe
2.2 Polyadditionsklebstoffe
    2.2.1 Epoxidharz-Klebstoffe
    2.2.2 Reaktive Polyurethan-Klebstoffe
2.3 Polykondensationsklebstoffe
    2.3.1 Polymethylolverbindungen
    2.3.2 Siliconklebstoffe
    2.3.3 Polyimide und Polybenzimidazole

Flächen liegen, so haften z.B. zwei glatt polierte Si-Wafer stark aneinander. Diese Haftung kann durch Sprengen mit kleinen Keilen wieder aufgehoben werden. Für einen dauerhaften Verbund muß das Werkstück deswegen auf eine sehr hohe Temperatur gebracht werden, bei der chemische Reaktionen zwischen den jeweils ersten Monolagen an der Grenzfläche ablaufen. Man kann durch eine geschickte Wahl der Oberflächenbedeckung so zu Grenzflächen mit völlig unterschiedlichen Eigenschaften kommen (vgl. z.B. [Gös 94]).

3.3   Verbundwerkstoffe

Für viele Anwendungen werden Materialeigenschaften verlangt, die von einem homogenen Material prinzipiell nicht erfüllt werden können. So benötigt man z.B. mechanisch belastbare steife und feste, aber dennoch über größere Abmessungen flexible Materialien mit geringem spezifischem Gewicht im Flugzeugbau. Bei Raumschiffen wird zusätzlich noch sehr hohe chemische oder thermische Beständigkeit unter UV-Strahlungsbedingungen angestrebt. Solche Eigenschaftskombinationen kann man beispielsweise erhalten, wenn man kleine Partikel von sehr festen Materialien in eine weiche Matrix einbettet. Ein bekanntes Beispiel ist Schleifpapier mit eingebetteten Diamantkörnern. Solche Werkstoffe aus mindestens zwei miteinander nicht zu einer homogenen Phase abreagierenden Stoffen nennt man *Verbundwerkstoffe*. Die kleinen Partikel bestimmen dabei v.a. die Steifigkeit und Festigkeit des Materials, die Matrix bringt die Flexibilität, sie schützt aber auch die eingelagerten Partikel vor Umwelteinflüssen und Beschädigungen und ist für die Wärme- oder z.T. auch Stromleitfähigkeit verantwortlich. Die mechanischen Eigenschaften werden durch beide Materialien zusammen bestimmt.

Man kann Verbundwerkstoffe durch die Form der eingelagerten Partikel unterscheiden. Typischerweise werden kleine Partikel sowie kurze und insbesondere lange Fasern eingesetzt.

In Abb. 3.3.1 sind verschiedene Aufbauformen von Verbundwerkstoffen gezeigt, wobei in der ersten Reihe drei prinzipiell mögliche Kategorien dargestellt sind.

Die Matrix wird so ausgewählt, daß sie für den benötigten Temperaturbereich möglichst flexibel ist. Bei Einsatztemperaturen unter 100-200°C werden dafür hauptsächlich Polymere eingesetzt. Bekanntestes Beispiel ist Fi-

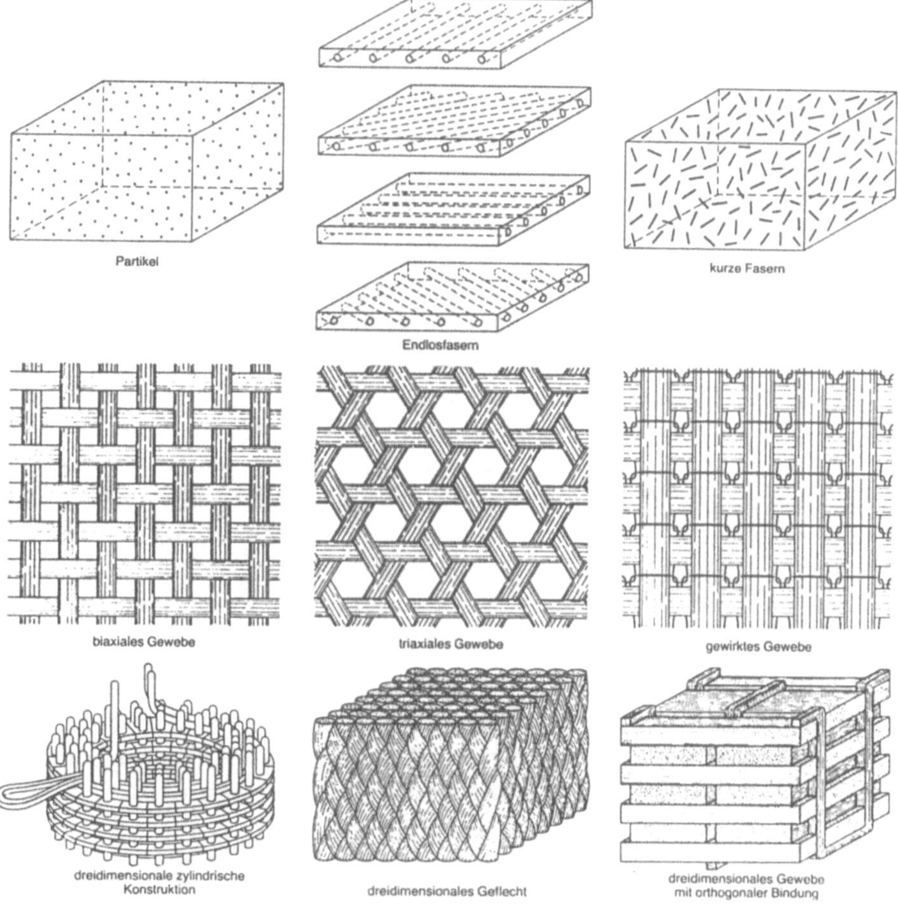

Abb. 3.3.1
Schematische Charakterisierung verschiedener Verbundwerkstoffe. In der ersten Reihe ist die prinzipielle Einteilung nach Dimension und Struktur der eingelagerten Partikel gezeigt. Die Reihe darunter zeigt mögliche zweidimensionale Verwebungen von Endlosfasern, die dritte Reihe mögliche dreidimensionale Geflechte [Cho 86].

berglas, bei dem Glasfasern in Polyethylen eingebettet sind. Es werden auch die hitzebeständigeren Duroplaste, d.h. vernetzte Polymere (vgl. Abschn. 3.12) wie Epoxidharze als Matrizen verwendet, die jedoch nicht so einfach zu verarbeiten sind wie die sogenannten Thermoplaste, die sich bei geringer Temperaturerhöhung schnell erweichen lassen.

Abb. 3.3.2 zeigt mögliche Arten der Herstellung solcher Polymermatrix-Verbundwerkstoffe.

Die Endlosfasern werden dabei als gebündelte Fäden über Spinnrollen durch ein Polymerharzbad gezogen, wobei sie mit dem Polymerharz getränkt werden. Zum Teil werden sie davor oberflächenbehandelt, um eine bessere Haftung zwischen Faser und Matrix zu ergeben. Anschließend ergeben sich drei mögliche Verarbeitungsschritte: Entweder wird das Material direkt vorgeformt und, falls es sich um einen Duroplasten handelt, ausgehärtet. Man erhält anschließend den Verbundwerkstoff als fertige Stückware, die sehr kostengünstig produziert werden kann, insbesondere wenn die Matrix aus einem Thermoplasten besteht.

Alternativ kann man auch Material herstellen, das noch nicht ausgehärtet ist. Dabei kann man entweder so vorgehen wie in Abb. 3.3.2a gezeigt, wobei das Material direkt nach dem Tauchbad auf Trägerpapier aufgebracht wird. Bei anderen Prozessen werden die Fasern zwischen das Trägerpapier und eine Lage geheiztes Polymer gebracht und so eingepreßt. Dies ist in Abb. 3.3.2b gezeigt. Die so entstandenen Matten, die auf dem Trägerpapier haften, müssen bei tiefen Temperaturen (ca. 0°C) gelagert werden, damit die Aushärtung nicht schon beginnt. Die tatsächliche Herstellung des Verbundwerkstoffes besteht dann daraus, daß die Matten lagenweise auf eine Oberfläche aufgebracht werden. Die Matten können dabei die gleiche Ausrichtung der Fasern besitzen oder können über Kreuz gelegt werden, um so eine höhere Festigkeit in alle Richtungen zu erhalten. Danach wird das Material dann durch Temperatur- und Druckbehandlung ausgehärtet.

Bei einem dritten Verfahren wird das vorimprägnierte Material nicht in Matten, sondern in Bändern produziert, die man in komplizierte Formen, z.B. auf Zylinder, wickeln und anschließend aushärten kann (Abb. 3.3.2c).

Zum Aushärten der Duroplaste wird der Verbund oft mehrere Stunden hohen Temperaturen und Drücken ausgesetzt. Daher werden meist Thermoplaste bevorzugt, wobei Materialentwicklungen zu Thermoplasten mit hohen Schmelztemperaturen gehen.

Als weiteres Matrixmaterial für höhere Temperaturen bieten sich Metalle an, die zusätzlich durch ihre Duktilität die Rißzähigkeit erhöhen. Die

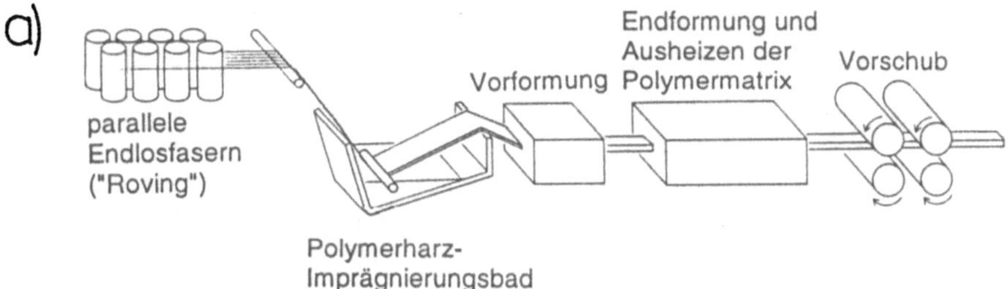

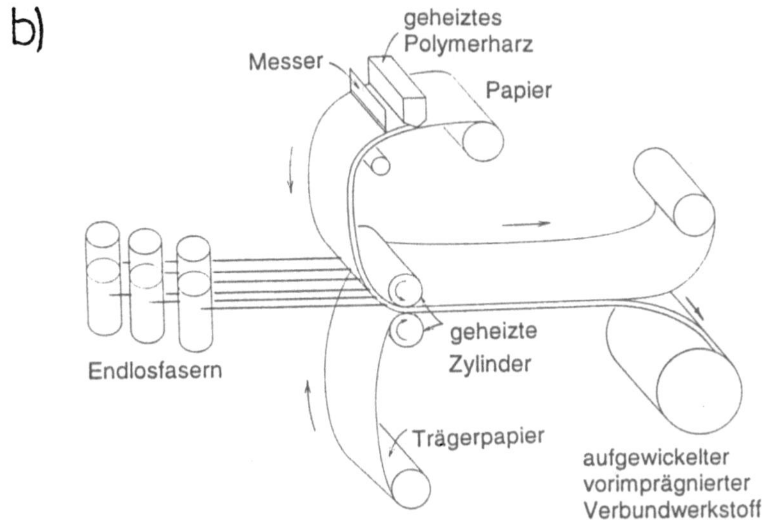

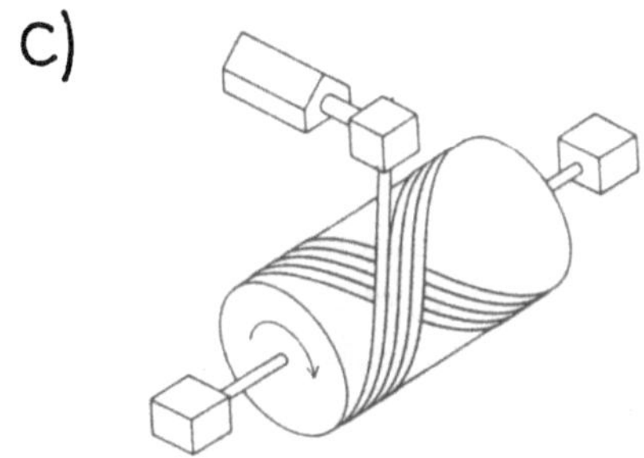

Abb. 3.3.2
Beispiele für die Herstellung von Verbundwerkstoffen mit Polymermatrix [Cal 91]
a) Herstellung des fertigen Verbundwerkstoffes
b) Herstellung von vorimprägnierten Verbundwerkstoffen (hier mit Thermoplast-Polymer), die noch weiterverarbeitet werden
c) Herstellung von gewickelten Verbundwerkstoffen

Herstellung von Verbundmaterialien mit Metallmatrix ist wesentlich aufwendiger, da sich die Fasern häufig nur unter extremen Bedingungen in die Matrix einbetten lassen. Die naheliegendste Methode, wie bei den Polymermatrizen vorzugehen und die Fasern mit geschmolzenem Metall zu infiltrieren, scheitert meist an den hohen erforderlichen Temperaturen, die eine Reaktion an der Grenzfläche zwischen Faser und Matrix begünstigen und sogar zu einer völligen Zerstörung der Fasern führen können. Man hat deshalb Tieftemperatur-Verfahren entwickelt. Ein Beispiel ist das Diffusionsschweißen. Dabei wird das Metall als Folie oder Pulver mit den Fasern unter hohem Druck bei höheren Temperaturen kompaktiert, wobei die Temperatur jedoch unter dem Metallschmelzpunkt liegt. Die Festkörperdiffusion der Metallatome (vgl. Abschn. 2.1.6.1) führt dann zu einem Verschweißen des Verbundes. Da allerdings auch hier relativ hohe Temperaturen erforderlich sind, werden die Fasern häufig noch zusätzlich mit einem Schutzmantel versehen, der eine Reaktion verhindert.

Für extreme Hochtemperaturanforderungen müssen Keramiken als Matrizen zum Einsatz kommen. Diese Keramikmatrix-Verbünde sind am schwierigsten herzustellen, da Keramiken bei tieferen Temperaturen i.allg. nicht schmelzbar sind. Man bringt deshalb die Fasern oder Whisker schon bei der Herstellung der Keramiken ein. Dieses sog. Sintern werden wir in Abschn. 3.5 besprechen. Wird Glas als Matrix verwendet, so lassen sich die in Abb. 3.3.2 gezeigten Techniken anwenden, wobei die Fasern mit der Glasschmelze benetzt werden.

Während bei Metallen und Polymeren die Matrix die Rißzähigkeit bestimmt, sind Keramikmatrizen selbst sehr spröde. Hier müssen deshalb die eingelagerten Partikel die Rißzähigkeit erhöhen, indem sie die Rißausbreitung dadurch verhindern, daß Energie durch eine Rißablenkung oder durch die Ablösung der Faser von der Matrix verbraucht wird (vgl. Abschn. 3.5).

Hohe Temperaturbeständigkeit haben Verbundwerkstoffe aus Kohlenstoff, bei denen Kohlenstoffasern in eine amorphe Kohlenstoffmatrix eingebettet werden. Diese werden ähnlich wie die Keramikverbünde hergestellt, wobei nach der Imprägnierung mit Phenolharz die Verkohlung, das heißt die Pyrolyse bei hohen Temperaturen erfolgt. Dieser Prozeß muß oft mehrfach wiederholt werden, wobei diese Werkstoffe (beispielsweise durch eine keramische Schutzschicht) vor Oxidation geschützt werden müssen.

Die Wahl des Fasermaterials wird durch die Anforderungen an die Zugfestigkeit oder Steifigkeit bestimmt. Glasfasern sind z.B. sehr zugfest, dehnen sich aber unter Zugbelastung stark aus und machen den Verbundwerkstoff dadurch wenig steif. Zusätzlich wird die Wahl noch durch den Herstellungsprozeß, d.h. die Wahl der Matrix bestimmt, da die eingelagerten Partikel die Herstellungstemperaturen ohne chemische Reaktion oder Zerstörung überstehen müssen. Die Benetzbarkeit der Fasern mit dem Matrixmaterial ist ebenfalls ein wichtiges Kriterium, da sie die Haftung der Fasern im Verbundwerkstoff bestimmt. Eventuell kann die Haftung auch durch einen Haftvermittler verbessert werden.

In Verbundwerkstoffen spielen deshalb die Eigenschaften der *inneren Grenzflächen* die zentrale Rolle, da sie einerseits die Werkstoffeigenschaften insgesamt wesentlich bestimmen und andererseits irreversible „Ermüdung" häufig gerade dort eintritt. Bisher werden solche Verbundwerkstoffe v.a. empirisch entwickelt. Hauptproblem systematischer Forschung und Entwicklung allgemein und der Detektion sowie Erforschung von Ermüdungserscheinungen insbesondere ist der Mangel an geeigneten Untersuchungstechniken, mit denen man zerstörungsfrei innere Grenzflächen untersuchen kann.

Neben dem gewählten Matrix- und Partikelmaterial bestimmt auch die Geometrie der Partikel die Eigenschaften wesentlich. Bei Faserverbundwerkstoffen wird eine mechanische Belastung von der Matrix über Scherkräfte auf die Faseroberfläche verteilt, so daß Fasern mit einem großen Oberflächen-zu-Volumen-Verhältnis und damit einem großen Verhältnis von Länge zu Durchmesser ideal sind. Das kritische Verhältnis liegt bei ca. 100:1. Zusätzlich spielt auch die Anordnung der Fasern zueinander eine große Rolle, wobei die maximale Festigkeit des Werkstoffs bei Belastung entlang der Faser erreicht wird. Je nach Beanspruchung wählt man deshalb verschiedene Verwebungen, von denen einige in Abb. 3.3.1 in der zweiten und dritten Reihe gezeigt sind.

Wählt man nicht Fasern, sondern mehr oder weniger runde Partikel, so ergeben sich bekannte Verbundwerkstoffe wie z.B. Mörtel, Beton, Hartmetalle oder Sperrholz.

Die Herstellung von Mörtel bzw. Beton ist in Abb. 3.3.3 gezeigt. Dabei wird Zement mit Sand (und bei Beton zusätzlich mit Kies) gemischt und Wasser zugegeben. Der verbreitete Portlandzement besteht aus großen Anteilen von Tricalciumsilicat ($3CaO \cdot SiO_2$), aus dem sich bei Wasserzugabe Hydratkristalle der Zusammensetzung $CaO \cdot 2SiO_2 \cdot 3H_2O$ bilden, die die Sandkörner miteinander verkleben.

Beton hat eine hohe Druck-, aber geringe Zugfestigkeit, die durch Einlagerung von Stahlschienen oder -netzen wesentlich verbessert werden kann (Stahlbeton). Stahlbeton ist deshalb im doppelten Sinne ein Verbundwerkstoff. Dessen Zugfestigkeit kann noch weiter verbessert werden, wenn der

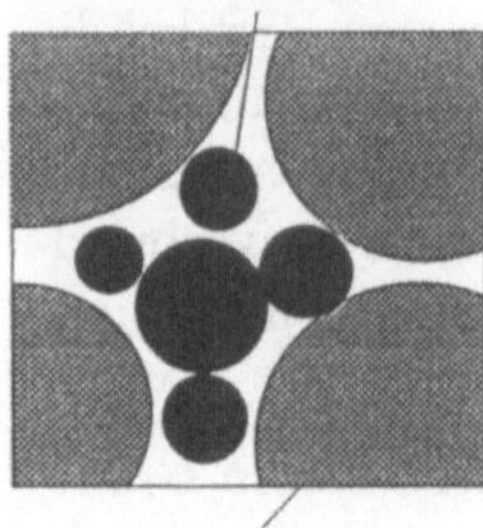
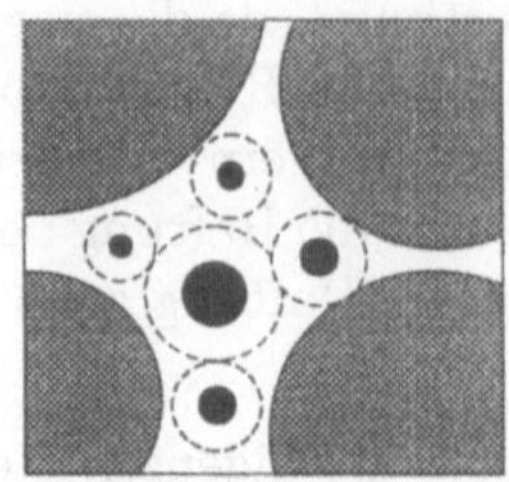
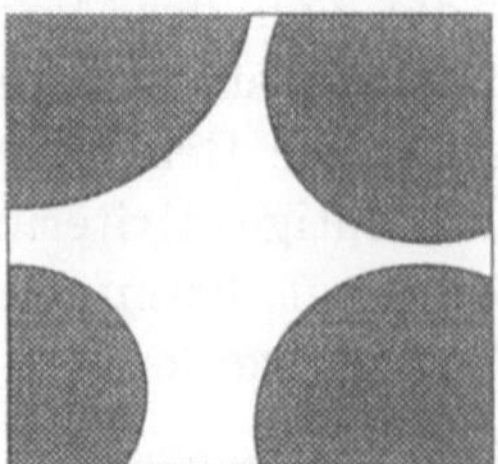

Abb. 3.3.3
Bildung von Mörtel
a) Vor Wasserzusatz: Sand- und Zementkörner sind verteilt
b) Direkt nach Wasserzusatz: Die Hydratphase bildet sich und beginnt, die Sandkörner zu verkleben.
c) Vollständige Hydratation des Zements

Stahl vor und während der Einlagerung durch Anlegen einer Zugspannung vorgespannt wird, so daß sich nach der Verhärtung des Betons und Wegnahme der Vorspannung eine konstante Druckvorspannung auf den Beton ergibt (Spannbeton).

In Hartmetallen sind feine Carbidkörnchen, z.B. WC, in eine Metallmatrix eingebettet. Sie wirken, wie in Abschn. 2.2.3 besprochen, als Dispersionshärter.

3.4   Metalle und Legierungen

Zunächst muß begrifflich unterschieden werden, ob Metalle (als Materialien mit metallischer Bindung, vgl. Abschn. 1.5.1) oder allgemeiner alle Materialien mit metallischen Leitfähigkeiten (vgl. Abschn. 2.3.1.2) erfaßt werden sollen. Zu letzteren gehören auch organische Materialien (z.B. Polyacetylen) oder Keramiken (z.B. Oxide wie $YBa_2Cu_3O_{7-x}$), ohne daß diese metallische Bindungen aufweisen. Wir wollen uns hier auf die erste, auch historisch ältere Definition beschränken.

Metalle und Legierungen sind Materialien der „klassischen Werkstoffwissenschaften" mit ihrer starken Ausrichtung auf den Ingenieurbereich. Die enorme praktische Bedeutung von metallischen Materialien beispielsweise in der Elektronik, im Werkzeug- und Maschinenbau oder im Verbund mit anderen Materialien im Hoch- und Tiefbau ist unumstritten. Die Materialforschung zielt u.a. auf die Entwicklung hochleitfähiger, hart- oder weichmagnetischer, leichter, gut verarbeitbarer, korrosiv und mechanisch stabiler Werkstoffe. Umfangreiche Literatur liegt dazu vor (s. z.B. [Haa 84], [Hor 83], [Cah 83], [Ash 86], [ASM 81]). Im Rahmen der vorliegenden Monographie kann daher gerade in diesem Bereich nur exemplarisch auf typische Fragestellungen der Materialforschung eingegangen werden.

In Abschn. 2.2 haben wir die *mechanischen Eigenschaften* von Metallen bereits angesprochen. Neue Entwicklungen sind hier Leichtmetallegierungen, z.B. die Superlegierungen auf Ni-Basis, die beispielsweise in Düsentriebwerken verwendet werden. Sie bestehen aus zwei Phasen der gleichen Ni-Legierung, meist einer Ni-Al-Legierung. Die eine Phase bildet dabei eine geordnete Struktur der beiden Legierungselemente aus, d.h. Ni und Al besetzen immer die gleichen Gitterplätze der Elementarzelle (vgl. Abschn. 1.5.2.1). In der anderen Phase liegen die beiden Elemente ungeordnet vor. Die geordnete Phase kristallisiert dabei in (nahezu kubischen) Kristalliten aus, die in der amorphen Matrix der ungeordneten Legierung eingebettet sind. Das Material ist damit ähnlich zu den im Abschn. 3.3 besprochenen Verbundwerkstoffen aufgebaut; eine exakte Abgrenzung ist nur über spezifischere Definitionen möglich. Die hohe Festigkeit der Superlegierungen wird dadurch erreicht, daß Versetzungen nur schwer durch die geordneten Kristallite hindurchwandern können, da dabei Al-Atome auf Ni-Positionen und umgekehrt verschoben werden müßten. Die Versetzung wandert daher nur in den amorphen Bereichen schnell. Durch die Kristalle findet eine nennenswerte Vesetzungswanderung nur statt, wenn eine zweite Versetzung der ersten folgt und damit die Ordnung wieder herstellt. Diese sog. Superversetzungen haben wir bereits in Abschn. 2.2.3 kennengelernt und festgestellt, daß diese nur sehr langsam wandern können.

Ni-Al-Legierungen haben zusätzlich eine hervorragende Oxidationsfestigkeit. Allerdings ist die Warmfestigkeit und der Kriechwiderstand bei höheren Temperaturen niedrig. Dazu muß ein drittes Element wie z.B. Mo, W oder Re zusätzlich in die ungeordnete Phase einlegiert werden.

Ein hohes Entwicklungspotential wird auch den Ti-Al-Legierungen zugesprochen, die eine geringe Dichte, eine hohe Festigkeit bei hohen Temperaturen und einen hohen Oxidationswiderstand aufweisen. Ähnliches gilt für die Laves-Phasen wie $NbCr_2$, die einen hohen Schmelzpunkt, einen hohen Kriechwiderstand und eine hohe Festigkeit bei geringer Dichte besitzen.

In anderen Fällen werden die *elektrischen und magnetischen Eigenschaften* von Metallen optimiert, wobei hier Legierungen ebenfalls eine besondere Bedeutung zukommt. Wichtige Beispiele sind (ungeordnetes) $FeNi_3$, sog.

Mumetall, ein Weichmagnet mit einer Permeabilität bis zu 10000 als Material zur magnetischen Abschirmung, Alnico-Legierungen aus Al, Ni und Co mit einer Beimengung von ca. 3% Cu und Co_5Sm als Materialien für starke Dauermagnete oder Nb_3Sn als supraleitendes Material (vgl. Abschn. 2.6). In dem Zusammenhang werden u.a. auch amorphe Metalle entwickkelt, bei denen eine große Bandbreite von Zusammensetzungen und damit Eigenschaften durch kinetisch kontrolliertes Abschrecken gasförmiger oder flüssiger Phasen erzielt werden kann.

Außerdem werden Titan, Tantal und Cobaltlegierungen als *biokompatible Implantate* eingesetzt (vgl. Abschn. 3.15).

3.5 Keramiken und Gläser

Keramiken sind kompliziert aufgebaute Materialien, die aus mehr oder weniger statistisch orientierten kristallinen Körnern, sog. Kristalliten, und amorphen Einschlüssen und Rissen bestehen (Abb. 3.5.1). Die genaue Beschreibung der Struktur von Keramiken erfordert deshalb die Untersuchung einer Vielzahl von Parametern. Dies fängt beim Phasendiagramm der beteiligten

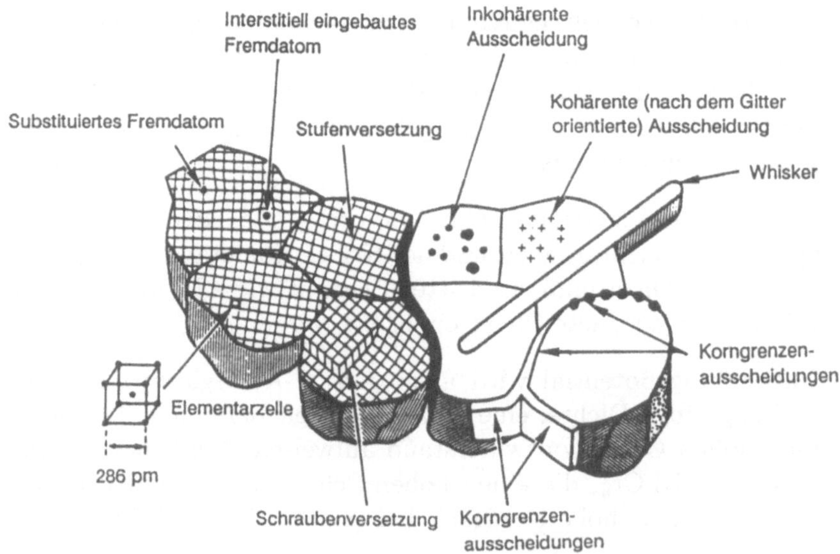

Abb. 3.5.1
Schematische Darstellung eines polykristallinen keramischen Materials [Pet 89]

Substanzen an (vgl. Abschn. 2.1.4), umfaßt aber v.a. die chemische Beschaffenheit, die Grenzflächenspannungen (vgl. Abschn. 2.1.5.5.1), die Rauhigkeiten und viele andere Parameter, die mit hoher lokaler Auflösung an den Kornoberflächen bzw. in den Korngrenzen bestimmt werden müssen. Experimentell benötigt man dazu Techniken, die möglichst bis zu atomarer Auflösung arbeiten können. Wie bei den Verbundwerkstoffen sind dazu vor allem Techniken zur Charakterisierung innerer Grenzflächen erforderlich, die heute noch nicht ausreichend zur Verfügung stehen.

Keramiken sind seit über dreitausend Jahren bekannt, wurden bisher fast ausschließlich empirisch optimiert und erst in neuerer Zeit als sog. „Höchstleistungskeramiken" mit großem Aufwand systematisch verbessert bzw. aus neuen Atomkombinationen grundlegend neu aufgebaut. Früher wurden typischerweise Silikate als Hauptkomponente verwendet, während heute reine oder gemischte Metalloxide eine entscheidende Rolle spielen. Daneben kommen aber auch Nitride und Carbide zum Einsatz, insbesondere, wenn sehr hochschmelzende, harte Materialien erwünscht sind (Tab. 3.5.1).

Keramiken werden üblicherweise aus einem Pulver des oder der verwendeten Materialien hergestellt. Häufig entstehen diese Pulver aus natürlichen Rohstoffen durch Sieben, Sichten, Schlämmen, Mahlen, Flotation und/oder magnetische Abscheidung einer bestimmten Korngröße. Daneben werden aber zunehmend auch synthetische Rohstoffe eingesetzt. Neuere Verfahren sind dabei das Hydrothermal- und das Sol-Gel-Verfahren (vgl. Tab. 3.5.2).

Beim *Hydrothermalverfahren* werden feinkörnige Silikate mit geringem Energieaufwand gewonnen. Dazu nutzt man die hohe Reaktivität von Quarz unter hydrothermalen Bedingungen, d.h. bei erhöhten Temperaturen und erhöhter Luftfeuchtigkeit. Die Temperaturen können dabei bei nur wenigen hundert Grad Celsius gehalten werden, was die gute Energiebilanz des Prozesses im Vergleich z.B. zum Sintern (s.u.) ausmacht.

Beim *Sol-Gel-Verfahren* stellt man zuerst ein Sol, d.h. eine kolloidale Lösung her. Kolloide sind Suspensionen mit festen Partikeln mit einem Durchmesser von 1–100 nm. Ein Sol kann z.B. durch Dispergieren frisch gefällter Hydroxide von Al, Fe, Si, Ti usw. oder durch Hydrolyse von $AlCl_3$ oder $SiCl_4$ hergestellt werden. Eine dritte Möglichkeit besteht im elektrischen Aufladen der Teilchen durch selektive Adsorption von Ionen wie Protonen oder Hydroxyl-(OH^-)Ionen. Dieses Sol wird in ein Gel, d.h. fluide Bestandteile in einem festen Netzwerk mit Submikrometerdimensionen überführt, indem man es in eine Flüssigkeit tropft, mit der das Sol nicht oder kaum mischbar ist. Dabei wachsen die vorher getrennten Kolloidpartikel zusammen. Eine andere Möglichkeit ist die direkte Herstellung eines dreidimensionalen

Tab. 3.5.1 Einteilung von Keramiken in ihre Hauptstoffe sowie in grobe und feine Keramiken (Inhomogenitäten $\leq 100\mu$m)

1 Silicatkeramische Werkstoffe			
1.1 Tonkeramische Werkstoffe			
grob		fein	
porös	dicht	porös	dicht
Ziegel Schamottstein	Grobsteinzeug Klinker	Irdengut Steingut	Steinzeug Porzellan
1.2 Sonstige Silicatkeramik			
grob		fein	
porös	dicht	porös	dicht
Silicatstein Forsteritstein	Schmelzge- gossener Stein	Cordierit	Cordierit Li-Al-Silicate
2 Oxidkeramische Werkstoffe			
2.1 Einfache Oxide			
grob		fein	
Aluminiumoxid Magnesiumoxid Calciumoxid		Aluminiumoxid Magnesiumoxid Berylliumoxid Titandioxid Zirkondioxid	
2.2 Komplexe Oxide			
grob		fein	
Chromit Chrom-Magnesia Dolomit Spinelle		Perowskite Spinelle Granate Zirkonate Phosphate	
3 Nichtoxidkeramische Werkstoffe			
3.1 Elemente			
grob		fein	
Kohlenstoff Graphit		Kohlenstoff polykristalliner Diamant (PKD) polykristallines Silicium	
3.2 Carbide			
grob		fein	
Siliciumcarbid		Siliciumcarbid Borcarbid	
3.3 Nitride			
grob		fein	
		Siliciumnitrid, Sialon Aluminiumnitrid, Alon Bornitrid (hexagonal, kubisch)	
3.4 Silicide			
grob		fein	
Siliciumcarbid („Kohlenstoffsilicid")		Siliciumcarbid Mo-, Ti-Silicide	
4 Verbundwerkstoffe mit keramischer Matrix (vgl. Abschn. 3.3)			

Tab. 3.5.2 Prinzipielle Charakterisierung der bekanntesten Rohstoffsyntheseverfahren für technische Keramiken

Verfahrensgruppe	Verfahren	Prinzip
Festkörperreaktionen	Reine Festkörperreaktion	Reaktion mehrerer Komponenten im festen Zustand
	Carbothermische Reduktion	Reduktion von Oxiden durch Kohlenstoff
	Festkörperreaktion mit Gasphase	Reaktion im festen Zustand mit Gasphasenbeteiligung
Schmelzverfahren		Schmelzen im Lichtbogenofen
Synthese aus Lösungen	Reaktionssprühverfahren (Sprühröstverfahren)	Thermisches Zersetzen von gelösten Salzen
	Normale Fällungsreaktion	Ausfällen aus Lösungen
	Cofällungsreaktion	Gemeinsames Ausfällen mehrerer Komponenten
	Hydrothermalsynthese	Fällung unter Wasserdampfdruck
	Sol-Gel-Verfahren	Überführung kolloidaler Lösungen (Sole) in Gele
Gasphasenabscheidung (CVD)		Abscheidung von Pulvern aus der Gasphase
Pyrolyse	Normale Pyrolyse	Pyrolytische Zersetzung von Kohlenwasserstoffen
	Pyrolyse von metallorganischen Precursoren	Pyrolytische Zersetzung von metallorganischen Komponenten

Netzwerkes durch simultane Hydrolyse und Kondensation einer organometallischen Verbindung. So kann man z.B. die in Alkoholen leicht löslichen Ester von Si oder Al (z.B. $Si(OCH_3)_4$ oder $Al(OC_3H_7)_3$) mit Alkali- oder Erdalkalialkoholaten umsetzen. Durch Hydrolyse mit Wasser entsteht das Sol, das durch Kondensation, d.h. Wasserabspaltung, in das Gel übergeht. Nach Entwässern und eventuellem Brennen erhält man das Oxid.

Eine Möglichkeit der Verbindung der so hergestellten Körner ist das einfache *Trockenpressen*. Der Zusammmenhalt der Körner und damit die mechanische Festigkeit solcher Formkörper ist jedoch nicht sehr hoch, so daß sich normalerweise zumindest noch ein weiterer Schritt der Verarbeitung anschließt (s.u.).

Eine verbesserte Packung erreicht man mit dem *Schlickerguß*, bei dem das Pulvermaterial mit einem flüssigen Bindemittel, z.B. Wasser oder organischen Substanzen, vermengt wird. Das Material wird in eine Form gegossen, die durch ihre Porosität den Großteil des Bindemittels aufnimmt. Heute wird die Entwässerung zusätzlich durch Vakuum, Druck oder Zentrifugalkraft beschleunigt. Anschließend wird gebrannt, um das Bindemittel vollständig zu entfernen oder umzuwandeln. Bei dieser Entfernung des Bindemittels kommt es zu einer Verdichtung des Materials (Abb. 3.5.2).

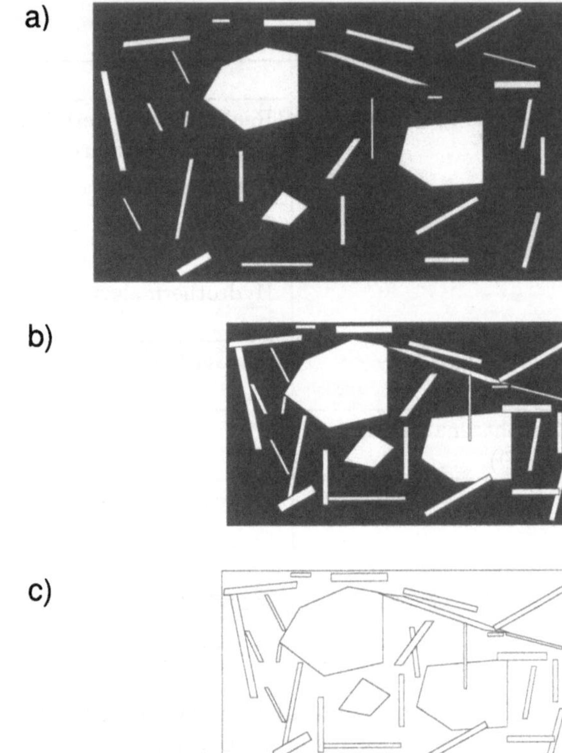

Abb. 3.5.2
Zwischenschritte bei der Entfernung von Wasser aus Schlickergußmaterial

Die mögliche Formgebung bei einer Massivabformung und einer Hohlform ist in Abb. 3.5.3 gezeigt.

Diese Technik wird schon seit langer Zeit zur Herstellung von Geschirr und Vasen aus Keramik verwendet.

Beim *Spritzguß* wird eine Suspension feiner Keramikteilchen in einem erwärmten Polymer-Thermoplasten (vgl. Abschnitte 2.2.2 und 3.12) in eine wassergekühlte Metallform gegossen. Der Polymeranteil muß nach dem

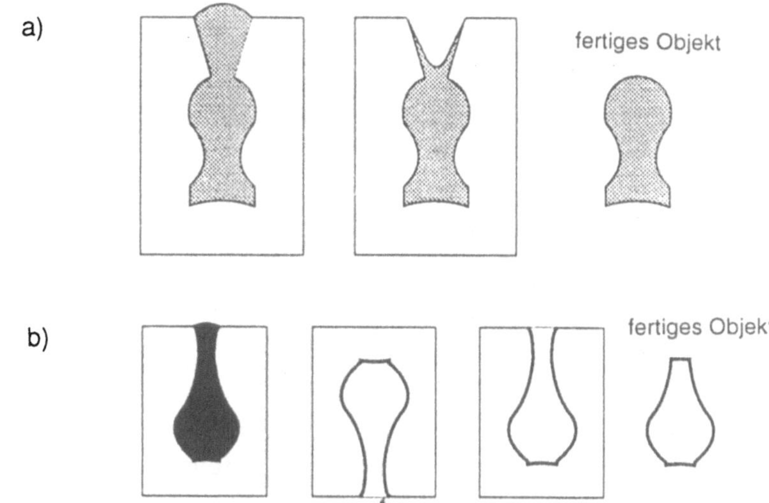

Abb. 3.5.3
Formgebung bei Schlickerguß
a) Massives Auffüllen der Form; Entfernen des Wassers; Ablösen aus der Form (von links)
b) Auffüllen der Form, die porös ist und somit Flüssigkeit aufnehmen kann; Umdrehen der Form, wobei nur ein dünner Film an der Form hängenbleibt; Ablösen aus der Form (von links)

Erstarren in einem Vorbrand vorsichtig entfernt werden. Dies ist in vertretbarem Zeitaufwand nur in kleinen, dünnwandigen Werkstücken möglich. Außerdem ist der benötigte Thermoplast ein Kosten- und Umweltfaktor, der berücksichtigt werden muß.

Formkörper, die durch eine der beschriebenen Techniken erzeugt wurden, können in der Stabilität deutlich verbessert werden, wenn man sie anschließend hohen Temperaturen aussetzt, wobei eine starke Zunahme der Dichte und Festigkeit beobachtet wird. Diese Temperaturbehandlung nennt man *Sintern*. Die Prozesse sind in Abb. 3.5.4 schematisch gezeigt.

Es gibt dabei verschiedene Formen des Sinterns. Häufig wählt man das Festphasensintern, bei dem die Temperatur unterhalb der Schmelzpunkte aller beteiligten Komponenten liegt. Im Gegensatz dazu liegt beim Flüssigphasensintern eine der Komponenten bereits geschmolzen vor oder es entsteht eine flüssige Komponente, z.B. durch die Bildung von Eutektika (vgl. Abschn. 2.1.4). Der Sintervorgang wird stark beschleunigt und durch die Benetzung der festen Körner mit der flüssigen Phase verbessert. Liegen zwei verschiedene Komponenten vor, so können auch Reaktionen zwischen den Körnern das Sinterverhalten positiv beeinflussen (Reaktionssintern).

Durch hohen Druck läßt sich das Sintern vor allem dann noch wesentlich

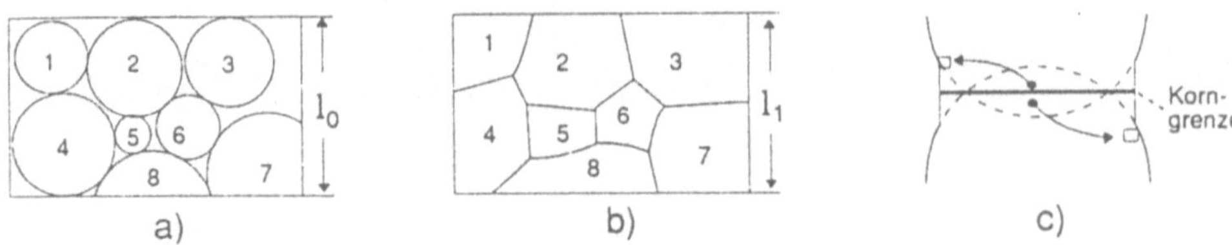

Abb. 3.5.4
Schematische Darstellung der Elementarprozesse beim Sintern unterhalb des Schmelzpunktes [Sch 90]
a) Vor dem Sintern: Die Pulverteilchen sind dicht zusammengelagert
b) Nach dem Sintern: Die Teilchen sind zusammengewachsen
c) Prozesse beim Zusammenwachsen: Material wird durch Diffusion vom Berührungspunkt
entlang von Korngrenzen oder durch das Volumen in die Zwischenräume transportiert

verbessern, wenn die Körner anders nur schwer zu sintern sind. Dies kann
entweder bei konstanter Temperatur und steigendem Druck (Drucksintern)
oder bei konstantem Gasdruck bei variabler Temperatur (**h**eißisostatisches
Pressen, HIP) erfolgen.

Neben massiven Werkstücken können auch dünne Keramikschichten hergestellt werden. Diese dienen z.B. als harte Schutzschichten oder als struk-
turierte, robuste elektrische Bauelemente in der Mikroelektronik. In Dickschichttechnologie werden über Siebdruck beispielsweise viele Elektronik-
komponenten hergestellt. Diese Technik wird in Abschn. 4.4.2.4 vorgestellt.
Auf Details und insbesondere auf andere Herstellungstechniken wie z.B.
Plasmaspritzen können wir im Rahmen dieses Buches nicht eingehen (vgl.
z.B. [Hae 87]).

Hauptproblem bei vielen Anwendungen von Keramiken ist deren große
Sprödigkeit. Neue Entwicklungen für mechanisch beanspruchte Keramik-
bauteile zielen deshalb auf eine höhere Bruchfestigkeit. Eine Möglichkeit ist
dabei, die Phasentransformationshärtung auszunutzen. Dazu werden z.B.
ZrO_2-Partikel teilweise in die Keramik eingeschlossen, wobei diese Parti-
kel teilweise durch CaO, MgO, Y_2O_3 oder CeO „stabilisiert" sind. Diese
Zusätze stabilisieren dabei die metastabile tetragonale Phase gegenüber der
thermodynamisch stabileren monoklinen ZrO_2-Phase. Entsteht ein Riß im
Keramikbauteil, so tritt in dem vor dem Riß auftretenden Streßfeld eine
Phasenumwandlung der ZrO_2-Partikel in die monokline Phase ein, die die
Energie verbraucht (Abb. 3.5.5).

Da diese Phasentransformation mit einer geringen Volumenvergrößerung
einhergeht, wirkt auf den Riß eine kompressive Kraft, die ihn vollständig
stoppen kann.

Eine andere Möglichkeit zur Erhöhung der Bruchfestigkeit ist der Einbau

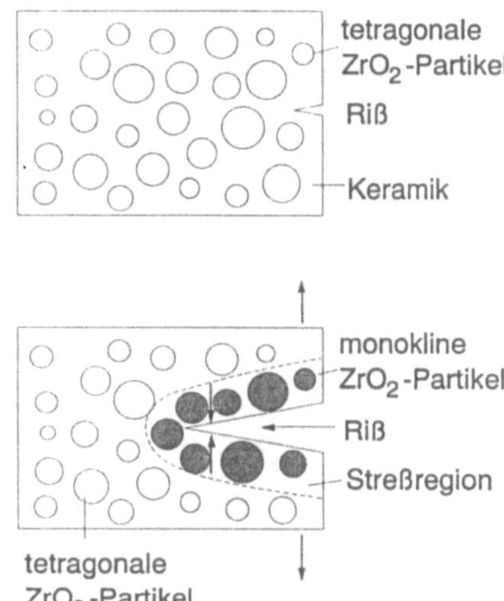

Abb. 3.5.5
Schematische Darstellung der Phasenumwandlungshärtung durch Zusatz von stabilisierten
ZrO$_2$-Partikeln. Die Keramik selbst ist hier nur als weißer Hintergrund dargestellt.

von anderen Keramik-Partikeln in Faserform, wie es in Abschn. 3.3 bei den
Verbundwerkstoffen bereits besprochen wurde.

Die hohe Variabilität in der Mikrostruktur der Keramiken kann zum Maßschneidern verschiedener Eigenschaften ausgenutzt werden. Typische Anwendungsfelder sind in Tab. 3.5.3a zusammengefaßt. So können poröse Keramiken z.B. als Filter oder Membranen verwendet werden (vgl. Abschn.
3.14). Der Einschluß von Gaspartikeln in aufgeschäumten Blöcken für die
Bauindustrie sorgt für eine gute Schall- und Wärmeisolierung. Auf der anderen Seite benötigt man für eine hohe Bruch- und Abriebfestigkeit sehr
kompaktes Material.

Ein Vorteil von Keramiken ist die mögliche Anwendung bei hohen Temperaturen, bei denen sie formstabil bleiben. Dies wird beispielsweise bei der
Motoren- oder Turbinenentwicklung ausgenutzt. Ein zweiter Vorteil ist die
große Härte und hohe Verschleißfestigkeit, so daß Schmierung bewegter Teile
wie Motorkolben kaum nötig ist. Außerdem sind viele Keramiken sehr korrosionsfest, so daß sie als Passivierungsschichten (vgl. Abschn. 3.1) eingesetzt
werden können. Ist die Oberfläche der Keramik andererseits chemisch aktiv,
so kann sie als heterogener Katalysator oder als chemischer Sensor eingesetzt
werden (s. Abschn. 3.7 und 3.8).

Viele sog. Hochleistungskeramiken werden in bezug auf besondere elektrische, dielektrische oder magnetische Eigenschaften optimiert, die für

spezielle Anwendungen benötigt werden. Keramiken mit spezifischen elektrischen Eigenschaften (isolierend, halbleitend, metallisch) werden z.B. in der Dickschichttechnologie verarbeitet und in der Mikroelektronik eingesetzt (vgl. Abschn. 4.4.2.4). Ein großes Anwendungsgebiet ist beispielsweise die Herstellung keramischer Kondensatoren. Verschiedene Beispiele sind in Tab. 3.5.3b aufgeführt. Besonders intensiv wurden dabei in den letzten Jahren die Hochtemperatursupraleiter untersucht, für deren Entdeckung Bednorz und Müller 1987 den Nobelpreis erhielten. Dabei handelt es sich um relativ komplex aufgebaute Oxide, die sich alle aus der Perowskitstruktur ableiten (Abb. 3.5.6). Am bekanntesten ist $YBa_2Cu_3O_{7-x}$, bei dem der Sauerstoffgehalt die wesentliche Rolle spielt: Für $0 \leq x \leq 0,5$ ist das Material bei Raumtemperatur metallisch leitend, unterhalb einer kritischen Temperatur von $T_c \approx 90\,K$ wird es supraleitend, d.h. der elektrische Widerstand geht auf nicht meßbare Werte zurück. Statt Yttrium können auch andere Seltenerdmetallatome verwendet werden. Experimente zu verschiedenen anderen Substitutionen führten nicht zu dem erwarteten Durchbruch in Richtung auf höhere kritische Temperaturen, Feldstärken und Stromdichten.

In Abb. 3.5.6 sind außerdem das $(La, Sr)CuO_4$ gezeigt, dem von Bednorz und Müller entdeckten ersten Hoch-T_c-Supraleiter, sowie zwei Vertreter aus der komplexeren Klasse der Bi-Ca-Sr-Cu-O- und Tl-Ca-Ba-Cu-O-Verbindungen, die z.T. kritische Temperaturen von deutlich über 100 K besitzen.

Obwohl diese Materialien auch als „keramische Supraleiter" bekannt sind, lassen sie sich nicht nur als Keramiken einsetzen, sondern es lassen sich auch Einkristalle und einkristalline Schichten herstellen. Dies gilt für fast alle der in Tab. 3.5.1 und 3.5.3b genannten Substanzen, bei denen die praktischen Anforderungen und nicht zuletzt der Preis die verwendete Herstellungstechnologie bestimmen.

Weitere Beispiele für neuere Anwendungen sind die Verwendung von Keramiken in Hochtemperatur-Brennstoffzellen (s. Abschn. 3.9), bei denen die ionenleitenden Eigenschaften (vgl. Abschn. 2.1.6.1 und 2.3.1.3) bestimmter Keramiken ausgenutzt werden, oder die Herstellung von piezoelektrischen Keramiken für den Einsatz bei Robotersteuerungen oder in den Rastersondentechniken („SPM", **S**canning **P**robe **M**icroscopies).

In einer weiter gefaßten Definition des Begriffs „Keramiken" sind auch Gläser eingeschlossen. Im Gegensatz zu den o.g. Keramiken mit ihren teilkristallinen Bereichen sind Gläser vollständig amorph. Abb. 3.5.7 zeigt den Vergleich zwischen einer kristallinen und einer glasartigen Form.

Tab. 3.5.3a Anwendungsorientierte Einteilung von Keramiken

Basisgruppe	Hauptgruppe	Untergruppe	Beispiel
Traditionelle Keramik (Klassische Keramik)	Gebrauchskeramik	Zierkeramik	Gefäße, Skulpturen, Blumentöpfe
		Geschirrkeramik	Geschirr
	Baukeramik	tragende Baukeramik	Mauerziegel, Klinker
		Verkleidungskeramik	Fliesen, Dachziegel, Ofenkacheln
		Tiefbaukeramik	Drainagerohre
		Sanitärkeramik	Waschbecken, Toiletten
Technische Keramik *wesentl. Eigensch.:* *thermisch*	Feuerfestkeramik	Ofenbaukeramik	Steine, Massen, Brennerdüsen, Brennhilfsmittel
		Keramik in Luft- und Raumfahrt	Hitzeschilde
chemisch	Chemokeramik	chemisch beständige Keramik	Tiegel, Filter
		aktive Chemokeramik	Katalysatoren Chemosensoren
	Mechanokeramik	Konstruktions- keramik	Kugellager, Gleitlager, Gleitringe, Düsen, Ventile, Fadenführer, Turbinenrotoren
mechanisch		Schneidkeramik	Schneidplatten
		Schleifkeramik	Schleifscheiben, Mörser
	Elektrokeramik	passive Elektrokeramik	Isolatoren, Zündkerzen, Chipträger
elektrisch, dielektrisch		aktive Elektrokeramik	elektrische Leiter, piezoelektr. Materialien, Supraleiter, dielektr. Materialien, Varistoren, Festelektrolyte
optisch	Optokeramik	passive Optokeramik	Na-Dampflampen, optische Fenster
		aktive Optokeramik	Laser, Wandler (el./opt.)
magnetisch	Magnetokeramik		Spulenkerne, Magnete
strahlungsbeständig	Reaktorkeramik		Spaltstoffe, Absorber
biologisch verträglich	Biokeramik	inaktive Biokeramik	Hüftgelenkprothesen, Zahnimplantate
		aktive Biokeramik	Ohrenknochenprothesen

Tab. 3.5.3b Eigenschaften und Anwendungen ausgewählter elektro- und magneto-keramischer Materialien [Arn 89]

Materialklasse	Eigenschaften	Material	Anwendung
Isolatoren	Dielektrizität	SiO, SiO_2, Si_3N_4, Al_2O_3, SiC, AlN	Diffusionsmasken, Oberflächenpassivierung, Passivierung mit hoher therm. Leitfähigkeit
	Ferroelektrizität	$BaTiO_3$	Kondensatoren
	Piezoelektrizität	$Pb(Zr,Ti)O_3$ [PZT]	Hochspannungsgeneratoren, Ultraschallgeneratoren, mechanische Sensoren, Resonatoren, Relays, Pumpen, Motoren, Rotoren, Positionierer, Drucker, Berührungskontrolle
	Elektrooptik	$(Pb,La)(Zr,Ti)O_3$	Unterbrecher, Modulatoren, Farbfilter, Schutzbrillen, Anzeigen, Speicher, Bildspeicher, holographische Aufzeichnung, Lichtleiter
	Pyroelektrizität	PZT, $PbTiO_3$, $LiTaO_3$, $SrNbO_3$	Infrarot-Detektoren, Temperatur-Sensoren
	Magnetische Eigenschaften („Ferrite")	Spinelle (Fe_2O_3: MeO; Me = Übergangsmetall), Granate (5 Fe_2O_3: 3 Me_2O_3; Me = Seltenerdmetall)	Induktoren, Transformatoren, Antennen, Ladespulen, Aufnahmeköpfe, magnetische Verstärker, Magnetkerne

Tab. 3.5.3b (Fortsetzung)

Materialklasse	Eigenschaften	Material	Anwendung
Elektrische Leiter	<u>Volumeneigenschaften</u>		
	Ionenleiter	ZrO_2, β, β''-alumina, NASICON	Feste Elektrolyte, Gassensoren
	Halbleiter	TiO_2, SnO_2, ZnO, Perowskite (z.B. $SrTiO_3$, $BaTiO_3$, $SrSnO_3$)	Gassensoren
	Supraleiter	$YBa_2Cu_3O_{7-x}$, Bi-Sr-Ca-Cu-Oxide	Magnetfeldsensoren, Hohlraumresonatoren, miniaturisierte Antennen, Drosseln, Magnete, Leiterbahnen
	Negativer Temperatur-koeffizient des Widerstands (NTC)	Ionenleiter (z.B. ZrO_2-Y_2O_3) und Halbleiter (z.B. NiO-TiO_2) Thermistor-Materialien	Temperatursensoren, Temperaturkompensationen
	<u>Korngrenzeneigenschaften</u>		
	Positiver Temperatur-koeffizient des Widerstands (PTC)	Dotiertes $BaTiO_3$	Selbstregelnde Heizelemente, Temperaturkompensationen
	Varistor-Verhalten	ZnO	Überspannungsschutz
	<u>Oberflächeneigenschaften</u>		
	Varistor-Verhalten	$BaTiO_3$	Elektronische Sensoren
	Oberflächenionen-leitfähigkeit	SiO_2, $ZnCr_2O_4$	Feuchtigkeitssensoren

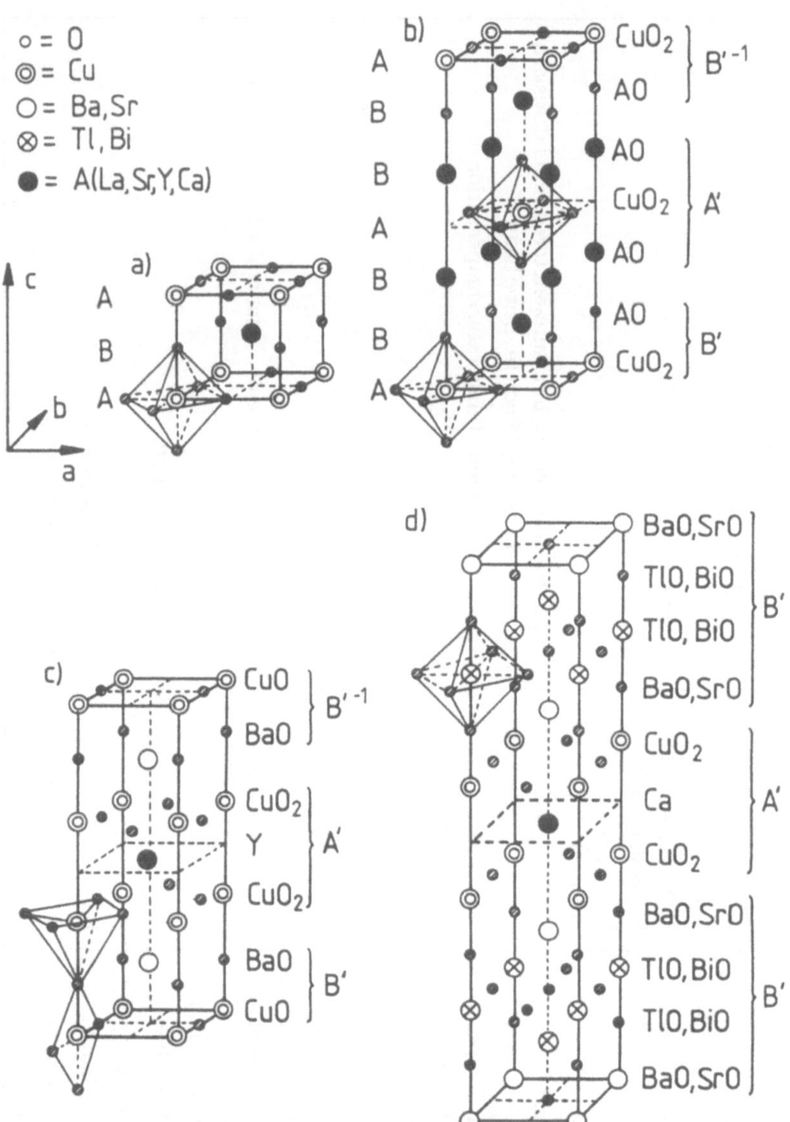

Abb. 3.5.6
Elementarzelle von a) Perowskit, b) $(La, Sr)CuO_4$, c) $YBa_2Cu_3O_{7-x}$ (hier: $x = 0$),
d) $Bi_2CaSr_2Cu_2O_{8+x}$ bzw. $Tl_2CaBa_2Cu_2O_{8+x}$

Durch die fehlende Kristallisation besitzen Gläser auch keinen definierten
Kristallisationspunkt. Physikalisch-chemisch bezeichnet man Gläser deshalb
auch als eingefrorene unterkühlte Flüssigkeiten, die jedoch hoch-viskos sind
(vgl. Abschn. 2.2.4). Abb. 3.5.8 zeigt schematisch das Abkühlverhalten von
Gläsern im Vergleich zu kristallinen Substanzen.

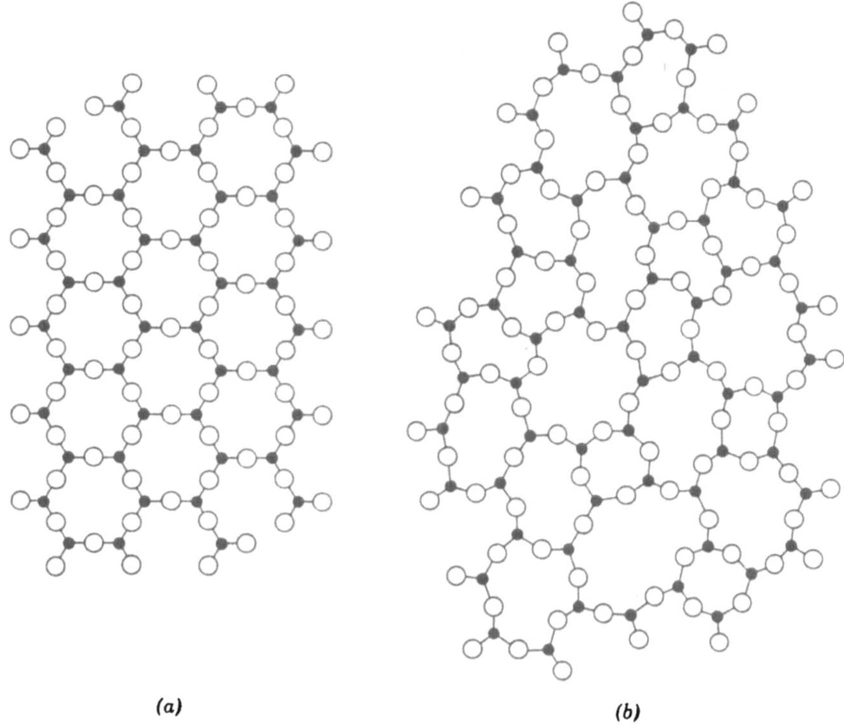

(a)   (b)

Abb. 3.5.7
Schematische Darstellung einer a) geordneten kristallinen Form und b) einem statistisch-geordneten glasartigen Netzwerk der gleichen Zusammensetzung [Kin 76]

Der Punkt, an dem die Steigung der Kurve in Abb. 3.5.8 flacher wird, wird Glaspunkt oder Glastransformationspunkt genannt. Darunter bezeichnet man die Substanz als Glas, darüber als unterkühlte Flüssigkeit.

Unter Glaskeramiken versteht man Gläser, die durch eine Hochtemperatur-behandlung teilkristallisiert sind und typischerweise zu 95–98% aus feinsten Kristalliten bestehen, die in einer glasartigen Matrix eingebettet sind. Diese sog. Devitrifikation ist bei vielen Gläsern nicht erwünscht, da sie dann nicht mehr transparent sind und sich durch die auftretenden Spannungen bei der Volumenänderung meist sehr brüchige Materialen ergeben. Letzteres ist jedoch nicht für alle Gläser der Fall. Kann innerer Streß vermieden werden, so hat man ein sehr feinkristallines Material mit niedrigem oder sogar vernachlässigbarem Ausdehnungskoeffizienten, hoher mechanischer Stabilität und Wärmeleitfähigkeit vorliegen, das vor der Devitrifikation sehr einfach zu bearbeiten ist. Zusätzlich ist die Porosität sehr gering. Glaskeramiken können deshalb als sehr hitzebeständiges Koch- und Eßgeschirr oder Kochfelder eingesetzt werden, aber auch als Substrat von Leiterbahnen der Mi-

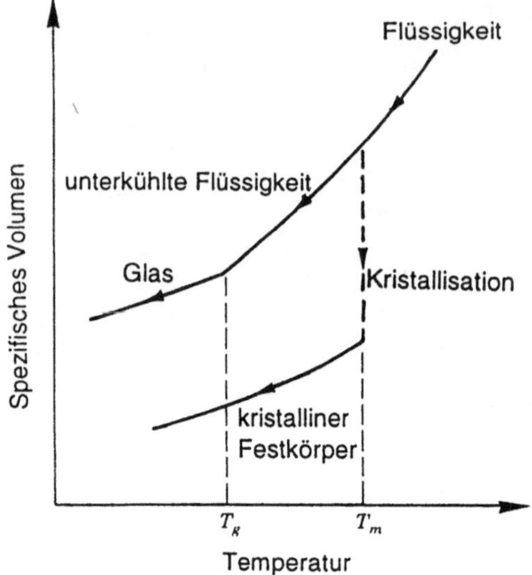

Abb. 3.5.8
Schematisches Verhalten des spezifischen Volumens als Funktion der Temperatur für kristalline und nicht-kristalline Substanzen

kroelektronik (vgl. Abschn. 3.10) oder als biokompatibler Werkstoff (vgl. Abschn. 3.15).

3.6   Nanokristalle

Ein zunehmendes Interesse besteht an Materialien aus Körnern mit Durchmessern im Nanometerbereich (Abb. 3.6.1). Sie entstehen z.B. durch Sol/Gel-Prozesse (vgl. Abschn. 3.5) oder durch thermisches, Elektronenstrahl- oder Kathodenzerstäubungs-Verdampfen des Materials im Vakuum und schnelle Abscheidung auf einem gekühlten Substrat. Das sehr schnelle Abkühlen führt zu kleinen Dimensionen der Teilchen. Beim Sol/Gel-Prozeß muß das Kornwachstum bei der gewünschten Partikelgröße durch Zugabe von oberflächenmodifizierenden Stoffen gestoppt werden, die außen an den Partikeln adsorbieren. Diese naßchemische Präparation hat den entscheidenden Vorteil gegenüber den Vakuumverfahren, daß große Mengen einfach und kostengünstig hergestellt werden können.

Das gebildete feine Pulver kann anschließend gepreßt werden.

Man erkennt, daß der Anteil an Grenzflächenatomen im Vergleich zu den Volumenatomen sehr hoch ist. Er kann 50 % erreichen. Dies führt zu Materialeigenschaften, die man von dem entsprechenden Volumenmaterial nicht

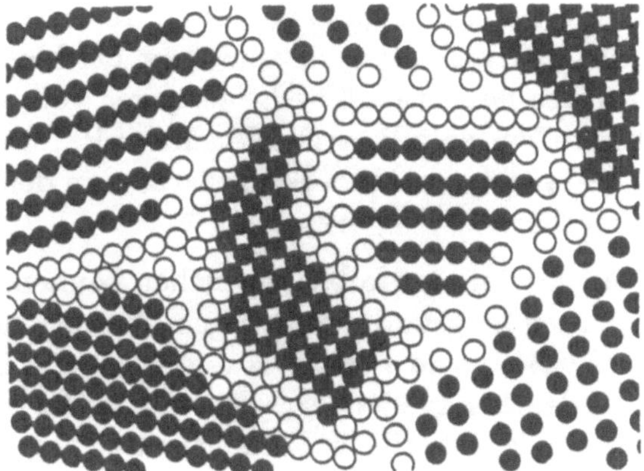

Abb. 3.6.1
Mikrostrukturmodell eines nanokristallinen Materials; offene Kreise wurden für Grenz-
flächen-, ausgefüllte Kreise für Volumenatome gewählt [Hon 89]

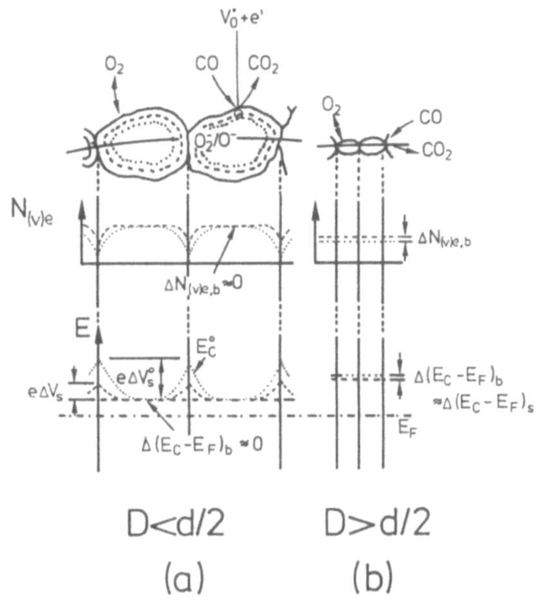

Abb. 3.6.2
Effekt von O_2-(...) und anschließender CO-(- - -) Adsorption an Korngrenzen von SnO_2-
Partikeln, deren Durchmesser d a) deutlich größer bzw. b) deutlich kleiner als die Debyelänge D sind. Gezeigt sind Änderungen der Elektronenkonzentration $N_{(v)e}$ sowie die
Energie E_C der Elektronen an der Leitungsbandunterkante. E_C^0 und die Bandverbiegung
$e\Delta V_s^0$ sind dabei die Werte in Luft, d.h. nach Adsorption von O_2, das unter Bildung
von O_2^- und O^- als Akzeptor wirkt. CO wirkt dagegen unter Bildung von CO_2 und einer
positiven Sauerstofflücke $(V_0^{\cdot}+e')$ als Donator, so daß die Verarmungsschicht an den Korngrenzen kleiner wird. Man erkennt in b), daß bei sehr kleinen Kristallen die Oberflächen-
und Volumenwerte gleich sind (nach [Sch 91]).

kennt. So zeigen nanokristalline Keramiken schon bei tiefen Temperaturen eine Duktilität, wie sie sonst nur bei Metallen bekannt ist. Außerdem lassen sich nanokristalline Legierungen von sonst unlegierbaren Komponenten herstellen, so z.B. von Metallen mit Ionenkristallen, und die Materialien sind bei relativ tiefen Temperaturen in definierten makroskopischen Formen sinterbar.

Nanokristalline Halbleiterteilchen können interessante elektronische Eigenschaften aufgrund der geringen Dimensionen zeigen („Quantum Size Effekte"). Diese sind besonders ausgeprägt, wenn die Debyelänge (vgl. Abschn. 1.6) deutlich größer als die Partikelgröße ist. Man erhält dann bei Umladungen an der Oberfläche keine Bandverbiegung (wenn z.B. Teilchen ionisch an der Oberfläche adsorbiert werden), sondern die elektronischen Energieniveaus verschieben sich insgesamt homogen. Abb. 3.6.2 zeigt als Beispiel die O_2- und anschließende CO-Adsorption an SnO_2-Kristalliten, die größer bzw. kleiner als die Debyelänge sind. Dieses Phänomen wird in sog. Leitfähigkeitssensoren zur Gasdetektion ausgenutzt (vgl. Abschn. 3.8.2).

3.7   Heterogene Katalyse

Die spezifische chemische Reaktivität von Atomen und Molekülen an einer Grenzfläche bestimmt die Eigenschaften von heterogenen Katalysatoren.

Als einfaches Beispiel zeigt Abb. 3.7.1 schematisch Elementarschritte der heterogenen Katalyse für die Reaktion $2NO \rightleftharpoons N_2 + O_2$.

Der Katalysator ermöglicht dabei eine gegenüber der Gasphasenreaktion schnellere Gleichgewichtseinstellung (heterogene Reaktion), wie es das Energiediagramm in Abb. 3.7.2 am Beispiel der CO-Oxidation zeigt. Die freie Aktivierungsenthalpie $\Delta G_{\text{homogen}}$ der homogenen Gasreaktion ist wesentlich größer als die größte entsprechende Energie ΔG_i irgendeines der Zwischenschritte der heterogen-katalysierten Reaktion. Dies bewirkt die effektiv größere Reaktionsgeschwindigkeit. Die Lage des thermodynamischen Gleichgewichts der Gesamtreaktion wird dadurch, wie bei allen Katalysatoren, nicht beeinflußt.

Abb. 3.7.3 deutet an, daß die gleichen Moleküle (hier CO und H_2) an unterschiedlichen Katalysatoren unterschiedliche Produkte bilden können.

Es gibt eine Fülle von Materialien, die für Katalysatoren technisch wichtiger Prozesse eingesetzt werden, von denen einige typische in Tab. 3.7.1 aufgelistet sind.

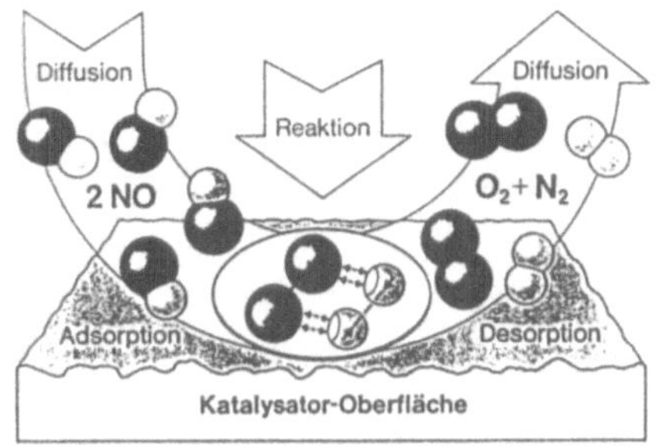

Abb. 3.7.1
Schematische Darstellung der katalytischen Aktivität einer Oberfläche für die Reaktion
$2NO \rightleftharpoons O_2 + N_2$ [Fon 85]

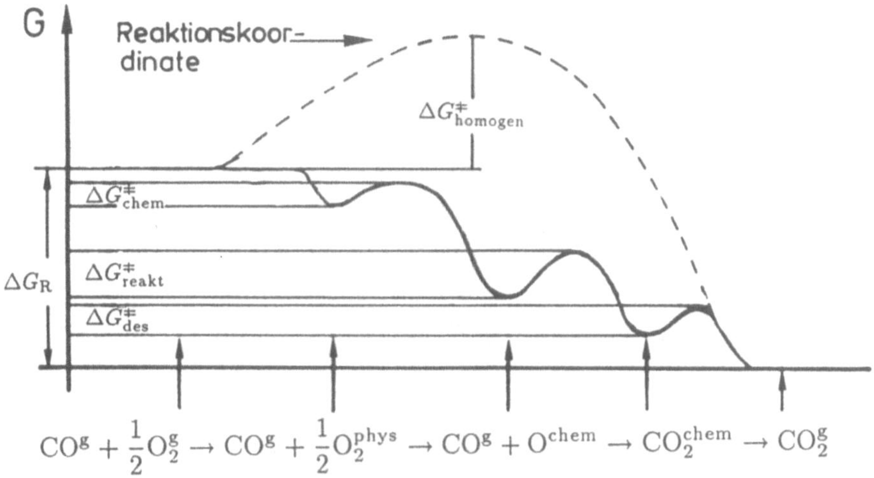

Abb. 3.7.2
Schematischer Verlauf der Gibbs-Energie bei der CO-Oxidation als homogene Gasreaktion
(gestrichelt) und als heterogen-katalysierte Reaktion (durchgezogene Kurve)

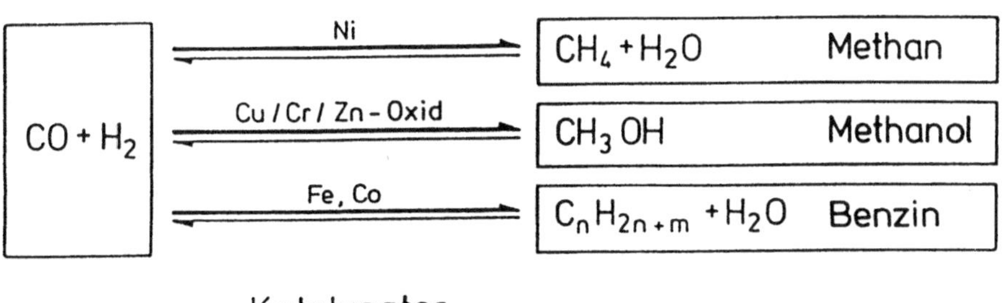

Abb. 3.7.3
Unterschiedliche Katalysatoren zur Darstellung verschiedener organischer Moleküle aus
CO und H_2

Tab. 3.7.1 Typische Katalysatoren, eingeteilt nach Anwendungsgebieten

Verfahren oder Produkt	Katalysator-Hauptkomponenten	Aufbau	Aggregat-zustand
1. Erdölraffination			
Cracken	Al_2O_3/SiO_2	V	s
Reforming	Pt/Al_2O_3	Tr	s
Isomerisierung	Pt/Al_2O_3	Tr	s
Alkylierung	$Pt/Al_2O_3/SiO_2$; H_3PO_4	V, Tr	s
Desulfurisierung	$Co/Mo/Al_2O_3$	Tr	s
2. Chemie			
Synthesegas			
Dampfreformierung	Ni/Al_2O_3	Tr	s
Ammoniaksynthese	$Al_2O_3/Fe_2O_3/(K_2O)$	V	s
Methanolsynthese	$CuO/ZnO/Al_2O_3$	V	s
Hydrierung			
Ölhärtung	Ni/SiO_2	Tr	s
Cyclohexanherstellung	Ni/Al_2O_3	Tr	s
Dehydrierung			
Butadienherstellung	Cr_2O_3/Al_2O_3	V, Tr	s
Styrolherstellung	Fe-Cr-K-Oxide	V, Tr	s
Oxidation			
Salpetersäure	Pt/Rh-Netze	V	s
Schwefelsäure	V_2O_5	V, Tr	s
Ethylenoxid	Ag/keram. Träger	Tr	s
Formaldehyd	Ag krist.	V	s
Maleinsäureanhydrid	V_2O_5	Tr	s
Phthalsäureanhydrid	V_2O_5	Tr	s
Acetaldehyd	$PdCl_2$, $CuCl_2$	Lösung	l
Ammonoxidation			
Blausäure	Pt/keram. Träger	Tr	s
Acrylnitril	Bi-Mo-Oxide	V, Tr	s
Alkylierung			
Cumol	H_3PO_4/SiO_2	Tr	s
Alkylate f. Waschmittel	$AlCl_3/HF$	—	s
Ethylbenzol	Al_2O_3/SiO_2	V	s
Polymerisation			
z.B. Polyethylen	Ti-AlCl	Lösung	l
3. Umweltschutz			
Autoabgasreinigung	Pt, Pd, Rh/Al_2O_3	Tr	s
DeNOX (Rauchgasreinigung)	TiO_2, V_2O_5	V	s

Tr = Trägerkatalysator, V = Vollkontakt, s = fest, l = flüssig

Typische Katalysatoren bestehen aus Oxidkeramiken oder Keramiksubstraten, einer chemischen Modifizierung und Edelmetallpromotoren (Abb. 3.7.4). Gezielt modifizierte Zeolithe (Abb. 3.7.5) charakterisieren einen anderen Typ von Katalysatoren mit großer praktischer Bedeutung.

Trotz ihrer großen ökonomischen Bedeutung ist die Funktionsweise von Katalysatoren in vielen Fällen auf molekularer Ebene nicht verstanden.

Dennoch versteht man bei manchen Katalysatoren einzelne Elementarschritte. Verschiedene Teilaspekte bei systematischen Untersuchungen zum molekularen Verständnis der Katalyse sind in Tab. 3.7.2 zusammengefaßt. Einige dieser Prozesse spielen in der chemischen Sensorik eine entscheidende Rolle. Sie werden in Abschn. 3.8 detaillierter behandelt.

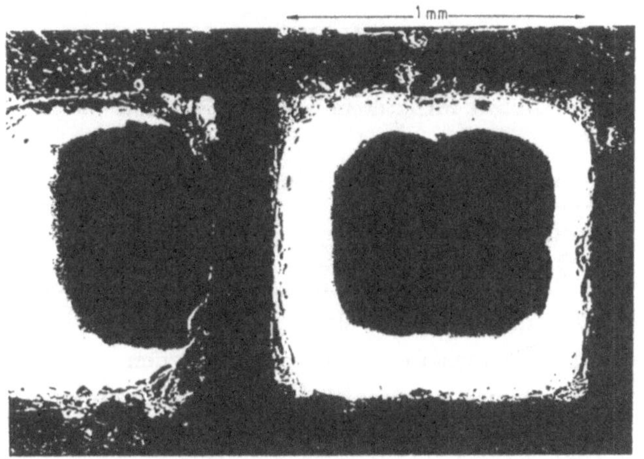

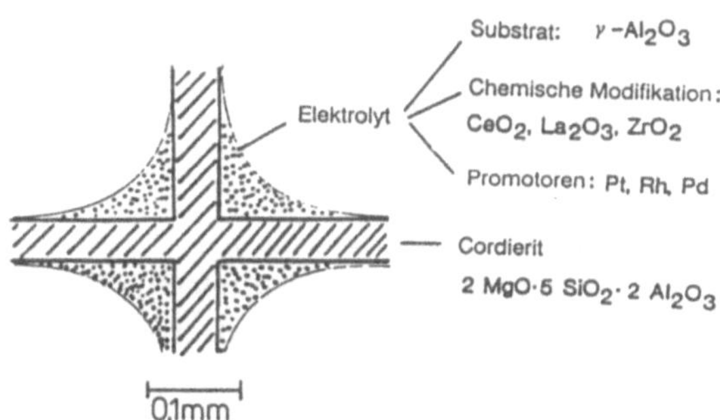

Abb. 3.7.4
Heterogener Autoabgaskatalysator, mit dem Schadstoffe wie CO, NO_x und Kohlenwasserstoffe zu H_2O, CO_2 und N_2 umgesetzt werden. Dies gelingt, wenn der Sauerstoffpartialdruck so eingestellt wird, daß gerade alle Verbrennungsprozesse ablaufen können, aber kein Sauerstoffüberschuß existiert. Die Messung des Sauerstoffs im Abgas erfolgt mit einer ZrO_2-Sonde (vgl. Abb. 3.8.8) (nach [Deg 88])

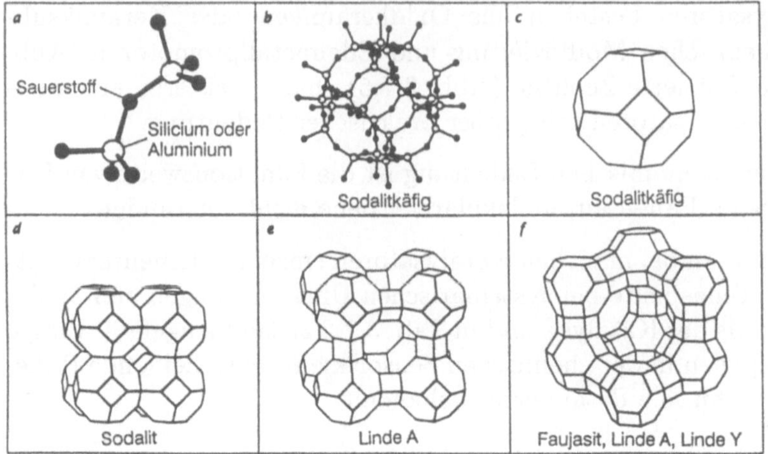

Abb. 3.7.5
Das Zeolithgerüst wird aus tetraedrischen Bausteinen mit Si, Al und O aufgebaut. Häufig tritt als größere Struktureinheit der sogenannte Sodalitkäfig auf [Ker 89].

Tab. 3.7.2 Teilaspekte bei Untersuchungen zur heterogenen Katalyse

I. Statische Aspekte

- Chemische Zusammensetzung der Oberfläche
- Geometrische und elektronische Struktur der Oberfläche
- Bedeckungsgrad adsorbierter Teilchen
- Konfiguration adsorbierter Teilchen untereinander und gegenüber dem Substrat
- Bindungsenergie adsorbierter Teilchen
- Wechselwirkungsenergie zwischen den adsorbierten Teilchen
- Ladungsverteilung im Adsorbat-Komplex
- Energien und Energieverteilung von chemisorptionsinduzierten Orbitalen

II. Dynamische Aspekte

- Adsorptions- und Desorptionskinetik
- Bewegungszustände des Adsorbat-Komplexes
- Oberflächendiffusion
- Mechanismus und Kinetik der chemischen Reaktion an der Oberfläche
- Stofftransportvorgänge

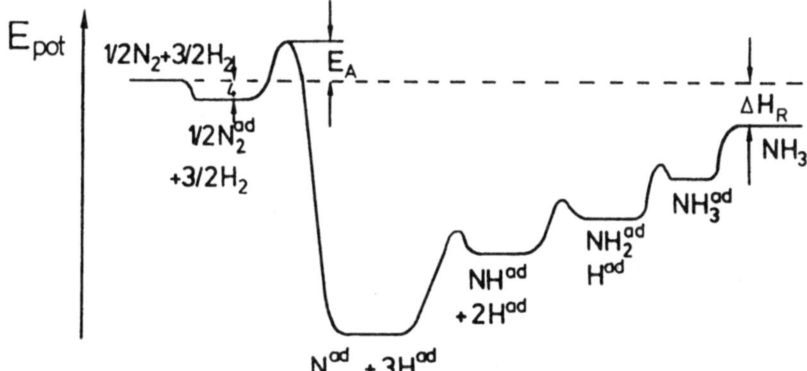

Abb. 3.7.6
Verlauf der potentiellen Energie mit der Reaktionskoordinate bei der katalytischen NH_3-Erzeugung aus N_2 und H_2 über einen Eisenkatalysator [Ert 83]. E_A ist die Aktivierungsenergie, ΔH_R die Reaktionswärme.

Wegen des relativ einfachen experimentellen Aufwandes in der Grundlagenforschung an metallischen Einkristallen ist in der Literatur eine große Anzahl von Arbeiten zur heterogenen Katalyse von Gasreaktionen an Metallen zu finden. Ein Beispiel ist die katalytische Synthese von Ammoniak aus Stickstoff und Wasserstoff über Eisenkatalysatoren (Haber-Bosch-Verfahren). Für diese Reaktion konnte mit Röntgenphotoemissions- (XPS-), UV-Photoemissions- (UPS-), hochaufgelöster Elektronenenenergieverlust- (HREELS-) und Sekundärionenmassenspektrometrie- (SIMS-) Untersuchungen (zur Beschreibung der Methoden vgl. [Göp 94]) ein Mechanismus plausibilisiert werden, da die entscheidenden Oberflächenspezies an einkristallinen Modellkatalysatoren direkt spektroskopisch nachgewiesen werden konnten. Der Energieverlauf dieser Reaktion ist in Abb. 3.7.6 gezeigt.

3.8 Chemische Sensorik

3.8.1 Sensoren und chemische Analytik

Im allgemeinen versteht man unter Sensoren miniaturisierbare Meßanordnungen, mit denen Umwelt-Parameter mikroelektronisch erfaßt werden können. Physikalisch-chemische Forschung zur Sensorik gewinnt zunehmend an Bedeutung, da das Fehlen geeigneter Sensoren häufig die praktischen Einsatzmöglichkeiten der Mikroelektronik in den Bereichen noch beschränkt, in denen menschliche Sinnesleistungen objektiviert, ersetzt oder ergänzt werden müssen („künstlicher Augen, Ohren, Nasen" etc.).

Man unterscheidet zwischen chemischen, biochemischen, mechanischen, optischen, thermischen, Ultraschall- und magnetischen Sensoren (für Details s. z.B. [Göp 92]). Sehr perfekte und zuverlässige Sensoren sind für größenordnungsmäßig 100 verschiedene physikalische Meßgrößen verfügbar. Dabei ist ein deutlicher Trend zur Miniaturisierung (nach Möglichkeit in Siliciumtechnologie, vgl. Abschn. 4.4) und zur Integration von Sensoren in Sensorsysteme zu beobachten. Dagegen sind nur wesentlich weniger perfekte chemische und biochemische Sensoren für die sehr viel komplexeren analytischen Aufgaben der Bestimmung von größenordnungsmäßig 10^8 unterschiedlichen chemischen Meßgrößen verfügbar. Zu letzteren zählen Konzentrationen von Atomen, Molekülen, Ionen oder bestimmten Stoffklassen in Luft, Wasser, Organismen, Böden etc. Für diesen praktischen Einsatz werden chemische und biochemische Sensoren verwendet, die im folgenden vorgestellt werden.

Abb. 3.8.1 zeigt den prinzipiellen Aufbau eines Sensors.

Auf der Erkennungsebene sind die chemisch sensitive Schicht und der nachgeschaltete Transducer entscheidend. Letzterer wandelt die chemische in elektronische Information um. Man unterscheidet verschiedene Transducerprinzipien und damit Sensorgrundtypen, die unterschiedliche Parameter im Transducer verarbeiten (Tab. 3.8.1 und Abb. 3.8.2).

Die Meßaufgabe der Sensoren ist im Prinzip identisch mit der der chemischen Analytik. In der analytischen Chemie werden allerdings für diese Meßaufgaben wesentlich aufwendigere Meßgeräte eingesetzt, deren Jahresumsatz

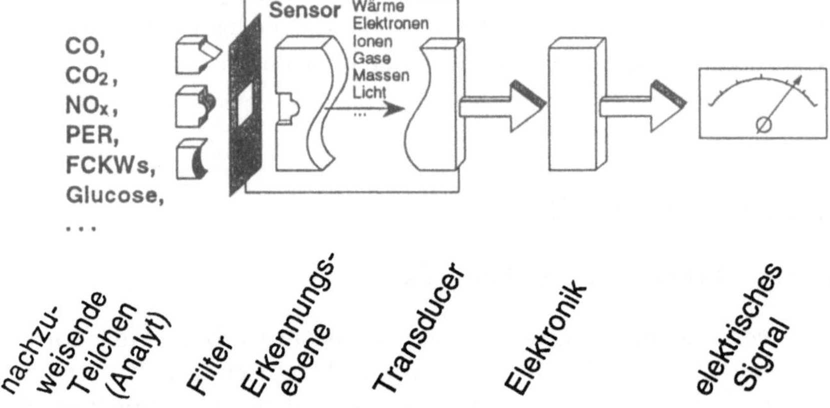

Abb. 3.8.1
Schematische Darstellung des Aufbaus eines chemischen oder biochemischen Sensors. Auf der Erkennungsebene ist hier das Wirkungsprinzip hochselektiver Sensoren angedeutet, die nach dem Schlüssel-Schloß-Prinzip arbeiten. Der Filter kann je nach Meßaufgabe auch wegfallen.

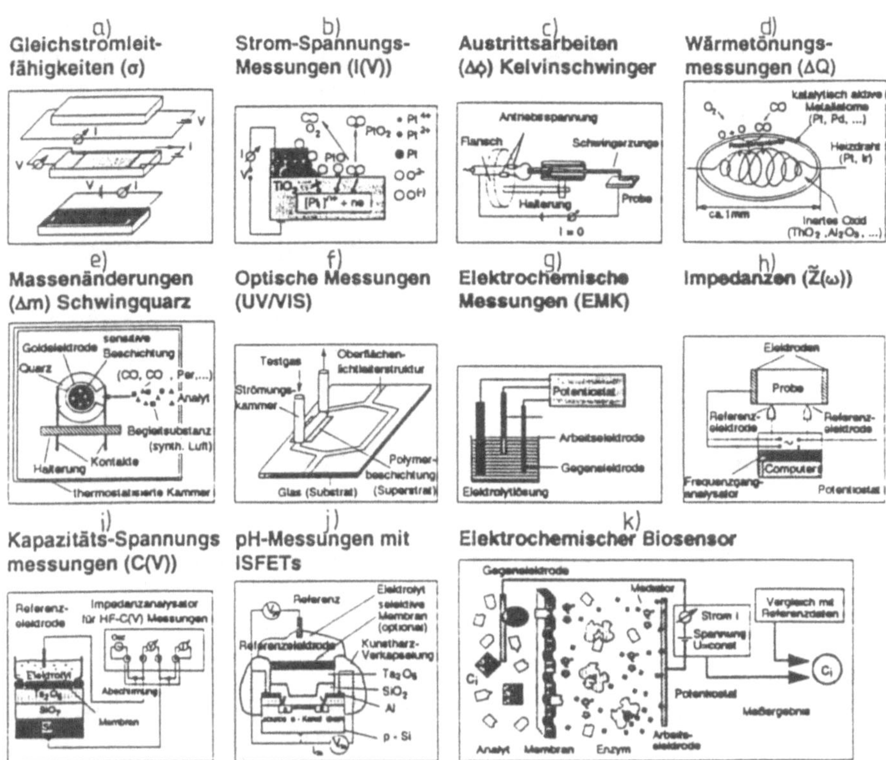

Abb. 3.8.2
Typische Beispiele für unterschiedliche Transducer- und Sensorprinzipien (schematisch)
a) Gleichstromleitfähigkeiten von chemisch sensitiven Schichten, gemessen mit unterschiedlichen Kontaktanordnungen wie Zweipol-, Vierpol- oder Kammstruktur (vgl. Abb. 2.3.8). Mit der gleichen Anordnung lassen sich auch frequenzabhängige Impedanzen und Kapazitäten bestimmen, die sich in charakteristischer Weise bei Gaswechselwirkung der Schicht ändern.
b) Strom-Spannungs-Messungen führen zu nichtlinearem Verhalten, wenn einer der beiden Metallkontakte (hier: Pt auf TiO_2) eine Schottkybarriere ausbildet. Details sind im Text zu Abb. 3.8.7 sowie in Abschn. 3.10 erklärt.
c) Änderungen der Austrittsarbeit, beispielsweise gemessen mit dem Kelvinschwinger (s. dazu [Göp 94]). Alternativ lassen sich mikrostrukturierte Feldeffekttransistoren einsetzen.
d) Wärmetönungsmessungen; Reaktionswärmen führen zu Temperaturerhöhungen von kleinen, z.T. auch mikrostrukturierten Katalysatoranordnungen.
e) Massenänderungen, gemessen mit dem Schwingquarz über entsprechende Frequenzänderungen. Alternativ lassen sich oberflächenakustische Wellenfilter einsetzen.
f) Optische Messungen am Beispiel eines Mach-Zehnder-Interferometers, bei dem der Lichtstrahl aufgespalten und asymmetrisch über das Testgas in der Strömungskammer beeinflußt wird. Dies führt zu einem veränderten Summensignal am Ausgang.
g) Elektrochemische Messungen zur Bestimmung charakteristischer Spannungen (EMK (hier gezeigt), Ströme oder Leitfähigkeiten)
h) Impedanzmessungen, bei denen frequenzabhängige Leitfähigkeiten von Elektronen, Ionen etc. durch entsprechende Leitfähigkeitseigenschaften von Referenzelektroden eingestellt werden. Für Details s. Abschn. 2.3.2.

Tab. 3.8.1 Grundtypen von chemischen und biochemischen Sensoren und charakteristische Sensoreigenschaften „G^*", die in diesen unterschiedlichen Sensoren zur Detektion ausgenutzt werden

Flüssigelektrolytsensoren	*Dielektrische Sensoren*
Spannungen V, Ströme I, Leitfähigkeiten σ	Kapazitäten C
Festkörperelektrolytsensoren	*Kalorimetrische Sensoren*
Spannungen V, Ströme I	Adsorptions- oder Reaktionswärmen Q_{ads} oder Q_R
Elektronische Leitfähigkeits- und Kapazitätssensoren	*Photochemische und Photometrische Sensoren*
Leitfähigkeiten σ, Kapazitäten C, Impedanzen Z	Optische Konstanten ε als Funktion der Frequenz ν
Feldeffektsensoren	*Massensensitive Sensoren*
Potentiale φ	Massen m adsorbierter Teilchen

Tab. 3.8.2 Übersicht der (neuen) Materialien für die (bio-) chemische Sensorik [Göp 85, Göp 88, Göp 89]

Metalle	Pt, Pd, Ni, Ag, Au, Sb, Rh, ...
Halbleiter	Si, GaAs, InP, ...
Ionische Verbindungen	Elektronenleiter (SnO_2, TiO_2, Ta_2O_5, IrO_x, ...) Gemischte Leiter ($SrTiO_3$ allg.: Perowskite, Ga_2O_3, La_{1-x} $Sr_x$$Co_{1-y}$$Ni_y$$O_3$, ...) Ionenleiter ($ZrO_2$, LaF_3, CeO_2, CaF_2, Na_2CO_3, β-Alumina, Nasicon, ...)
Molekülkristalle	Phthalocyanine (PbPc, $LuPc_2$, LiPc, $(PcAlF)_n$, $(PcGaF)_n$, ...)
Langmuir-Blodgett-Filme	Phthalocyanine, Polydiacetylene, Cd-Arachidat, ...
Käfig-Verbindungen	Zeolithe, Cyclodextrine, Kronenether, Cyclophane, ...
Polymere	Polypyrrol, Polysiloxane, Thiophene, PTFE, Polyurethan, Nafion, ...
Komponenten biomolekularer Funktionssysteme	<u>synthetische:</u> Phospholipide, MKS- und HIV-Epitope, ... <u>natürliche:</u> Glucose-Oxidase, Lactose-Permease, Bakterienzellulose, E. coli-Zellmembranen, allg.: Enzyme, Rezeptoren, Transportproteine, Membranen, Zellen, ...

Abb. 3.8.2 (Fortsetzung)
i) Kapazitäts-Spannungs-Messungen
j) pH-Messungen mit einem ionensensitiven Feldeffekttransistor (ISFET)
k) Typischer elektrochemischer Biosensor zum amperometrischen Nachweis von Analytmolekülen über deren katalytische Zersetzungsprodukte am Enzym. Details s. Abb. 3.8.11

ein Vielfaches dessen von Sensoren beträgt. Sensoren sind demgegenüber kleiner, billiger und haben i.allg. eine geringere Genauigkeit.

Traditionell werden auch in der analytischen Chemie elektrochemische Sensoren eingesetzt. Darüberhinaus werden Detektoren beispielsweise in der Chromatographie verwendet, deren Aufbau und Transducerprinzip z.T. mit dem von chemischen Sensoren identisch ist, so daß eine klare begriffliche Unterscheidung zwischen Sensoren und Detektoren nicht sinnvoll erscheint.

Die interdisziplinäre Sensorforschung ist charakterisiert durch Entwicklungen von thermodynamisch oder kinetisch stabilen Materialien für Filter, Katalysatoren und Sensoren (Tab. 3.8.2), von unterschiedlichen Transducerstrukturen zur Umwandlung chemischer Information in elektrische Signale (Tab. 3.8.1 und Abb. 3.8.2) und von Multi-Sensorsystemen zur Analyse von Multikomponentengemischen (Entwicklung „elektronischer Nasen") (vgl. Abschn. 3.8.3).

3.8.2   Elementarschritte der molekularen Detektion

Ein idealer (bio-)chemischer Sensor reagiert mit der Sensoreigenschaft G^* spezifisch nur auf eine Teilchenart. Diese hohe Selektivität läßt sich im allgemeinen nicht erreichen, so daß der Sensor über Querempfindlichkeiten auch auf andere Teilchen anspricht. Ein idealer Sensor mit reduzierten Anforderungen, d.h. nicht extremer Selektivität für nur eine Komponente, sollte beispielsweise als Gassensor zumindest reversibel auf Partialdruck- und Temperaturänderungen antworten. Das bedeutet, daß die Sensoreigenschaft G^* eine Zustandsfunktion im thermodynamischen Sinne sein sollte, wie dies in Tab. 3.8.3 im Punkt 1 angedeutet ist.

Thermodynamisch argumentiert tritt ein Sensorsignal dann auf, wenn die Triebkraft (d.h. die Änderung der freien Enthalpien G) bei der Wechselwirkung zwischen dem nachzuweisenden Teilchen und der Sensoroberfläche negativ ist. Die Ansprechzeit wird durch die Aktivierungsbarriere ΔG_{reakt} bestimmt. Wie Punkt 3 der Tab. 3.8.3 zeigt, ist ΔG_R als Kompromiß aus Energieänderungen ΔU (bzw. ΔH) und Entropieänderungen ΔS zusammengesetzt. Dadurch wird beispielsweise in Gassensoren aus n-Typ-Halbleitermaterialien der Teilchennachweis durch Adsorption bei höheren Temperaturen schlechter, und die Sensorempfindlichkeit läßt nach. Demgegenüber nimmt die Empfindlichkeit für den Teilchennachweis über Eigenpunktdefekte des Sensors mit zunehmender Temperatur zu (s.u.). Details zur allgemeinen Thermodynamik bzw. Kinetik wurden in Abschn. 2.1.5 bzw. 2.1.6 diskutiert.

Tab. 3.8.3 Thermodynamische Aspekte (bio-)chemischer Sensorik [Göp 92]

Übersicht über die Voraussetzung reproduzierbarer Sensorsignale am Beispiel von Gassensoren (1), über Triebkräfte und Geschwindigkeit spezifischer Sensor-Teilchen-Wechselwirkungen (2), über die phänomenologische Thermodynamik allgemeiner Sensor/Gas-Wechselwirkungen (3) und über den Zusammenhang zwischen Bedeckungsgrad Θ, freier Enthalpie G und spektroskopischen Daten E_i, wobei die Energiezustände E_i die atomistische Struktur von Sensoroberflächen und Grenzflächen charakterisieren (4). Weitere Details sind im Text erklärt.

---

1. *Forderung: Sensoreigenschaft "G^*" ist Zustandsfunktion*

   Ziel
   $$\mathrm{d}G^* = \left(\frac{\partial G^*}{\partial p_1}\right)_{p_{i\neq1},T} \mathrm{d}p_1 + \left(\frac{\partial G^*}{\partial p_2}\right)_{p_{i\neq2},T} \mathrm{d}p_2 + \cdots \left(\frac{\partial G^*}{\partial T}\right)_{p_i} \mathrm{d}T$$

   mit
   $$\oint \mathrm{d}G^* = 0$$

2. *Thermodynamische und kinetische Aspekte der chemischen und biochemischen Sensorik*

   a) Triebkraft für Sensor-Teilchen-Reaktionen?

   b) Geschwindigkeit der Sensor-Teilchen-Reaktionen?

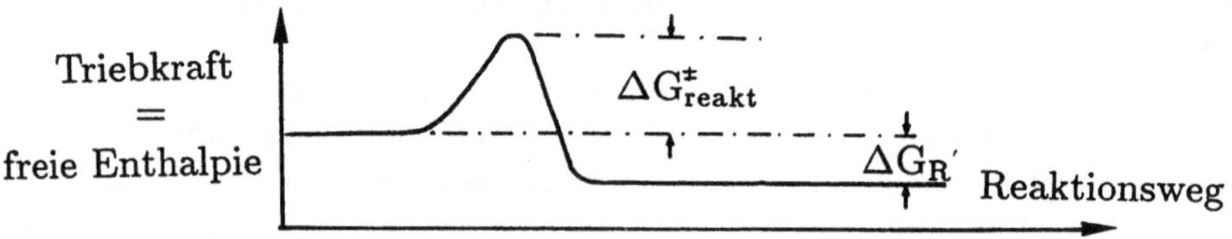

   $\Delta G_R = 0$: thermodynamisches Gleichgewicht, keine Reaktion
   $\Delta G_R < 0$: Reaktion möglich
   $\Delta G^{\neq}_{reakt}$: groß: langsame Reaktion, klein: schnelle Reaktion

3. *Beschreibung über freie Enthalpie "G" und nicht "Energie"*

   Thermodynamik
   $$\Delta G = \Delta H - T\Delta S = \Delta(U + pV) - T\Delta S$$

   Beispiele

   (a) Chemisorption $\Delta U(\Delta H) < 0$ und $\Delta S < 0$
   → günstig bei $T = 0\,\mathrm{K}$,
   Desorption, wenn $|T\Delta S| < |\Delta H|$

   (b) Punktdefekte $\Delta U(\Delta H) > 0$ und $\Delta S > 0$
   → vernachlässigbar bei $T = 0\,\mathrm{K}$,
   begünstigt bei hohen Temperaturen, wenn $|T\Delta S| > |\Delta H|$

4. *Zusammenhang zwischen G und den Energien E_i von Elektronen, Phononen, Plasmonen, ...-onen (d.h. elementaren Quantenzuständen der Materie)*

   Statistische Thermodynamik:

   $$E_i \leftrightarrow Z = \sum \exp\left(-\frac{E_i}{kT}\right) \leftrightarrow G = -kT\left(\ln Z - \frac{\partial \ln Z}{\partial \ln V}\right) \leftrightarrow \Theta = f(p,T),\ \text{etc.}$$

Ziel der Entwicklung von Sensoren ist es, unerwünschte Parallelreaktionen mit der Oberfläche durch geeignete Wahl des Sensormaterials und der Strukturen auszuschalten. Dies erfolgte bisher größtenteils nach „trial and error"-Verfahren unter Optimierung einer großen Zahl unabhängiger Herstellungsparameter. Heute zeichnet sich ab, daß Untersuchungen mit grenzflächenanalytischen Meßverfahren zum atomistischen Verständnis der Grenzflächenreaktionen die Entwicklung neuer chemischer Sensoren entscheidend vorantreiben werden. Dies gilt nicht nur für die Optimierung der Selektivität des Molekül-Sensor-Wechselwirkungsmechanismus, sondern auch für die Optimierung von langzeitstabilen Passivierungsschichten, Kontakten und Substraten als Teilkomponenten eines kompletten funktionsfähigen Sensors. Durch den Einsatz verschiedener Meßmethoden und Vergleich mit empirisch ermittelten Sensordaten ist es in einer Reihe von Untersuchungen gelungen, Elementarschritte der molekularen Detektion zu bestimmen und für den reproduzierbaren praktischen Einsatz zu optimieren. Im Hinblick auf das grundlegende Verständnis sind die im folgenden zunächst aufgeführten Gassensoren bei weitem detaillierter verstanden als Flüssigkeitssensoren.

Dabei erwartet man bei Gassensoren als Elementarschritte mit steigender Temperatur zuerst Physisorption, dann Chemisorption, Oberflächendefektreaktionen und bei hohen Temperaturen Volumenreaktionen (Abb. 3.8.3).

Physisorptionssensoren nutzen unspezifische Wechselwirkungen bei relativ tiefen Temperaturen aus. Der temperatur- und partialdruckabhängige Gas/Flüssigkeits-Phasenübergang von Wassermolekülen an oxidischen und polymeren Oberflächen wird beispielsweise zur Bestimmung von relativen Luftfeuchtigkeiten verwendet.

Chemisorptionssensoren nutzen charakteristische Bindungen von Atomen oder Molekülen bei der Bildung von Adsorbaten an Sensoroberflächen aus. Wenn beispielsweise besetzte Adsorbatorbitale energetisch oberhalb des Ferminiveaus eines halbleitenden Sensors liegen, führt dies über den Tunneleffekt zu Donatorwechselwirkung (vgl. Abschn. 1.5 und [Göp 94]), die über Leitfähigkeitsänderungen nachgewiesen und über Partialladungen sowie Dipolmomente formal charakterisiert werden kann. Praktisch genutzte Transducer-Parameter dieser Adsorptionsprozesse sind Leitfähigkeiten, Kapazitäten, Austrittsarbeiten, Wärmetönungen oder optische Eigenschaften. Abb. 3.8.4 zeigt als Beispiel oben links den Elektroneneinfang und dadurch geänderte Leitfähigkeiten bei der Chemisorption von NO_2 an SnO_2.

Oberflächendefekt- und Katalysesensoren nutzen die Wechselwirkungen von Gasteilchen mit Festkörperoberflächen bei mittleren und höheren Tempera-

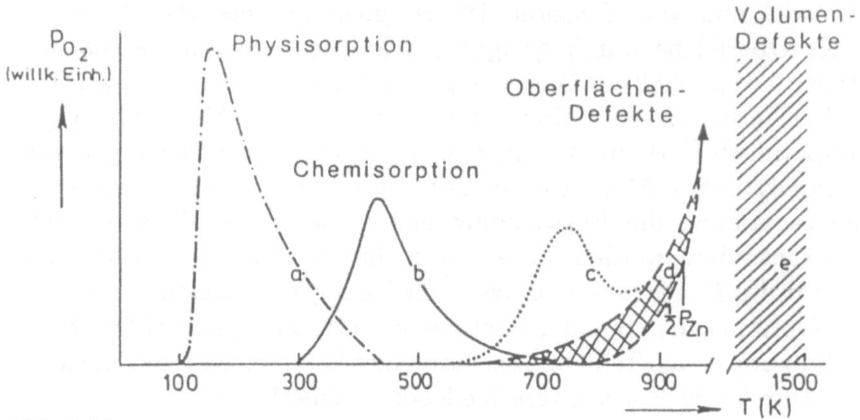

Abb. 3.8.3
Bestimmung charakteristischer Temperaturbereiche der Sensor/Gas-Wechselwirkung durch massenspektrometrische Erfassung von adsorbierten Teilchen bei Temperaturvariation über thermische Desorptionsspektren. Angegeben ist der Partialdruck p_{O_2} als Funktion der Temperatur am System $ZnO(10\bar{1}0)/O_2$, aufgenommen mit $dT/dt = 3,3$ K s^{-1}
a) nach Adsorption bei 100 K, wobei Physisorption bei vernachlässigbarer Chemisorption auftritt,
b) nach Adsorption bei 300 K, wobei O_2 als O_2^- chemisorbiert wird und Physisorption vernachlässigbar ist,
c) bei Desorption von nicht-idealen Oberflächenatom-Positionen nach dem ersten Hochheizen einer Spaltfläche oder einer Ar-bombardierten Fläche,
d) bei Sublimation des Kristalls unter Ausbildung von Punktdefekten in der Oberfläche. Die obere Kurve wird nach Chemisorption von O_2 bei 300 K erhalten, p_{O_2} im schraffierten Bereich entspricht verschiedenen Punktdefektkonzentrationen an der Oberfläche.
e) Hochtemperaturbereich, in dem Einkristalle hergestellt und Punktdefekte im Volumen eingestellt werden [Göp 78]

turen ab etwa 200 °C aus. Als wichtigste intrinsische Defekte der unter Atmosphärenbedingungen stabilen und daher häufig verwendeten Oxide werden Sauerstofflücken ausgenutzt. Diese wirken beispielsweise im TiO_2 oder SnO_2 elektronisch als Donatoren und chemisch als katalytisch aktive Zentren für die Dissoziation von O_2 während der katalytischen Oxidation von CO (vgl. Abb. 3.8.4a rechts). Als extrinsische Defekte werden häufig Oberflächendotierungen von Edelmetallen wie Pd, Pt oder Rh eingesetzt und empirisch optimiert, wie dies aus der heterogenen Katalyse – dort allerdings zur Optimierung von Reaktionsumsätzen und nicht von Transducersignalen – bekannt ist (vgl. Abschn. 3.7).

Volumendefektsensoren werden im allgemeinen bei noch höheren Temperaturen betrieben. Bildungsenergie und -Entropie der intrinsischen Volumendefekte bestimmen temperatur- und partialdruckabhängige Defektgleichgewichte (vgl. Abschn. 2.1.5.4 sowie Abb. 2.1.19). Wenn diese Defekte elektrisch aktive Donatoren oder Akzeptoren in elektronen-, gemischt- oder io-

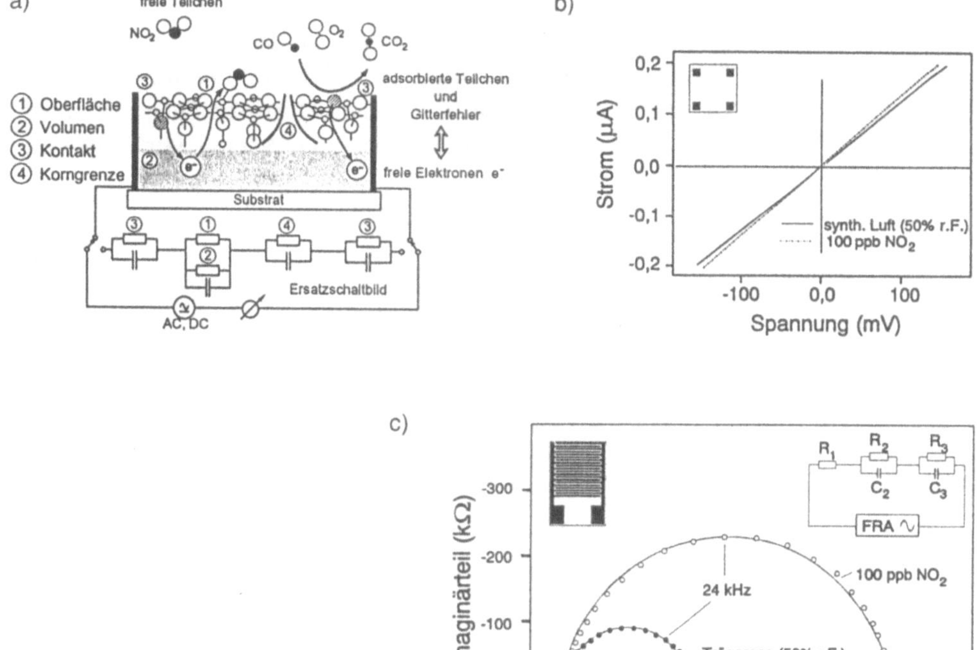

d)

Gas	R_1 [kΩ]	R_2 [kΩ]	C_2 [pF]	R_3 [kΩ]	Q_3 [μF]	n
Trägergas (50% r.F.) *	$5,3$	200	33	20	$1,00$	$0,74$
100 ppb NO₂	$9,2$	503	27	43	$0,52$	$0,70$

* r.F.: relative Luftfeuchtigkeit

Abb. 3.8.4

Beispiel eines Chemisorptionssensors: a) Schematische Darstellung eines SnO_2-Leitfähig-keits- oder Kapazitätssensors. Dargestellt ist sowohl eine Chemisorption des dreiatomi-gen Gases wie NO_2 (links) als auch eine katalytische Reaktion des zweiatomigen Gases (rechts) wie die CO-Oxidation zu CO_2 an der Oberfläche. Die Detektion kann über die Messung der Gleichstrom- („direct current", DC-) oder Wechselstrom- („alternating cur-rent", AC-) Leitfähigkeiten bzw. der I-U-Kurven erfolgen. Im unteren Teil der Abbildung ist ein mögliches Ersatzschaltbild für die formale Beschreibung der AC-Messungen bei unterschiedlichen Frequenzen für kleine Spannungen gezeigt (linearisierte Kennlinie, vgl. Abschn. 2.3.2.2).

b) und c) Typische Resultate von Änderungen der Gleichstrom- (b) und Wechselstrom- (c) Leitfähigkeit bei NO_2-Adsorption an SnO_2-Dünnschichtstrukturen bei 200°C [Wei 93].

d) Werte für Ersatzschaltkreis-Komponenten für c), wobei C_3 kein idealer Kondensator ist und deshalb mit Q_3 bezeichnet ist.

nenleitenden Materialien sind, lassen sich mit unterschiedlichen Kontaktierungen einfache Hochtemperatursensoren aufbauen. Beispiele sind Sensoren auf der Basis von TiO_2, Ga_2O_3, $SrTiO_3$ oder ZrO_2. Wegen der im allgemeinen erwünschten schnellen Ansprechzeiten werden Dünnschichtstrukturen bevorzugt. Als typisches Beispiel ist in Abb. 3.8.5 die Wechselwirkung von Sauerstoff mit TiO_2 gezeigt.

Die Kontakte sind oft entscheidend für die praktische Anwendung. Die elek-

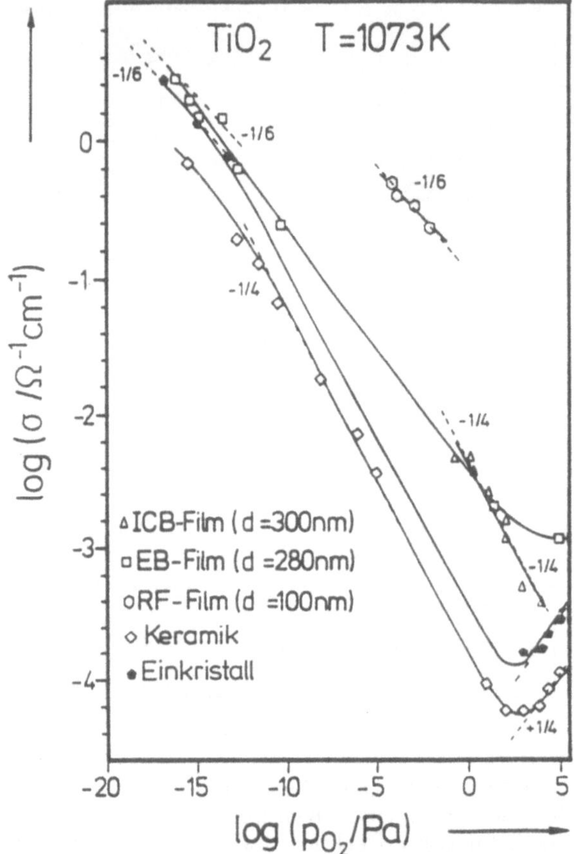

Abb. 3.8.5
Volumenleitfähigkeit bei $T = 1073\,K$ verschiedener TiO_2-Sensormaterialien als Funktion des Sauerstoffpartialdrucks. Die verschiedenen Steigungen charakterisieren Bereiche, in denen verschiedene Volumendefekte den Elektronentransport bestimmen (vgl. Abschn. 2.1.5.4) ($-1/6 : V_0^{\cdot\cdot}$; $-1/4 : V_0^{\cdot}$ als Majoritätsdefekte, d.h. zweifach bzw. einfach positiv geladene Sauerstofflücken (zur Kröger-Vink-Nomenklatur von Defekten s. Tab. 2.1.5)). Die unterschiedlichen Herstellungstechniken der Schichten sind: ICB: Ion Cluster Beam Deposition (Ionenclusterverdampfung), EB: Electron Beam Deposition (Elektronenstrahlverdampfung) und RF: Radio Frequency Sputtering (RF-Zerstäuben) [Göp 92]

trische Kontaktierung dieser Strukturen muß hochtemperatur-stabil sein. Die Kontaktatome dürfen nicht eindiffundieren.

Grenzflächen- und Dreiphasengrenzensensoren können sehr empfindlich durch die ortsabhängige Dotierung beeinflußt werden, die beispielsweise auch durch das oben erwähnte Eindiffundieren der Kontaktatome modifiziert wird. Neuere Ergebnisse dazu zeigt Abb. 3.8.6. Kontaktierte TiO_2-Sensorstrukturen zeigen bei tieferen Temperaturen eine metallische Bindung von Pt-Atomen an der Oberfläche und in dieser Konfiguration gasabhängiges Diodenverhalten (vgl. Abschn. 2.3.1). Bei höheren Temperaturen und Sauerstoffpartialdrücken wird das relativ große metallische Pt^0 an der Oberfläche oxidiert und nachfolgend als kleineres Platinion Pt^{n+} zwischen die erste und zweite Atomlage von $TiO_2(110)$ im Volumen eingebaut (Abb.

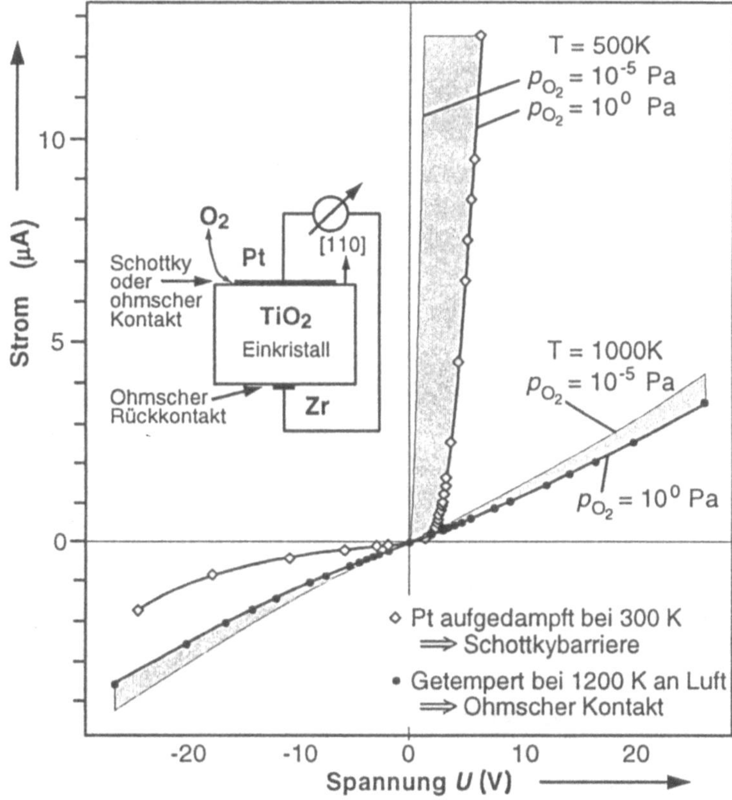

Abb. 3.8.6
Kennlinien eines Leitfähigkeits-Sensors für O_2-Detektion mit drastischen Änderungen zwischen An- bzw. Einlagerung von Platin an bzw. in $TiO_2(110)$-Oberflächen

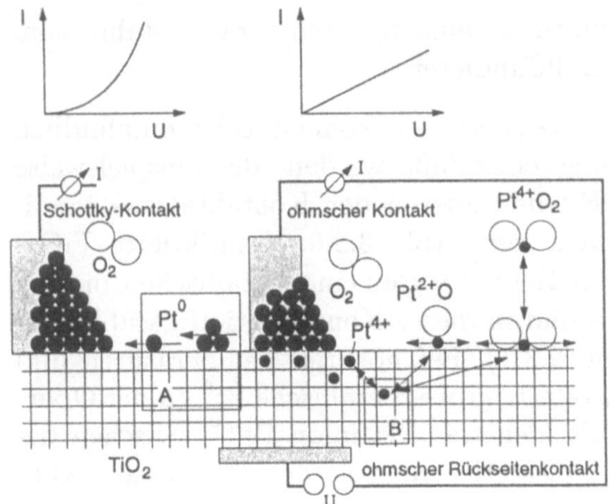

Abb. 3.8.7
Schematische Darstellung der Verteilung von Platin-Atomen (große schwarze Kreise) und -Ionen (kleine schwarze Kreise) auf bzw. unter der TiO_2-Oberfläche sowie über die Grenzfläche resultierende I-U-Kurven

3.8.7). Danach zeigt der Kontakt ein ohmsches Verhalten, wobei die Akzeptoreigenschaften von Pt^0 in Donatoreigenschaften von Pt^{n+} übergehen.

Korngrenzen zwischen einzelnen Kristalliten in polykristallinen Halbleiter-Materialien wie SnO_2 zeigen häufig lokales Diodenverhalten, das in hochempfindlichen Leitfähigkeits-Sensoren ausgenutzt wird. Dies haben wir in Abb. 3.6.2a bereits kennengelernt. Reproduzierbare Langzeitstabilität ergibt sich dann, wenn die Korndurchmesser kleiner sind als die charakteristischen Debye-Längen der Ladungsträger (Abb. 3.6.2b). Diese „nanokristallinen" Sensoren gewinnen zunehmend an Bedeutung, wobei Proben mit möglichst einheitlichen Korndurchmessern hergestellt werden, um die Diffusionspfade der Elektronen und damit die Leitfähigkeit reproduzierbar einstellen zu können.

Elektrochemische Sensoren weisen Konzentrationen oder Partialdrücke von neutralen oder geladenen Teilchen in Gasen, Festkörpern oder Flüssigkeiten über Ströme oder Potentialdifferenzen nach. Als elektrochemische Sensoren im allgemeineren Sinne werden daher Sensoren verstanden, die teilchenspezifische Änderungen von Spannungen, Strömen, frequenzabhängigen Leitfähigkeiten, Grenzflächenpotentialen, Gleichstromwiderständen oder Kapazitäten erfassen. Damit sind z.T. auch Sensoren erfaßt, die bereits oben besprochen wurden.

Ein elektrochemischer Sensor in engerem Sinne enthält eine Komponente als flüssigen oder festen Elektrolyten mit Ionenleitung. Üblich ist es, potentiometrische, amperometrische oder konduktometrische Sensoren zu unterscheiden, je nachdem, ob Spannungen, Ströme oder Leitfähigkeiten als Meßgrößen aufgezeichnet werden. Durch geeignete Einstellung des Arbeitspotentials von potentiometrischen Sensoren und Auswahl der Fest- oder Flüssigmembranen wird Selektivität für eine ganze Reihe von Ionen mit ionensensitiven Elektroden erzielt. Ein Klassiker ist die pH-Elektrode mit der ionensensitiven Glasmembran für Messungen von Protonenkonzentrationen (pH) in Flüssigkeiten. Ein anderer Klassiker ist ein festkörperelektrochemischer Sensor, die Sauerstoffsonde auf der Basis von stabilisiertem ZrO_2 für Messungen von Sauerstoffkonzentrationen in Gasen („Lambda-Sonde", Abb. 3.8.8).

ZrO_2 wird ganz allgemein als Hochtemperatursensor zur Bestimmung von Sauerstoff genutzt, wobei die Hochtemperatur-Ionenleitung von O^{2-} im Volumen ausgenutzt wird. In potentiometrischen Meßanordnungen ist die Zellspannung durch die Partialdruckdifferenzen zwischen zwei Platinkontakten bestimmt (vgl. Abb. 3.8.8). In amperometrischen Sensoren wird der Strom bei gegebener Spannung gemessen. Von zentraler Bedeutung für beide Anwendungen ist die Stabilität der Dreiphasengrenzen, an der Sauerstoffmoleküle aus der Gasphase in ZrO_2 umgewandelt werden (vgl. Abschn. 3.9).

Käfigmolekülsensoren zeigen anschaulich einfach zu verstehende Schlüssel/Schloß-Wechselwirkungen bei der Detektion von kleineren Molekülen, wobei entweder der Einschluß in molekularen Käfigen selbst (Abb. 3.8.9a) oder in Hohlräumen zwischen periodisch angeordneten Wirtsmolekülen unter Bildung eines sogenannten Clathrats ausgenutzt werden.

Dieses Prinzip kann auch mit anorganischen Käfigen wie Zeolithen ausgenutzt werden (vgl. Abb. 3.7.5). In allen Fällen ist die definierte geometrische Anordnung der Käfig-Moleküle in Schichtstrukturen für die Reproduzierbarkeit und Ansprechgeschwindigkeit dieser Sensoren entscheidend und häufig noch nicht befriedigend gelöst.

Präparativ wesentlich einfacher lassen sich *Polymere* als Sensoren nutzen (Abb. 3.8.9b), wobei durch gezielte chemische Modifizierung die Selektivität zum Nachweis bestimmter Teilchen in weiten Grenzen variiert werden kann (vgl. dazu auch die Beispiele zur „elektronischen Nase" in Abschn. 3.8.3). Als einfaches Transduktionsprinzip bietet sich auch hier die Messung der Massenänderung über Frequenzänderungen von Schwingquarzen an (Abb. 3.8.2e).

Bei *Biosensoren* werden unterschiedliche Detektionsmechanismen ausgenutzt und optimiert, von denen einige in der Abb. 3.8.10 aufgezeigt sind.

a)

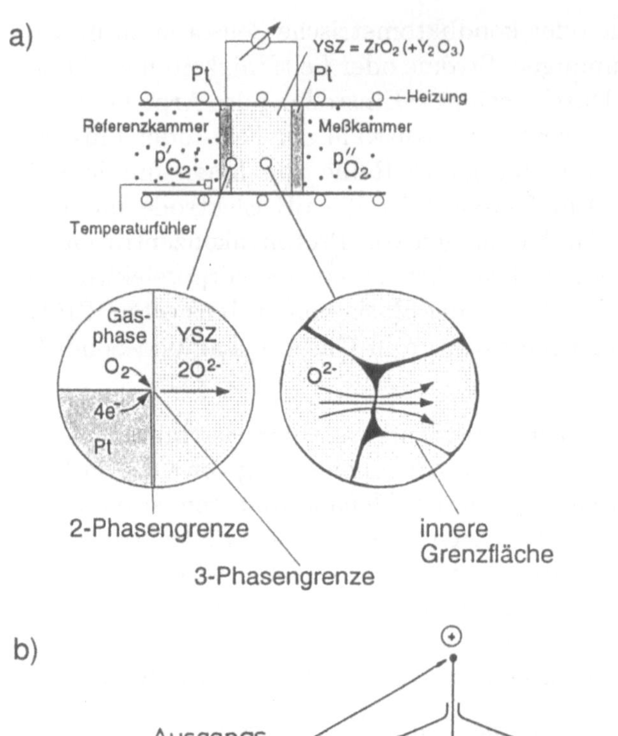

b)

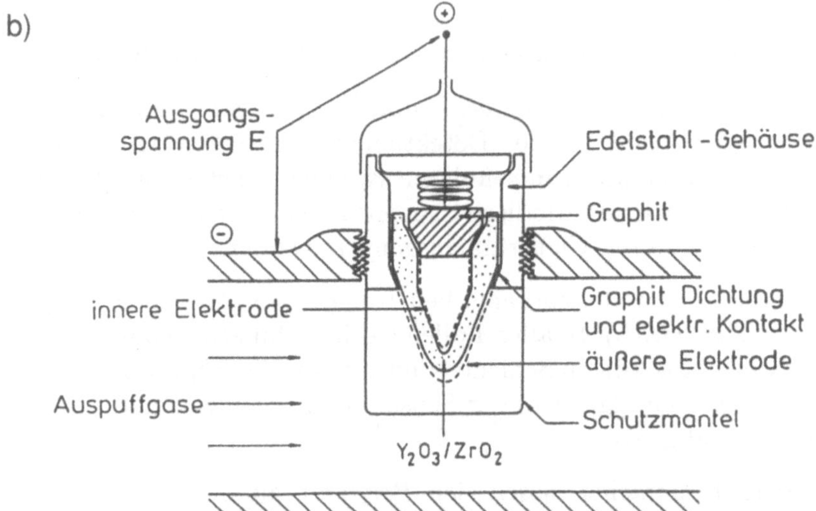

Abb. 3.8.8

a) Schematische Darstellung eines Festkörperelektrolyt-Sensors zur Messung von Sauerstoffpartialdrücken („Lambda"-Sonde im Autoauspuff über Y_2O_3-stabilisiertes ZrO_2). Das Y_2O_3-stabilisierte ZrO_2 leitet Sauerstoff als O^{2-} im Volumen. Zwischen innerer und äußerer Elektrode tritt durch die O_2-Druckdifferenz zwischen innen und außen eine Spannung

$$E = \frac{RT}{4F} \cdot \ln\left(\frac{p''_{O_2}}{p'_{O_2}}\right)$$ auf mit $F = N_L e$ als Faradaykonstante. Ebenfalls gezeigt ist die Dreiphasengrenze, die in Abschn. 3.9, Abb. 3.9.2, näher beschrieben wird, sowie innere Grenzflächen [Göp 95].

b) Praktische Ausführung einer Lambda-Sonde.

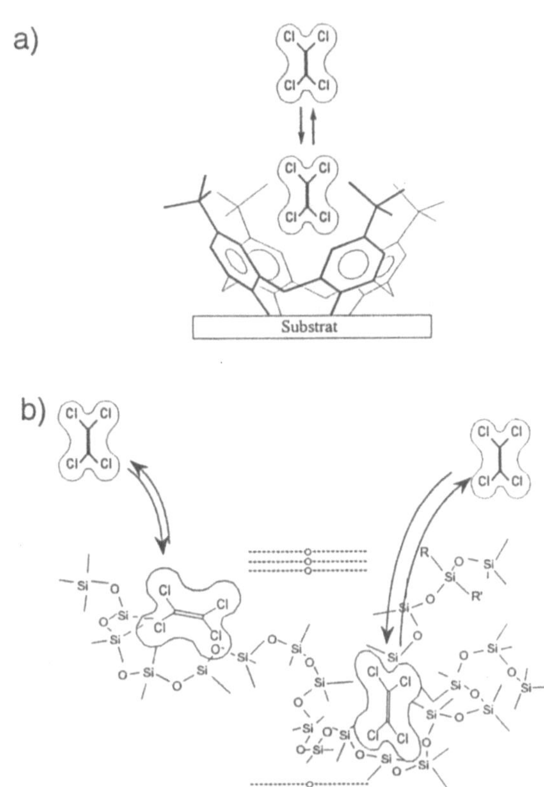

Abb. 3.8.9
Schlüssel/Schloß-Prinzip der chemischen Sensorik am Beispiel der Einlagerung von Perchlorethylen (a) in ein Käfigmolekül an der Sensoroberfläche bzw. (b) in das Volumen eines Polymers. Dies führt zu charakteristischen Änderungen der Masse, Temperatur, Kapazität oder optischen Eigenschaften, die über geeignete Transducer nachgewiesen werden können [Göp 95].

In klassischen *Metabolismussensoren* (Abb. 3.8.10b) werden Reaktionsprodukte von Enzymen nachgewiesen. Ein typisches Beispiel ist die amperometrische, mediatorunterstützte Glukosebestimmung (Abb. 3.8.11). Dieses Prinzip wurde bisher auf größenordnungsmäßig zwanzig relativ einfach handhabbare Enzyme übertragen. Derzeitige Entwicklungen sind charakterisiert durch die Optimierung selektiver Diffusion durch äußere Trenn-Membranen, selektiver Reaktionen von nachzuweisenden Spezies über geeignete Wahl der Enzyme, Auswahl geeigneter Mediatorsysteme zur elektronischen (genauer: ionischen) Kommunikation zwischen katalytisch aktivem Enzym-Zentrum und der Elektrode und Auswahl des geeigneten Elektroden-Materials und -Potentials zur spezifischen Detektion. Optische Nachweisver-

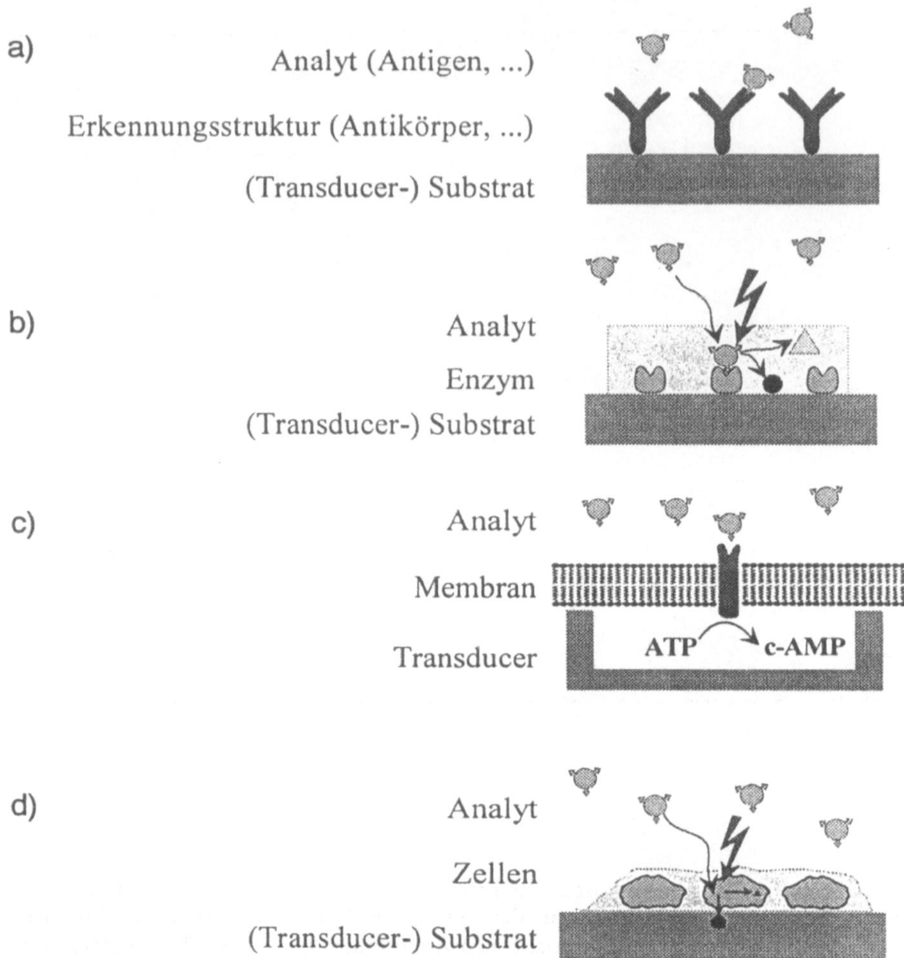

Abb. 3.8.10
Schematische Darstellung typischer Detektionsprinzipien in Biosensoren
a) Bioaffinitätssensor
b) Katalytischer Sensor, Metabolismussensor
c) Transmembransensor
d) Zellsensor

fahren gewinnen zunehmend an Bedeutung, sind aber experimentell aufwendiger.

Bei den *Bioaffinitätssensoren* (Abb. 3.8.10a) wird die selektive Schlüssel/Schloß-Konfiguration entweder direkt oder indirekt über unterschiedliche Transducer nachgewiesen. Die kontrollierte Präparation von dünnen Schichten mit höhermolekularen Rezeptorstrukturen ist ein präparativ schwieriges Problem. Eine praktisch realisierte Möglichkeit ist es daher, die biologi-

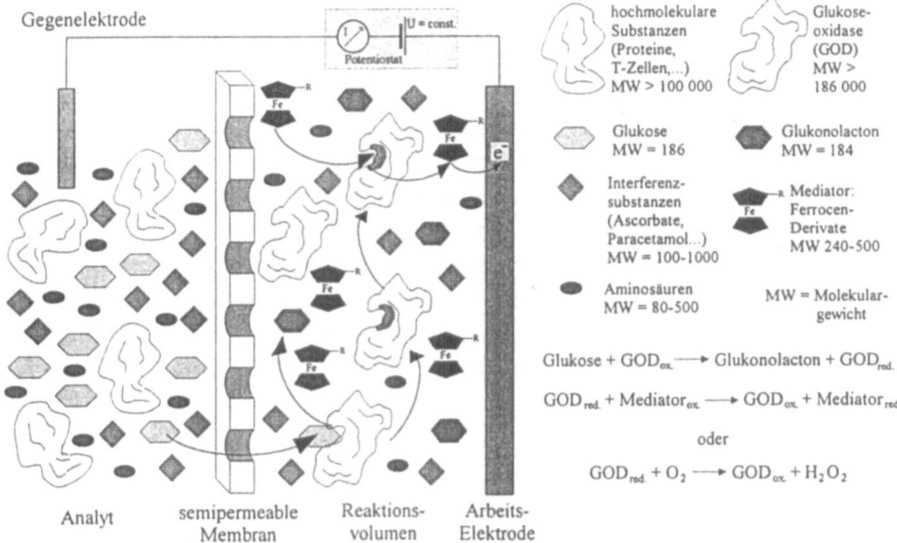

$$\text{Glukose} + \text{GOD}_{ox.} \longrightarrow \text{Glukonolacton} + \text{GOD}_{red.}$$

$$\text{GOD}_{red.} + \text{Mediator}_{ox.} \longrightarrow \text{GOD}_{ox.} + \text{Mediator}_{red.}$$

oder

$$\text{GOD}_{red.} + O_2 \longrightarrow \text{GOD}_{ox.} + H_2O_2$$

Abb. 3.8.11
Typischer Aufbau eines amperometrischen Biosensors [Göp 92]

sche Funktion durch vollsynthetische Erkennungsstrukturen, sog. Epitope zu ersetzen, die den wesentlichen Teil des biologischen Erkennungszentrums imitieren („biomimetischer Ansatz"). So können z.B. Schichten von synthetischen Peptidepitopen mit Alkanthiolsubstituenten kovalent an Goldsubstrate angekoppelt werden (vgl. Abschn. 4.2.3). So werden Antikörper des Maul- und Klauenseuche-Virus dadurch detektiert, daß sie sich an die Epitope anlagern und sich die Kapazität der Sandwich-Anordnung ändert.

Biosensoren unter Ausnutzung von *Membranfunktionen* (Abb. 3.8.10c) sind von prinzipiellem Interesse, da sie in der lebenden Zelle als wesentliche Komponenten vorkommen. Eine Vielzahl derartiger biomolekularer Funktionseinheiten in Zellmembranen wurde bereits identifiziert. Falls diese als Komponenten von intelligenten biomolekularen Bauelementen geeignet kontaktiert oder in Membranen auf Transducern angebracht werden, eröffnen sich zahlreiche neue Möglichkeiten für Biosensoren. Ein typisches Beispiel ist das Cotransportermolekül Lactosepermease, das einen aktiven 1:1-Transport von Protonen und Lactosemolekülen durch die Membran zeigt. Mit einem ionensensitiven Feldeffekttransistor werden die Protonen und dadurch indirekt die Lactose-Moleküle nachgewiesen (Abb. 0.0.4b).

Biosensoren auf der Basis von ganzen *Zellen* (Abb. 3.8.10d) oder sogar Geweben gewinnen zunehmend an Interesse. Dies ist insbesondere dann der Fall, wenn Summenparameter wie Toxizität, Wirksamkeit von Arzneimitteln oder ähnliches erfaßt werden sollen, da hochspezialisierte biochemische Eigenschaften und Mechanismen des Metabolismus ausgenutzt werden können. Die entsprechenden Biosensoren müssen hohe Stabilität der Grenzfläche zwischen den Zellen und dem Substrat oder der Elektrode aufweisen. Eine Reihe unterschiedlicher Konzepte wurde entwickelt, um elektrische Signale aus ganzen Zellen oder Geweben abzuleiten. Hohe Genauigkeit in der räumlichen Anordnung von äußeren Punktkontakten zur Bestimmung von ionischen oder elektronischen Strömen ist erforderlich, um beispielsweise die Funktion von individuellen Transmembranproteinen zu verstehen und auszunutzen. Mit metallisch leitenden Substraten können extrazellulär abgeleitete Ströme gemessen werden. Experimentelle Details dieser Signalableitung sind noch nicht verstanden. Trotzdem können die Signale formal ausgenutzt werden, um elektrische Ersatzschaltkreise aufzustellen (vgl. Abschn. 2.3.2), die empirisch mit dem Metabolismus in der Zelle korreliert werden können. Derartige Zellarrays lassen sich andererseits auch untersuchen, um Zell-Zell-Wechselwirkungen und Lernprozesse in neuronalen Netzwerken etc. zu studieren. Ein Fernziel ist es dabei, die menschliche Nase (vgl. Abb. 3.8.16 weiter unten) zu verstehen bzw. Komponenten der menschlichen Nase für die Geruchsanalytik einzusetzen.

Für wesentlich einfachere Systeme sind derartige Sensorarrays als elektronische Nasen von zunehmender Bedeutung. Dies soll im folgenden kurz charakterisiert werden.

3.8.3   Sensorarrays und „elektronische Nasen"

Ein wichtiger Trend in der chemischen Sensorik ist der Aufbau von Sensorsystemen, die aus einer Reihe von Einzelsensoren bestehen. Das Konzept ist schematisch in Abb. 3.8.12 gezeigt.

In vielen Anwendungsbereichen ist man daran interessiert, die analytische Information (die Zusammensetzung eines Gas- oder Flüssigkeitsgemisches oder der Anteil einer bestimmten Komponente in diesem Gemisch) elektronisch nachzuweisen. Für diesen Nachweis stehen verschiedene Sensoren 1 bis m zur Verfügung, die im allgemeinen immer gewisse Querempfindlichkeiten aufzeigen, wie dies schematisch in Abb. 3.8.12 über die Koeffizienten γ_{ij} des Sensorarrays angegeben ist. Die Ermittlung der Meßdaten x_1 bis x_m von den verschiedenen Sensoren und eine geeignete Mustererkennung kann zur elektronischen Bestimmung der analytischen Information herangezogen werden.

Ein typisches Beispiel für unterschiedliche Empfindlichkeiten chemischer Sensoren zeigt Abb. 3.8.13 mit Ergebnissen massensensitiver Transducer, die mit unterschiedlichen Polymeren beschichtet wurden und deren relative

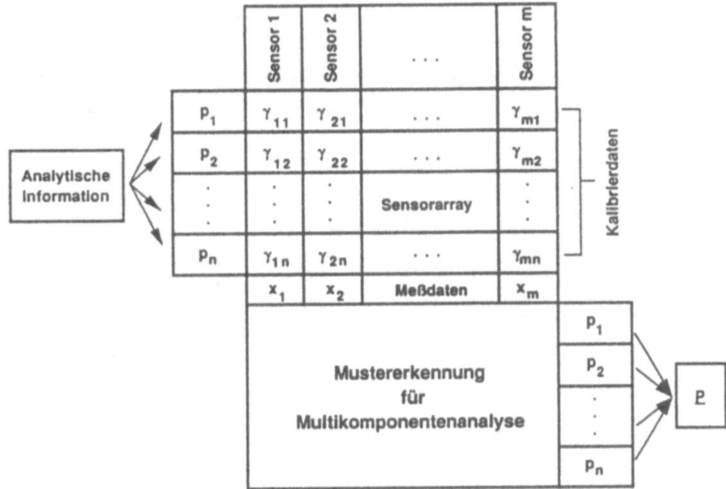

Abb. 3.8.12
Schematische Darstellung der Mustererkennung von n Partialdrücken p_1-p_n mit m Sensorelementen über die Mustererkennung für Multikomponentenanalyse mit dem Zwischenschritt der Bestimmung von Meßdaten x_1 bis x_m.

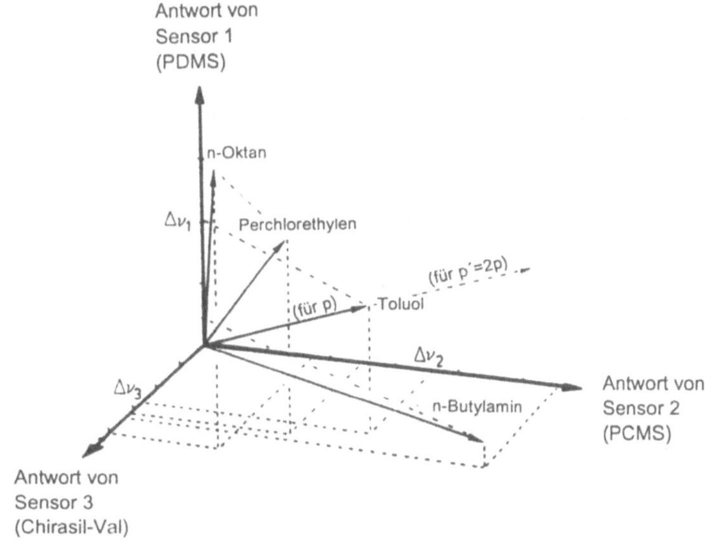

Abb. 3.8.13
Bestimmung von organischen Molekülen in Luft über Sensorsignale mit drei unterschiedlichen polymerbeschichteten massensensitiven Sensoren. Gemessen wurde die Frequenzänderung $\Delta\nu_i$ durch Massenzunahme der drei Sensoren als Folge der Wechselwirkung mit den hier angegebenen Molekülen. Aus der Orientierung des Vektors wird die Molekülart, aus der Länge bei gegebener Orientierung dessen Konzentration bestimmt [Göp 95].

Empfindlichkeit für unterschiedliche organische Moleküle unterschiedlich ist. Aus der Orientierung des Vektors in diesem Diagramm lassen sich die angegebenen Moleküle in Luft eindeutig identifizieren. Die Länge des Vektors gibt dabei die Konzentration an.

Als nächster Schritt werden mehrere Sensoren verwendet. Für eine anschauliche Interpretation der Ergebnisse ist die geeignete Darstellungsform des im allgemeinen m-dimensionalen Vektorraums der Ergebnisse von m Sensoren sehr wichtig. Ein typisches Beispiel zeigt Abb. 3.8.14, in dem Ergebnisse von sechs Sensoren für den Nachweis unterschiedlicher organischer Moleküle sternförmig dargestellt sind.

Der nächste Schritt ist die Analyse von Gasgemischen. Dies erfordert den Einsatz von Mustererkennungsverfahren bei der Auswertung, von denen einige in Abb. 3.8.15 schematisch aufgelistet sind.

Auf diese Weise gelingt es beispielsweise, einfache Gasmischungen zu identifizieren. Für den Nichtexperten zunehmend schwieriger wird der kritische Vergleich von Möglichkeiten und Grenzen der dabei eingesetzten Verfahren

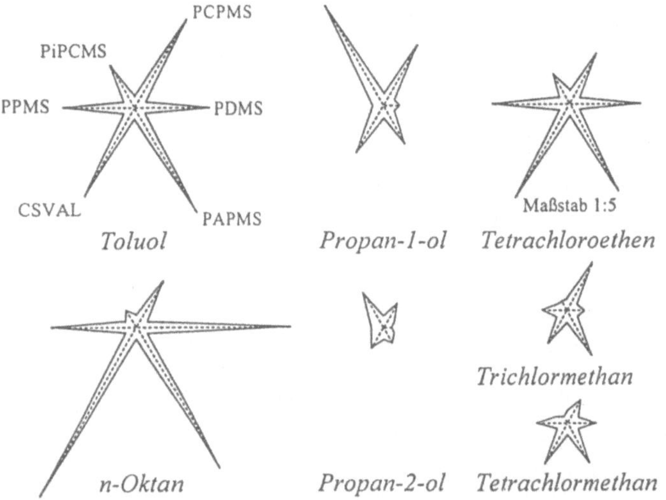

Abb. 3.8.14
Graphische Darstellung von Ergebnissen aus einem sechskomponentigen Sensorarray, die jeweils um 60° gedreht aufgetragen sind. Jede Spitze entspricht einer Polymerbeschichtung (CSVAL = Chirasilval, ein Siloxan mit chiralen D-Valinsubstituenten, PPMS $\hat{=}$ Polyphenylmethylsiloxan, PiPCMS $\hat{=}$ Poly(isopropylcarbonsäure)methylsiloxan, PCPMS $\hat{=}$ Poly(cyanopropyl)methylsiloxan, PDMS $\hat{=}$ Polydimethylsiloxan, PAPMS $\hat{=}$ Poly(aminopropyl)methylsiloxan), wobei die Länge der „Sternspitze" proportional zum Sensorsignal ist. Deutlich erkennbar sind verschiedene Muster zur Charakterisierung verschiedener Moleküle (kursiv gedruckt) [Göp 95].

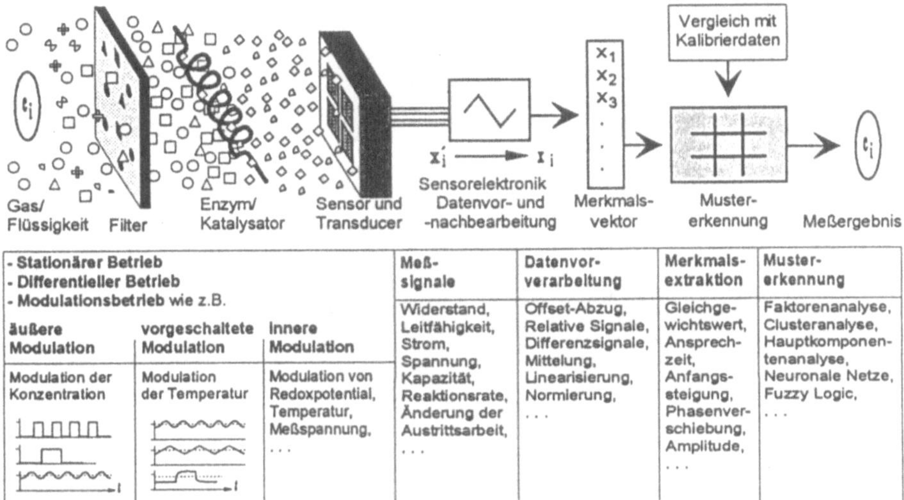

- Stationärer Betrieb - Differentieller Betrieb - Modulationsbetrieb wie z.B.			Meß- signale	Datenvor- verarbeitung	Merkmals- extraktion	Muster- erkennung
äußere Modulation	vorgeschaltete Modulation	Innere Modulation	Widerstand, Leitfähigkeit, Strom, Spannung,	Offset-Abzug, Relative Signale, Differenzsignale, Mittelung,	Gleichge- wichtswert, Ansprech- zeit,	Faktorenanalyse, Clusteranalyse, Hauptkomponen- tenanalyse,
Modulation der Konzentration	Modulation der Temperatur	Modulation von Redoxpotential, Temperatur, Meßspannung, . . .	Kapazität, Reaktionsrate, Änderung der Austrittsarbeit, . . .	Linearisierung, Normierung, . . .	Anfangs- steigung, Phasenver- schiebung, Amplitude, . . .	Neuronale Netze, Fuzzy Logic, . . .

Abb. 3.8.15
Komponenten eines kompletten Sensorsystems, mit dem Konzentrationen c_i elektronisch nachgewiesen werden („elektronische Nase"). Ebenfalls angegeben sind verschiedene Betriebsmoden zur Bestimmung unterschiedlicher Transducersignale wie Gleichgewichtssignale, differentielle Signale oder Modulationstechniken zur Erzielung von frequenzabhängigen Signalen, die nach Wahl eines bestimmten Transducerprinzips und einer geeigneten Datenvorverarbeitung zur Bestimmung der Sensormuster („feature extraction") führen. Letzere werden nachfolgend mit geeigneten Verfahren der Mustererkennung identifiziert.

der Mustererkennung, die häufig in unbekannten Systemen auch zu mehrdeutigen Antworten führen können. Daher ist ein von der Informatik bei der Auswertung unabhängiger Weg bei der Entwicklung elektronischer Nase der, die Technologien zur Herstellung perfekter Komponenten des gesamten Sensorsystems zu optimieren, Sensorparameter nicht nur aus Gleichgewichtswerten, sondern aus Modulationsexperimenten zu gewinnen, unterschiedliche Einzelsensoren mit unterschiedlichen Transduktionsprinzipien in einem System zusammenzufassen, Filter einzustellen etc.

Neben orientierenden Untersuchungen zu Gasgemischen werden mit derartigen elektronischen Nasen Versuche unternommen, Gerüche zu identifizieren, die für spezifische Sorten von Tabak, Wein, Schnaps, Fruchtsäften o.ä. vorkommen. Ein Fernziel ist dabei, den „Sensoriker" als wichtige Person zur Charakterisierung von Lebensmitteln durch Sensorik zu ersetzen. Für quantitative Bestimmung von Mengen definierter Moleküle gelingt dies heute schon mit Erfolg. Für die Charakterisierung von subjektiven Geruchseindrücken, etwa bei der Weinprobe, gelingt dies nicht.

Abb. 3.8.16 zeigt eine interessante Analogie des technischen Sensorsystems mit dem Schema der menschlichen Nase auf. Auch hier werden Signale von

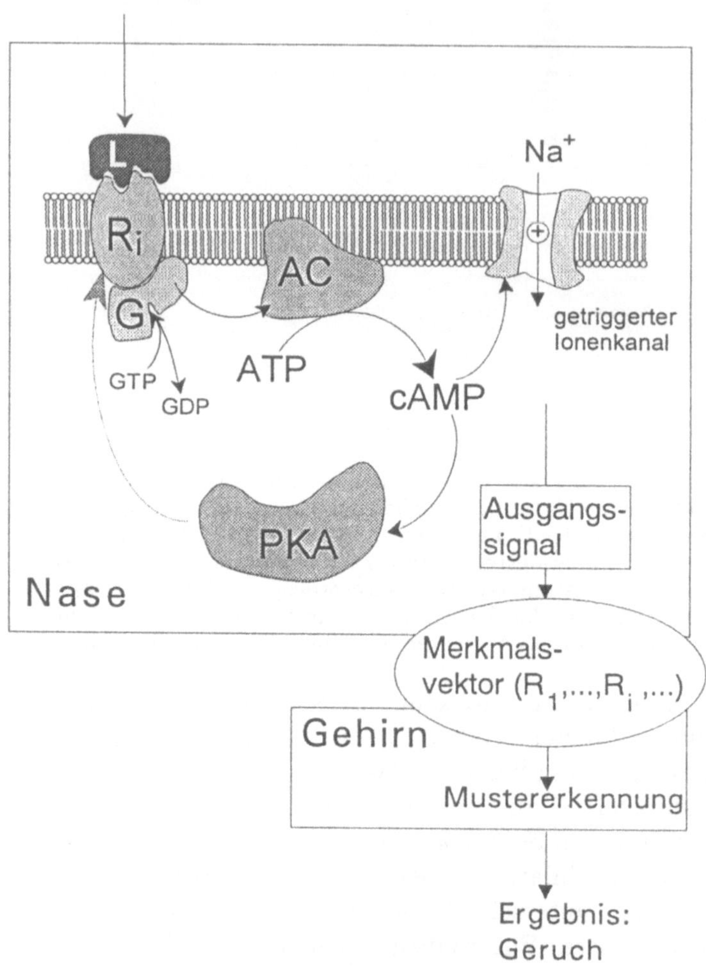

Abb. 3.8.16

Schematische Darstellung der Komponenten einer menschlichen Nase in Analogie zur elektronischen Nase in Abb. 3.8.15: L = Ligand (Geruchsmolekül), R_i = Rezeptor i, G = G-Protein (Guanylnucleotid bindendes Protein), GTP (GDP) = G-Protein-Tri- (bzw. Di-) Phosphat, AC = Acetylcholin, ATP = Adenosintriphosphat, cAMP = cyclisches Adenosinmonophosphat, PKA = Proteinkinase A. Bei Anlagerung eines Liganden an den Rezeptor wird durch den links im Bild gezeigten Kreislauf cyclisches Adenosinmonophosphat gebildet, das den Na^+-Ionenkanal öffnet. Als „Signal" erhält man so einen Ionengradienten über die Membran. Der weitere Zyklus dient der Regenerierung des Rezeptors. Als Ausgangssignal erhält man einen Merkmalsvektor, der sich aus den durch die verschiedenen Rezeptoren i ergebenden Signalen zusammensetzt. Über eine Mustererkennung im Gehirn wird dann der Geruch identifiziert.

Einzelsensoren zu einem Merkmalsvektor x zusammengefaßt und über nachfolgende Mustererkennung im Gehirn zur Charakterisierung der analytischen Information (hier des Geruchs) herangezogen. Eine Reihe von Forschergruppen arbeitet nun an Hybridlösungen, bei denen Teile des biologischen oder des technischen Sensorsystems komplementär ersetzt werden (Bestimmung elektronischer Signale aus den Großrezeptoren in der Nase, elektronische Ansteuerung von Nervenleitungen etc.). Auf die Verzahnung von Mikroelektronik mit ihren völlig unterschiedlichen Materialien und Funktionsprinzipien wird auch in Abschn. 3.15 kurz verwiesen.

3.9   Brennstoffzellen

Hochtemperaturbrennstoffzellen sollen zukünftig die Probleme effektiver Energieumwandlung unter Vermeidung von Katalysatoren der konventionellen Heizkraftwerke (notwendig für die NO_x-Beseitigung) lösen.

In Brennstoffzellen wird die Energie der Oxidation von Brennstoffen direkt in elektrische Energie umgewandelt, ohne thermische Energie als Zwischenschritt zu benutzen. Der Hauptunterschied zu einer Batterie ist, daß der Brennstoff und das Oxidationsmittel (meist O_2 oder Luft) kontinuierlich von außen zugegeben werden. Da keine thermische Energie ausgenutzt wird, gelten für Brennstoffzellen nicht die thermodynamischen Grenzen für eine Carnot-Maschine (Kolbenmotor oder Turbine), so daß es im Prinzip möglich ist, einen hohen Wirkungsgrad zu erzielen. Darüberhinaus ist die Temperatur von Brennstoffzellen im Vergleich zu der einer Flamme relativ gering, so daß keine nitrosen Gase (NO_x) entstehen und Brennstoffzellen daher weniger umweltverschmutzend sind.

Da die einzelnen Brennstoffzellen nur Spannungen zwischen 0,5 und 1,0 V liefern, muß man viele solcher Zellen stapeln, um auf höhere Spannungen zu kommen.

In Abb. 3.9.1 sind der prinzipielle Aufbau einer Feststoff-Brennstoffzelle und die ablaufenden Prozesse schematisch gezeigt. Entscheidend ist, daß der Festkörperelektrolyt (hier: ZrO_2) reine Ionenleitung (hier: O^{2-}) bei vernachlässigbarer Elektronenleitung zeigt (vgl. Abschn. 2.3.1.3). Die Elektrode muß ein guter und poröser Elektronenleiter sein, damit das Gas an die Elektroden/Elektrolyt-Grenzfläche gelangen kann, bei der ein hoher Anteil an Dreiphasengrenzlinien vorhanden sein muß. Aus Abb. 3.9.1b erkennt man, daß das Verständnis von Thermodynamik und Kinetik der Reaktionen

a)

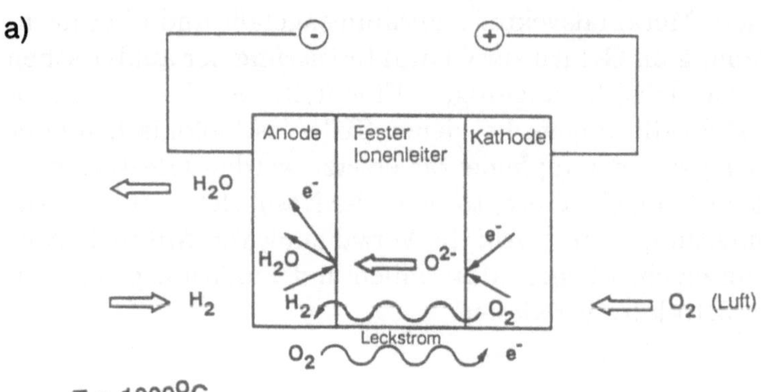

Masse-Transport	Phänomene	Anode	Elektrolyt	Kathode
		Diffusion von H_2 und H_2O	Molekularer Transport von Gasen	Diffusion von O_2 und N_2
	Gleichung	Ficksches Gesetz		
Ladungs-transport	Phänomene	Elektronen-transport	Diffusion und Migration von O^{2-}	Elektronen-transport
	Gleichungen	Maxwell-Gleichungen	Nernst-Planck-Gleichung	Maxwell-Gleichungen

b)

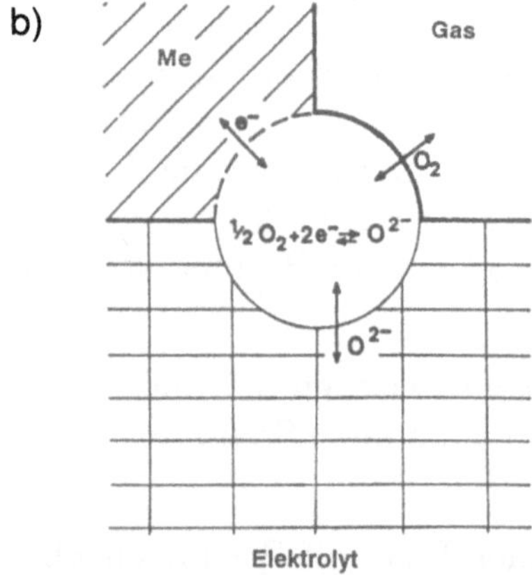

Abb. 3.9.1

a) Schematischer Aufbau und Transportphänomene, die in einer Feststoff-Brennstoffzelle ablaufen. Die Anode und Kathode müssen entweder gemischte Leiter für O^{2-}-Ionen und Elektronen sein oder als Elektronenleiter Dreiphasengrenzen für den direkten Gaszutritt zum Elektrolyt aufweisen.

b) Beispiel für eine Dreiphasengrenze und Elementarschritte der $\frac{1}{2}O_2$ (Gas) $\rightarrow O^{2-}$ (Volumen)-Umwandlung an der elektronenleitenden Kathode einer auf ZrO_2 basierenden Festkörperoxid-Brennstoffzelle. Me ist die Metallelektrode [Fou 76].

an diesen Dreiphasengrenzen entscheidend ist, um neue Brennstoffzellen gezielt entwickeln zu können. Das Metall liefert dabei die Elektronen für die Redoxreaktion der aus der Gasphase an die Oberfläche kommenden Moleküle, während der Festelektrolyt die gebildeten Ionen abtransportiert. Die Reaktion kann deshalb nur direkt an der Grenzlinie der drei Phasen ablaufen. Solche Dreiphasengrenzen spielen auch in der heterogenen Katalyse (vgl. Abschn. 3.7) und der Sensorik (vgl. Abschn. 3.8) eine wichtige Rolle. Entwicklungsprobleme liegen hier insbesondere in der Stabilität und Reaktivität der Elektroden/Elektrolyt-Grenzfläche bei den hohen Betriebstemperaturen.

Alternativ kann man auch gemischte Leiter als Elektroden einsetzen, so daß dann die gesamte Zweiphasengrenze, d.h. eine Fläche für die Reaktion zur Verfügung steht (vgl. dazu Abschn. 2.3.1.3). In Abb. 3.9.2 werden beide Konzepte vorgestellt.

Abb. 3.9.3 zeigt verschiedene Konzepte von Brennstoffzellen.

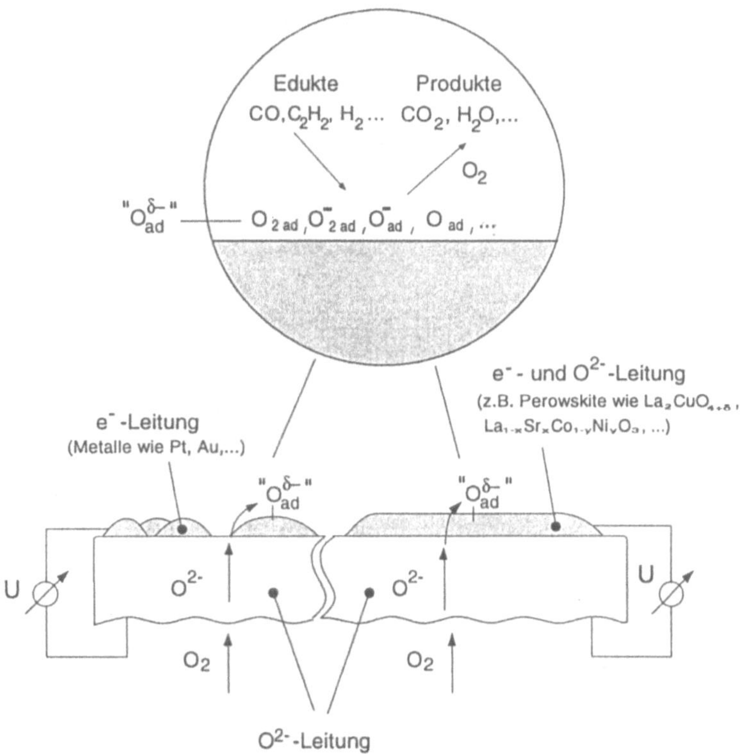

Abb. 3.9.2
Schematische Darstellung typischer Sauerstoffspezies und an der Drei- bzw. Zweiphasengrenze auftretender Reaktionen sowie typische verwendete Elektrodenmaterialien auf yttriumoxidstabilisiertem Zirkondioxid (YSZ) [Göp 95], [Voh 92]

Der Hauptgrund, warum die Alkali-Brennstoffzelle bisher noch keine kommerzielle Anwendung gefunden hat, ist, daß diese Zelle kein CO_2 verträgt, da dieses mit OH^- zu Carbonaten reagiert und so den Elektrolyten zerstört. Eine vorgeschaltete Reduktion des CO_2-Gehaltes der Luft bis auf wenige ppm wäre ein zu teurer Prozeß. Aus diesem Grund wurden CO_2-resistente Zellen entwickelt. Die Protonenaustauschmembran-Brennstoffzelle verwendet eine teure polymere Membran als Elektrolyt. Die Anode wird durch CO vergiftet, so daß aus Reformgas gewonnener Wasserstoff nicht ohne vorherige Reinigung eingesetzt werden kann. Der zweite Typ CO_2-toleranter Brennstoffzellen ist die Phosphorsäure-Brennstoffzelle. Alle drei Tieftemperatur-Brennstoffzellen haben das gemeinsame Problem, daß sie mit Wasserstoff betrieben werden müssen, da sie Kohlenwasserstoffe und CO nicht direkt konvertieren können. Da H_2 meist aus fossilen Brennstoffen gewonnen werden muß, sinkt der Gesamtwirkungsgrad einer Anlage drastisch ab, wenn man die Energie zur Gewinnung des Wasserstoffs mit einrechnet. Dieses Problem tritt bei den Hochtemperatur-Brennstoffzellen (mit Karbonatschmelzen bzw. Festkörperelektrolyten) nicht auf. Beide zeigen deswegen einen deutlich höheren Gesamtwirkungsgrad.

Brennstoffzellen auf der Basis von Festkörperelektrolyten (SOFC, **S**olid

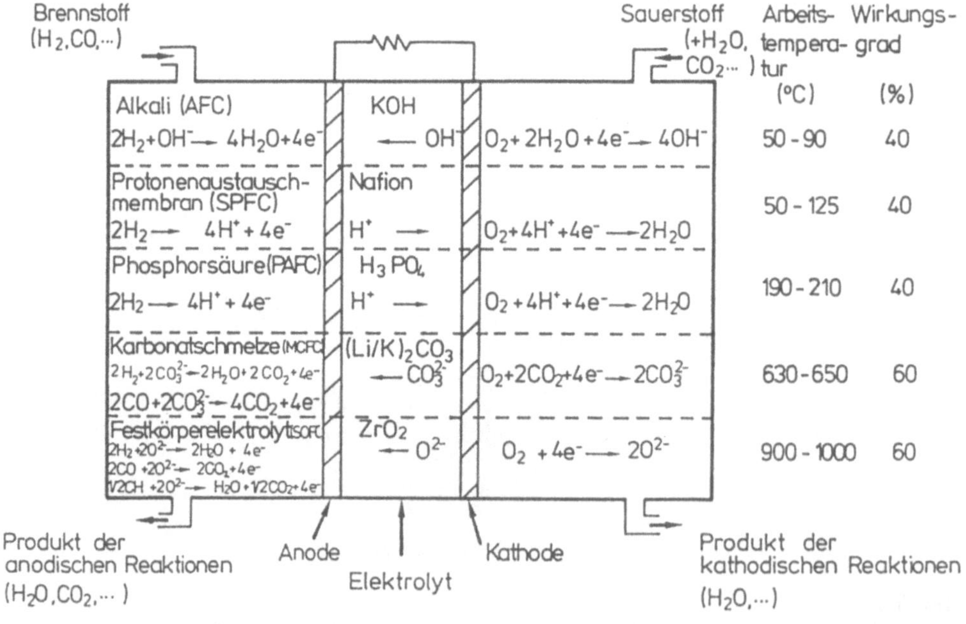

Abb. 3.9.3
Verschiedene Typen von Brennstoffzellen

Oxide Fuel Cells) haben daher derzeit die größten Erfolgschancen, da sie sowohl einen hohen Wirkungsgrad als auch eine lange Lebensdauer (heute schon > 50000 Stunden) besitzen. Das Hauptentwicklungsproblem liegt zur Zeit noch darin, billige, reproduzierbare Technologien zur Herstellung dünner Keramikschichten zu entwickeln, so daß noch mit einer ca. 10jährigen Entwicklungsdauer gerechnet werden muß.

3.10 Anorganische Materialien der Mikroelektronik und Photonik

In der konventionellen Halbleitertechnologie haben Grundlagen und technische Realisierungen ein sehr hohes Niveau erreicht. Dabei ist Silicium das am meisten untersuchte und am besten verstandene Element des Periodensystems.

Bauelemente in der Mikroelektronik auf Silicium-Basis bestehen typischerweise aus Mehrschichtsystemen. Auf die Herstellung solcher Bauelemente werden wir in Abschn. 4.4.2 näher eingehen. Als Beispiel ist in Abb. 3.10.1 ein Ausschnitt eines Megabit-Chips gezeigt.

Für die Funktion des Bauelements sind die elektrischen Eigenschaften der Grenzflächen entscheidend. Als typische Beispiele sind in Abb. 3.10.2 die drei elektrisch unterschiedlichen Grenzflächen eines Feldeffekttransistors auf der Basis von GaAs gezeigt.

Ideale Deckschichten (a) halten Teilchen aus der Umwelt vom aktiven Halbleiter fern, tauschen mit dem Halbleiter keine Elektronen aus und lagern an der Grenzfläche zum Halbleiter keine Elektronen an. Ideale ohmsche Kontakte bzw. Schottky-Barrieren werden nach der einfachsten Theorie dadurch ausgebildet, daß Metalle mit kleinerer (bzw. größerer) Volumen-Austrittsarbeit $\Phi_{\text{Me1(2)}}$ als der Wert Φ_{HL} des entsprechenden Halbleiters verwendet werden (vgl. Abschn. 1.6). Dies bewirkt Elektronenaustausch, bei dem das Metall als Elektronen-Donator bzw. -Akzeptor wirkt, und führt zu Elektronenanreicherung (b) bzw. Elektronenverarmung (c) an der Halbleiter/Metall-Grenzfläche. Nur bei ionischen Halbleitern ist diese Theorie auf der Basis von Austrittsarbeiten relativ gut erfüllt. Bei kovalenten Halbleitern spielen dagegen lokale Bindungen an der Grenzfläche die entscheidende Rolle für die Ausbildung von Schottky-Barrieren oder ohmschen Kontakte.

Wegen ihrer Bedeutung soll kurz die Funktionsweise von Dioden, bipolaren Transistoren und Feldeffekttransistoren beschrieben werden.

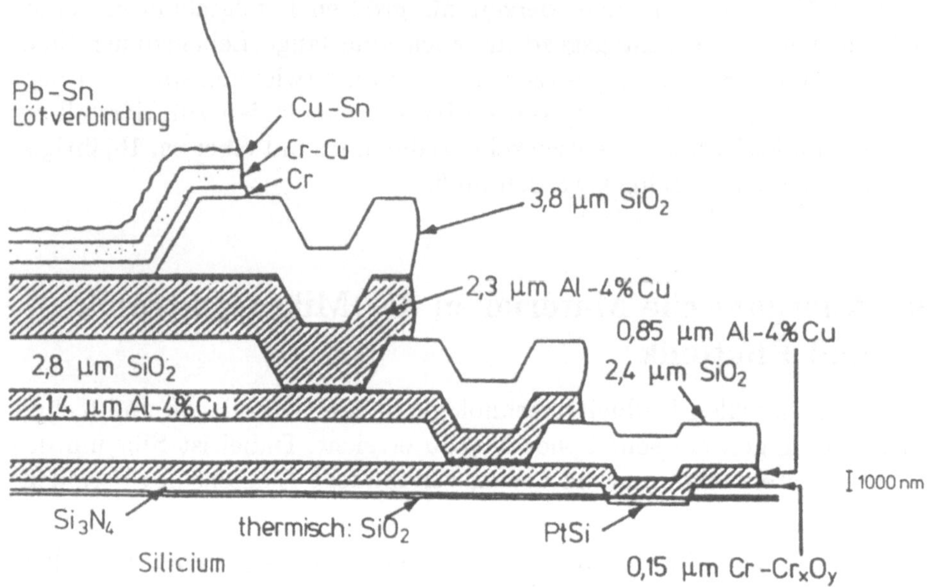

Abb. 3.10.1
Charakteristische Materialien und Grenzflächen in der Mikroelektronik am Beispiel eines
Ausschnitts aus einem Megabit-Chip [Fri 82]

Zuerst gehen wir auf die *Dioden* ein. Bringt man einen p- und einen n-
leitenden Halbleiter in Kontakt, so diffundieren freie Elektronen von der
n-Schicht in die p-Schicht und Löcher von der p-Schicht in die n-Schicht.
Dadurch entsteht auf der p-Seite ein Überschuß an negativen Ladungen,
auf der n-Seite ein Überschuß an positiven Ladungen. Zwischen den beiden
Schichten baut sich eine Kontaktspannung auf, die im Gleichgewicht eine
weitere Ladungsdiffusion verhindert. Die in die p-Schicht diffundierten freien
Elektronen rekombinieren dort teilweise mit Löchern. Ebenso rekombinieren
in die n-Schicht eingedrungene Löcher mit freien Elektronen. Diese Vorgänge
führen zu einer Verarmung von Ladungsträgern in der Grenzschicht. Der
elektrische Widerstand ist in diesem Gebiet wesentlich höher als im übrigen
Kristall. Legt man nun ein äußeres elektrisches Feld an die Anordnung, so
werden die Elektronen zum positiven Pol, die Löcher zum negativen Pol
hingezogen. Die Verarmungszone wird räumlich größer, wenn die n-Schicht
mit dem positiven Pol verbunden wird. Es kann dann praktisch kein Strom
mehr fließen (*Sperrichtung*). Bei entgegengesetzter Spannung fließt jedoch
ein hoher Strom (*Durchlaß-* oder *Flußrichtung*). Abb. 3.10.3 zeigt die drei
Fälle sowie die resultierende Kennlinie.

Die typische Diodenkennlinie hatten wir auch in Abb. 3.10.2c und in Abb.
3.8.7 bei der Schottky-Barriere gesehen. Dort wurde die Verarmungszone

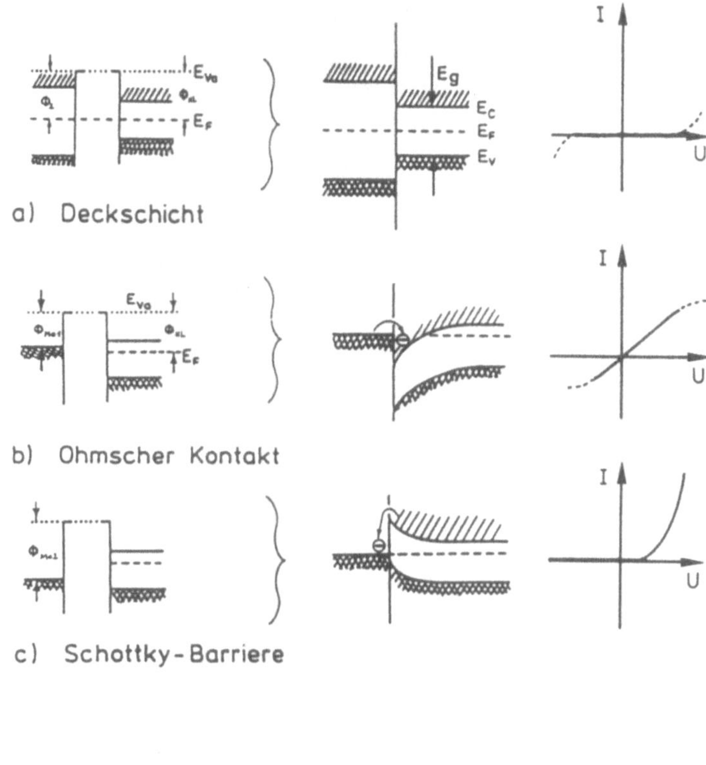

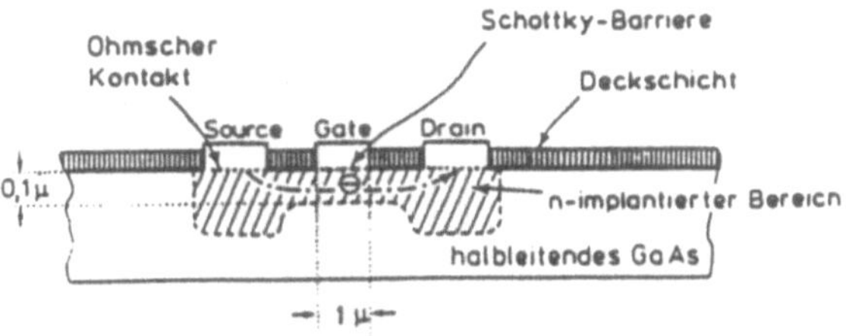

Abb. 3.10.2

Schematische Darstellung eines MESFET-(**M**etal **S**emiconductor **F**ield **E**ffect **T**ransistor-) Galliumarsenid-Transistors mit Grenzflächen, die durch unterschiedlichen Elektronentransfer charakterisiert sind (links), und entsprechende Strom (I) / Spannungs (U)-Charakterisiken (rechts) [Göp 85].

a) Deckschicht ohne Austausch freier Elektronen mit dem Halbleiter: keine Bandverbiegung an der Oberfläche.

b) Ohmscher Kontakt mit Elektronentransfer vom Metall zum Halbleiter: Elektronenanreicherungsschicht an der Grenzfläche.

c) Elektronentransfer vom Halbleiter zum Metall: Elektronenverarmungsrandschicht an der Grenzfläche.

E_C ist die Leitungsbandkante, E_V die Valenzbandkante, E_F das Ferminiveau, E_{vac} das Vakuumniveau, Φ_i sind elektronische Austrittsarbeiten der reinen Materialien ohne elektronische Oberflächenzustände, zur Definition der Größen vgl. Abschn. 1.6.

jedoch nicht durch die Rekombination von Ladungsträgern, sondern durch die Ausbildung einer Raumladungsrandschicht (vgl. Abschn. 1.6) durch die unterschiedlichen Austrittsarbeiten der Materialien bewirkt.

Neben pn- und Schottky-Dioden gibt es noch weitere Typen wie Schalt- und Zener-Dioden, die z.B. in [Sch 91] beschrieben sind.

Bipolare Transistoren bestehen aus drei hintereinanderliegenden, verschieden dotierten Halbleiterschichten, die man Emitter, Basis und Kollektor nennt (Abb. 3.10.4). Der Übergang Emitter – Basis ist mit der Spannung U_{EB} in Flußrichtung geschaltet, der Übergang Basis – Kollektor über die Spannung U_{EC} in Sperrichtung. Die Spannung U_{EC} ist dabei größer als U_{EB}. Die Basisschicht wird nun so dünn gemacht, daß die meisten freien Elektronen, die vom Emitter in die Basis gelangen, die Basis durchqueren können, ohne mit den dort vorhandenen Löchern zu rekombinieren. Sie gelangen so in den Kollektor und werden durch die Spannung U_{EC} wieder beschleu-

a)

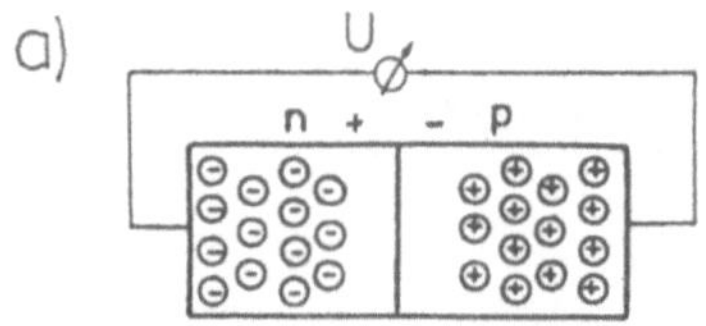

b)

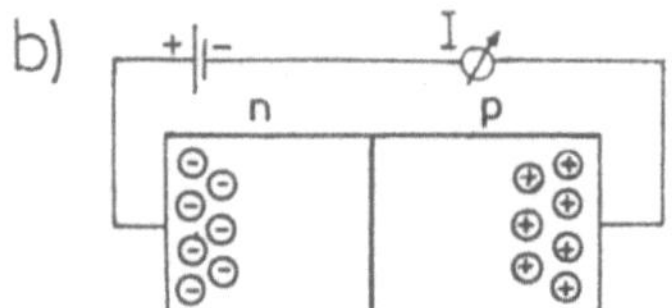

c)

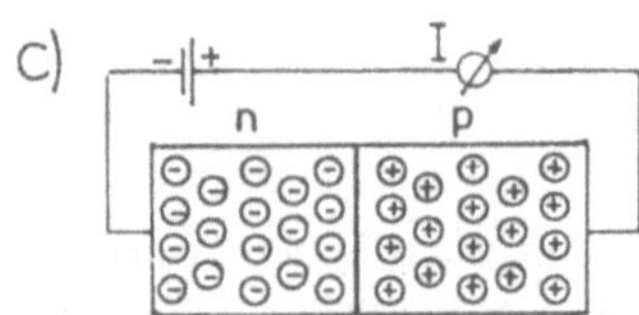

d)

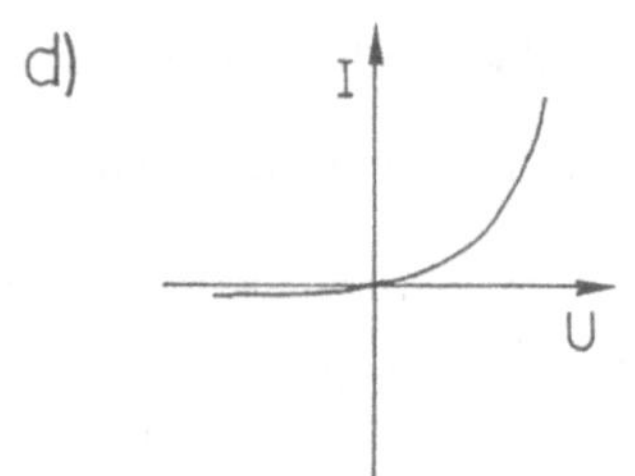

Abb. 3.10.3
Schematische Darstellung einer pn-Diode
(vgl. auch Abb 3.10.8)
a) ohne äußere Spannung
b) in Sperrichtung
c) in Flußrichtung
d) Kennlinie

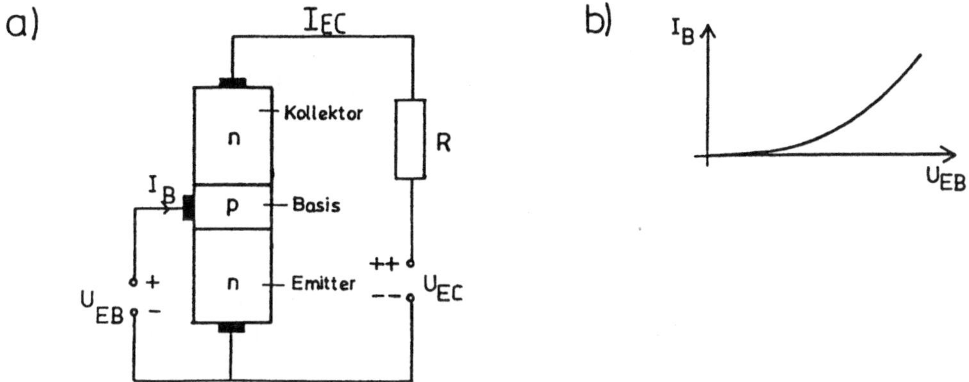

Abb. 3.10.4
Schematische Darstellung eines bipolaren npn-Transistors (a) und seiner Kennlinie (b)

nigt. Auf diese Weise kommt der Emitter-Kollektor-Strom I_{EC} zustande. Die wenigen mit den Löchern der Basisschicht rekombinierenden Elektronen bewirken den geringen Basisstrom I_B. Schon eine geringe Veränderung der Emitter-Basis-Spannung U_{EB} beeinflußt die Ausdehnung der ladungsträgerarmen Zonen sehr stark und bewirkt deshalb eine kräftige Änderung des Emitter-Kollektor-Stroms I_{EC}. Aus diesem Grund läßt sich der Transistor als Verstärker einsetzen. Neben den gezeigten npn-Transistoren existieren auch pnp-Transistoren.

Zuletzt soll die Funktionsweise des *Feldeffekttransistors* beschrieben werden. Dazu knüpfen wir an die Kenntnisse zu Raumladungsrandschichten in Halbleitern aus Abschn. 1.6 an. Im neutralen Halbleiter muß die Summe der Ladung $Q_{(s)sc}$ in der Raumladungsschicht und der Ladung $Q_{(s)ss}$ in Oberflächenzuständen null sein:

$$Q_{(s)sc} + Q_{(s)ss} = 0 \tag{3.10.1}$$

Dies ist nur so lange richtig, wie durch äußere Einflüsse keine Ladungen $Q_{(s)in}$ influenziert werden. Das Gleichgewicht zwischen Oberflächenzuständen und der Raumladungsschicht läßt sich nämlich mit Hilfe eines elektrischen Feldes E senkrecht zur Oberfläche durch influenzierte Ladungen $Q_{(s)in}$ einfach verändern. Selbst bei einer maximal möglichen Feldstärke (der Durchschlagfeldstärke) ist die influenzierte Ladungsdichte nur etwa $10^{17}\,e/\mathrm{m}^2$, d.h. nur etwa 1% der Oberflächenatomdichte. Das sich dabei einstellende Gleichgewicht kann mit der Neutralitätsbedingung

$$Q_{(s)ss} + Q_{(s)sc} = Q_{(s)in} \tag{3.10.2}$$

bestimmt werden. Der Anteil der Änderung von $Q_{(s)sc}$ kann über die Änderung der Oberflächenexzeßleitfähigkeit $d\sigma^{\mathrm{exc}}$ gemessen werden (vgl. Abschn. 2.3.1.5). Der Quotient beider Größen ist eine Beweglichkeit (vgl. Abschn. 2.3.1.1) und wird Feldeffektbeweglichkeit u_{FE} genannt. Es gilt:

$$u_{\mathrm{FE}} = -\frac{d\sigma^{\mathrm{exc}}}{dQ_{(s)sc}} \qquad (3.10.3)$$

Nach dieser Definition ist bei n-leitender Oberfläche die Feldeffektbeweglichkeit aufgrund der Erhöhung des Leitwertes durch Influenz von negativer Ladung positiv und entsprechend negativ bei p-leitender Oberfläche. Die Feldeffektbeweglichkeit ist keine Trägerbeweglichkeit im unmittelbaren Sinne, sondern lediglich ein Maß für den Teil der influenzierten Ladung in der Raumladungsschicht, da der Teil in den Oberflächenzuständen unbeweglich ist.

Um den Feldeffekt ausnutzen zu können, muß die Feldstärke hoch, die Dichte der Oberflächenzustände klein und der Beitrag der Unterlage zum Leitwert vernachlässigbar sein. Diese Bedingungen sind z.B. für Oberflächen-Feldeffekttransistoren erfüllt, so z.B. für MOSFETs („Metal Oxide Semiconductor Field Effect Transistors") oder allgemeiner IGFETs („Insulated Gate Field Effect Transistors"). Die hohe Feldstärke bei niedriger Spannung wird durch ein dünnes, weitgehend fehlerfreies Oxid in einer Dicke von 10 bis 100 nm erreicht, das bei geeigneten Herstellungsbedingungen, d.h. bei höchster Reinheit sowohl des Substrats als auch des zur thermischen Oxidation des Substrats verwendeten Sauerstoffs und bei optimierten Ausheilvorgängen von Eigendefekten des Oxids eine außerordentlich niedrige Zustandsdichte im Bereich der verbotenen Zone liefert, die in der Größenordnung $< 10^{14}\,\mathrm{m}^2(\mathrm{eV})^{-1}$ liegt. Der Volumenleitwert spielt keine Rolle, wenn sich das Feld auf die Inversionsschicht beschränkt und eine Isolierung durch einen pn-Übergang vorgenommen wird, wie dies in Abb. 3.10.5a gezeigt ist. Durch Anlegen einer Spannung an die Steuerelektrode („Gate") bildet sich unter der Isolierschicht an der Halbleiteroberfläche eine Inversionsschicht aus. (Bei einem p-Halbleiter bildet sich durch eine positive Spannung an der Steuerelektrode gegenüber dem Innern der Probe eine n-Inversionsschicht.) Liegt zwischen den Stromkontakten („Drain" und „Source") keine Spannung an, so hat diese Inversionsschicht oder dieser Kanal eine konstante Dicke. Bei Erhöhung der „Drain"-Spannung wird der Kanal zum „Drain" hin schmaler, bis er sich bei genügend hoher Spannung abschnürt. Ist der Kanal abgeschnürt, kann der Strom auch bei Erhöhung der Spannung nicht weiter anwachsen. Der Strom wird durch die Injektion von Minoritätsladungsträgern in die Raumladungszone (zwischen dem Abschnürpunkt und dem hochdotierten Drainbereich) bestimmt. Die Strom-Spannungs-Charakteristik eines MOSFETs zeigt Abb. 3.10.5b.

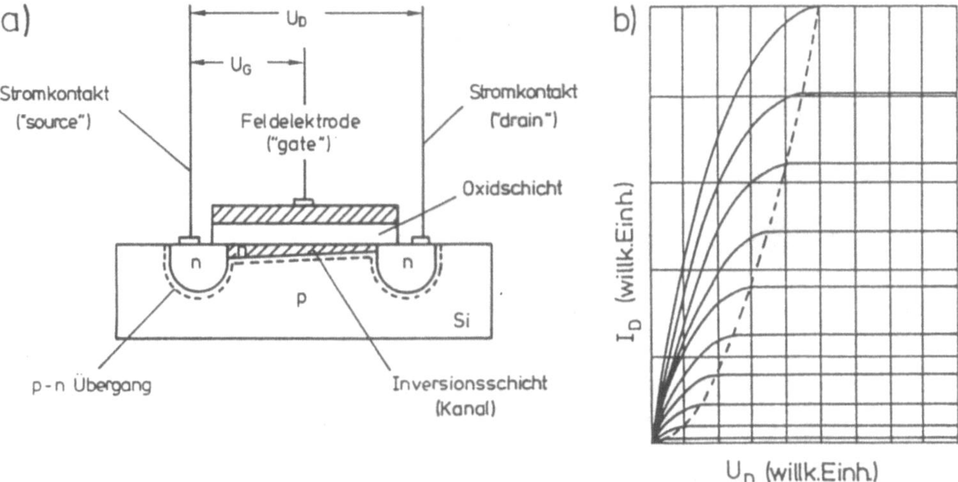

Abb. 3.10.5
a) Schematischer Querschnitt durch einen MOS-Feldeffekttransistor. Als typische Abmessungen gelten für die Dicke des Oxids 10 bis 100 nm, für den Abstand der Kontakte (= Länge des Kanals) 1 bis 10 μm und für die Dicke der Inversionsschicht 1 bis 10 nm.
b) Idealisierter Verlauf der (Drain-)Strom-Spannungs-Charakteristik eines MOSFETs bei verschiedenen (von unten nach oben ansteigenden) Gate-Spannungen. Die gestrichelte Linie verbindet die Werte von U_D, bei denen der Strom konstant wird (Sättigungsspannung).

Der Feldeffekttransistor kann auch in einer vereinfachten Form als spannungsgesteuerter Kondensator betrieben werden. Hierbei verzichtet man auf die Drain- und Source-Elektroden und variiert die Weite der Raumladungszone und damit die Kapazität durch Anlegen einer Spannung zwischen der Steuerelektrode und dem Silicium. Eine solche Struktur nennt man MIS-(Metal-Insulator-Semiconductor-) bzw. MOS-(Metal-Oxide-Semiconductor-) Struktur.

Auf die vielen anderen (elektronischen) Halbleiterstrukturen und -bauelemente können wir im Rahmen dieses Buches nicht eingehen. Siehe dazu Bücher über Halbleiter, z.B. [Sze 85].

Die *Speicherung* wird in Computern fast immer von magnetischen Werkstoffen ausgeführt. In der technischen Ausführung hat man z.B. eine Aluminiumplatte, die mit Eisenoxid beschichtet und mit einigen tausend Umdrehungen pro Minute rotiert (Abb. 3.10.6).

a)

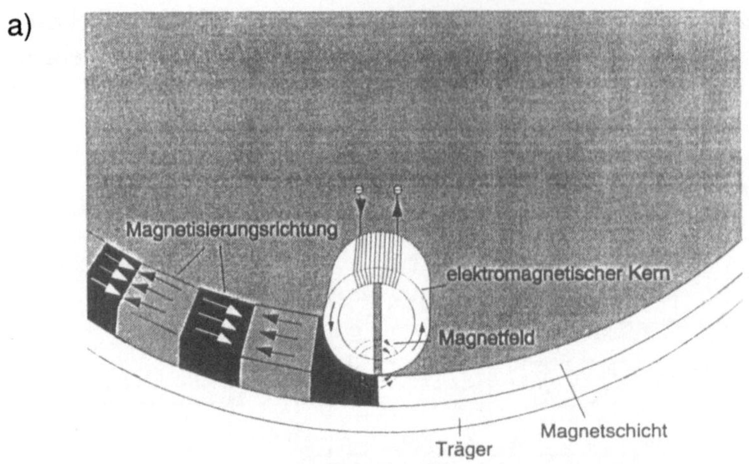

b)

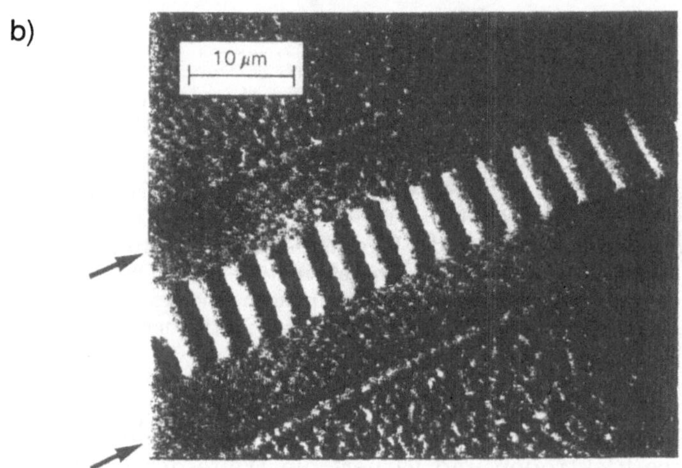

Abb. 3.10.6
a) Schematische Darstellung eines Schreib-Lese-Kopfes auf einer Magnetplatte (nach [Cha 86])
b) Magnetkraftmikroskopaufnahme (vgl. Abschn. 2.6.2) von einer beschriebenen Spur (Mitte), die von zwei gelöschten umgeben ist [Rug 90]

Der Schreib- und Lese-Kopf befindet sich möglichst dicht an der Oberflä-che der Magnetplatte. Er besteht aus einer Drahtspule mit Magnetkern, der z.B. aus einer Fe-Ni-Legierung besteht. Läßt man einen Strom durch die Spule fließen, so wird in der Spule ein Magnetfeld erzeugt (vgl. Abschn. 2.6.1), das einen bestimmten Bereich des Eisenoxids in der Magnetplatte magnetisiert. Diese Magnetisierung bleibt bestehen, man hat also Informa-tion in der Platte gespeichert. Das Auslesen funktioniert mit dem gleichen

Kopf, durch den nun kein von außen aufgezwungener Strom fließt. Durch die Relativbewegung des Kopfes gegen die Platte erzeugen jedoch die magnetischen Bereiche der Platte einen Induktionsstrom in der Spule, den man messen kann. Eines der Hauptprobleme dieses Speichermediums haben wir bereits in Abschn. 3.1 besprochen – der Abrieb und die Aufschlaggefahr des Kopfes auf der Platte durch den geringen Abstand bei den hohen Drehgeschwindigkeiten. Neben den dort angegebenen Schmiermitteln kann man die Probleme auch vermindern, wenn man eine glattere Schichtoberfläche durch die in Abschn. 4.2 beschriebenen Dünnschichtverfahren erzeugt. Ein weiterer Schritt liegt in der Vermeidung des Schreib- und Lese-Kopfes durch den Einsatz magnetooptischer Materialien (vgl. Abschn. 2.6.4), bei denen sich die magnetischen Eigenschaften durch Licht beeinflussen lassen. Solche magnetooptischen Platten lassen sich beschreiben, indem man gleichzeitig ein Magnetfeld und einen Laserlichtpuls (vgl. Abschn. 2.5.3) auf einen Punkt der Platte wirken läßt. Das Licht erwärmt den Fleck, während das Magnetfeld ihn magnetisiert, wobei die Richtung der Magnetisierung von der Richtung des eingesetzten Magnetfeldes abhängt. Das Auslesen gelingt mit einem Strahl polarisierten Lichtes, da die Polarisationsrichtung des reflektierten Lichtes von der Richtung der Magnetisierung an der betreffenden Stelle abhängt.

Nachdem wir nun den Einsatz von Licht in Speichermedien angesprochen haben, wollen wir uns im folgenden mit Bauelementen der sog. *Photonik* befassen. Sie wurde entwickelt, da durch die rapide Entwicklung der Mikroelektronik immer mehr Daten immer schneller zu übertragen sind. Dies ist mit Photonen möglich, die als Informationsträger dienen. Die Lichtquelle ist ein Halbleiter-Laser oder eine Lumineszenzdiode (s.u.), das Übertragungsmedium ist eine Quarzfaser (Fiberglas). Einen vollständig optisch arbeitenden Computer gibt es zur Zeit jedoch noch nicht, da es nur erste Ansätze für optische Verstärker gibt (z.B. auf der Basis von nichtlinear optischen Materialien, vgl. Abschn. 2.4.1), die analog zum Transistor die Steuerung übernehmen könnten, oder gar Analoga zu integrierten Schaltungen. Heutzutage werden deshalb die Lichtimpulse mit einem Photodetektor in elektrische Signale umgewandelt, als solche verstärkt und dann wieder in optische zurückverwandelt. Man nennt das Gebiet deshalb auch *Optoelektronik*, da es optische und elektronische Effekte kombiniert einsetzt. Wir wollen nun die wichtigsten Komponenten der Photonik kennenlernen.

Glasfasern, in denen man Licht über weite Wegstrecken transportieren kann, nutzen die in Abschn. 2.5.2.2 besprochene Totalreflexion aus. Das wichtigste Material ist SiO_2, das zu Fasern verarbeitet wird. In diesen Glasfasern wird ein Kern mit $5-50$ μm Durchmesser mit B_2O_3 oder GeO_2 dotiert, so daß sich dort ein etwas höherer Brechungsindex einstellt. Das Licht wird dann durch die interne Totalreflexion an der Grenzfläche zum optisch dünneren undotierten Mantel innerhalb der Faser geführt. Abb. 3.10.7 zeigt zwei mögliche Ausführungsformen von optischen Fasern.

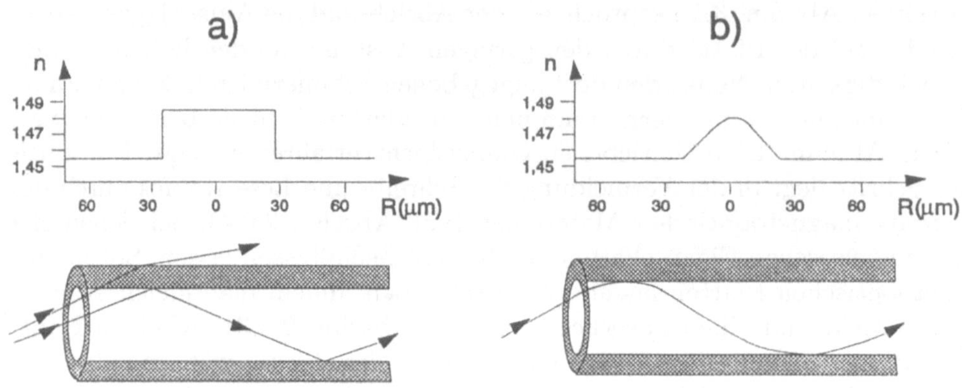

Abb. 3.10.7
Schematische Darstellung zweier wichtiger Ausführungsformen von optischen Fasern
a) Stufen-Index-Faser, bei der sich der Brechungsindex an der Grenzfläche zwischen Kern und Mantel stufenförmig ändert. Strahlen, die schräg zur Faserachse laufen, legen einen längeren Weg zurück als solche, die sich parallel zur Faserrichtung ausbreiten. Der Lichtpuls wird dadurch verwischt.
b) Glasfaser, bei der sich der Brechungsindex parabolisch ändert. Dort werden Strahlen, die in den äußeren Teil des Kerns geraten, wegen des geringeren Brechungsindexes beschleunigt, so daß eine Verbreiterung des Lichtpulses weitgehend vermieden werden kann.

Der größte Verlustfaktor für Wellenlängen kleiner als 1 μm ist die Rayleigh-Streuung (vgl. Abschn. 2.5.2.3). Für größere Wellenlängen treten v.a. Absorptionen als Verluste auf, die insbesondere durch die Anregung von OH-Schwingungen in Wasser entstehen.

Wichtige Bauelemente der zukünftigen Optoelektronik sind Lichtquellen. Wir wollen in dem Zusammenhang die Funktionsweise von *Halbleiter-Leuchtdioden* und *-Lasern* kurz besprechen. Halbleiterdioden bestehen aus einer p- und einer n-dotierten Halbleiterschicht (vgl. Abschn. 1.5), die in Kontakt sind und so einen sog. pn-Kontakt bilden (vgl. Abb. 3.10.3). Abb. 3.10.8 zeigt schematisch die elektronischen Verhältnisse nahe der Bandlücke für drei verschiedene Situationen.

Bringt man die beiden Schichten in Kontakt, so werden zunächst Elektronen vom n-dotierten in das p-dotierte Gebiet fließen und dort mit den überschüssigen Löchern rekombinieren. Dabei wird Energie frei, die entweder als Licht oder als Wärme abgegeben werden kann. Nach kurzer Zeit hat man jedoch im p-dotierten Gebiet einen Überschuß an negativer Ladung

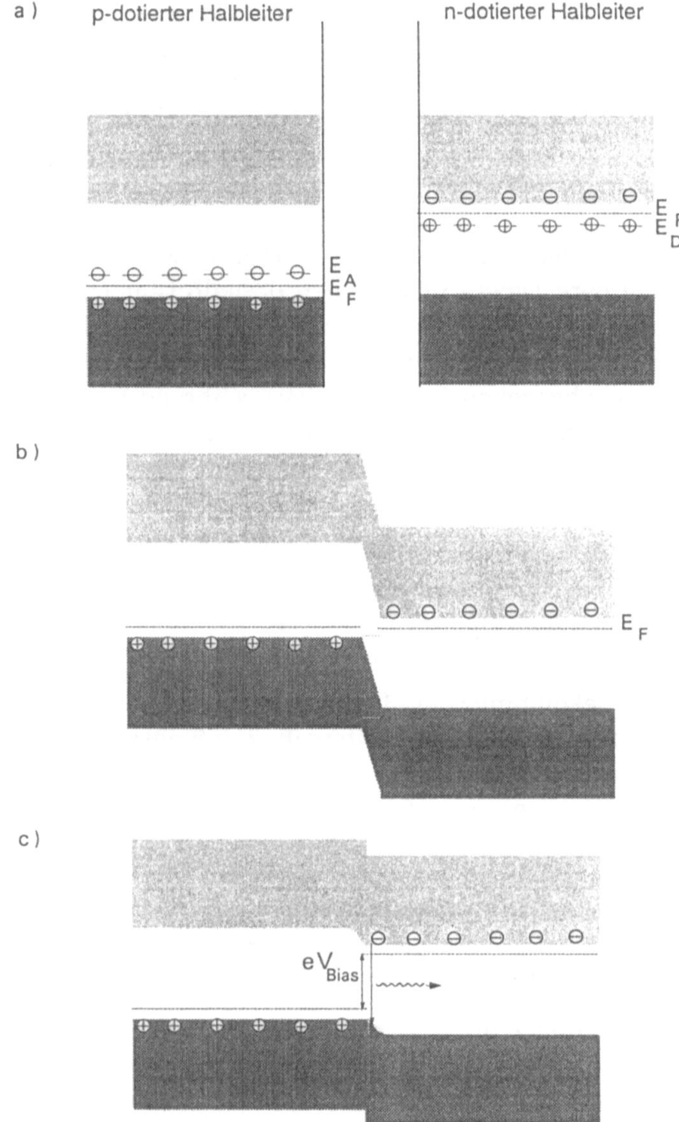

Abb. 3.10.8
Schematische Darstellung der elektronischen Struktur nahe der Bandlücke für eine p- und n-dotierte Halbleiterschicht (vgl. auch Abb. 3.10.3)
a) vor dem Kontakt (E_F ist die Fermienergie, $E_{A,D}$ sind die Energien der Akzeptor- bzw. Donator-Energieniveaus)
b) nach dem Kontakt
c) nach Anlegen einer externen Spannung V_{Bias}

In den Teilbildern b), c) sind zur besseren Übersicht die Dotierniveaus weggelassen. Nähere Erklärungen s. Text.

und im n-dotierten an positiver Ladung, so daß eine weitere Wanderung von Ladungsträgern durch elektrostatische Abstoßung verhindert wird. Es herrscht also wieder Gleichgewicht, d.h. die elektrochemischen Potentiale der Elektronen, die Fermienergien E_F (vgl. Abschn. 2.1.5.2 und 1.5), sind im p- und n-dotierten Gebiet gleich (Abb. 3.10.8b). Wenn man nun eine Spannung anlegt, bei der der Pluspol der Spannungsquelle mit dem p-dotierten Bereich verbunden ist, der Minus-Pol mit dem n-dotierten, so können Ladungen wieder über den pn-Übergang wandern. Am Übergang haben sie ihre größte Dichte und können deshalb sehr effektiv rekombinieren, wobei wieder Energie der Größe der Bandlücke frei wird. Bei Si und Ge wird diese Energie aufgrund ihrer elektronischen Struktur nahezu ausschließlich als Wärme abgegeben (vgl. [Göp 94]), während bestimmte Verbindungshalbleiter wie GaAs diese als Licht emittieren und so als lichtemittierende Dioden (LED) eingesetzt werden können.

Die Funktionsweise von Lasern haben wir bereits in Abschn. 2.5.3 anhand des Moleküllasers besprochen. Das Prinzip läßt sich aber auch einfach auf Halbleiterlaser übertragen, bei denen wie bei den LEDs durch (beim Laser allerdings durch Licht stimulierte) Rekombination von Löchern und Elektronen Licht mit der Bandlückenenergie emittiert wird (Abb. 3.10.9).

Zuerst rekombiniert ein Elektron spontan mit einem Loch. Das freiwerdende Photon kann nun eine weitere Rekombination anregen, die zu einer Lichtemission gleicher Wellenlänge und Phase führt. Am Spiegel am Ende des Halbleiters werden die Wellen reflektiert und wandern nun zurück in den Halbleiter, wobei immer weitere Rekombinationen angeregt werden können, sofern durch Stromfluß dafür gesorgt wird, daß die rekombinierten Ladungsträger wieder neu heranfließen können. Ab einem bestimmten Schwellstrom hat man dann eine sich selbst verstärkende kohärente Lichtwelle, die man durch einen halbdurchlässigen Spiegel teilweise auskoppelt.

Halbleiterdetektoren beruhen auf der Anregung von Elektronen vom Valenzins Leitungsband durch einfallende Photonen, also dem umgekehrten Prozeß wie beim Laser oder den LEDs. Legt man eine Spannung an und mißt den auftretenden Strom, so kann man die Anzahl der Photonen ermitteln.

Wie wir in Abb. 3.10.1 gesehen haben, werden Halbleiterstrukturen in Dünnschichttechnik hergestellt. Die Verwendung von dünnen Filmen erlaubt v.a. durch kleinste Abmessungen eine hohe Dichte von Bauelementen und damit einen geringen Energieverbrauch bzw. hohe Schaltgeschwindigkeiten. Darüberhinaus können durch Abmessungen im atomaren Bereich aber auch spezifische Quanteneffekte auftreten, die unabhängig vom verwendeten Material sind und für neue Bauelemente ausgenutzt werden können.

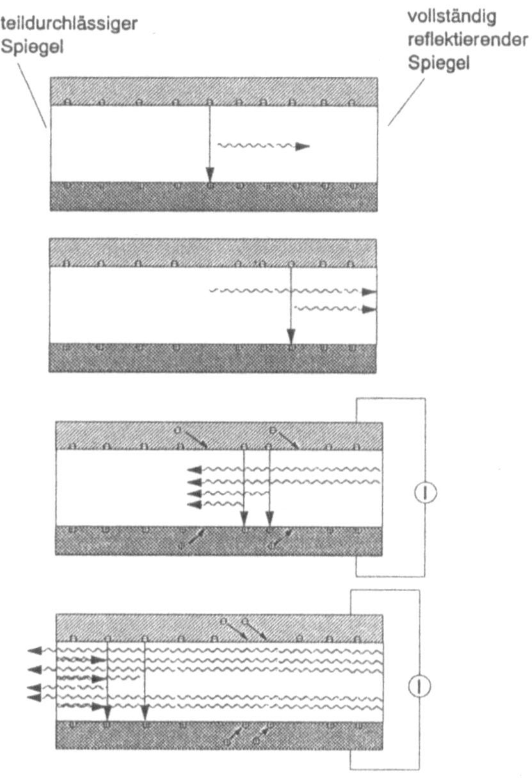

Abb. 3.10.9
Schematische Darstellung der Funktionsweise eines Halbleiterlasers (Erklärungen s. Text)

Abb. 3.10.10 zeigt, wie sich die Zustandsdichte bei niederdimensionalen Elektronengasen verhält.

Das eindimensionale und dreidimensionale Elektronengas haben wir bereits in Abschn. 1.2 besprochen. Für das 3D-Elektronengas ist die Zustandsdichte proportional zu $E^{1/2}$. In einem zweidimensionalen System ist die Bewegung entlang der z-Richtung gequantelt, die Elektronen lassen sich in dieser Richtung in erster Näherung als Teilchen im eindimensionalen Kasten beschreiben. Da sich die Elektronen jedoch in den Bändern nicht ganz frei bewegen können, muß man ihnen eine formal höhere Masse geben, die in Richtung der Bandkanten immer größer wird, die sog. effektive Masse (vgl. auch Abb. 3.10.13). Es ergeben sich Subbänder E_n, die gequantelt sind, während die Bewegung in der xy-Ebene weiterhin frei ist, so daß sich dort der typische konstante Verlauf der Zustandsdichte eines 2D-Systems ergibt. Im 1D-Elektronengas ist nur noch eine Bewegung frei (Energiequantelung wie für ein Teilchen im zweidimensionalen Kasten), in 0D-Systemen keine

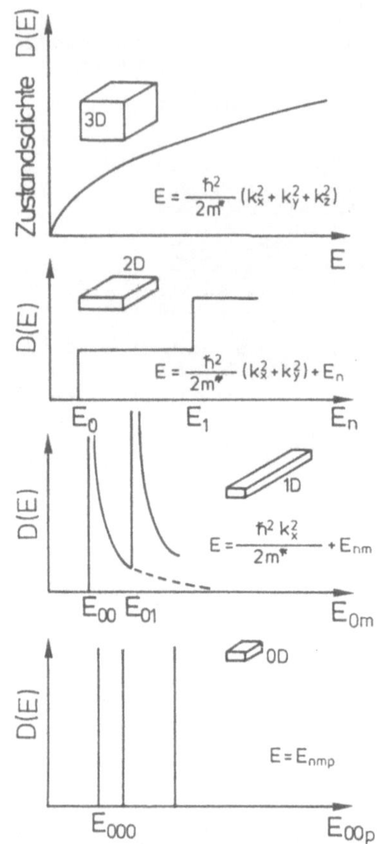

Abb. 3.10.10
Zustandsdichte $D(E)$ und Energiedispersion verschieden-dimensionaler Elektronengase in Abhängigkeit von einer der jeweils gequantelten Energiekomponenten [Mer 91]

mehr (Teilchen im dreidimensionalen Kasten). Im 0D-Elektronengas ergeben sich diskrete Niveaus, die mit drei Bahnquantenzahlen n, m, p charakterisiert sind. Bei idealen 2D-, 1D- und 0D-Systemen ist dabei immer nur das unterste Energieniveau besetzt.

Im folgenden werden wir uns auf 2D-Systeme beschränken, die bereits kommerziell realisiert sind. Solche *Quanteneffekt-Bauelemente* stellt man i.allg. durch Molekularstrahlepitaxie (s. Abschn. 4.2.1) als reinste Schichtstrukturen her, in denen Grenzflächen zwischen zwei Materialien aufgebaut werden, die unterschiedliche Bandlücken besitzen. Besonders gut eignen sich III-V-Halbleiter, da sie überwiegend in Zinkblendestruktur kristallisieren und so eine einfache Anpassung der Gitterparameter an der Grenzfläche ermöglichen. Andererseits sind aber einzelne chemische Elemente mit anderen elektronischen Eigenschaften innerhalb derselben Gruppe im Periodensystem über weite Stöchiometriebereiche austauschbar. Abb. 3.10.11 zeigt die Möglichkeiten eines solchen „Band-gap Engineerings", bei dem Gitterkonstanten und Energielücken in der Bandlücke gezielt eingestellt werden.

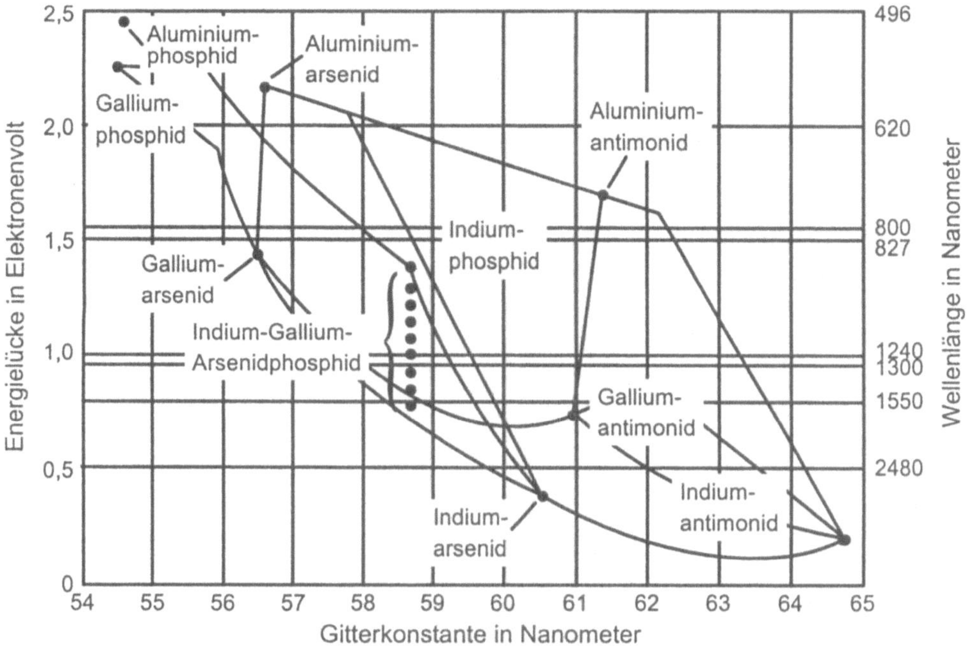

Abb. 3.10.11
Gitterkonstanten und Bandabstände verschiedener III-V-Verbindungen und ihrer Mischkristalle [Row 86]

Wird eine Schicht mit energetisch tiefer liegendem Leitungsband zwischen zwei Schichten mit höherem Leitungsband eingebaut, entsteht ein zweidimensionaler Potentialtopf, in dem die Elektronenzustände bei entsprechend kleiner Dicke quantisiert vorliegen („Quantum Well" oder Quantenschicht). Die Lage dieser Zustände hängt von der Dicke der Schicht ab. Durch Anlegen einer Spannung lassen sich diese Zustände gegenüber benachbarten Bereichen verschieben. Da bei gleicher Höhe von benachbarten Niveaus ein resonantes Tunneln und damit ein Maximum in der Strom-Spannungs-Kennlinie auftritt, lassen sich aufgrund der fallenden Kennlinie Verstärker bauen, die wegen der kurzen Wegstrecken (< 20 nm) bis zu sehr hohen Frequenzen ($> 10^{12}$ Hz), also im Mikrowellenbereich einsetzbar sind (Abb. 3.10.12c). Solche Bauelemente können damit in Zukunft die Verstärkung von Photonen übernehmen, ohne daß eine Rückverwandlung in Elektronen nötig ist (s.o.).

Eine andere Anwendung ist der *Quantenschicht-Halbleiterlaser*. Viele III-V-Halbleiter werden als optoelektronische Bauelemente eingesetzt. Die op-

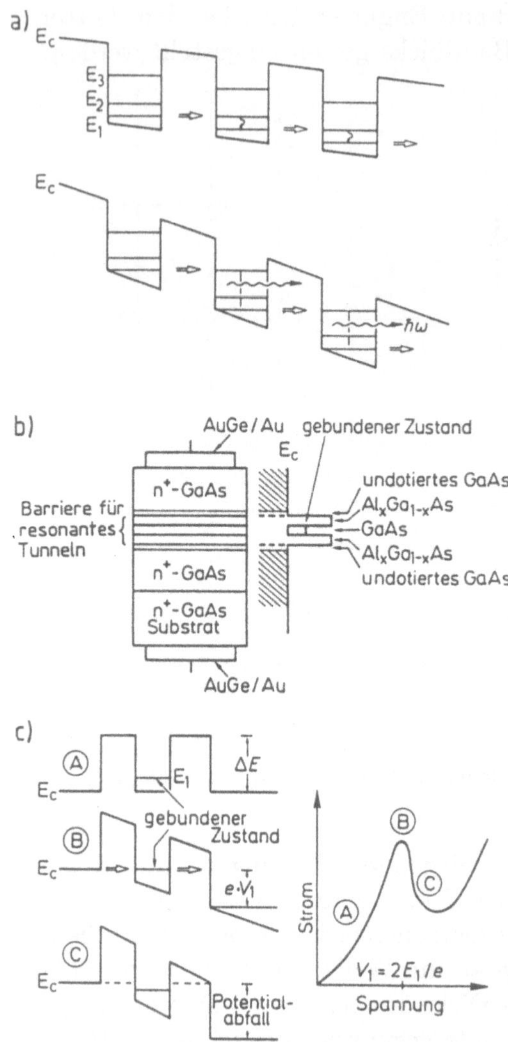

Abb. 3.10.12

Schematische Darstellung des resonanten Tunnelns von Elektronen in $GaAs/Al_xGa_{1-x}As$-Übergittern und Quantenschichten (Transport senkrecht zu den Schichten).

a) Sequentielles resonantes Tunneln in einem Übergitter, wenn der Potentialabfall über eine Übergitterperiode gleich der Energiedifferenz zwischen dem ersten angeregten Zustand und dem Grundzustand oder zwischen dem zweiten angeregten Zustand und dem Grundzustand ist.

b) Schematischer Aufbau einer $GaAs/Al_xGa_{1-x}As$-Doppelbarrieren-Diode zur Untersuchung des resonanten Tunnelns.

c) Resonanter Tunnelvorgang in der Doppelbarrieren-Diode und Verlauf der beobachteten Strom-Spannungs-Charakteristik [Plo 88]

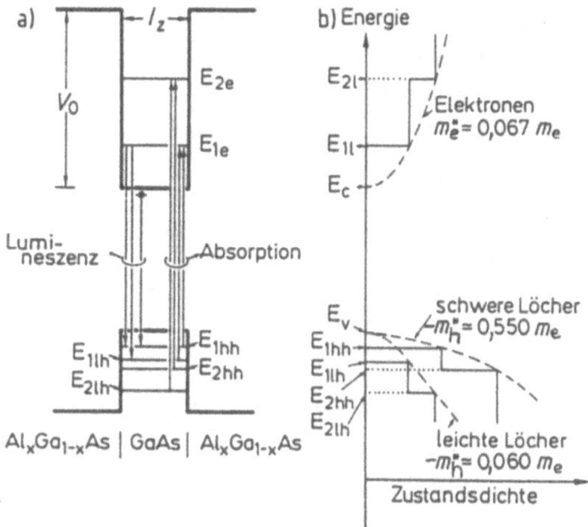

Abb. 3.10.13
Schematische Darstellung (a) der Elektron-Loch-Übergänge bei der Emission oder Absorption von Licht in einer GaAs-Quantenschicht und (b) des Verlaufs der Zustandsdichte $D(E)$ in einem homogenen dreidimensionalen Halbleiter (gestrichelt) und in einer Quantenschicht (durchgezogen), in der die Elektronen in zwei Richtungen „frei", in der dritten Richtung aber so eingesperrt sind, daß die Energie wie beim Teilchen im eindimensionalen Kasten gequantelt ist (vgl. Abb. 3.10.10). m_e ist die Ruhemasse des Elektrons. Der Index „l" bedeutet leicht, der Index „h" bedeutet „heavy", d.h. schwer [Plo 88].

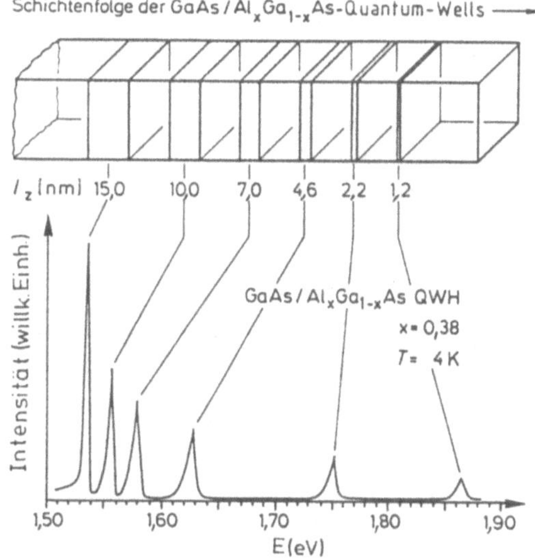

Abb. 3.10.14
Photolumineszenzspektren von GaAs-Quantenschichten unterschiedlicher Breite l_z. Mit abnehmender Breite tritt eine starke Blauverschiebung zu höheren Energien der Lumineszenz auf [Plo 88].

tischen Eigenschaften in Quantenschichten unterscheiden sich von denen des homogenen Volumenmaterials, da aufgrund der räumlichen Begrenzung (Teilchen im Kasten, vgl. Gl. (1.2.1) und (1.2.2)) neue lokalisierte Energiezustände der Elektronen im Leitungs- und Valenzband auftreten (vgl. Abb. 3.10.12a,b).

Das Detail der Erzeugung von Elektron-Loch-Paaren durch Absorption von Photonen und die Rekombination von Elektronen und Löchern, die zur Emission (Lumineszenz, vgl. Abschn. 2.5.2.4) führen, ist schematisch in Abb. 3.10.13 dargestellt.

Die energetische Lage der Subbänder hängt in erster Näherung von der Breite (Dicke) l_z und in geringerem Maße von der Tiefe V_0 der Quantenschicht ab (Abb. 3.10.14).

Man kann also je nach Dicke der Zwischenschicht Emissionsenergien zwischen 1,42 eV (Dicke der Schicht 30 nm, darüber findet keine Quantisierung mehr statt) und dem Bandabstand der Barrieren (Dicke 1 nm) einstellen. Aus solchen Strukturen lassen sich sog. Quantenschicht-Heterostruktur-Laser bauen (Abb. 3.10.12a,b und verschiedene Ausführungsformen in Abb. 3.10.15).

Auf die Ausnutzung der besonderen Eigenschaften der Ladungsträger in Richtung der nicht-gequantelten Richtungen und ihren Einsatz in Hochlei-

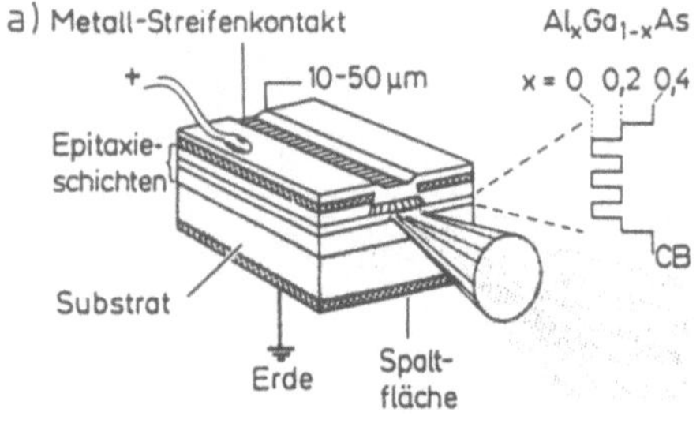

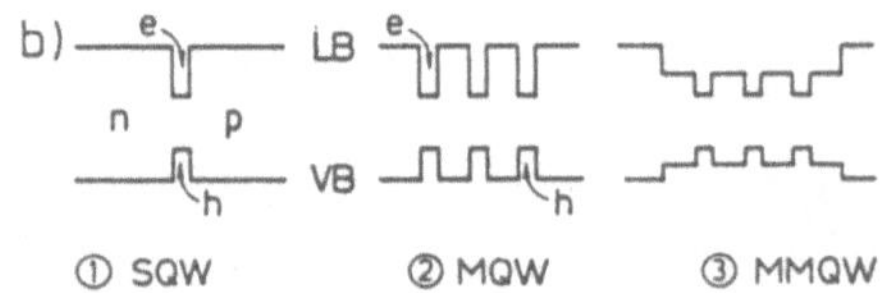

Abb. 3.10.15
Schematischer Aufbau eines Quantenschicht-Heterostruktur-Lasers
a) Schichtenfolge eines MMQW-Lasers und Verlauf der Leitungsbandkanten
b) Verschiedene Konfigurationen (Schichtenfolgen) der aktiven Zone von Quantenschicht-Lasern, dargestellt am Verlauf der Leitungsbandkanten (SQW = single quantum well, MQW = multi QW, MMQW = modified multi QW) [Plo 88]

stungsfeldeffekttransistoren gehen wir im Rahmen dieses Buches nicht ein, s. z.B. [Plo 88].

3.11 Organische Materialien der molekularen Elektronik und Optik

„Molekularelektronik" kann man auf zwei verschiedene Weisen definieren:

1. Die Verwendung molekularer (organischer) Materialien in der konventionellen Halbleitertechnologie, z.B. die Verwendung von Polymeren statt SiO_2 als Passivierungsschicht etc.
2. Die Entwicklung von Bauelementen auf molekularer Ebene, also z.B. die Entwicklung molekularer Drähte, Schalter, Speicher etc.

Für ersteres stehen Materialien mit relativ gut bekannten Eigenschaften für spezifische Anwendungen zur Verfügung. Beispiele sind in Abb. 3.11.1 und 3.11.2 aufgeführt. Dazu gehören u.a. Polymere mit sehr niedrigen oder sehr hohen Leitfähigkeiten. Organische Materialien mit hohen Werten der Suszeptibilität 2. Ordnung (χ_2) liegen für die nichtlineare Optik vor (vgl. Abschn. 2.4.1). Die Werte für χ_3 sind derzeit noch drei bis vier Größenordnungen kleiner als man es für praktische Anwendungen benötigt. Magnetooptische Materialien sind dringend gesucht, selbst wenn die Ordnungstemperaturen sehr tief liegen. Die Umwandlungstemperaturen T_c von organischen Supraleitern bei ca. 10 K (vgl. Abb. 2.3.3) sind derzeit noch zu tief für praktische Anwendungen.

Das zweite Gebiet der eigentlichen Molekularelektronik ist wesentlich spekulativer und schwieriger zu entwickeln, obwohl schon seit Jahren spektakuläre Vorschläge für molekulare Bauelemente oder sogar „Biocomputer" gemacht werden.

In einem ersten Ansatz versucht man, die Funktionen konventioneller mikroelektronischer Bauelemente auf molekularer Ebene zu realisieren. Dazu gehört die Entwicklung von Molekülen oder molekularen Funktionseinheiten als Schalter (d.h. gegenüber Licht, Feldern etc. ... empfindliche bistabile Moleküle), Drähte, logische Elemente durch Kombination von Schaltern und Drähten, als Speicher, in die man Informationen ein- und auslesen kann, und als Aktuatoren. Nichtrealisierte frühe futuristische Ideen dazu sind in Abb. 3.11.3 gezeigt. Zumindest den molekularen Schaltern steht jedoch prinzipiell die Heisenbergsche Unschärferelation entgegen. Aus ihr folgt, daß man nur in einem Ensemble von ca. 10^4 Schaltermolekülen von einem eindeutig

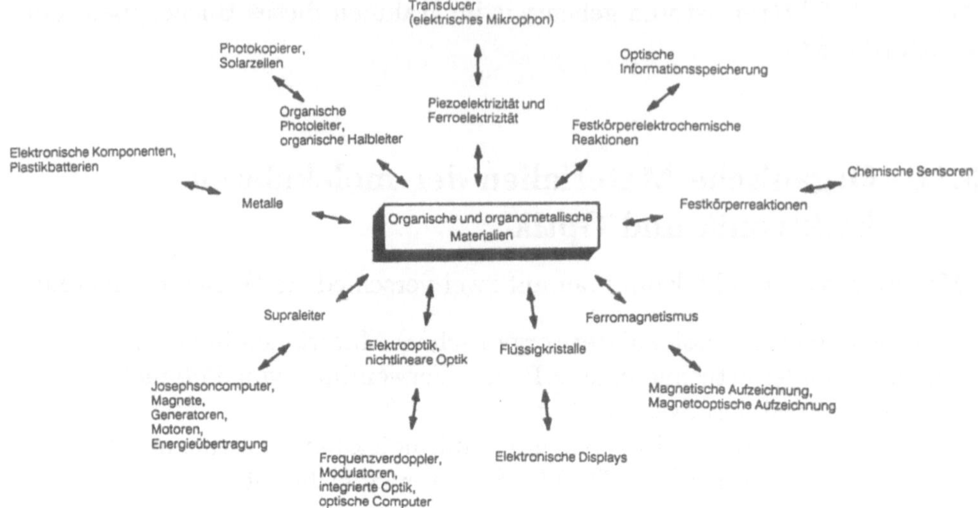

Abb. 3.11.1
Übersicht über Möglichkeiten des Einsatzes molekularer Materialien mit bestimmten Eigenschaften in der Informationstechnologie [Cow 86]

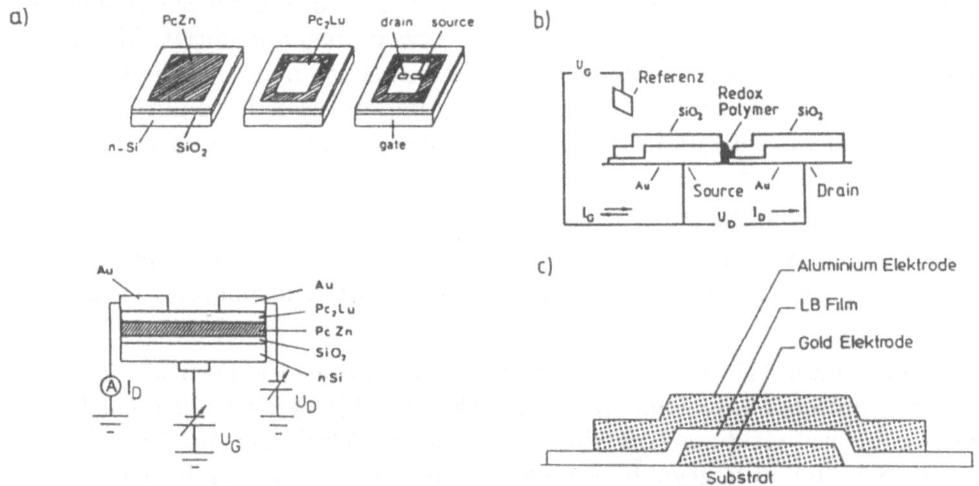

Abb. 3.11.2
Beispiele für molekulare Materialien in der Informationstechnologie:
a) Feldeffekttransistor auf der Basis organischer Materialien [Mad 88]
b) Feldeffekttransistor als mikroelektrochemischer Sensor [Jon 87]
c) Langmuir-Blodgett-Schichtstruktur (vgl. Abschn. 4.2.3) als molekularelektronischer Schalter mit zwei charakteristischen Stromzuständen bei der gleichen Spannung [Sci 87]

ein- oder ausgeschalteten Zustand ausgehen kann. Damit ist man in den gleichen Größenordnungen, die auch durch die Miniaturisierung von klassischen mikrostrukturierten Bauelementen zukünftig erreicht werden können. Vorteil ist jedoch die große Vielfalt möglicher molekularer Bausteine und ihre z.T. sehr große Anisotropie. Deswegen erhofft man sich einerseits, ganz neue Funktionen erhalten zu können. Andererseits werden so dreidimensionale Anordnungen leichter realisierbar als mit dem isotropen Silicium.

Erste Schritte zu molekularen Bausteinen sind bereits gemacht. So sind z.B. Radikal-Ionen-Salze wie das in Abb. 3.11.4a gezeigte $Cu[DMe(DCNQI)]_2$ molekulare *Leiter* oder *Halbleiter*, je nach Substituent und Zentralatom. Dies wurde sowohl über spektroskopische als auch elektrische Messungen nachgewiesen (Abb. 3.11.4b und c).

Entwicklungen der Informationstechnologie auf molekularer Ebene zielen vor allem auf neue Wege, in denen nicht nur der Transport von Elektronen

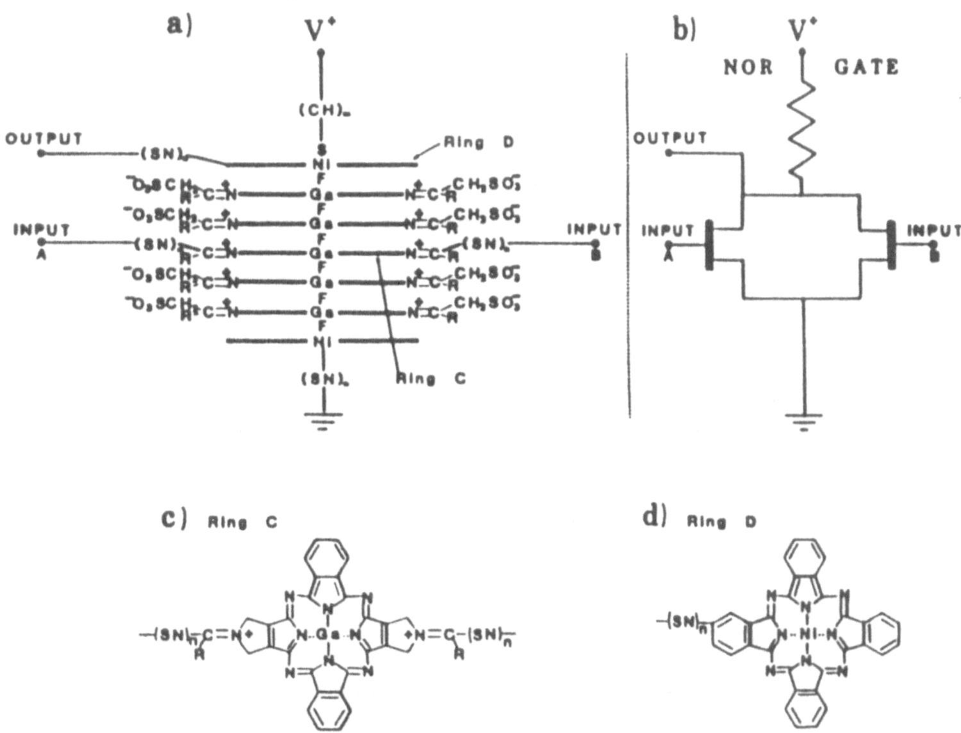

Abb. 3.11.3
Beispiel für frühe Ideen möglicher zukünftiger Informationsübermittlung auf molekularer Ebene: Typischer Aufbau eines organischen Sandwich-Moleküls (a), das elektronisch die Eigenschaften eines NOR-Gates (b) haben sollte. Schichtkomponenten von a) sind in c) und d) gezeigt [Car 82].

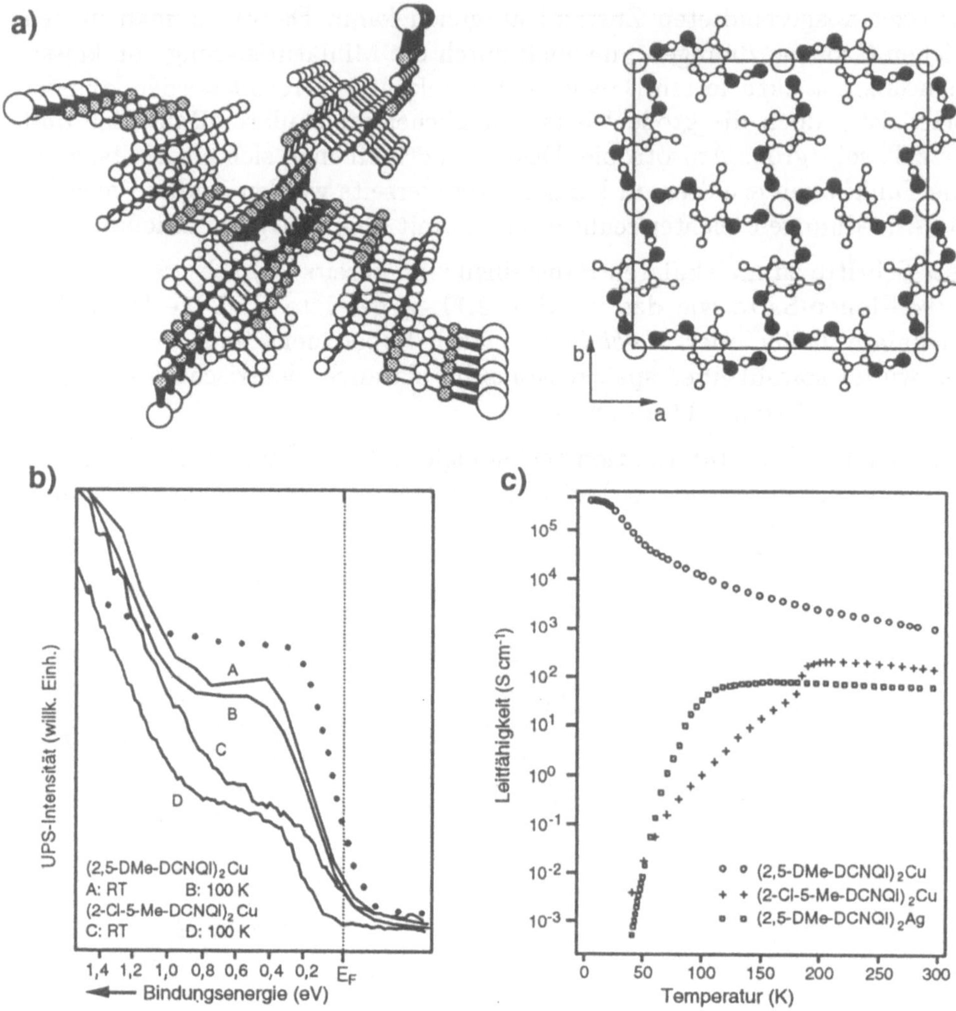

Abb. 3.11.4
a) Kristallstruktur von Cu-2,5-Dimethyl-Dicyanochinondiimin ([2,5-DMe-DCNQI]$_2$Cu)
[Erk 88]
b) UV-Photoelektronen- (UPS-) Spektrum für verschieden substituiertes Cu-DCNQI, bei
dem durch den äußeren Photoeffekt (vgl. Abschnitte 1.1 und 2.5.4) emittierte Photoelektronen nachgewiesen werden. Da dort besonders viele Photoelektronen freigesetzt werden können, wo viele besetzte elektronische Niveaus vorhanden sind, läßt sich durch eine
Energieanalyse der Photoelektronen auf die Zustandsdichte in der Nähe der Fermienergie
schließen. So zeigt das (2,5-DMe-DCNQI)$_2$Cu eine endliche Zustandsdichte bei E_F, d.h.
daß die Fermienergie in einem Band läuft und damit das Material metallisch ist (vgl.
Abschn. 1.5 und 1.6) [Sch 91].
c) Leitfähigkeitskurven für verschieden substituiertes Cu-DCNQI, bei denen der metallische Charakter von (2,5-DMe-DCNQI)$_2$Cu ebenfalls nachgewiesen wird (ansteigende
Leitfähigkeit mit sinkender Temperatur, vgl. Abschn. 2.3.1.2) [Wol 89].

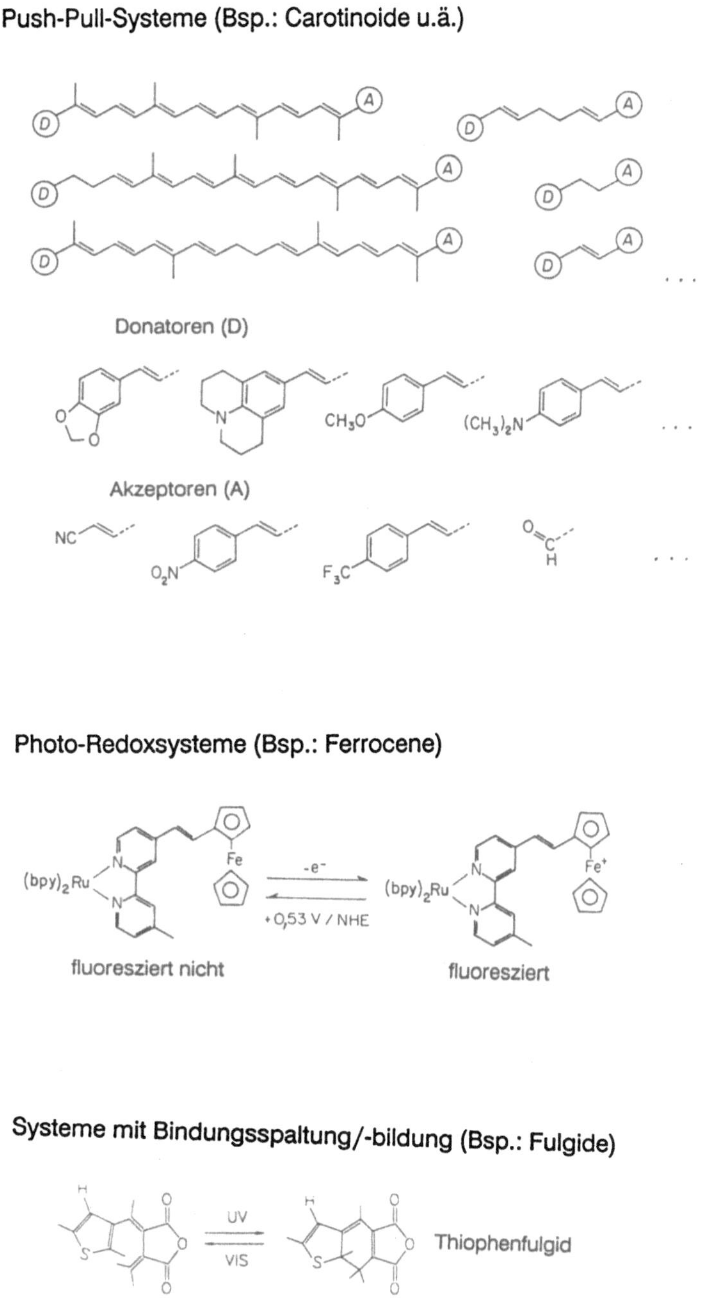

Push-Pull-Systeme (Bsp.: Carotinoide u.ä.)

Donatoren (D)

CH_3O $(CH_3)_2N$

Akzeptoren (A)

NC O_2N F_3C

Photo-Redoxsysteme (Bsp.: Ferrocene)

$(bpy)_2Ru$ Fe

$-e^-$

$+0,53\ V\ /\ NHE$

$(bpy)_2Ru$ Fe^+

fluoresziert nicht

fluoresziert

Systeme mit Bindungsspaltung/-bildung (Bsp.: Fulgide)

UV

VIS

Thiophenfulgid

Abb. 3.11.5
(Bildunterschrift siehe nächste Seite)

und Ionen, sondern auch von Photonen, Spins, Solitonen, Polaronen und andere Quasi-Teilchen in organischen Materialien (vgl. [Göp 94]) ausgenutzt wird. Dies führte zur ausführlichen Untersuchung von konjugierten Polymeren, insbesondere von Polyacetylen, aber auch Polypyrrol, Polythiophen oder Polyparaphenylenvinylen, in denen Quasiteilchen wie Solitonen und

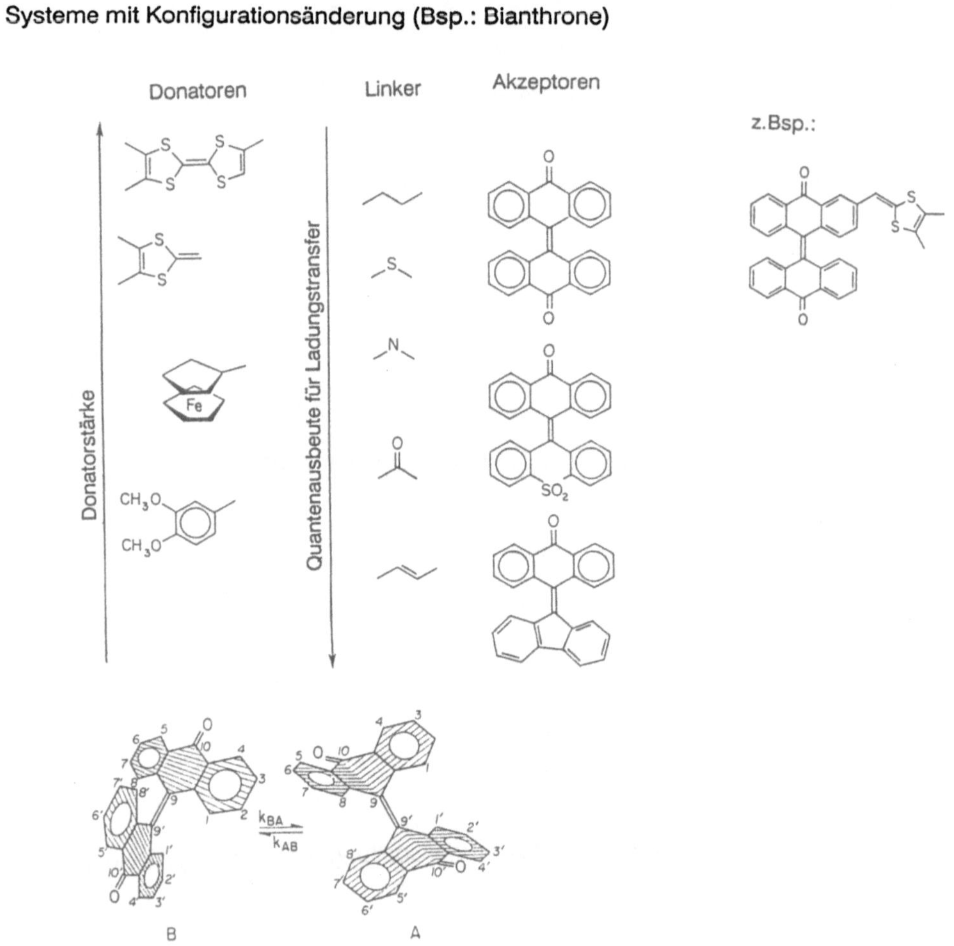

Systeme mit Konfigurationsänderung (Bsp.: Bianthrone)

Abb. 3.11.5 (Fortsetzung)
Beispiele für Schaltermoleküle (zusammengestellt nach [Sch 92] und [Hak 92]). NHE: Normalwasserstoffelektrode (vgl. Abschn. 2.1.5.2), bpy: Bipyridyl-Rest, k_{BA}: Geschwindigkeitskonstante der photochemischen, thermischen oder piezoelektrischen Umwandlung von B nach A (vgl. Abschn. 2.1.6)

Polaronen diskutiert werden. Die komplizierte Reinstpräparation von Polymeren sowie deren ungeordnete Struktur machen das systematische Studium von Leitfähigkeiten schwierig (vgl. auch Abb. 2.3.4). Man geht deshalb z.T. dazu über, vakuumsublimierbare Oligomere, d.h. kürzerkettige Einheiten zu verwenden, die saubere, geordnete Schichten bilden können.

Auch bistabile Moleküle als *Schalter* werden von vielen Arbeitsgruppen untersucht. Beispiele zeigt Abb. 3.11.5 (vgl. auch Abb. 3.15.2a). Schwierigkeiten liegen hier v.a. darin, daß die Moleküle zwar in Lösung mit Licht einer bestimmten Wellenlänge von einem Zustand in den anderen geschaltet werden können. Die Moleküle schalten aber häufig im Pikosekundenbereich wieder thermisch oder photoinduziert zurück. Zudem sind mit der Schaltung oft geometrische Veränderungen verbunden, so daß man nicht erwarten kann, daß sich die Moleküle in einer festen Schicht so verhalten wie in Lösung. Entwicklungen zielen deshalb darauf, Moleküle mit stabilen Schaltzuständen zu synthetisieren, z.B. dadurch, daß beim Schaltvorgang die vorher konjugierten π-Systeme um 90° gegeneinander verdreht werden, wobei die Moleküle in eine möglichst flexible feste Matrix, z.B. einen LB-Film (s. Abschn. 4.2.3) eingebettet werden.

Auch nichtlinear-optische Moleküle lassen sich als Schalter verwenden, die durch ein elektrisches Feld gesteuert werden. So kann z.B. nur bei einem genügend hohen elektrischen Feld die in Abschn. 2.4.1 beschriebene Frequenzverdopplung oder -verdreifachung auftreten. Detektiert werden dann nur Signale mit der doppelten (oder dreifachen) Frequenz. Alternativ kann auch die unterschiedliche Ablenkung der Strahlen mit verdoppelter oder verdreifachter Frequenz gemessen werden, die durch die unterschiedliche Dispersion auftritt.

Einen Ansatz für molekulare *Speicher* bietet das sog. Lochbrennen. Es beruht darauf, daß isolierte Moleküle zwar scharfe Absorptionsbanden aufweisen, die Moleküle aber im Festkörper oder einer Matrix durch die Vielzahl unterschiedlicher lokaler Umgebungen alle leicht unterschiedliche Energie besitzen. Dadurch überlagern sich die einzelnen scharfen Absorptionspeaks (Lorentzbanden, vgl. [Göp 94]) zu einer breiten (gaußförmigen) Absorptionsbande. Durch Absorption eines Lichtquants mit sehr scharfer Energie kann man einzelne Moleküle in diesem Verband anregen. Wird bei dieser Absorption die Struktur des Moleküls oder die Wechselwirkung mit der Umgebung so geändert, daß zu einem späteren Zeitpunkt kein Lichtquant gleicher Energie mehr absorbiert wird, so hat man ein spektrales Loch an dieser Stelle in die Absorptionsbande gebrannt (Abb. 3.11.6). Man kann so in eine Absorptionsbande eine Vielzahl verschiedener Löcher brennen. Der Nachteil dieses Ansatzes liegt darin, daß eingebrannte Lochstrukturen i.allg. nur bei Temperaturen um 4 K (flüssiges He) stabil bleiben.

Ein Hauptproblem in der Molekularelektronik sind *Kontakte* als Schnittstellen, mit denen die molekularelektronischen Bauelemente untereinander oder mit konventioneller Elektronik verknüpft werden können. Im Prinzip könnte ein Rastertunnelmikroskop (vgl. Abschn. 1.2) benutzt werden, um „molekulare Drähte" zu adressieren, wobei die Wechselwirkung zwischen Elektronen und Photonen mit Einzelmolekülen ausgenutzt werden kann. Erste Experimente dazu sind noch nicht reproduzierbar. Zudem wäre dieser Prozeß um Größenordnungen zu langsam. Alternative Möglichkeiten bestehen im Aufbau molekular-optischer Bauelemente, die nicht direkt mechanisch oder elektrisch kontaktiert werden müssen.

Neben dem prinzipiellen Ansatz, die konventionelle Mikroelektronik nachzuahmen, gibt es auch Ideen, biologische Konzepte, wie sie in unserem Gehirn ablaufen, zu simulieren oder biomolekulare Funktionseinheiten (wie Enzyme, Transportproteine, Zellen o.ä.) als „molekulare Maschinen" einzusetzen. Das Problem liegt dabei v.a. darin, daß die Funktion unseres Gehirns nicht verstanden ist. Der Reiz liegt aber neben dem Erkenntnisgewinn auch darin, die Vorteile der Biologie, insbesondere der Selbstorganisation und Selbstregenerierung, zu nutzen und damit den Hauptnachteil organischer

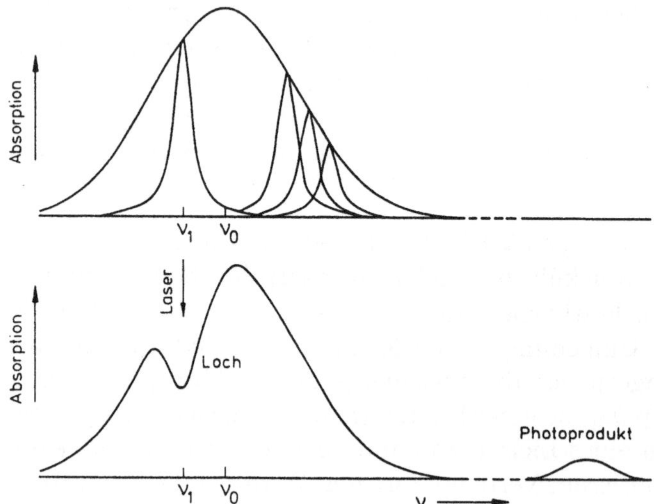

Abb. 3.11.6
Photochemisches Lochbrennen: Oben gezeigt ist die durch Überlagerung vieler scharfer Linien entstandene breite Absorptionsbande. Darunter gezeigt ist das Absorptionsspektrum, nachdem mit einem Laser ein Loch gebrannt wurde. Das entstandene Photoprodukt erscheint an einer anderen Stelle des Spektrums [Hak 92].

Substanzen, nämlich ihre im Vergleich zu Silicium viel geringere Lebensdauer, zu überwinden.

Man kann auch direkt biologische Komponenten verwenden und diese in der Elektronik ausnutzen („Bioelektronik"). Auf solche Hybridsysteme werden wir in Abschn. 3.15 kurz eingehen.

3.12 Polymere

Polymere sind Makromoleküle, die aus vielen, immer wiederkehrenden molekularen Einheiten, den Monomeren aufgebaut sind. Diese molekularen Einheiten sind dabei durch kovalente Bindungen miteinander verknüpft. Die meisten Polymere sind organische Moleküle, d.h. sie bestehen im wesentlichen aus einem Kohlenstoffgerüst, das mit einigen weiteren Elemente, v.a. Sauerstoff, Stickstoff und Schwefel, verknüpft sein kann. Es gibt aber auch anorganische Polymere, die z.B. aus Si und O (Siloxane) oder ähnlichen Elementen aufgebaut sind. Polymere werden für eine Vielzahl von Anwendungen eingesetzt, da es eine nahezu unendliche Variationsmöglichkeit ihrer chemischen Zusammensetzung und Struktur gibt (Tab. 3.12.1), wobei heutzutage noch der Schwerpunkt auf der Anwendung in der Verpackungsindustrie, als Plastikformteil oder als Bekleidungsmaterial liegt. Andere Anwendungsfelder sind die Medizin und Pharmazie (vgl. Abschn. 3.15), wo sie z.B. als biokompatible Werkstoffe oder als Arzneimittelüberzug eingesetzt werden. Auch technische Membranen (vgl. Abschn. 3.14) sind häufig aus Polymeren aufgebaut. Als Photolacke haben sie größte Bedeutung in der Photolithographie von Halbleiterbauelementen (vgl. Abschn. 4.3.2). Polymere können auch besondere elektrische Eigenschaften als potentielle molekularelektronische Materialien aufweisen (vgl. Abschn. 3.11 und [Göp 94]). Erste Anwendungen der elektrischen Eigenschaften sind Polymerbatterien oder Computergehäuse-Abschirmungen und Antistatika. Neben diesen synthetischen Polymeren ist die Mehrzahl aller biologischen Moleküle polymerer Struktur.

Die Abhängigkeit der mechanischen Eigenschaften vom Grad der Vernetzung der Polymere haben wir bereits in Abschn. 2.2.2 besprochen. Daneben gibt es auch unterschiedliche Strukturen von chemisch identischen Polymeren, ihre sog. *Taktizität*, für die die Anordnung der Seitenketten am Polymerrückgrat entscheidend ist (Abb. 3.12.1).

Tab. 3.12.1 Auswahl typischer Polymere mit Handelsnamen, Eigenschaften und Verwendungszweck [Chr 77]

Bezeichnung	Monomer	Handelsnamen	Eigenschaften, Verwendung
I. Polymerisate			
Polyacrylnitril	$CH_2 = CH - CN$	Orlon, Dralon, Acrilan, PAN	Wollähnliche Kunstfaser von großer Beständigkeit und Festigkeit
Polyacrlysäureester	$CH_2 = CH - COOR$	Acronal, Stabol, Plexigum	Glasklar, gummiähnlich, weich, klebrig. Imprägnierungen, Klebstoffe
Polyethylen (Polyethen)	$CH_2 = CH_2$	Polythen, Lupolen, Hostalen	Durchscheinend, wachsartig; relativ niedrige Erweichungstemperatur (110°C). Löslich in Benzin, Benzol, Trichlorethylen über 60°C. Sehr chemikalienfest, daher für unzerbrechliche Gefäße, Flaschen, Behälter, Eimer. Isoliermaterial; Verpackungsmaterial
Polybutadien	$CH_2 = CH - CH = CH_2$ + Styrol	Buna	Gummielastisch, vulkanisierbar. Wichtiger synthetischer Kautschuk
Polychloropren	$CH_2 = C - CH = CH_2$ | Cl	Neopren, Perbunan C	Gummielastisch, vulkanisierbar. Wichtigster Kunstkautschuk
Polyisobutylen	$(CH_3)_2C = CH_2$ + Isopren	Enjay Butyl, Polysar Butyl	Polyisobutylen als oxidations- und wetterbeständiges Dichtungsmaterial; Mischpolymerisat mit Isopren als Kautschuk (Butylkautschuk); ebenfalls gute Oxidationsbeständigkeit; im Vergleich mit anderen Kautschuktypen extrem geringe Gasdurchlässigkeit (Reifen!)

Tab. 3.12.1 (Fortsetzung)

Bezeichnung	Monomer	Handelsnamen	Eigenschaften, Verwendung
I. Polymerisate (Fortsetzung)			
Polymethacrylsäure-ester	$CH_2 = C - CH_3$ $\quad\quad\quad\mid$ $\quad\quad\quad COOR$	Plexiglas, Lucit	Glasklar, hart, spröde. Stäbe, Rohre, Platten. Gebrauchsgegenstände, Seiten- und Rückfenster in Karosserien, Brillengläser. Niedrig polymerisiert als Klebstoff
Polypropylen	$CH_2 = CH - CH_3$	Hostalen PPH, Luparen	Ähnliche Eigenschaften wie Polyethylen. Erweichungstemperatur höher (technisches Polypropylen ist isotaktisch)
Polystyrol	$C_6H_5 - CH = CH_2$	Lustrex, Trolitul, Styroflex, Styropor, Vestyron, Luran	Glasklar, hart, in Benzol, Chlor- und Nitrobenzol löslich. Gebrauchsartikel, Elektrotechnik, optische Linsen, Lacke, Schaumstoff (Isolier- und Verpackungsmaterial)
Polytetrafluorethen	$CF_2 = CF_2$	Teflon, Hostaflon TF, Fluon	Weiße, harte Masse. Schwierig zu verarbeiten (kein Lösungsmittel bekannt). Hervorragende Chemikalienfestigkeit. Bis 325°C fest; keine Warmverformung möglich. Rohre; Dichtungen, Folien; Apparaturen für die chemische Industrie
Polyvinylchlorid	$CH_2 = CH - Cl$	PVC, Hostalit, Mipolam, Vinidur, Vinylite, Movil, Rhovyl	Weißes Pulver; gepreßt ziemlich hart. Preßartikel, Dichtungen, Kabelisolierungen, Rohre, Schläuche. Mit Weichmacher für Überzüge auf Gewebe und Papier (Tischbeläge, Regenbekleidung). Fasern aus PVC für warme Unterwäsche

Tab. 3.12.1 (Fortsetzung)

Bezeichnung	Ausgangsstoffe für Kondensation	Handelsnamen	Eigenschaften, Verwendung
II. Kondensation			
Anilin/Formaldehydharz	Anilin + Formaldehyd	Anilinharz, Cibanit	Duroplast; für Preßmassen
Epoxidharz	Epichlorhydrin + Dihydroxyverbindung	Araldit, Epikote	Klebstoff von ausgezeichneten Klebeeigenschaften; besonders auch zum Kleben von Metallen
Harnstoff-Formaldehydharz	Harnstoff + Formaldehyd	Carbalit, Iporka, Caurit	Weißer Duroplast; für Preßmassen. Iporka als Schaumstoff
Melamin-Formaldehydharz	Melamin + Formaldehyd	Cibanoid, Ultrapas	Duroplast; für Preßmassen. Durch Verpressen von Papier, die mit noch nicht ganz ausgehärtetem Melaminharz getränkt sind, erhält man Hartplatten (Textolithe, Formica)
Phenoplaste	Phenol + Formaldehyd	Bakelit, Luphen	Duroplast; für Preßmassen. Ältester Kunststoff
Polyamid	Diaminohexan + Adipinsäure	Nylon	Faser von sehr hoher Zugfestigkeit
Polycaprolactam	Caprolactam	Perlon, Grilon	Polyamidfaser mit prinzipiell gleichem Aufbau der Makromoleküle wie beim Nylon
Polycarbonat	Dihydroxyverbindungen + Phosgen ($COCl_2$)	Makrolon	Thermoplaste von relativ großer Härte. Folien, Rohre, Spritzgußartikel
Polyester	Dicarbonsäuren (Phthalsäure, Maleinsäure) + Dialkohole	Alkydharze, Palatal, Leguval	Duroplaste (Alkydharze); ungesättigte Polyester nachträglich härtbar. Gießharze. Häufig mit Glasfasern verstärkt; Herstellung großer Platten

Tab. 3.12.1 (Fortsetzung)

Bezeichnung	Ausgangsstoffe für Kondensation	Handelsnamen	Eigenschaften, Verwendung
II. Kondensation (Fortsetzung)			
Polyterephthalat	Terephthalsäure + Glykol	Terylen, Trevira, Vestan, Diolen, Dacron, Crimplene	Kunstfaser von relativ hoher Festigkeit. Polyterephthalatgewebe sind insbesondere durch hohe Knitterfestigkeit ausgezeichnet
Polyurethan	Isocyanate + Dialkohole	Moltopren, Vulkollan	Thermoplaste; durch Abspaltung von CO_2 bei der Polyaddition oder durch Einblasen von Druckluft Bildung von Schaumgummi

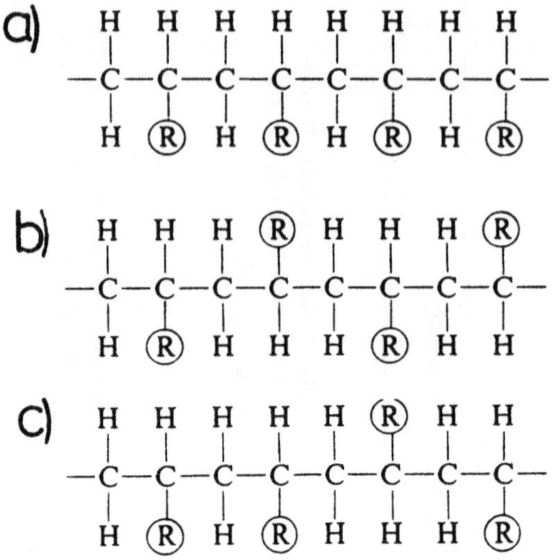

Abb. 3.12.1
Taktizität von Polymeren: a) isotaktisches, b) syndiotaktisches und c) ataktisches Polymer

Taktische (isotaktische oder syndiotaktische) Polymere können besser gepackt werden, so daß sie häufig teilkristallin sind (Abb. 3.12.2), während ataktische Polymere in der Regel amorph, d.h. glasartig sind (vgl. Abschn. 3.5). Unterhalb der Glastemperatur sind sie steif, oberhalb hochviskos. Teilkristalline Polymere haben sowohl eine Glastemperatur, bei der die amorphen Bereich zu erweichen beginnen, als auch eine Schmelztemperatur, bei der die kristallinen Bereiche flüssig werden. Hochvernetzte Polymere zersetzen sich häufig, bevor die Glastemperatur erreicht ist.

Neben chemisch nur aus einem Baustein aufgebauten Polymeren gibt es auch sog. Copolymere. Bei diesen werden zwei Bausteine zusammen polymerisiert. Dies kann entweder eine statistische oder abwechselnde Anordnung der beiden Bestandteile zur Folge haben, oder es liegen Blöcke der beiden Polymere nebeneinander vor *(Block-Copolymere)*, wobei auch ein Polymer das Gerüst, das andere die Seitenketten bilden kann *(Propf-Copolymere)*. Block-Copolymere vereinigen häufig wie die in Abschn. 3.3 besprochenen Verbundwerkstoffe die Eigenschaften beider Bestandteile miteinander.

Wichtig für die Eigenschaften des Polymers sind auch das mittlere Molekulargewicht sowie die Verteilung der Molmassen, da es kein Polymer mit lauter exakt aus der gleichen Anzahl von Monomeren aufgebauten Ketten gibt.

Neben der *Primärstruktur* des Polymers, die die Anordnung der Monomereinheiten beschreibt, unterscheidet man auch zwischen einer Sekundär-

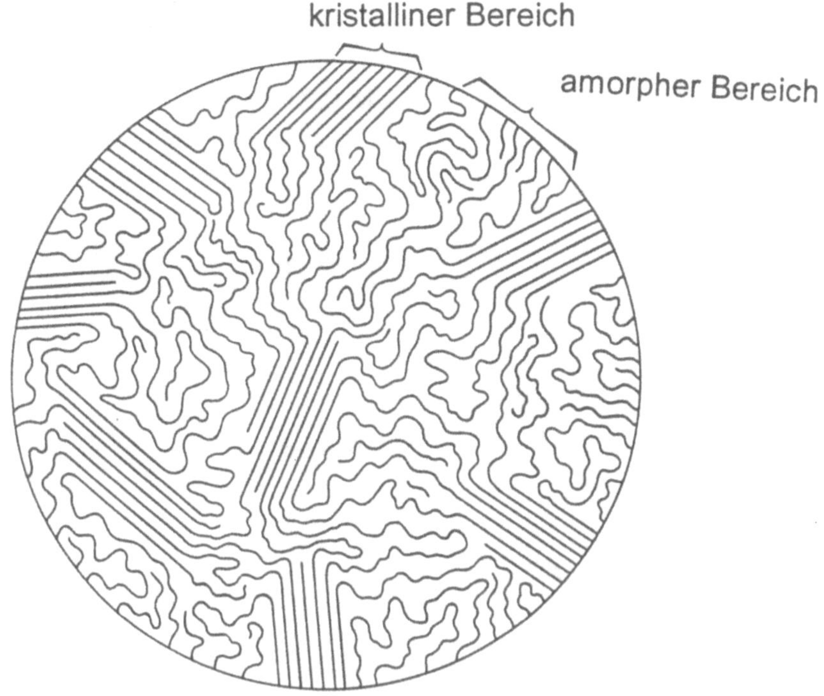

Abb. 3.12.2
Schematische Darstellung eines teilkristallinen Polymers

und einer Tertiärstruktur. Unter der *Sekundärstruktur* versteht man dabei die Nahordnung der Polymerketten, die durch intramolekulare Wechselwirkung oder durch Wechselwirkung zwischen zwei benachbarten Polymerketten entsteht. Die α-Helix sowie die β-Faltblattstruktur stellen insbesondere für biologische Polymere wichtige Faltungsstrukturen dar, wobei Wasserstoffbrückenbindungen die Struktur maßgeblich beeinflussen (Abb. 3.12.4). Eine andere, für einfache Polymere typische Sekundärstruktur, war in Abb. 3.12.2 im amorphen Bereich zu sehen.

Die *Tertiärstruktur* beschreibt die räumliche Anordnung des Gesamtmoleküls. Diese ist z.B. für die biologische Wirkung von vielen Proteinen verantwortlich, wenn dort eine selektive Anlagerung von kleinen Molekülen in eine optimale „Bindungstasche" des Proteins erfolgen muß (Schlüssel/Schloß-Wechselwirkung, vgl. Abschn. 3.8, Abb. 3.8.9, oder die Bildung von Supramolekülen in Abschn. 3.13).

Ein Problem von Polymeren ist ihre geringe Löslichkeit, die sich aus dem hohen Molekulargewicht ergibt. Dadurch wird eine Reinstdarstellung häufig sehr schwierig oder sogar unmöglich. Neuere Synthesen zielen deshalb insbe-

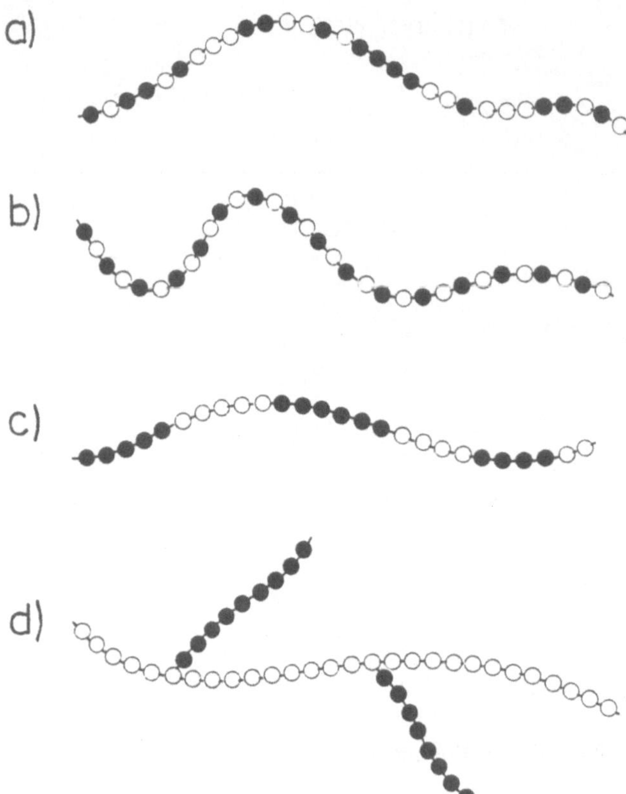

Abb. 3.12.3
Schematische Darstellung der Anordnung von zwei verschiedenen Monomer-Einheiten (schwarz und weiß) in einem a) statistischen, b) alternierenden, c) Block- und d) Propf-Copolymer

sondere auf die Herstellung von löslichen Polymeren. Darüberhinaus bedingt die uneinheitliche Molmassenverteilung sowie die unterschiedlichen Vernetzungsgrade der einzelnen Polymerketten eine große Unordnung in der Struktur. Diese ist zum Teil für die Anwendung gewünscht, da sich dadurch glasartige Strukturen ergeben (vgl. Abschn. 3.5). Für molekularelektronische Anordnungen wäre man jedoch an hochgeordneten polymeren Systemen interessiert. Hierbei zielt die Synthese auf Polymere mit möglichst einheitlicher Molekülmasse, so daß man z.T. zu sehr kurzkettigen Systemen, zu sog. *Oligomeren* übergeht. Andere Konzepte zur Anordnung von Polymeren sind das sehr starke Recken von Polymerfolien, wobei sich die Polymerstränge in der Streckrichtung ausrichten können, das elektrische Polen von Polymeren mit Einheiten mit hohem Dipolmoment im elektrischen Feld oder die Herstel-

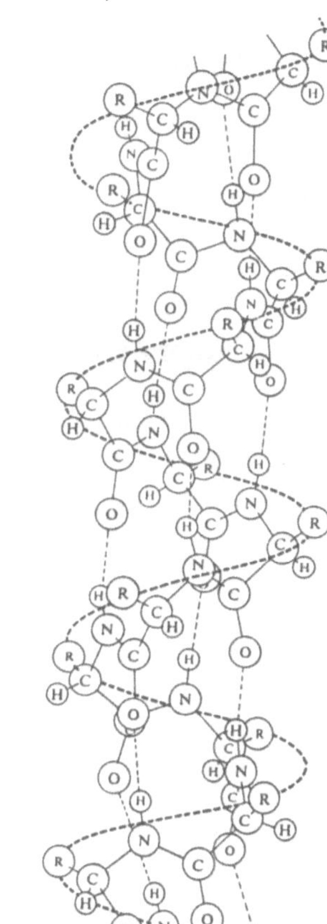

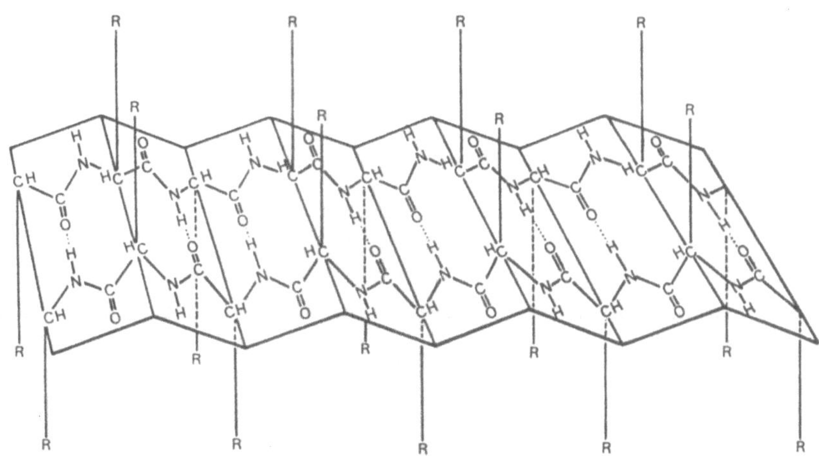

Abb. 3.12.4
Beispiele für Sekundärstrukturen
von Polypeptiden:
a) rechtsgängige α-Helix
b) β-Faltblattstruktur

lung von Langmuir-Blodgett-Filmen (vgl. Abschn. 4.2.3), die anschließend vernetzt werden.

Die Vielzahl der Materialien und ausführliche Behandlungen zu Synthese und Technologie finden sich in Lehrbüchern der organischen Chemie oder in Monographien, z.B. [Vol 73], [Cow 76].

3.13 Supramolekulare Strukturen

Supramoleküle sind Einheiten, die aus zwei oder mehreren Molekülen durch Zusammenlagerung entstehen, ohne daß kovalente Bindungen geknüpft werden. Der Zusammenhalt wird also durch die in Abschn. 1.4.2 besprochenen Kräfte bewirkt. Die Partner des Supramoleküls werden als molekularer Rezeptor und Substrat bezeichnet, wobei das Substrat meist das kleinere der beiden Moleküle ist.

In Abb. 3.13.1 ist der Zusammenhang zwischen molekularer und supramolekularer Chemie gezeigt.

Die Bindungen zwischen Rezeptor und Substrat sind häufig sehr spezifisch, so daß nur ein bestimmtes Substrat vom Rezeptor gebunden werden kann. Dies ist z.B. der Fall, wenn der Rezeptor ein Käfigmolekül mit einem Innenraum bestimmter Größe ist. Eine wichtige Funktion der Supramoleküle ist die molekulare Erkennung, die v.a. in biologischen Systemen (z.B. Enzym/Substrat-Wechselwirkungen) eine große Rolle spielt. In Abb. 3.13.2 ist als Beispiel für einen Rezeptor-Substrat-Komplex die K^+-Bindung eines Kronenethers gezeigt. Weitere Beispiele sind in Abb. 3.13.3 aufgelistet.

Wenn außer der spezifischen Bindung auch Reaktionen im Supramolekül ablaufen können, kann der Rezeptor als Katalysator wirken, der z.B. Reaktionen stereochemisch in eine bestimmte Richtung ablaufen lassen kann. Außerdem kann der Rezeptor andere Löslichkeitseigenschaften als das Substrat besitzen und so als Trägermolekül („Carrier") z.B. in Membranen wirken.

Das Gebiet der supramolekularen Chemie erfährt zur Zeit einen großen Aufschwung, da auf chemisch synthetischer Route („biomimetisch") in überschaubarer Weise komplexe biologische Vorgänge nachvollzogen werden können. Daneben können die Rezeptoren auch als spezifische chemische Sensoren und Katalysatoren eingesetzt werden. Abb. 3.8.9a zeigte ein Beispiel. Für einen Überblick sei auf Spezialliteratur verwiesen [Leh 88], [Vög 89].

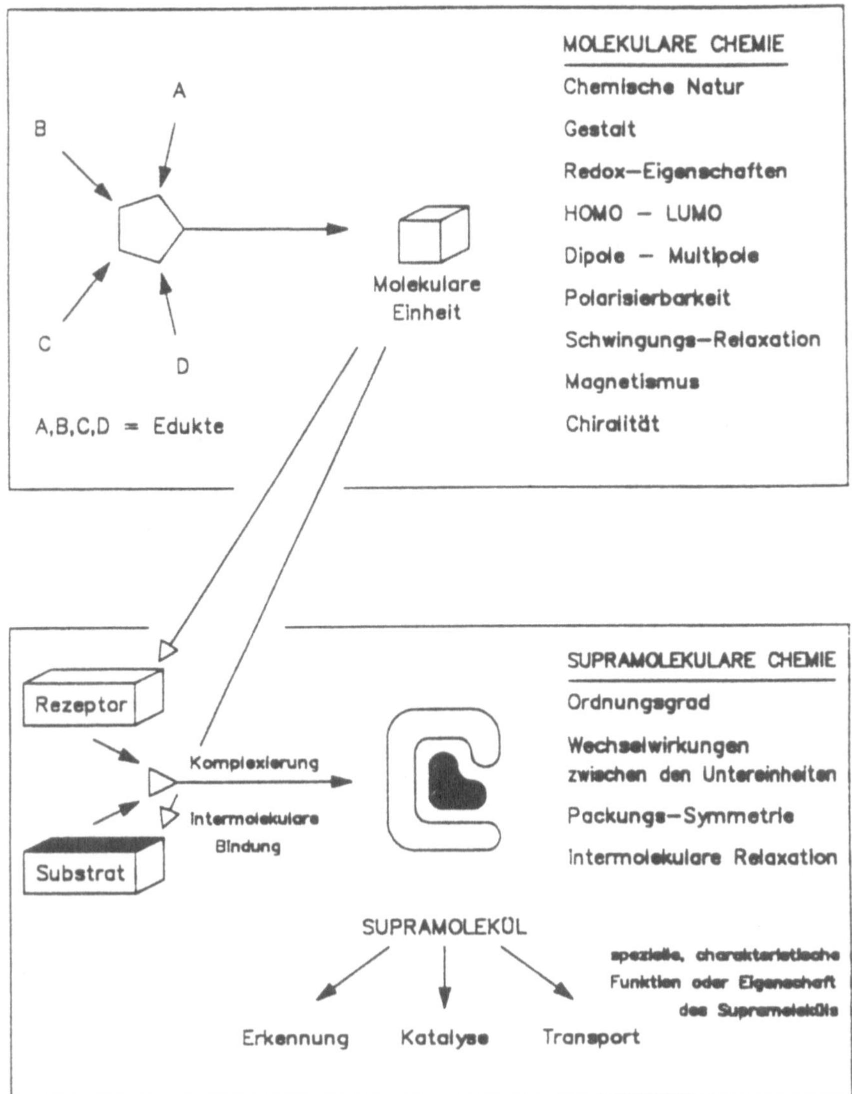

Abb. 3.13.1
Schematische Erläuterung des Zusammenhangs zwischen molekularer und supramolekularer Chemie [Vög 89]

Geordnete makromolekulare Einheiten sind polyatomare supramolekulare Systeme. Sie existieren in *Flüssigkristallen* und anderen *selbstorganisierenden Systemen* (Abb. 3.13.4). Flüssigkristalle werden z.B. in optischen Anzeigen („Displays") oder als Fasern verwendet.

Eine Möglichkeit der Selbstorganisation besteht in der Bildung von Flüssig-

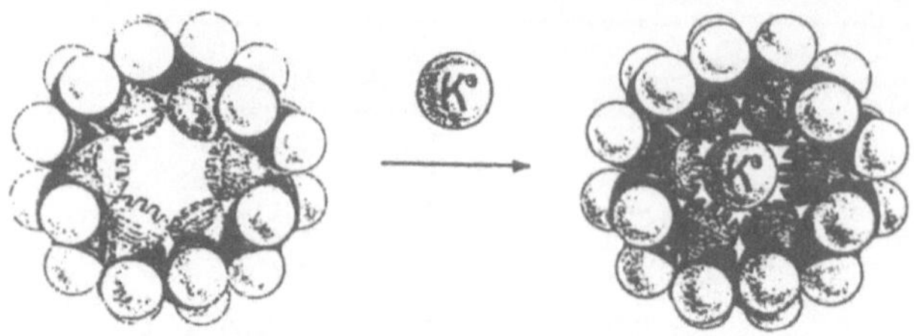

Abb. 3.13.2
Kronenether als Beispiel für ein supramolekulares System: Kalottenmodell der [18] Krone-6 und ihres K$^+$-Komplexes [Vög 89]

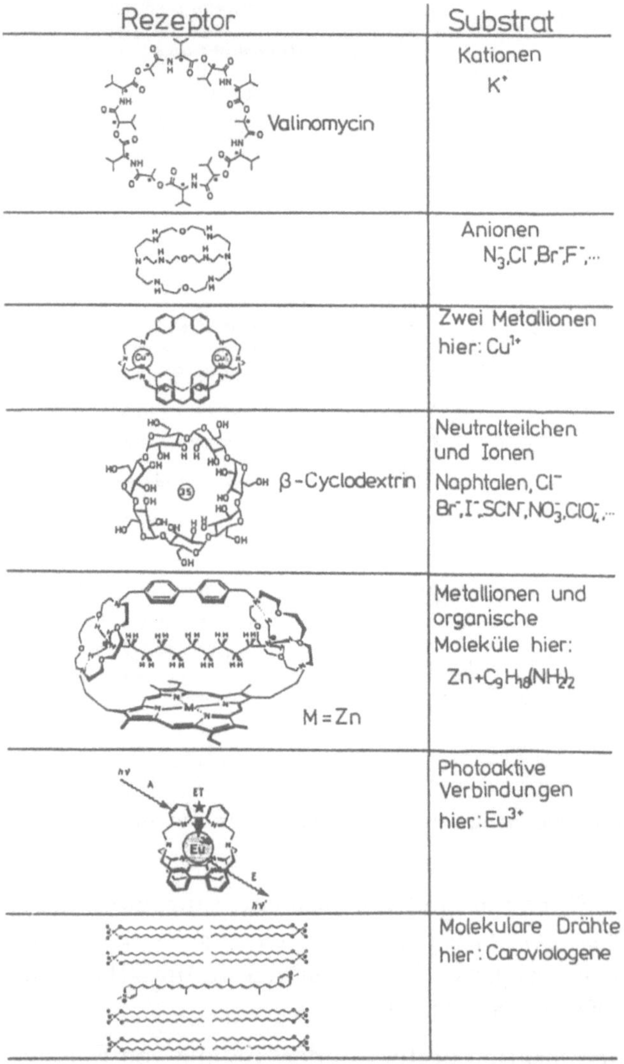

Rezeptor	Substrat
Valinomycin	Kationen K$^+$
	Anionen N$_3^-$, Cl$^-$, Br$^-$, F$^-$, ...
	Zwei Metallionen hier: Cu^{1+}
β-Cyclodextrin	Neutralteilchen und Ionen Naphtalen, Cl$^-$ Br$^-$, I$^-$, SCN$^-$, NO$_3^-$, ClO$_4^-$, ...
M = Zn	Metallionen und organische Moleküle hier: Zn$+$C$_9$H$_6$(NH$_2$)$_2$
	Photoaktive Verbindungen hier: Eu^{3+}
	Molekulare Drähte hier: Caroviologene

Abb. 3.13.3
Rezeptormoleküle für verschiedene Substratmoleküle

kristallen aus starren, stabförmigen Molekülen (Mesogene). Diese gehen bei
Abkühlung aus dem flüssigen Zustand nicht direkt in den kristallinen Zustand über, sondern bilden erst flüssigkristalline Phasen (Mesophasen), in
denen die Ordnung des Kristalls mit der Mobilität von Flüssigkeiten kombiniert vorliegt. Die Triebkräfte für ihre Bildung sind zum einen die auf der
Formanisotropie der Mesogene beruhenden anisotropen Dispersionswechsel-
wirkungen, zum anderen die ebenfalls orientierungsabhängigen sterischen
Abstoßungskräfte (Abb. 3.13.5).

Neben der thermotropen Selbstorganisation als Funktion der *Temperatur*

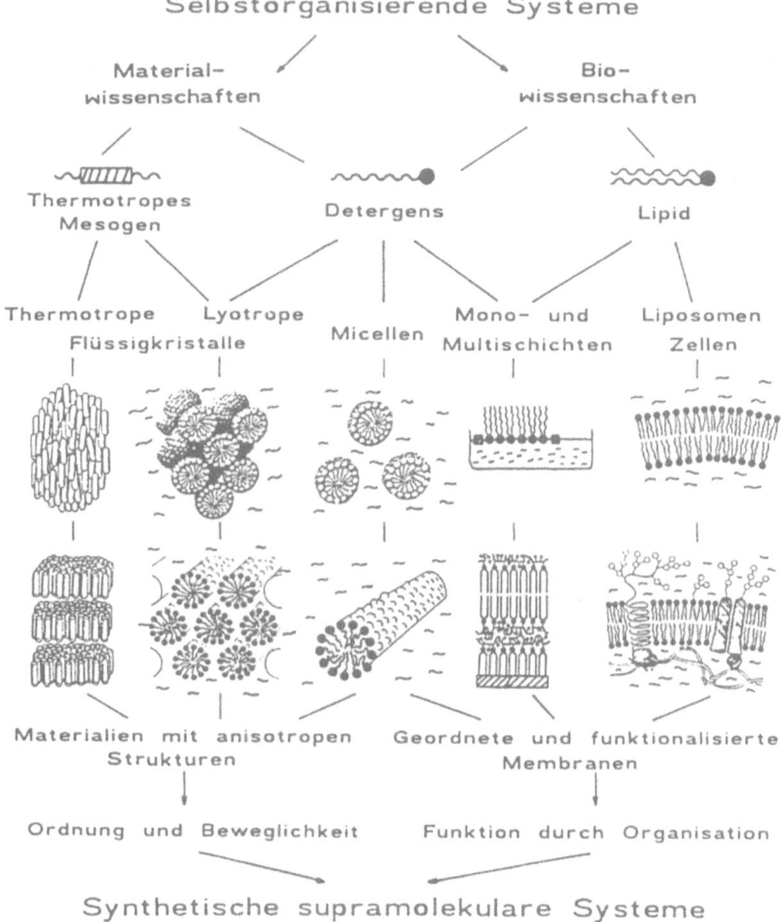

Abb. 3.13.4
Schematische Darstellung der Selbstorganisation von Mesogenen und Amphiphilen: Bildung von Flüssigkristallen, Micellen und Membranen [Rin 88]

gibt es auch die lyotrope Selbstorganisation, die durch den Gehalt an *Lösungsmittel* beeinflußt wird (Abb. 3.13.6).

Lyotrope Flüssigkristalle werden durch amphiphile Moleküle gebildet, die aus löslichen und unlöslichen Molekülteilen aufgebaut sind.

Amphiphile können auch zum Aufbau monomolekularer geordneter Schichten, sog. LB-Schichten verwendet werden, die anschließend auch zu Polymerschichten vernetzt werden können. Diese und andere selbstorganisierende Schichten werden in Abschn. 4.2.3 näher beschrieben.

3.14 Membranen

Membranen spielen sowohl in technischen Anwendungen als auch in biologischen Systemen eine große Rolle. Ihre Permeabilität und die Flüsse von Ionen und Molekülen bestimmen dabei ihre Funktion, die im passiven oder aktiven Transport von Teilchen bestehen kann (Abb. 3.14.1).

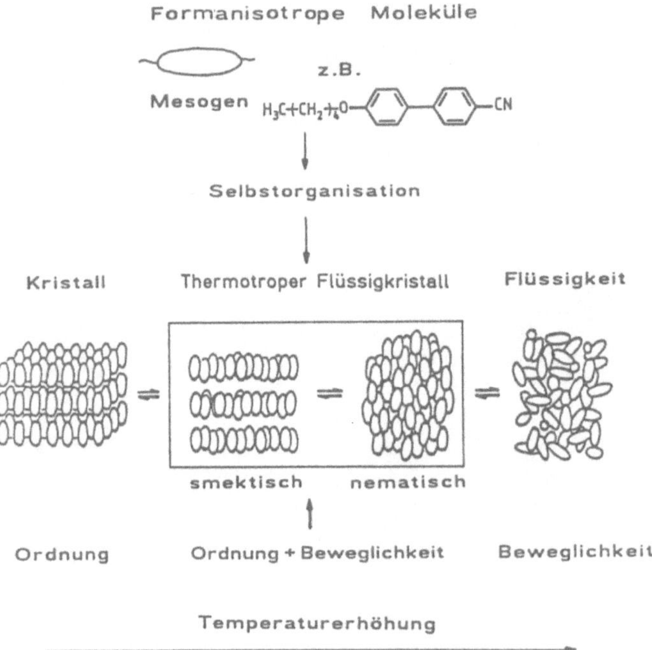

Abb. 3.13.5
Mesogene und ihre thermotropen Mesophasen [Rin 88]

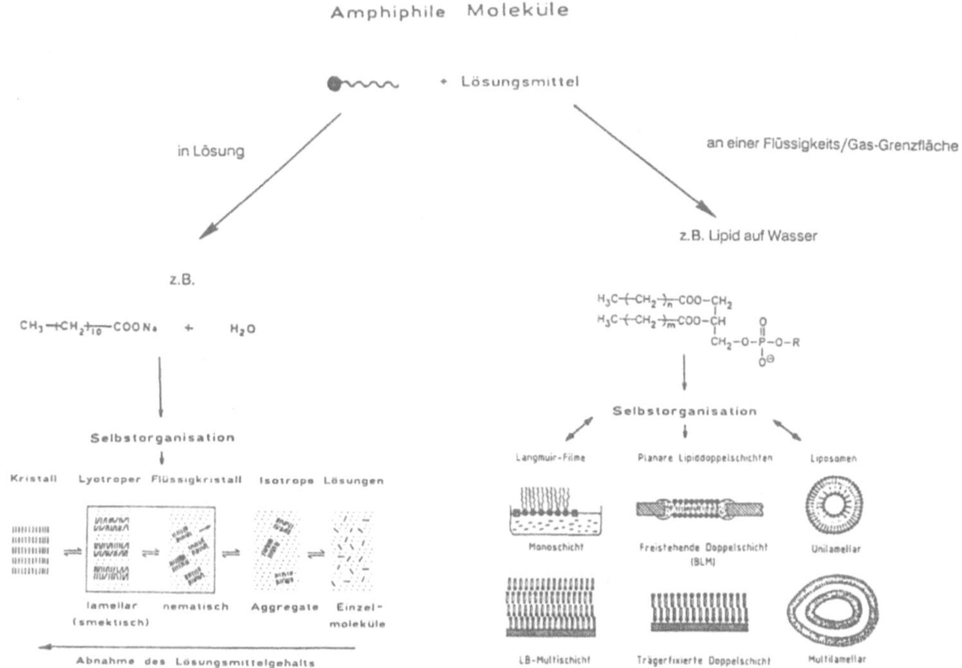

Abb. 3.13.6
Amphiphile und ihre lyotropen Mesophasen (nach [Rin 88])

Biologische Membranen sind wesentlich dünner als technische Membranen.
Sie bestehen aus Lipid-Doppelschichten, die amphiphile Eigenschaften besitzen (vgl. Abb. 0.0.4a). Diese Membranen sind die Grenzflächen zwischen
Zellen und ihrer Umgebung mit der Aufgabe des gesteuerten Transports
von verschiedenen kleinen Molekülen. Ein Beispiel für eine hochspezialisierte Membran ist die Thylakoid-Membran von Chloroplasten, die in der
Photosynthese eine wichtige Rolle spielt. Sie wird in Abschn. 3.15 näher
besprochen.

Technische Membranen bestehen i.allg. aus einem semipermeablen Film,
einer porösen Stützmembran und einem semipermeablen Verstärkungsma-
terial. Typische Materialien für den semipermeablen Film sind chemisch
inerte Polymere wie Teflon (Polytetrafluorethylen), Cellulosederivate oder
Polycarbonate, aber auch Keramiken wie Silikate. Tab. 3.14.1 faßt die wichtigsten Parameter und Trennprozesse technischer Membranen als Funktion
der Porengröße zusammen, während Tab. 3.14.2 typische Materialien zeigt.

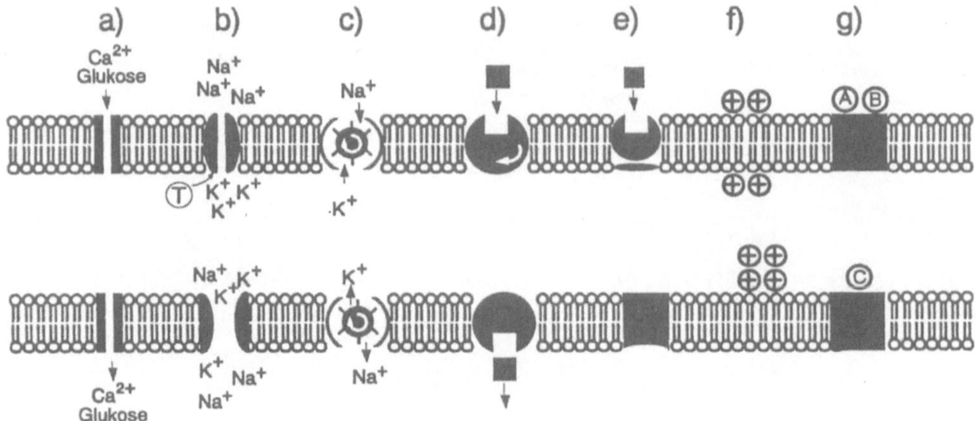

Abb. 3.14.1
Schematische Darstellung von biologischem Membrantransport:
a),b) passiver Transport im Konzentrationsgradienten, wobei in b) der Kanal erst durch
Triggerung mit dem Molekül T von außen geöffnet wird (vgl. Abb. 3.8.16)
c) aktiver Trägertransport
d) passiver Träger-(Carrier-)Transport
In den Teilbildern e)–g) sind weitere Membranfunktionen dargestellt:
e) Rezeptorfunktion mit spezifischer Schlüssel-Schloß-Wechselwirkung
f) Energiespeicherung durch Ladungsakkumulation
g) Matrix für die katalytische Reaktion $A + B \rightleftharpoons C$

Tab. 3.14.1 Bereiche verschiedener Trennungsprozesse in Membranen [Str 81]

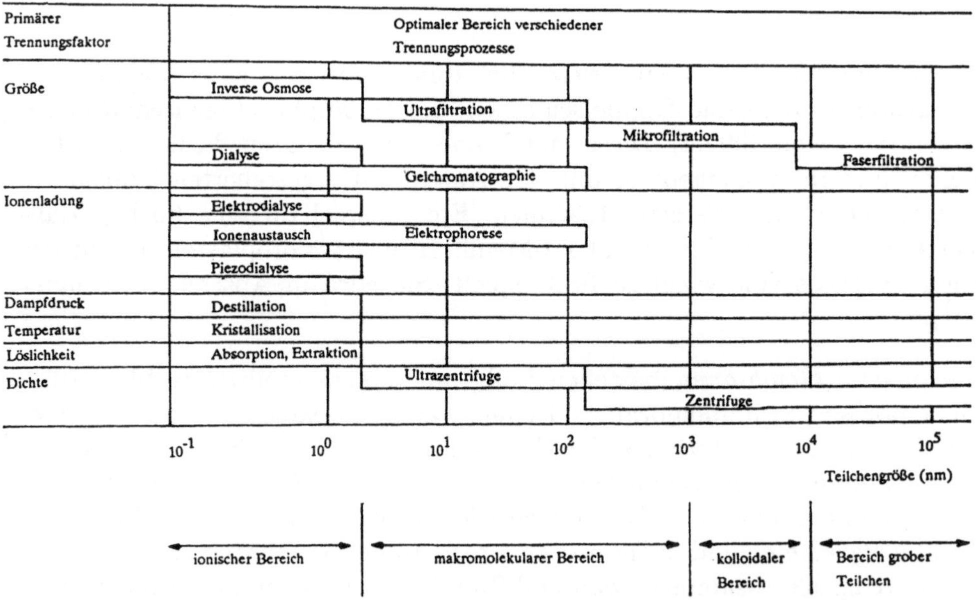

Tab. 3.14.2 Eigenschaften und Anwendungen technisch relevanter synthetischer Membranen

Membran	Ausgangsmaterial	Herstellung	Struktur	Anwendung
Keramikmembranen	Ton, Silikate, Aluminiumoxid, Graphit, Metallpulver	Pressen und Sintern von feinkörnigem Pulver	Poren von 0,1 bis 10 μm Durchmesser	Filtrieren von suspendierten Lösungen, Gastrennung, Isotopentrennung
Polymersintermembranen	Polytetrafluorethylen, Polyethylen, Polypropylen	Pressen und Sintern von feinkörnigem Polymerpulver	Poren von 0,1 bis 50 μm Durchmesser	Grobfiltration aggressiver Medien, Gaseinleitung, Luftreinigung
Gereckte Membranen	Polytetrafluorethylen, Polyethylen, Polypropylen	Verstrecken einer teilkristallinen Folie senkrecht zur Kristallrichtung	Poren von 0,1 bis 1 μm Durchmesser	Filtration aggressiver Medien, Luftreinigung, Sterilfiltration, Medizintechnik
Geätzte Polymerfilme	Polycarbonat	Bestrahlung einer Folie und nachfolgende Säureätzung	Poren von 0,51 μm Durchmesser	analytische und medizinische Chemie, Sterilfiltration
Homogene Membranen	Silikonkautschuk, hydrophobe Flüssigkeiten	Extrudieren homogener Folien, Erstellung von Flüssigkeitsfilmen	homogene Phase, evtl. mit Träger	Gastrennung, trägergebundener Transport
Symmetrische mikroporöse Membranen	Cellulosederivate, Polyamid, Polypropylen	Phaseninversionsreaktion	Poren von 50 bis 5000 nm Durchmesser	Sterilfiltration, Dialyse, Membrandestillation
Integralasymmetrische Membranen	Cellulosederivate, Polyamid, Polysulfon etc.	Phaseninversionsreaktion	homogenes Polymer oder Poren von 1 bis 10 nm Durchmesser	Ultrafiltration, Hyperfiltration, Gastrennung, Pervaporation
Zusammengesetzte asymmetrische Membranen	Cellulosederivate, Polyamid, Polysulfon, Polyvinylchlorid etc.	Beschichtung einer mikroporösen Membran mit einem Film	homogenes Polymer oder Poren von 1 bis 5 nm Durchmesser	Ultrafiltration, Hyperfiltration, Gastrennung, Pervaporation
Ionenaustauschermembranen	Polyethylen, Polysulfon, Polyvinylchlorid etc.	Folien aus Ionenaustauscherharz, Sulfonierung homogener Polymere	Matrix mit positiver oder negativer Ladung	Elektrodialyse, Elektrolyse

3.15 Biokompatible Materialien und biohybride Systeme

Im letzten Abschnitt 3.14 wurden synthetische und biologische Membranen unter gemeinsamen Gesichtspunkten vorgestellt. Ein zunehmend bedeutenderes Gebiet der Materialforschung ist es, eine Kopplung zwischen biologischen Funktionseinheiten und synthetischen Strukturen langzeitstabil herzustellen.

Ein wichtiger Gesichtspunkt ist dabei zunächst der Materialersatz (künstliche Knochen, Zähne, Adern und ähnliches). Tab. 3.15.1 zeigt einen Überblick über biokompatible Materialien und ihre Anwendungen. Die drei Hauptanwendungen liegen dabei bei Biomaterial/Blut-, Biomaterial/Gewebe- und Biomaterial/Knochen-Grenzflächen.

Ein wesentlicher Gesichtspunkt ist dabei, sogenannte Biokompatibilität zu erzielen. In dem Zusammenhang unterscheidet man bioinerte, biotolerante und bioaktive Materialien (Tab. 3.15.2).

Die Oberflächen von Biomaterialien induzieren z.B. häufig die Adsorption niedermolekularer Spezies oder die Ablagerung von Proteinen oder anderen Zellbestandteilen und können so z.B. Thrombosen (Blutgerinnsel) verursachen. Während bisher insbesondere Keramiken und Metalle eingesetzt wurden, werden nun verstärkt Polymere entwickelt, deren Oberfläche z.B. mit einer direkt angekoppelten biologischen Einheit belegt ist. Das physikalische und chemische Verhalten von künstlichen Materialien im menschlichen Körper kann aber bis heute kaum vorhergesagt werden, da der Zusammenhang zwischen In-vivo- und In-vitro-Verhalten bisher nur wenig verstanden ist. Sowohl die dynamischen biologischen Veränderungen an der Grenzfläche als auch allgemein der Einfluß der Oberflächenmorphologie oder -zusammensetzung müssen hierzu systematisch untersucht werden.

Ein weiteres Gebiet, in dem die Eigenschaften von künstlichen Materialien im Organismus entscheidend sind, ist die Pharmazie, in der z.B. Wirkstoff-Abgabesysteme („Drug Delivery Systems") aus Polymeren entwickelt werden. Je nach Einsatzgebiet sucht man Verkapselungen von Medikamenten, die sich schnell oder langsam auflösen oder sich durch ihre spezifisch veränderte Oberfläche bevorzugt an bestimmten Stellen des Körpers, z.B. an den Schleimhäuten aufhalten. Selbst hochselektive Erkennungsstrukturen, z.B. spezifische Antikörper, die nur nach der Ankopplung an Krebszellen das Polymer auflösen, sind im Gespräch.

Ein Beispiel für neue Entwicklungstrends ist die Suche nach „intelligenten" Prothesen, d.h. Prothesen, die vom Gehirn aus gesteuert werden können.

Tab. 3.15.1 Biomedizinische Materialien und ihre Anwendungen [Hel 91]

Material	Anwendung
Inerte Polymere	
Polyamide	Nähte
Polycarbonate	Gehäusematerial
Polyester	Gefäßprothese
Polyformaldehyde	Herzklappenprothese
Polyolefine	Nähte, Netz für Hernioplastik (Bruchband)
Polyvinylchloride	Schläuche, Behälter für Blutkonserven
Inerte hochveredelte Polymere	
Fluorierte Kohlenwasserstoffe	Gefäßprothese
Hydrogele	Kontaktlinsen, Katheterbeschichtungen
Polyolefin-Elastomere	Schläuche, künstl. Herzbeutel
Polyurethane	Katheter, künstl. Herzbeutel
Silicone	Schläuche, Füllmaterial zur Rekonstruktion weicher Gewebe
Polyethylene mit ultrahohem Molekulargewicht	Hüftgelenks-Pfannen
Biologisch abbaubare Polymere	
Albumin, quervernetzt	Beschichtungsmaterial für Gefäßprothesen, Zelleinbettung
Collagen/Gelatine, vernetzt	Beschichtungsmaterial für Gefäßprothesen, Füllmaterial zur Rekonstruktion weicher Gewebe
Polyaminosäuren	Kontrollierte Freisetzung*, Peptide für Zelladhäsion
Polyanhydride	Kontrollierte Freisetzung*
Polycaprolactone	Kontrollierte Freisetzung*, Knochenplatten
Polymilchsäure/glycerinsäure-Copolymere	Nähte, Knochenplatten
Polyhydroxybutyrate	Kontrollierte Freisetzung*, Knochenplatten
Polyorthoester	Kontrollierte Freisetzung*, Knochenplatten
Materialien biologischer Herkunft	
Halsschlagader (Rind)	Gefäßprothesen
Sehnen (Rind)	Sehnen
Pericard (Rind)	Pericard-(Herzbeutel-)Ersatz, Herzklappen
Nabelvene (Mensch)	Gefäßprothesen
Herzklappe (Schwein)	Herzklappen
Biologische Makromoleküle	
Chitosane	Experimenteller Einsatz, Wundauflage, kontrollierte Freisetzung*
Collagen	Injizierbares Weichteil-Füllmaterial, Beschichtungen, Wundauflage
Elastin	Experimenteller Einsatz, Beschichtungen
Gelatine, vernetzt	Beschichtung für künstl. Herzbeutel
Hyaluronsäure	Beschichtungen, Wundversorgung, Antihaft-Material f. Chirurgie

* Polymer löst sich langsam auf und setzt dabei Wirkstoffe (Arzneimittel) langsam frei

Tab. 3.15.1 (Fortsetzung)

Material	Anwendung
Gewebekleber	
Cyanoacrylate	Wundverschluß, Mikrochirurgie
Fibrinkleber	Beschichtung für Gefäßprothesen
(Kleber aus Mollusken)	Erhöhung der Zelladhäsion
Metalle, Legierungen	Orthopädische und Zahnimplantate
Co-Cr-Mo-Legierungen	Herzplattenprothese
Nitinol-Legierungen	orthopäd. Draht
rostfreier Stahl	orthopäd. Draht
Ti, Ti-Legierungen	künstliche Herzummantelung, Herzklappenprothese
Keramiken, Gläser, anorg. Substanzen	
Al_2O_3, CaO, P_xO_y	Abbaubarer Knochenzement, Stimulation des Knochenwachstums
Bioglas	bioaktives Ca-Phospat-Glas, orthopäd. Beschichtung
Glaskeramik	Verkapselung implantierbarer Elektronik
hochverdichtetes Al_2O_3	Hüftgelenkspfanne und -kugel
Hydroxylapatit	bioaktive Keramik, orthopäd. Beschichtung, Knochenfüllung
Kohlenstoff	
Glaskohlenstoffe	Fasern für orthopäd. Verbundwerkstoffe
Pyrolytischer Kohlenstoff (Tieftemperatur, isotrop)	Herzklappe, Zahnimplantate
Tiefsttemperatur isotroper Kohlenstoff	Beschichtung hitzeempfindlicher Polymere
Passive Beschichtungen	
Albumine	Gerinnungshemmung
Alkylketten	Adsorptionsgrundlage für Albumin
Fluorierte Kohlenwasserstoffe, Hydrogele	verminderte Reibung für Katheter, Gerinnungshemmung
SiO_2-freie Silikone	Gerinnungshemmung, verbesserte Wundheilung für Weichteil-Rekonstruktion
Bioaktive Beschichtungen	
Antikoagulantien (Heparin, Hirudin etc.)	Gerinnungshemmung
Antimikrobielle Substanzen	Infektionsschutz
Bioaktive Keramiken und Gläser	Knochenverbund und -bildung, Verbindung weicher Gewebe
Zelladhäsions-Peptide	Erhöhte Zelladhäsion, Epithel, Endothel
Zelladhäsions-Proteine	Erhöhte Zelladhäsion, Epithel, Endothel
negative Oberflächenladung	Gerinnungshemmung
Thrombolyten	Gerinnungshemmung

Tab. 3.15.2 Klassifikation von Implantatmaterialien bezüglich ihrer Reaktion mit der Umgebung

Materialklasse	Art des Einflusses	Gewebereaktion	Typische Materialien
biotolerant	Ionen und/oder Monomere gehen in Lösung, biochemische Effekte auf Differentiation und Proliferation	Abstands-Osteogenese	rostfreier Stahl, Plexiglas, Co-Legierungen, Ta, Polyethylen
bioinert	Kein Material, das die Umgebung beeinflußt, geht in Lösung	Kontakt-Osteogenese	Al_2O_3-Keramik, Kohlenstoff, Titan
bioaktiv	Bindungsbildung (noch unverstanden)	Bindungs-Osteogenese	Ca-Phosphat-Keramiken, Ca-Phosphat enthaltende Gläser und Glaskeramiken, Hydroxylapatit

Hierzu müßten die elektrischen Pulse aus den Neuronen der Nerven in die Elektronik der Prothese eingespeist werden. Neben dem Problem der „Grenzfläche" Mensch/Maschine zwischen Neuronen und Draht hat man allerdings zur Zeit nur eine geringe Kenntnis der Signale selbst.

Eine andere Faszination in der biologisch orientierten Materialforschung liegt darin, daß biomolekulare Funktionssysteme häufig strukturelle Untereinheiten aufweisen, die im Nanometerbereich liegen. (Die typische Dikke einer Zellmembran liegt in der Größenordnung von 50 nm, vgl. auch Abb. 0.0.4a.) Es ist andererseits heute möglich, durch Mikrostrukturierung oder chemische Synthese entsprechende Strukturen aufzubauen, so daß man durch Kombination Hybridsysteme konstruieren kann. Dabei ist es im Prinzip denkbar und in einigen Fällen auch schon realisiert, daß biomolekulare Funktionssysteme zur technischen Anwendung kommen (Tab. 3.15.3).

In Abschn. 3.11 haben wir kurz die Bioelektronik angesprochen, bei der Bauelemente für die biochemische Sensorik, Informationsverarbeitung und -speicherung sowie für die Aktorik eingeschlossen sind. In Abschn. 3.8.2 wurden Biosensoren auf der Basis von Enzymen und Transportproteinen als Beispiele vorgestellt. In Abschn. 3.8.3 wurden „elektronische" und „biologische" Nasen verglichen. Ein Ziel ist dabei, die begrenzten Möglichkeiten der menschlichen Sinnesorgane (wie Unfähigkeit quantitativer Messungen, Unfähigkeit in der Bestimmung geruchsloser, aber trotzdem toxischer Gase wie CO) zu erweitern. Analoge Bestrebungen gibt es zu künstlichen Augen mit Kameras für einen weiten Spektralbereich des elektromagnetischen Spektrums vom Mikrowellenbereich über Infrarot-, UV- bis in den Kernstrahlungsbereich, bei künstlichen Ohren mit einer Erweiterung des Frequenzbereichs in den Ultraschallbereich hinein oder künstlichen Tastsinnen, wie sie beispielsweise für intelligente Roboter eingesetzt werden. In vielen der aufgeführten Anwendungsbereichen muß man heute noch darauf verzichten, eine direkte Ankopplung zwischen biologischen und technischen Komponenten zu realisieren. Auf die entsprechenden Probleme der

Tab. 3.15.3 Biomolekulare Funktionssysteme und ihre potentiellen Anwendungen

Biomolekulare Funktionssysteme, Funktion in der Natur	Technisches Funktionssystem	Anwendungsgebiet, Technologiefeld
photosynthet. Reaktionszentrum		Biosynthese
optische Eigenschaften	opt. Prozessor	optischer Computer
photoelektrische Eigenschaften	optoelektron. Element	optischer Computer
Protonen-Gradient	funktionale Membran	Meerwasserentsalzung
gerichteter Elektronentransfer	Biosolarzellen	Energiegewinnung/
	Biobatterien	-speicherung
Mitochondrien	Brennstoffzellen	Energiegewinnung
Actin/Myosin	molekulare Aktorik (Formveränderung)	Nanotechnologie
Zellmembran	adaptive Werkstoffe (Festigkeit, Steifigkeit, mechan. Eigenschaften)	Adaptronik
	funktionelle Membranen	Trenntechnik
Signalketten der Zelle	Signalübertragung	Informationsverarbeitung
Neuronen	neuronale Netze, integrierter Schaltkreis	Informationsverarbeitung
Ionenkanäle	funktionelle Membranen	Trenntechnik
Biomineralisation	anorgan. Materialien	Synthese
Strukturproteine (Spinnenfäden, Muscheln ...)	Strukturmaterialien, Bioklebstoffe	Verbindungstechnik
Enzyme, Antikörper,	Biosensor	Sensorik, Mikrosystemtechnik
Rezeptoren, Enzymkaskaden	Aufarbeitungstechniken Synzyme	Trenntechnik biomimetische Stoffproduktion
	Lackschutz (fungizid)	Dünnschichttechnologie
Nucleinsäuren	In-vitro-Bioreaktor	Biosynthese
Nitrogenase		N_2-Fixierung
Atmungskette		H_2-Gewinnung

Stabilität von Grenzflächen und ihre zentrale Bedeutung beim Aufbau bio-
hybrider Systeme wurde mehrfach hingewiesen.

Umgehen läßt sich die Klärung dieser Problematik zum Aufbau von Hybridsystemen in Untersuchungen, bei denen zunächst die Aufklärung von
Elementarschritten im rein biologischen System im Vordergrund steht. Ein
in dem Zusammenhang äußerst intensiv untersuchtes System ist das Photo-
synthesezentrum, das in der Natur außerordentlich effizient zur Umsetzung
von Sonnenenergie in chemische Energie eingesetzt wird, dessen Elementarschritte trotz erheblicher Bemühungen in vielen Forschungszentren heute
noch nicht im Detail geklärt sind und dessen Funktionsprinzip daher auch
noch nicht für die technische Realisierung in Hybridsystemen eingesetzt werden kann.

Eine Zwischenlösung wird bei der Konstruktion sog. biomimetischer Strukturen angestrebt. Auf der Basis eines im Prinzip verstandenen biologischen
Mechanismus (z.B. der Schlüssel/Schloßerkennung von Viren, vgl. Abschn.
3.8.2, „Biosensorik") wird durch organische Synthese ein wesentlich einfa-
cheres Teilsystem aufgebaut, dessen biologische Wirkung möglichst weitgehend identisch ist mit dem biologischen Vorbild.

Die geschilderten Forschungs- und Entwicklungsarbeiten haben durch die
Möglichkeiten der chemischen Synthese und der Grenzflächenanalytik bis in
den atomaren Bereich hinein (so u.a. durch die SPM-Techniken) gerade heute einen ganz besonderen Reiz. In der Perfektion der vom Mensch bzw. in
der Biologie realisierten Systeme trennen uns jedoch Welten. Dies wird beispielsweise deutlich am Vergleich von Eigenschaften eines Supercomputers
mit denen eines menschlichen Hirns.

Auf die o.g. intensiv untersuchten Photosynthesezentren werden wir nun
kurz eingehen.

Man versucht, die Vorgänge der biologischen Photosynthese besser zu untersuchen, um diese eventuell in biomimetischen Strukturen zur Ausnutzung
der Sonnenenergie anwenden zu können. Insbesondere die genauen Wege der
Elektronenübertragung sind dabei noch nicht voll verstanden (Abb. 3.15.1).

Daneben versucht man, einzelne Schritte der Photosynthese künstlich zu simulieren, um beim späteren praktischen Einsatz die komplexe Grenzfläche
zwischen biologischer Komponente und anorganischer Elektronik zu vermeiden. Ein Beispiel zeigt Abb. 3.15.2.

Hier wurden lichtabsorbierende Antennenmoleküle und sog. Triaden mit der
LB-Technik (vgl. Abschn. 4.2.3) als Monoschicht aufgezogen. Triaden sind
Donator-(D-) Akzeptor-(A-) Moleküle, zwischen denen ein Sensibilisator (S)

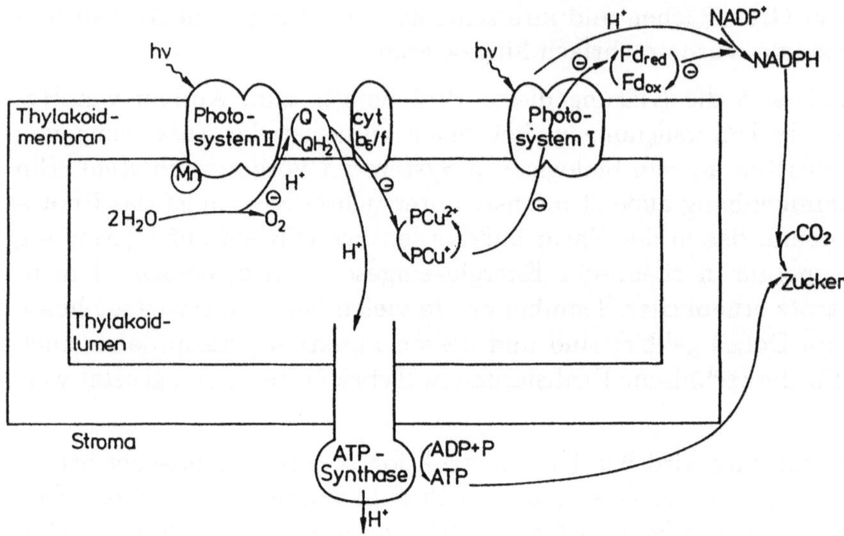

Abb. 3.15.1
Schematische Darstellung aller an der Photosynthese beteiligten Strukturen in der Thylakoidmembran, den Photosystemen I und II, des Cytochrom (cyt) b_6/f und der ATP-Synthase. FD heißt Ferredoxin, Q ist Plastochinon, QH_2 ist Plastochinol, PCu ist Plastocyanin, ATP ist Adenosintriphosphat, ADP ist Adenosindiphosphat und P ist Phosphat [Göp 92].

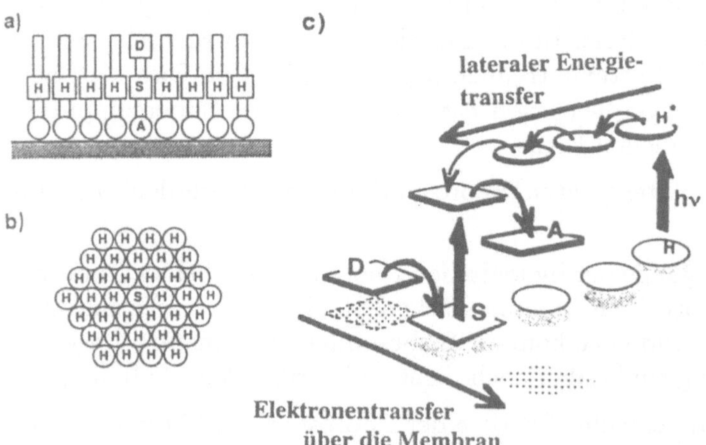

Abb. 3.15.2
Schematische Darstellung eines künstlichen Photosynthesezentrums, realisiert durch eine Monolage von A-S-D-Triaden sowie Antennenmoleküle [Fuj 92]
a) Seitenansicht der Monoschicht
b) Aufsicht auf eine Triade (dunkel), die von Antennenmolekülen umgeben ist
c) Energiediagramm für die photoelektrische Umwandlung

eingebaut ist. Der Donator kann nur unter gleichzeitiger Energieaufnahme des Sensibilisators ein Elektron an den Akzeptor abgeben und so in einen anderen Zustand schalten (vgl. Abschn. 3.11). Dadurch ist insbesondere auch die Rückreaktion stark gehemmt. Abb. 3.15.2c zeigt die Energieaufnahme und den Energietransfer durch die Antennenmoleküle sowie die Ladungstrennung über den mehrfachen Elektronentransfer.

4 Präparation definierter Materialien und Strukturen

In allen Anwendungsbereichen spielen definierte Materialien mit höchster chemischer Reinheit und idealer geometrischer Anordnung von Atomen eine zunehmend größere Rolle. Deren Einsatz ist essentiell für die Funktionsfähigkeit beispielsweise von mikrostrukturierten Bauelementen der Mikroelektronik oder Sensorik. Entsprechend der großen Variationsbreite unterschiedlicher Materialien und Strukturen gibt es eine Fülle unterschiedlicher Präparationsverfahren, auf die in diesem Kapitel nur beispielhaft eingegangen werden kann.

Ausgangspunkt für die Präparation ist die *Synthese chemisch reinster Materialien* auf der Basis konventioneller naßchemischer, flüssig/fester, festkörper- oder elektrochemischer Verfahren. Diese kann u.a. in Reinräumen durch Synthese aus reinsten Ausgangsmaterialien erfolgen. Andererseits kann eine Reinigung der Substanzen über Destillation, Sublimation, Rekristallisation oder chromatographische Prozesse durchgeführt werden. Zur Charakterisierung der chemischen Reinheit stehen dabei zahlreiche experimentelle Verfahren der Element- und Molekülanalytik zur Verfügung [Göp 94].

Der nächste Schritt betrifft die *Strukturierung*. Die Materialien werden entweder zur Herstellung von Einkristallen als perfekte dreidimensionale Strukturen, von dünnen Schichten als perfekte zweidimensionale Strukturen oder von niederdimensionaleren Strukturelementen eingesetzt. Von besonderer Bedeutung sind dabei Planartechniken, bei denen auf einkristallinem Substrat durch nachfolgende Präparationsschritte eine Strukturierung in zwei-, eins- und nulldimensionalen Anordnungen erfolgt und diese gegebenenfalls in der dritten Dimension schichtweise modifiziert werden (vgl. Abschn. 4.4.2.1).

Die Reinstpräparation von Oberflächen und dünnen Schichten als Substratmaterialien beispielsweise für die Mikroelektronik oder Sensorik geschieht i.allg. in Ultrahochvakuumapparaturen. Präparative Möglichkeiten sind dabei z.B. das Spalten von Einkristallen, das Abtragen von Material von dicken Filmen, das Heizen im UHV oder in ultrareinen Gasen oder das Ionenätzen (Sputtern), bei dem mit hochenergetischen Ionen die Oberfläche gereinigt wird. Letztere Methode wird sehr häufig eingesetzt, hat aber bei mehrkomponentigen Materialien den Nachteil, daß eine Atomsorte oft bevorzugt entfernt wird, so daß nicht-stöchiometrische Oberflächen entstehen können. Zum Teil können diese jedoch durch geschickte Wahl der Sputterbedingungen oder durch Heizen (im UHV oder im Restgas, bei Oxiden z.B. in O_2) wieder ausgeheilt werden.

Darüberhinaus gibt es die Ultrapräzisionstechnik mit ihren maschinellen Bearbeitungsverfahren, mit denen Materialien und Oberflächen mit Abmessungen im Zentimeterbereich mit Subpicometer-Formabweichung und Rauhigkeiten von weniger als 10 Nanometer hergestellt werden. Als Verfahren kommen neben mechanischen Verfahren, wie beispielsweise dem Drehen oder Sägen mit einkristallinen Diamanten, kubischem Bornitrid oder SiC-Sägeblättern, verschiedene Schleif-, Polier- und Läpp-Verfahren mit chemischer oder elektrolytischer Unterstützung sowie formgebende Bearbeitung mit Ionen- und Laser-Strahlen zur Anwendung. Bedeutung haben diese Verfahren u.a. für die Herstellung abbildender optischer Komponenten im IR-, sichtbaren-, UV- und Röntgen-Bereich, zur Präparation von Oberflächen bei magnetischen Festplatten oder Magnetband-Schreib/Lese-Köpfen.

Für technische Prozesse ist insbesondere die Reinigung oder zumindest Vorreinigung durch naßchemische Behandlung von großer Bedeutung, z.B. zur Entfettung von Werkstoffen vor der Beschichtung. Ein Problem sind hierbei die anfallenden großen Mengen der benutzten halogenierten Kohlenwasserstoffe, die aus Umweltgründen nach und nach verboten werden sollen. Alternativ setzt man dazu heute z.B. das Niederdruck-Plasmaätzen ein, das für dünne organische Verunreinigungsschichten optimale Ergebnisse liefert. Als Plasma wird ein ganz oder teilweise ionisiertes Gas bezeichnet, dessen Bestandteile positive und negative Ionen, Elektronen, Radikale und Moleküle in unterschiedlichen Anregungszuständen sind. Man kann sog. „heiße" Plasmen in Flammen und Lichtbögen erzeugen, bei denen praktisch alle Gasteilchen Temperaturen von einigen tausend Grad Celsius besitzen, oder sog. Niederdruckplasmen, die in Vakuumkammern durch Anlegen eines elektrischen Feldes an das jeweilige Prozeßgas erzeugt werden, indem nur die Elektronen „heiß" sind. Normalerweise legt man ein Wechselfeld an, wobei durch die Wahl der Frequenz unterschiedliche Behandlungseffekte erzielt werden. Die zu reinigenden Proben werden durch Reaktionen mit den entstehenden Ionen, Radikalen und angeregten Molkülen gereinigt sowie durch die ebenfalls entstehende harte UV-Strahlung, die zusätzlich photochemische Reaktionen auslösen kann, die jedoch bei strahlungsempfindlichen Proben apparatetechnisch abgeschirmt werden kann.

4.1 Zucht von Einkristallen

Neben der chemischen Reinheit sind Einkristalle besonders wegen ihrer perfekt-periodischen Gitterbausteinordnung gefragt. Dies ermöglicht einerseits eine einfachere Interpretation phänomenologischer Eigenschaften und ggf. andererseits die Ausnutzung anisotroper elektrischer, magnetischer oder optischer Eigenschaften. Dies ist für Grundlagenforschung wie Anwendung gleichermaßen interessant. So kommen Einkristalle u.a. in der Mikroelektronik (z.B. für Si-Transistoren, vgl. Abschn. 4.4.1) oder Optik (z.B. für Nd-YAG- oder Rubinlaser, vgl. Abschn. 2.5.3) und als Piezokristalle (z.B. in Quarzuhren, vgl. Abschn. 2.4.3) zum Einsatz.

Wichtigste Optimierungskriterien sind, daß der Kristall *einzeln* wächst, d.h. die Probe muß aus einem einzigen Korn mit perfekter Gitterperiodizität bestehen, der Kristall sollte eine minimale Anzahl von Versetzungsfaktoren haben, sollte eine exakt bekannte chemische Zusammensetzung besitzen sowie eine bekannte Orientierung der kristallographischen Achsen bezüglich der äußeren Kristallform aufweisen.

Ganz allgemein werden besonders perfekte und gute Kristalle erhalten, wenn das Kristallwachstum sehr langsam durchgeführt wird. Dann hat z.B. das neu auf dem bereits vorhandenen (Impf-)Kristall deponierte Material Zeit, sich an das Gitter des vorhandenen Kristalls anzupassen. Die Geschwindigkeit, mit der dies abläuft, hängt v.a. von den interatomaren Kräften und der Temperatur ab. Letztere sollte nicht zu niedrig sein, da sonst die Diffusion von Teilchen an den „perfekten" Gitterplatz behindert ist (vgl. Abschn. 2.1.6.1), und nicht zu hoch, da dann durch die thermische Energie mehr Defekte entstehen (vgl. Abschn. 2.1.5.4).

Man kann Einkristalle aus der Lösung, aus der Gasphase, aus der Schmelze und in einem Gel züchten. Insbesondere die Zucht aus der Schmelze wird häufig technisch angewendet, da hierdurch bei den meisten Materialien relativ einfach die größten Kristalle entstehen. Man unterscheidet drei hauptsächlich angewandte Techniken, das Zonenschmelz-, das Bridgman-Stockbarger- und das Czochralski-Verfahren (Abb. 4.1.1).

Beim *Czochralski-Verfahren* wird ein Keimling, d.h. ein sehr kleiner Einkristall, in Kontakt mit der Schmelze des Materials gebracht. Die Temperatur der Schmelze liegt dabei nur knapp über dem Schmelzpunkt. Der Impfkristall wird sehr langsam drehend nach oben gezogen. Dadurch kristallisiert die Schmelze an der Oberfläche des Kristalls. Es entsteht ein stabförmiger Kristall, der die gleiche kristallographische Orientierung hat wie der Impfkristall.

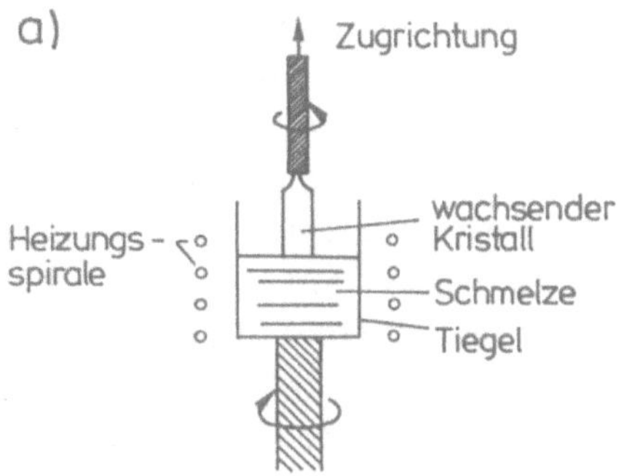

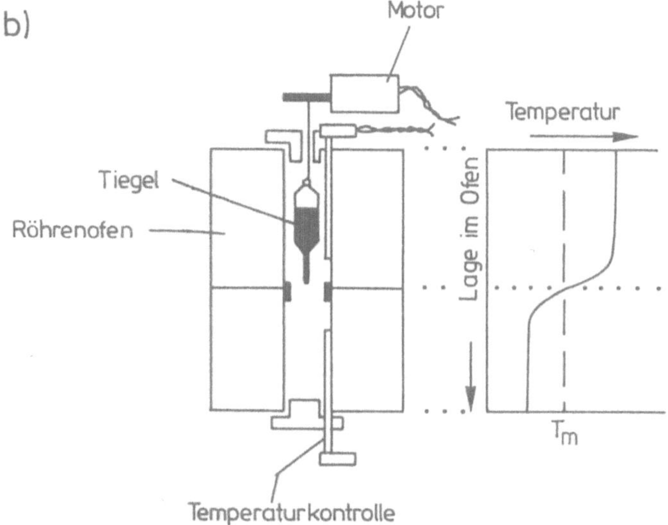

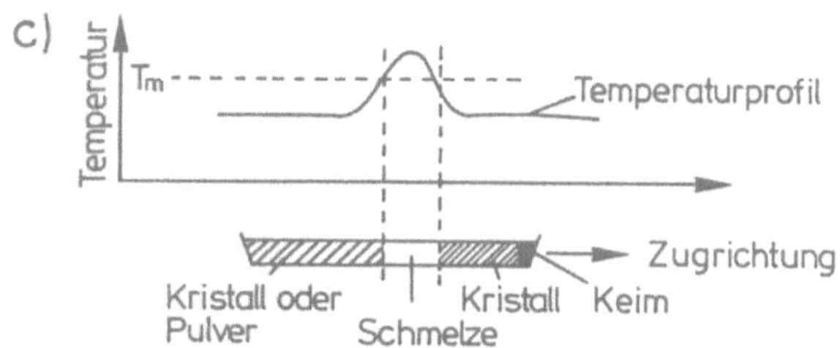

Abb. 4.1.1
a) Schematische Darstellung des Czochralski-Einkristall-Ziehverfahrens [Wes 84]
b) Schematische Darstellung einer typischen Apparatur für die Bridgman-Stockbarger-Einkristallzucht (T_m ist die Schmelztemperatur)
c) Zonenschmelzverfahren [Wes 84]

Bei der *Bridgman-Stockbarger-Methode* wird das Kristallwachstum in einem Temperaturgradienten zwischen Schmelze und Kristall durchgeführt. Der Keimling ist dabei in einem Gefäß, das mit dem festen Ausgangsmaterial gefüllt ist. Das Gefäß ist dabei meist eine Ampulle aus Quarz, die man abgeschmolzen hat, um Vakuum- oder Inertgasbedingungen zu erzeugen. Der Kristall wächst am Keimling, wenn er über den linearen Temperaturgradienten aus der Zone oberhalb in die Zone unterhalb der Schmelztemperatur gelangt. Der Kristall hat am Ende die Form des Gefäßes. Der Nachteil dieser Methode besteht in den großen Spannungen, die durch das umgebende Gefäß entstehen.

Das *Zonenschmelzen* ist eine Abwandlung der Bridgman-Stockbarger-Methode, bei der nur in einem kleinen Bereich des Gefäßes eine Temperatur oberhalb des Schmelzpunktes herrscht. Dieses Verfahren kann nicht nur zur Präparation, sondern auch zur Reinigung von Kristallen dienen, da sich häufig Verunreinigungen besser in der Schmelze als im Kristall lösen. Die Schmelze reichert sich so mit den Fremdmaterialien an und transportiert sie ans Ende des Kristalls.

Eine vierte Methode ist die sog. *Verneuil-Technik*, die für hochschmelzende Materialien eingesetzt wird, bei denen es kritisch ist, inerte Gefäße zu finden, in denen die Schmelze gehalten werden kann. Dabei wird das pulverförmige Material durch eine sehr heiße Zone fallengelassen, die z.B. durch eine Flamme oder einen Flammenbogen erzeugt wird. In dieser Zone schmilzt das Material und tropft auf eine kühle Stelle, an der die Schmelze erstarrt (Abb. 4.1.2).

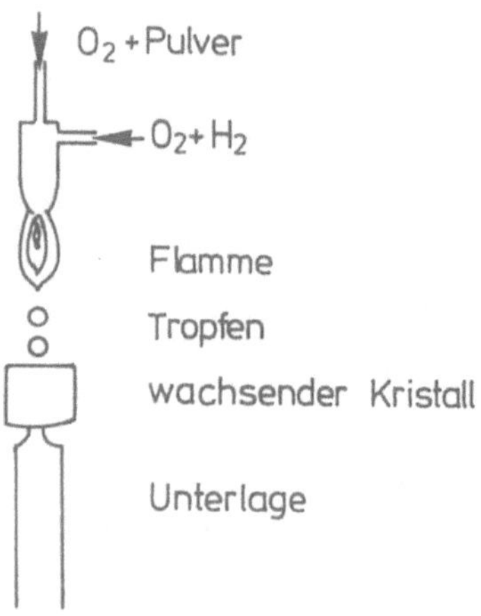

Abb. 4.1.2
Schematische Darstellung der Verneuil-Methode [Wes 84]

4.2 Herstellung dünner Schichten

Die Herstellung dünner Schichten und ihre Verwendung bilden ein schon jetzt breit bearbeitetes Gebiet, das immer noch einer dynamischen Entwicklung unterliegt. Die als Schichtsysteme hergestellten Materialien mit Kontrolle der Struktur bis in den Nanometerbereich erfordern eine hohe Reinheit schon bei der Herstellung des Volumenmaterials unter Reinraumbedingungen aus Reinstausgangsstoffen. Neben der notwendigen Reinigung des Substrats kann auch eine unter weniger definierten Bedingungen hergestellte Schicht durch die in der Einleitung zu Kap. 4 genannten Methoden gereinigt werden. Der bessere Weg führt jedoch meist über die direkte Präparation von dünnen Filmen im UHV durch Verdampfen, Sputtern usw. In Tab. 4.2.1 sind die wichtigsten Dünnfilmpräparationsverfahren aufgeführt, wobei sich normalerweise nur die ersten Verfahren (PVD) für eine UHV-Präparation eignen.

In Abb. 4.2.1 ist als Beispiel schematisch der prinzipielle Aufbau für die Bedampfung im Hochvakuum (1 mbar $< p < 10^{-7}$ mbar) bzw. Ultrahochvakuum ($p \ll 10^{-7}$ mbar) und für die Sputterabscheidung gezeigt.

Tab. 4.2.1 Präparationsmethoden für definierte niederdimensionale Systeme [Hae 87]

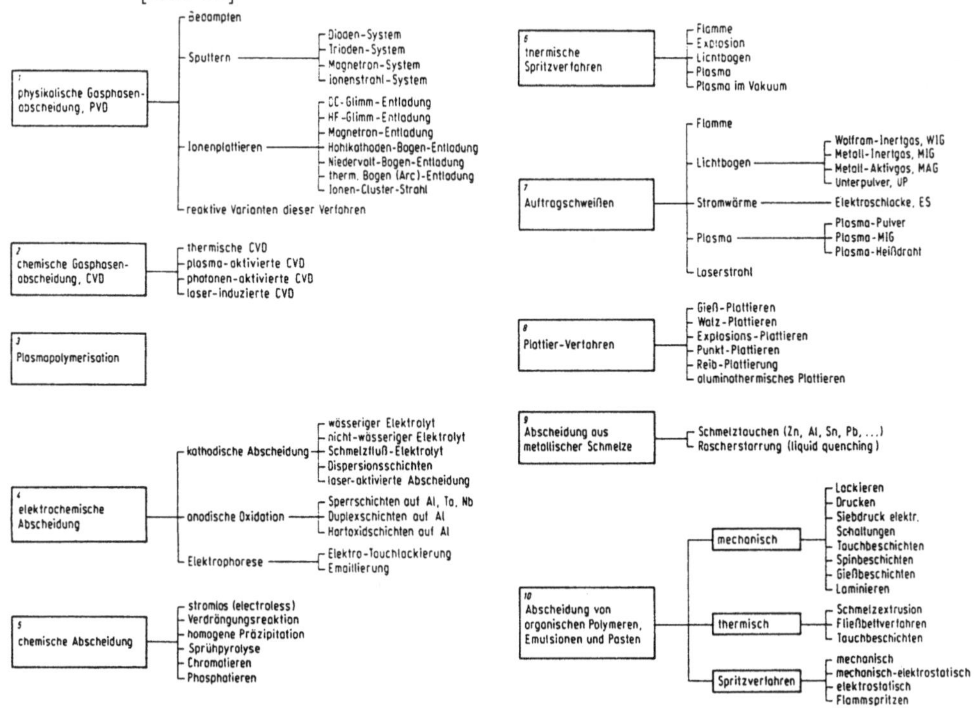

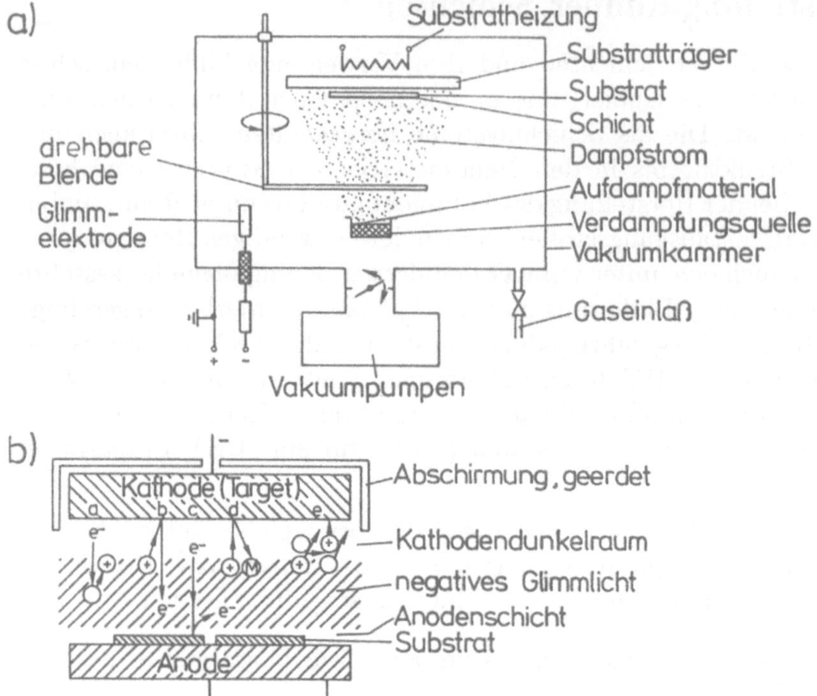

Abb. 4.2.1
a) Schematische Darstellung der Verdampfung im Hochvakuum oder Ultrahochvakuum.
Einzelne Techniken unterscheiden sich insbesondere in der Art der Verdampfungsquelle
(Elektronenstrahl, thermisch ...)
b) Schematische Darstellung von Prozessen in einer planaren Sputter-Diode: **a** Ionisation
durch Elektronenstoß, **b** ioneninduzierte Elektronenemission an der Kathode, **c** elektro-
neninduzierte Sekundäremission an der Anode, **d** Sputtern durch Ionenstoß, **e** Umladungs-
prozeß: schnelles Argonion + langsames Argonatom → langsames Argonatom + schnelles
Argonion [Hae 87]

4.2.1   Molekularstrahlepitaxie

Die Molekularstrahlepitaxie (MBE, **M**olecular **B**eam **E**pitaxy) ist ein wichtiges Bedampfungsverfahren für die Herstellung definierter Schichten im Nanometerbereich (vgl. auch Abschn. 3.10). Unter Epitaxie versteht man dabei das orientierte Wachstum einer Schicht auf der kristallinen Oberfläche
eines Substrats. In engerem Sinne muß dabei die epitaktische Schicht einkristallin, d.h. geschlossen vorliegen. Das Verfahren basiert auf der thermischen Verdampfung der Moleküle. Abb. 4.2.2a zeigt schematisch das Prinzip
für die in Abschn. 3.10 besprochenen Heteroepitaxie-Schichten aus GaAs,
$Al_xGa_{1-x}As$, $Ga_xIn_{1-x}As$ und $Al_xIn_{1-x}As$.

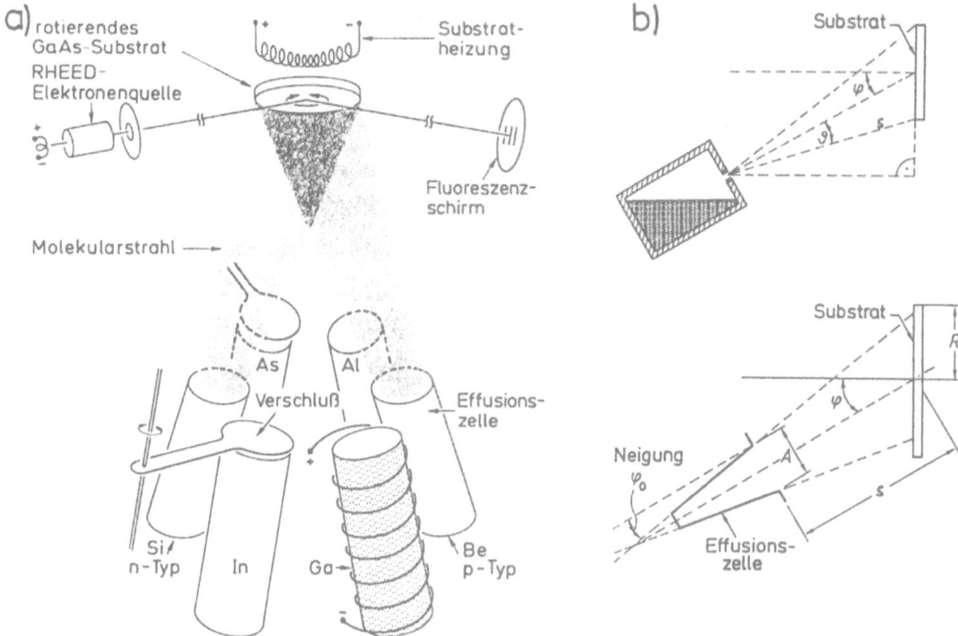

Abb. 4.2.2
a) Schematische Darstellung des MBE-Verfahrens zur Herstellung von III-V-Halbleiter-Epitaxieschichten. Mit der Beugung hochenergetischer Elektronen unter streifendem Einfall (RHEED) (vgl. [Hen 94]) wird die Einkristallinität und die Orientierung der Schicht zur Unterlage kontrolliert
b) Schematische Darstellung einer Knudsen-(Gleichgewichts-)Effusionszelle (oben) und einer Langmuir-(Nichtgleichgewichts-)Effusionszelle (unten).
Angegeben sind wichtige Parameter der Zellen: ϑ = Öffnungswinkel des Molekularstrahls, s = Abstand Effusionszellenöffnung – Substrat, A = Durchmesser der Effusionszellenöffnung, R = Radius des Substrats, φ = Einfallswinkel des Molekularstrahls zur Substratnormalen, φ_0 = konischer Neigungswinkel der Effusionszellenwand [Plo 88]

Die Wahl der Effusionszellen ist ein wichtiger Parameter im MBE-Verfahren. Sie müssen aus Materialien gefertigt sein, die auch bei hohen Betriebstemperaturen einen niedrigen Dampfdruck besitzen und nicht mit der zu verdampfenden Substanz reagieren. Häufig eingesetzt wird Bornitrid. Abb. 4.2.2b zeigt zwei prinzipielle Typen von Zellen. Knudsen-Effusionszellen haben kleine Austrittsöffnungen, um thermisch sich im Gleichgewicht befindende Atom- oder Molekülstrahlen zu erzeugen. Für technische Anwendungen wählt man jedoch meist Nichtgleichgewichts-Zellen vom Langmuir-Typ, die große Austrittsöffnungen besitzen.

Das Substrat muß für „echte" Epitaxieschichten, die ihre Orientierung nach der Unterlage ausrichten, so gewählt werden, daß die Gitterparameter von Substratoberflächen und Schicht in der gewünschten Orientierung weitge-

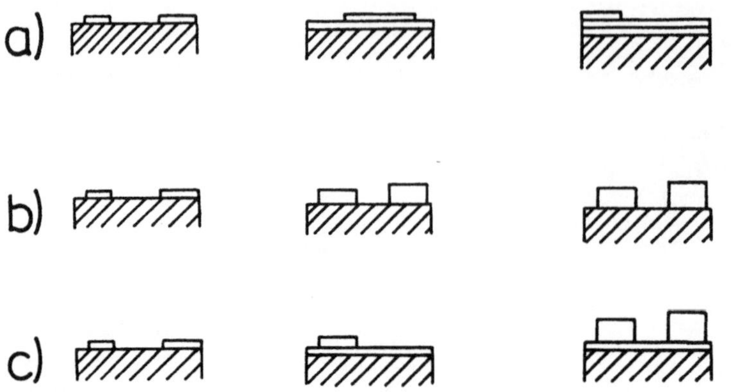

Abb. 4.2.3
Prinzipielle Schichtwachstumsmoden:
a) Frank-van-der-Merwe-(Schicht-nach-Schicht-) Wachstum
b) Volmer-Weber-(Cluster- oder Insel-) Wachstum bei starker Wechselwirkung der Schichtteilchen untereinander
c) Stranski-Krastanov-Wachstum

hend übereinstimmen, da sonst Spannungen auftreten und die Schichten reißen.

Die Substrattemperatur muß so gewählt werden, daß die auftreffenden Atome oder Moleküle eine genügend große Beweglichkeit besitzen, um einkristallines Wachstum zu ermöglichen, da die Teilchen einerseits zusammentreffen müssen, andererseits aber auch Substratrauhigkeiten eine ungleichmäßige Verteilung beim Aufdampfen durch Abschattungseffekte erzeugen. Andererseits dürfen thermisch aber noch nicht zu viele Defekte in der Schicht gebildet werden (vgl. auch Abschn. 4.1). Dies gilt jedoch nur so lange, wie die Wechselwirkung der auftreffenden Atome und Moleküle untereinander klein ist im Vergleich zur Wechselwirkung mit dem Substrat, da sonst die hohe Beweglichkeit dazu führt, daß kleine dreidimensionale Kristallite, sog. Cluster wachsen. Diese kleinen Einkristalle wachsen alle separat, so daß am Schluß eine polykristalline Schicht entsteht. Abb. 4.2.3 zeigt die drei Grundtypen des Schichtwachstums, die je nach Verhältnis der Wechselwirkungsenergien bzw. Grenzflächenspannungen (vgl. Abschn. 2.1.5.5.1) zwischen Substrat und Schichtteilchen auftreten.

Daneben gibt es noch eine Vielzahl von Zwischen- und Untertypen, auf die hier nicht eingegangen werden soll.

Wichtig ist häufig die Präparation atomar scharfer Grenzflächen. Der Erfolg kann z.B. mit dem Transmissionselektronenmikroskop (TEM, vgl. [Göp 94]) nachgewiesen werden (Abb. 4.2.4).

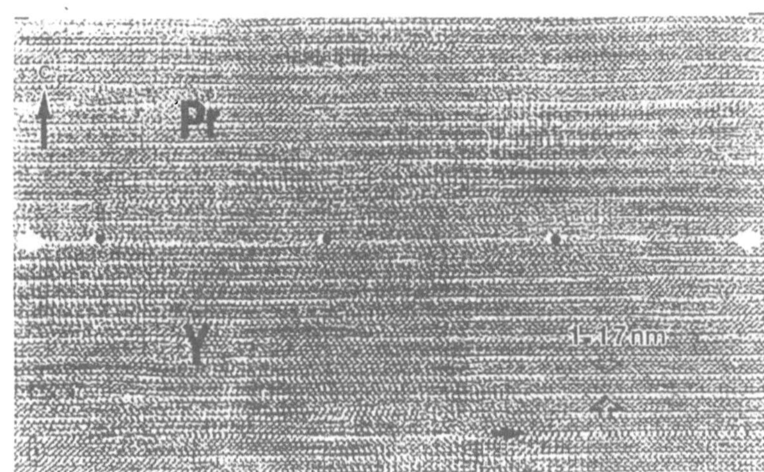

Abb. 4.2.4
TEM-Aufnahme einer Heterostruktur eines 70 nm dicken $YBa_2Cu_3O_7$-(„Y"-)Films und eines $PrBa_2Cu_3O_7$-(„Pr"-)Films der gleichen Dicke [Urb 90]

4.2.2 Chemische Gasphasenabscheidung (CVD)

CVD-Verfahren haben heute schon in vielen technologischen Bereichen, insbesondere in der Halbleiterindustrie und im Maschinen- und Apparatebau, die PVD-Verfahren an Bedeutung übertroffen. Tab. 4.2.2 zeigt typische Materialien, die über CVD-Verfahren abgeschieden werden können.

Tab. 4.2.2 Typische CVD-abscheidbare Materialien

Metalle und Halbleiter:
- Al, As, Au, B, Bi, C, Co, Cr, Cu, Ge, Hf, Mo, Nb, Ni, Os, Pb, Pd, Pt, Re, Rh, Sb, Si, Sn, Ta, Ti, U, V, W

Boride:
- AlB_x, HfB_x, NbB, NiB_x, SiB_x, ThB_x, TiB_2, VB_2, WB, ZrB_2

Karbide:
- B_4C, CrC, Cr_3C_2, Cr_7C_3, HfC, MoC, Mo_2C, NbC, Nb_2C, SiC, ThC, TaC, Ta_2C, TiC, ThC, VC, W_2C, ZrC

Nitride:
- BN, HfN, NbN, Si_3N_4, TaN, TiN, VN, ZrN

Oxide:
- Al_2O_3, BeO, Cr_2O_3, SiO_2, SiO_xN_y, SnO_2, TiO_2, ZrO_2

Silizide:
- MoSi, V_3Si

Intermetallische Verbindungen:
- Nb_3Sn

Im Gegensatz zu den physikalischen Methoden entstehen bei CVD-Prozessen die Schichten durch eine chemische Reaktion von reaktiven gasförmigen Ausgangsstoffen („Precursor"), die in einem inerten Trägergas in den Reaktor gebracht werden. Das Hauptprodukt fällt als Feststoff an, die restlichen Stoffe müssen flüchtig sein. Je nach Prozeßführung wird die Reaktion thermisch, plasma- oder photonen-aktiviert bzw. laser-induziert. Technisch eingesetzt werden v.a. die ersten beiden Methoden, deren Aufbau schematisch in Abb. 4.2.5 gezeigt ist.

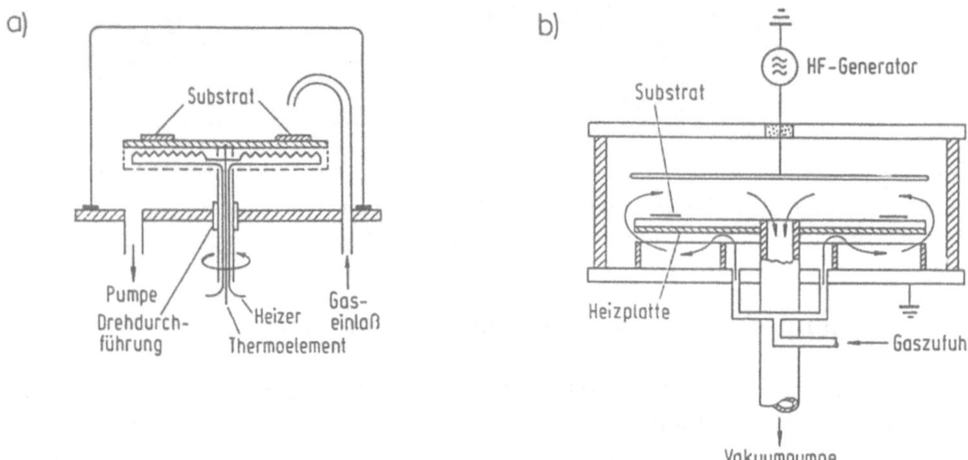

Abb. 4.2.5
a) Thermischer CVD-Reaktor mit Widerstandsheizung
b) Plasma-CVD-Reaktor mit kapazitiver Hochfrequenzeinkopplung

Beim *thermischen CVD-Prozeß* findet die Reaktion (Reduktion, Oxidation, Pyrolyse...) in der Dampfphase nahe oder auf dem Substrat bei erhöhter Temperatur (200–2000°C) und Drücken $p \leq 1$ bar statt. Ein Beispiel ist die Herstellung von Silicium, die wir in Abschn. 4.4.1 besprechen werden, ein anderes die Produktion von Lichtwellenleitern aus hochreinem SiO_2 durch Oxidation von $SiCl_4$ mit O_2 bei 1700°C.

Für die Steuerung des CVD-Prozesses sind Kenntnisse der Thermodynamik und der Reaktionskinetik unerläßlich. Aus den thermodynamischen Daten lassen sich die günstigsten Betriebsparameter (Temperatur und Druck) bestimmen (vgl. Abschn. 2.1.5.1). Die Kinetik ist wichtig, um die Depositionsrate zu bestimmen. Diese kann nämlich entweder durch die Temperatur des Substrats oder die Strömungsgeschwindigkeit des Gases bestimmt sein.

Beim *plasma-aktivierten CVD-Prozeß* wird dem Gas die Energie durch ein Plasma zugeführt. In einem Plasma liegen Atome und Moleküle nicht als neutrale Teilchen im energetischen Grundzustand vor, sondern als Ionen, Elektronen und angeregte Neutralteilchen (vgl. Einleitung zu Kap. 4). Ein Plasma läßt sich z.B. durch Niederdruck-Glimmentladung oder durch ein Hochfrequenzfeld erzeugen. Da die Moleküle im Plasma bereits im angeregten Zustand oder gespalten vorliegen, kann der Plasma-CVD-Prozeß bei wesentlich tieferen Temperaturen ablaufen als der thermische. Ein Nachteil liegt darin, daß die Reaktionen im Plasma längst nicht so gut bekannt sind wie die üblichen Prozesse, so daß hier eine Vorhersage der günstigsten Prozeßparameter durch thermodynamische oder kinetische Berechnungen sehr viel schwerer ist. Wichtig ist der Plasma-CVD-Prozeß zur Herstellung von SiO_2 (z.B. aus SiH_4 und N_2O), Si_3N_4 (z.B. aus SiH_4 und N_2 oder NH_3) sowie Si-Oxinitriden zur Passivierung von mikroelektronischen Bauelementen (vgl. Abschn. 4.4.2) oder von amorphem Silicium (α-Si:H) für Dünnschicht-Solarzellen oder Photorezeptoren für die Elektrophotographie.

4.2.3 Selbstorganisierte Schichten

Der Aufbau von selbstorganisierten Mono- oder Multilagenschichten wurde schon kurz in Abschn. 3.13 angesprochen. Die wichtigste Technik ist dabei die Langmuir-Blodgett-(LB-)Technik. Dazu werden die Moleküle auf einer Wasseroberfläche verteilt. Anschließend werden sie zusammengeschoben, bis sie eine monomolekulare Schicht ausbilden. Man erkennt dies daran, daß der zweidimensionale Druck stark ansteigt, wenn ein zweidimensionaler Festkörper entstanden ist. Abb. 4.2.6 zeigt die Herstellung solcher LB-Filme durch Aufziehen auf Substrate bei konstantem zweidimensionalem Druck. Diese Schichten können zusätzlich entweder vor oder nach dem Aufziehen vernetzt werden und so geordnete Polymerfilme bilden.

Um saubere, geordnete Schichten zu erhalten, müssen die eingesetzten Moleküle sehr rein sein, und es muß Reinstwasser verwendet werden. Um Verschmutzungen aus der Atmosphäre zu vermeiden, werden LB-Tröge meist in Reinräumen, Glove-Boxen oder Laminar-Strömungs-Boxen aufgestellt.

Zwei andere Methoden, die unter dem Namen „Self-Assembly"-Schichtherstellung bekannt sind, zeigt Abb. 4.2.7.

In beiden Fällen werden die Substrate in eine Lösung getaucht, die die schichtbildenden Moleküle enthält. Diese reagieren chemisch mit der Oberfläche und bilden dort kovalente Bindungen aus. Die Beschichtung von SiO_2-Oberflächen (Glas, Si-Wafer mit Oxidschicht) oder Gold mit organischen Schichten ist z.B. für die in Abschn. 3.8.2 und 3.15 angesprochene Kopplung biologischer Strukturen an anorganische Substrate, insbesondere solchen der Mikroelektronik, von größter Bedeutung. Dabei erhält man v.a. bei

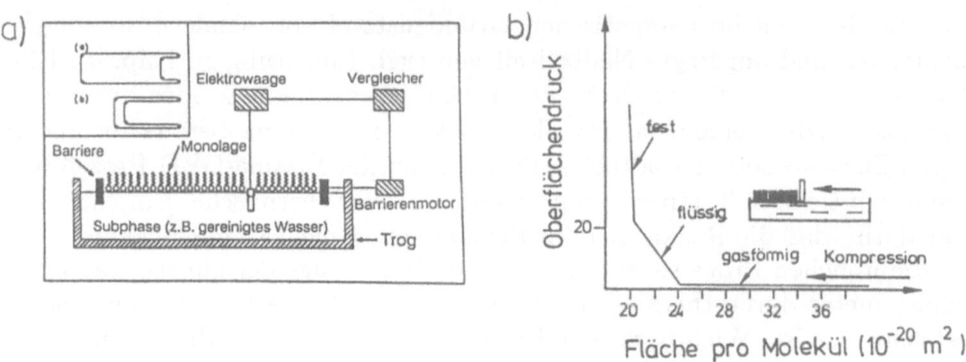

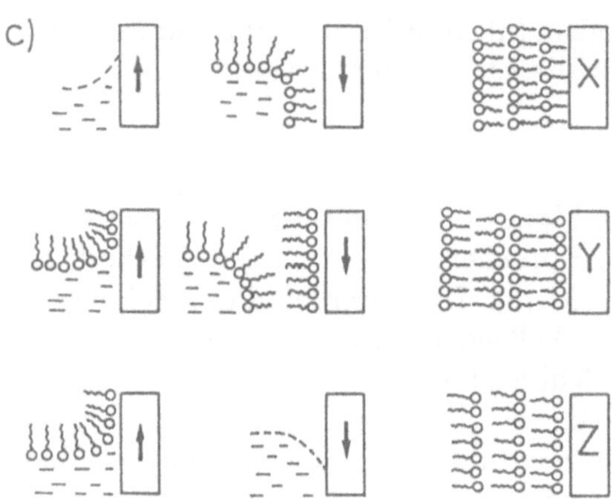

Abb. 4.2.6
a) Schematischer Aufbau eines Langmuir-Trogs
b) Typische Oberflächendrücke pro Einheitsfläche für drei Phasen von auf der Oberfläche ausgespreiteten Molekülen
c) Verschiedene Typen der LB-Film-Abscheidung

den Thiolschichten häufig einen hohen Ordnungsgrad in den Filmen, ähnlich dem in LB-Schichten. Dabei muß aber in beiden Fällen beachtet werden, daß die Alkylketten meist nicht senkrecht, sondern mit einem Tiltwinkel zum Substrat stehen. Dadurch bilden sich Domänen geordneter Bereiche aus. Darüberhinaus sind lange Alkylketten sehr beweglich, so daß die Schichten oft eine hohe Dynamik haben. Die Silanschichten lassen sich auch kurzkettig herstellen, zeigen dann aber nur eine geringe Ordnung. Das Hauptproblem dieser Schichten liegt darin, daß sie leicht dreidimensional über die drei funktionellen Gruppen vernetzen und dann dicke Polymerschichten bilden, die nicht immer erwünscht sind. Monofunktionelle Silane sind dagegen meist zu

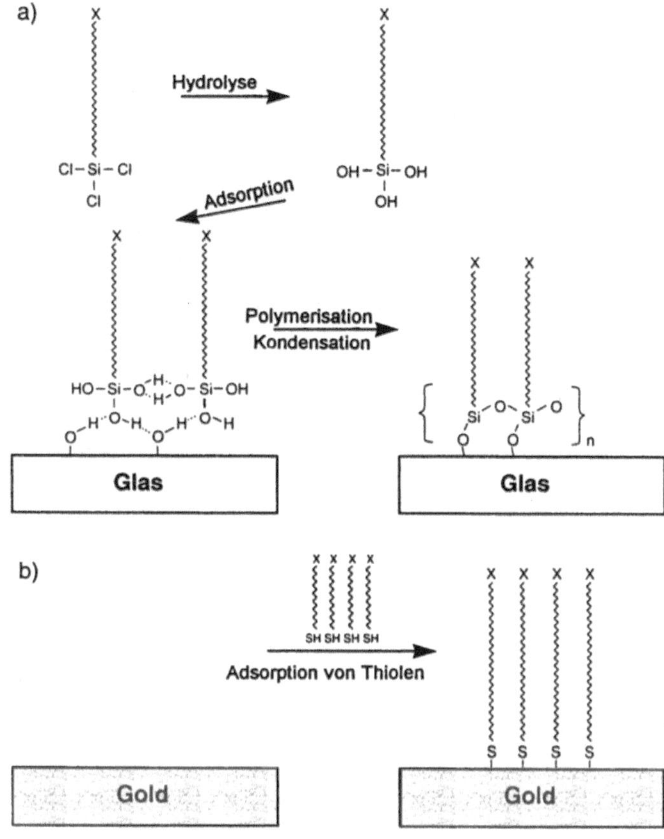

Abb. 4.2.7
a) Herstellung von „Self-Assembly"-Alkylsilanschichten auf SiO_2-Substraten.
b) Herstellung von „Self-Assembly"-Thiolschichten auf Au-Substraten.
X kennzeichnet eine funktionelle Gruppe, die z.B. für die kovalente Ankopplung einer weiteren Schicht verwendet werden kann [Cha 92].

wenig reaktiv. Der Vorteil gegenüber der LB-Technik liegt in der größeren Flexibilität in der Auswahl der Moleküle, da keine langen Alkylketten nötig sind. Analog zu diesen aus der Lösung kovalent angekoppelten Schichten kann man auch eine chemische Ankopplung (Chemisorption) aus der Gasphase durchführen [Göp 94]. Beide in Abb. 4.2.7 dargestellten Methoden sind apparativ sehr einfach („Becherglas-Chemie"). Ihr Nachteil besteht darin, daß chemische Reaktionen praktisch nie mit 100% Ausbeute ablaufen, so daß nur wenige Schichten gut übereinander präpariert werden können und auch diese häufig hohe Defektanteile zeigen.

In allen drei Fällen kann man Moleküle aufbringen, die am Ende eine weitere funktionelle Gruppe tragen. Dort kann in einem zweiten Schritt eine weitere Schicht kovalent angekoppelt werden, so daß auch mit diesen Verfahren Multischichten aufbaubar sind.

4.2.4 Modifizierung

Alle mit den in Tab. 4.2.1 beschriebenen Methoden hergestellten reinen Oberflächen können anschließend modifiziert werden, wobei systematische Studien am besten unter thermodynamisch kontrollierten Bedingungen (konstante Temperatur, chemische, elektrochemische und elektrische Potentiale, Lichtintensität, ...) durchgeführt werden.

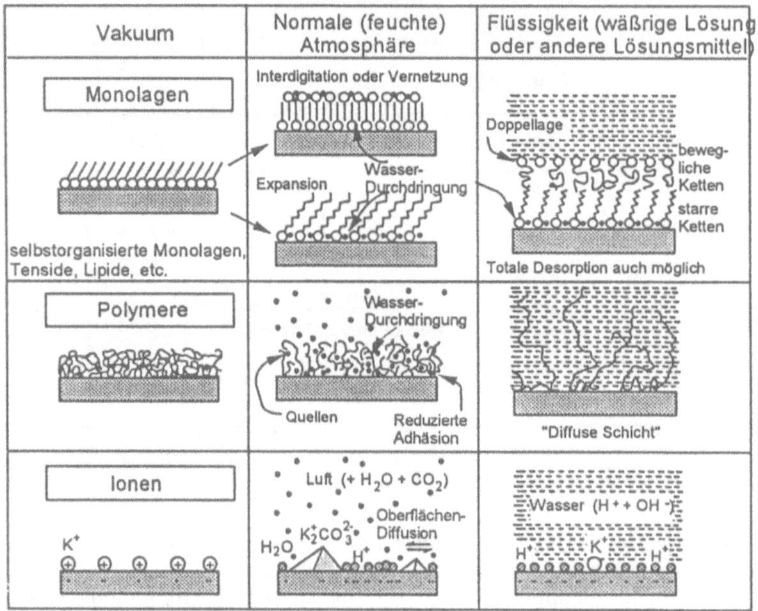

Abb. 4.2.8
Effekte von Vakuum, normaler Atmosphäre und Flüssigkeiten auf Tensid- und Polymerfilme sowie auf ionische Schichten [Swa 87]

Abb. 4.2.8 zeigt typische Beispiele, bei denen selbst nach kontrollierter Abscheidung der Einfluß der Atmosphäre entscheidenden Einfluß auf die Filmcharakteristik hat.

4.3 Strukturierung

Während bei der Schichtherstellung im allgemeinen Nanometerdimensionen lediglich in der Schichtdicke (z-Orientierung) auftreten, zielen aufwendigere Technologien darauf hin, auch innerhalb der Schicht Nanometerabmessungen kontrolliert herzustellen. Dabei sollen Punkt- (0D-), Linien- (1D-), Flächen- (2D-) und räumliche (3D-) Strukturen erzeugt werden.

Einige Beispiele für mikro- oder nanostrukturierte niederdimensionale Systeme mit z.T. heute schon praktischer Bedeutung sind (opto-)elektronische Bauteile in der Quantenelektronik, in der integrierten Optik mit Beugungsgittern und Zonenplatten für die Röntgenoptik, Halbleiterlaser, Modulatoren, optische Schalter, Photodioden oder Nichtleiter-Bahnen sowie Lichtleiterfaserkopplungen, Multiplexer etc. für Sensoren und mikromechanische Bauelemente wie beispielsweise Stecker, Turbinen, Zahnräder, Motoren, Greifer, Pinzetten, Düsen, Ventile oder Filter.

Tab. 4.3.1 faßt typische Strukturierungsverfahren zusammen.

Tab. 4.3.1 Typische Strukturierungsverfahren für Dünnschichten

Lithographische Prozesse
- Photolithographie
- Röntgenlithographie
- Ionenstrahllithographie
- Elektronenstrahllithographie

Naßchemische Tiefenätztechnik
- Anisotrope Ätzverfahren
- Isotrope Ätzverfahren

Trockenätzprozesse
- Sputterätzen
- Ionenstrahlätzen
- Reaktives Ionenätzen
- Reaktives Ionenstrahlätzen
- Plasmaätzen

Meist erfolgt die Strukturierung im sogenannten Batchverfahren, bei welchem die gesamte Oberfläche einer Ätzflüssigkeit ausgesetzt oder großflächig mit Teilchen bestrahlt wird. Da immer nur bestimmte Flächen des Substrats diesem Bearbeitungsschritt ausgesetzt werden sollen, werden die anderen Flächen durch eine sogenannte Resistschicht abgedeckt, die zuvor lithographisch strukturiert wurde (s. Abschn. 4.3.2).

4.3.1 Ätzverfahren

Früher wurden hauptsächlich *Naßätzverfahren* eingesetzt, die meistens isotrop sind, d.h. die Ätzgeschwindigkeit ist von der Ätzrichtung unabhängig. Dies hat den Nachteil, daß keine sehr feinen Strukturen erzeugt werden können, da auch Material unter dem Resist abgetragen wird (Unterätzen), so daß die Strukturen keine steilen Kanten aufweisen. Eine Ausnahme ist das anisotrope Ätzen von Silicium mit einer Mischung aus Ethylendiamin, Brenzkatechin und Wasser oder KOH in Wasser (Abb. 4.3.1). Dieses wird v.a. in der Si-Mikromechanik ausgenutzt (vgl. Abschn. 4.4.3.1).

Das Verhältnis der Ätzraten senkrecht zu den Flächen (100) und (111) verhält sich dabei ungefähr wie 400:1. Die (111)-Ebene wirkt damit als natürliche Ätzstoppschicht und wird dadurch beim Ätzprozeß bevorzugt ausgebildet. Wie in Abb. 4.3.1b gezeigt, bilden sich damit auf einer (100)-

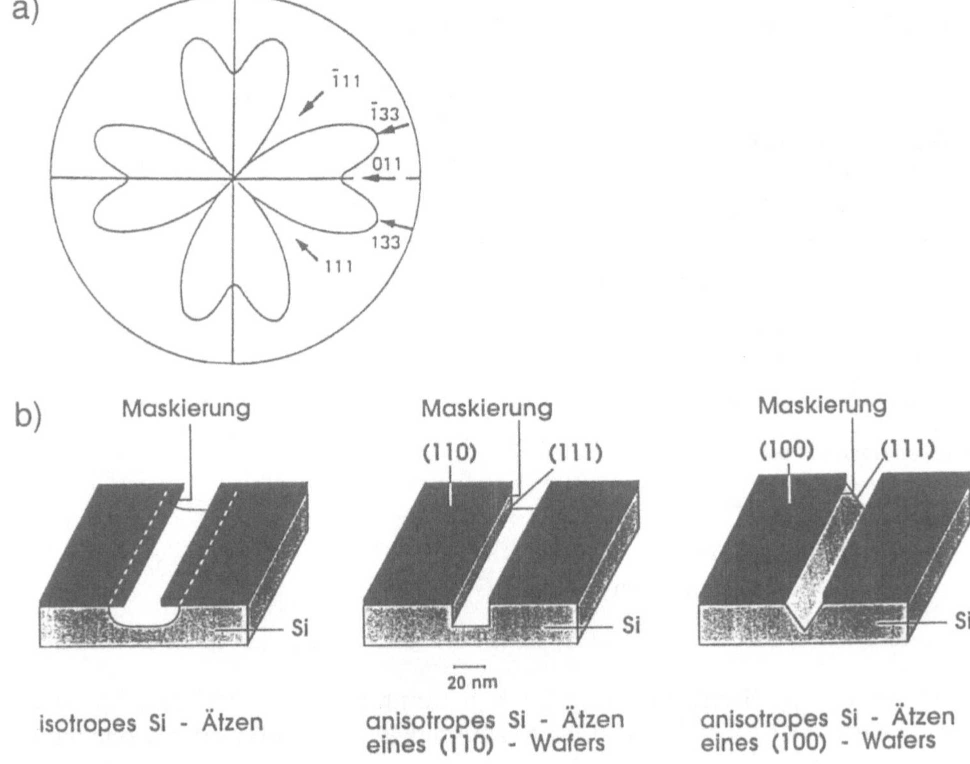

Abb. 4.3.1
a) Ätzraten auf Silicium als Funktion der Oberflächenrichtung
b) Vergleich von isotropem Ätzen sowie anisotropem Ätzen von Si(110)- und Si(100)-Wafern (Quelle: Institut für Mikrotechnik Mainz)

Fläche rechtwinklige Gräben mit v-förmigen Vertiefungen aus, deren Seitenwände einen Öffnungswinkel von 110° besitzen, da die (111)- und die (100)-Ebene einen Winkel von 55° einschließen.

Auf (110)-Wafern bilden sich Gräben mit senkrechten Wänden aus, da einige der (111)-Ebenen senkrecht zur (110)-Oberfläche stehen. Von oben gesehen sind diese Strukturen allerdings nicht rechtwinklig, da die (111)-Ebenen untereinander einen Winkel von 70,5° bzw. 109,5° bilden.

Die erzeugten Strukturen richten sich immer nur nach den Kristallrichtungen aus. Eingesetzte Masken bestimmen nur die Maximalausdehnungen. Abb. 4.3.2 zeigt Ätzstrukturen, die durch unregelmäßige bzw. schlecht ausgerichtete Masken erzeugt werden.

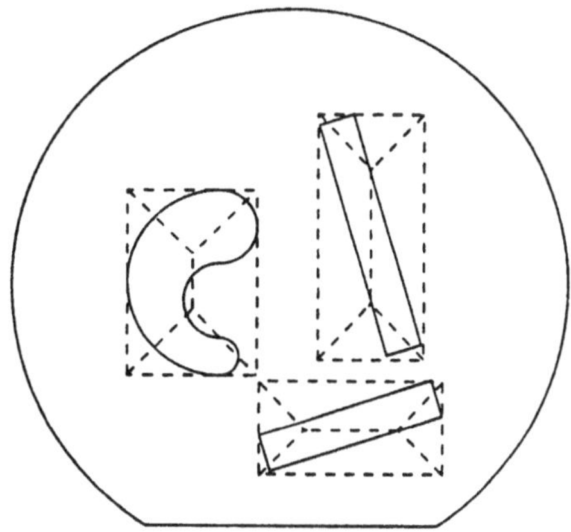

Abb. 4.3.2
Ätzstrukturen (gestrichelt), die bei unregelmäßigen oder schlecht justierten Masken (durchgezogen) entstehen [Men 93]

Man kann den Ätzvorgang auch durch spezielle Ätzstoppschichten unterbrechen und somit andere Strukturen erzeugen. Insbesondere lassen sich so auch Strukturen mit schrägen Kanten und flachem Boden erzeugen (Abb. 4.3.3).

Solche Ätzstoppschichten sind entweder epitaktische Schichten, die mit sehr hohen Mengen von ca. $2 \cdot 10^{20}$ Boratomen pro cm^3 dotiert sind, oder ein flächenhafter pn-Übergang, an den eine Spannung angelegt wird, die bei Erreichen des pn-Überganges umgepolt wird.

Heutzutage werden anisotrope Ätzverfahren auch unter Laserbestrahlung durchgeführt. Durch die Bestrahlung werden die zentralen Bereiche unter dem Loch der Maske amorphisiert, d.h. in diesem Bereich existiert keine

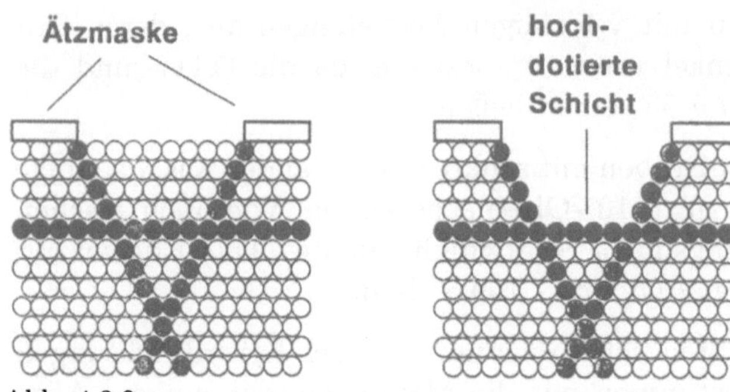

Abb. 4.3.3
Herstellung von Gruben mit schrägen Wänden und flachem Boden durch anisotropes
Ätzen bei eingebauter Ätzstoppschicht [Men 93]

Ätzstopschicht. Erst nach dem gezielten Unterätzen der Maske erfolgt ein
Ätzstop an der nächsten (111)-Ebene. Dadurch wird die Herstellung neuer
Formen möglich. Ein Beispiel zeigt Abb. 4.3.4

Die *Trockenätzverfahren* zeigen eine hohe Anisotropie und ermöglichen dadurch eine Strukturierung mit relativ steilen Kanten. Bei diesem Verfahren
liegen die ätzenden Medien gasförmig vor. Dabei unterscheidet man inakti-
ve Ionen, reaktive Ionen, reaktive neutrale Gase und reaktive Radikale, die
in einem Plasma erzeugt werden. Der Ätzprozeß kann dabei einerseits chemisch, aber auch rein physikalisch durch das Auftreffen der Teilchen auf die
Substratoberfläche erfolgen. Dabei ist die Selektivität für bestimmte Materialien nur bei den chemischen Ätzprozessen hoch, wobei jedoch der physikalische Ätzprozeß eine höhere Anisotropie und damit steilere Strukturkanten
erzeugt. Zur Beschreibung der einzelnen Ätzverfahren siehe z.B. [Men 93].

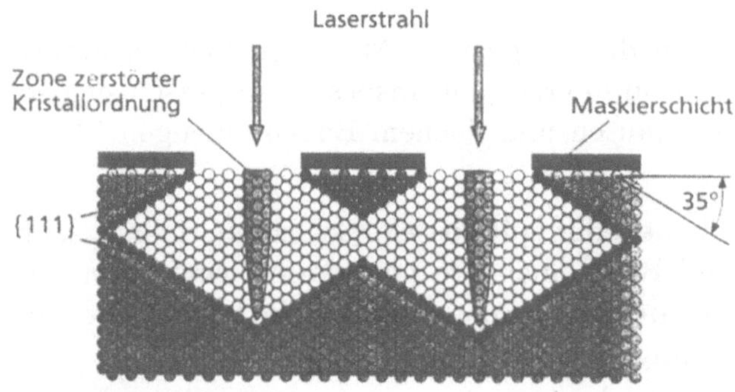

Abb. 4.3.4
Schematische Darstellung des laserunterstützten anisotropen Ätzens auf einem Si(110)-
Wafer [Sch 94]

4.3.2 Lithographie

Wie oben erwähnt ätzt man üblicherweise Oberflächen, die durch ein Resist zum Teil abgedeckt sind. Dieser Resist wurde vorher durch lithographische Techniken vorstrukturiert, so daß Teile des Substrats freiliegen und andere Teile abgedeckt sind (Abb. 4.3.5). An den freien Stellen kann nach dem Abätzen der SiO_2-Schicht entweder der Halbleiter selbst geätzt werden, es können aber auch z.B. das Wachstum einer neuen Schicht, eine Dotierung der Schicht oder Lift-off-Prozesse durchgeführt werden (vgl. Abschn. 4.4.2.1).

Vor der eigentlichen Lithographie wird der Photoresist, ein photoempfindliches organisches Material, auf die Oberfläche durch sog. „Spin coating" auf-

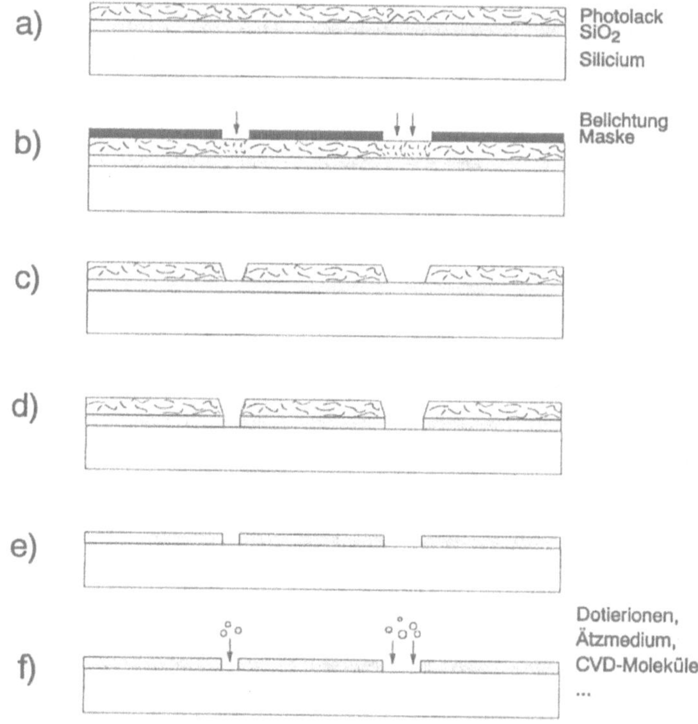

Abb. 4.3.5
Schematische Darstellung der Photolithographie
a) Aufbringen des Photolacks (hier: positiver Photolack)
b) Justierung der Maske, Belichtung
c) Ablösen der belichteten Stellen
d) Ätzen der Passivierungsschicht
e) Ablösen des Photolacks
f) Weiterverarbeitung (evtl. *vor* Entfernen des Photolacks)

gebracht, d.h. die Substanz wird auf das rotierende Substrat aufgesprüht. Wichtig ist die gute Haftung des Resists, so daß die Substratoberflächen häufig mit Haftvermittlern (vgl. Abschn. 3.2) vorbehandelt werden. Anschließend wird bei leicht erhöhten Temperaturen der Photoresist ausgetrocknet.

Im lithographischen Schritt wird der strahlungsempfindliche Film, der sogenannte Resistfilm, durch eine Maske beleuchtet. Dabei kann die Maske je nach benötigter Strukturübertragungsgenauigkeit in verschiedenem Abstand zum Film sein (Abb. 4.3.6).

Die „Beleuchtung" kann aus UV- oder Röntgenphotonen, Elektronen oder Ionen bestehen. Die Bestrahlung verändert den Resistfilm. Häufig entsteht ein Polymer, so daß der unbelichtete (unpolymerisierte) Teil abgelöst werden kann (*negativer Photoresist*). In anderen Fällen bleibt gerade der unbelichtete Teil auf der Struktur stehen, und der belichtete Resist, der z.B. durch

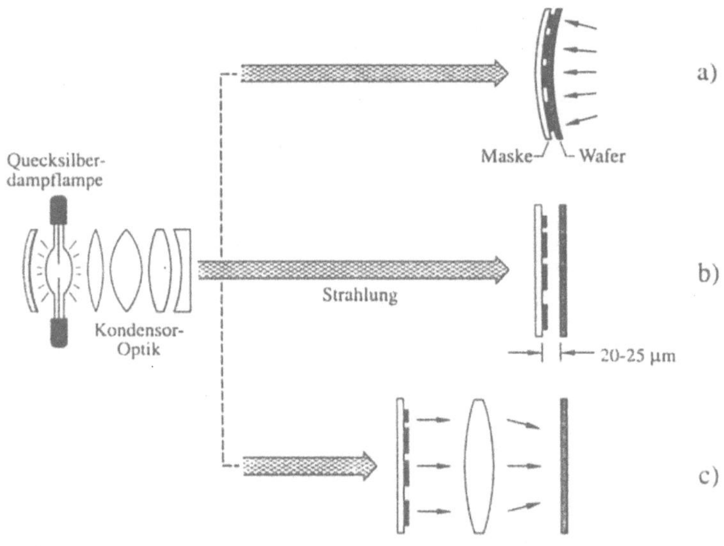

Abb. 4.3.6
Schematische Darstellung der Übertragung der Maskenstrukur auf den Si-Wafer [Sch 91]:
a) Kontaktlithographie, bei der Maske und Wafer fest zusammengepreßt sind. Dadurch wird die Übertragung der Struktur sehr genau, es besteht aber die Gefahr der Beschädigung der (teuren) Maske.
b) „Proximity"-Verfahren, bei dem die Maske durch den Abstand zum Wafer geschont wird, aber die Übertragungsqualität leidet, und
c) Projektionslithographie, bei der die Maske optisch auf den Wafer abgebildet wird. Auch hier wird die Maske geschont, die Belichtung großer Flächen erfordert allerdings homogene Lichtquellen (vgl. Abschn. 4.4.2.1).

a)

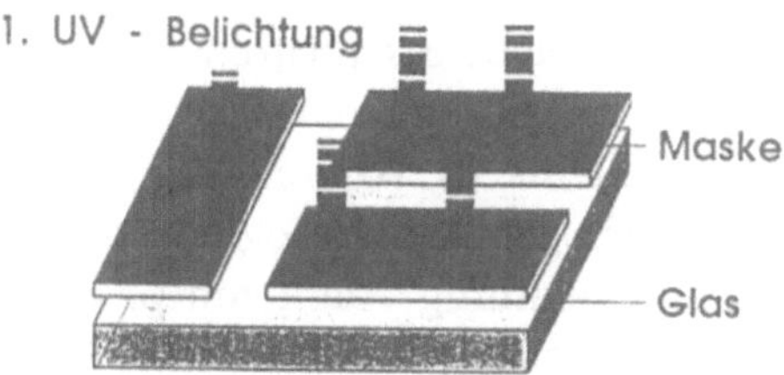

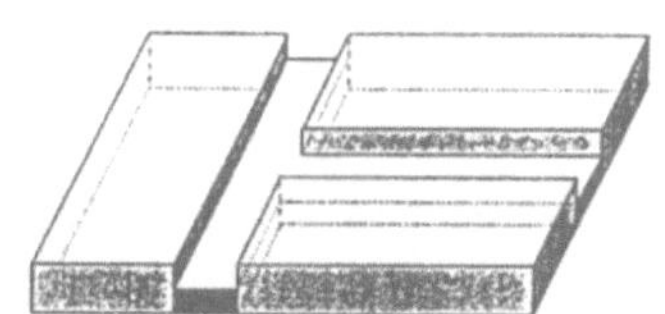

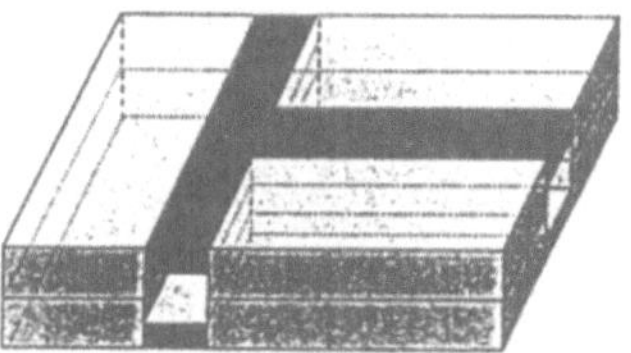

b)

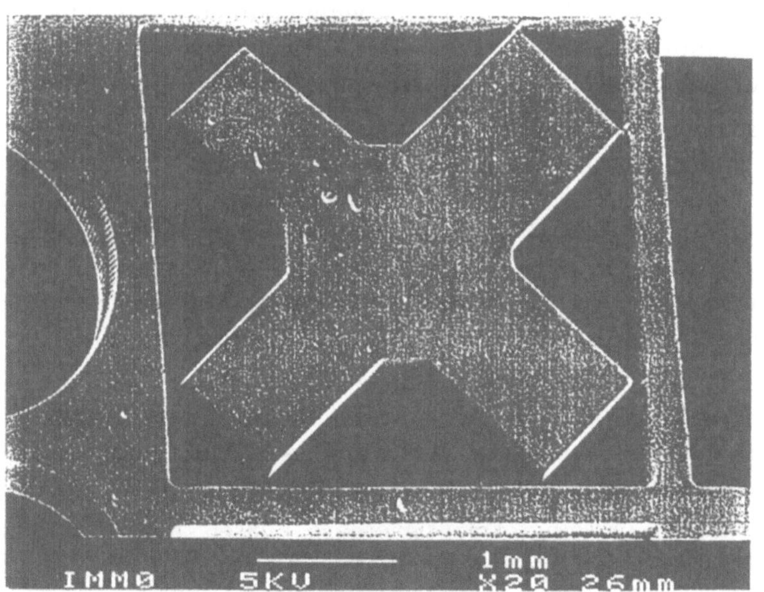

Abb. 4.3.7
a) Schematische Darstellung für die Herstellung von Mikrobauteilen mit photostrukturier-
barem Glas (Foturan®)
b) Teststruktur
(Quelle: Institut für Mikrotechnik Mainz)

die Belichtung von einer hochmolekularen in eine niedermolekulare Substanz überführt wurde, wird entfernt (*positiver Photoresist*).

Bei der Verwendung von UV-Licht lassen sich so Strukturen im Mikrometerbereich herstellen. Beim Einsatz von höherenergetischen Excimerlasern (vgl. Abschn. 2.5.3) lassen sich aufgrund der kleineren Wellenlänge entsprechend kleinere Strukturen erzeugen. Röntgenlithographie ermöglicht aufgrund der verwendeten Wellenlängen in der Größenordnung von 1 nm prinzipiell eine feine Strukturierung im Submikrometerbereich mit sehr großer Schärfentiefe von mehreren Mikrometern. Die Ionenstrahllithographie nutzt fokussierte Ionenstrahlen mit lateralen Auflösungen in der Größenordnung von 30 nm aus. Ionen- und Elektronenstrahlen lassen sich gut fokussieren, so daß eine maskenlose Lithographie möglich ist, bei der die zu belichtenden Stellen einzeln nacheinander bestrahlt werden. Da keine parallele Bestrahlung möglich ist wie bei Photonen, ist der Prozeß zeit- und kostenaufwendig. Man verwendet deshalb die Elektronen- und die Ionenstrahllithographie insbesondere bei Einzelanfertigungen oder wenn besonders feine Strukturen benötigt werden. Bei der Elektronenstrahllithographie beherrscht man heute Strukturbreiten der Größenordnung von 10–100 nm. Eine alternative Technik ist das Laserstrahlschreiben, bei dem der Photolack ebenfalls direkt beeinflußt wird. Breiteres Entwicklungspotential steckt in der Verwendung holographischer Masken, die eine beugungsarme Abbildung ermöglichen.

Neuere Entwicklungen zielen darauf, Strukturen auch im Nanometerbereich zu erzeugen (vgl. auch Abschn. 4.3.3). Prinzipiell lassen sich z.B. Elektronenstrahlen auf wenige Nanometer fokussieren, die erzeugten Strukturen sind aber wie oben erwähnt im Bereich von zig bis hunderten von Nanometern. Dies wird vor allem darauf zurückgeführt, daß in der Polymerschicht Sekundärelektronen erzeugt werden, die zu einer Strukturverbreiterung führen. Verbesserungen erfordern daher gezielte Materialuntersuchungen von elektronenstrahlinduzierten Schädigungen.

Die Strukturierung von Halbleiterbauelementen wird als zentraler Prozeßschritt in der Planartechnologie eingesetzt, auf die wir in Abschn. 4.4.2.1 näher eingehen werden.

Eine Neuentwicklung sind photostrukturierbare Gläser, aus denen man transparente und v.a. isolierende Bauteile herstellen kann (Abb. 4.3.7).

4.3.3   Nanostrukturierung mit STM und SFM

Neue Überlegungen in der Lithographie zielen u.a. darauf, die Tunnelspitze eines STMs (vgl. Abschn. 1.2) als extrem fokussierte Quelle niederenergetischer Elektronen anstelle von elektromagnetisch geführten Elektronenstrahlen für die Elektronenstrahllithographie zu verwenden. Für die Strukturierung von Vorteil sind das hohe Feld zwischen der feinen Tunnelspitze und dem Substrat sowie die Möglichkeit, durch die Piezoelemente eine sehr feine Abrasterung der Probe zu erzielen. Die geringe Primärenergie der Elektronen vermindert den oben beschriebenen Effekt der Auslösung von Sekundärelektronen, begrenzt aber auch die Dicke der zu strukturierenden Schicht wegen der resultierenden geringen mittleren freien Weglänge sehr stark. Bisher mit der STM-Lithographie erzeugte Strukturen erreichen nur die auch mit konventioneller Elektronenstrahllithographie zu erzielenden Strukturbreiten von einigen zehn Nanometern. Die zum Beschreiben der gleichen Fläche benötigte Zeit ist jedoch 10^6-mal größer! Ob die STM-Lithographie deshalb zu einer konkurrenzfähigen Technologie entwickelt werden kann, bleibt zumindest fraglich.

Das STM und das SFM (vgl. Abschn. 1.4.2) können jedoch auch in einer Vielzahl anderer Experimente zur Strukturierung eingesetzt werden, von denen einige in Abb. 4.3.8 gezeigt sind. Dabei können die Strukturen me-

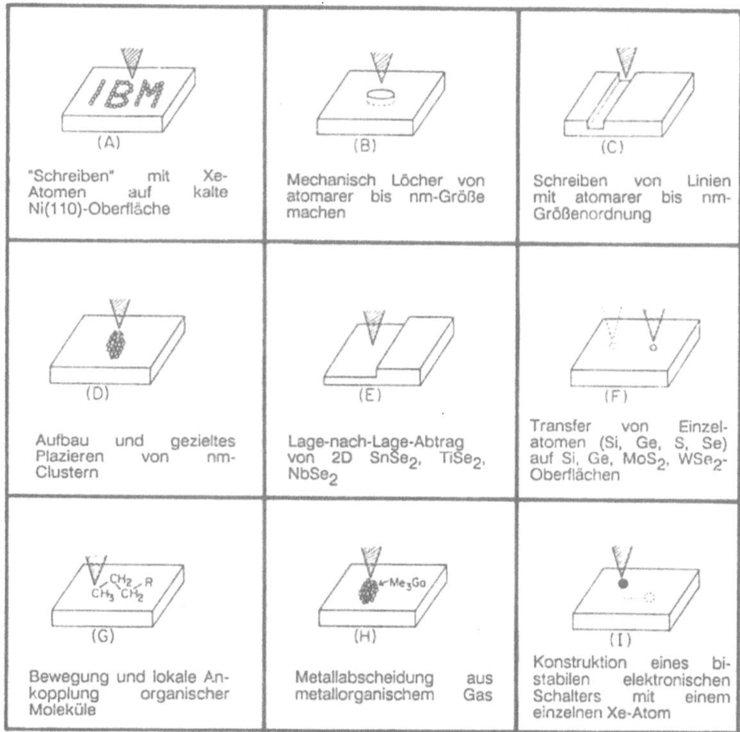

Abb. 4.3.8
Manipulationen auf atomarer Ebene mit einem STM- oder SFM-Tip [Ozi 92]

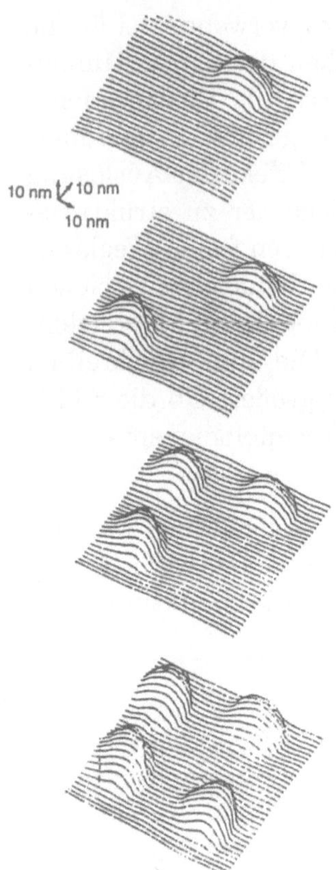

Abb. 4.3.9
STM-induziertes Oberflächenschmelzen aufgrund hoher Stromdichten und dadurch erzeugter lokaler Wärme auf einer $Rh_{25}Zr_{75}$-Oberfläche [Sta 87]

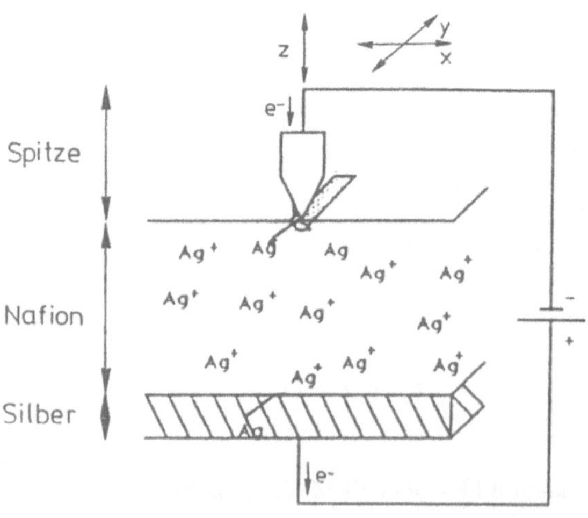

Abb. 4.3.10
Schematische Darstellung einer Methode zur festkörperelektrochemischen Abscheidung von Silber auf Nafion-Filmen [Cra 88]

chanisch, thermisch, chemisch, durch das elektrische oder durch das magnetische Feld erzeugt werden.

Die hohen Stromdichten, die in einem STM auftreten, lassen sich z.B. zum Oberflächenschmelzen von Gläsern verwenden, in denen Kegel mit Durchmessern unter 10 nm erzeugt werden können (Abb. 4.3.9). In anderen Fällen wurde das STM als stark fokussierte Elektronenquelle verwendet, jedoch in einem Abstand von ca. 100 nm. In diesem Abstand wirkt die Tunnelspitze wie eine Feldemissionsquelle. Bringt man ein reaktives Gas in den Elektronenstrahl, so lassen sich wie im CVD-Verfahren die Moleküle im Elektronenstrahl zersetzen. So konnten beispielsweise Nickelstrukturen in der Größenordnung von 10 nm durch Zersetzung von Nickeltetracarbonyl hergestellt werden [Ehr 88]. Die Herstellung von Silberstrukturen in Nafion ist in Abb. 4.3.10 gezeigt. Der kleinste Schritt bezüglich der Größenordnung gezielt erzeugter Strukturen ist die Manipulation von einzelnen Molekülen (vgl. Abb. 4.3.11) oder von Einzelatomen (Abb. 4.3.12).

Eine prinzipiell andere Form der Strukturierung besteht im direkten Einschreiben (und Löschen) von Information, z.B. durch Übertragung lokali-

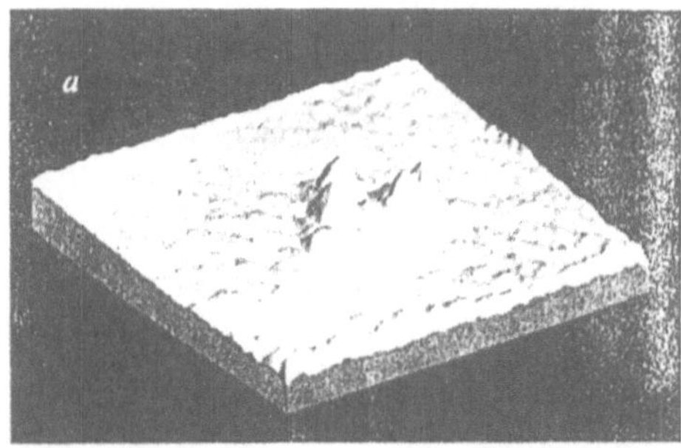

Abb. 4.3.11
a) STM-Bild eines Di(2-ethylhexyl)phthalat-Moleküls, das auf Graphit mit einem 3,7 V-Puls der Tunnelspitze „angeheftet" wurde
b) Ein weiteres Molekül, an einer anderen Stelle „angeheftet" [Fos 88]

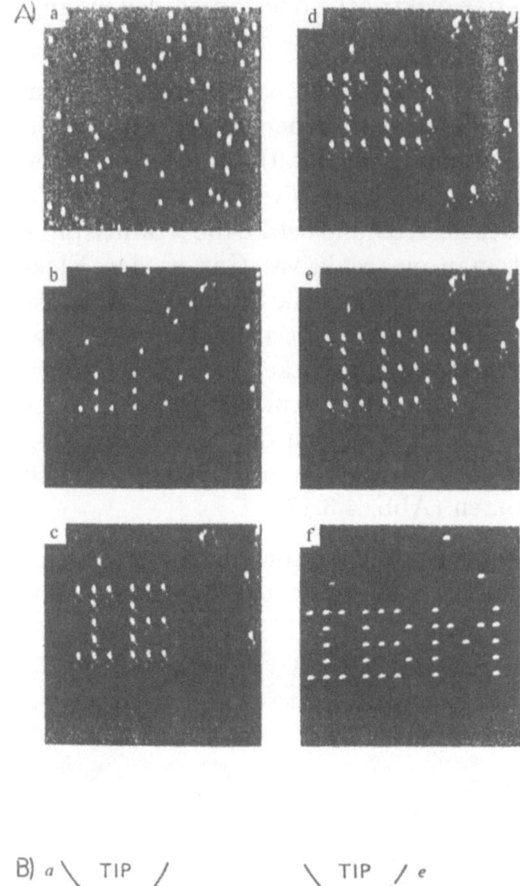

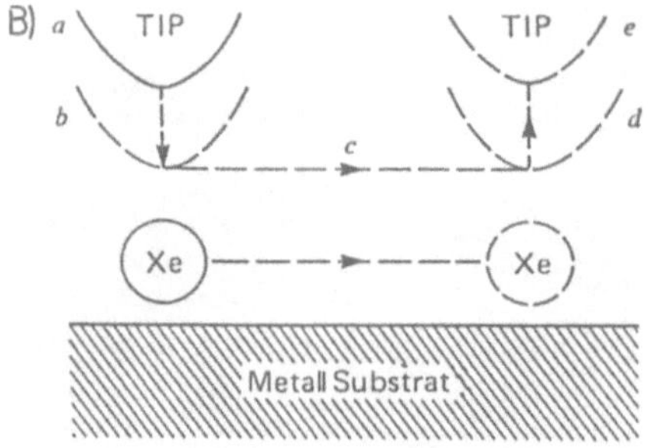

Abb. 4.3.12
A) Sequenz von STM-Bildern während der gezielten Verschiebung von Xenon-Atomen auf einer auf 4 K gekühlten Ni(110)-Oberfläche. Jeder Buchstabe ist 5 nm groß [Eig 90].
B) Schematische Darstellung des Prozesses: Die Kräfte des STM-Tips auf das Atom müssen so groß (und damit der Abstand so klein) sein, daß die lateralen Potentialbarrieren überwunden werden können, aber so klein, daß ein „Überspringen" des Atoms an die STM-Spitze verhindert wird.

A)

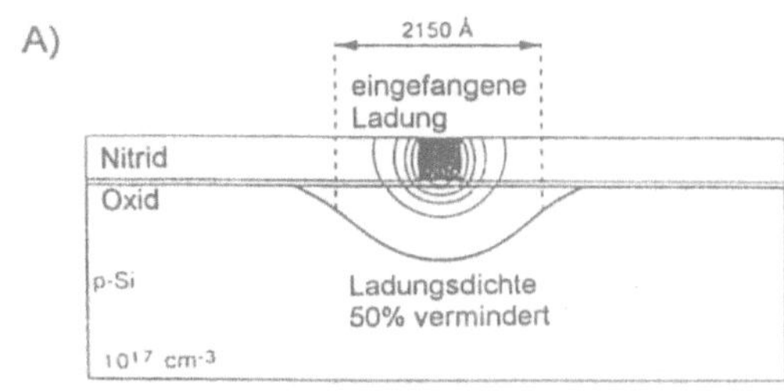

B)

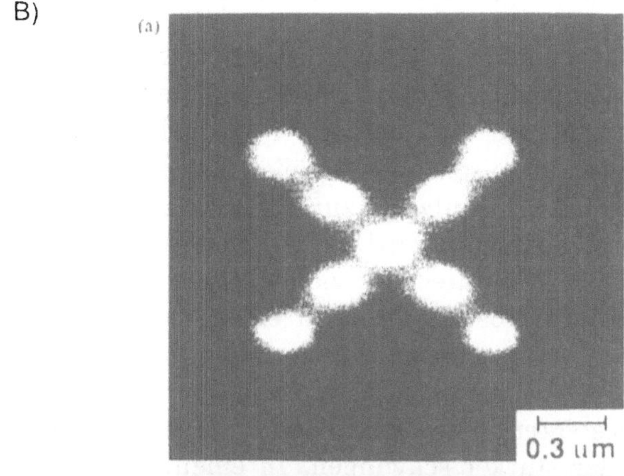

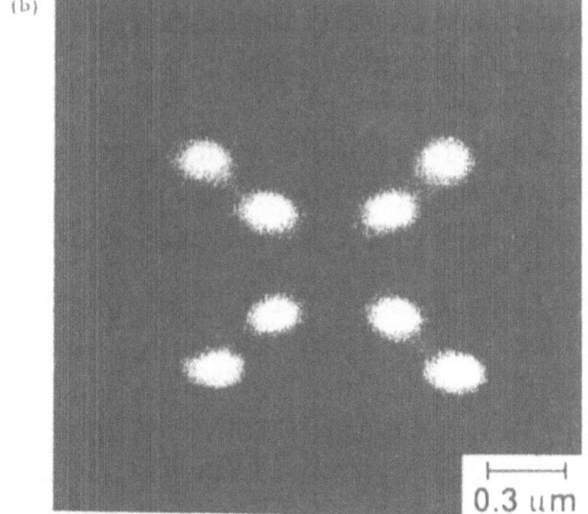

Abb. 4.3.13
A) Negative Ladung, die auf eine $Si_3N_4/SiO_2/p$-Si- (NIS-) Struktur aufgebracht wurde.
Eingezeichnet sind Äquipotentialkonturen mit 0,3 V Abstand sowie die Einhüllende der
Region, in der die positive Ladungsdichte von ursprünglich 10^{17} cm^{-3} zu 50% vermindert
ist [Bar 91]
B) Beispiele für Ladungsschreiben (a) und Ladungslöschen (b) in einer NIS-Struktur. Die
Bilder sind mit einem Rasterkapazitätsmikroskop aufgenommen, das lokale Variationen
der Kapazität auch in Isolatoren detektiert [Bar 91].

sierter elektrischer Ladungen auf einen Isolator (Abb. 4.3.13) oder durch Erzeugung veränderter magnetischer Strukturen. In diese Kategorie gehört auch das futuristische Beispiel des in Abb. 4.3.8 rechts unten gezeigten bistabilen Xe-Atom-Schalters.

4.4   Mikrosystemtechnik

Ein deutlicher Trend in der heutigen Materialforschung ist durch Anforderungen an Komponenten der heutigen und zukünftigen Informationstechnologien charakterisiert. Dazu gehört das Registrieren von physikalischen oder chemischen Meßgrößen sowie deren Auswertung, Speicherung, Anzeige und Ausnutzung zur Steuerung von Prozessen in Regelkreisen. Für viele Anwendungen wird dabei angestrebt, sehr kleine Systeme aufzubauen. Die Mikrosystemtechnik zielt deshalb darauf, mikroelektronische Bauelemente mit Mikrostrukturen zu einem System zu integrieren. Unter Mikrostrukturen versteht man dabei meist dreidimensionale Strukturen mit Mikrometerabmessungen. Ein typisches Beispiel sind die weiter unten in Abb. 4.4.10a gezeigten feinen freitragenden Zungen, die je nach Luftströmung schwächer oder stärker schwingen. In einem Mikrosystem würden die Schwingungen von einem sog. Transducer (vgl. auch Abschn. 3.8.1) in ein elektronisches Signal verwandelt, das mit einem mikroelektronischen Bauelement weiterverarbeitet werden kann. Das Signal könnte dann z.B. einfach auf einem Display dargestellt werden oder als Steuerung eines sog. Aktuators dienen. In unserem Beispiel könnten dies beispielsweise mikromechanisch hergestellte Ventile sein, die ab einer bestimmten Strömung schließen.

Mikrosysteme sind für viele Anwendungsbereiche erwünscht. Dazu gehören beispielsweise die Medizin mit Geräten für automatische Arzneimitteldosierung über implantierte Systeme, die Klimatechnik, die Haushaltstechnik, der Umweltbereich oder der Kraftfahrzeugbereich. Typisches heute schon realisiertes Beispiel ist der Herzschrittmacher. Weitere bisher schon realisierte Mikrosysteme sind mikrostrukturierte totale Analysesysteme der Kapillarelektrophorese, ein Analysesystem zur Untersuchung von Zellteilung unter Schwerelosigkeit im Satelliten mit automatischer Kontrolle der äußeren Randbedingungen für die Zellen (Versorgung mit Nährstoffen, Entsorgung von Ballaststoffen etc.) sowie ein Mikroanalysesystem mit Probenvorbereitung zur Bestimmung von Phosphat in Wasser (Abb. 4.4.1). Ein Beispiel für ein System, bei dem aufgrund der schwierigen äußeren Randbedingungen (hohe Temperaturen, starke Beschleunigungen etc.) eine Miniaturisierung

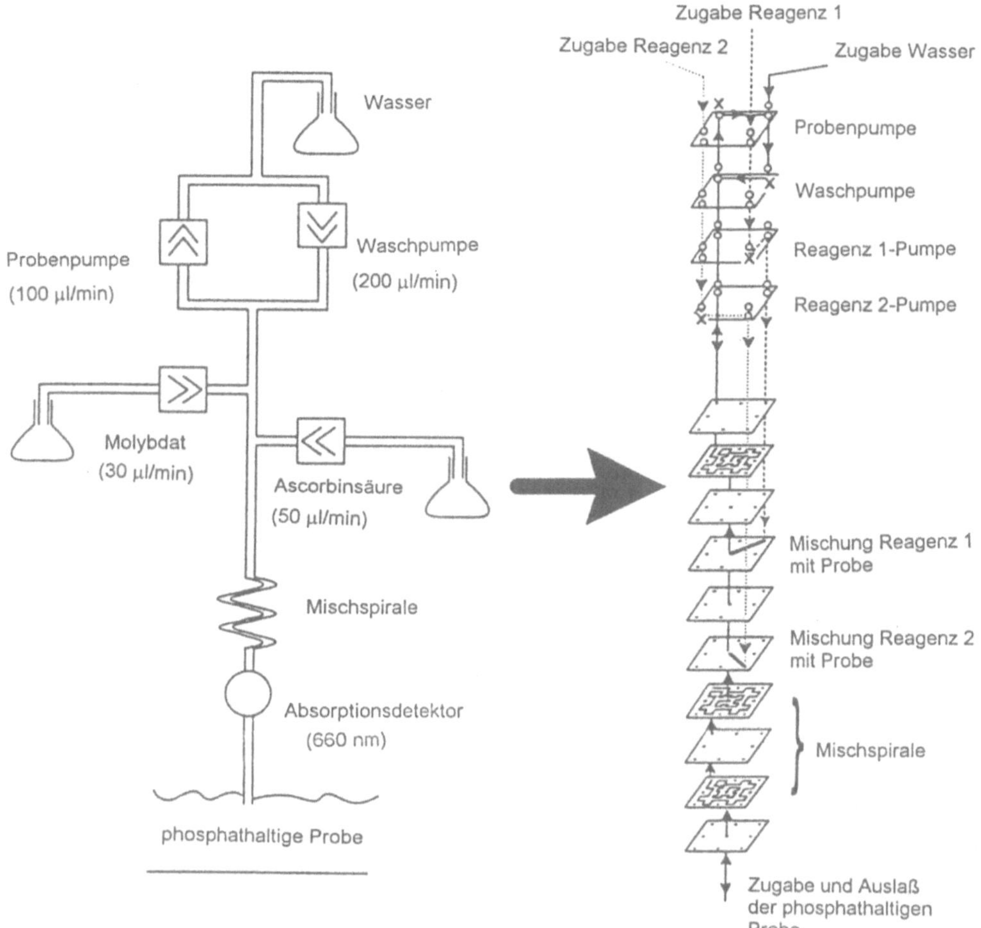

Abb. 4.4.1

Analysesystem zur Bestimmung von Phosphat in Wasser über die „Molybdän-Blau-Methode", bei der Phosphat mit Molybdat komplexiert wird, wobei der Komplex anschließend durch Ascorbinsäure reduziert wird. Der resultierende Komplex ist tiefblau und wird optisch über die Absorption von Licht der Wellenlänge 660 nm nachgewiesen [Ver94].

a) „Konventionelles" Mikrofließsystem mit typischen Flußraten, b) 3D-Stapelanordnung

auch von Teilkomponenten noch nicht möglich ist, ist die Autoabgasregelung.

Durch die unterschiedlichen potentiellen Anwendungsbereiche zukünftiger Mikrosysteme ist es erforderlich, unterschiedliche Materialentwicklungen zu optimieren, die sich in einem unterschiedlichen Entwicklungsstand befinden. Während die in Abschn. 4.4.2 beschriebenen Fertigungstechnologien der Mikroelektronik bereits lange etabliert und optimiert sind, sind die Verfahren der in Abschn. 4.4.3 behandelten Mikrostrukturtechnik noch relativ jung. In der Mikrosystemtechnik müssen nun insbesondere Verbindungen zwischen den einzelnen Bauelementen hergestellt werden. Dies stellt ein gewisses Problem dar, da die mikroelektronischen Bauelemente praktisch nur zweidimensional ausgedehnt sind („Planartechnologie", vgl. Abschn. 4.4.2).

Zentrales Material auch der Mikrosystemtechnik bleibt zunächst das Silicium. Wir werden uns deshalb in Abschn. 4.4.1 zuerst mit der Fertigung von Si-Wafern beschäftigen. In Abschn. 4.4.3.2 werden wir allerdings mit der LIGA-Technik ein Verfahren kennenlernen, mit dem auch andere, insbesondere keramische Werkstoffe zum Einsatz kommen. Die in Abschn. 4.3.2 angesprochene Strukturierung von Glas wird ebenfalls eingesetzt, wenn z.B. planare, aber hochisolierende Strukturen bei hohen Feldstärken benötigt werden, da dann die dünnen Isolationsschichten auf Silicium nicht ausreichen. Auf die für die Optoelektronik ebenfalls wichtige GaAs-Technologie werden wir allerdings im Rahmen dieses Buches nicht eingehen (vgl. dazu z.B. [Kel 85]).

4.4.1 Herstellung von Si-Wafern

Si-Wafer, die anschließend zu mikroelektronischen oder mikromechanischen Bauelementen weiterverarbeitet werden, werden aus Si-Einkristallen erzeugt, die durch das Czochralski-Verfahren hergestellt werden (vgl. Abschn. 4.1). Die Reinigung des Si erfolgte früher durch Zonenschmelzen. Heutzutage wird zuerst Quarz mit Kohle auf 2000 - 2400° C erhitzt. Das durch Reduktion entstandene Silicium hat eine Reinheit von 98% und wird *metallurgisches Silicium* (MGS, **M**etallurgic **G**rade **S**ilicon) genannt. Anschließend wird dieses Material pulverisiert und unter Zugabe von wasserstoff- und chlorhaltigen Materialien zu Si, SiH_4, $SiCl_4$ und anderen Si-Cl-H-Verbindungen umgewandelt, die in einem CVD-Prozeß (vgl. Abschn. 4.2.2) wieder zu Si reagieren (EGS, **E**lectronic **G**rade **S**ilicon).

Bei dem Ziehen des Einkristalls werden schon die Dotierungen (vgl. Abschn. 1.5), z.B. Phosphor als PH_3 (Phosphin) oder Bor als B_2H_6 (Diboran) zugegeben. Nach dem Ziehen werden die Stäbe durch Schleifen und Läppen auf eine kreisrunde Form der gewünschten Dicke gebracht und mit einer Diamantsäge in Scheiben geschnitten. Anschließend wird die Oberfläche der Scheibe, des sog. Wafers, verbessert, z.B. durch mechanisches Läppen, chemisches Abätzen, das die mechanisch gestörten Kristallschichten beseitigt, und abschließendes mechanisch-chemisches Polieren. Die Kanten

werden entgratet, um winzige Si-Splitter vom Randbereich der Scheibe beim
Fertigungsprozeß zu vermeiden. Am Ende steht die Markierung der Wafer
mit den sog. „*flats*", die die Dotierung sowie Orientierung auf ca. 0,1 Grad
genau angeben (Abb. 4.4.2).

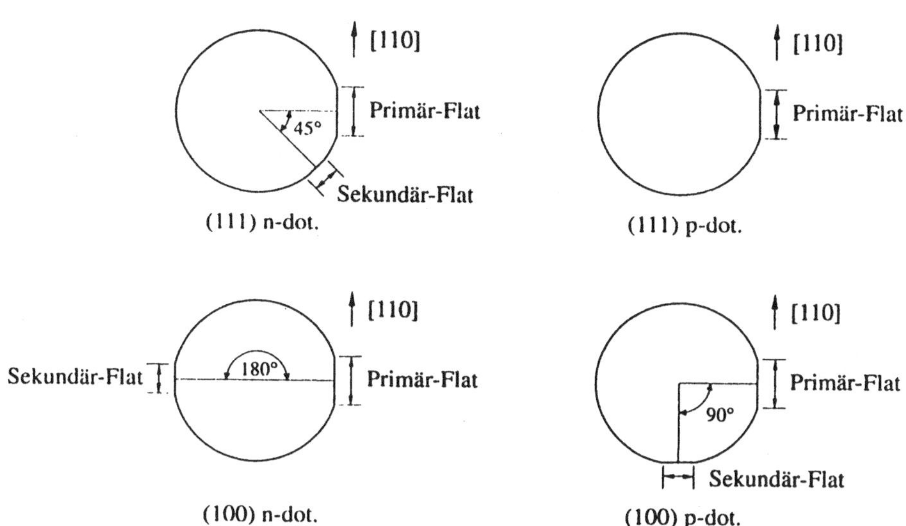

Abb. 4.4.2
„Flats" zur Markierung von Si-Wafern [Sch 91]

Die Weiterverarbeitung der Wafer zu mikroelektronischen Bauelementen behandeln wir in Abschn. 4.4.2, die Herstellung von Mikrostrukturen aus Si in
Abschn. 4.4.3.1.

4.4.2 Fertigungstechnologien der Mikroelektronik

Ein Hauptkennzeichen der Mikroelektronik ist die gleichzeitige Herstellung
vieler Strukturen oder Schaltungen, der sog. Chips, in einem oder in wenigen
Prozeßschritten. So wird auf einem Wafer häufig nur eine Art von Struktur,
z.B. eine Transistorschaltung hergestellt. Je nach Größe entstehen so auf einem Wafer hunderte bis tausende solcher Strukturen. Erst anschließend werden unterschiedliche Strukturen zu einer bestimmten Schaltung verknüpft.
Solche Schaltungen nennt man *Hybrid-* oder *diskrete Schaltungen*. Von ihnen unterscheidet man die *monolithischen* oder *integrierten Schaltungen* (IC,
Integrated Circuit). Bei ihnen wird die gesamte Schaltung in einem Ar-
beitsgang hergestellt, d.h. verschiedene Bauelemente und ihre Verbindungen
müssen realisiert werden. Der Vorteil ist der geringere Arbeitsaufwand und
die kleineren erzielbaren Dimensionen. Zusätzlich streuen die Eigenschaften der einzelnen Bauelemente in der Schaltung in ihren Eigenschaften nur

wenig, da sie durch ihre räumliche Nähe unter sehr ähnlichen Bedingungen hergestellt wurden. Dem stehen allerdings auch zusätzliche Probleme entgegen:

- Während die einzelnen Bauelemente für diskrete Schaltungen aus dem Wafer herausgesägt werden, müssen sie für ICs auf dem Wafer voneinander elektrisch isoliert werden.

- Alle Bauelemente müssen mit zueinander kompatiblen Herstellungstechniken produziert werden können. Deshalb beschränkt man sich in ICs meist auf bipolare Transistoren, Dioden, Widerstände und Kondensatoren mit kleiner Kapazität, während sich Kondensatoren mit hoher Kapazität sowie Induktivitäten nur schwer realisieren lassen. Häufig werden deshalb ICs mit diskreten Bauelementen gekoppelt.

- Auch bei den einzelnen Strukturen auf einem Wafer für diskrete Bauelemente ist man an einer möglichst hohen Ausbeute funktionierender Elemente interessiert. Dies ist aber bei den ICs von entscheidender Bedeutung, da bei Nichtfunktionieren auch nur eines Bauteils die gesamte Schaltung funktionsuntauglich wird. Die erzielten Ausbeuten sind deshalb häufig gering.

- Durch die hohe Integrationsdichte liegen die Bauelemente sehr dicht. Man muß deswegen ausschließen, daß sie sich durch Wechselwirkungen untereinander stören. Dies können sowohl thermische als auch elektrische Störungen sein.

Man unterscheidet zwei verschiedene Arten von ICs, die bipolaren und die MOS-Schaltungen. Auf diese werden wir in den Abschnitten 4.4.2.2 und 4.4.2.3 eingehen. Daneben finden sich auch Kombinationen beider Techniken („BiCMOS"), bei denen aber die Ausbeute durch die verschiedenen Herstellungsprozesse noch geringer wird. Zur Zeit sind diese deshalb nicht wirtschaftlich und werden nur für spezielle Anforderungen verwendet.

Auf die ebenfalls anwendbare SOI-Technik (**S**ilicon **o**n **I**nsulator), bei der Si-Schichten auf Isolatorsubstraten, insbesondere Saphir („SOS"), verwendet werden, gehen wir im Rahmen dieser Mongraphie nicht ein, da sie heutzutage noch kaum kommerziell eingesetzt wird.

4.4.2.1 Planartechnologie

Das Hauptmerkmal der Planartechnologie ist, daß großflächige Halbleiterscheiben bearbeitet werden, wobei gleichzeitig eine Vielzahl von Bauelementen entsteht. Die entstehenden Strukturen sind weitgehend zweidimen-

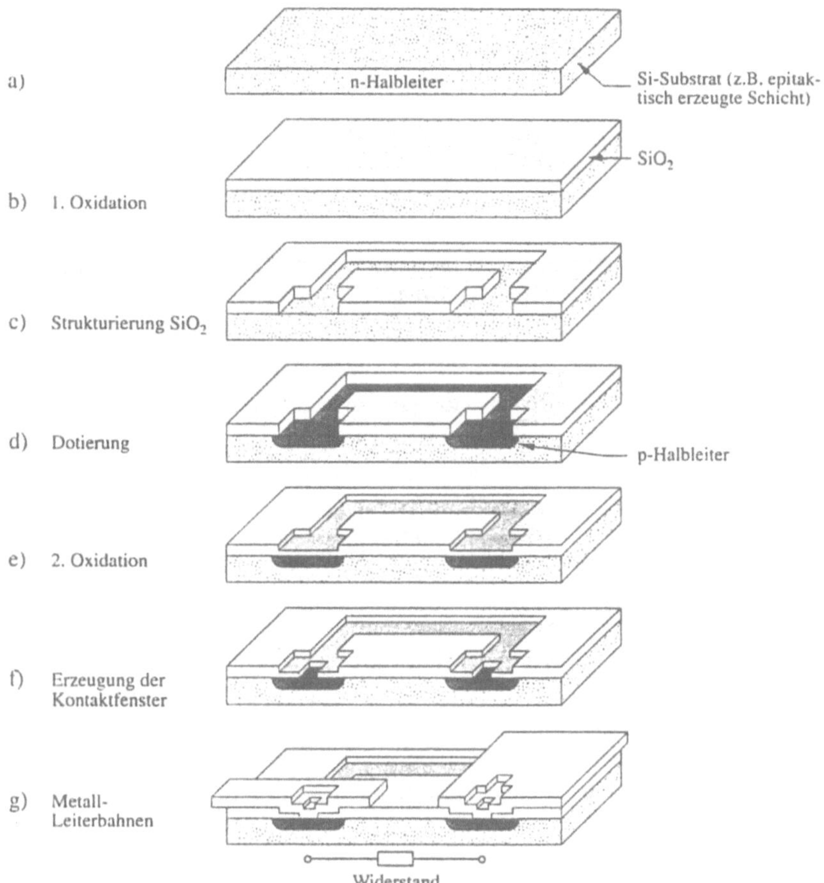

Abb. 4.4.3
Schematische Darstellung des Planarprozesse am Beispiel eines ohmschen Widerstandes
[Sch 91]

sional ausgedehnt, was der Technologie ihren Namen gab. Die typischen
Prozeßschritte des Planarprozesses sind in Abb. 4.4.3 gezeigt.

Einige der Prozeßschritte wie die Photolithographie haben wir bereits in
den vorangegangenen Abschnitten besprochen. Auf diese werden wir hier
nur noch kurz eingehen.

Ausgangspunkt sind immer Si-Wafer, die nach den in Abschn. 4.4.1 besprochenen Methoden hergestellt wurden. Um die Kosten niedrig zu halten,
werden allerdings nur Wafer mit wenigen, ganz bestimmten Spezifikatio-
nen (Art der Dotierung, Leitfähigkeit) hergestellt. Da man für die meisten
Anwendungen nicht an den Eigenschaften des Volumens interessiert ist,
sondern nur die oberste Schicht die gewünschten elektrischen Eigenschaf-

ten bestimmt, stellt dies keine starke Einschränkung der Möglichkeiten dar, selbst wenn man für das herzustellende Bauelement andere Eigenschaften benötigt. Man bringt vielmehr auf den Wafer mit einer der in Abschn. 4.2 vorgestellten Dünnschichttechniken eine dünne Schicht mit den geeigneten Parametern auf. Den Prozeß nennt man *Halbleiterepitaxie*, da die Schichten möglichst einkristallin und nach der Unterlage ausgerichtet aufwachsen sollen („epitaktisches Wachstum", vgl. Abschn. 4.2.1). Für Si benutzt man dabei nahezu ausschließlich Techniken der Gasphasenepitaxie, bei der das Material aus der Gasphase herangebracht wird, wobei bei dem hier nicht behandelten GaAs die Flüssigphasenepitaxie bevorzugt angewandt wird. In der überwiegenden Zahl der Fälle verwendet man für Si die in Abschn. 4.2.2 beschriebene CVD-Technik. Dabei entstehen allerdings im Normalfall polykristalline Schichten. Wesentlich bessere Ergebnisse, allerdings zu einem sehr viel höheren Preis, lassen sich mit der in Abschn. 4.2.1 beschriebenen Molekularstrahlepitaxie erzielen.

Der zweite Prozeßschritt ist die Isolation des Halbleiters gegenüber den weiteren Prozeßschritten. Die Isolatorschicht wird im dritten Schritt (s.u.) an einigen Stellen wieder entfernt, an denen weitere Prozeßschritte durchgeführt werden können. Der Isolator besteht typischerweise aus SiO_2 oder Si_3N_4 oder einem gemischten Oxinitrid. Der Vorteil des Oxids ist seine geringe Dichte an Grenzflächendefekten zum Si hin, so daß hier nur eine geringe Störung der elektrischen Eigenschaften der Grenzfläche auftritt. Allerdings ist es wasserempfindlich und läßt Protonen leicht diffundieren. Siliciumnitrid hat dagegen den Vorteil, eine höhere Dielektrizitätskonstante zu besitzen und kaum wasserempfindlich zu sein. Außerdem wirkt es als Oxidationssperre bei einer thermischen Behandlung des Wafers unter Sauerstoff. Dies wird bei der MOS-Technologie (Abschn. 4.4.2.3) ausgenutzt, wo die Nitridschicht an manchen Stellen geöffnet wird. An diesen Öffnungen wird stark thermisch oxidiert, die abgedeckten Stellen bleiben unoxidiert (LOCOS-Technik, **Local Oxidation of Silicon**).

SiO_2 liegt als dünne Schicht (ca. 1,5 nm) auf jedem Si-Wafer an Luft vor („natives Oxid"). Um die für die Anwendungen erforderliche Schichtdicke zu erhalten, werden die Wafer unter Sauerstoff bei Temperaturen zwischen 900° und 1200°C thermisch behandelt. Durch die Zugabe von Wasserdampf wird die Oxidation stark beschleunigt, ebenso durch Erhöhung des Sauerstoffdrucks. Alternativ kann auch die Oxidschicht über CVD-Prozesse hergestellt werden. Dabei entstehen aber wesentlich defektreichere Grenzflächen. Der Vorteil liegt in den niedrigeren Prozeßtemperaturen und der Tatsache, daß kein Material des vorliegenden Wafers für die Oxidschicht verbraucht wird.

Siliciumnitridschichten werden im Normalfall über CVD-Prozesse aufgebracht, da eine direkte Reaktion von Si z.B. mit Ammoniak (NH_3) nur bei hohen Temperaturen abläuft und nur geringe Schichtdicken liefert.

Im nächsten und zentralen Schritt des Planarprozesses erfolgt die Strukturierung der Isolatorschicht durch die in Abschn. 4.3.2 beschriebene *Photolithographie*. Typischerweise wählt man dafür die Projektionslithographie, die in Abb. 4.3.6c dargestellt wurde. Um jedoch mehrere Lithographieschritte hintereinander durchführen zu können, ist die Justierung der Maske sehr wichtig. Eine genaue Projektion verschiedener Masken übereinander ist jedoch großflächig mit der Projektionslithographie nicht mit der ausreichenden Genauigkeit möglich. Deswegen wurden Geräte entwickelt, die jeweils nur einen kleinen Bereich eines Wafers belichten und anschließend immer wieder um einen konstanten Wert verschoben werden, bis der gesamte Wafer belichtet ist („Step and Repeat"-Belichtung mit einem „Wafer-Stepper"). Die genaue Justierung wird dabei bei jedem einzelnen Schritt meist vollautomatisch durchgeführt.

Nach einer Temperaturbehandlung, in der der Photoresist entfernt wird, wird als nächster Schritt eine Veränderung der von der Isolatorschicht befreiten Stellen durchgeführt. Im Normalfall ist dies eine *Dotierung* der Schicht, die andere elektrische Eigenschaften an diesen Stellen zur Folge hat. Zur Dotierung werden zwei verschiedene Prozesse angewandt, die thermische Diffusion und die Ionenimplantation. Bei beiden Prozessen werden hohe Temperaturen benötigt, so daß sich die bis dahin gefertigten Strukturen durch Temperaturstabilität auszeichnen müssen. Dies kann bei bereits aufgebrachten Metallschichten (s.u.) ein Problem darstellen, da die meisten Metalle leicht mit Si unter der Bildung von Siliciden reagieren. Deshalb werden Dotierungsprozesse möglichst an den Anfang des Gesamtprozesses gesetzt.

Bei der *thermischen Diffusion* werden Temperaturen von 900°C und höher benötigt, um eine aureichende Diffusionsgeschwindigkeit des Dotiermittels in die Schicht zu erzielen (vgl. Abschn. 2.1.6.1 und Abb. 2.1.35c). Der Dotierstoff kann dabei aus der Gas-, flüssigen oder festen Phase zugegeben werden, wobei auch hier typischerweise CVD-Verfahren (z.B. die Zersetzung von B_2H_6, PH_3 oder AsH_3) der Vorzug gegeben wird. Der Vorteil der thermischen Diffusion ist der niedrige Preis, da der gesamte Wafer (bzw. mehrere gleichzeitig) dotiert wird. Der Nachteil besteht in der möglicherweise auftretenden örtlich unterschiedlichen Konzentration des Dotiermittels. Außerdem können leicht Verunreinigungen mit dem Dotierstoff in die Schicht gelangen.

Diese Nachteile vermeidet die *Ionenimplantation*, die jedoch wesentlich aufwendiger und teurer ist. Dennoch gibt man ihr heute häufig den Vorzug. Im ersten Schritt der Ionenimplantation werden noch keine hohen Temperaturen benötigt. Die Dotierstoffe werden ionisiert und als Ionenstrahl auf die Probe gerichtet. Dieser kann von der Art und Anzahl der Ionen genau kontrolliert und fokussiert auf einen bestimmten Ort der Probe aufgebracht werden. Man rastert dann die gesamte Fläche mit dem Strahl ab und erhält so überall einen konstante Dotierungskonzentration. Ein Nachteil der Methode ist die Zerstörung der Kristallstruktur durch den Ionenstrahl. Diese wird durch den hohen Impuls der Ionen bewirkt, der beim Auftreffen auf die Schicht an die anderen Teilchen abgegeben wird. Dadurch tritt eine amorphe „Spur" auf dem Weg des Ions ins Schichtinnere auf. Um wieder einen kristallinen Aufbau der Schicht zu erreichen, muß man die Schicht anschließend bei hohen Temperaturen behandeln, bei denen die Diffusion der Si-Atome genügend groß ist, um die Gitterdefekte wieder auszuheilen und ein sauberes Dotierprofil (d.h. Konzentration des Dotierstoffes als Funktion der Probentiefe) einzustellen (ca. 700-900°C). Erst im Kristallgitter sind die Dotierstoffe tatsächlich elektrisch aktiv.

Die bisher beschriebenen Prozesse können nun mehrfach durchgeführt werden. Als letzter Schritt müssen die Teile der Schicht, die einen elektrischen Kontakt nach außen benötigen, freigelegt und mit hochleitfähigen Materialien, meist Metallen kontaktiert werden. Zu dieser *Metallisierung* werden häufig Al und Au verwendet. In den ICs wird für die Verbindungen innerhalb der Schaltung ebenfalls Al verwendet, aber auch Pt, Ti, Au sowie Pt-Silicide, TiN und Polysilicium. Dabei benötigt man i.allg. ein Mehrschichtsystem, bei dem ein niederohmiger Metall-Halbleiterkontakt entsteht, die Schichten gut aufeinander haften, die Stoffe nicht ineinander diffundieren und die niederohmige Leiterbahn realisiert wird (vgl. auch Abschnitte 4.4.2.2 und 4.4.2.3). Die Beschichtung der freigelegten Teile des Wafers wird durch die in Abschn. 4.2 beschriebenen Verfahren, z.B. durch Verdampfung, Sputtern oder CVD-Verfahren durchgeführt.

Die letzten Schritte bis zum fertigen Bauelement umfassen nun das *Zersägen* des Wafers, so daß die diskreten Bauelemente oder die ICs einzeln vorliegen. Anschließend erfolgt die Vernüpfung der einzelnen Bauelemente sowie deren Verkapselung in einem Gehäuse. Diese Schritte werden wir in Abschn. 4.4.2.4 besprechen.

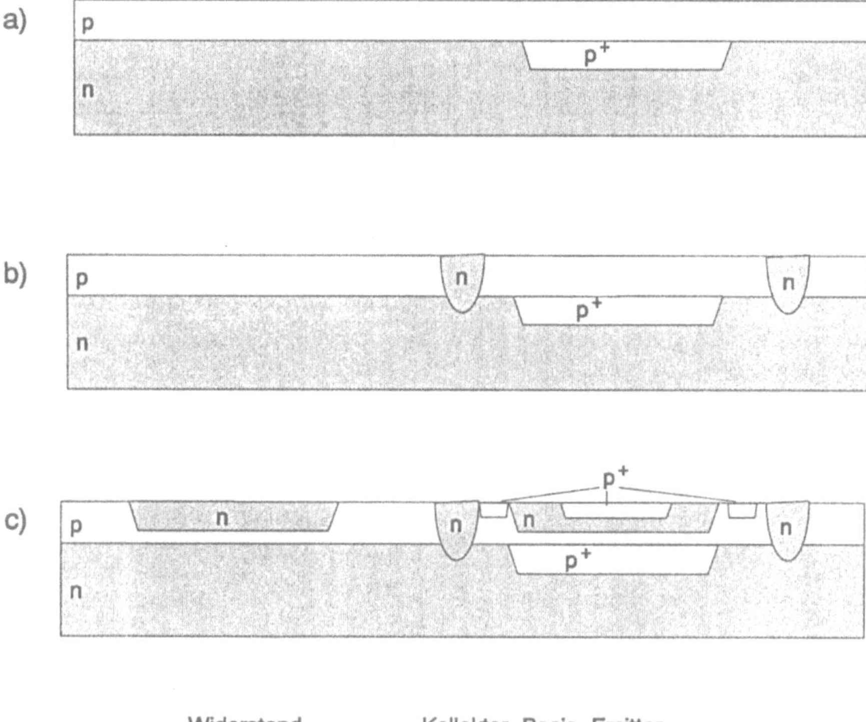

Abb. 4.4.4
Schematische Darstellung der Herstellung einer bipolaren integrierten Schaltung:
a) Auf den mit Phosphor und damit n-dotierten Si-Wafer wird durch ein Fenster der Oxidschicht eine hochdotierte p$^+$-Schicht eindiffundiert. (Das + bedeutet, daß die Schicht sehr stark dotiert ist.) Anschließend erfolgt eine Beschichtung mit einer n-dotierten dünnen Schicht (zur Vergrabung der p$^+$- Schicht) und dann mit einer p-dotierten Kollektorschicht. Die p$^+$-Schicht verhindert beim Betrieb parasitäre Widerstände zwischen aktivem Kollektorgebiet und Kollektoranschluß.
b) Zwischen den einzelnen Bauelementen muß nun die elektrische Isolierung vorgenommen werden. Dies geschieht durch eine tiefe Phosphor-Diffusion, die auf der Oberfläche n-leitende Gebiete erzeugt, die die p-leitenden Gebiete voneinander isolieren.
c) Die Basis bzw. der Widerstand werden durch eine flache n-Dotierung erzeugt. Der Widerstand ist damit bis auf die Anschlüsse fertig. Für den Emitter und einen niederohmigen Kollektoranschluß wird eine noch flachere hochdotierte p$^+$- Schicht eindiffundiert.
d) Abschließend erfolgt die Kontaktierung durch Herstellung einer Isolatorschicht und Ätzen von Kontaktfenstern

4.4.2.2 Integrierte bipolare Schaltungen

Kernstück von bipolaren Schaltungen sind bipolare Transistoren, deren Funktionsweise in Abschn. 3.10 kurz besprochen wurde, aber auch Widerstände und Dioden können so einfach hergestellt werden. Abb. 4.4.4 zeigt als Beispiel die Herstellung einer bipolaren integrierten Schaltung, die aus einem pnp-Transistor und einem Widerstand besteht.

Prinzipiell werden die in Abschn. 4.4.2.1 beschriebenen Prozeßschritte der Planartechnologie angewendet. Für komplexere Schaltungen werden aber zum Teil zwei Verdrahtungsebenen benötigt. Tab. 4.4.1 zeigt die verwendeten Materialien.

Tab. 4.4.1
Werkstoffe für leitende Verbindungen in integrierten bipolaren Schaltungen

PtSi	PtSi		Si-Kontakt
	Ti	1.	Haftschicht
Ti, W	TiN	Verdrahtungs-Ebene	Barrierenschicht
Al	Pt		elektr. Verbindung
	Ti	2.	Haftschicht
Ti, W	TiN, Pt	Verdrahtungs-Ebene	Barrierenschicht
Al	Au		elektr. Verbindung

Mit der integrierten bipolaren Technik werden heute viele analoge, aber auch digitale Schaltungen sehr preisgünstig realisiert. Beispiele für analoge Schaltungen sind Operationsverstärker, Nieder- und Hochfrequenzverstärker, Analog-Digital-Wandler, Rundfunkempfangsschaltungen und Schaltungen zur Signalverarbeitung in Fernsehern.

4.4.2.3 Integrierte MOS-Schaltungen

Wie der Name schon andeutet, ist das zentrale Bauelement für integrierte MOS-Schaltungen der MOS-Feldeffekttransistor (MOSFET), dessen Funktionsweise wir in Abschn. 3.10 besprochen haben. Für die Digitaltechnik haben heute integrierte MOS-Schaltungen die bipolaren in ihrer Bedeutung übertroffen, da sie einfacher und kostengünstiger herstellbar sind, wobei die Schaltungen flexibler, stromsparend und höher integriert sind. Ein bedeutender Faktor zur Vereinfachung der Herstellung ist dabei, daß die MOS-Transistoren direkt, d.h. ohne weiteren Zwischenschritt, voneinander elektrisch isoliert sind.

Meist werden für flexibel verwendbare Schaltungen sowohl n- als auch p-Kanal FETs verwendet. Diese Vielkanaltechnik heißt deshalb CMOS-Technik (**Complementary MOS**) und spielt eine zentrale Rolle in der Halbleitertechnologie. Die Schaltungen sind besonders verlustarm und störsicher. Es gibt aber auch die Einkanaltechniken PMOS und NMOS, bei denen nur p- bzw. n-Kanal-MOSFETs hergestellt werden. In Abb. 4.4.5 sind die wesentlichen Schritte der CMOS-Technologie gezeigt.

Man geht von einem hoch mit Phosphor dotierten n^+-Si(100)-Wafer aus. Auf diesen wird zuerst eine Epitaxieschicht mit weniger stark dotiertem n^--Si aufgebracht. Anschließend wird der Wafer thermisch oxidiert und über einen

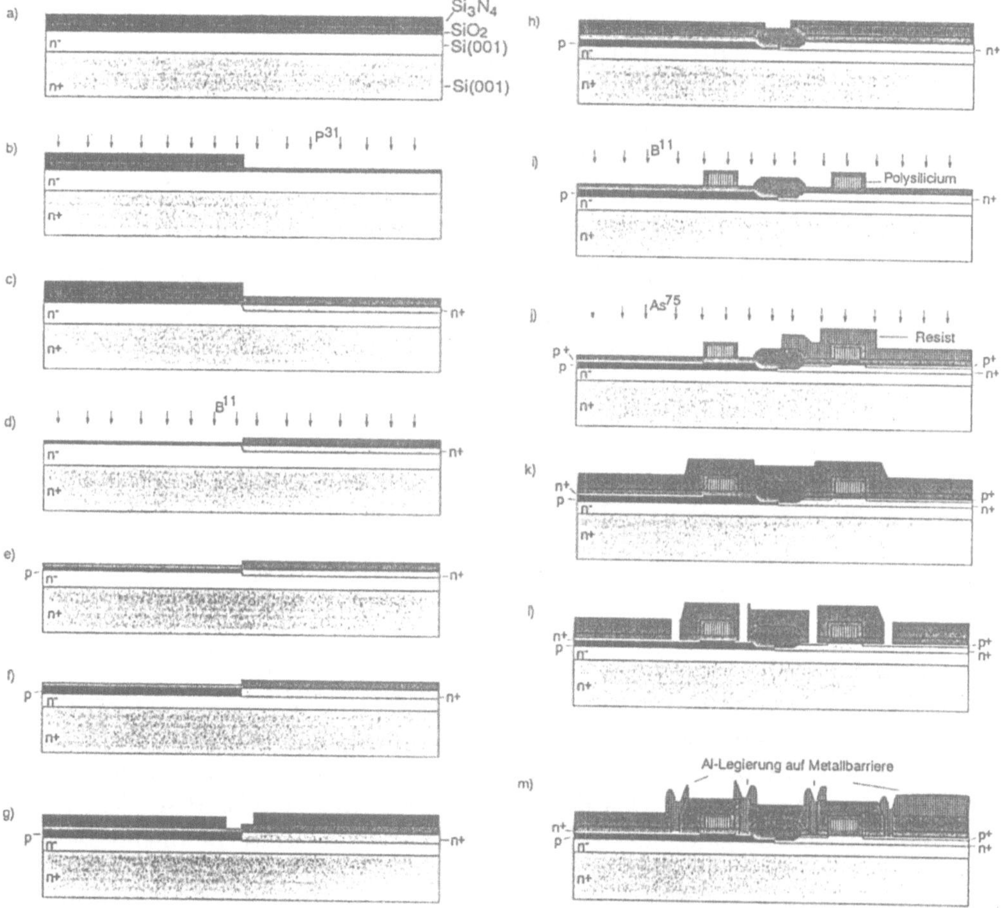

Abb. 4.4.5
Schematische Darstellung der Prozeßschritte der CMOS-Technologie. Die Einzelheiten sind im Text erläutert.

CVD-Prozeß mit Si_3N_4 bedeckt (Abb. 4.4.5a). Dieser Aufbau ermöglicht die Herstellung eines möglichst defektarmen Si-Oxid-Überganges, der bei FETs sehr kritisch ist.

Im nächsten Schritt wird das Siliciumnitrid durch Photolithographie und Plasmaätzen strukturiert, so daß die späteren aktiven Bereiche freigelegt werden. An diesen Stellen erfolgt eine Phosphor-Dotierung, die eine n^+-Dotierung in der n^--Schicht erzeugt (Abb. 4.4.5b).

Nun erfolgt eine kurze lokale Oxidation der Oberfläche (Abb. 4.4.5c). Anschließend wird das Nitrid entfernt. Im nächsten Schritt erfolgt eine p-Dotierung mit Bor (Abb. 4.4.5d). Da über dem n^+-Gebiet durch die lokale Oxidation ein dickeres Oxid vorhanden ist, entsteht nur an den bisher nicht extra dotierten Stellen eine p-Dotierung, die sogenannte p-Tasche (Abb. 4.4.5e). Sie wird benötigt, um n-Kanal-Transistoren überhaupt herstellen zu können, da auf einem n-dotierten Substrat üblicherweise p-Kanal-Transistoren erzeugt werden. Die Phosphor- und Bor-Dotierungen werden jetzt in einem Temperschritt (1100 - 1150°C, 6-20 h) weiter in den Wafer hineindiffundiert (Abb. 4.4.5f). Dies ist durch die ähnlichen Diffusionskoeffizienten von P und B in Si möglich (vgl. Abb. 2.1.35c).

Auf den später aktiven Schichten wird nun wieder mit CVD eine Si_3N_4-Schicht abgeschieden (Abb. 4.4.5g). Anschließend findet eine sehr starke lokale Oxidation an den unbedeckten Stellen statt (LOCOS, s. Abschn. 4.4.2.1). An dieser Stelle wird die Struktur im eigentlichen Sinne nicht mehr planar, da das Oxid dicker ist als das verbrauchte Si (Abb. 4.4.5h). Der LOCOS-Prozeß wird deshalb auch als Isoplanarprozeß bezeichnet. Dann werden die dünne Oxidschicht auf dem Nitrid, das Nitrid und die dünne Oxidschicht über den aktiven Bereichen durch verschiedene Ätzprozesse entfernt. Die anschließende erneute Oxidation erfolgt in trockenem Sauerstoff unter Zugabe von HCl. Die Oxidschicht wird später als Gate-Oxid verwendet.

In einem CVD-Prozeß wird nun Poly-Silicium abgeschieden und entweder in-situ oder anschließend mit Phosphor dotiert, um eine hohe Leitfähigkeit zu erzeugen. Bei der Phosphordotierung wird auch die Rückseite des Wafers dotiert, um dort eine „Getterung", d.h. ein Einfangen von Verunreinigungen im Volumen zu bewirken. Das Poly-Silicium wird anschließend strukturiert. Es bildet später die Gateelektrode, wird aber auch als Leiterbahn eingesetzt. Das Poly-Silicium wird entweder thermisch oder über CVD mit einer dünnen Oxidschicht bedeckt.

Für die p-Kanal-Transistoren erfolgt nun eine Bordotierung der Gesamtfläche über Ionenimplantation für die Source- und Drain-Gebiete (Abb.

4.4.5i). Die Implantationsenergie wird klein gehalten, um eine Dotierung durch das Poly-Silicium in das Gate zu verhindern. Die späteren PMOS-Transistoren werden nun durch einen Resist abgedeckt. Die NMOS-Gebiete bleiben frei. Über As-Implantation erfolgt dort eine n-Dotierung der Gebiete, die die Source-Drain-Kontakte des NMOS-FETs bilden (Abb. 4.4.5j).

Nach Entfernen des Resists wird über CVD SiO_2, das mit geringen Mengen Bor und Phosphor dotiert ist, abgeschieden und anschließend temperaturbehandelt (Abb. 4.4.5k). Nun werden über einen weiteren photolithographischen Schritt die Kontaktfenster geöffnet (Abb. 4.4.5ℓ). Dort erfolgt zuerst eine Abscheidung einer dünnen Metallzwischenschicht, dann einer Al-Legierung oder Poly-Silicium (Abb. 4.4.5m).

Abschließend erfolgt zur Verbesserung des Oberflächeneigenschaften ein Temperschritt in wasserstoffhaltigem Stickstoff bei ca. 400°C. Die „Getter"-Schicht wird nun entfernt und der Wafer so gedünnt, daß er in das vorgesehene Gehäuse paßt. Nach Abscheidung einer dünnen Schicht einer Au-Legierung für das spätere Bonden werden die einzelnen ICs durch Zersägen getrennt und getestet.

4.4.2.4 Aufbau- und Verbindungstechnik

Die Bauelemente können einzeln oder kombiniert in Gehäuse eingebaut und anschließend auf einer Platine durch Stecken oder Löten befestigt werden. Abb. 4.4.6 zeigt die verschiedenen Integrationstechniken der Mikroelektronik.

Die *Gehäuse* bestehen entweder aus Kunststoffummantelungen, z.B. aus Epoxidharz, oder aus Keramikdeckeln. Diese Gehäuse sind in ihren Formen und Eigenschaften normiert (s. z.B. [Sch 91]).

Diskrete Bauelemente werden häufig vor der Verkapselung mit anderen Bauelementen auf ein meist keramisches Substrat montiert. Als Materialien werden dabei fast ausschließlich Aluminiumoxidkeramiken verwendet, im Bereich Leistungselektronik auch Berylliumoxidkeramiken. Auf diesen keramischen Substraten befinden sich normalerweise schon leitende Verbindungen und passive Bauelemente wie Widerstände und Kondensatoren, die durch Dickschicht- oder Dünnschichttechniken hergestellt wurden.

Die Leiterbahnen werden dabei meist durch Siebdruck von Dickschicht-Leiterpasten hergestellt (Abb. 4.4.7). Solche Pasten bestehen aus 50-70 % Metallpartikeln, 12-25 % Lösungsmittel und 10-20 % Glaspartikeln mit niedrigem Schmelzpunkt, die die Haftung zum Substrat verbessern. Als Metalle

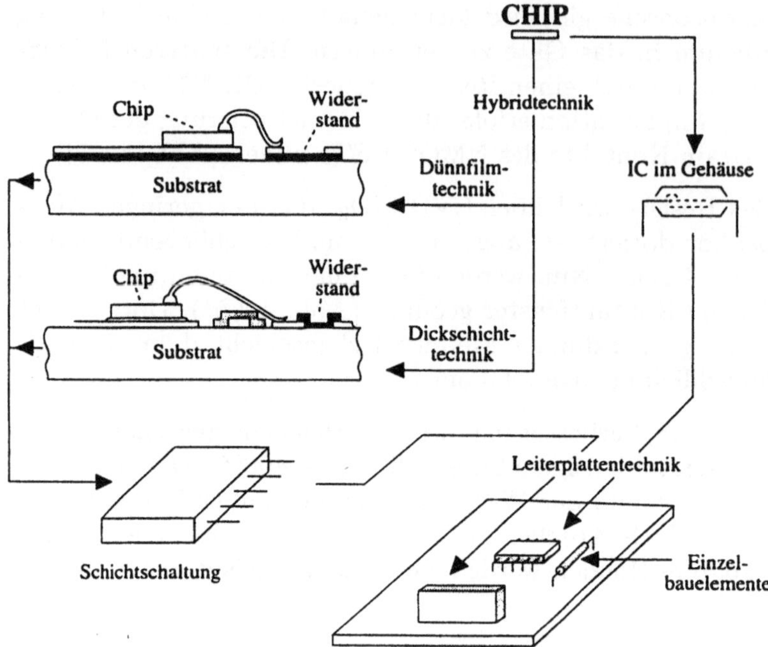

Abb. 4.4.6
Schematische Darstellung von Integrationstechniken in der Mikroelektronik [Sch 91]

werden v.a. Au und Ag sowie deren Legierungen mit Pt oder Pd verwendet. Neuere Entwicklungen zielen allerdings auf billigere Metalle wie Kupfer.
Statt Metallpulver werden für Widerstände Widerstandspasten aus Metall-
oxidpulvern (Pd-, Ir- und Ru-Oxide sowie Rhutinate) und für Kondensatoren oder andere dielektrische Schichten Keramik- oder Glaspartikel verwendet.

Beim Siebdruck wird ein Sieb mit einem Photolack getränkt und anschließend belichtet. An den belichteten Stellen kann der Lack entfernt
werden, so daß die Poren offen sind. Anschließend wird die Paste mit einer
elastischen Leiste („Rakel") über das Sieb gestrichen und durch die offe-
nen Poren auf das Substrat gepreßt. Wie bei einer normalen Keramik (vgl.
Abschn. 3.5) erfolgt nun das Trocknen und Einbrennen der Paste. Erst das
Entfernen des Lösungsmittels durch den Brennprozeß erzeugt im Normalfall
die erwünschten Eigenschaften der Bahnen.

Die diskreten Bauelemente müssen nun auf dem Substrat befestigt werden.
Dies erfolgt durch Kleben (*Waferbonding*) oder Legierungsbildung (*eutek-
tisches Bonden*). Anschließend entstehen die Verbindungen der Kontakt-
stellen auf dem Chip mit der „Außenwelt" (sog. *Drahtbonden*). Dabei werden die metallischen Leiterbahnen, die von den Kontaktfenstern ausgehen,

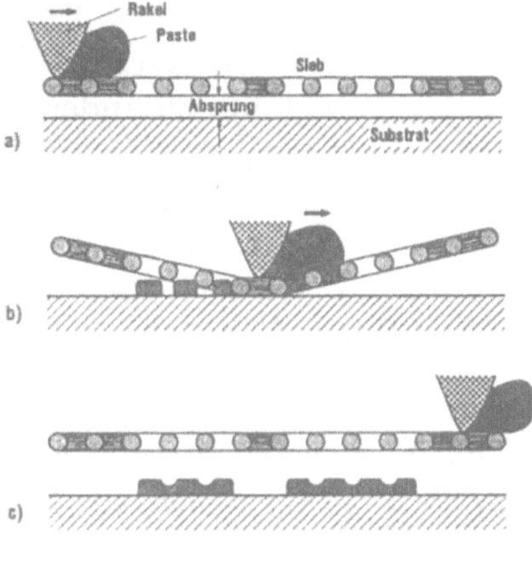

Abb. 4.4.7
Schematische Darstellung des
Siebdruckverfahrens [Men 93]

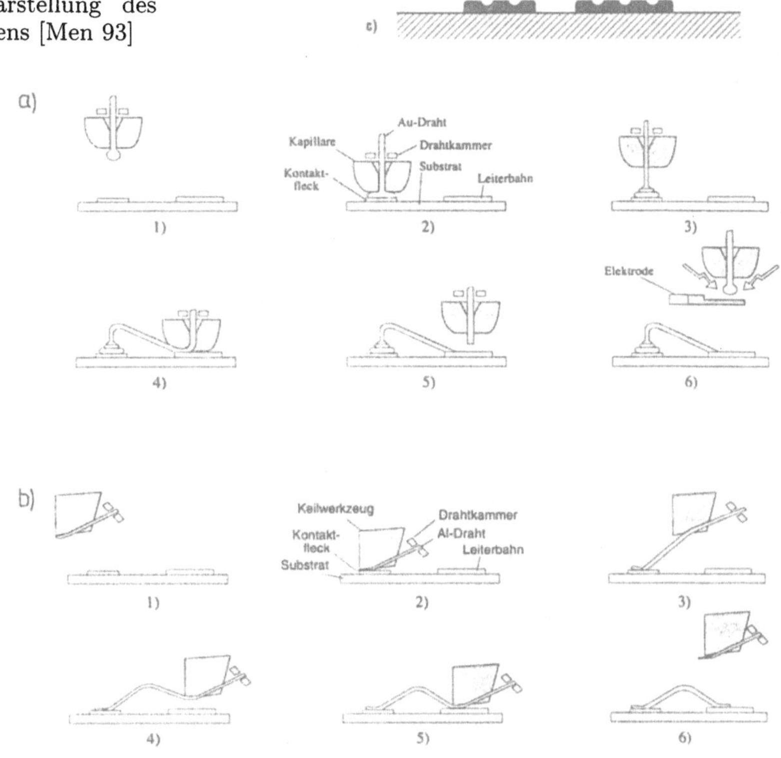

Abb. 4.4.8
Schematische Darstellung typischer Drahtbondverfahren [Sch 91]:
a) „Ball-Wedge"-(Kugel-Keil-)Bondverfahren: Durch Entladung wird das Ende des Drahtes (meist Au) zu einer Kugel aufgeschmolzen und auf die Kontaktfläche aufgedrückt.
Dort wird die Kugel mit dem Metall des Kontakts verschweißt, wieder abgehoben und
zur zweiten Kontaktfläche geführt. Dort erfolgt erneutes Andrücken und anschließendes
Abscheren des Drahtes.
b) „Wedge-Wedge"-(Keil-Keil-)Bondverfahren: Das Verfahren verläuft wie bei a), jedoch
wird keine Kugel geformt, sondern der Draht (meist Al) wird durch einen Keil in Draht-
richtung verformt.

zu Kontaktflecken aufgeweitet. Dort werden die Verbindungsdrähte durch Drahtbondverfahren befestigt. Die zwei am häufigsten verwendeten Verfahren zeigt Abb. 4.4.8, zu anderen Verfahren s. z.B. [Men 93]. Alle Verfahren haben gemeinsam, daß die Drähte nicht aufgeschmolzen werden, sondern daß durch Druck, Wärme oder Ultraschall die Oxidschicht an der Oberfläche zerstört wird und sich ein so enger mechanischer Kontakt zwischen den Metallen ausbildet, daß die Van der Waals-Kräfte (vgl. Abschn. 1.4.2) eine dauerhafte Verbindung vermitteln.

Neue Kontaktierungsverfahren sind die TAB- und die Flip-Chip-Technik, auf die hier nur kurz eingegangen werden kann (zu Einzelheiten s. z.B. [Men 93]). Sie vermeiden die Nachteile des Drahtbondens wie die zu großen Bondflecken für hochintegrierte Schaltungen sowie parasitäre Induktivitäten und Kapazitäten bei Hochfrequenzanwendungen.

Bei der *TAB-Technik* (**T**ape **A**utomatic **B**onding) werden statt der Drähte beim Drahtbonden viele Kupferstreifen verwendet, die in einen Rahmen aus Polyimidfolie hineinragen. Die Kontaktierung entsteht durch simultanes Bonden aller Kontakte.

Bie der *Flip-Chip-Technik* wird der Chip kopfüber, d.h. mit den Leiterbahnen und den Kontaktflächen nach unten, direkt mit den Leiterbahnen des Substrats verbunden. Die Ausrichtung erfolgt dabei mit einem Infrarot-Mikroskop, da Si im Infraroten transparent ist.

4.4.3   Mikrostrukturtechnik

4.4.3.1 Si-Mikromechanik

Obwohl sich mit der Si-Mikromechanik nicht nur mechanische Strukturen erzeugen lassen, hat sich der Name eingebürgert. Die Mikromechanik beruht auf dem in Abschn. 4.3.1 besprochenen anisotropen Ätzen von Silicium durch bestimmte Ätzlösungen wie KOH oder Ethylendiamin mit Brenzkatechin und Wasser.

Statt in den Wafer hineinzuätzen, kann eine Struktur aber auch auf der Oberfläche des Wafers aufgebaut werden (*Silicium-Oberflächenmikromechanik*). Dabei werden dünne Schichten aus Polysilicium, Si_3N_4, SiO_2, Phosphorsilikatglas oder Borsilikatglas verwendet sowie Metalle. Dabei kommen die im Abschn. 4.4.2 beschriebenen Techniken im Prinzip ebenfalls zum Einsatz, d.h. es werden CVD- oder PVD-Schichten aufgebracht und photolithographisch strukturiert. Um damit dreidimensionale Strukturen zu erzeugen,

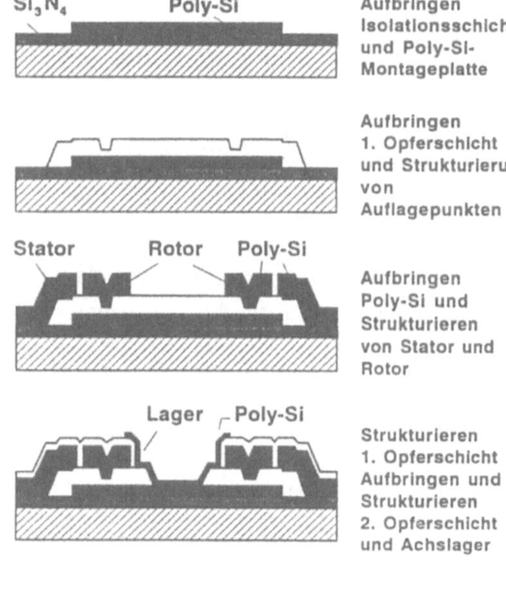

Abb. 4.4.9
Herstellungsschritte eines elektrostatischen Mikromotors in Si-Oberflächenmikromechanik [Men 93]

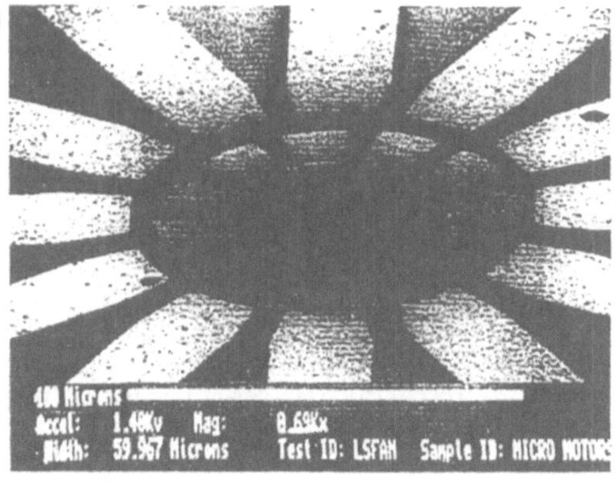

Abb. 4.4.10
Beispiele für mikromechanische Strukturen
a) freitragende Zungen (mit freundlicher Genehmigung von R.S. Muller, Berkeley Sensor & Actuator Center)
b) Mikromotor (vgl. auch Abb. 4.4.12b) (mit freundlicher Genehmigung von A. Heuberger, FHGISiT, Berlin)

werden allerdings sog. „Opferschichten" (z.B. SiO_2) verwendet, die man zuerst als Abstandshalter aufbringt, später aber vollständig (z.B. mit HF) herauslöst. Abb. 4.4.9 zeigt ein Beispiel.

Abb. 4.4.10 zeigt abschließend einige in Si-Mikromechanik bzw. Si-Oberflächenmikromechanik gefertigte Strukturen.

4.4.3.2 Liga-Verfahren

Eine Kombination verschiedener Methoden ist das sog. LIGA-Verfahren (**Li**thographie-**G**alvanik-**A**bformung), das in Abb. 4.4.11 schematisch gezeigt ist.

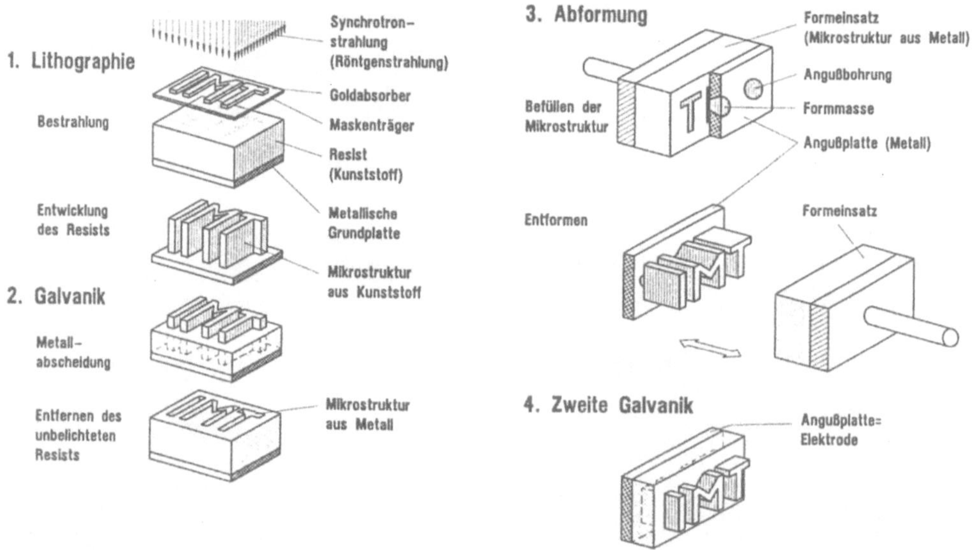

Abb. 4.4.11
Schematische Darstellung der wesentlichen Prozeßschritte des LIGA-Verfahrens [Men 93]

Ausgangsmaterial ist hier typischerweise eine mehrere Mikrometer dicke Kunststoffschicht, meist Polymethylmethacrylat (PMMA), die auf einem metallischen Substrat aufgebracht ist. Diese Resistschicht wird mit Synchrotronstrahlung im Röntgenbereich (0,2–0,6 nm) durch eine Maske strukturiert. Auf der Maske ist dort eine ca. 10 μm dicke Goldschicht abgeschieden, wo der Resist nicht belichtet werden soll, da Gold Röntgenstrahlung stark absorbiert (zur sehr aufwendigen Maskenherstellung s. [Men 93]). Als zweiter Schritt wird nun ein Negativ der Resiststruktur hergestellt, indem galvanisch, d.h. elektrochemisch aus einem Elektrolyten (vgl. Abschn. 2.1.5.2), ein Metall auf der Struktur abgeschieden wird. Das Polymer wird anschließend herausgelöst. Mit dieser Metallstruktur können jetzt im Spritzguß-, Reaktionsharzguß- oder durch Prägeverfahren sehr viele Kopien aus Kunststoff hergestellt werden. Beim Spritzgußverfahren wird dabei das fertige Polymer in die Form gespritzt (Thermoplaste (vgl. Abschn. 2.2.2) werden z.B. durch Erwärmen erweicht, sie erstarren dann in der Form), beim Reaktionsharzguß werden zwei Komponenten kurz vor dem Abguß gemischt, die in der Form zum endgültigen Polymer reagieren, und beim Prägeverfahren wird die Metallstruktur in eine dicke erweichte Polymerschicht gepreßt. Die Erzeugung vieler Strukturen stellt einen großen Vorteil im Vergleich zu den o.g. Verfahren dar, bei denen nur eine Struktur pro Prozeß erzeugt wird. Die erzeugte Kunststoffkopie kann jetzt in einem weiteren Schritt galvanisch mit Metall gefüllt werden oder als „verlorene Form" für keramische Mikrostrukturen dienen. Wie bei der Si-Mikromechanik ist durch Verwendung von Opferschichten auch die Herstellung beweglicher Komponenten möglich. Abb. 4.4.12 zeigt typische Beispiele für LIGA-Strukturen.

Abb. 4.4.12
a) Rasterelektronenmikroskop-Aufnahmen von typischen Beispielen für Mikrostrukturen, die aus PMMA im Reaktionsgießverfahren hergestellt wurden [Bac 91]
b) Rasterelektronenmikroskop-Aufnahme einer Mikroturbine mit integriertem Faserführungsschacht und darin eingelegter Glasfaser zur Messung der Umdrehungsgeschwindigkeit (vgl. auch Abb. 4.4.10b) [Moh 91]
c) Neu entwickeltes Detektionssystem für ein Rasterkraftmikroskop (vgl. Abschn. 1.4.2)
(Quelle: Institut für Mikrotechnik Mainz)

a)
01mm100kV 356E2 0003/32 1HAGKUT
10KV X360   100U 004 08491 IMT
10KV X352   100U 006 08491 IMT
10KV X352   100U 007 08491 IMT
b)
0.1mm15.0kV 203E2 0002/00 1424IMT
c)
Fasergraben
Photodetektor
Linsenloch
Sensor
PMMA
Photodetektor
125 µm

5 Literatur

[And 90]   J.C. Anderson, K.D. Leaver, R.D. Rawlings, J.M. Alexander, „Materials Science", 4. Auflage, Chapman and Hall, London 1990

[Arn 89]   J. Arndt, „Ceramics and Oxides", in: W. Göpel, H. Hesse, J.N. Zemel (Eds.), „Sensors: A Comprehensive Survey", Vol. 1, VCH, Weinheim 1989

[Ash 86]   M.F. Ashby, D.R.H. Jones, „Ingenieurwerkstoffe", Springer, Berlin 1986

[ASM 81]   American Society for Metals, „Metals Handbook", 9. Aufl., Metals Park, Ohio 1981

[Atk 90]   P.W. Atkins, „Physikalische Chemie", VCH, Weinheim 1990

[Bac 91]   W. Bacher, K. Feit, M. Harmening, A. Michel, J. Moor, W. Stark, J. Stölging, „LIGA Abformtechnik zur Fertigung von Mikrostrukturen", KfK Nachrichten **23** (1991) 84

[Bar 77]   E. Bartholomé, E. Biekert, H. Hellmann, H. Ley (Eds.), „Ullmanns Encyclopädie der technischen Chemie", Bd. 14, 4. Aufl., VCH, Weinheim 1977

[Bar 81]   E. Bartholomé, E. Biekert, H. Hellmann, H. Ley (Eds.), „Ullmanns Encyclopädie der technischen Chemie", Bd. 20, 4. Aufl., VCH, Weinheim 1981

[Bar 89]   I. Barin, „Thermochemical Data of Pure Substances, Part I and II", VCH, Weinheim 1989

[Bar 91]   R.C. Barrett, C.F. Quate, „Charge Storage in a Nitride-Oxide-Silicon Medium by Scanning Capacitance Microscopy", J. Appl. Phys. **70** (1991) 2725

[Boc 76]   J.O'M. Bockris, A.K.N. Reddy, „Modern Electrochemistry," Vol. 1/2, Plenum/Rosetta, New York 1976

[Böt 85]   H. Böttger, V.V. Bryksin, „Hopping Conduction in Solids", VCH, Weinheim 1985

[Bon 75]   H.P. Bonzel, „Transport of Matter at Surfaces", in: J.M. Blakely (Ed.), „Surface Physics of Materials", Vol. II, Academic Press, New York 1975

[Bon 93]   D. Bonnell (Ed.), „Scanning Tunneling Microscopy and Spectroscopy", VCH, Weinheim 1993

418   5 Literatur

[Bow 84]   H.K. Bowen, „Ceramics as Electrical Materials", in: M. Grayson
            (Ed.), „Encyclopedia of Semiconductor Technology", Wiley, New
            York 1984

[Brd 67]   R. Brdička, „Grundlagen der Physikalischen Chemie", 6. Aufl., VEB,
            Berlin 1967

[Bro 85]   W. Brostow, „Science of Materials", Robert E. Krieger, Malabar 1985

[Buc 90]   W. Buckel, „Supraleitung", 4. Aufl., VCH, Weinheim 1990

[Bur 90]   N.A. Burnham, D.D. Dominguez, R.L. Mowery, R.J. Colton, „Probing
            the Surface Forces of Monolayer Films with an Atomic Force
            Microscope", Phys. Rev. Lett. 64 (1990) 1931

[Cah 83]   R.W. Cahn, P. Haasen (Eds.), „Physical Metallurgy", North Holland,
            Amsterdam 1983

[Cal 91]   W.D. Callister, „Materials Science and Engineering", 2. Aufl., Wiley,
            New York 1991

[Car 82]   F.L. Carter (Ed.), „Molecular Electronic Devices", Dekker, New York
            1982

[Cha 86]   P. Chaudhari, „Elektronische und magnetische Werkstoffe", Spektrum
            12 (1986) 106

[Cha 92]   D.H. Charych, M.D. Bednarski, „Self Assembled and Langmuir
            Blodgett Organic Thin Films as Functional Materials", MRS Bull.
            XVII (11) (1992) 61

[Cho 86]   T.-W. Chou, R.L. McCullough, R.B. Pipes, „Verbundwerkstoffe",
            Spektrum 12 (1986) 162

[Chr 77]   H.R. Christen, „Grundlagen der organischen Chemie", 4. Aufl.,
            Sauerländer, Diesterweg, Salle, Aarau 1977

[Com xx]   R.G. Compton (Ed.), „Comprehensive Chemical Kinetics", Vol. 1-27,
            Elsevier, Amsterdam

[Cor 95]   C. Cornila, R. Lenggenhager, C. Azerredo Leme, P. Malcovati, H.
            Baltes, A. Hierlemann, G. Noetzel, U. Weimar, W. Göpel, „Capacitive
            Sensors in CMOS Technology with Polymer Coating", Sensors and
            Actuators B 24–25 (1995) 357

[Cot 74]   F.A. Cotton, G. Wilkinson, „Anorganische Chemie", 3. Aufl., VCH,
            Weinheim 1974

[Cot 75]   A.H. Cottrell, „Introduction to Metallurgy", 2. Aufl., Edward Arnold,
            Kent 1975

[Cow 76]   J.M.G. Cowie, „Chemie und Physik der Polymeren", VCH, Weinheim
            1976

[Cow 86]   D.O. Cowan, W. Wiygol, „The Organic Solid State", Chem. Eng.
            News 64 (1986) 28

[Cra 88] D.H. Craston, C.W. Li, A.J. Bard, „High Resolution Deposition of Silver in Nafion Films with the Scanning Tunneling Microscope", J. Electrochem. Soc. **135** (1988) 785

[Deg 88] Degussa AG, Ressort Technik/Chemie, „Stets geforscht", Chemieforschung im Degussa Forschungszentrum Wolfgang, Degussa, Frankfurt 1988

[Dem 77] W. Demtröder, „Grundlagen und Techniken der Laserspektrokopie", Springer, Berlin 1977

[Dra 90] K. Dransfeld, „Atomare Bewegungen in der Tunnel- und Kraftmikroskopie", Phys. Bl. **46** (1990) 307

[Eig 90] D.M. Eigler, D.K. Schweizer, „Positioning Single Atoms with the Scanning Tunneling Microscope", Nature **344** (1990) 524

[Erk 88] P. Erk, S. Hünig, J.U. von Schütz, H.P. Werner, H.C. Wolf, „Das Kupfersalz von 2-Iod-5-methyl-N,N'-dicyanchinondiimin — ein Radikalanionensalz mit metallischer Leitfähigkeit bis zu tiefen Temperaturen", Angew. Chem. **100** (1988) 286

[Ert 77] G. Ertl, M. Neumann, K.N. Streit, „Chemisorption of CO on the Pt(111)-Surface", Surf. Sci. **64** (1977) 393

[Ert 79] G. Ertl, „Energetics of Chemisorption on Metals", in: T.N. Rhodin, G. Ertl (Eds.), „The Nature of the Surface Chemical Bond", North-Holland, Amsterdam 1979

[Ert 83] G. Ertl, „Primary Steps in Catalytic Synthesis of Ammonia", J. Vac. Sci. Technol. A **1** (1983) 1247

[Eve 92] D.H. Everett, „Grundzüge der Kolloidwissenschaft", Steinkopff, Darmstadt 1992

[Eyr 69] L.R. Eyring, M. O'Keeffe (Eds.), „The Chemistry of Extended Defects in Non-metallic Solids", North Holland, Amsterdam 1969

[Fin 67] W. Finkelnburg, „Einführung in die Atomphysik", 11. und 12. Aufl., Springer, Berlin 1967

[Fin 85] G.H. Findenegg, „Statistische Thermodynamik", Steinkopff, Darmstadt 1985

[Flo 70] B.H. Flowers, E. Mendozy, „Properties of Matter", Wiley, London 1970

[Fon 85] Fonds der Chemischen Industrie, „Katalyse", Folienserie des Fonds der Chemischen Industrie **19**, Fonds der Chemischen Industrie, Frankfurt 1985

[Fos 88] J.S. Foster, J.E. Frommer, P.C. Arnett, „Molecular Manipulation Using a Tunneling Microscope", Nature **331** (1988) 324

[Fou 76] J. Fouletier, T. Fabry, M. Kleitz, „Electrochemical Semi-Permeability and the Electrode Microsystem in Solid Oxide Electrolyte Cells", J. Electrochem. Soc. **127** (1976) 204

[Fri 82]   L.J. Fried, J. Havas, J.S. Lechaton, J.S. Logan, G. Paal, P.A. Totta, „A VLSI Bipolar Metallization Design with Three-Level Wiring and Area Array Solder Connections", IBM J. Res. Develop. **26** (1982) 275

[Fuj 92]   M. Fujihira, „Photoelectric Conversion with Langmuir Blodgett Films", in: W. Göpel, Ch. Ziegler (Eds.), „Nanostructures Based on Molecular Materials", VCH, Weinheim 1992

[Ger 77]   C. Gerthsen, H.O. Kneser, H. Vogel, „Physik", 13. Aufl., Springer, Berlin 1977

[Gir 73]   L.A. Girifalco, „Statistical Physics of Materials", Wiley, New York 1973

[Göd 88]   T. Göddenhenrich, U. Hartmann, M. Anders, C. Heiden, „Investigation of Bloch Wall Fine Structures by Magnetic Force Microscopy", J. Microsc. **152** (1988) 527

[Göp 78]   W. Göpel, „Reactions of Oxygen with ZnO-$10\bar{1}0$ Surfaces", J. Vac. Sci. Technol. **15** (1978) 1298

[Göp 85]   W. Göpel, „Chemisorption and Charge Transfer at Ionic Semiconductor Surfaces: Implications in Designing Gas Sensors", Progr. Surf. Sci. **20** (1985) 9

[Göp 85]   W. Göpel, „Entwicklung chemischer Sensoren: Empirische Kunst oder systematische Forschung?", Techn. Messen **52** (1985) 47, 91, 175

[Göp 88]   W. Göpel, „Technologien für die chemische und biochemische Sensorik", in: BMFT: „Technologietrends in der Sensorik", VDI/VDE-TZ, Berlin 1988

[Göp 89]   W. Göpel, „Solid State Chemical Sensors: Atomistic Models and Research Trends", Sensors and Actuators **16** (1989) 167

[Göp 92]   W. Göpel, Ch. Ziegler (Eds.), „Nanostructures Based on Molecular Materials", VCH, Weinheim 1992

[Göp 92]   W. Göpel, J. Hesse, J.N. Zemel (Eds.), „Sensors: A Comprehensive Survey", Vol. 2/3, VCH, Weinheim 1992

[Göp 92]   W. Göpel, „Future Trends in the Development of Gas Sensors", in: G. Sberveglieri (Ed.), „Gas Sensors", Kluwer, Dordrecht 1992

[Göp 92]   W. Göpel, „Entwicklungstrends bei elektrochemischen Sensoren", Dechema Monographien **126**, VCH, Weinheim 1992

[Göp 92]   W. Göpel, „Chemische Sensoren", in: H. Schaumburg, „Sensoren", Teubner, Stuttgart 1992

[Göp 94]   W. Göpel, Ch. Ziegler, „Struktur der Materie: Grundlagen, Mikroskopie und Spektroskopie", Teubner, Leipzig 1994

[Göp 95]   W. Göpel, „Nanostructured Sensors for Molecular Recognition", Phil. Trans. R. Soc. London A **350** (1995) 1

[Göp 95]   W. Göpel, „Supramolecular and Polymeric Structures for Gas Sensors", Sensors and Actuators B **24–25** (1995) 17

[Göp xx] W. Göpel, H.D. Wiemhöfer, „Statistische Thermodynamik", Spektrum, Heidelberg, in Vorbereitung

[Gös 94] U. Gösele, M. Reiche, Q.-J. Tong, „Kleben ohne Klebstoff", Phys. Bl. **9** (1994) 851

[Haa 84] P. Haasen, „Physikalische Metallkunde", 2. Aufl., Springer, Berlin 1984

[Hab 90] G. Habenicht, „Kleben", 2. Aufl., Springer, Berlin 1990

[Hae 87] R.A. Haefer, „Oberflächen- und Dünnschichttechnologie, Teil 1", Springer, Berlin 1987

[Hak 92] H. Haken, H.C. Wolf, „Molekülphysik und Quantenchemie", Springer, Berlin 1992

[Ham 81/85] C. Hamann, W. Vielstich, „Elektrochemie Band I und II", VCH, Weinheim 1985, 1981

[Han 74] J. Hansen, F. Beiner, „Heterogene Gleichgewichte", de Gruyter, Berlin 1974

[Han 88] P.K. Hansma, V.B. Elings, O. Marti, C.E. Bracker, „Scanning Tunneling Microscopy and Atomic Force Microscopy: Application to Biology and Technology Science", Science **242** (1988) 209

[Hel 88] K.-H. Hellwege, „Einführung in die Festkörperphysik", 3. Aufl., Springer, Berlin 1988

[Hel 91] M.N. Helmus, „Overview of Biomedical Materials", MRS Bull. **XVI (9)** (1991) 33

[Hen 94] M. Henzler, W. Göpel, „Oberflächenphysik des Festkörpers", 2. Aufl., Teubner, Stuttgart 1994

[Heu 89] A. Heuberger (Ed.), „Mikromechanik", Springer, Berlin 1989

[Hol 82] J.M. Hollas, „High Resolution Spectroscopy", Butterworths, London 1982

[Hom 90] A.M. Homola, C.M. Mate, G.B. Street, „Overcoats and Lubrication for Thin Film Disks", MRS Bull. **XV (3)** (1990) 45

[Hon 89] E.D. Hondros, E. Bullock, „Materials for the Next Millenium", Adv. Mat. **1** (1989) 260

[Hor 83] E. Hornbogen, „Werkstoffe", 3. Aufl., Springer, Berlin 1983

[Iba 90] H. Ibach, H. Lüth, „Festkörperphysik", 3. Aufl., Springer, Berlin 1990

[Isr 92] J. Israelachvili, „Intermolecular & Surface Forces", 2. Aufl., Academic Press, London 1992

[Jon 87] E.T.T. Jones, O.M. Chyan, M.S. Brighton, „Preparation and Characterization of Molecule-Based Transistors with a 50 nm Source-Drain Separation with Use of Shadow Deposition Techniques: Toward Faster, More Sensitive Molecule-Based Devices", J. Am. Chem. Soc. **109** (1987) 5526

[Kel 85] W. Kellner, H. Kniepkamp, „GaAs-Feldeffekttransistoren", Springer, Berlin 1985

[Ker 89] G.T. Kerr, „Synthetische Zeolithe", Spektrum **7** (1989) 82

[Kin 76] W.D. Kingery, H.K. Bowen, D.R. Uhlmann, „Introduction to Ceramics", 2. Aufl., Wiley, New York 1976

[Kit 88] Ch. Kittel, „Einführung in die Festkörperphysik", Oldenbourg, München 1988

[Kle 88] H.P. Kleinknecht, J.R. Sandercock, H. Meier, „An Experimental Scanning Capacitance Microscope", Scanning Microsc. **2** (1988) 1839

[Koh 40] M. Kohler, Ann. Phys. **38** (1940) 542

[Kor 75] J. Koryta, J. Dvorak, V. Bohackova, „Lehrbuch der Elektrochemie", Springer, Wien 1975

[Lai 70] K.J. Laidler, „Reaktionskinetik I", Bibliographisches Institut, Mannheim 1970

[Lan 91] D. Landheer, A.W.J. de Gee, „Adhesion, Friction, and Wear", MRS Bulletin **XVI (10)** (1991) 36

[Lan xx] Landolt-Börnstein, „Zahlenwerte und Funktionen aus Physik, Chemie, Astronomie, Geophysik und Technik", Springer, Berlin, ab 1951 und spätere Bände

[Leh 88] J.M. Lehn, „Supramolekulare Chemie — Moleküle, Übermoleküle und molekulare Funktionseinheiten (Nobelvortrag)", Angew. Chem. **100** (1988) 92

[Lie 86] G.L. Liedl, „Die Wissenschaft von den Werkstoffen", Spektrum **12** (1986) 96

[Mac 87] J.R. Macdonald, „Impedance Spectroscopy", Wiley, New York 1987

[Mad 88] R. Madru, G. Guillaud, M. Al Sadoun, M. Maitrot, J.J. André, J. Simon, R. Even, „A Well-Behaved Field Effect Transistor Based on an Intrinsic Molecular Semiconductor", Chem. Phys. Lett. **145** (1988) 343

[May 80] T.H. Mayer-Kuckuck, „Atomphysik", 2. Aufl., Teubner, Stuttgart 1980

[Men 93] W. Menz, P. Bley, „Mikrosystemtechnik für Ingenieure", VCH, Weinheim 1993

[Mer 91] U. Merkt, „Quantendots auf Halbleitern", Phys. Bl. **47** (1991) 509

[Moc 89] H. Mockert, D. Schmeißer, W. Göpel, „Lead Phthalocyanine (PbPc) as a Prototype Organic Material for Gas Sensors: Comparative Electrical and Spectroscopic Studies to Optimize O_2 and NO_2 Sensing", Sensors and Actuators **19** (1989) 159

[Moh 91] J. Mohr, P. Bley, P. Burbaum, U. Wallrabe, „Herstellung von beweglichen Mikrostrukturen mit dem LIGA-Verfahren", KfK Nachrichten **23** (1991) 110

[Mün 89]   W.V. Münch, „Werkstoffe der Elektrotechnik", 6. Aufl., Teubner, Stuttgart 1989

[Mun 95]   A.W. Munz, Ch. Ziegler, W. Göpel, „Atomically Resolved Scanning Tunneling Spectroscopy on Si(001)(2x1) Asymmetric Dimers", Phys. Rev. Lett. **74** (1995) 2244

[Ott 92]   D. Ottenbacher, R. Kindervater, P. Gimmel, W. Göpel, B. Klee, F. Jähnig, „Developing Biosensors with pH-ISFET Transducers Utilizing Lipid Bilayer Membranes with Transport Proteins", Sensors and Actuators B **6** (1992) 192

[Ozi 92]   G.A. Ozin, „Nanochemistry: Synthesis in Diminishing Dimensions", Adv. Mat. **4** (1992) 612

[Pas 73]   K.J. Pascoe, „Properties of Materials for Electrical Engineers", Wiley, New York 1973

[Pau 58]   L.J. van der Pauw, „Messung des spezifischen Widerstands und des Hallkoeffizienten an Scheibchen beliebiger Form", Philips Technische Rundschau **20** (1958) 230

[Pet 89]   G. Petzow, „Neue Werkstoffe durch Gefügedesign — Chancen und Grenzen", Ber. Bunsenges. Phys. Chem. **93** (1989) 1173

[Plo 88]   K. Ploog, „Grenzflächen und 'Heteroübergänge' mit atomarer Auflösung", Angew. Chem. **100** (1988) 611

[Poh 92]   D.W. Pohl, „Nano-optics and Scanning Near-field Optical Microscopy", in: R. Wiesendanger, H.-J. Güntherodt (Eds.), „Scanning Tunneling Microscopy II", Springer Series in Surface Sciences **28**, Springer, Berlin 1992

[Ral 76]   K.M. Ralls, Th.H. Courtney, J. Wulff, „Introduction to Materials Science and Engineering", Wiley, New York 1976

[Rin 88]   H. Ringsdorf, B. Schlarb, J. Venzmer, „Molekulare Architektur und Funktion von polymeren orientierten Systemen — Modelle für das Studium von Organisation, Oberflächenerkennung und Dynamik bei Biomembranen", Angew. Chem. **100** (1988) 117

[Rot 94]   S. Roth, „One-dimensional Metals", VCH, Weinheim 1994

[Row 86]   J.M. Rowell, „Werkstoffe für die Photonik", Spektrum **12** (1986) 116

[Rug 90]   D. Rugar, H.J. Mamin, P. Guethner, S.E. Lambert, J.E. Stern, I. McFadyen, T. Yogi, „Magnetic Force Microscopy: General Principles and Application to Longitudinal Recording Media", J. Appl. Phys. **68** (1990) 1169

[Sch 71]   H. Schmalzried, „Festkörperreaktionen, Chemie des festen Zustands", VCH, Weinheim 1971

[Sch 90]   H. Schaumburg, „Werkstoffe", Teubner, Stuttgart 1990

[Sch 91]   H. Schaumburg, „Halbleiter", Teubner, Stuttgart 1991

[Sch 91]   K.D. Schierbaum, U. Weimar, W. Göpel, R. Kowalkowsky, „Conductance, Workfunction and Catalytic Activity of SnO_2-based Gas Sensors", Sensors and Actuators B **3** (1991) 205

[Sch 91]   D. Schmeißer, W. Göpel, U. Langohr, J.U. von Schütz, H.C. Wolf, „Metallic Density of States and 1-dimensional Instabilities of DCNQI Salts", Synth. Met. **41–43** (1991) 1805

[Sch 92]   K. Schaumburg, J.M. Lehn, V. Goulle, S. Roth, H. Byrne, S. Hagen, J. Poplawski, K. Brunfeldt, K. Bechgaard, T. Bjørnholm, P. Frederikson, M. Jørgensen, K. Lerstrup, P. Sommer-Larsen, O. Goscinski, J.L. Calais, L. Eriksson, „Switching Molecules for Molecular Electronics: ESPRIT BR Action MOLSWITCH", in: W. Göpel, Ch. Ziegler (Eds.), „Nanostructures Based on Molecular Materials", VCH, Weinheim 1992

[Sch 94]   A. Schumacher, M. Alavi, H.-J. Wagner, „Mit Laser und Kalilauge", Technische Rundschau Wissen **7** (1994) 20

[Sci 87]   Science and Technology in Japan **6** (1987)

[Smi 76]   C.J. Smithells, E.A. Brandes (Eds.), „Metals Reference Book", 5. Aufl., Butterworths, London 1976

[Smy 55]   C.T. Smyth, „Dielectric Behavior and Structure", McGraw-Hill, New York 1955

[Som 81]   G.A. Somorjay, „Chemistry in Two Dimensions: Surfaces", Cornell University Press, Ithaka 1981

[Sta 83]   G. Staudt (Ed.), „Experimentalphysik II", 2. Aufl., Attempto, Tübingen 1983

[Sta 87]   U. Staufer, R. Wiesendanger, L. Eng, L. Rosenthaler, H.R. Hidber, H.H. Güntherodt, N. Garcia, „Nanometer Scaled Structure Fabrication with the Scanning Tunneling Microscope", Appl. Phys. Lett. **51** (1987) 244

[Sti 89]   K. Stierstadt, „Physik der Materie", VCH, Weinheim 1989

[Str 81]   H. Strathmann, „Membrane Separation Processes", J. Mem. Sci. **9** (1981) 121

[Swa 87]   J.D. Swalen, D.L. Allara, J.D. Andrade, E.A. Chandross, S. Garoff, J. Israelachvili, T.J. McCarthy, R. Murray, R.F. Pease, J.F. Rabold, K.J. Wynne, H. Yu, „Molecular Monolayers and Films", Langmuir **3** (1987) 932

[Sze 85]   S.M. Sze, „Semiconductor Devices", Wiley, New York 1985

[Tim 50]   J. Timmermans, „Physico-chemical Constants of Pure Organic Compounds", Elsevier, New York 1950

[Ung 85]   H.G. Unger, „Optische Nachrichtentechnik", Hüthig, Heidelberg 1985

[Urb 90]   K. Urban, „Hochauflösende Elektronenmikroskopie", Phys. Bl. **46** (1990) 77

[Ver 94]   E.M.J. Verpoorte, B.H. van der Schoot, S. Jeanneret, A. Manz, H.D. Widmer, N.F. de Rooij, „Three-dimensional Micro Flow Manifolds for Miniaturized Chemical Analysis Systems", J. Micromech. Microeng. **4** (1994) 246

[Vög 89]   F. Vögtle, „Supramolekulare Chemie", Teubner, Stuttgart 1989

[Voh 92]   U. Vohrer, „Elektronenspektroskopie an freien Oberflächen und Elektroden von stabilisiertem ZrO_2", Dissertation, Universität Tübingen 1992

[Vol 73]   B. Vollmert, „Polymer Chemistry", Springer, New York 1973

[Wed 87]   G. Wedler, „Lehrbuch der physikalischen Chemie", 3. Aufl., VCH, Weinheim 1987

[Wei 93]   U. Weimar, „Oxidgassensoren und Multikomponentenanalyse", Dissertation, Universität Tübingen 1993

[Wes 84]   A.R. West, „Solid State Chemistry and its Applications", Wiley, Chichester 1984

[Wes 93]   M. Wessling, „Relaxation Phenomena in Dense Gas Separation Membranes", Dissertation, Universität Twente 1993

[Wie 91]   H.D. Wiemhöfer, „Elektroden in der Festkörperelektrochemie", Habilitationsschrift, Tübingen 1991

[Wil 86]   C.C. Williams, H.K. Wickramasinghe, „Scanning Thermal Profiler", Appl. Phys. Lett. **49** (1986) 1587

[Wol 89]   H.C. Wolf, „Organische Moleküle als Leiter und Schalter", Nachr. Chem. Techn. **37** (1989) 350

6 Anhang

6.1 Schrödingergleichung

In diesem Abschnitt soll die Analogie zwischen der klassischen Wellengleichung und der Schrödingergleichung über die Energie- und Impulsbeziehung der Materiewellen sowie den klassischen Energiesatz gezeigt werden. Außerdem wird ein kurzer Überblick über wichtige quantenmechanische Begriffe und Definitionen gegeben.

Um die in Abschn. 1.1 beschriebene Wellennatur von Materie berücksichtigen zu können, wird eine allgemeine Gleichung gesucht, die materielle Teilchen und alle quantenmechanischen Erscheinungen beschreibt. Man kann diese Gleichung nicht herleiten, sondern sich nur plausibel machen. Dazu kann man von der eindimensionalen Wellengleichung ausgehen:

$$\frac{\partial^2 \Psi}{\partial x^2} = \frac{1}{c^2} \frac{\partial^2 \Psi}{\partial t^2} \tag{6.1.1}$$

Eine mögliche Lösung ist:

$$\Psi(x, t) = c \cdot e^{i\alpha} \tag{6.1.2}$$

mit

$$\alpha = kx - \omega t - \varphi \tag{6.1.3}$$

bei einer beliebigen Phasenverschiebung φ, die im folgenden null gesetzt wird.

Mit den aus Experimenten belegten Beziehungen

$$E = h\nu = \hbar\omega \tag{6.1.4}$$

und

$$p = \frac{h}{\lambda} = \hbar k \tag{6.1.5}$$

gilt:

$$\alpha = \frac{(px - Et)}{\hbar} \tag{6.1.6}$$

Eingesetzt in Gl. (6.1.2) ergibt dies

$$\Psi(x,t) = c \cdot e^{i\left(\frac{px-Et}{\hbar}\right)} \tag{6.1.7}$$

Die gesuchte allgemeine Wellengleichung für Ψ mit der Phase φ muß nun die eindimensionale Wellengleichung (6.1.1) und den klassischen Energiesatz

$$E = T + V = \frac{p^2}{2m} + V \tag{6.1.8}$$

mit T als kinetischer und V als potentieller Energie erfüllen. Um einen Ausdruck für E und p^2 zu bekommen, muß man Gl. (6.1.7) einmal nach der Zeit und zweimal nach dem Ort ableiten:

$$\frac{\partial \Psi}{\partial t} = -\frac{iE}{\hbar}\Psi$$

$$E = -\frac{\hbar}{i}\frac{\partial \Psi}{\partial t} \cdot \Psi^{-1} \tag{6.1.9}$$

$$\frac{\partial \Psi}{\partial x} = \frac{ip}{\hbar}\Psi$$

$$\frac{\partial^2 \Psi}{\partial x^2} = -\frac{p^2}{\hbar^2}\Psi$$

$$-\hbar^2 \frac{\partial^2 \Psi}{\partial x^2} \cdot \Psi^{-1} = p^2 \tag{6.1.10}$$

Setzt man Gl. (6.1.9) und (6.1.10) in Gl. (6.1.8) ein, so ergibt sich die eindimensionale Schrödingergleichung

$$-\frac{\hbar^2}{2m}\frac{\partial^2 \Psi}{\partial x^2}\Psi^{-1} + V(x) = -\frac{\hbar}{i}\frac{\partial \Psi}{\partial t} \cdot \Psi^{-1} \tag{6.1.11a}$$

bzw.

$$\left[-\frac{\hbar^2}{2m}\frac{\partial^2}{\partial x^2} + V(x)\right]\Psi = i\hbar\frac{\partial \Psi}{\partial t} \, . \tag{6.1.11b}$$

Analog lautet die dreidimensionale Schrödingergleichung in kartesischen Koordinaten:

$$\left[-\frac{\hbar^2}{2m}\left(\frac{\partial^2}{\partial x^2}+\frac{\partial^2}{\partial y^2}+\frac{\partial^2}{\partial z^2}\right)+V(\underline{r},t)\right]\Psi(\underline{r},t)$$

$$=\hat{H}\Psi(\underline{r},t)=\left[-\frac{\hbar^2}{2m}\Delta+V(\underline{r},t)\right]\Psi(\underline{r},t)=i\hbar\frac{\partial\Psi(\underline{r},t)}{\partial t}\quad(6.1.12)$$

Dabei haben wir den Laplaceoperator Δ verwendet (vgl. auch Tab. 6.1.1). $\hat{H}$ ist der sog. Hamiltonoperator (zur Definition des Operators s.u.).

Ist die Potentialfunktion $V(\underline{r})$ nicht zeitabhängig, so können Zeit- und Ortsabhängigkeit voneinander separiert werden:

$$\Psi(\underline{r},t)=\Psi(\underline{r})\Psi(t)\quad(6.1.13a)$$

und mit Gl. (6.1.7)

$$\Psi(\underline{r},t)=\underbrace{c\cdot e^{\frac{ipx}{\hbar}}}_{\Psi(\underline{r})}\cdot\underbrace{e^{-\frac{iEt}{\hbar}}}_{\Psi(t)}\quad(6.1.13b)$$

Eingesetzt in Gl. (6.1.12) ergibt sich

$$\frac{1}{\Psi(\underline{r})}\left[-\frac{\hbar^2}{2m}\left(\frac{\partial^2}{\partial x^2}+\frac{\partial^2}{\partial y^2}+\frac{\partial^2}{\partial z^2}\right)\Psi(\underline{r})+V(\underline{r})\Psi(\underline{r})\right]$$

$$=i\hbar\frac{1}{\Psi(t)}\frac{\partial\Psi(t)}{\partial t}=E\quad(6.1.14)$$

Die linke Seite der Gleichung ist nur orts-, der mittlere Teil nur zeitabhängig. Dies ist nur möglich, wenn beide Seiten eine Konstante sind. In diesem Fall ist die Konstante die Energie E. Betrachtet man nur den zeitunabhängigen Teil, so erhält man die zeitunabhängige Schrödingergleichung für stationäre Zustände:

$$\left[-\frac{\hbar^2}{2m}\left(\frac{\partial^2}{\partial x^2}+\frac{\partial^2}{\partial y^2}+\frac{\partial^2}{\partial z^2}\right)+V(\underline{r})\right]\Psi(\underline{r})=E\Psi(\underline{r})\quad(6.1.15)$$

bzw.

$$\hat{H}\Psi(\underline{r})=E\Psi(\underline{r})\quad(6.1.16)$$

Man erkennt, daß der Hamiltonoperator der quantenmechanische Ausdruck für die Energie ist.

Ein *Operator* $\hat{O}$ stellt allgemein eine Rechenvorschrift dar, die auf eine Funktion F_1 angewendet wird und eine neue Funktion F_2 erzeugt:

$$F_2 = \hat{O} F_1 \tag{6.1.17}$$

Um nun die quantenmechanischen Operatoren zu finden, werden zunächst den klassischen Größen Ort x und Impuls $\underline{p}$ die Rechenvorschriften

$$\hat{x} = x \tag{6.1.18}$$

und

$$\hat{p} = \frac{\hbar}{i}\nabla = \frac{\hbar}{i}\left(\frac{\partial}{\partial x} + \frac{\partial}{\partial y} + \frac{\partial}{\partial z}\right) \tag{6.1.19}$$

zugeordnet. Weitere Operatoren erhält man, indem man in den entsprechenden Ausdrücken der klassischen Größen (z.B. kinetische Energie $T = \frac{p^2}{2m}$) p und x durch obige Rechenvorschriften ersetzt:

$$\hat{T} = \frac{1}{2m}\hat{p}^2 = \frac{1}{2m}\left(\frac{\hbar}{i}\nabla\right)^2 = -\frac{\hbar^2}{2m}\Delta \tag{6.1.20}$$

In Tab. 6.1.1 sind die wichtigsten quantenmechanischen Operatoren zusammengestellt.

Tab. 6.1.1 Klassische Größen und die zugehörigen quantenmechanischen Operatoren

	Eindimensionaler Operator	Dreidimensionaler Operator in kartesischen Koordinaten
Ort	$\hat{x} = x$	$\hat{\underline{r}} = \underline{r}$
Impuls	$\hat{p} = \dfrac{\hbar}{i}\dfrac{\partial}{\partial x}$	$\hat{p} = \dfrac{\hbar}{i}\left(\dfrac{\partial}{\partial x} + \dfrac{\partial}{\partial y} + \dfrac{\partial}{\partial z}\right) = \dfrac{\hbar}{i}\nabla$
Energie	$\hat{H} = -\dfrac{\hbar^2}{2m}\dfrac{\partial^2}{\partial x^2} + V(x)$	$\hat{H} = -\dfrac{\hbar^2}{2m}\left(\dfrac{\partial^2}{\partial x^2} + \dfrac{\partial^2}{\partial y^2} + \dfrac{\partial^2}{\partial z^2}\right) + V(\underline{r})$
		$= -\dfrac{\hbar^2}{2m}\nabla^2 + V(\underline{r}) = -\dfrac{\hbar^2}{2m}\Delta + V(\underline{r})$
Drehimpuls		$\hat{\underline{l}} = \hat{\underline{r}} \times \hat{\underline{p}}$

Damit kann die zeitunabhängige Schrödingergleichung in verschiedenen Formen ausgedrückt werden

$$\hat{H}\Psi = E\Psi \tag{6.1.21}$$

$$(\hat{T} + V)\Psi = E\Psi \tag{6.1.22}$$

$$\left(\frac{\hat{p}^2}{2m} + V\right)\Psi = E\Psi \tag{6.1.23}$$

$$\left(-\frac{\hbar^2}{2m}\Delta + V\right)\Psi = E\Psi \tag{6.1.24}$$

Zur Lösung der Schrödingergleichung für allgemeine Probleme muß man nun die entsprechenden klassischen Energien formulieren und durch die quantenmechanische Operatoren ersetzen. Um ein physikalisch sinnvolles Ergebnis zu erhalten, müssen jedoch noch einige Randbedingungen eingehalten werden:

- Ψ muß überall stetig und eindeutig sein, einen endlichen Wert und eine kontinuierliche Steigung besitzen. (Ausnahmen sind: Ψ muß über einen unendlichen Bereich keinen endlichen Wert haben; eine diskontinuierliche Steigung tritt dort auf, wo das Potential unendlich wird.)

- Die Größe $\Psi^*\Psi \, d\tau$ für ein einzelnes Teilchen beschreibt die Wahrscheinlichkeit, das Teilchen zum Zeitpunkt t im Volumen $d\tau$ vorzufinden. $\Psi^*\Psi$ ist eine Wahrscheinlichkeitsdichte. Damit man diese Größe sinnvoll interpretieren kann, muß Ψ normierbar sein, d.h.:

$$\int_V \Psi^*\Psi \, d\tau = 1 \tag{6.1.25}$$

mit V als gesamtem Raum. Die Wahrscheinlichkeit, das Teilchen irgendwo zu finden, ist somit 1.

Hat man die richtige Ψ-Funktion gefunden, lassen sich aus der Schrödingergleichung die sog. Energieeigenwerte E berechnen. Man stellt dabei fest, daß zu einem Energiewert manchmal mehrere Eigenfunktionen gehören. Man sagt dann, der Eigenwert sei entartet.

6.2   Phänomenologische Thermodynamik

6.2.1   Definitionen

Im Rahmen der phänomenologischen Thermodynamik werden die Zusammenhänge zwischen Energie, Temperatur und anderen *Zustandsgrößen* sowie die *Zustandsänderungen* beispielsweise durch Austausch von Wärme, Arbeit oder Materie für beliebige Vielteilchen-Systeme formal beschrieben.

- Der Begriff *System* steht dabei für eine Gesamtheit von Teilchen, die über unterschiedliche Randbedingungen vom „Rest der Welt" (der *Umgebung*) abgegrenzt wird.

  Die meisten thermodynamischen Systeme lassen sich für unterschiedliche Randbedingungen in folgendes Schema einordnen:

- *abgeschlossene* (oder *isolierte*) *Systeme*, die weder Materie noch Wärme oder Arbeit mit der Umgebung austauschen können,

- *geschlossene Systeme*, die zwar Arbeit und Wärme, aber keine Materie mit der Umgebung austauschen können,

- *adiabatische* (oder *thermisch isolierte*) *Systeme*, die keine Wärme mit der Umgebung austauschen können,

- *offene Systeme*, bei denen ein freier Austausch von Materie, Arbeit und Wärme mit der Umgebung möglich ist.

Es kann sinnvoll sein, die Definition des Systems auf räumliche Bereiche mit bestimmten homogenen Eigenschaften einzuschränken. Diese Bereiche können beispielsweise die feste, flüssige oder gasförmige Phase des gleichen Stoffes sein.

- Eine *Phase* beschreibt makroskopische, homogene Bereiche eines Systems, in deren Innerem verschiedene Parameter wie Temperatur T, Druck p , Konzentrationen c_i und die übrigen makroskopischen physikalischen Eigenschaften wie Kristallstruktur oder Brechungsindex vom Ort unabhängig und gleich sind.

Die Definition erlaubt auch, daß eine Phase innerhalb einer zweiten Phase fein verteilt vorkommen kann und die Phase daher nicht unbedingt ein zusammenhängender Körper sein muß.
Zur quantitativen Beschreibung von Systemen werden in der Thermodynamik Zustandsgrößen verwendet. Jede dieser Größen kann dabei als Zustandsfunktion anderer Zustandsgrößen ausgedrückt werden.

- *Zustandsgrößen* oder *Zustandsvariablen* sind meßbare Eigenschaften eines Systems, zum Beispiel das Volumen V, die Temperatur T, der Druck p, das chemische Potential μ_i der Komponente i usw.

- Man unterscheidet dabei *extensive Zustandsgrößen*, die von der Größe des Systems abhängen (beispielsweise die innere Energie U, Entropie S, Volumen V, Teilchenzahl N_i, Molzahl $n_i \ldots$), und *intensive Zustandsgrößen*, die unabhängig von der Größe des Systems sind (beispielsweise Druck p, Temperatur T, chemisches Potential μ_i, elektrisches Potential $\varphi \ldots$). Intensive thermodynamische Zustandsgrößen spielen u.a. eine wichtige Rolle beim Vergleich verschiedener thermodynamischer Systeme, da sie nicht von der Systemgröße abhängen und für die Beschreibung von Gleichgewichten wesentlich sind.

- Der *thermodynamische Zustand* eines Systems ist festgelegt durch Angabe der Werte eines Mindestsatzes dieser Zustandsgrößen (beispielsweise V, T, n für ein einkomponentiges ideales Gas, vgl. Gl. (6.2.32)). Damit sind für ein solches System auch alle übrigen Zustandsgrößen als *Zustandsfunktionen* dieses Mindestsatzes von Variablen festgelegt (beispielsweise $S(V,T,n)$, $p\,(V,T,n)$, $\ldots$).

6.2.2 Zustandsfunktionen

Reversible Änderungen *thermodynamischer Zustandsfunktionen* beim Übergang von einem Gleichgewichtszustand in einen anderen zeigen keine Abhängigkeit vom Weg einer Zustandsänderung (Abb. 6.2.1).

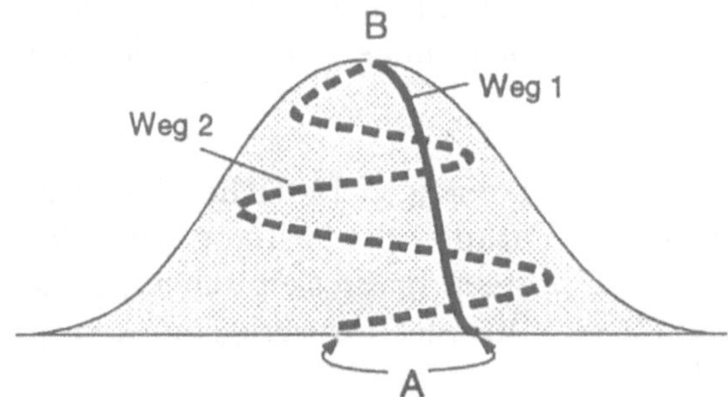

Abb. 6.2.1
Schematische Darstellung der Wegunabhängigkeit von Änderungen bei thermodynamischen Zustandsfunktionen oder Potentialen

Eine Funktion $\phi(x,y,z,\ldots)$ bezeichnet man also dann als Zustandsfunktion, wenn bei Änderung der Zustandsvariablen x,y,z die Änderung des Wertes von ϕ nur vom Anfangszustand (x_1,y_1,z_1) und Endzustand (x_2,y_2,z_2)

abhängt und unabhängig von der Folge der durchlaufenen Zwischenzustände (x_i, y_i, z_i) ist:

$$\phi(x_2, y_2, z_2) - \phi(x_1, y_1, z_1) = \int\limits_{\text{Zustand 1}}^{\text{Zustand 2}} d\phi \qquad (6.2.1)$$

Insbesondere muß gelten, daß für einen „geschlossenen" Weg (Anfangszustand = Endzustand) das Kurvenintegral verschwindet:

$$\oint d\phi = 0 \qquad (6.2.2)$$

Zustandsfunktionen werden durch *totale Differentiale* beschrieben. (Vollständige (totale) Differentiale von Zustandsfunktionen ϕ sind mit „d" (beispielsweise dS, dU), andere beliebige Differentiale mit „δ" (beispielsweise δW, δQ) gekennzeichnet.) Zur Veranschaulichung des totalen Differentials betrachten wir die Zustandsfunktion $\phi(x, y, z, \ldots)$, die durch die Werte von x, y und z bestimmt ist. Geht man von (x, y, z) zu einem Nachbarpunkt $(x + dx, y + dy, z + dz)$ über, so ändert sich der Wert von ϕ um den Betrag

$$d\phi = \phi(x + dx, y + dy, z + dz) - \phi(x, y, z). \qquad (6.2.3)$$

Dies kann in der Form

$$d\phi = \left(\frac{\partial \phi}{\partial x}\right)_{y,z} dx + \left(\frac{\partial \phi}{\partial y}\right)_{x,z} dy + \left(\frac{\partial \phi}{\partial z}\right)_{x,y} dz \qquad (6.2.4)$$

beschrieben werden. $d\phi$ ist dabei die infinitesimale Differenz zwischen zwei benachbarten Werten der Funktion ϕ. Sie wird *vollständiges* oder *totales Differential* genannt. Die tiefgestellten Indizes geben an, daß bei der Differentiation bestimmte Variablen konstant gehalten werden. Bezüglich der gemischten partiellen Ableitungen zweiter Ordnung gilt der *Schwartzsche Satz*

$$\frac{\partial}{\partial y}\left(\frac{\partial \phi}{\partial x}\right) = \frac{\partial}{\partial x}\left(\frac{\partial \phi}{\partial y}\right), \qquad (6.2.5)$$

z.B. $\frac{\partial}{\partial V}\left(\frac{\partial U}{\partial S}\right) = \frac{\partial}{\partial S}\left(\frac{\partial U}{\partial V}\right)$, d.h. die Reihenfolge der Differentiation ist beliebig, wenn Gl. (6.2.4) erfüllt ist.

6.2.3 Hauptsätze

Die *Hauptsätze der klassischen Thermodynamik* liefern unter anderem die Kriterien für Gleichgewichte thermodynamischer Systeme und für die Richtung von irreversiblen Zustandsänderungen.

1. Hauptsatz
(Energieerhaltungssatz)

Die innere Energie U eines Systems ändert sich nur, wenn Wärme (Q) oder Arbeit (W) mit der Umgebung ausgetauscht werden:

$$dU = \delta Q + \delta W \tag{6.2.6}$$

Beispiele für δW sind Volumenarbeit $-p\,dV$, chemische Arbeit $\mu_i\,dn_i$ (μ ist das chemische Potential, dn_i ist die mit der Umgebung ausgetauschte Molzahl der Komponente i) oder elektrische Arbeit $\varphi\,dq$ (φ ist das elektrische Potential, q die Ladung).

2. Hauptsatz
(Aussage über Richtung von Entropieänderungen)

Es existiert eine Zustandsfunktion S (Entropie) für ein thermodynamisches System, die für abgeschlossene und adiabatische Systeme nur zunehmen oder gleichbleiben kann:

$$dS \geq 0 \tag{6.2.7}$$

Die Entropie ist dabei ein Maß für die Unordnung im System.
Für offene und geschlossene Systeme gilt die folgende Ungleichung, wobei δQ die mit der Umgebung ausgetauschte Wärme bezeichnet:

$$dS \geq \frac{\delta Q}{T} \tag{6.2.8}$$

Der zweite Hauptsatz zeigt insbesondere, daß Entropie in einem abgeschlossenen System erzeugt werden kann. Das gilt für nicht umkehrbare oder irreversible Zustandsänderungen des Systems. Man sieht, daß die Entropie S eines thermodynamischen Systems zwar eine Zustandsfunktion, aber nicht generell eine Erhaltungsgröße ist. Änderungen der Entropie S lassen sich aufteilen in einen externen Beitrag ΔS_{ext} durch Wärmeaustausch ΔQ des

Systems mit der Umgebung und einen internen Beitrag ΔS_{in} durch Entropieerzeugung im System selbst:

$$\Delta S = \Delta S_{\text{ext}} + \Delta S_{\text{in}} \tag{6.2.9}$$

Für den Anteil durch Wärmetransport zwischen System und Umgebung gilt:

$$\Delta S_{\text{ext}} = \frac{\Delta Q}{T} \tag{6.2.10}$$

Dabei wird ΔQ positiv angesetzt, wenn dem System Wärme von der Umgebung zugeführt wird. ΔS_{ext} kann also positiv oder negativ sein.

Eine alternative Formulierung des 2. Hauptsatzes für Systeme mit beliebigen Randbedingungen ist deshalb:

$$\Delta S_{\text{int}} \geq 0 \tag{6.2.11}$$

Zustandsänderungen, bei denen das Gleichheitszeichen gilt, bezeichnet man als *reversibel*, solche, bei denen zusätzlich Entropie im System erzeugt wird ($\Delta S_{\text{int}} > 0$), als *irreversibel*. Irreversible Zustandsänderungen sind beispielsweise die Kristallisation von unterkühltem Wasser oder die freie Expansion eines Gases. Für einen reversiblen Prozeß gilt also grundsätzlich

$$\Delta S_{\text{rev}} = \frac{\Delta Q_{\text{rev}}}{T} \tag{6.2.12a}$$

oder differentiell

$$dS_{\text{rev}} = \frac{\delta Q_{\text{rev}}}{T} \quad . \tag{6.2.12b}$$

3. Hauptsatz
(Aussage über Absolutwert der Entropie für $T \to 0$)

Die Entropie eines idealen, defektfreien Kristalls im Gleichgewicht strebt gegen null für $T \to 0$:

$$\lim_{T \to 0} S = 0 \tag{6.2.13}$$

6.2.4 Fundamentalgleichungen

Für reversible Prozesse ohne Entropieerzeugung im System, d.h. $\Delta S_{\mathrm{int}} = 0$, kann nach Gl. (6.2.12) das Differential δQ_{rev}, die mit der Umgebung ausgetauschte Wärme eines Systems, ersetzt werden durch $\delta Q_{\mathrm{rev}} = T\,dS$. Nimmt man zunächst nur Volumenarbeit $-p\,dV$ (d.h. Vergrößerung bzw. Verkleinerung des Volumens durch Erniedrigung bzw. Erhöhung des äußeren Drucks) und chemische Arbeit $\sum_i \mu_i\,dn_i$ (d.h. Veränderung der Stoffmenge von „i" um dn_i) an, so gilt für δW_{rev}

$$\delta W_{\mathrm{rev}} = -p\,dV + \sum_i \mu_i\,dn_i. \tag{6.2.14}$$

Die Summe geht dabei über alle Komponenten i des Systems.

Mit Gl. (6.2.12b) für δQ_{rev} und Gl. (6.2.14) für δW_{rev} folgt aus dem 1. Hauptsatz (Gl. (6.2.6))

$$dU = T\,dS - p\,dV + \sum_i \mu_i\,dn_i. \tag{6.2.15}$$

dU ist das totale Differential der Zustandsfunktion $U(S, V, n_i)$ mit den charakteristischen Zustandsvariablen S, V und n_i. *Charakteristische Variablen* sind dabei dadurch ausgezeichnet, daß Gleichgewichte durch Minima der Funktionen U, H, A oder G beschrieben werden, wenn Systeme unter Bedingungen betrachtet werden, bei denen diese Variablen konstant sind. Die allgemeinste Schreibweise für dU ist gegeben durch

$$dU = \left(\frac{\partial U}{\partial S}\right)_{V,n_i} dS + \left(\frac{\partial U}{\partial V}\right)_{S,n_i} dV + \sum_i \left(\frac{\partial U}{\partial n_i}\right)_{S,V,n_{j \neq i}} dn_i. \tag{6.2.16}$$

Die Indizes geben an, welche Variablen bei der Differentiation konstant gehalten werden. $U(S, V, n_i)$ selbst ist eine homogene Funktion 1. Grades in den Variablen S, V und n_i.

Als homogene Funktion 1. Grades in den Variablen x, y, z bezeichnet man eine Funktion $\varphi(x, y, z)$, wenn

$$\varphi(\alpha \cdot x,\ \alpha \cdot y,\ \alpha \cdot z) = \alpha \cdot \varphi(x, y, z) \tag{6.2.17}$$

gilt.

Für eine solche Funktion folgt:

$$\varphi(x,y,z) = \left(\frac{\partial\varphi}{\partial x}\right)_{y,z}\cdot x + \left(\frac{\partial\varphi}{\partial y}\right)_{z,x}\cdot y + \left(\frac{\partial\varphi}{\partial z}\right)_{x,y}\cdot z = \varphi_x\cdot x + \varphi_y\cdot y + \varphi_z\cdot z \qquad (6.2.18)$$

Für die innere Energie $U(S,V,n_i)$ erhält man deshalb:

$$U = TS - pV + \sum_i \mu_i n_i \qquad (6.2.19)$$

Die Möglichkeit, aus einer Zustandsfunktion $\phi(x,y,z)$ durch eine als *Legendre-Transformation* bezeichnete Variablentransformation neue Zustandsfunktionen mit verändertem Satz charakteristischer Variablen zu definieren, ist für die formale Behandlung der klassischen Thermodynamik von großer Bedeutung.

Eine Legendre-Transformation erlaubt z.B., aus U eine Funktion $A(T,V,n_i)$ abzuleiten. Man definiert dazu die Legendre-Transformierte zu U bezüglich des Variablenpaares T,S folgendermaßen:

$$A = U - TS \qquad (6.2.20)$$

Bildet man davon das Differential, folgt:

$$A = dU - d(T\cdot S) = dU - TdS - SdT \qquad (6.2.21)$$

Setzt man nun den ursprünglichen Ausdruck für dU hier ein, erhält man:

$$\begin{aligned}
dA &= TdS - pdV + \sum_i \mu_i dn_i - TdS - SdT \\
&= -SdT - pdV + \sum_i \mu_i dn_i \qquad (6.2.22) \\
&= \left(\frac{\partial A}{\partial T}\right)_{V,n_i} dT + \left(\frac{\partial A}{\partial V}\right)_{T,n_i} dV + \sum_i \left(\frac{\partial A}{\partial n_i}\right)_{V,T,n_{j\neq i}} dn_i
\end{aligned}$$

Die letzte Zeile folgt, weil dA ebenfalls ein totales Differential ist. Durch Vergleich mit der 2. Zeile erkennt man die Bedeutung des chemischen Potentials μ, das der Änderung der freien Energie A des Systems bei Zugabe einer infinitesimalen Menge des Stoffes „i" entspricht, wenn das Volumen, die Temperatur und alle anderen Stoffmengen konstant bleiben.

Die für uns wichtigsten auf diese Weise ableitbaren Zustandsfunktionen sind die *Enthalpie* $H(S, p, n_i)$, die *Helmholtz-Energie* (auch: *freie Energie*) $A(T, V, n_i)$ und die *Gibbs-Energie* (auch: *freie Enthalpie*) $G(T, p, n_i)$:

$$U = TS - pV + \sum \mu_i n_i \tag{6.2.23}$$

$$H = U + pV = TS + \sum_i \mu_i n_i \tag{6.2.24}$$

$$A = U - TS = -pV + \sum_i \mu_i n_i \tag{6.2.25}$$

$$G = U + pV - TS = H - TS = A + pV = \sum_i \mu_i n_i \tag{6.2.26}$$

Daraus ergeben sich die *totalen Differentiale*:

$$dU = T\,dS - p\,dV + \sum_i \mu_i\,dn_i \tag{6.2.27}$$

$$dH = T\,dS + V\,dp + \sum_i \mu_i\,dn_i \tag{6.2.28}$$

$$dA = -S\,dT - p\,dV + \sum_i \mu_i\,dn_i \tag{6.2.29}$$

$$dG = -S\,dT + V\,dp + \sum_i \mu_i\,dn_i \tag{6.2.30}$$

Diese Gleichungen bezeichnet man als *Gibbssche Fundamentalgleichungen* oder *charakteristische Funktionen*. Schreibt man dU, dH, dA, dG als totale Differentiale der jeweiligen charakteristischen Variablen und vergleicht die Ableitungen mit den Faktoren aus den Fundamentalgleichungen, so erhält man für die partiellen Ableitungen die in Tab. 6.2.1 gezeigten Ergebnisse.

Die charakteristischen Funktionen sowie die partiellen Ableitungen, die in Tab. 6.2.1 zusammengestellt sind, lassen sich in einem von Guggenheim aufgestellten Schema als Gedächtnisstütze zusammenfassen (Abb. 6.2.2).

Im Fall von G sind die charakteristischen Variablen p und T. Aus dem Merkschema ergibt sich dann

$$dG = \left(\frac{\partial G}{\partial T}\right)_p dT + \left(\frac{\partial G}{\partial p}\right)_T dp = -S\,dT + V\,dp\,. \tag{6.2.31}$$

Als experimentell gut meßbare Größen sind noch die *Wärmekapazitäten* C_V und C_p zu nennen, die bei konstantem Volumen bzw. konstantem Druck über die Ableitung der inneren Energie U bzw. der Entropie S nach der Temperatur definiert werden (s. Tab. 6.2.2).

Tab. 6.2.1 Partielle Ableitungen der Zustandsfunktionen U, H, A, G nach den charakteristischen Variablen

$$\left(\frac{\partial U}{\partial S}\right)_{V,n_i} = T \qquad \left(\frac{\partial U}{\partial V}\right)_{S,n_i} = -p \qquad \left(\frac{\partial U}{\partial n_i}\right)_{V,S,n_j} = \mu_i$$

$$\left(\frac{\partial H}{\partial S}\right)_{p,n_i} = T \qquad \left(\frac{\partial H}{\partial p}\right)_{S,n_i} = V \qquad \left(\frac{\partial H}{\partial n_i}\right)_{p,S,n_j} = \mu_i$$

$$\left(\frac{\partial A}{\partial T}\right)_{V,n_i} = -S \qquad \left(\frac{\partial A}{\partial V}\right)_{T,n_i} = -p \qquad \left(\frac{\partial A}{\partial n_i}\right)_{V,T,n_j} = \mu_i$$

$$\left(\frac{\partial G}{\partial T}\right)_{p,n_i} = -S \qquad \left(\frac{\partial G}{\partial p}\right)_{T,n_i} = V \qquad \left(\frac{\partial G}{\partial n_i}\right)_{p,T,n_j} = \mu_i$$

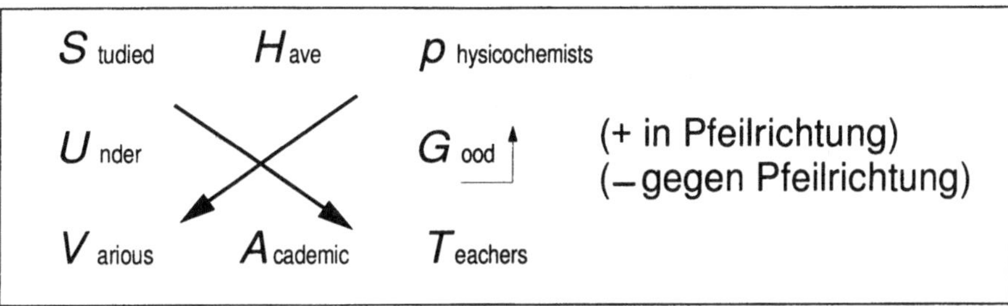

Abb. 6.2.2
Merkschema nach Guggenheim zur Ableitung der totalen Differentiale und der Gibbsschen Fundamentalgleichungen. Jede der vier Zustandsfunktionen (U, H, A, G) ist von den beiden zugehörigen charakteristischen Variablen umgeben.

Für den Vergleich mit experimentell einfach zugänglichen Größen, insbesondere p, V und T, ist es zweckmäßig, die obigen Zustandsfunktionen und ihre Ableitungen auch als Funktion von p, T und V auszudrücken. Die entsprechenden Gleichungen bezeichnet man als *thermische Zustandsgleichungen*. Hierzu gehört insbesondere der Zusammenhang $V = f(p, T)$, der beim idealen Gas

$$V = nRT/p = NkT/p \qquad (6.2.32)$$

mit n als Molzahl bzw. N als Teilchenzahl entspricht („*Idealgasgleichung*").

Daneben spricht man von *kalorischen Zustandsgleichungen*, wenn die Wärmekapazitäten C_V und C_p als Funktion von T ausgedrückt werden. Aus gemessenen p-V-T- oder $C_V(C_p) = f(T)$-Daten lassen sich leicht Werte für die Zustandsfunktionen berechnen. Die Ableitung solcher Beziehungen ist möglich, wenn man die Regeln für die Formulierung totaler Differentiale und ihre Eigenschaften (beispielsweise den Schwartzschen Satz, Gl. (6.2.5)) ausnutzt. Tab. 6.2.2 zeigt in dem Zusammenhang neben den Definitionen der Wärmekapazitäten einige weitere Beziehungen, die sich über den Schwartzschen Satz aus den Gibbsschen Fundamentalgleichungen ableiten lassen.

Tab. 6.2.2 Partielle Ableitungen der Zustandsfunktionen U, H und S nach den Variablen p, V und T

$$\left(\frac{\partial U}{\partial T}\right)_{V,n_i} = C_V \qquad\qquad \left(\frac{\partial H}{\partial T}\right)_{p,n_i} = C_p$$

$$\left(\frac{\partial S}{\partial T}\right)_{V,n_i} = \frac{C_V}{T} \qquad\qquad \left(\frac{\partial S}{\partial T}\right)_{p,n_i} = \frac{C_p}{T}$$

$$\left(\frac{\partial S}{\partial V}\right)_{T,n_i} = \left(\frac{\partial p}{\partial T}\right)_{V,n_i} \qquad\qquad \left(\frac{\partial S}{\partial p}\right)_{T,n_i} = \left(\frac{\partial V}{\partial T}\right)_{p,n_i}$$

$$\left(\frac{\partial U}{\partial V}\right)_{T,n_i} = -p + T\left(\frac{\partial p}{\partial T}\right)_{V,n_i} \qquad\qquad \left(\frac{\partial H}{\partial p}\right)_{T,n_i} = V - T\left(\frac{\partial V}{\partial T}\right)_{p,n_i}$$

Die $N + 2$ intensiven Größen $T, p, n_1, \ldots n_N$ eines Systems sind nicht unabhängig voneinander. Es gilt die sogenannte *Gibbs-Duhem-Gleichung*

$$S dT - V dp + \sum_{i=1}^{N} n_i d\mu_i = 0 \quad . \tag{6.2.33}$$

Eine Ableitung ist leicht aus den Gleichungen für U (Gl. (6.2.23)) und dU (Gl. (6.2.27)) möglich. Bildet man aus $U = TS - pV - \sum \mu_i n_i$ das Differential dU, so folgt

$$dU = S dT + T dS - p dV - V dp + \sum_{i=1}^{N} \mu_i dn_i + \sum_{i=1}^{N} n_i d\mu_i \quad . \tag{6.2.34}$$

Vergleich mit der Gibbsschen Fundamentalgleichung für dU ergibt sofort die Gibbs-Duhem-Gleichung.

6.2.5   Gleichgewichtsbedingungen

Mit den verschiedenen thermodynamischen Zustandsfunktionen sind thermodynamische Gleichgewichtsbedingungen für Systeme mit unterschiedlichen Randbedingungen formulierbar:

- Für *abgeschlossene Systeme* ($\delta Q = 0$, $\delta W = 0$, $dn = 0$) stellt der 2. Hauptsatz eine Bedingung für die Richtung von Entropieänderungen bei spontan ablaufenden Prozessen:

$$dS \geq 0 \tag{6.2.35}$$

Das bedeutet, daß der Gleichgewichtszustand erreicht ist, wenn die Entropie S ein Maximum erreicht hat:

$$dS = 0 \quad \underline{\text{und}} \quad S = \text{Maximum} \tag{6.2.36}$$

- Für *geschlossene isotherm-isochore Systeme* ($dn = 0$, $dT = 0$, $dV = 0$) läßt sich die Gleichgewichtsbedingung mit der Helmholtz-Energie A formulieren. Für dA folgt aus Gl. (6.2.25) bei konstanter Temperatur

$$dA = dU - T\,dS \quad . \tag{6.2.37}$$

Durch Vergleich mit Gl. (6.2.6) und (6.2.12b) erkennt man, daß dA die am System geleistete reversible Arbeit ist, die bei einer isothermen, reversiblen Zustandsänderung aufgebracht werden muß. Bei konstantem Volumen und geschlossenem System kann man $\delta W = 0$ und daher nach dem 1. Hauptsatz (Gl. (6.2.6)) $dU = \delta Q$ setzen:

$$dA = \delta Q - T\,dS \tag{6.2.38}$$

Aus dem 2. Hauptsatz folgt $\delta Q \leq T dS$, so daß sich unter den genannten Randbedingungen ergibt:

$$dA \leq 0 \tag{6.2.39}$$

Bei irreversiblen Prozessen sinkt die Helmholtz-Energie A und erreicht im Gleichgewicht unter den genannten Randbedingungen ein Minimum:

$$dA = 0 \quad \underline{\text{und}} \quad A = \text{Minimum} \tag{6.2.40}$$

- Analog leitet man für Zustandsänderungen in *geschlossenen isotherm-isobaren Systemen* ab:

$$dG \leq 0 \tag{6.2.41}$$

und für das Gleichgewicht

$$dG = 0 \quad \underline{\text{und}} \quad G = \text{Minimum} \tag{6.2.42}$$

- Das *chemische Gleichgewicht zwischen zwei Phasen* bei konstantem Druck und konstanter Temperatur bezüglich einer chemischen Komponente i ist ein Spezialfall der Gleichgewichtsbedingung, die über die Gibbs-Energie berechnet wird. Betrachtet man den freien Austausch der Komponente i zwischen zwei Phasen bei $p, T = $ const, so gilt für die Änderung der gesamten Gibbs-Energie bei Übergang von dn_i Mol der Teilchensorte i aus der Phase α in die Phase β:

$$\begin{aligned} dG &= dG^{\alpha} + dG^{\beta} \\ &= \mu_i^{\alpha}\, dn_i^{\alpha} + \mu_i^{\beta}\, dn_i^{\beta} \\ &= \mu_i^{\alpha}(-dn_i) + \mu_i^{\beta}\, dn_i = (\mu_i^{\beta} - \mu_i^{\alpha})dn_i \end{aligned} \tag{6.2.43}$$

Die beiden Phasen zusammengenommen sollen ein geschlossenes System darstellen. Da bei freiwillig ablaufenden Prozessen G nur kleiner werden kann, muß $dG \leq 0$ sein. Falls $dn_i > 0$ ist, muß damit auch $(\mu_i^{\beta} - \mu_i^{\alpha}) \leq 0$ gelten. Deshalb werden die Teilchen der Sorte i bei spontanen, irreversiblen Prozessen nur in Richtung auf das niedrigere chemische Potential der beiden Phasen übergehen. Im Gleichgewicht ist $dG = 0$ und deshalb

$$\mu_i^{\alpha} = \mu_i^{\beta} \quad . \tag{6.2.44}$$

Bei Phasen, die mehrere Teilchensorten i austauschen können, gilt die Gleichheit der chemischen Potentiale entsprechend für jede einzelne Teilchensorte i.

6.3 Tabellen

Tab. 6.3.1 Übersicht aller Tabellen sowie ausgewählter Diagramme mit nützlichen Daten

---

Tabellen

Abbildungen

Tab. 6.3.2 Physikalische Größen im SI-System

Größen	Definitionsgleichung	Einheit	Ausdruck in Basisgrößen	Ausdruck in Basisgrößen
Arbeit W (mech.)	$W = F \cdot s$	Joule J	$m^2\,kg \cdot s^{-2}$	$N \cdot m$
(Energie E) (el.)	$W = Q \cdot U$ $= I \cdot t \cdot U$			$W \cdot s$
Beleuchtungsdichte D	—	Lux lx	—	$cd \cdot m^{-2} \cdot sr$ $= W \cdot m^{-2}$ $= lm \cdot m^{-2}$
Beschleunigung a	$a = v/t$	—	$m \cdot s^{-2}$	—
Dichte ϱ	$\varrho = m/V$	—	$kg \cdot m^{-3}$	—
Diel. Verschiebungsdichte D	$D = Q/A = \varepsilon_r \varepsilon_0 E$ $= \varepsilon_0 E + P$	—	$A \cdot s \cdot m^{-2}$	$C \cdot m^{-2}$
Drehimpuls L	$L = I \cdot \omega$	—	$m^2 \cdot kg \cdot s^{-1}$	$J \cdot s$
Drehmoment T	$T = J \cdot \beta$	—	$m^2 \cdot kg \cdot s^{-2}$	$N \cdot m$
Druck p	$p = F/A$	Pascal Pa	$m^{-1} \cdot kg \cdot s^{-2}$	$N \cdot m^{-2}$
Dynamische Viskosität η	$\eta = F \cdot \Delta x / A \cdot \Delta v$	Poise P	$m^{-1} \cdot kg \cdot s^{-1}$	$N \cdot s \cdot m^{-2} = Pa \cdot s$
Ebener Winkel α	$\alpha = s/r$	Radian rad	$m \cdot m^{-1}$	—
Elastizitätsmodul E	—	—	$m^{-1} \cdot kg \cdot s^{-2}$	$N \cdot m^{-2}$
El. Dipolmoment μ_{el}	$\mu_{el} = q \cdot d$	Debye D	—	$C \cdot m$
El. Feldstärke E	$E = F/Q$	—	$m \cdot kg \cdot s^{-3} \cdot A^{-1}$	$N \cdot C^{-1}\,(Vm^{-1})$
El. Kapazität C	$C = Q/U$	Farad F	$m^{-2} \cdot kg^{-1} \cdot s^4 \cdot A^2$	$C \cdot V^{-1} = s \cdot \Omega^{-1}$
El. Ladung Q, q	$Q = I \cdot t$	Coulomb C	$A \cdot s$	—
El. Leitfähigkeit σ	$\sigma = 1/\varrho = R \cdot A / l$	—	$A^2 \cdot s^3 \cdot m^{-3} \cdot kg^{-1}$	$\Omega^{-1} \cdot m^{-1}$ $= S \cdot m^{-1}$

Tab. 6.3.2 (Fortsetzung)

Größen	Definitions-gleichung	Einheit	Ausdruck in Basisgrößen	Ausdruck in Basisgrößen
El. Leitwert G	$G = I/U = 1/R$	Siemens S	$A^2 \cdot s^3 \cdot m^{-2} \cdot kg^{-1}$	$A \cdot V^{-1} = \Omega^{-1}$
El. Polarisation P	$P = \chi \cdot \varepsilon_0 \cdot E$	—	$A \cdot s \cdot m^{-2}$	$C \cdot m^{-2}$
El. Spannung U	$U = W/Q$	Volt V	$m^2 \cdot kg \cdot s^{-3} \cdot A^{-1}$	$W \cdot A^{-1} = J \cdot C^{-1}$
El. Stromstärke I	—	Ampere A	A	—
El. Widerstand R	$R = U/I = \varrho \cdot l/A$	Ohm Ω	$m^2 \cdot kg \cdot s^{-3} \cdot A^{-2}$	$V \cdot A^{-1}$
El. spezifischer Widerstand ϱ_{el}	$\varrho_{el} = E/j$	—	$m^3 \cdot kg \cdot s^{-3} \cdot A^{-2}$	$\Omega \cdot m$
Energiedosis	—	Gray Gy	$m^2 \cdot s^{-2}$	$J \cdot kg^{-1}$
Energiedosisleistung	—	—	—	$W \cdot kg^{-1}$
Energieflußdichte S	$S = E \cdot v/V$	—	$N \cdot m^{-1} \cdot s^{-1}$	$J \cdot m^{-2} \cdot s^{-1}$ $= W \cdot m^{-2}$
Federkonstante k	$k = F/x$	—	$N \cdot m^{-1}$	—
Fläche A	$A = a \cdot b$	—	m^2	—
Flächenladungsdichte σ_{el}	$\sigma_{el} = Q/A$	—	—	$C \cdot m^{-2}$
Frequenz ν	$\nu = 1/t$	Hertz Hz	s^{-1}	—
Geschwindigkeit v	$v = s/t$	—	$m \cdot s^{-1}$	—
Impuls p	$p = m \cdot v$	—	$m \cdot kg \cdot s^{-1}$	$N \cdot s$
Induktivität L	$L = \Phi/I$	Henry H	$m^2 \cdot kg \cdot s^{-2} \cdot A^{-2}$	$Wb \cdot A^{-1}$ $= V \cdot s \cdot A^{-1}$
Ionendosis	—	—	—	$C \cdot kg^{-1}$
Ionendosisleistung	—	—	—	$C \cdot kg^{-1} \cdot s^{-1}$
Kraft F (mech.)	$F = m \cdot a$	Newton N	$m \cdot kg \cdot s^{-2}$	$J \cdot m^{-1}$
(el.)	$F = W/s$	—	—	$W \cdot s \cdot m^{-1}$
Länge l (a, b, c)	—	Meter m	m	—
Leistung P (mech.)	$P = W \cdot t^{-1}$	Watt W	$m^2 \cdot kg \cdot s^{-3}$	$J \cdot s^{-1}$
(el.)	$P = I^2 \cdot R = I \cdot U$	—	—	$V \cdot A$
Leuchtdichte B	—	Stilb sb	$cd \cdot m^{-2}$	$W \cdot sr^{-1} \cdot m^{-2}$
Lichtmenge Q	—	—	$lm \cdot s$	$W \cdot s$
Lichtstärke I_v	$I_v = \Phi/\Omega$	Candela cd	—	$W \cdot sr^{-1}$
Lichtstrom Φ	—	Lumen lm	—	$cd \cdot sr = W$
Magn. Dipolmoment μ_m	$\mu_m = \Phi \cdot S$	—	—	$Wb \cdot m$
Magn. Feldstärke H	—	—	$A \cdot m^{-1}$	—
Magn. Induktion B	$B = \mu_r \mu_0 H$	Tesla T	$kg \cdot s^{-2} \cdot A^{-1}$	$Wb \cdot m^{-2}$ $= V \cdot s \cdot m^{-2}$
Magn. Induktionsfluß Φ	$\Phi = \mu_r \mu_0 A H$ $= A \cdot B$	Weber Wb	$m^2 \cdot kg \cdot s^{-2} \cdot A^{-1}$	$V \cdot s$
Magnetisierung $M_{(v)}$	$M_{(v)} = \chi \cdot \mu_0 \cdot H$	Tesla T	$kg \cdot s^{-2} \cdot A^{-1}$	$V \cdot s \cdot m^{-2}$
Masse m	—	Kilogramm kg	kg	—
Raumwinkel Ω	$\Omega = A/r^2$	Steradian sr	$m^2 \cdot m^{-2}$	—
Schubmodul G	—	—	$m^{-1} \cdot kg \cdot s^{-2}$	$N \cdot m^{-2}$
Temperatur T	—	Kelvin K	K	—
Thermischer Ausdehnungskoeffizient α	—	—	K^{-1}	—
Trägheitsmoment I	$I = mr^2$	—	$kg \cdot m^2$	—
Volumen V	$V = a \cdot b \cdot c$	—	m^3	—
Wärmeleitfähigkeit λ	—	—	$m \cdot kg \cdot s^{-3} \cdot K^{-1}$	$J \cdot K^{-1} \cdot m^{-1} \cdot s^{-1}$
Winkelbeschleunigung β	$\beta = \omega/t$	—	s^{-2}	—
Winkelgeschwindigkeit ω	$\omega = v/r$	—	s^{-1}	—
Zeit t	—	Sekunde s	s	—

Tab. 6.3.3 Physikalische Konstanten im SI-System

Größe	Symbol	Wert
Atommasseneinheit	u	$1{,}6605655 \cdot 10^{-27}\,\mathrm{kg}$
		$\hat{=}\ 931{,}5016\,\mathrm{MeV/c^2}$
Avogadrosche Konstante	N_L	$6{,}022045 \cdot 10^{23}\,\mathrm{mol^{-1}}$
Bohrscher Radius	a_0	$5{,}2917706 \cdot 10^{-11}\,\mathrm{m}$
Bohrsches Magneton	μ_B	$9{,}274078 \cdot 10^{-24}\,\mathrm{A \cdot m^2}\ (= \mathrm{J \cdot T^{-1}})$
Boltzmannsche Konstante	k	$1{,}380662 \cdot 10^{-23}\,\mathrm{J \cdot K^{-1}}$
Drehimpulsquantum	$h/2m_e$	$3{,}6369455 \cdot 10^{-4}\,\mathrm{J \cdot Hz^{-1} \cdot kg^{-1}}$
Einsteinsche Konstante	$E = N_L \cdot h$	$3{,}990313\,\mathrm{J \cdot s \cdot mol^{-1}}$
Elektrische Feldkonstante	$\varepsilon_0 = \mu_0 c^2$	$8{,}85418782 \cdot 10^{-12}\,\mathrm{F \cdot m^{-1}}$
Elektron e		
-, Comptonwellenlänge	$\lambda_c = \alpha^2/2R_H$	$2{,}4263089 \cdot 10^{-12}\,\mathrm{m}$
-, Energieäquivalent	$E_e = m_e \cdot c^2$	$0{,}5110034\,\mathrm{MeV}$
-, Ladung	e	$1{,}6021892 \cdot 10^{-19}\,\mathrm{C}$
-, magn. Moment	μ_s	$1{,}001160\,\mu_B$
		$= 9{,}284832 \cdot 10^{-24}\,\mathrm{A \cdot m^2}$
-, magnetogyr. Verhältnis	γ_s	$1{,}76084431 \cdot 10^{11}\,\mathrm{s^{-1} \cdot T^{-1}}$
-, Radius	r_e	$> 10^{-19}\,\mathrm{m}$
-, relative Masse	$m_{e,\mathrm{rel}}$	$0{,}00054858026$
-, Ruhemasse	m_e	$9{,}109534 \cdot 10^{-31}\,\mathrm{kg}$
-, spezifische Ladung	e/m_e	$1{,}7588047 \cdot 10^{11}\,\mathrm{C \cdot kg^{-1}}$
Elementarladung	e	$1{,}6021892 \cdot 10^{-19}\,\mathrm{C}$
Elementarlänge, Plancksche	$\sqrt{G \cdot \hbar \cdot c^3}$	$1{,}617 \cdot 10^{-35}\,\mathrm{m}$
Elementarzeit, Plancksche	$\sqrt{G \cdot \hbar \cdot c^5}$	$5{,}394 \cdot 10^{-44}\,\mathrm{s}$
Faradaysche Konstante	$F = N_L \cdot e$	$96484{,}56\,\mathrm{C \cdot mol^{-1}}$
Gaskonstante	$R = N_L \cdot k$	$8{,}31441\,\mathrm{J \cdot K^{-1} \cdot mol^{-1}}$
		$0{,}0820571\,\mathrm{atm\,K^{-1} \cdot mol^{-1}}$
		$0{,}0831441\,\mathrm{bar\,K^{-1} \cdot mol^{-1}}$
Gravitationskonstante	G	$6{,}6720 \cdot 10^{-11}\,\mathrm{m^3 \cdot kg^{-1} \cdot s^{-2}}$
Kern-Magneton	μ_N	$5{,}050824 \cdot 10^{-27}\,\mathrm{A \cdot m^2}(= \mathrm{J \cdot T^{-1}})$
Landé-Faktor	g_s	$2{,}0023193134$
Lichtgeschwindigkeit (Vak.)	c	$2{,}99792458 \cdot 10^8\,\mathrm{m \cdot s^{-1}}$
Magnetische Feldkonstante	μ_0	$4\pi \cdot 10^{-7}\,\mathrm{H \cdot m^{-1}}$
Molares Gasvolumen	$V_m = RT_0/p_0$	$22{,}413831\,\mathrm{mol^{-1}}$
Neutron n		
-, Comptonwellenlänge	$\lambda_{c,n} = h/m_n c$	$1{,}3195909 \cdot 10^{-15}\,\mathrm{m}$
-, Energieäquivalent	$E_n = m_n \cdot c^2$	$939{,}5731\,\mathrm{MeV}$
-, magnet. Moment	μ_n	$1{,}913148\,\mu_N$
		$= 0{,}966326 \cdot 10^{-26}\,\mathrm{A \cdot m^2}$
-, Radius	r_n	$\approx 1{,}3 \cdot 10^{-15}\,\mathrm{m}$
-, relative Masse	$m_{n,\mathrm{rel}}$	$1{,}008665012$
-, Ruhemasse	m_n	$1{,}6749543 \cdot 10^{-27}\,\mathrm{kg}$

Tab. 6.3.3 (Fortsetzung)

Größe	Symbol	Wert
Normalfallbeschleunigung	g	$9,80665\,\mathrm{ms^{-2}}$
Physikal. Normdruck	p_0	$1,013 \cdot 10^5\,\mathrm{Pa}$
		$= 1\,\mathrm{atm} = 760\,\mathrm{Torr}$
Physikal. Normtemperatur	T_0	$0°\mathrm{C} = 273,16\,\mathrm{K}$
Plancksches Wirkungsquantum	h	$6,626176 \cdot 10^{-34}\,\mathrm{J \cdot s}$
	$\hbar = h/2\pi$	$1,0545887 \cdot 10^{-34}\,\mathrm{J \cdot s}$
Proton p		
-, Comptonwellenlänge	$\lambda_{c,p} = h/m_p c$	$1,3214099 \cdot 10^{-15}\,\mathrm{m}$
-, Energieäquivalent	$E_p = m_p \cdot c^2$	$938,2796\,\mathrm{MeV}$
-, magn. Moment	μ_p	$2,792763\,\mu_N$
		$= 1,410617 \cdot 10^{-26}\,\mathrm{A \cdot m^3}$
-, magnetogyr. Verhältnis	γ_p	$2,6751987 \cdot 10^8\,\mathrm{s^{-1} \cdot T^{-1}}$
-, Radius	r_p	$\approx 1,3 \cdot 10^{-15}\,\mathrm{m}$
-, relative Masse	$m_{p,\mathrm{rel}}$	$1,007276470$
-, Ruhemasse	m_p	$1,6726485 \cdot 10^{-27}\,\mathrm{kg}$
Rydbergsche Konstante	R_H	$1,097373177 \cdot 10^7\,\mathrm{m^{-1}}$
Sommerfeldsche Feinstrukturkonstante	α	$0,007973506$
Wasserstoffatom $^1_1\mathrm{H}$		
-, Energieäquivalent	$E_H = m_H \cdot c^2$	$938,7906\,\mathrm{MeV}$
-, Ionisierungsenergie	E_I	$13,595\,\mathrm{eV}$
-, relative Masse	$m_{\mathrm{H,rel}}$	$1,007825036$
-, Ruhemasse	m_{H}	$1,6735596 \cdot 10^{-27}\,\mathrm{kg}$

Tab. 6.3.4 Dezimale Vielfache und Teile von Einheiten

Multiplikator	Vorsatz	Zeichen	Multiplikator	Vorsatz	Zeichen
10^{18}	Exa	E	10^{-1}	Dezi	d
10^{15}	Peta	P	10^{-2}	Zenti	c
10^{12}	Tera	T	10^{-3}	Milli	m
10^9	Giga	G	10^{-6}	Mikro	μ
19^6	Mega	M	10^{-9}	Nano	n
10^3	Kilo	k	10^{-12}	Pico	p
10^2	Hekto	h	10^{-15}	Femto	f
10^1	Deka	da	10^{-18}	Atto	a

Tab. 6.3.5 Druckdimensionen — Umrechnungsfaktoren

Druck	Pascal (Pa)	Physikalische Atmosphäre (atm)	Technische Atmosphäre (at)	Bar (bar)	Torr (Torr)
Pascal (Pa)	1	$0{,}986923{\cdot}10^{-5}$	$1{,}019716{\cdot}10^{-5}$	10^{-5}	$7{,}50062{\cdot}10^{-3}$
Physik. Atmosph. (atm)	$1{,}0132504{\cdot}10^{5}$	1	$1{,}03323$	$1{,}013250$	760
Techn. Atmosph. (at)	$9{,}80665{\cdot}10^{4}$	$0{,}967839$	1	$0{,}980665$	$735{,}559$
Bar (bar)	10^{5}	$0{,}986923$	$1{,}019716$	1	$750{,}062$
Torr (Torr)	$1{,}333223{\cdot}10^{2}$	$1{,}315789{\cdot}10^{-3}$	$1{,}35951{\cdot}10^{-3}$	$1{,}333223{\cdot}10^{-3}$	1

Tab. 6.3.6 Kraftdimensionen — Umrechnungsfaktoren

Kraft		Newton (N)	Dyn (dyn)	Pond (p)
Newton	(N)	1	10^{5}	$1{,}019716 \cdot 10^{2}$
Dyn	(dyn)	10^{-5}	1	$1{,}019716 \cdot 10^{-3}$
Pond	(p)	$9{,}80665 \cdot 10^{-3}$	$9{,}80665 \cdot 10^{2}$	1

Tab. 6.3.7 Ladungsdimensionen — Umrechnungsfaktoren

Ladung	Coulomb (C)	Faraday (F)	Elementarladung (e)
Coulomb (C)	1	$1{,}036435 \cdot 10^{-5}$	$6{,}241460 \cdot 10^{18}$
Faraday (F)	$9{,}648456 \cdot 10^{4}$	1	$6{,}0220467 \cdot 10^{23}$
Elementarladung (e)	$1{,}602189 \cdot 10^{-19}$	$1{,}6605650 \cdot 10^{-24}$	1

Tab. 6.3.8 Energiedimensionen — Umrechnungsfaktoren

Energie	Joule	Erg	Kalorie	Elektronenvolt	Kilopondmeter	Kilowattstunde	Wellenzahl	Hertz
	(J)	(erg)	(cal)	(eV)	(kpm)	(kWh)	(cm^{-1})	(Hz)
Joule (J)	1	10^7	0,238846	$6,24146 \cdot 10^{18}$	0,1019716	$2,777777 \cdot 10^{-7}$	$5,034 \cdot 10^{22}$	$1,509 \cdot 10^{33}$
Erg (erg)	10^{-7}	1	$2,38846 \cdot 10^{-8}$	$6,24146 \cdot 10^{11}$	$1,019716 \cdot 10^{-8}$	$2,777777 \cdot 10^{-14}$	$5,034 \cdot 10^{15}$	$1,509 \cdot 10^{26}$
Kalorie (cal)	4,18680	$4,1868 \cdot 10^7$	1	$2,61316 \cdot 10^{19}$	0,426935	$1,162999 \cdot 10^{-6}$	$2,106 \cdot 10^{23}$	$6,317 \cdot 10^{33}$
Elektronenvolt (eV)	$1,602189 \cdot 10^{-19}$	$1,602189 \cdot 10^{-12}$	$3,82678 \cdot 10^{20}$	1	$1,63378 \cdot 10^{-20}$	$4,4505 \cdot 10^{-26}$	$8,065 \cdot 10^3$	$2,418 \cdot 10^{14}$
Kilopondmeter (kpm)	9,80665	$9,80665 \cdot 10^7$	2,34227	$6,12078 \cdot 10^{19}$	1	$2,72407 \cdot 10^{-6}$	$4,938 \cdot 10^{23}$	$1,480 \cdot 10^{34}$
Kilowattstunde (kWh)	$3,6000 \cdot 10^6$	$3,6000 \cdot 10^{13}$	$8,598460 \cdot 10^5$	$2,2469 \cdot 10^{25}$	$3,67098 \cdot 10^5$	1	$1,813 \cdot 10^{-30}$	$5,433 \cdot 10^{39}$
Wellenzahl (cm^{-1})	$1,986 \cdot 10^{-23}$	$1,986 \cdot 10^{-16}$	$4,748 \cdot 10^{-24}$	$1,24 \cdot 10^{-4}$	$2,035 \cdot 10^{-24}$	$5,517 \cdot 10^{-30}$	1	$2,997 \cdot 10^{10}$
Hertz (Hz)	$6,626 \cdot 10^{-34}$	$6,626 \cdot 10^{-27}$	$1,58 \cdot 10^{-37}$	$4,136 \cdot 10^{-15}$	$6,76 \cdot 10^{-35}$	$1,84 \cdot 10^{-40}$	$3,336 \cdot 10^{-11}$	1

Tab. 6.3.9 Die Funktionen kT und RT in Abhängigkeit von der Temperatur

T in °C	T in K	kT in eV	RT in $J \cdot mol^{-1}$	T in °C	T in K	kT in eV	RT in $J \cdot mol^{-1}$
−273,16	0,00	0	0	200,00	473,16	0,041	3934,046
−200,00	73,16	0,006	608,280	300,00	573,16	0,049	4765,487
−150,00	123,16	0,011	1024,001	400,00	673,16	0,058	5596,928
−100,00	173,16	0,015	1439,723	500,00	773,16	0,067	6428,369
−50,00	223,16	0,019	1855,444	600,00	873,16	0,075	7259,810
0,00	273,16	0,024	2271,164	700,00	973,16	0,084	8091,251
25,00	298,16	0,026	2479,025	800,00	1073,16	0,092	8922,692
50,00	323,16	0,028	2686,885	900,00	1173,16	0,101	9754,133
100,00	373,16	0,032	3102,605	1000,00	1273,16	0,110	10585,574
150,00	423,16	0,036	3518,326				

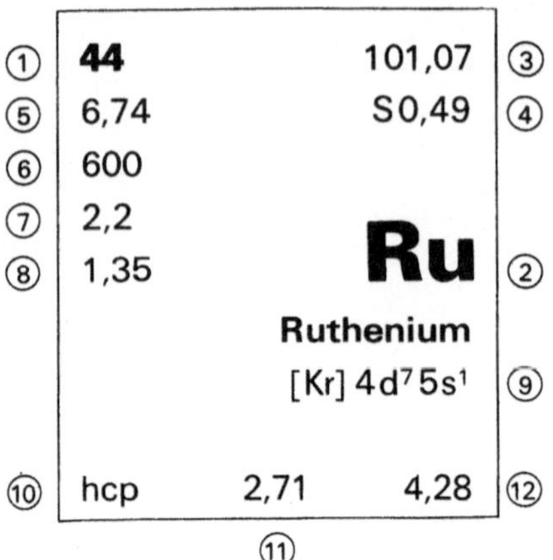

① Ordnungszahl

② Symbol und Name

③ relative Atommasse des natürlichen Isotopen-
gemisches bzw. des wichtigsten Nuklids

④ S Supraleiter mit Übergangstemperatur in K
F Ferromagnetisch mit Curietemperatur in K

⑤ Bindungsenergie der Atome im Kristallgitter
in eV/Atom

⑥ Debye-Temperatur in K

⑦ Elektronegativität nach Pauling

⑧ elektrische Leitfähigkeit
bei 295 K in $10^5 \, (\Omega \, \text{cm})^{-1}$

⑨ Elektronenkonfiguration der freien Atome im
Grundzustand

⑩ Kristallstruktur
fcc   kubisch flächenzentriert
bcc   kubisch raumzentriert
hcp   hexagonal dichteste Kugelpackung
Diam.   Diamantstruktur
hex.   hexagonal
kub.   kubisch
mon.   monoklin
rhomb.   rhombisch
rh.   rhomboedrisch
tetr.   tetragonal

⑪ Gitterkonstante a bei 273 K in Å

⑫ Gitterkonstante c bei 273 K in Å

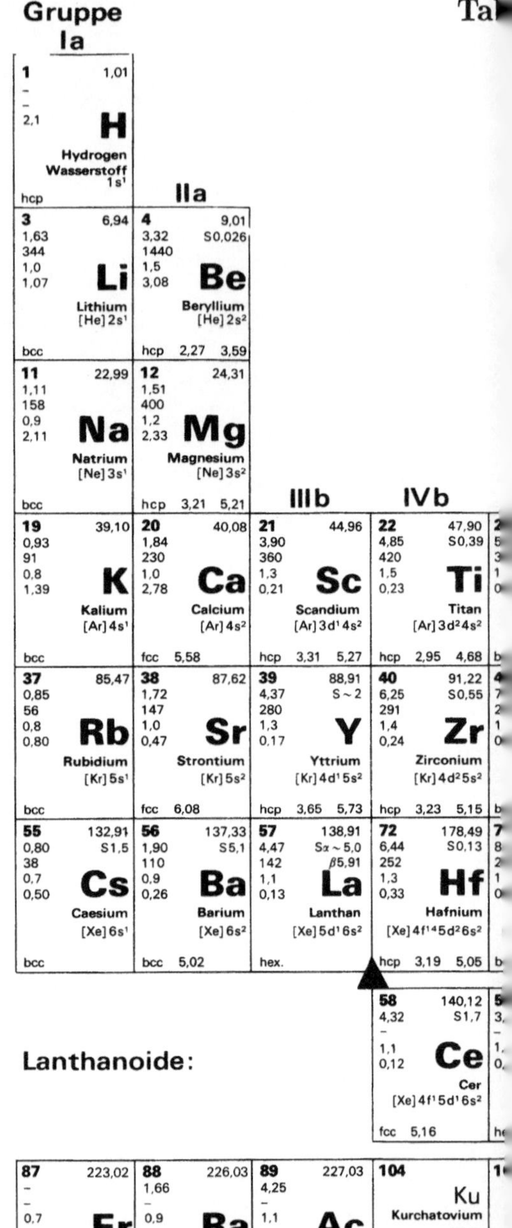

Gruppe Ia   **Ta**

Lanthanoide:

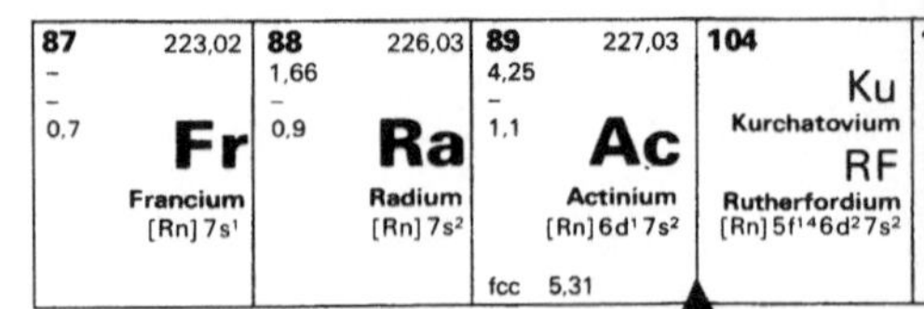

Actinoide:

Periodensystem der Elemente

Gruppen: IIIa · IVa · Va · (VIa) · VIb · VIIb · VIIIb · Ib · IIb

In jeder Elementzelle: Ordnungszahl (fett) und Atommasse (oben), weitere Kennziffern (S…/F…/γ…) oben rechts; die vier Werte der linken Spalte; Elementsymbol; Name(n); Elektronenkonfiguration; Gitterstruktur mit Gitterkonstanten (unten).

Z	Symbol	Name	Atommasse	weitere Angaben	linke Werte	Elektronenkonfiguration	Struktur
5	B	Bor	10,81		5,77 / – / 2,0	[He]2s²2p¹	rh.
6	C	Carbon / Kohlenst.	12,01		7,37 / 2230 / 2,5	[He]2s²2p²	Diam. 3,57
7	N	Nitrogen / Stickstoff	14,01		4,92 / – / 3,0	[He]2s²2p³	kub.
8					2,60 / – / 3,5		kub.
13	Al	Aluminium	26,98	S1,18	3,39 / 428 / 1,5 / 3,65	[Ne]3s²3p¹	fcc 4,05
14	Si	Silicium	28,09		4,63 / 645 / 1,8	[Ne]3s²3p²	Diam. 5,43
15	P	Phosphor	30,97		3,43 / – / 2,1	[Ne]3s²3p³	kub.
16					2,85 / – / 2,5		rhom
24	Cr	Chrom	52,00		4,10 / 630 / 1,6 / 0,78	[Ar]3d⁵4s¹	bcc 2,88
25	Mn	Mangan	54,94		2,92 / 410 / 1,5 / 0,072	[Ar]3d⁵4s²	kub.
26	Fe	Eisen	55,85	F1043	4,28 / 470 / 1,8 / 1,02	[Ar]3d⁶4s²	bcc 2,87
27	Co	Cobalt	58,93	F1404	4,39 / 445 / 1,8 / 1,72	[Ar]3d⁷4s²	hcp 2,51 4,07
28	Ni	Nickel	58,70	F631	4,44 / 450 / 1,8 / 1,43	[Ar]3d⁸4s²	fcc 3,52
29	Cu	Kupfer	63,55		3,49 / 343 / 1,9 / 5,88	[Ar]3d¹⁰4s¹	fcc 3,61
30	Zn	Zink	65,38	S0,85	1,35 / 327 / 1,6 / 1,96	[Ar]3d¹⁰4s²	hcp 2,66 4,95
31	Ga	Gallium	69,72	S1,09	2,81 / 320 / 1,6 / 0,67	[Ar]3d¹⁰4s²4p¹	rhomb.
32	Ge	Germanium	72,59	S5,4	3,85 / 374 / 1,8	[Ar]3d¹⁰4s²4p²	Diam. 5,66
33	As	Arsen	74,92	S0,5	2,96 / 282 / 2,0 / 2,4	[Ar]3d¹⁰4s²4p³	rh.
34					2,25 / 90 / 2,4	[Ar]	hex.
42	Mo	Molybdaen	95,94	S0,92	6,82 / 450 / 1,9 / 1,89	[Kr]4d⁵5s¹	bcc 3,15
43	Tc	Technetium	96,91	S7,81	6,85 / – / 1,9	[Kr]4d⁶5s¹	hcp 2,74 4,40
44	Ru	Ruthenium	101,07	S0,49	6,74 / 600 / 2,2 / 1,35	[Kr]4d⁷5s¹	hcp 2,71 4,28
45	Rh	Rhodium	102,91		5,75 / 480 / 2,2 / 2,08	[Kr]4d⁸5s¹	fcc 3,80
46	Pd	Palladium	106,40		3,89 / 274 / 2,2 / 0,95	[Kr]4d¹⁰	fcc 3,89
47	Ag	Silber	107,87		2,95 / 225 / 1,9 / 6,21	[Kr]4d¹⁰5s¹	fcc 4,09
48	Cd	Cadmium	112,41	S0,54	1,16 / 209 / 1,7 / 1,38	[Kr]4d¹⁰5s²	hcp 2,98 5,62
49	In	Indium	114,82	S3,40	2,52 / 108 / 1,7 / 1,14	[Kr]4d¹⁰5s²5p¹	tetr. 3,25 4,95
50	Sn	Zinn	118,69	S3,72	3,14 / 200 / 1,8 / 0,91	[Kr]4d¹⁰5s²5p²	Diam. 6,49
51	Sb	Antimon	121,75	S3,6	2,75 / 211 / 1,9 / 0,24	[Kr]4d¹⁰5s²5p³	rh.
52					2,23 / 153 / 2,1	[Kr]	hex.
74	W	Wolfram	183,85	S0,011	8,90 / 400 / 1,7 / 1,89	[Xe]4f¹⁴5d⁴6s²	bcc 3,16
75	Re	Rhenium	186,21	S1,70	8,03 / 430 / 1,9 / 0,54	[Xe]4f¹⁴5d⁵6s²	hcp 2,76 4,46
76	Os	Osmium	190,20	S0,65	8,17 / 500 / 2,2 / 1,10	[Xe]4f¹⁴5d⁶6s²	hcp 2,74 4,32
77	Ir	Iridium	192,22	S0,14	6,94 / 420 / 2,2 / 1,96	[Xe]4f¹⁴5d⁷6s²	fcc 3,84
78	Pt	Platin	195,09		5,84 / 240 / 2,2 / 0,96	[Xe]4f¹⁴5d⁹6s¹	fcc 3,92
79	Au	Gold	196,97		3,81 / 165 / 2,4 / 4,55	[Xe]4f¹⁴5d¹⁰6s¹	fcc 4,08
80	Hg	Quecksilber	200,59	Sα4,15 / β3,95	0,67 / 72 / 1,9 / 0,10	[Xe]4f¹⁴5d¹⁰6s²	rhomb.
81	Tl	Thallium	204,37	S2,39	1,88 / 79 / 1,8 / 0,61	[Xe]4f¹⁴5d¹⁰+6s²6p¹	hcp 3,46 5,52
82	Pb	Blei	207,20	S7,19	2,03 / 105 / 1,8 / 0,48	[Xe]4f¹⁴5d¹⁰+6s²6p²	fcc 4,95
83	Bi	Bismut	208,98	S4…8	2,18 / 119 / 1,9 / 0,07	[Xe]4f¹⁴5d¹⁰+6s²6p³	rh.
84					1,50 / – / 2,0 / 0,22	[Xe	mon.
60	Nd	Neodym	144,24		3,40 / – / 1,2 / 0,17	[Xe]4f⁴6s²	hex.
61	Pm	Promethium	144,91			[Xe]4f⁵6s²	hex.
62	Sm	Samarium	150,40		2,14 / – / 1,2 / 0,10	[Xe]4f⁶6s²	rh.
63	Eu	Europium	151,96		1,86 / – / – / 0,11	[Xe]4f⁷6s²	bcc 4,58
64	Gd	Gadolinium	157,25	F289	4,14 / 200 / 1,1 / 0,07	[Xe]4f⁷5d¹6s²	hcp 3,63 5,78
65	Tb	Terbium	158,93	F219	4,05 / 210 / 1,2 / 0,09	[Xe]4f⁹6s²	hcp 3,60 5,70
66	Dy	Dysprosium	162,50	F85	3,04 / 210 / 1,2 / 0,11	[Xe]4f¹⁰6s²	hcp 3,59 5,65
67	Ho	Holmium	164,93	F~20	3,14 / – / 1,2 / 0,13	[Xe]4f¹¹6s²	hcp 3,58 5,62
68	Er	Erbium	167,26	F~20	3,29 / – / 1,2 / 0,12	[Xe]4f¹²6s²	hcp 3,56 5,59
69	Tm	Thulium	168,93		2,42 / – / 1,2 / 0,16	[Xe]4f¹³6s²	hcp 3,54 5,56
70					1,60 / 120 / 1,1 / 0,38		fcc
106		106					
107		107					
109		109					
92	U	Uran	238,03	S≈0,68 / γ1,80	5,55 / 207 / 1,7 / 0,39	[Rn]6d⁴7s²	rhomb.
93	Np	Neptunium	237,05	S0,075	– / – / 1,3 / 0,09	[Rn]5f⁴6d¹7s²	
94	Pu	Plutonium	244,06		3,60 / – / 1,3 / 0,07	[Rn]5f⁶7s²	
95	Am	Americium	243,06		2,73 / – / 1,3	[Rn]5f⁷7s²	
96	Cm	Curium	247,07		3,86	[Rn]5f⁷6d¹7s²	
97	Bk	Berkelium	247,07			[Rn]5f⁹7s²	
98	Cf	Californium	251,08			[Rn]5f¹⁰7s²	
99	Es	Einsteinium	254,09			[Rn]5f¹¹7s²	
100	Fm	Fermium	257,10			[Rn]5f¹²7s²	
101	Md	Mendelevium				[Rn]5f¹³7s²	
102						[	

VIIIa

2	4,00
He	
Helium	
$1s^2$	
hcp	

VIIa

	19,00	10	20,18
4		0,02 75	
F		**Ne**	
Fluor		Neon	
[He]$2s^2 2p^5$		[He]$2s^2 2p^6$	
		fcc	

	35,45	18	39,95
0	.	0,08 92	
Cl		**Ar**	
Chlor		Argon	
[Ne]$3s^2 3p^5$		[Ne]$3s^2 3p^6$	
		fcc	

	79,90	36	83,80
2		0,12 72	
Br		**Kr**	
Brom		Krypton	
r]$3d^{10}4s^2 4p^5$		[Ar]$3d^{10}4s^2 4p^6$	
mb.		fcc	

	126,90	54	131,30
1		0,16 64	
I		**Xe**	
Iod		Xenon	
r]$4d^{10}5s^2 5p^5$		[Kr]$4d^{10}5s^2 5p^6$	
mb.		fcc	

	209,99	86	222,02
		0,20	
At		**Rn**	
Astat		Radon	
Xe]$4f^{14}5d^{10}+$		[Xe]$4f^{14}5d^{10}+$	
$6s^2 6p^5$		$6s^2 6p^6$	

	174,97
3	S0,1…0,7
0	
Lu	
Lutetium	
Xe]$4f^{14}5d^1 6s^2$	
9	3,50 5,55

3
Lr
Lawrencium
n]$5f^{14}6d^1 7s^2$

Tab. 6.3.11 Thermodynamische Daten von anorganischen Verbindungen bei 298 K [Atk 90]. In Klammern ist die Phase (s = fest, l = flüssig, g = gasförmig, aq = in wäßriger Lösung) angegeben.

	m_m (g/mol)	ΔH_f^0 (kJ/mol)	ΔG_f^0 (kJ/mol)	ΔS_f^0 (kJ/mol)	C_p^0 ($\mathrm{J\,K^{-1}\,mol^{-1}}$)
Aluminium					
Al(s)	26,98	0	0	28,33	24,35
Al(g)	26,98	326,4	285,7	164,54	21,38
Al^{3+}(aq)	26,98	-524,7	-481,2		
Al_2O_3(s, α)	101,96	-1675,7	-1582,3	50,92	79,04
$AlCl_3$(s)	133,24	-704,2	-628,8	110,67	91,84
Antimon					
Sb(s)	121,75	0	0	45,69	25,23
SbH_3(g)	153,24	145,11	147,75	232,78	41,05
Argon					
Ar(g)	39,95	0	0	154,84	20,786
Arsen					
As(s, α)	74,92	0	0	35,1	24,64
As_4(g)	299,69	143,9	92,4	314	
AsH_3(g)	77,95	66,44	68,93	222,78	38,07
Barium					
Ba(s)	137,34	0	0	62,8	28,07
Ba^{2+}(aq)	137,34	-537,64	-560,77	9,6	
BaO(s)	153,34	553,5	-525,1	70,43	47,78
Beryllium					
Be(s)	9,01	0	0	9,50	16,44
Blei					
Pb(s)	207,19	0	0	64,81	26,44
Pb^{2+}(aq)	207,19	-1,7	-24,43	10,5	
PbO(s, gelb)	223,19	-217,32	-187,89	68,70	45,77
PbO(s, rot)	223,19	-218,99	-188,93	66,5	45,81
PbO_2(s)	239,19	-277,4	-217,33	68,6	64,64
Brom					
Br_2(l)	159,82	0	0	152,23	75,689
Br_2(g)	159,82	30,907	3,110	245,46	36,02
Br(g)	79,91	111,88	82,396	175,02	20,786
Br^-(aq)	79,91	-121,55	-103,96	82,4	-141,8
HBr(g)	90,92	-36,40	-53,45	198,70	29,142
Cadmium					
Cd(s, γ)	112,40	0	0	51,76	25,98
Cd^{2+}(aq)	112,40	-75,90	-77,612	-73,2	
CdO(s)	128,40	-258,2	-228,4	54,8	43,43
Cäsium					
Cs(s)	132,91	0	0	85,23	32,17
Cs^+(aq)	132,91	-258,28	-292,02	133,05	-10,5

Tab. 6.3.11 (Fortsetzung)

	m_m (g/mol)	ΔH_f^0 (kJ/mol)	ΔG_f^0 (kJ/mol)	ΔS_f^0 (kJ/mol)	C_p^0 ($\mathrm{J\,K^{-1}\,mol^{-1}}$)
Calcium					
Ca(s)	40,08	0	0	41,42	25,31
Ca(g)	40,08	-178,2	144,3	154,88	20,786
Ca^{2+}(aq)	40,08	-542,83	-553,58	-53,1	
CaO(s)	56,08	-635,09	-604,03	39,75	42,80
$CaCO_3$(s, Calcit)	100,09	-1206,9	-1128,8	92,9	81,88
$CaCO_3$(s, Aragonit)	100,09	-1207,1	-1127,8	88,7	81,25
$CaCl_2$(s)	110,99	-795,8	-748,1	104,6	72,59
$CaBr_2$(s)	199,90	-682,8	-663,6	130	
Chlor					
Cl_2(g)	70,91	0	0	223,07	33,91
Cl(g)	35,45	121,68	105,68	165,20	21,840
Cl^-(g)	35,45	-167,16	-131,23	56,5	-136,4
HCl(g)	36,46	-92,31	-95,30	186,91	29,12
HCl(aq)	36,46	-167,16	-131,23	56,5	-136,4
Deuterium					
D_2(g)	4,028	0	0	144,96	29,20
D_2O(g)	20,028	-249,20	-234,54	198,34	34,27
D_2O(l)	20,028	-294,60	-243,44	75,94	84,35
HDO(g)	19,022	-245,30	-233,11	199,51	33,81
HDO(l)	19,022	-289,98	-241,86	79,29	
HD(g)		0,318	-1,464	143,80	29,196
Eisen					
Fe(s)	55,85	0	0	27,28	25,10
Fe^{2+}(aq)	55,85	-89,1	-78,90	-137,7	
Fe^{3+}(aq)	55,85	-48,5	-4,7	-315,9	
Fe_3O_4(s, Magnetit)	231,54	-1118,4	-1015,4	146,4	143,43
Fe_2O_3(s, Hämatit)	159,69	-824,2	-742,2	87,40	103,85
FeS(s, α)	87,91	-100,0	-100,4	60,29	50,54
FeS_2(s)	119,98	-178,2	-166,9	52,93	62,17
Fluor					
F_2(g)	38,00	0	0	202,78	31,30
F(g)	19,00	78,99	61,91	158,75	22,74
F^-(aq)	19,00	-332,63	-278,79	-13,8	-106,7
HF(g)	20,01	-271,1	-273,2	173,78	29,13
Gold					
Au(s)	196,97	0	0	47,40	25,42
Helium					
He(g)	4,003	0	0	126,15	20,786
Iod					
I_2(s)	253,81	0	0	116,135	54,44
I_2(g)	253,81	62,44	19,33	260,69	36,90
I(g)	126,90	106,84	70,25	180,79	20,786
I^-(aq)	126,90	-55,19	-51,57	111,3	-142,3
HI(g)	127,91	26,48	1,70	206,59	29,158

Tab. 6.3.11 (Fortsetzung)

	m_m (g/mol)	ΔH_f^0 (kJ/mol)	ΔG_f^0 (kJ/mol)	ΔS_f^0 (kJ/mol)	C_p^0 ($J\,K^{-1}\,mol^{-1}$)
Kalium					
$K(s)$	39,10	0	0	64,18	29,58
$K^+(aq)$	39,10	-252,38	-238,27	102,5	21,8
$KOH(s)$	56,11	-424,76	-379,08	78,9	64,9
$KF(s)$	58,10	-567,27	-537,75	66,57	49,04
$KCl(s)$	74,56	-436,75	-409,14	82,59	51,30
$KBr(s)$	119,01	-393,80	-380,66	95,90	52,30
$KI(s)$	166,01	-327,90	-324,89	106,32	52,93
Kohlenstoff (organische Kohlenstoffverbindungen siehe Tab. 6.3.12)					
$C(s, Graphit)$	12,011	0	0	5,740	8,527
$C(s, Diamant)$	12,011	1,895	2,900	2,377	6,113
$C(g)$	12,011	716,68	671,26	158,10	20,838
$C_2(g)$	24,022	831,90	775,89	199,42	43,21
$CO(g)$	28,011	-110,53	-137,17	197,67	29,14
$CO_2(g)$	44,010	-395,51	-394,36	213,74	37,11
$CO_2(aq)$	44,010	-413,80	-385,98	117,6	
$H_2CO_3(aq)$	62,03	-699,65	-623,08	187,4	
$HCO_3^-(aq)$	61,02	-691,99	-586,77	91,2	
$CO_3^{2-}(aq)$	60,01	-677,14	-527,81	-56,9	
$CCl_4(l)$	153,82	-135,44	-65,21	216,40	131,75
$CS_2(l)$	76,14	89,70	65,27	151,34	75,7
$HCN(g)$	27,03	135,1	124,7	201,78	35,86
$HCN(l)$	27,03	108,87	124,97	112,84	70,63
$CN^-(aq)$	26,02	150,6	172,4	94,1	
Krypton					
$Kr(g)$	83,80	0	0	164,08	20,786
Kupfer					
$Cu(s)$	63,54	0	0	33,150	24,44
$Cu^+(aq)$	63,54	71,67	49,98	40,6	
$Cu^{2+}(aq)$	63,54	64,77	65,49	-99,6	
$Cu_2O(s)$	143,08	-168,6	-146,0	93,14	63,64
$CuO(s)$	79,54	-157,3	-129,7	42,63	42,30
$CuSO_4(s)$	159,60	-771,36	-661,8	109	100,0
$CuSO_4 \cdot H_2O(s)$	177,62	-1085,8	-918,11	146,0	134
$CuSO_4 \cdot 5H_2O(s)$	249,68	-2279,7	-1879,7	300,4	280
Lithium					
$Li(s)$	6,94	0	0	29,12	24,77
$Li^+(aq)$	6,94	-278,49	-293,31	13,4	68,6
Magnesium					
$Mg(s)$	24,31	0	0	32,68	24,89
$Mg(g)$	24,31	147,70	113,10	148,65	20,786
$Mg^{2+}(aq)$	24,31	-466,85	-454,8	-138,1	
$MgO(s)$	40,31	-601,70	-569,43	26,94	37,15

Tab. 6.3.11 (Fortsetzung)

	m_m (g/mol)	ΔH_f^0 (kJ/mol)	ΔG_f^0 (kJ/mol)	ΔS_f^0 (kJ/mol)	C_p^0 ($\mathrm{J\,K^{-1}\,mol^{-1}}$)
Natrium					
Na(s)	22,99	0	0	51,21	28,24
Na^+(aq)	22,99	-240,12	-261,91	59,0	46,4
NaOH(s)	40,00	-425,61	-379,49	64,46	59,54
NaCl(s)	58,44	-411,15	-384,14	72,13	50,50
NaBr(s)	102,90	-361,06	-348,98	86,82	51,38
NaI(s)	149,89	-287,78	-286,06	98,53	52,09
Neon					
Ne(g)	20,18	0	0	146,33	20,786
Phosphor					
P(s, weiß)	30,97	0	0	41,09	23,840
P(g)	30,97	314,64	278,25	163,19	20,786
P_2(g)	61,95	144,3	103,7	218,13	32,05
P_4(g)	123,90	58,91	24,44	279,98	67,15
PH_3(g)	34,00	5,4	13,4	210,23	37,11
PCl_3(g)	137,33	-287,0	-267,8	311,78	71,84
PCl_5(g)	208,24	-374,9	-305,0	364,6	112,8
PCl_5(s)	208,24	-443,5			
H_3PO_4(s)	82,00	-964,4			
Quecksilber					
Hg(l)	200,59	0	0	76,02	27,983
Hg(g)	200,59	61,32	31,82	174,96	20,786
Hg^{2+}(aq)	200,59	171,1	164,40	-32,2	
Hg_2^{2+}(aq)	401,18	172,4	153,52	84,5	
HgO(s)	216,59	-90,83	-58,54	70,29	44,46
Hg_2Cl_2(s)	472,09	-265,22	-210,75	192,5	102
$HgCl_2$(s)	271,50	-224,3	-178,6	146,0	
Sauerstoff					
O_2(g)	31,999	0	0	205,138	29,355
O(g)	15,999	249,17	231,73	161,06	21,912
O_3(g)	47,998	142,7	163,2	238,93	39,20
OH^-(aq)	17,007	-229,99	-157,24	-10,75	-148,5
Schwefel					
S(s, rhombisch)	32,06	0	0	31,80	22,64
S(s, monoklin)	32,06	0,33	0,1	32,6	23,6
S(g)	32,06	278,81	238,25	167,82	23,673
S_2(g)	64,13	128,37	79,30	228,18	32,47
S^{2-}(aq)	32,06	33,1	85,8	-14,6	
SO_2(g)	64,06	-296,83	-300,19	248,22	39,87
SO_3(g)	80,06	-395,72	-371,06	256,76	50,67
H_2SO_4(l)	98,08	-813,99	-690,00	156,90	138,9
H_2SO_4(aq)	98,08	-909,27	-744,53	20,1	-293
SO_4^{2-}(aq)	96,06	-909,27	-744,53	20,1	-293
HSO_4^-(aq)	97,07	-887,34	-755,91	131,8	-84
H_2S(g)	34,08	-20,63	-33,56	205,79	34,23
H_2S(aq)	34,08	-39,7	-27,83	121	
HS^-(aq)	33,072	-17,6	12,08	62,08	
SF_6(g)	146,05	-1209	-1105,3	291,82	97,28

Tab. 6.3.11 (Fortsetzung)

	m_m (g/mol)	ΔH_f^0 (kJ/mol)	ΔG_f^0 (kJ/mol)	ΔS_f^0 (kJ/mol)	C_p^0 ($\mathrm{J\,K^{-1}\,mol^{-1}}$)
Silber					
$Ag(s)$	107,87	0	0	42,55	25,351
$Ag^+(aq)$	107,87	105,58	77,11	72,68	21,8
$AgBr(s)$	187,78	-100,37	-96,90	107,1	52,38
$AgCl(s)$	143,32	-127,07	-109,79	96,2	50,79
$Ag_2O(s)$	231,74	-31,05	-11,20	121,3	65,86
$AgNO_3(s)$	169,88	-124,39	-33,41	140,92	93,05
Silicium					
$Si(s)$	28,09	0	0	18,83	20,00
$SiO_2(s,\ \alpha)$	60,09	-910,94	-856,64	41,84	44,43
Stickstoff					
$N_2(g)$	28,013	0	0	191,61	29,125
$N(g)$	14,007	472,70	455,56	153,30	20,786
$NO(g)$	30,01	90,25	86,55	210,76	29,844
$N_2O(g)$	44,01	82,05	104,20	291,85	38,45
$NO_2(g)$	46,01	33,18	51,31	240,06	37,20
$N_2O_4(g)$	92,01	9,16	97,89	304,29	77,28
$HNO_3(l)$	63,01	-174,10	-80,71	155,60	109,87
$HNO_3(aq)$	63,01	-207,36	-111,25	146,4	-86,6
$NO_3^-(aq)$	62,01	-205,0	-108,74	146,4	-86,6
$NH_3(g)$	17,03	-46,11	-16,45	192,45	35,06
$NH_3(aq)$	17,03	-80,29	-26,50	111,3	
$NH_4^+(aq)$	18,04	-132,51	-79,31	113,4	79,9
$NH_2OH(s)$	33,03	-114,2			
$HN_3(g)$	43,03	294,1	328,1	238,97	43,68
$HN_3(l)$	43,03	264,0	327,3	140,6	
$NH_4Cl(s)$	53,49	-314,43	-202,87	94,6	84,1
$N_2H_4(l)$	32,05	50,63	149,43	121,21	98,87
Wasserstoff (siehe auch Deuterium)					
$H_2(g)$	2,016	0	0	130,684	28,824
$H(g)$	1,008	217,97	203,25	114,71	20,784
$H^+(aq)$	1,008	0	0	0	0
$H_2O(l)$	18,015	-285,83	-237,13	69,91	75,291
$H_2O(g)$	18,015	-241,82	-228,57	188,83	33,58
$H_2O_2(l)$	34,015	-187,78	-120,35	109,6	89,1
Xenon					
$Xe(g)$	131,30	0	0	169,68	20,786
Zink					
$Zn(s)$	65,37	0	0	41,63	25,40
$Zn^{2+}(aq)$	65,37	-153,89	-147,06	-112,1	46
$ZnO(s)$	81,37	-348,28	-318,30	43,64	40,25
Zinn					
$Sn(s,\ wei\beta)$	118,69	0	0	51,55	26,99
$Sn^{2+}(aq)$	118,69	-8,8	-27,2	-17	
$SnO(s)$	134,69	-285,8	-256,9	56,5	44,31
$SnO_2(s)$	150,69	-580,7	-519,6	52,3	52,59

Tab. 6.3.12 Thermodynamische Daten von organischen Verbindungen bei 298 K [Atk 90]. In Klammern ist die Phase (s = fest, l = flüssig, g = gasförmig, aq = in wäßriger Lösung) angegeben.

	m_m (g/mol)	ΔH_f^0 (kJ/mol)	ΔG_f^0 (kJ/mol)	ΔS_f^0 (kJ/mol)	C_p^0 (J K^{-1} mol^{-1})
C(s, Graphit)	12,011	0	0	5,740	8,527
C(s, Diamant)	12,011	1,895	2,900	2,377	6,113
CO_2(g)	44,01	-393,51	-394,36	213,74	37,11
Kohlenwasserstoffe					
CH_4(g) Methan	16,04	-74,81	-50,72	186,26	35,31
CH_3(g) Methylradikal	15,04	145,69	147,92	194,2	38,70
C_2H_2(g) Ethin (Acetylen)	26,04	226,73	209,20	200,94	43,93
C_2H_4(g) Ethen (Ethylen)	28,05	52,26	68,15	219,56	43,56
C_2H_6(g) Ethan	30,07	-84,68	-32,82	229,60	52,63
C_3H_6(g) Propen	42,08	20,42	62,78	267,04	63,89
C_3H_6(g) Cyclopropan	42,08	53,30	104,45	237,55	55,94
C_3H_8(g) Propan	44,10	-103,85	-23,49	269,91	73,5
C_4H_8(g) 1-Buten	56,11	-0,13	71,39	305,71	85,65
C_4H_8(g) cis-2-Buten	56,11	-6,99	65,95	300,94	78,91
C_4H_8(g) trans-2-Buten	56,11	-11,17	63,06	296,59	87,82
C_4H_{10}(g) Butan	58,13	-126,15	-17,03	310,23	97,45
C_5H_{12}(g) Pentan	72,15	-146,44	-8,20	348,40	120,2
C_5H_{12}(l) Pentan	72,15	-173,1			
C_6H_6(l) Benzol	78,12	49,0	124,3	173,3	136,1
C_6H_6(g) Benzol	78,12	82,93	129,72	269,31	81,67
C_6H_{12}(l) Cyclohexan	84,16	-156,2	26,8	204,3	156,5
C_6H_{14}(l) Hexan	86,18	-198,7			
$C_6H_5CH_3$(g) Methylbenzol	92,14	50,0	122,0	320,7	103,6
C_7H_{16}(l) Heptan	100,21	-224,4	1,0	328,6	224,3
C_8H_{18}(l) Oktan	114,23	-249,9	6,4	361,1	
C_8H_{18}(l) Iso-Oktan	114,23	-255,1			
$C_{10}H_8$(s) Naphthalin	128,18	78,53			
Alkohole und Phenole					
CH_3OH(l) Methanol	32,04	-238,66	-166,27	126,8	81,6
CH_3OH(g) Methanol	32,04	-200,66	-161,96	239,81	43,89
C_2H_5OH(l) Ethanol	46,07	-277,69	-174,78	160,7	111,46
C_2H_5OH(g) Ethanol	46,07	-235,10	-168,49	282,70	65,44
C_6H_5OH(s) Phenol	94,12	-165,0	-50,9	146,0	

Tab. 6.3.12 (Fortsetzung)

	m_m (g/mol)	ΔH_f^0 (kJ/mol)	ΔG_f^0 (kJ/mol)	ΔS_f^0 (kJ/mol)	C_p^0 $(\mathrm{J\,K^{-1}\,mol^{-1}})$
Carbonsäuren, Hydroxysäuren und Ester					
HCOOH(l) Ameisensäure	46,03	-424,72	-361,35	128,95	99,04
CH_3COOH(l) Essigsäure	60,05	-484,5	-389,9	159,8	124,3
CH_3COOH(aq) Essigsäure	60,05	-485,76	-396,46	178,7	
CH_3COO^-(aq) Acetat	59,05	-486,01	-369,31	86,6	-6,3
$(COOH)_2$(s) Oxalsäure	90,04	-827,2			117
C_6H_5COOH(s) Benzoesäure	122,13	-385,1	-245,3	167,6	146,8
$CH_3CH(OH)COOH$(s) Milchsäure	90,08	-694,0			
$CH_3COOC_2H_5$(l) Ethylacetat	88,11	-479,0	-332,7	259,4	170,1
Aldehyde und Ketone					
HCHO(g) Formaldehyd	30,03	-108,57	-102,53	218,77	35,40
CH_3CHO(l) Acetaldehyd	44,05	-192,30	-128,12	160,2	
CH_3CHO(g) Acetaldehyd	44,05	-166,19	-128,86	250,3	57,3
CH_3COCH_3(l) Aceton	58,08	-248,1	-155,4	200,4	124,7
Zucker					
$C_6H_{12}O_6$(s) α-D-Glucose	180,16	-1274			
$C_6H_{12}O_6$(s) β-D-Glucose	180,16	-1268			
$C_6H_{12}O_6$(s) β-D-Fructose	180,16	-1266			
$C_{12}H_{22}O_{11}$(s) Rohrzucker	342,30	-2222		360,2	
Stickstoffverbindungen					
$CO(NH_2)_2$(s) Harnstoff	60,06	-333,51	-197,33	104,60	93,14
CH_3NH_2(l) Methylamin	31,06	-22,97	32,16	243,41	53,1
$C_6H_5NH_2$(l) Anilin	93,13	31,1			
$CH_2(NH_2)COOH$(s) Glycin	75,07	-532,9	-373,4	103,5	99,2

Sachverzeichnis